ZfbF-Sonderheft

Sonderheft 72/17

Die ZfbF-Sonderhefte sind aktuellen Themen aus allen Gebieten der Betriebswirtschaftslehre gewidmet. Sie enthalten entweder Monografien oder Sammelbände mit Aufsätzen zu dem jeweiligen Spezialthema, vor allem aus Rechnungswesen und Steuern, Finanzierung, Marketing sowie Organisation, Management und digitalen Märkten. Besonderes Kennzeichen ist die enge Verbindung von Theorie und Praxis.
Die Reihe der ZfbF-Sonderhefte wurde 1972 neben der Schmalenbachs Zeitschrift für betriebswirtschaftliche Forschung (ZfbF) etabliert. Bisher wurden pro Jahr ein bis zwei Sonderhefte zu einem breiten Spektrum von Themen der Betriebswirtschaftslehre veröffentlicht. Die Qualitätssicherung der ZfbF-Sonderhefte erfolgt durch die Herausgeber der ZfbF.
Die ZfbF ist die älteste und renommierteste betriebswirtschaftliche Fachzeitschrift im deutschsprachigen Raum. Sie wurde 1906 von Eugen Schmalenbach als Zeitschrift für handelswissenschaftliche Forschung (ZfhF) gegründet und ab 1949 in neuer Folge geführt. 1963 erhielt sie den heutigen Namen. 2000 wurde ihre Schwesterzeitschrift in englischer Sprache, die Schmalenbach Business Review (SBR), ausgegliedert. Träger der ZfbF und der SBR ist die Schmalenbach-Gesellschaft für Betriebswirtschaft e. V.

Weitere Bände in dieser Reihe http://www.springer.com/series/15235

Stefan Krause · Bernhard Pellens
(Hrsg.)

Betriebswirtschaftliche Implikationen der digitalen Transformation

75 Jahre Arbeitskreise der Schmalenbach-Gesellschaft für Betriebswirtschaft e.V.

Springer Gabler

Herausgeber
Stefan Krause
Faraday & Future Inc.
Gardena, CA, USA

Bernhard Pellens
Lehrstuhl für
Internationale Unternehmensrechnung,
Ruhr-Universität Bochum
Bochum, Deutschland

ISBN 978-3-658-18750-7
DOI 10.1007/978-3-658-18751-4
ISBN 978-3-658-18751-4 (eBook)

Die Deutsche Nationalbibliothek verzeichnet diese Publikation in der Deutschen Nationalbibliografie; detaillierte bibliografische Daten sind im Internet über http://dnb.d-nb.de abrufbar.

Springer Gabler

Gedruckt auf säurefreiem und chlorfrei gebleichtem Papier

Springer Gabler ist Teil von Springer Nature
Die eingetragene Gesellschaft ist Springer Fachmedien Wiesbaden GmbH
Die Anschrift der Gesellschaft ist: Abraham-Lincoln-Str. 46, 65189 Wiesbaden, Germany

Vom „Krähe-Kreis" bis heute" – 75 Jahre Arbeitskreise der Schmalenbach-Gesellschaft

Am 21. März 1942 schickt Professor Dr. Dr. h.c. mult. Eugen Schmalenbach einen Korrekturabzug seiner Schrift „Dienststellengliederung in Großbetrieben" an seinen ehemaligen Schüler und Vertrauten Dr. Walter Krähe, einem leitenden Angestellten des Rheinisch-Westfälischen Kohlen-Syndikats. Ihm seien Bedenken gekommen, die Arbeit zu veröffentlichen, ist im Begleitschreiben zu lesen. „Ich kann mir aber denken", so heißt es weiter „dass die Schrift eine gute Grundlage für eine Kommission sein würde, die vielleicht jeden Monat einmal zusammenkäme und sich die verschiedenen Punkte überlegte und die noch offenen Fragen klärte." Den institutionellen Rahmen sollte die Schmalenbach-Vereinigung schaffen; ein 1932 gegründeter Verein der Schüler und Freunde von Eugen Schmalenbach, aus dem die heutige Schmalenbach-Gesellschaft für Betriebswirtschaft e.V. hervorgegangen ist. Walter Krähe kommt der Bitte seines akademischen Lehrers nach und nimmt am 29. Mai 1942 mit sieben weiteren ehemaligen Schülern die Arbeit auf.[1]

Im Rückblick bildet dieses Schreiben den Ausgangspunkt für ein historisches Ereignis, das bis zum heutigen Tage trägt: Mit der von Walter Krähe geleiteten „Organisations-Kommission" fand erstmalig eine institutionalisierte, fachliche Zusammenarbeit von Wissenschaftlern und Praktikern auf dem Gebiet der Betriebswirtschaftslehre statt. In kurzer Folge entstanden weitere Kommissionen z.B. für Fragen der Wirtschaftslenkung, großbetriebliche Lohnabrechnungen, Arbeitsvorbereitung oder Abrechnung von Neubauten. Stets gaben von Schmalenbach verfasste Manuskripte hier den Diskussionsanstoß. Die einzige Bedingung, die Schmalenbach an die Auswahl der Kommissionsmitglieder knüpfte, war, dass „sie mit entsprechender Erfahrung und mit Liebe zur Sache dabei sind". Und auch wenn er meist nicht persönlich an den Sitzungen teilnahm, folgten sie seiner Regie: „Ich würde mir die Arbeit der Kommissionen so denken, dass für jede Sitzung ein begrenztes Gebiet Gegenstand der Beratung sein würde, und

---

[1] Vgl. hierzu das im Auftrag der Schmalenbach-Stiftung 1984 unter dem Titel „Eugen Schmalenbach. Der Mann – Sein Werk – Die Wirkung." erschienene Buch, das eine umfassende Darstellung des Lebens und Wirkens Schmalenbachs sowie eine Würdigung seines wissenschaftlichen Werks enthält.

dass die Ergebnisse der Beratung anschließend in einem ausführlichen Protokoll niedergelegt und vervielfältigt würden. Die Vervielfältigungen werden dann den Mitgliedern und sonst infrage kommenden Personen zugesandt. Gleichzeitig müsste schon die nächste Sitzung vorbereitet werden, damit stets ein guter Erfolg gewährleistet wird." – Das Grundgerüst für den Dialog von Wissenschaft und Praxis in Arbeitskreisen war geschaffen.

Dabei gestalteten sich die Anfänge der Arbeitskreise aufgrund der Widrigkeiten der Kriegszeit äußerst schwierig. So fand die Gründungssitzung des später so genannten „Krähe-Kreises" am Tag des ersten großen Luftangriffs auf Köln statt. Wenige Stunden nachdem die Kommissionsmitglieder im Kölner Dom Hotel tagten, begann mit dem „1000-Bomber-Angriff" der erste flächendeckende Großangriff auf Köln. Hinzu kamen die Schwierigkeiten, die aus der politischen Lage für Eugen Schmalenbach und seine Frau erwuchsen. Schmalenbachs Frau Marianne war jüdischen Glaubens. Die Schmalenbach-Vereinigung war daher gefährdet, unter politischen Zwang zu geraten, zumal das Kulturministerium die Auflösung der Vereinigung, zumindest aber die Tilgung des Namens „Schmalenbach" gefordert hatte.

Dabei zählte Eugen Schmalenbach in der Zeit seiner Tätigkeit an der Universität zu Köln zu den populärsten Vertretern seiner Zunft. Der Entwicklungsprozess der Betriebswirtschaftslehre stimmt vor allem nach dem ersten Weltkrieg in weiten Teilen mit Schmalenbachs wissenschaftlichem Werk überein. Mit ihm findet das Fach zu seinem akademischen Selbstverständnis und erfährt zugleich eine gesicherte Verankerung in der Wirtschaftspraxis.

Schmalenbach verstand die Betriebswirtschaftslehre als eine angewandte Wissenschaft; Aufgabe des Faches an der Hochschule sei es, „den Dienst am Kunden zu pflegen". 1931 schrieb er aus der geistigen Distanz zu den früheren hitzigen Debatten: „Eine Betriebswirtschaftslehre nach meinem Sinne musste letzten Endes, unmittelbar oder mittelbar, dem praktischen Betrieb dienen; eine andere Betriebswirtschaftslehre interessierte mich in keiner Weise. Mochte man das, was ich wollte, ruhig Kunstlehre heißen, diese Kunstlehre war gerade das, was mir Wissenschaft war."

Der unmittelbare und ständige Austausch mit der Praxis war damit für Schmalenbachs Arbeiten elementar. Hierzu diente ihm die bereits während seiner aktiven Zeit an der Universität zu Köln gegründete Schmalenbach-Vereinigung: Sie institutionalisierte Schmalenbachs Verbindung zur Praxis. Seine eigentliche Bewährungsprobe meisterte das Netzwerk, als das NS-System Schmalenbach den Zugang zum ‚praktischen Betrieb' weitgehend verwehrte und ihn ins innere Exil zwang. Über das Instrument der Kommissionen vermittelte die Schmalenbach-Vereinigung den für Schmalenbachs Schaffen notwendigen vielfachen Meinungsaustausch und ersetzte ihm das „aktive Seminar" durch ein Seminar der „Alten Herren" außerhalb der Hochschule.

Die aus der Not geborenen Kommissionen haben sich als Institutionen des Wissenstransfers in besonderem Maße bewährt. Als sich 1952 die Schmalenbach-Vereinigung über den Kreis der Schmalenbach-Schüler hinaus allen

Interessierten öffnete, wurden sie – nun unter der Bezeichnung „Arbeitskreise" – in § 2 der Satzung ausdrücklich verankert.

Der „Krähe-Kreis" hat noch bis 1984 ohne größere Unterbrechungen unter Leitung von Walter Krähe in insgesamt 251 Sitzungen getagt und in dieser Zeit aufgrund seiner Aktivitäten große Aufmerksamkeit und Anerkennung erfahren. Ein herausragender Moment unter vielen war die Ausstellung des Funktionsmodells der Unternehmensorganisation im Deutschen Haus der Weltausstellung 1958 in Brüssel. Nach kurzer Unterbrechung nahm der AK Organisation 1986 unter neuer Leitung und in neuer Zusammensetzung die Arbeit wieder auf.

Auch heute bilden die Arbeitskreise neben den Veranstaltungen und der Herausgabe von ZfbF und SBR eine der drei Säulen der Schmalenbach-Gesellschaft. 68 Arbeitskreise haben sich in den letzten 75 Jahren unter dem Dach der Schmalenbach-Gesellschaft konstituiert; Tabelle 1 zeigt, auf welchen Themengebieten und in welchen Zeiträumen. 75 Jahre nach Gründung der ersten Kommission engagieren sich heute über 600 Experten[2] aus Wissenschaft und Praxis in aktuell 25 Arbeitskreisen.

Arbeitskreise im Themenfeld „Fertigungs- und absatznahe Funktionen"	**Gründung**	**Auflösung**
Der Einkauf im Industriebetrieb	1951	1960
Einkaufsbedingungen / Beschaffungswesen	1952	1978
Anlagenwirtschaft (bis 1974 Instandhaltung)	1969	1984
Einkauf und Logistik (vorm. Materialwirtschaft / Beschaffungswesen)	1970	aktiv
Marketing in der Investitionsgüterindustrie	1971	1986
Marketing (vorm. Das Unternehmen im Markt)	1976	2016
Beschaffung, Vorrats- und Verkehrswirtschaft	1978	1982
Innovationsmanagement (bis 2013 Forschungs- und Entwicklungsmanagement)	1982	aktiv
Integrationsmanagement neuer Produkte	1988	aktiv
Eurologistik	1992	1999

Arbeitskreise im Themenfeld „Organisation / Unternehmensführung"	**Gründung**	**Auflösung**
Organisation	1942 / 1986	aktiv
Moderne Verwaltungsgebäude betriebswirtschaftlich gesehen	1953	1965
Unternehmerische Entscheidungen	1960	1976
Informationsverarbeitung in der industriellen Unternehmung	1963	1970
Unternehmensdiversifizierung	1970	1973
Direktinvestitionen in Entwicklungsländern	1970	1986

[2] Um die Lesbarkeit zu vereinfachen, sind im Folgenden bei Verwendung des generischen Maskulinum grundsätzlich beide Geschlechter gemeint.

Arbeitskreise im Themenfeld „Organisation / Unternehmensführung"	**Gründung**	**Auflösung**
Unternehmensführung (bis 1979 DGfB)	1970	aktiv
Integrierte Unternehmensplanung (vorm. Langfristige Unternehmensplanung)	1971	aktiv
Das Berufsbild und die Ausbildung des Personalleiters	1973	1978
Organisation und Führung international tätiger Unternehmen	1974	1999
Externe und Interne Überwachung der Unternehmen	1979	aktiv
Personalwirtschaft	1981	1991
Wirtschaftlichkeit der Informationsbearbeitung	1982	1986
Führungsorganisation	1982	1999
Innovative Unternehmensgründung	1984	1988
Unternehmerische Partnerschaften	1990	2007
Nachhaltige Unternehmensführung (vorm. Umweltmanagement)	1994	2013
Personalmanagement	1994	2015
Unternehmensführung im Informationszeitalter	1998	2000
Unternehmenswachstum und internationales Management	1999	aktiv
Werteorientierte Führung in mittelständischen Unternehmen	2001	aktiv
Wertorientierte Messung der Performance von Führungsbereichen	2004	2010
Mergers & Acquisitions	2004	aktiv
Shared Services	2011	aktiv
Controlling heterogener Personalstrukturen	2014	aktiv

Arbeitskreise im Themenfeld „Finanz- und Rechnungswesen / Steuern"	**Gründung**	**Auflösung**
Steuern (bis 1979 DGfB)	1952	aktiv
Steuern	1953	1958
Plankostenrechnung	1953	1964
Der Kontenrahmen	1954	1958
Aktienrechtliche Bewertungsvorschriften / Inventurverfahren	1958	1969
Gemeinschaftsunternehmen	1966	1968
Finanzierung	1970	aktiv
Unternehmensbewertung im Rahmen der unternehmerischen Zielsetzung	1972	1981
Externe Unternehmensrechnung (vorm. Weltabschlüsse)	1975	aktiv
Kapitalausstattung	1980	1984
Internes Rechnungswesen	1981	aktiv

Arbeitskreise im Themenfeld „Finanz- und Rechnungswesen / Steuern"	**Gründung**	**Auflösung**
Unternehmensakquisition	1982	1987
Finanzierungsrechnung	1982	aktiv
Auftragsfinanzierung im industriellen Großanlagenbau	1983	1986
Produktivitäts- und Wirtschaftlichkeitsrechnungen	1989	1993
Betriebswirtschaftliche Probleme der betrieblichen Altersversorgung	1989	1997
Immaterielle Werte im Rechnungswesen	1999	2015
Corporate Governance Reporting	2014	aktiv
Integrated Reporting	2014	aktiv
Verrechnungspreise	2014	aktiv
Digital Finance	2016	aktiv

Arbeitskreise im Themenfeld „Branchen"	**Gründung**	**Auflösung**
Vertriebsorganisation des Buchhandels	1955	1960
Bankwirtschaft	1957	1965
Erfolgskontrolle im Großhandel	1957	1969
Strategieentwicklung und Controlling in Banken (vorm. Planung in Banken)	1971	aktiv
Ökonomie im Gesundheitswesen (vorm. Betriebswirtschaft im Krankenhaus)	1979	aktiv
Public and non-profit management (vorm. Controlling in der öffentlichen Verwaltung)	1983	2009
Baubetriebswirtschaft	1985	aktiv
Controlling im Versicherungsunternehmen	1988	1993
Verlagsmarketing	1988	2002
Ergebnis- und Risikosteuerung im Versicherungskonzern	2001	2006
Regulierung in Netzindustrien	2008	aktiv
Retail Banking	2011	2016

Tab. 1.1 Die Arbeitskreise der Schmalenbach-Gesellschaft (ohne Kommissionen der 40er Jahre)

Die Leistung der Arbeitskreise ist mehr als beeindruckend: 113 selbstständige Buchtitel, die z.T. in hohen Auflagen erschienen sind, sowie 168 Artikel und Workingpaper. In der öffentlichen Diskussion haben sich die Arbeitskreise vielfach mit Stellungnahmen zu aktuellen Fragen der Wirtschaftsgesetzgebung zu Wort gemeldet. Dazu kommen ungezählte öffentliche Sitzungen und eigenständige Symposien, in denen die Arbeitskreise ihre Diskussionsergebnisse vorgestellt haben.

Im Wesentlichen prägen drei Prinzipien die Arbeitsweise:

Gemeinschaft von Wissenschaft und Praxis – In den Arbeitskreisen erarbeiten angesehene Wissenschaftler und engagierte Unternehmensführungskräfte wissenschaftlich fundierte Lösungen für praxisrelevante Fragestellungen. Diese vertrauensvolle Zusammenarbeit ist in Europa wohl einmalig und ein Erfolgsfaktor für eine erfolgreiche Unternehmensführung. Sichtbaren Ausdruck findet die Brückenfunktion nicht zuletzt in der Arbeitskreisleitung, die stets mit je einem Vertreter aus Wissenschaft und Praxis besetzt ist.

Individualität und Unabhängigkeit – Die Initiative zur Neugründung eines Arbeitskreises geht vom Vorstand der Schmalenbach-Gesellschaft aus; gemeinsam mit den designierten Leitern werden in der Gründungsphase die inhaltlichen Schwerpunkte und die Besetzung der Arbeitskreise festgelegt. Die weitere fachliche Arbeit liegt in der alleinigen Verantwortung der Arbeitskreismitglieder: Angefangen bei organisatorischen Fragen über die Wahl der methodischen Herangehensweise und inhaltlichen Festlegungen bis hin zur Diskussion der Ergebnisse in der Öffentlichkeit agieren die Arbeitskreise autonom.

Offenheit und Flexibilität – In jüngerer Vergangenheit hat sich für die Arbeitsweise der Arbeitskreise ein Projektcharakter herausgebildet: Sie treten zur Lösung konkreter, eng umrissener Fragestellungen zusammen und lösen sich wieder auf, wenn diese umfassend wissenschaftlich fundiert und praxistauglich beantwortet sind.

Das vorliegende ZfbF-Sonderheft „Betriebswirtschaftliche Implikationen der digitalen Transformation" zeugt von der Breite und Intensität der Diskussion, die in den Arbeitskreisen geführt wird. Es ist insofern einzigartig in der 75-jährigen Geschichte der Arbeitskreise, als sich erstmalig 19 Arbeitskreise in *einer* Schrift zu *einem* Themengebiet zu Wort melden.

Auch wenn es keinen weiteren Beleg gebraucht hätte – offensichtlich ist „Digitale Transformation" das Schlagwort unserer Zeit. Wirtschaft und Gesellschaft befinden sich in einem tief greifenden Wandel. Kaum ein Bereich bleibt davon unberührt. Es ist die Summe verschiedener Einflüsse aus Technologie, Verfahren, Denkweisen, kulturellen Systemen, Recht und Wissenschaft, deren Wirkung sich zutreffend mit „disruptiv" beschreiben lässt. Für die Menschen und die Unternehmen bieten sich riesige Chancen. Es gilt aber auch, gewaltige Umbrüche zu bewältigen und die damit verbundenen Risiken zu beherrschen.

Die Arbeitskreise der Schmalenbach-Gesellschaft haben sich vor diesem Hintergrund die Aufgabe gestellt, aus ihrem jeweiligen fachlichen Blickwinkel *betriebswirtschaftliche Implikationen* der digitalen Transformation herauszuarbeiten. Entstanden ist ein bunter Strauß von vielen thematischen Aspekten und methodischen Herangehensweisen.

Teil I des ZfbF-Sonderhefts ist dem Wandel von Organisation und Führung gewidmet. Zum Auftakt diskutiert der *AK Organisation*, zu welchen Veränderungen die Digitalisierung in der Gestaltung der Unternehmensorganisation führen wird. Er postuliert u.a. Implikationen für die Stellen- und Abteilungsbildung sowie die Konfiguration von Arbeitsplätzen, die Ergänzung hierarchischer durch netzwerkartige Strukturen sowie Auswirkungen auf die Spezialisierung,

Koordination, Zentralisation und Standardisierung von Unternehmen und ihren Prozessen. Welche Wirkung die Digitalisierung speziell auf die Weiterentwicklung von Shared Service Centern hat, erläutert der *AK Shared Services*. Er betrachtet Erfolgsfaktoren für Shared Service Organisationen in Bezug auf die digitale Transformation, stellt neue Geschäftsmodelle für Shared Services vor und beschreibt die damit verbundenen Herausforderungen für das Management und die Mitarbeiter. Der *AK Integrationsmanagement für neue Produkte* konzentriert sich im Anschluss auf Organisationsvarianten von Business Analytics – verstanden als Kompetenz, Daten mittels in der betrieblichen Praxis neuartiger Algorithmen so zu analysieren, dass betriebswirtschaftlich relevante Evidenzen aufgezeigt werden. Der *AK Unternehmensführung* wählt eine holistische und integrative Perspektive und schlägt den konfigurationstheoretischen Ansatz vor, um die Zusammenhänge und Wechselwirkungen verschiedener Dimensionen und Elemente der digitalen Organisation und deren Auswirkungen auf die Arbeit und Führung zu verstehen. Im Kontext der Arbeitswelt greift der *AK Controlling heterogener Personalstrukturen* den Aspekt der Diversität heraus und stellt Diversity Analytics als neues Forschungsfeld vor. Im Sinne eines evidenzbasierten Managements sollen hierbei durch die Messung und Evaluation der Wirkung von Diversität Wirkzusammenhänge und Handlungsempfehlungen abgeleitet werden.

In Teil II des ZfbF-Sonderhefts kommen Arbeitskreise zu Wort, die sich mit den Folgen der durch die fortschreitende Digitalisierung induzierten Veränderungen der Wertschöpfungsprozesse auseinandersetzen. Digitalisierung und Vernetzung sind klassische Themen und zentrale Herausforderungen in den Bereichen Einkauf und Supply Chain Management. Der *AK Einkauf und Logistik* zeigt auf, dass viele deutsche Unternehmen noch nicht gut auf die Entwicklung und Implementierung von Industrie 4.0-Konzepten sowie andere innovative Weiterentwicklungen im Rahmen der Digitalisierung vorbereitet sind. Wenn die durch die Digitalisierung ausgelösten grundlegenden Veränderungen des Wertschöpfungsprozesses zur Konsequenz haben, dass sowohl die Lokalisierung als auch die Quantifizierung der Wertschöpfung sowie die Zuordnung zu einzelnen Konzerngesellschaften berührt werden, ergeben sich zugleich steuerpolitische Herausforderungen. Der *AK Steuern* widmet sich den durch die Digitalisierung ausgelösten Veränderungen der Wertschöpfungsprozesse unter besonderer Berücksichtigung des BEPS-Projekts der OECD. Darüber hinaus geht er auch auf die steuerlichen Aspekte ein, deren Ausgangspunkt zwar nicht die Digitalisierung ist, denen aber dennoch für digitale Geschäftsmodelle erhebliche Bedeutung zukommt. Der *AK Verrechnungspreise* wirft die Frage auf, inwieweit sich die gängigen Verrechnungspreismethoden auf digitale Geschäftsmodelle übertragen lassen, die in der Summe aufgrund erhöhter Prognoseunsicherheit, volatilerer Erfolgsmuster und mobilerer Werttreiber und Funktionen zu erheblichen Abgrenzungs- und Interpretationsspielräumen führen.

Business Model Innovations und die Transformation ganzer Branchen stehen im Mittelpunkt von Teil III des Sonderhefts. Der *AK Innovationsmanagement* analysiert hierzu Fallstudien anhand eines Rahmenmodells, um vermutete

Muster im Sinne von Gemeinsamkeiten und Unterschieden der Business Model Innovations herauszuarbeiten. Die disruptive Wirkung der Digitalisierung wird exemplarisch für verschiedene Branchen verdeutlicht: Unter dem Stichwort „Wertschöpfung Bau 4.0" zeigt der *AK Baubetriebswirtschaft*, dass Bauunternehmen künftig in einem vernetzten Wertschöpfungssystem das Zusammenspiel von Planen und Bauen beherrschen und in Netzwerken mit Auftraggebern, Lieferanten, Nachunternehmen und Vorproduzenten komplexe Bauvorhaben realisieren müssen. Einen Überblick über wesentliche Entwicklungen der Digitalisierung im Gesundheitswesen mit dem Fokus auf Krankenhäuser gibt der *AK Ökonomie im Gesundheitswesen*. Der *AK Regulierung in Netzindustrien* diskutiert mit dem Bedeutungszuwachs von Plattformmärkten, dem Entstehen neuer Wettbewerbsverhältnisse und dem steigenden Stellenwert von Daten Entwicklungen, die ein Überdenken bestehender Regulierungskonzepte für Netzindustrien erforderlich machen.

Neben strategischen Überlegungen, in welcher Form die Digitalisierung für das Unternehmen Chance oder Risiko ist, muss den Herausforderungen durch die tief greifenden Veränderungen im Unternehmensumfeld auch unternehmensintern begegnet werden. Teil IV des ZfbF-Sonderhefts beinhaltet Beiträge zur digitalen Transformation der administrativen und operativen Unternehmensprozesse im Bereich von Finance und Accounting. Der *AK Digital Finance* stellt ein Maturitätsmodell zum aktuellen Entwicklungsstand, aber auch zum Soll-Zustand der Unterstützung oberster Führungskräfte und des Controllings durch digitale Technologien in den Mittelpunkt. Das im Zuge der Digitalisierung veränderte Rollenbild des CFO greift der *AK Finanzierung* auf und diskutiert, inwieweit dem CFO neben seinen klassischen Aufgaben eine zukünftig noch stärker und unternehmensweit auszufüllende Rolle als Mit- und Umgestalter des Geschäftsmodells zukommt. Wie Unternehmen durch eine flexiblere Planung und finanzwirtschaftliche Maßnahmen mit disruptiven Veränderungen im Unternehmensumfeld umgehen können, zeigt der *AK Finanzierungsrechnung*. Die neuen Technologien bieten nicht nur in der finanzwirtschaftlichen Planung, sondern auch im Rechnungswesen vielfältige Entwicklungsmöglichkeiten. Der *AK Externe Unternehmensrechnung* stellt mit Prozessautomatisierung, verbesserten Auswertungsmöglichkeiten und einer höheren Datenqualität die möglichen Hebel zur Steigerung der Effizienz im Rechnungswesen vor und diskutiert die damit verbundenen Herausforderungen, wie z.B. die Implementierung und Integration der erforderlichen Systeme und die Gewährleistung der Datensicherheit.

In Teil V diskutieren die Arbeitskreise mit den Schwerpunkten Prüfung und Reporting den jeweiligen Einfluss der Digitalisierung. Der *AK Externe und Interne Überwachung der Unternehmung* unterscheidet mit Blick auf die Wirtschaftsprüfung und Interne Revision danach, ob sich das „Prüfungsobjekt" an sich (externer Faktor) oder der Prozess der Durchführung und Organisation (interner Faktor) durch die Digitalisierung ändern, und diskutiert Stellschrauben, um zu einem möglichst sicheren Prüfungsurteil zu gelangen und gleichzeitig den Prüfungsauftrag effizient und effektiv durchzuführen. Der technologische Wandel ist in weiten Teilen mit einem gesellschaftlichen Wandel interdependent. Vor diesem Hintergrund haben Unternehmen in den letzten Jahren damit begonnen, neben den finanziellen Größen auch sog. Nachhaltigkeitsindikatoren zu erfassen und zu kommunizieren. Der *AK Integrated Reporting* erläutert die These, dass die Entwicklungen auf dem Gebiet der Digitalisierung die Operationalisierbarkeit des Integrated Reporting verbessern und helfen können, die Komplexität sowohl auf der Ersteller- als auch auf der Nutzerseite adäquater in den Griff zu bekommen. Da insbesondere diversitätsbezogene Informationen verstärkt durch die Stakeholder nachgefragt werden, unterbreitet abschließend der *AK Corporate Governance Reporting* verschiedene Vorschläge hinsichtlich einer zweckadäquaten Operationalisierung und Fortentwicklung des Diversity Reportings.

Die Beiträge in diesem ZfbF-Sonderheft sind das Ergebnis intensiver Diskussionen innerhalb der Arbeitskreise. Sie belegen eindrucksvoll, dass der Anspruch der Schmalenbach-Gesellschaft, Wissenschaftler und Praxisvertreter zur kompetenten Beantwortung von praxisrelevanten Fragestellungen an einen Tisch zu bringen, auch nach 75 Jahren nichts an seiner Aktualität verloren hat. Im Gegenteil: Die zunehmende Komplexität der Unternehmensführung und die Veränderungsgeschwindigkeit von Geschäftsmodellen bedingen einen derartigen Dialog mehr denn je. Von daher gilt unser herzlicher Dank *allen* Mitgliedern der beteiligten Arbeitskreise, die dieses „ZfbF-Jubiläums-Sonderheft" möglich gemacht haben.

Aktuelle Informationen zu den Arbeitskreisen und den sonstigen Aktivitäten der Schmalenbach-Gesellschaft finden sich unter www.schmalenbach.org.

Köln, im Mai 2017
Stefan Krause und Bernhard Pellens
Präsdident und Vizepräsident
der Schmalenbach-Gesellschaft für Betriebswirtschaft e.V.

Inhaltsverzeichnis

Teil I

Wandel von Organisation und Führung

Kapitel 1
Implikationen der Digitalisierung für die Organisation

Arbeitskreis Organisation der Schmalenbach-Gesellschaft für Betriebswirtschaft e.V.[1, 2]

Die Digitalisierung bietet vielfältige Opportunitäten, neue Geschäftsmodelle und Wertschöpfungsprozesse zu entwickeln, die neue Marktchancen eröffnen. Überdies können bestehende Geschäftsmodelle und Wertschöpfungsprozesse mittels Digitalisierung effektiver und effizienter gestaltet werden. So zeigt eine McKinsey-Umfrage unter knapp 1000 Top-Managern, dass die Befragten die „Automatisierung und / oder Verbesserung von Geschäftsprozessen" (neben der digitalisierten Einbindung von Kunden sowie digitalisierten Innovationsprozessen) zu den am höchsten zu priorisierenden Opportunitäten der digitalisierten Wirtschaft zählen.[3] Die Umsetzung dieser Chancen stellt Management und Mitarbeiter jedoch zugleich vor erhebliche Herausforderungen. So identifiziert die McKinsey Umfrage zwei organisations- und führungsbezogene Themen unter den als am wichtigsten wahrgenommenen Herausforderungen: die „ungenügende Passung der Unternehmensorganisation zu der digitalisierten Welt" sowie die „unzureichende Führung und Verfügbarkeit von Talenten".[4] Dieses Ergebnis korrespondiert mit den Befunden der Studie von Becker et al., wonach

---

[1] Mitglieder des Arbeitskreises: Sabine Adams, Deutsche Lufthansa AG / Ludger Becker, Bayer AG / Prof. Dr. Mark Ebers, Universität zu Köln / Prof. Dr. Jetta Frost, Universität Hamburg / Dr. Rosina Gasteiger, Infineon Technologies AG / Georg Graf von Büdingen, European Patent Office / Prof. Dr. Jens Grundei, Quadriga Hochschule Berlin / Dr. Gabriele Hühn, Aurubis AG / Michael Kowarsch, Covestro Deutschland AG / Konstantin Peris, Deutsche Post DHL / Jens Pfitzinger, Volkswagen AG / Prof. Dr. Markus Reihlen, Leuphana University of Lüneburg / Martin Ritter, Deutsche Bahn AG / Juliane Rörig, E.ON SE / Dr. Michael Schäffer, Siemens AG / Prof. Dr. Gerhard Schewe, Universität Münster / Michael Ullrich, Linde AG / Dr. Thomas Vetter, SAP SE / Dr. Stefan Wießmeier, Telekom Deutschland GmbH / Prof. Dr. Dr. h.c. Joachim Wolf, Universität zu Kiel.

[2] Federführende Autoren: Mark Ebers, Jetta Frost, Jens Grundei, Markus Reihlen, Gerhard Schewe, Joachim Wolf.

[3] Vgl. McKinsey (2017).

[4] Vgl. McKinsey (2017).

Unternehmenskultur und Organisation zu den am stärksten von der Digitalisierung betroffenen Bereichen gehören.[5]

Zu welchen Veränderungen in der Gestaltung der Unternehmensorganisation wird die Digitalisierung führen? Der *AK Organisation* postuliert, dass die Digitalisierung

- in vielen Unternehmensbereichen zu einer Beschleunigung und stärkeren Vernetzung von Geschäftsprozessen führen wird,
- die Etablierung neuer sowie eine inhaltliche Neuausrichtung von Stellen und Einheiten der Unternehmensorganisation zur Folge haben wird,
- zu über Abteilungs- und Raumgrenzen hinweg verteilten Arbeitsstrukturen führen und damit neue Herausforderungen an Führung stellen wird,
- die Frage aufwirft, inwieweit hierarchische durch netzwerkartige Strukturen substituiert oder ergänzt werden, und schließlich
- Auswirkungen auf die organisatorischen Gestaltungsdimensionen der Spezialisierung, Zentralisation, Koordination und insbesondere der Standardisierung zeitigen wird.

1.1 Generelle Trends: Beschleunigung und Vernetzung

Die Digitalisierung führt bereits heute zu einer erheblichen *Beschleunigung* der Produktlebenszyklen sowie der Interaktion mit Zulieferern und Kunden, welche wiederum in vielen Bereichen des Unternehmens zu einer Beschleunigung interner Geschäftsprozesse beiträgt.[6] Diese Beschleunigung wird möglich und angetrieben dadurch, dass durch die Digitalisierung immer mehr Daten in einem Unternehmen in Echtzeit erfasst, aggregiert, weitergeleitet und verknüpft werden können. Damit werden Geschäftsprozesse stärker automatisiert gesteuert. Aufgaben, die vorher durch Mitarbeiter wahrgenommen wurden, werden nun von der Informations- und Anwendungstechnik übernommen. Zugleich entstehen neue Aufgaben, nicht nur in der IT, sondern auch in operativen und Unterstützungsbereichen des Unternehmens, sei es, um die Digitalisierung selbst voran zu treiben, oder um durch die Digitalisierung ermöglichte neue Produkte und Leistungen zu entwickeln und zu vermarkten. Die Beschleunigung der Prozesse erfordert seitens des Unternehmens und seiner Mitarbeiter eine höhere Agilität und schnellere Anpassungsfähigkeit. All dies hat organisatorische Implikationen.

Durch die größere Verfügbarkeit an Daten über das Unternehmen und seine operativen Prozesse besitzen Management wie Mitarbeiter größere Transparenz über die Parameter und Ergebnisse ihres Handelns. Es wird möglich, Geschäftsprozesse besser aufeinander abzustimmen. Zumindest grundsätzlich wird damit auch mehr selbstverantwortliches Handeln der Mitarbeiter und von Unternehmenseinheiten möglich, indem sich unterschiedliche Unternehmensbereiche

---

[5] Vgl. Becker et al. (2017).

[6] Vgl. Gassmann und Sutter (2016), Walter (2017).

auf Basis kollegialer Abstimmungsprozesse (anstatt über die Hierarchie) stärker fallweise (statt über feste bürokratische Regelungen) abstimmen und koordinieren. Dies könnte – so einige Beobachter – dazu führen, dass hierarchische um *netzwerkartige Strukturen* ergänzt, wenn nicht gar durch diese abgelöst werden.[7] Netzwerke seien der hierarchischen Koordination überlegen, weil Agilität und Flexibilität in der Digital Economy vorrangige Erfolgsfaktoren für Unternehmen seien.[8] Auch ist darauf hingewiesen worden, dass Digitalisierungsinitiativen fast immer funktions-, bereichs- und oft unternehmensübergreifend wirken, was nicht gut zu den "Silostrukturen" von Hierarchien passe.[9] In dem Maß, in dem solche netzwerkartigen Koordinationsformen hierarchische ablösen, verlieren formale Unternehmens- und Abteilungsgrenzen, Weisungsbeziehungen, Berichtswege und Koordinationsformen an Bedeutung.[10] Mitarbeiter operieren dann vermehrt in verteilten, räumlich und zeitlich entgrenzten Arbeitsstrukturen. Das vernetzte Arbeiten in verteilten Arbeitsstrukturen bietet eine Reihe von Chancen für Unternehmen, aber auch spezifische Herausforderungen. All diese Entwicklungen werden erhebliche Auswirkungen auf die grundlegenden Dimensionen der Organisationsgestaltung, z. B. die Spezialisierung, Koordination und (De-)Zentralisation von Entscheidungen, nach sich ziehen.

1.2 Etablierung neuer sowie inhaltliche Neuausrichtung der in der Unternehmensorganisation bestehenden Stellen und Einheiten

Es ist bereits heute zu beobachten, dass die Digitalisierung Relevanz und Organisation einzelner Unternehmensfunktionen verändert hat. Die Organisation von Unternehmensfunktionen betrifft die vier Gestaltungsfelder „Etablierung", „Platzierung", „Kooperation" und „interne Ausdifferenzierung".[11] In allen diesen Bereichen wird die Digitalisierung Auswirkungen zeitigen.

Bezüglich des ersten Gestaltungsfelds, der *Etablierung*, stellt sich die Frage, ob für die mit der Digitalisierung verbundenen neuen Aufgaben überhaupt spezielle organisatorische Einheiten geschaffen oder ob die Aufgaben in bestehende Organisationseinheiten integriert werden. Bisherige Erfahrungen mit der Digitalisierung legen nahe, dass diesbezüglich mit unterschiedlichen Implikationen zu rechnen ist. Konkret sind im Zuge der digitalen Transformation bisher existierende Stellen durch Automatisierung entfallen, insbesondere solche, die transaktionale, hoch standardisierte Aufgaben ausgeführt haben. Entfallen sind aber

[7] Vgl. Gassmann und Sutter (2016), Kreutzer, Neugebauer und Pattloch (2016), Zollenkopp und Lässig (2017).

[8] Vgl. Brühl (2015).

[9] Vgl. Gassmann und Sutter (2016).

[10] Vgl. Powell (1990).

[11] Vgl. Grundei und v. Werder (2016).

auch bereits in mehreren Unternehmen Aufgaben im Vertrieb, da Internetportale eine automatisierte Interaktion mit dem Kunden erlauben. Im Anschluss an die Produktkonfiguration durch den Kunden laufen ggf. weitere Teilaufgaben automatisiert ab, so dass auch die mit den Teilaufgaben verbundenen Interdependenzen nunmehr durch automatisierte Prozesse abgestimmt werden.[12]

Andere Stellen sind hingegen neu geschaffen worden, insbesondere solche, die mit der Digitalisierung selbst betraut sind, und dies nicht nur im IT-Bereich, sondern auch in Geschäftsbereichen. Augenfällig ist dies zunächst im Top-Management. Dabei geht es um die Position des Chief Digital Officers (CDO), dessen Rollenprofil insbesondere auf die mit der Digitalisierung verbundenen strategischen Veränderungen (neue Geschäftsmodelle) und die insgesamt erforderliche Transformation von Unternehmen ausgelegt ist. Während diese Aufgaben in kleineren Unternehmen häufig noch von der Geschäftsleitung übernommen werden,[13] werden grundsätzlich die Vorteile einer eigenständigen Position auf Top-Management-Ebene betont.[14] Hier kann ein CDO als Impulsgeber fungieren, der Digitalisierungsinitiativen anstößt und koordiniert. Die Abgrenzung zu anderen Geschäftsführungspositionen, namentlich CEO und CIO, wird dabei in Zukunft noch Klärungsbedarf aufwerfen.[15] Die zuletzt häufig aufgewertete IT könnte mit der Fokussierung auf den IT-Betrieb (im Vergleich zur vom CDO verantworteten Digitalstrategie) eher wieder auf einen Bereich unterhalb der Geschäftsleitung delegiert werden. Die Abgrenzung zwischen Unternehmensstrategie (CEO) und Digitalstrategie (CDO) dürfte allerdings zunehmend schwerfallen, insbesondere wenn die Digitalisierung integrierter Teil der Gesamtstrategie ist.[16]

Neben der CDO Funktion werden aber auch Stellen für Chief Data Officers geschaffen (z. B. bei der Deutschen Bank), denen Entscheidungen über die Governance und Nutzung der unternehmensweit anfallenden Daten obliegen. Anders als CDOs besitzen diese Stellen nicht selten auch Geschäftsverantwortung für die Verwertung der in einem Unternehmen anfallenden Informationen, die neue Produkte oder Leistungen oder neue Geschäftsmodelle ermöglichen.

Angemessen erscheint aber auch die Einrichtung neuer Beiräte, um die digitalisierungsbezogenen Herausforderungen auf der Basis der unterschiedlichen Expertise verschiedener Personen zu handhaben. Zu denken ist hier an ein Digital Advisory Board, wie es beispielsweise durch die Unternehmen General Electric oder Thomas Cook eingerichtet worden ist. In diesen Beiräten wirken üblicherweise hochrangige aus der Digitalwirtschaft stammende Experten mit dem Ziel, die sich aus digitalen Trends abzeichnenden Chancen und Risiken abzuschätzen und dem Top-Management Empfehlungen bezüglich der inhaltlichen

[12] Siehe etwa das Beispiel Cisco bei Galbraith (2012).

[13] Vgl. Bitkom (2016).

[14] Vgl. Zisler et al. (2016).

[15] Vgl. Gärtner, Heinrich und Lopper (2017).

[16] Vgl. Bharadwaj et al. (2013).

Weiterentwicklung der Strategien und Geschäftsprozesse des Unternehmens zu geben. Weiterhin können solche Beiräte ohne falsche Rücksichtsnahmen bestehende Geschäftsmodelle des Unternehmens kritisch hinterfragen. Obwohl nicht so benannt, lässt sich auch das Steering Committee für das Connected-Cars Concept des Unternehmens Volvo[17] als solch ein Digital Advisory Board begreifen.

Auf Projektebene hat der Digitalisierungstrend zur Einrichtung sog. „DevOps" geführt. Dieses Kunstwort versucht die Begriffe Development und IT-Operations abkürzend zu verbinden. Es handelt sich dabei um diese Bereiche integrierende Teams, denen insbesondere die Begleitung des Übergangs neuer Software und Releases aus der Entwicklung bzw. Vorproduktion in den operativen Betrieb obliegt.[18] Da Zeit ein wichtiger Erfolgsfaktor der digitalisierten Wirtschaft ist, haben DevOps unter Hochgeschwindigkeit zu arbeiten und dafür Sorge zu tragen, dass auch andere betroffene Stellen und Einheiten ähnlich schnell arbeiten (können).

Auch das aus dem Innovationsmanagement bekannte Inkubator-Modell dürfte im Zuge der Digitalisierung von Unternehmen eine erhöhte Anwendungsintensität erfahren. Als Beispiel hierfür mag der von Robert Bosch gegründete Start-up-Inkubator für die Digitale Transformation dienen, der als Brutstätte für neue digitalisierungsorientierte Geschäftsideen und -modelle fungieren soll.[19]

Die Digitalisierung verursacht aber auch eine inhaltliche Ausweitung des Tätigkeitsspektrums der im Unternehmen *bereits bestehenden Stellen* um Aufgaben, die in dieser Form zuvor nicht anfielen. Zu denken ist hier etwa an die Funktion Unternehmenskommunikation, die sich durch die Digitalisierung erheblichen Veränderungen gegenübersieht. Während Unternehmen in der Vergangenheit primär Informationen zu vorab definierten Empfängern gesendet haben, entsteht inzwischen häufig ein echter Dialog mit verschiedenen Stakeholdern, der maßgeblich über die entsprechenden sozialen Netzwerke abzuwickeln ist, wofür vielfach neue Stellen geschaffen wurden.

Die Gestaltungsaspekte *Platzierung* und *Kooperation* fragen danach, wo in der Organisation spezialisierte Einheiten verankert und mit welchem Kompetenzumfang sie ausgestattet werden. Im Falle verschiedener mit der Digitalisierung verbundener Aufgaben lässt sich die These vertreten, dass Vorteile einer gemeinsamen und umfassenden Datennutzung vor allem dann realisiert werden können, wenn bereichsübergreifende zentrale Einheiten geschaffen werden, die Datenbestände integrieren und analysieren.[20] Dabei muss allerdings berücksichtigt werden, dass viele Unternehmen momentan Digitalkompetenz erst aufbauen. Sie tun dies – ggf. unter der Leitung eines CDOs – zunächst durchaus sinnvoll zentral und mit nennenswerter Kompetenzausstattung, damit Know-how gebündelt und notwendige Veränderungen auch tatsächlich umgesetzt werden können. Zumindest in Unternehmen, für die Digitalisierung einen hohen Stellenwert hat,

---

[17] Vgl. Petry (2016).

[18] Vgl. Weinreich (2016).

[19] Vgl. Petry (2016).

[20] Vgl. Galbraith (2012).

könnte die weitere Entwicklung aber auch zu einer Dezentralisierung führen, wenn die digitalen Themen mit den operativen Geschäftsaktivitäten verschmolzen werden können.

Welchem Unternehmensbereich die verschiedenen mit Digitalisierung betrauten Stellen und Organisationseinheiten zugeordnet sind, besitzt erheblichen Einfluss auf die Wirkung, welche diese Stellen entfalten können. So konnten die Unternehmen des *AK Organisation* feststellen, dass die Einrichtung eines CDOs oder eines Stabes für Digitalisierung allein weit weniger Wirkung entfaltet als die Kombination einer unternehmensweiten Digitalisierungsstrategie mit dezentralen, in den Geschäfts- und Funktionsbereichen angesiedelten Stellen und Initiativen. Wo genau neu gebildete Organisationseinheiten für Digitalisierung am besten zu platzieren sind, muss im Einzelfall auf der Grundlage der existierenden Aufgaben-, Stellen- und Abteilungsinterdependenzen geklärt werden. Beispielsweise wird die angesprochene Social Media-Kommunikation teilweise in der Unternehmenskommunikation verankert, teilweise jedoch auch in Marketing- oder Vertriebseinheiten, wodurch wiederum ein Abstimmungsbedarf mit der Unternehmenskommunikation zur Sicherung konsistenter Kommunikationsbotschaften entsteht.[21] Welche Funktionsbereiche jeweils die Vorreiterrolle übernehmen, ob beispielsweise der Vertrieb oder administrative Einheiten, hängt in hohem Maße von der Geschäftsstrategie und den strategischen Opportunitäten ab.

Neben deren organisatorischer Platzierung ist für die Wirksamkeit von Digitalisierungsinitiativen ebenfalls bedeutend, mit welcher Zielrichtung sie im Unternehmen verankert werden. Wird das Digitalisierungsthema an eine spezialisierte Stelle delegiert, so dass alle anderen sich vermeintlich nicht aktiv um Digitalisierung zu kümmern brauchen? Wird Digitalisierung als ein auch von geschäftsverantwortlichen Bereichen getragenes strategisches Projekt verstanden, welches vornehmlich technische Wandelprozesse mit sich bringt? Oder wird Digitalisierung als eine Initiative verstanden und angegangen, welche die Geschäftsstrategie und ihr dienende Wertschöpfungs- und administrative Prozesse grundlegend beeinflussen und verändern wird? Wiederum wird es von den Verantwortlichen wahrgenommenen Marktchancen und Geschäftsherausforderungen sowie der Unternehmensstrategie abhängen, für welches dieser Modelle sich ein Unternehmen entscheidet.

Schließlich lassen sich auch im vierten Gestaltungsfeld der *internen Ausdifferenzierung* spezialisierter Organisationseinheiten digitalisierungsinduzierte Veränderungen erkennen. Richtet man den Blick erneut auf die Funktion Unternehmenskommunikation, so wird hier besonders deutlich, dass diese unmittelbar von der Vervielfältigung der Kommunikationskanäle betroffen und eine deutlich höhere Geschwindigkeit der Kommunikation erforderlich ist. Man denke nur an Blogs sowie Plattformen wie Instagram und YouTube, die jeweils mit unternehmensbezogenen Inhalten zu versorgen sind. Klassische zielgruppenorientierte Formen der Arbeitsteilung stoßen hier zunehmend an Grenzen, so dass

---

[21] Vgl. Zerfaß, Ehrhart und Lautenbach (2014), Grundei und v. Werder (2016).

einige Unternehmen inzwischen das aus Verlagshäusern bekannte Konzept des Newsrooms nachahmen.[22] Damit werden Themen für verschiedene mediale Verwendungen konzipiert.

Doch verändern die neuen Kommunikationskanäle und -möglichkeiten nicht nur die Unternehmenskommunikation, sondern auch die Schnittstellen zum Beschaffungs- und Absatzmarkt. In der Finanzdienstleistungsindustrie, aber nicht nur dort, schaffen Unternehmen neue Kommunikationsschnittstellen zu ihren Kunden, die neben technischen auch erhebliche unternehmensinterne prozessuale Herausforderungen aufwerfen. Denn auf eine briefliche Anfrage erwartet ein Kunde in der Regel nicht so schnell Antwort wie auf eine E-Mail oder einen Chat. Daher müssen die Kundenanfragen bearbeitenden Prozesse entsprechend beschleunigt werden. Entsprechendes gilt für die Implikationen einer weiteren Digitalisierung der Zuliefererbeziehungen, die ebenfalls erhebliche Auswirkungen für die Gestaltung unternehmensinterner Prozesse und die Organisation der sie bearbeitenden Stellen und Unternehmenseinheiten hat.

1.3 Verteilte Arbeitsstrukturen und ihre Implikationen

Es ist zu erwarten, dass im Digitalisierungszeitalter immer mehr Arbeitsplätze ohne eindeutige und zeitüberdauernde organisationale sowie räumliche Zuordnung entstehen werden.[23] Die Digitalisierung entbindet Arbeitsprozesse von einem klar definierten lokalen und zeitlichen Kontext. Die Digitalisierung von Informationen ermöglicht es, Arbeitsprozesse über Abteilungsgrenzen hinweg, außerhalb vertraglich fixierter lokaler und zeitlicher Rahmen zu vollziehen. Demerouti et al. bezeichnen dies als "new ways of working" (NWW).[24] Sie beschreiben damit flexible Arbeitsstrukturen, in denen es den Mitarbeitern frei steht zu entscheiden, wann und wo sie ihre Arbeit verrichten möchten. Bedingung hierfür ist jedoch ein hochgradig digitalisiertes Informations- und Kommunikationssystem. Im Rahmen ihrer Global Workforce Study 2012 kommt die Personalberatung Towers Watson zum Beispiel zu dem Ergebnis, dass 47% der Mitarbeiter weltweit Techniken der Telearbeit nutzen.[25] Ein gutes Beispiel in diesem Zusammenhang wird vom Europäischen Patentamt berichtet. Dort wurden mit den 2013 eingerichteten digitalisierten Heimarbeitsplätzen durchweg positive Erfahrungen gemacht. Es kam zu einer Steigerung der Produktivität in der Patentprüfung ebenso wie zu einer Reduzierung der Krankheitstage und der Reduzierung von unbezahltem Urlaub.

In Ergänzung hierzu ist ein weiterer Trend zu beobachten, der wohl letztlich die konsequente Fortschreibung einer bereits seit längerem anhaltenden Entwicklung markiert. So ist es durch die Digitalisierung nunmehr zunehmend

[22] Vgl. Moss (2016).

[23] Vgl. Ciesielski und Schutz (2016).

[24] Vgl. Demerouti et al. (2014).

[25] Vgl. Tower Watson (2012).

möglich und vielfach auch gewünscht, die in Unternehmen vorhandenen kognitiven Ressourcen viel umfassender als zuvor für Problemlösungen und Innovation zu nutzen. Während früher insbesondere für komplexe Aufgaben gezielt spezialisierte Stellen geschaffen wurden, wird heute zunehmend versucht, die Kapazität mehr oder weniger großer Teile der gesamten Belegschaft zur Problemlösung und Innovation hinzuzuziehen. Im Extrem setzt dies voraus, dass alle Mitarbeiter (die potenziell einen Beitrag leisten können) auch angesprochen werden und – anders als gezielt eingesetzte Experten – autonom entscheiden können, ob sie sich an der Problemlösung oder dem Innovationsvorhaben beteiligen. Bei Bayer und thyssenkrupp wurden beispielsweise mit den Initiativen „WeSolve" (Bayer) und „we.connect" (thyssenkrupp) digitale Plattformen geschaffen, über welche das dezentrale Problemlösungspotenzial der Mitarbeiter mobilisiert werden soll. Jeder Mitarbeiter kann hier ein Problem oder eine Frage einstellen und die Kollegen um Beiträge bitten. Die Bereitschaft zur umfänglichen Nutzung dieser digitalen Plattformen vorausgesetzt ergeben sich so viel bessere Möglichkeiten, auf vorhandenes Wissen zurückzugreifen. Der Vorteil digital vermittelter Systeme liegt dabei nicht zuletzt darin, dass Mitarbeiter mit spezieller Expertise als mögliche Problemlöser leichter identifiziert, dass Informationen über vorangegangene Projekterfahrungen abgerufen sowie Methoden und Werkzeuge im Sinne einer Community of Practice[26] geteilt und gemeinsam genutzt werden können. Während früher also eher vorab bekannte Experten zur Lösung von Problemen zu Rate gezogen wurden, kann im Zeitalter der Digitalisierung im Extremfall (durch jeden Mitarbeiter) die gesamte Unternehmensöffentlichkeit einbezogen werden. Dies erleichtert Transfer von Wissen und Erfahrungen in der Organisation. Unternehmensintern ist es dabei möglicherweise leichter, die mit einer unternehmensübergreifenden Crowdsourcing-Strategie verbundenen Probleme, etwa eine wahrgenommene „Marginalisierung" der Beitragenden (z. B. durch eine unzureichende Honorierung), zu vermeiden.[27]

Damit die Aufgabenerfüllung effizient und effektiv erfolgen kann, müssen verteilte Arbeitsstrukturen eine Reihe von *Voraussetzungen* erfüllen. Verteilte Arbeitsstrukturen bringen für die Mitarbeiter größere Freiräume mit sich. Sie erhalten größere Entscheidungsrechte und mehr Einflussmöglichkeiten. Damit diese sinnvoll genutzt werden, müssen die Mitarbeiter entsprechend qualifiziert sein, nicht nur fachlich, sondern auch hinsichtlich ihrer sozialen Fähigkeiten. Mitarbeiter, die Teil verteilter Arbeitsstrukturen sind, müssen insbesondere über selbstorganisatorische Managementkompetenzen verfügen.[28]

Weil es in verteilten Arbeitsstrukturen mit stärker selbstbestimmt arbeitenden Mitarbeitern zu erheblichen Zielkonflikten und Koordinationsproblemen kommen kann, ist bei der Festlegung der Aufgaben und Ziele für alle an der Aufgabenerfüllung Beteiligten klar zu definieren, wie die Zusammenarbeit zu erfolgen hat und woran Aufgaben, Fortschritte und Ergebnisse gemessen werden. Daher

---

[26] Vgl. Wenger, McDermott und Snyder (2002).

[27] Vgl. Deng, Joshi und Galliers (2016).

[28] Vgl. Weick (1977), Probst (1992).

müssen Strategien, die sie umsetzenden Arbeitsprozesse und ihre angestrebten Leistungsergebnisse eindeutig definiert, explizit gemacht und klar kommuniziert werden.

Überdies erscheint es keineswegs trivial, Mitarbeiter für die Beteiligung an verteilten Arbeitsstrukturen zu mobilisieren. Einerseits steigt durch die Selbstorganisation und das Empowerment der Mitarbeiter die Attraktivität der Arbeitsplätze für höher Qualifizierte. Unternehmen können so im „war for talents" u. U. punkten. Aber nicht jeder Mitarbeiter möchte Freiräume selbst gestalten und verantworten. Nicht vergessen werden sollte überdies, dass bestimmte Arbeitsplätze und Stellen im Zuge der Digitalisierung durchaus an Attraktivität verlieren können. Nicht nur, weil durch die Informatisierung eine dichtere Überwachung möglich wird, sondern auch, weil räumlich und zeitlich verteilte Arbeit die soziale Isolierung einzelner Beschäftigter fördern und – durch die Beschleunigung der Prozesse – den Arbeitsstress für die Mitarbeiter erhöhen kann.

Weiterhin gilt es, den Raum für informellen Austausch zu schaffen, etwa durch dafür eingeplante Termine oder die Unterstützung sozialer Medien. Einfache Intranetlösungen sind dafür nicht ausreichend, wie Hoover kritisch anmerkt. Eine virtuelle Organisation im Sinne eines "Enterprise 2.0" „can't just be about a wiki here, a blog there forever. (...) It's a new architecture defined by easier, faster, and contextual organization of and access to information, expertise, and business contacts – whether co-workers, partners, or customers. And all with a degree of personalization sprinkled in."[29]

Der durch die Digitalisierung entstandene Zwang zum Aufbau selbstorganisationaler Fähigkeiten erfordert, dass trotz der Freiheit zur Selbststeuerung die Selbststeuerungskräfte einer integrativen Kraft folgen. Diese ermöglicht es, dass es zur Bearbeitung sinnvoller Aufgaben kommt und das System auch lernfähig und lernwillig bleibt. Allerdings wird die Virtualisierung der Zusammenarbeit in verteilten Arbeitsstrukturen dazu führen, dass ein solches Organisationssystem über weniger integrative Kraft verfügt, als man es beispielsweise noch von der klassischen Büroorganisation her kennt. Allein der geringere persönliche Kontakt aufgrund der vergrößerten zeitlichen wie auch räumlichen Entgrenzung wird sich negativ auf die soziale Bindung und die Gruppenkohäsion auswirken. Der geringere persönliche Kontakt in verteilten Arbeitsstrukturen vermittelt Mitarbeitern darüber hinaus das Gefühl, von informellen Prozessen abgekoppelt zu sein, welche für die individuellen Entwicklungsmöglichkeiten und die Karriere bedeutend sind. Letztlich kann der Kontakt über soziale Medien diesen Effekt ggf. abmildern, die persönliche face-to-face Kommunikation kann so nicht ersetzt werden. Man denke hier nur an das gemeinsame Essen in der Kantine oder das Gespräch beim Kaffee im Etagencenter. Letztlich kommt es dabei immer auch zu einem Informationsaustausch jenseits der existenten formalen Strukturen.

Lokal und zeitlich entgrenzte, verteilte Arbeitsstrukturen, in denen Mitarbeiter flexibel unterschiedlichen Projekten und Geschäftsprozessen zuordnet sind, bieten neben der Steigerung der Problemlösungs- und Innovationskapazität eine

---

[29] Hoover (2007).

Reihe von weiteren *Vorteilen*. Durch die lokal flexible Zusammensetzung von Arbeitsteams wird die Einführung von sog. „desk-sharing“ oder „hot-desking“[30] möglich. Hierdurch können erhebliche Kostenvorteile entstehen, weil weniger Raum und Ausstattung vorgehalten werden muss.[31] Überdies kann es gelingen, eine höhere Responsivität im Falle akut auftretender externer Anforderungen zu erreichen, etwa dann, wenn einzelne Mitarbeiter Arbeit mit „nach Hause nehmen“, um ihre Leistungsfähigkeit zu demonstrieren. Empirische Studien zu Work Life Balance zeigen, dass virtuelle Organisationen und damit die Möglichkeit der Organisationsmitglieder, ihre Arbeitszeiten und -aufgaben flexibler selber zu organisieren, regelmäßig zur Übernahme von mehr Aufgaben und damit deutlich mehr geleisteten Arbeitsstunden führen.[32] Dabei sollten jedoch nicht die negativen Aspekte einer ständigen Erreichbarkeit, wie Stress und Burn-Out, übersehen werden. Darüber hinaus ermöglicht die Digitalisierung auch die Entwicklung neuer und flexiblerer Arbeitszeitmodelle, die ggf. zu weiteren Kostenvorteilen führen können.

Ein weiterer Vorteil verteilter Arbeitsstrukturen liegt darin, dass Unternehmen höhere Responsivität und schnellere Aufgabenbearbeitung realisieren können, wenn die Aufgabenbearbeitungen auf Mitarbeiter und Teams verteilt wird, die in verschiedenen Zeitzonen operieren. Verteilte Arbeitsstrukturen ermöglichen so eine Prozess- und Entscheidungsbeschleunigung, die sich durch bessere Erreichbarkeit und erhöhte Aufgabenbearbeitungskapazität ergeben. Ob digitalisierte Geschäftsprozesse schneller und damit effizienter ablaufen, hat aber nur bedingt mit der technischen Informations- und Kommunikationsausstattung zu tun. Hier entscheidet in erster Linie die Qualität des dahinterstehenden Prozessmanagements.

Verteilte Arbeitsstrukturen stellen Unternehmen vor eine Reihe von *Herausforderungen*. So stellt sich beispielsweise die Frage, wie unter Bedingungen eines größeren Maßes an Selbstorganisation der Mitarbeiter Ressourcen- und Kapazitätseinsatz durch Vorgesetzte und für bestimmte Organisationseinheiten noch geplant werden kann. Bisherige hierarchische HR-Ressourcen- und Kapazitätsplanung muss durch Systeme und Anreize ergänzt werden, welche dafür sorgen, dass Mitarbeiter gezielt an den Stellen und für die Aufgaben eingesetzt werden (können), an denen sie den größten Beitrag leisten. Die Digitalisierung könnte wiederum helfen, die hierfür notwendigen Daten und Entscheidungsunterstützungssysteme bereit zu stellen.

Wenn Mitarbeiter stärker an Entscheidungen beteiligt werden, wenn communities of practice und unterschiedlich zusammengesetzte Arbeitsgruppen Problemanalysen und -lösungen entwickeln und Innovation selbstorganisiert vorantreiben, dann stellt sich ferner die Frage, wer letztlich die Verantwortung für die Ergebnisse dieser Arbeit trägt, seien dies nun Analyseergebnisse, Lösungsvorschläge oder Entscheidungen.

---

30 Vgl. Hirst (2011), Kelliher und Anderson (2008).

31 Vgl. Rennecker und Godwin (2005), Voordt (2004).

32 Z. B. Drobnič und Guillén (2011).

Eine weitere Herausforderung der flexiblen Zuordnung von Aufgaben auf Mitarbeiter in verteilten Arbeitsstrukturen besteht in Bezug auf die Stellenbewertung und Gehaltsfindung. Wenn Aufgaben nicht mehr fix nur bestimmten Stellen zugeordnet sind, wenn Mitarbeiter weniger mit präzisen Stellenanforderungen, sondern mehr mit weniger exakt definierten, sozial konstruierten Bündeln an Verhaltenserwartungen gesteuert werden, wenn die Arbeitsaufgaben eines Mitarbeiters überdies einem relativ häufigen Wandel unterliegen und in ihren Anforderungen variieren,[33] dann verlieren Systeme der Stellenbewertung und die daran häufig gekoppelten Entgeltstrukturen ihren Bezugspunkt. Eine stärker individualisierte Bewertung und Gehaltsfindung ist die Konsequenz.

Das Arbeiten in verteilten Arbeitsstrukturen erfordert ferner ein verändertes Führungsverhalten der Vorgesetzten. Der hohe in verteilten Arbeitsstrukturen realisierte Grad an Arbeitsautonomie verringert die Möglichkeiten der Steuerung und den Umfang von Kontrollen durch die Vorgesetzten und verändert damit eine der zentralen Dimensionen der Personalführung.[34] So müssen Vorgesetzte ihre Führungsrolle in erster Linie sachbezogen definieren. Die personenbezogene Komponente, die auf persönlichem Kontakt beruht, steht ihnen nicht mehr uneingeschränkt zur Verfügung. Jedenfalls dürften Ergebniskontrollen im Vergleich zu Verhaltenskontrollen an Bedeutung gewinnen. In dem Maß, in dem gewünschte Arbeitsergebnisse nicht präzise vorgegeben und einfach gemessen werden können, beispielsweise bei innovativen oder hoch komplexen Aufgaben, muss Führung stärker die Absichten oder Zwecke vermitteln, die mit der Aufgabenerfüllung verfolgt werden. Mitarbeiter werden ihr Handeln und Entscheiden dann stärker an einer gemeinsam geteilten Vision dessen ausrichten, was strategisch und operativ jeweils erreicht werden soll.

Bijlisma-Frankema und Koopman sprechen in diesem Zusammenhang von einem "oxymoron" von Kontrolle in der digitalisierten Welt. Die Autoren betonen, dass eine Vertrauenskultur zwischen den Beschäftigten eines virtuellen Büros existieren muss, will man dieses Problem in den Griff bekommen.[35] Konkret heißt das:

(1) Vertrauen der Beschäftigten zum Unternehmen, obwohl dieses sie extrem flexibel einsetzt, was sich u. U. auch auf das persönliche Einkommen auswirken kann,

(2) Vertrauen des Unternehmens in die zielgerichtete Erfüllung der Aufgaben durch ihre Beschäftigten. Da Kontrollmöglichkeiten hinsichtlich des Vollzuges der Arbeit nur eingeschränkt vorhanden sind, muss in die Fähigkeit zur Selbstorganisation vertraut werden. Allerdings darf in diesem Zusammenhang auch nicht der Trugschluss gezogen werden, dass mit einer Vertrauenskultur verteilten Arbeitsstrukturen die Kontrolle quasi substituiert wird. Wie Romeike, Nienaber

---

33 Vgl. Laloux (2014).

34 Vgl. Sitkin, Cardinal und Bijlsma-Frankema (2010).

35 Vgl. Bijlisma-Frankema und Koopman (2004).

und Schewe zeigen, ist ein gewisses Maß an Kontrolle unabdingbar, damit sich gegenseitiges Vertrauen überhaupt entwickeln kann.[36]

Interessant ist in diesem Zusammenhang aber auch ein Befund von Alge et al.[37] Sie untersuchten, inwieweit elektronische Überwachungssysteme heimlich eingesetzt wurden. Ihre Ergebnisse legen dabei den Schluss nahe, dass Vorgesetzte vor allem dort derartige Überwachungssysteme einsetzen, wo ein geringes Vertrauen in die Leistung der Mitarbeiter besteht. Die Heimlichkeit der elektronischen Überwachung führt insofern auch schnell in einen Graubereich mit Blick auf rechtliche bzw. betriebsinterne Vorschriften. Die sich aufgrund der Digitalisierung ergebenen Möglichkeiten der Überwachung können gepaart mit einer nicht vorhandenen Vertrauenskultur im Unternehmen somit zu nicht unerheblichen Compliance-Problemen führen.

Überdies wird die wahrgenommene und tatsächlich höhere Transparenz des Handelns und seiner Ergebnisse, welche durch die Digitalisierung realisiert wird, Auswirkungen auf Motivation und Arbeitsverhalten der Mitarbeiter zeigen. Einige werden durch das schnell und umfassend verfügbare Feedback zu Handlungsergebnisse angespornt werden, mehr zu experimentieren, kontinuierlich zu lernen, sich auf dieser Basis stärker selber zu führen und eine höhere Leistungsmotivation entwickeln.[38] Andere werden sich stärker beobachtet fühlen, eher bedacht sein, Fehler zu vermeiden, und weniger intrinsisch motiviert sein.[39]

Auf eine weitere Herausforderung für ein geändertes Führungsverhalten weisen Romeike et al. hin.[40] Sie zeigen, dass es gerade in virtuellen Teams oftmals zu einem Auseinanderfallen der Einschätzung der eigenen und der Teamleistung kommt, was letztlich zu einer verringerten Arbeitszufriedenheit führen kann. Ursache ist der vielfach nicht gegebene direkte Kontakt zwischen den Teammitgliedern. Hier ist daher ein Führungsverhalten gefragt, welches für Transparenz nach allen Seiten sorgt, was vor dem Hintergrund der Digitalisierung der Prozesse und Strukturen durchaus möglich ist.

Verteilte, räumlich und zeitlich entgrenzte Arbeitsstrukturen sind keineswegs ein regelloses Gebilde, sondern durch „starke" Beziehungen und Netzwerke geprägt. Diese bilden nach Sydow und Windeler das Fundament der strategischen Flexibilität in virtuellen Unternehmen.[41] Für diese Netzwerke müssen Regeln der Zusammenarbeit formuliert und Vereinbarungen über die Verteilung des durch die Netzwerkkooperation erzielten Gewinns vereinbart werden. Stabilität der Netzwerkkooperationen kann durch die Entwicklung derartiger Regeln geleistet werden, wenn diese sich den Kooperationserfordernissen anpassen.[42] Wie die Organisationsmitglieder von einem solchen Satz an Regeln jeweils

---

[36] Vgl. Romeike, Nienaber und Schewe (2016).

[37] Vgl. Alge, Ballinger und Green (2004).

[38] Vgl. Gerhart und Fang (2015).

[39] Vgl. Deci und Ryan (1985).

[40] Vgl. Romeike et al. (2016).

[41] Vgl. Sydow und Windeler (2000).

[42] Vgl. Sydow und Windeler (2000).

Gebrauch machen, entscheidet sich jedoch erst mit dem konkreten Handeln.[43] Für das verteilte Arbeiten ist dieser Mechanismus grundlegend, da Virtualität ein Arbeiten auf Distanz erzeugt. Ein Fehlschluss wäre es jedoch, von dieser Distanz auf absolute Autonomie für die Mitarbeiter des Unternehmens zu schließen.

In Bezug auf das Thema Unternehmenskultur ergeben sich somit enorme Herausforderungen mit Blick auf ihre Stärke und ihre Einheitlichkeit, denn letztlich kann eine Unternehmenskultur ihre koordinative Stärke nur dann entfalten, wenn sie auch tagtäglich „gelebt" wird. Entsprechend muss unter Bedingungen der Digitalisierung nach Wegen gesucht werden, wie Kohäsion und Gemeinsamkeiten im virtuellen Kontext entwickelt werden können. Ein solches Instrument stellt beispielsweise der Kommunikationskanal „Direkt zu Hiesinger" bei thyssenkrupp dar. Auf dieser Dialogplattform können Mitarbeiter Themen einbringen, diskutieren und auch für das „Thema der Woche" stimmen. Die drei Themen der Woche werden dann zügig vom zuständigen Vorstand oder dem Vorstandvorsitzenden beantwortet. Dieser Kanal kann aber initiativ auch in umgekehrter Richtung genutzt werden. So kann der Vorstand ein Impulsthema adressieren und die Diskussion darüber in die Organisation tragen. Letztlich können derartige Lösungen dazu beitragen, ein Wir-Gefühl zu schaffen, auch wenn die Mitarbeiter dezentral, räumlich und zeitlich weniger festgelegt tätig sind. Allerdings nützt eine Dialogplattform wenig, wenn sie nicht genutzt wird. Hierfür notwendig ist in erster Linie eine oben bereits angesprochene Vertrauenskultur, die sicherstellt, dass auch kritische Meinungen nicht negativ für den Einzelnen gewertet werden.

1.4 Veränderungen bezüglich übergeordneter organisatorischer Gestaltungsdimensionen der Spezialisierung und Zentralisation sowie Koordination und Standardisierung

Die Bestimmung der im Digitalisierungszeitalter angemessenen Ausprägungen der Unternehmensorganisation entlang der vorgenannten Dimensionen setzt eine Spezifikation der durch die Digitalisierung ausgelösten allgemeinen Veränderungen voraus. Wie oben bereits beschrieben besteht weitgehender Konsens, dass die Digitalisierung zu einer weiteren Vernetzung der Menschen untereinander sowie von Menschen und Gegenständen führen wird. Auch sind eine Beschleunigung sowie eine räumliche Entgrenzung der Geschäftsprozesse von Unternehmen zu erwarten.

Dementsprechend ist davon auszugehen, dass die Digitalisierung solchen Organisationsformen Vorschub leisten wird, welche durch Offenheit, Adaptionsfähigkeit, einen hinreichenden horizontalen Informationsaustausch, ein hohes Maß an Partizipation vieler Unternehmensmitglieder sowie hohe Agilität geprägt sind. Vielfach wird aus diesen Maximen abgeleitet, dass Zentralisation,

---

[43] Vgl. Ortmann, Sydow und Türk (2000).

Spezialisierung sowie Koordination auf Basis hoher Standardisierung obsolet würden und durch ein hohes Maß an Dezentralisation, Universalkompetenz sowie regelfreier Koordination abzulösen sind. Floskeln wie „Peer-to-Peer statt Hierarchie“, „statt auf Mitarbeiter setzen Unternehmen immer mehr auf Kunden“ oder gar „die Auflösung der Organisation“[44] gelten als modern. Schnell und unbedacht ausformulierte Schriften äußern sich in diese Richtung, ohne hierfür hinreichende Gründe zu liefern. Es ist modern, wenn man sich in dieser Art gibt. Ist dem aber faktisch wirklich so?

Bezüglich der *Zentralisation* von Entscheidungen im Unternehmen soll hier eine differenziertere Sicht eingenommen werden. Zwar trifft es einerseits fraglos zu, dass die einzelnen Mitarbeiter aufgrund der durch die Digitalisierung beförderten flächendeckenden Datenverfügbarkeit eine bessere Informationsgrundlage zum Treffen von Entscheidungen haben, dementsprechend auch mehr Entscheidungen eigenverantwortlich treffen könnten und aufgrund des erhöhten Zeitdrucks im Übrigen auch treffen müssen, was in die Richtung einer erhöhten Dezentralisation von Entscheidungen weist. Auf der anderen Seite gilt es jedoch zu berücksichtigen, dass viele Digitalisierungsprojekte (1) überaus kostenträchtig sind, (2) einen grundlegenden Eingriff in die Strategie(n) des Unternehmens bewirken, (3) mehrere, wenn nicht sogar viele Unternehmensteileinheiten in ihrem Tun beeinflussen, (4) ein abgestimmtes Vorgehen verlangen, (5) notwendig machen, dass das Gesamtinteresse über das Interesse von Unternehmensteileinheiten gestellt wird und somit (6) die Festlegung unternehmensweit gültiger Regeln voraussetzen. Da dies allesamt Gründe für eine stärkere Entscheidungszentralisation in Unternehmen sind, erscheint es wenig sinnvoll, wenn Dezentralisierungsforderungen unbedacht Folge geleistet werden. Zudem wird der Zentralisierungsvorteil, dass im Unternehmen klare Verantwortlichkeiten bestehen, auch im Digitalisierungszeitalter fortbestehen. Die hier vorgetragene Sichtweise ist durchaus mit der von Zuboff vorgetragenen Vermutung konsistent,[45] dass die Informationstechnologie insofern ambivalent sei, als sie sowohl für eine stärkere Zentralisation als auch für eine stärkere Dezentralisation genutzt werden kann. Nach Zuboff erfüllt die Digitalisierung zwei wesentliche Funktionen, die als fundamentale Dualität zu denken sind. Einerseits erfüllt die Digitalisierung eine Automationsfunktion und folgt der Logik der Rationalisierung, indem physische Arbeitsprozesse durch digitale Routinen substituiert werden. Andererseits werden mit der Automation gleichzeitig Informationen über diese Prozesse und das Nutzerverhalten erzeugt (Informationsfunktion), die gespeichert, analysiert und weiterverarbeitet werden können. Damit ermöglicht die Digitalisierung nicht nur die Automation von vormals physischen Prozessen, sondern – wie Zuboff schreibt – besteht das wirklich „Revolutionäre“ in dem informierenden Aspekt der Technologie, der sowohl der Dezentralisierung als auch der Zentralisierung dienen kann.[46]

---

[44] Vgl. Petry (2016).

[45] Vgl. Zuboff (1988).

[46] Vgl. Zuboff (1988).

thyssenkrupp setzt z. B. das Internet of Things – die Vernetzung von intelligenten Gegenständen mit Computern und die Bereitstellung von Daten über diese Gegenstände in einer Cloud[47] – zur Prozessoptimierung ein. Um die Sicherheit und Zuverlässigkeit ihrer Aufzüge zu steigern, wurden diese mit Sensoren ausgestattet, die regelmäßig Überwachungsdaten z. B. von der Kabinengeschwindigkeit, über die Zuladung bis hin zu den Türmechanismen in eine Cloud übersenden. Die Daten von tausenden Überwachungssensoren werden anschließend ausgewertet und haben dem Unternehmen ermöglicht, ein neues, präventives Wartungssystem zu etablieren. Statt auf eine Störung zu reagieren, haben die Servicetechniker jetzt die Möglichkeit, auf Echtzeit-Daten zurückzugreifen und frühzeitig Wartungsarbeiten durchzuführen.[48] Mit dem Internet of Things bei thyssenkrupp geht dezentrale Entscheidungskompetenz und Qualifikation der Servicetechniker einher, die in hohem Maße flexibel und situationsbestimmt agieren können. Gleichzeitig wird die zentrale Überwachung verstärkt, indem die massenhafte Sammlung und Auswertung von Daten dem Aufspüren systematischer Fehlerquellen dient.

Allerdings kann durch die Informatisierung und Automation auch der umgekehrte Effekt eintreten, wenn computergestützte Assistenzsysteme die Urteilskraft und Kompetenz von Mitarbeitern weitgehend ersetzen und damit zur Dequalifizierung beitragen.[49] Darüber hinaus kann die Akkumulation, Extraktion und Auswertung von Verhaltensdaten auch als Überwachungstechnologie eingesetzt werden, die weniger der Unterstützung der Mitarbeiter, Nutzer und Kunden, als vielmehr deren Kontrolle und Manipulation dient. Unter diesen Bedingungen mutieren Organisationen zu Überwachungs- und Disziplinierungsinstitutionen.[50]

Ähnlich differenziert sollte das Thema der *Spezialisierung* diskutiert werden: Selbstverständlich ist es wenig sinnvoll, wenn digitalisierungsbezogene Entscheidungen ausschließlich in der Verantwortung weniger Fachleute liegen, die nur in geringem Maße mit den übrigen Unternehmenseinheiten „verdrahtet“ sind, und die Parteien vielleicht sogar (im wörtlichen und übertragenen Sinne) unterschiedliche Sprachen sprechen. Auf der anderen Seite zeigen jedoch gerade die oben genannten Beispiele der Einrichtung neuer, digitalisierungsfokussierter Stellen und Einheiten wie Chief Digital Officer, Chief Data Officer, Digital Advisory Board, DevOps oder Inkubatoreinheiten, dass es ohne die hoch entwickelte Expertise kundiger Fachleute nicht geht. Weiterhin ist zu berücksichtigen, dass die Informatik – in der der ganze Digitalisierungsschub ja seinen Ursprung fand – zu jenen wissenschaftlichen Disziplinen gehört, in denen spezifisches Wissen eine besonders hohe Bedeutung aufweist. Und schließlich dürfte eine erfolgreiche Durchsetzung einer umfassenden Neuerung wie der Digitalisierung von Geschäftsprozessen in Unternehmen nur dann gelingen, wenn neben

[47] Vgl. Fleisch, Weinberger und Wortmann (2015).

[48] o. A. (2016), thyssenkrupp (2017).

[49] Vgl. Hirsch-Kreinsen, Weyer und Wilkesmann (2015).

[50] Vgl. Zuboff (2015).

Machtpromotoren in hinreichendem Umfang auch Fachpromotoren zur Verfügung stehen.[51]

Überlegungen bezüglich der Gestaltung der *Koordination* im Unternehmen fußen in der Gewissheit, dass in der Digital Economy die zwischen den Unternehmenseinheiten bestehenden Interdependenzen stärker ausgeprägt sein werden als in der herkömmlichen Wirtschaft. Digitalisierungsprojekte, wie z. B. der Automobilindustrie hin zum autonomen Fahren, spielen in sämtliche Wertschöpfungskettenglieder der in einer Branche tätigen Unternehmen hinein. Erfolgt in einem Glied der Wertschöpfungskette eine Veränderung, dann hat dies Auswirkungen auf alle anderen Glieder. Organisationstheoretisch gesehen ergibt sich hieraus ein erhöhter Koordinationsbedarf, der – wie im Schrifttum ausgebreitet – unterzunehmendem Einsatz technologiegestützter Medien wie Enterprise Social Networks oder Special Interest Communities gedeckt wird. Im Zuge der Digitalisierung wird also die methodenfreie, direkte Selbstabstimmung unter Mitarbeitern zunehmend durch eine digitale Abstimmung über digitale Artefakte unterstützt bzw. ergänzt werden. So kann insbesondere über Enterprise Social Networks (ESN) eine vergleichsweise rasche Abstimmung in der Fläche hinsichtlich relevanter digitalisierungsspezifischer Angelegenheiten erfolgen. Hierzu sind jedoch der Entwurf von Maßnahmen zur Qualifizierung der Nutzer von ESN, die Entwicklung geeigneter Anwendungsfälle von ESN, die Kuration zentraler Inhalte für die ESN-Gruppen oder die Definition von Leitlinien zur Kommunikation in den ESN-Gruppen erforderlich.[52] Special Interest Communities haben für die Schnittstelle zwischen Unternehmen und Kunden bereits eine hohe Bedeutung,[53] werden im Zeitalter der Digitalisierung aber auch für die unternehmensinterne Koordination immer wichtiger. Zu nennen ist etwa die im Jahr 2013 eingerichtete Social-Business-Collaboration-Plattform bei Volkswagen, die unter anderem zur Abstimmung der internationalen Zusammenarbeit, zur markenübergreifenden Kommunikation in den Fachbereichen und Gremien oder als Austausch- und Informationsplattform genutzt wird.[54] Diese Medien zeichnen sich durch eine Betonung des horizontalen gegenüber dem vertikalen Informationsfluss aus. So erfolgende Abstimmungsprozesse laufen nicht mehr über die skalare Kette der Hierarchie, sondern horizontal unter den Angehörigen gleichen organisatorischen Rangs.

Solche Koordinationsformen haben insbesondere in der Softwareentwicklung weite Verbreitung gefunden, um regional und zeitlich verteilte Innovationsprozesse durch digitale Formen der Kommunikation zu organisieren. Klassische Anwendungsbeispiele sind Unternehmen wie Oracle, Microsoft, Intel und SAP. Wie SAP-Vorstandsmitglied Vishal Sikka betont: „Open community based development is at the very heart of who we are“.[55] SAP hat für die Umsetzung

---

[51] Vgl. Witte (1973).

[52] Vgl. Rossmann, Stei und Ebner (2016).

[53] Vgl. Spaulding (2010).

[54] Vgl. Schlichting (2016).

[55] Vgl. Kleinemeier (2013).

von Open Innovation und Community Development verschiedene Plattformen geschaffen. Mit dem SAP Community Network (SCN) wurde z. B. ein digitales Online-Netzwerk für SAP-Mitarbeiter, Kunden und Partner aufgebaut, das mittlerweile über zwei Millionen Mitglieder zählt. Innerhalb dieser Community tauschen die Mitglieder Wissen und Code zur Lösung spezifischer Softwareprobleme aus. Über die Messung der Anzahl von Downloads und die getätigten Seitenabrufe erhält man Indikatoren, welche Ideen ausgetauscht und stark nachgefragt wurden. Die Ergebnisse werden dann wieder an die Open Community zurückgespielt, um den weiteren Innovationsprozess bedarfsgerecht zu unterstützen.[56] Ein Beispiel für die Verbreitung digitaler Koordinationsformen in der Produktentwicklung außerhalb der Softwareindustrie bietet LEGO. Nach der drohenden Insolvenz im Jahr 2003 wurde die interne Produktentwicklung durch eine Innovationsplattform bestehend aus dem Herstellerunternehmen, User Communities und Lead Users ergänzt. Zahlreiche Produktinnovationen sind aus diesen digital vermittelten Kooperationen entstanden.[57] Wie Tiwana treffend formuliert: „Every product is a platform waiting to happen“[58].

Wenn es nun schließlich um einen Teilaspekt der Koordination, die *Standardisierung* in der Unternehmensorganisation geht, dann ist vorab darauf hinzuweisen, dass es kaum eine Disziplin geben dürfte, in der Standardisierung eine solch große Rolle spielt wie in der Informatik. Allein deshalb ist schon zu vermuten, dass die Digitalisierung der Wirtschaft eher eine Erhöhung denn eine Reduzierung der Standardisierung im Bereich der Unternehmensorganisation mit sich bringen wird. Ein hinreichender, wenn nicht sogar hoher Standardisierungsgrad in der Unternehmensorganisation ist aber auch deshalb erforderlich, weil Unternehmen der digitalisierten Wirtschaft über eine viel größere Anzahl an Datenquellen und -inhalten verfügen als herkömmliche Unternehmen.[59] Andererseits erleichtert die Digitalisierung aber auch die unternehmensweite Vereinheitlichung von Prozessen. In der Tat finden sich viele Beispiele aus unterschiedlichen Gestaltungsbereichen, die auf einen zukünftig hohen Standardisierungsgrad der Unternehmensorganisation hinweisen: So werden die vorgenannten Enterprise Social Networks und Special-Interest-Communities nur dann effektiv funktionieren können, wenn Dateien in einem kompatiblen Format zentral oder dezentral abgelegt werden. Auch die automatisierte Erfassung von Rechnungen setzt beispielsweise voraus, dass die Formate und Prozesse in hohem Maße standardisiert sind.

Umgekehrt ermöglicht die Digitalisierung auch eine flexible Standardisierung. Im Zuge der Standardisierung von Arbeitsprozessen werden bürokratische Routinen zunehmend in programmierte digitale Routinen sowie physische Automation in digitale Hyperautomation transformiert. In digitalisierten Routinen können deutlich mehr Entscheidungsparameter Berücksichtigung finden.

---

[56] Vgl. Kleinemeier (2013).

[57] Vgl. Hienerth, Lettl und Keinz (2014).

[58] Tiwana (2014).

[59] Vgl. Kreutzer, Neugebauer und Pattloch (2017).

Dies wird am Beispiel von Konfiguratoren für die Mass Customization in der Automobilindustrie, aber auch durch Plattformorganisationen wie Amazon im Handel, Facebook bei den sozialen Netzwerken oder Google bei Informationsdienstleistungen deutlich. Dort erfolgt die Koordination durch flexible Standardisierung, die auf digitalisierten Algorithmen, künstlicher Intelligenz und der Verarbeitung von Massendaten beruht.[60]

Aber auch im Bereich des mit der Unternehmensorganisation eng verwobenen Controllings wird Standardisierung zukünftig ein hohes Gut bleiben. So dürfte der Erfolg der digitalen Transformation in hohem Maße vom Vorhandensein standardisierungsfähiger und über die Unternehmenseinheiten einheitlich anwendbarer Controlling-Kennzahlen abhängen.[61] In der digitalisierten Wirtschaft wird es wie zuvor darum gehen, dass Steuerungsgrößen komplexe betriebliche Sachverhalte, Strukturen und Prozesse in relativ einfacher Form abbilden, so dass entscheidungsbegründende Vergleiche möglich sind.[62] Diesem Anspruch genügt das von der Axel Springer SE genutzte KPI-Raster des sog. Digitalcockpit, in dem zwischen community-, partner-, portfolio- und ressourcenorientierten Indikatoren unterschieden wird.[63] Überdies spielen auch in der Welt der Clouds standardisierte Plattformen eine wichtige Rolle, die jedoch – um zukunftsträchtig zu sein – überdies das Merkmal der dynamischen Skalierbarkeit aufweisen müssen.[64]

Im nachfolgenden Abschnitt wird jedoch gezeigt werden, warum auch in digitalisierten Unternehmen trotz all dieser in Richtung Selbstorganisation laufender Tendenzen die Koordination über die Unternehmenshierarchie einen hohen Stellenwert haben wird.

1.5 Ablösung hierarchischer Strukturen durch netzwerkartige Organisationsformen?

Auch bezüglich der Frage der Ablösung hierarchischer Strukturen durch Netzwerke soll hier wiederum eine differenziertere Sicht eingenommen werden. Selbstverständlich ist anzuerkennen, dass die Digitalisierung eine Verbesserung der horizontalen Informationsverarbeitungskapazität von Unternehmen und damit eine stärkere direkte Verbindung, also Vernetzung, hierarchisch nachrangiger Unternehmenseinheiten erfordert. Oben wurden verschiedene organisatorische Gestaltungsformen diskutiert, welche dies unterstützen könnten. Gleichwohl ist zu berücksichtigen, dass die hierarchische Unternehmensorganisation auch in Zeiten der Digitalisierung eine wichtige koordinative Funktion als

---

[60] Vgl. Groth (1999), Tiwana (2014).

[61] Vgl. Crummenerl und Seebode (2016).

[62] Vgl. Schönbohm und Egle (2017).

[63] Vgl. Schönbohm und Egle (2017).

[64] Vgl. Strecker und Kellermann (2016).

Informationsverarbeitungs- und Steuerungsmechanismus erbringen wird. Dies ist einerseits in den Schwächen der Netzwerkorganisation als auch andererseits in den Stärken hierarchischer Organisationsstrukturen begründet.

Mit Blick auf die *Schwächen der Netzwerkorganisation* ist zu sehen, dass die für die nachrangigen Unternehmenseinheiten verantwortlichen, Netze bildenden Personen sozusagen qua Amt primär an ihre eigene Einheit zu denken und daher Partialinteressen vor das Gesamtinteresse zu stellen haben. Auch ist es bei den für die Netzwerkorganisation typischen Mehrpersonenentscheidungen vergleichsweise unklar, wer die Gesamtverantwortung für die getroffenen, das Ganze betreffenden Entscheidungen trägt. Und schließlich wird es auch in der digitalisierten Welt, trotz stark erweiterter Datenverfügbarkeit, ungewiss sein, inwieweit die für die nachrangigen Unternehmenseinheiten zuständigen Entscheidungsträger darüber informiert sind, welche für strategische Entscheidungen relevanten Wissensbestände in welchen anderen Teileinheiten des Unternehmens verfügbar sind und welche diese Einheiten nachfragen werden.[65]

Einige der *Vorteile hierarchischer Organisationsstrukturen* stehen den vorgenannten Nachteilen diametral gegenüber. So ist unstrittig, dass die in hierarchischen Modellen an der Spitze stehende Einheit das Ganze im Auge zu halten und die Gesamtverantwortung zu tragen hat. Hierarchische Strukturen erscheinen aber auch angesichts des oben genannten Charakteristikums von Digitalisierungsinitiativen, funktions-, bereichs- und oft unternehmensübergreifend zu sein, hilfreich. Digitalisierungsprojekte erfordern Entscheidungsträger, die auf der Basis einer konzeptionellen Gesamtsicht und damit idealer Weise partialinteressenfrei darüber befinden, welche Ressourcen in welchem Umfang welchen Teileinheiten zugewiesen werden. Und schließlich sprechen auch die strategische und operative Tragweite, der hohe Umfang und die erheblichen Kosten von Digitalisierungsprojekten dafür, derartige Entscheidungen von einer Einheit verantworten zu lassen, die für das Ganze zuständig ist.

All dies lässt vermuten, dass es auch in der Digital Economy ein Nebeneinander von hierarchischen und netzwerkartigen Organisationsformen geben muss und geben wird, wenngleich letztere sicherlich relativ an Bedeutung gewinnen dürften. Bildlich gesprochen bedeutet dies, dass der große Tanker "Hierarchie" durch eine Flotte flinker Schnellboote (z. B. Special-Interest-Netzwerke, Cluster) ergänzt werden könnte. Wir erwarten, dass es durch die Digitalisierung in mehr Bereichen als früher zu hierarchiefreierer, Abteilungsgrenzen überschreitender Kommunikation und Kollaboration kommen wird. Die Mitarbeiter werden mehr Kommunikationskanäle nutzen, mehr Informationen austauschen und stärker in Entscheidungen eingebunden sein.

Was den Einsatzschwerpunkt der beiden Organisationsarchetypen anbelangt, so dürften die netzwerkartigen Organisationsformen vor allem im Bereich der inventions-orientierten Aktivitäten von Unternehmen vorherrschen. Wenn jedoch die Phase des Übergangs von der Invention zur Innovation, zur Ressourcenzuweisung und zur Implementierung von Neuerungen erreicht ist, dann

---

[65] Vgl. Wolf und Egelhoff (2010).

haben hierarchische Strukturen weiterhin viele Vorteile und damit eine große Berechtigung. Im Bereich hierarchischer Organisationsformen erscheint jedoch eine nochmalige Abflachung dieser Strukturen angemessen, um den im Digitalisierungszeitalter erforderlichen Zeit- und Agilitätsgewinn zu erlangen. Da die Digitalisierung in zunehmendem Maße systemunterstützende Überwachungssysteme und digitale Routinen mit sich bringen wird, erscheint die daraus resultierende Erhöhung der Leitungsspanne bewältigbar.

1.6 Fazit

Insgesamt gesehen erwartet der *AK Organisation*, dass die Digitalisierung mit erheblichen, zum Teil gravierenden Änderungen in der Organisation von Unternehmen verbunden sein wird. Obwohl Vieles, was heute unter dem Stichwort „Digitalisierung" diskutiert wird, bereits in den 80er und 90er Jahren thematisiert, umgesetzt und beforscht wurde (man denke etwa an die Diskussion von Telearbeit, des papierlosen Büros, Electronic Data Interchange u.Ä.), so besteht ein wichtiger qualitativer Unterschied der aktuellen Entwicklung darin, dass sie in vielen Bereichen zu einer erheblichen Beschleunigung, zu einer noch stärkeren informationellen Integration der Geschäftsprozesse, zu einer stärkeren Vernetzung im und zwischen Unternehmen sowie zu grundlegenden Veränderungen von Geschäftsmodellen und damit der Wettbewerbsstruktur geführt hat. Dies verändert die Bedingungen, unter denen Arbeit heute in Unternehmen organisiert wird.

Trotz der durch die Digitalisierung ermöglichten und erforderlichen Veränderungen dürfte die von Kippenberger geprägte These, „Technology changes, economic laws don't"[66], ihre Berechtigung für den Bereich der Unternehmensorganisation auch in der Digitalen Wirtschaft wahren. Die Organisationsforschung steht der These eines technologischen Determinismus schon lange skeptisch gegenüber.[67] Anstatt eines technologischen Determinismus vertreten Viele vielmehr die These, dass Entscheidungsträger erhebliche Wahlfreiheit dahingehend besitzen, mit welchen organisatorischen Gestaltungslösungen sie auf die Chancen und Risiken einer neuen technischen Entwicklung reagieren.[68] Die Digitalisierung wird daher wahrscheinlich viele unterschiedliche organisatorische Gestaltungsformen nach sich ziehen.

---

[66] Vgl. Kippenberger (1999).

[67] Vgl. Adler (2008).

[68] Vgl. Child (1972).

Literaturverzeichnis

Alge, Bradley J., G. A. Ballinger und S. G. Green. 2004. Remote control: Predictors of electronic monitoring intensity and secrecy. *Personnel Psychology*, 57(2):377-410.

Adler, Paul S. 2008. Technological determinism. In *International Encyclopedia of Organization Studies*, Hrsg. S. R. Clegg und J. R. Bailey, 1537-1539. Thousand Oaks: Sage Publications.

Bharadwaj, Anandhi, et al. 2013. Digital business strategy: Toward a next generation of insights. *MIS Quarterly*, 37(2):471-482.

Becker, Wolfgang, et al. 2017. Digitalisierung von Geschäftsmodellen. In *Digitale Transformation von Geschäftsmodellen: Grundlagen, Instrumente und Best Practices*, Hrsg. D. Schallmo u. a., 283-309. Wiesbaden: Springer Verlag.

Bijisma-Frankema, Katinka, und Paul Koopman. 2004. The oxymoron of control in an era of globalisation: Vulnerabilities of a mega myth. *Journal of Managerial Psychology*, 19(3):204-217.

Bitkom. 2016. *Chief Digital Officer – das unbekannte Wesen*. https://www.bitkom.org/Presse/Presseinformation/Chief-Digital-Officer-das-unbekannte-Wesen.html. Zugegriffen: 31.03.2017.

Brühl, Volker. 2015. *Wirtschaft des 21. Jahrhunderts – Herausforderungen in der Hightech-Ökonomie*, Wiesbaden: Springer-Verlag.

Child, John. 1972. Organizational structure, environment and performance: The role of strategic choice. *Sociology*, 6(1):1-22.

Ciesielski, Martin A., und Thomas Schutz. 2016. *Digitale Führung: Wie die neuen Technologien unsere Zusammenarbeit wertvoller machen*, Wiesbaden: Springer-Verlag.

Crummenerl, Claudia, und Rita Orsolya Seebode. 2016. Das Geheimnis erfolgreicher digitaler Transformation – Warum Führung, Befähigung und Kultur den Unterschied machen. In *Digital Leadership – Erfolgreiches Führen in Zeiten der Digital Economy*, Hrsg. T. Petry, 151-186. Freiburg: Haufe.

Deci, Edward L., und Richard M. Ryan. 1985. *Intrinsic Motivation and Self-Determination in Human Behavior*, New York und London: Springer US.

Demerouti, Evangelia, et al. 2014. New ways of working: Impact on working conditions, work–family balance, and well-being. In *The Impact of ICT on Quality of Working Life*, Hrsg. C. Korunka und P. Hoonakker, 123-141. Dordrecht: Springer Netherlands.

Deng, Xuefei, K. D. Joshi und R. D. Galliers. 2016. The Duality of empowerment and marginalization in microtask crowdsourcing: Giving voice to the less powerful through value sensitive design. *MIS Quarterly*, 40(2):279-302.

Drobnic, Sonja, und Ana M. Guillén. 2011. *Work-life Balance in Europe: The Role of Job Quality*, London: Palgrave Macmillan.

Fleisch, Elgar, M. Weinberger und F. Wortmann. 2015. Geschäftsmodelle im Internet der Dinge. *Zeitschrift für betriebswirtschaftliche Forschung*, 67(4):444-465.

Galbraith, Jay R. 2012. The evolution of enterprise organization designs. *Journal of Organization Design*, 1(2):1-13.

Gärtner, Christian, C. Heinrich und E. Lopper. 2017. *Chief Digital Officer: Relevanz, Rolle und Roadmap*, Berlin: Quadriga Media.

Gassmann, Oliver, und Philipp Sutter. 2016. *Digitale Transformation im Unternehmen gestalten: Geschäftsmodelle Erfolgsfaktoren Fallstudien*, München: Carl Hanser Verlag.

Gerhart, Barry, und Meiyu Fang. 2015. Pay, intrinsic motivation, extrinsic motivation, performance, and creativity in the workplace: Revisiting long-held beliefs. *Annual Review of Organizational Psychology and Organizational Behavior*, 2:489-521.

Groth, Lars. 1999. *Future Organizational Design: The Scope for the IT-based Enterprise*, Chichester u. a.: Wiley.

Grundei, Jens, und Axel v. Werder. 2016. Organisationale Verankerung der Kommunikation in Unternehmen. In *Handbuch Strategische Kommunikation*, Hrsg. M. Bruhn, F.-R. Esch und T. Langner, 449-468. Wiesbaden: Springer Gabler.

Hienerth, Christoph, C. Lettl und P. Keinz. 2014. Synergies among producer firms, lead users, and user communities: The case of the Lego producer-user ecosystem. *Journal of Product Innovation Management*, 31(4):848-866.

Hirsch-Kreinsen, Hartmut, J. Weyer und M. Wilkesmann. 2015. *Digitalisierung von Arbeit: Folgen, Grenzen und Perspektiven*. Soziologisches Arbeitspapier 43. Technische Universität Dortmund.

Hirst, Alison. 2011. Settlers, vagrants and mutual indifference: Unintended consequences of hot-desking. *Journal of Organizational Change Management*, 24(6):767-788.

Hoover, J. Nicholas. 2007. Social networking: A time waster or the next big thing in collaboration. *InformationWeek*, 21.09.2007.

Kelliher, Clare, und Deirdre Anderson. 2008. For better or for worse? An analysis of how flexible working practices influence employees' perceptions of job quality. *The International Journal of Human Resource Management*, 19(3):419-431.

Kippenberger, Tony. 1999. Technology changes, but the laws of economics don't! *The Antidote*, 4(5):18-20.

Kleinemeier, Michael. 2013. Unternehmen müssen ihre Kunden gezielt und schnell erreichen. In *Digitalisierung und Innovation*, Hrsg. F. Keuper u. a., 221-229. Wiesbaden: Springer Fachmedien.

Kreutzer, Ralf T., T. Neugebauer und A. Pattloch. 2016. *Digital Business Leadership – Digitale Transformation, Geschäftsmodell-Innovation, agile Organisation, Change-Management*, Wiesbaden: Springer-Verlag.

Laloux, Frederic. 2014. *Reinventing Organizations*, Brüssel: Nelson Parker.

McKinsey. 2017. *Cracking the Digital Code – McKinsey Global Survey Results*. http://www.mckinsey.com/business-functions/digital-mckinsey/our-insights/cracking-the-digital-code. Zugegriffen: 07.03.2017.

Moss, Christoph. 2016. *Der Newsroom in der Unternehmenskommunikation*, Wiesbaden: Springer Verlag.

o. A. 2016. *Internet der Dinge bei ThyssenKrupp*. http://veranstaltungen.handelsblatt.com/industrie/internet-der-dinge-bei-thyssenkrupp. Zugegriffen: 31.03.2017.

Ortmann, Günther, J. Sydow und K. Türk. 2000. *Theorien der Organisation: Die Rückkehr der Gesellschaft*, Wiesbaden: Springer-Verlag.

Petry, Thorsten. 2016. Digital Leadership - Unternehmens- und Personalführung in der Digital Economy. In *Digital Leadership - Erfolgreiches Führen in Zeiten der Digital Economy*, Hrsg. T. Petry, 21-82. Freiburg: Haufe.

Powell, Walter W. 1990. Neither market nor hierarchy: Network form of organization. In *Research in Organizational Behavior*, Hrsg. B. M. Staw und L. L. Cummings, 295-336. Stamford: JAI Press.

Probst, Gilbert J. B. 1992. *Organisation: Strukturen, Lenkungsinstrumente und Entwicklungsperspektiven*, Landsberg/Lech: Verlag Moderne Industrie.

Rennecker, Julie, und Lindsey Godwin. 2005. Delays and interruptions: A self-perpetuating paradox of communication technology use. *Information and Organization*, 15(3):247-266.

Romeike, Philipp, A.-M. Nienaber und G. Schewe. 2016. How differences in perceptions of own and team performance impact trust and job satisfaction in virtual teams. *Human Performance*, 29(4):291-309.

Romeike, Philipp, et al. 2016. New Ways of Working: Chances and Challenges for Trust-Enhancing Leadership. In *Trust and Communication in a Digitized World: Models and Concepts of Trust Research*, Hrsg. B. Blöbaum, 161-176. Cham u. a.: Springer International Publishing.

Rossmann, Alexander, G. Stei und W. Ebner. 2016. Governancemodelle für Enterprise Social Networks. In *Enterprise Social Networks – Erfolgsfaktoren für die Einführung und Nutzung – Grundlagen, Praxislösungen, Fallbeispiele*, Hrsg. A. Rossmann, G. Stei und M. Besch, 61-82. Wiesbaden: Springer Verlag.

Schlichting, Christina-Dorothea. 2016. Einführung einer internen sozialen Kollaborationsplattform bei Volkswagen. In *Enterprise Social Networks – Erfolgsfaktoren für die Einführung und Nutzung – Grundlagen, Praxislösungen, Fallbeispiele*, Hrsg. A. Rossmann, G. Stei und M. Besch, 205-217. Wiesbaden: Springer Verlag.

Schönbohm, Avo, und Ullrich Egle. 2017. Controlling der digitalen Transformation. In *Digitale Transformation von Geschäftsmodellen: Grundlagen, Instrumente und Best Practices*, Hrsg. D. Schallmo u. a., 213-236. Wiesbaden: Springer Verlag.

Sitkin, Sim B., L. B. Cardinal und K. M. Bijlsma-Frankema. 2010. *Organizational Control*, Cambridge: Cambridge University Press.

Spaulding, Trent J. 2010. How can virtual communities create value for business? *Electronic Commerce Research and Applications*, 9(1):38-49.

Strecker, Frank, und Jörg Kellermann. 2016. Die Cloud in der Praxis. In *Was treibt die Digitalisierung? – Warum an der Cloud kein Weg vorbeiführt*, Hrsg. F. Abolhassan, 75-89. Wiesbaden: Springer Gabler.

Sydow, Jörg, und Arnold Windeler. 2000. *Steuerung von Netzwerken: Konzepte und Praktiken*, Opladen und Wiesbaden: Westdeutscher Verlag.

thyssenkrupp. 2017. *CeBIT: ThyssenKrupp Elevator präsentiert innovative Servicelösung*. http://www.thyssenkrupp-aufzuege.de/unternehmen/neuigkeiten/detail/news/cebit-thyssenkrupp-elevator-praesentiert-innovative-serviceloesung. Zugegriffen: 31.03.2017.

Tiwana, Amrit. 2014. *Platform Ecosystems: Aligning Architecture, Governance, and Strategy*, Amsterdam: Elsevier.

Tower Watson. 2012. *2012 Global Workforce Study: engagement at risk: Driving strong performance in a volatile global environment*. http://towerswatson.com/assets/pdf/2012-towers-watson-global-workforce-study.pdf. Zugegriffen: 30.03.2017.

Voordt, Theo J. M. van der. 2004. Productivity and employee satisfaction in flexible workplaces. *Journal of Corporate Real Estate*, 6(2):133-148.

Walter, Wolfram M. 2017. Der Einfluss der Digitalisierung auf die Organisation eines Unternehmens. In *Herausforderung Utility 4.0: Wie sich die Energiewirtschaft im Zeitalter der Digitalisierung verändert*, Hrsg. O. D. Doleski, 227-247. Wiesbaden: Springer Fachmedien.

Weick, Karl E. 1977. Organization design: Organizations as self-designing systems. *Organizational Dynamics*, 6(2):31-46.

Weinreich, Uwe. 2016. *Lean Digitization – Digitale Transformation durch agiles Management*, Wiesbaden: Springer Gabler.

Wenger, Etienne, R. A. McDermott und W. Snyder. 2002. *Cultivating Communities of Practice: A Guide to Managing Knowledge*, Boston: Harvard Business School Press.

Witte, Eberhard. 1973. *Organisation für Innovationsentscheidungen – Das Promotoren-Modell*, Göttingen: O. Schwartz.

Wolf, Joachim, und William G. Egelhoff. 2010. Limitations of the Network Organization in MNCs. In *Reshaping the Boundaries of the Firm in an Era of Global Interdependence*, Hrsg. J. Pla-Barber und J. Alegre, 143-172. Amsterdam: Emerald Group Publishing Limited.

Zerfaß, Ansgar, C. E. Ehrhart und C. Lautenbach. 2014. Organisation der Kommunikationsfunktion: Strukturen, Prozesse und Leistungen für die Unternehmensführung. In *Handbuch Unternehmenskommunikation. Strategie – Management – Wertschöpfung*, Hrsg. A. Zerfaß und M. Piwinger, 987-1010. Wiesbaden: Springer Gabler.

Zisler, Kristina, et al. 2016. Chief Digital Officer: Enabler der digitalen Transformation. *Zeitschrift Führung + Organisation,* 85(2):76-83.

Zollenkopp, Michael, und Ralph Lässig. 2017. Digitalisierung im Industriegütergeschäft. In *Digitale Transformation von Geschäftsmodellen: Grundlagen, Instrumente und Best Practices*, Hrsg. D. Schallmo u. a., 59-95. Wiesbaden: Springer Verlag.

Zuboff, Shoshana. 1988. *In the Age of the Smart Machine – The Future of Work and Power,* New York: Basic Books.

Zuboff, Shoshana. 2015. Big other: Surveillance capitalism and the prospects of an information civilization. *Journal of Information Technology,* 30(1):75-89.

Kapitel 2
Digitale Transformation und Leadership in Shared Service Organisationen

Arbeitskreis Shared Services der Schmalenbach-Gesellschaft für Betriebswirtschaft e.V.[1, 2]

2.1 Bedeutung der Digitalisierung für Shared Service Organisationen

Shared Service Organisationen (SSOs) sind Anbieter von Dienstleistungen, „die mit dem Ziel der Effizienz- und Effektivitätssteigerung für mehrere interne oder auch externe Kunden gebündelt erbracht werden, häufig nicht zu den Kernprozessen eines Unternehmens gehören und in einer Organisationseinheit (in der Regel Shared Service Center) zusammengefasst werden."[3] Durch die Bündelung

---

[1] Mitglieder des Arbeitskreises: Dr. Ulrich Borgdorf, innogy SE / Prof. Dr. Rolf Brühl, ESCP Europe Wirtschaftshochschule Berlin e.V. / Prof. Dr. Nils Crasselt, Universität Wuppertal / Dr. Daniel Dornbusch, BASF Services Europe GmbH / Dr. Thorben Finken, Linde AG / Prof. Dr. Thomas M. Fischer, Universität Erlangen-Nürnberg / Christian Große, Fresenius Medical Care Deutschland GmbH / Harald Heß, e.kundenservice Netz GmbH / Andreas Hilf, Boehringer Ingelheim GmbH / Jörg Hoffmann, Evonik Industries AG / Dr. Karsten Hoyer, Bayer Business Services GmbH / Prof. Dr. Peter Kajüter, Universität Münster / Heiko Knocke, SAP SE / Dr. Sandra Krey, MAN Truck & Bus AG / Thomas Laux, Deutsche Telekom Services Europe GmbH / Kai-Eberhard Lueg, Siemens AG / Reinhard Maier-Peveling, Henkel AG & Co. KGaA / Barbara Mauch-Maier, Daimler AG / Mario Pellegrino, Merck Accounting Solutions & Services Europe GmbH / Dr. Stefan Rehkopf, Beiersdorf Shared Services GmbH / Dr. Turan Sahin, Allianz Technology SE / Javier Sánchez, thyssenkrupp Business Services GmbH / Thomas Sauer, BMW Group / Dr. Claus Peter Schründer, Deutsche Telekom Services Europe GmbH / Dr. Frank Schüler, DHL Global Forwarding Management GmbH / Martin Steuernagel, Lufthansa Global Business Services GmbH / Stefan Troßbach, Bertelsmann Accounting Services GmbH / Dr. Marcell Vollmer, SAP Ariba / Melanie Wiese, ZF Friedrichshafen AG / Jens Bruno Wilhelm, BSH Hausgeräte GmbH / Prof. Dr. Herbert Woratschek, Universität Bayreuth.

[2] Federführende Autoren: Thomas M. Fischer, Kai-Eberhard Lueg, Lorenz Schneck (Universität Erlangen-Nürnberg).

[3] Brühl et al. (2017, S. 16).

und Zentralisierung werden Unterstützungsprozesse verschiedener Konzerneinheiten zu Kernprozessen der SSO. Die damit verbundenen Spezialisierungs- und Skalenvorteile ermöglichen eine effizientere Ausführung der Aktivitäten und eine Reduzierung der dadurch verursachten Kosten.[4] Mit dem Aufbau eines Shared Service Center (SSC) in Ländern mit niedrigerem Lohnniveau im Vergleich zu den vorherigen Standorten werden weitere Kosten eingespart (sog. labor arbitrage).[5] Aufgrund der Spezialisierungsvorteile wird zusätzlich eine Qualitätsverbesserung der angebotenen Dienstleistungen erreicht.[6]

Der Megatrend der Digitalisierung erfordert auch von SSOs, ihre Geschäftsmodelle, Dienstleistungen und Prozesse anzupassen. Angesichts ihrer Ziele müssen SSOs besonders schnell die durch die Digitalisierung entstehenden Erfolgspotenziale realisieren, um weiterhin Wertbeiträge für das Gesamtunternehmen zu schaffen. In diesem Beitrag wird zunächst die Wirkung der Digitalisierung auf Shared Services erläutert. Weiterhin werden die Erfolgsfaktoren beschrieben, die sich für SSOs aus der digitalen Transformation ergeben. Anschließend werden ausgewählte neue Geschäftsmodelle für Shared Services vorgestellt, durch die aus der Digitalisierung entstehende Chancen genutzt werden. Zuletzt werden Herausforderungen für das Management und die Mitarbeiter der SSO beschrieben, die zu bewältigen sind, um die digitale Transformation erfolgreich umzusetzen und die identifizierten Erfolgspotenziale zu verwirklichen.

In Abb. 2.1 sind die Unternehmensfunktionen dargestellt, die in den SSOs der Mitgliedsunternehmen des *AK Shared Services* implementiert sind (die Prozentwerte entsprechen den relativen Häufigkeiten). Der Schwerpunkt liegt auf Unterstützungsfunktionen, wie Finanzen oder Personal. Die SSOs der Unternehmen im Arbeitskreis bestehen im Mittel seit circa elf Jahren, beschäftigen 1.800 FTEs[7] und erbringen überwiegend, aber nicht ausschließlich, transaktionsbasierte Dienstleistungen.

Shared Services sind eine ausgereifte Organisationsform, die sich aufgrund ihrer Stärken global durchgesetzt hat.[8] Während bisher überwiegend transaktionale, skalenbasierte Aktivitäten im Fokus von Shared Services standen, nimmt die Bedeutung von Qualitätsaspekten mit der Übernahme expertisebasierter Aufgaben[9] durch die SSO nochmals zu.

---

[4] Vgl. Brühl et al. (2017, S. 4), Weber, Truijens und Neumann-Giesen (2012, S. 11). Kosteneinsparungen von insgesamt über 20% stellen dabei eine realistische Erwartung dar, vgl. Suska und Weuster (2016, S. 15).

[5] Vgl. Rau und Helbing (2015b, S. 33f.).

[6] Vgl. Westerhoff (2008, S. 61). In einer Umfrage aus dem Jahr 2016 gaben 71% der SSOs an, das Qualitätsziel zumindest teilweise erreicht zu haben, vgl. Suska und Weuster (2016, S. 14).

[7] Rechnerische Vollzeitstellen der Mitarbeiter.

[8] In einer Umfrage aus dem Jahr 2015 gaben die 311 teilnehmenden Unternehmen aus 35 Ländern an, über 1.000 Shared Service Center zu betreiben, vgl. Deloitte Consulting LLP (2015, S. 4ff.).

[9] Vgl. SSON (2017, S. 20).

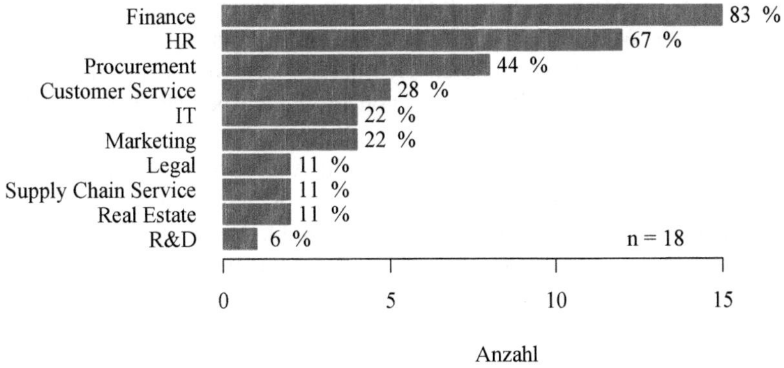

Abb. 2.1: Betriebliche Funktionen von implementierten SSCs

Neben der Globalisierung und der Verfügbarkeit von Arbeitskräften stellen Fortschritte in der Informationstechnologie die bedeutendsten externen Treiber für die weitere Entwicklung von SSOs dar.[10] Der Begriff „Digitalisierung" umfasst die weitgehende Transformation der Lebens- und Arbeitswelt durch Informations- und Kommunikationstechnologien.[11] Die Digitalisierung erfordert einen Wandel im Geschäftsmodell von Unternehmen und folglich auch von SSOs, der zur Veränderung des Produktangebots, der Aufbau- und Ablauforganisation sowie der Automatisierung von Prozessen führt.[12] Darüber hinaus wird die Wirkung anderer externer Treiber verstärkt, wie beispielsweise in Form des in den letzten Jahren gestiegenen Wettbewerbs der Unternehmen und ihrer Organisationseinheiten um geeignet qualifizierte Fachkräfte.[13] Der Begriff „digitale Disruption" steht für die Wettbewerbswirkung, die sich aus der hohen Geschwindigkeit der Digitalisierung ergibt: Die Auflösung von Branchengrenzen eröffnet Chancen für neue Wettbewerber, während fehlende Agilität der bisherigen Anbieter in Bezug auf Kundenbedürfnisse dazu führen kann, dass lange Zeit erfolgreiche Geschäftsmodelle eingestellt werden müssen.[14]

Im Kontext der SSOs ergeben sich aus digitalen Technologien neue Potenziale bei der Ausführung von Aktivitäten. Beispiele sind die Automatisierung manueller und kognitiver Aktivitäten in Geschäftsprozessen, die Auswertung der vorhandenen umfangreichen Stamm- und Prozessdaten durch Analytics sowie die unternehmensinterne und -übergreifende Vernetzung. Die Entscheidung, ob Initiativen zur Realisierung digitaler Potenziale im Konzern gebündelt in der Gesamtverantwortung der SSO erfolgen oder verteilt in unterschiedlichen

[10] Vgl. Rau und Helbing (2015a, S. 334f.).

[11] In Anlehnung an Spitzenpfeil und Adelt (2015, S. 15).

[12] Vgl. Hess et al. (2016, S. 124).

[13] Im September 2016 (2015) bestanden in Deutschland 51.000 (43.000) offene Stellen für IT-Experten, vgl. Bitkom (2016, S. 2).

[14] Vgl. Weill und Woerner (2015, S. 27).

Funktionen, Geschäftsbereichen oder Regionen, bestimmt die zukünftige Bedeutung einer SSO. Weitere disruptive Wirkungen ergeben sich aus dem durch die digitale Transformation veränderten Geschäftsmodell von Kunden der SSO. Beispiel hierfür ist die Digitalisierung von Produkten bei Medienkonzernen:[15] Die daraus entstehenden Möglichkeiten, digitale Kopien (Musikstücke, Videos, Bücher, Texte und Grafiken) einzeln oder mit Abonnement-Modellen zu vermarkten, führen zur nachhaltigen Veränderung bei der Anzahl und zeitlichen Verteilung der Geschäftsvorfälle. Die Fähigkeit der SSO, ihr spezifisches Geschäftsmodell zügig an die neuen Anforderungen der Kunden anzupassen, bestimmt ihre Relevanz im digitalisierten Konzern.

2.2 Erfolgsfaktoren von Shared Services bezüglich der Digitalisierung

In SSOs werden durch die konsequente Ausrichtung auf die Effizienz- und Effektivitätsziele Kernfähigkeiten entwickelt, die kritische Erfolgsfaktoren in Bezug auf die digitale Transformation darstellen (siehe Abb. 2.2).[16] Die bedeutendsten Erfolgsfaktoren werden nachfolgend erläutert.

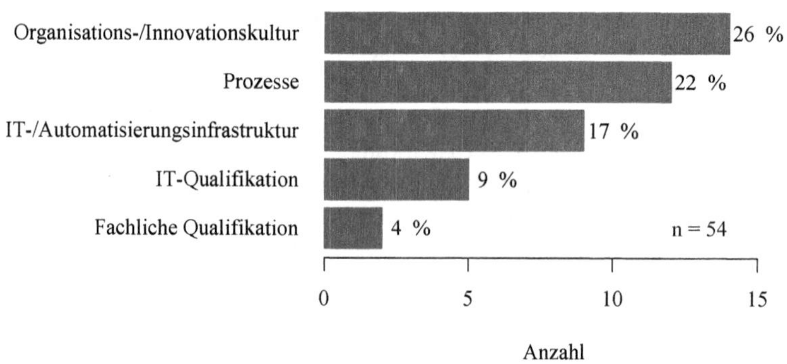

Abb. 2.2: Stärken von SSOs in Bezug auf die Digitalisierung

[15] Vgl. Mertens et al. (2017, S. 196ff.).

[16] Die Mitglieder des *AK Shared Services* haben im Rahmen einer Umfrage im November 2016 jeweils drei Stärken von SSOs bezüglich der Digitalisierung benannt.

2.2.1 Prozesskenntnisse und -standards

Bei der Übertragung von Aktivitäten aus den Geschäftseinheiten des Unternehmens in die SSO werden Prozesse häufig zunächst ohne relevante Änderungen von der Geschäftseinheit *(„Lift")* in die SSO *(„Drop")* verlegt. Danach erfolgt eine Harmonisierung und Optimierung *(„Change")*.[17] Durch den Übertragungsvorgang und die Anpassungen im LDC-Verfahren entstehen umfassende Prozessdokumentationen. Darüber hinaus werden aufgrund der laufenden Optimierung während der „Change"-Phase in den SSOs Erfahrungen bezüglich der Prozessoptimierung aufgebaut. Damit ergibt sich in der SSO eine Anwendungs-Plattform mit umfassenden, verwertbaren Vorerfahrungen. Diese Kenntnisse und Erfahrungen stellen spezifische immaterielle Vermögenswerte dar, die im Gesamtunternehmen für die Transformation und Entwicklung von innovativen Geschäftsmodellen nutzbar sind.

Prozessstandardisierung ist die Vereinheitlichung bestehender Prozessvarianten durch Anpassung der Varianten an einen Prozessstandard.[18] Der Umfang der Skalierungs- und Spezialisierungsvorteile, der sich durch die Auslagerung in die SSO erzielen lässt, ist abhängig von der Standardisierbarkeit der zugrundeliegenden Aktivitäten.[19] Ein hoher Standardisierungsgrad ist weniger Zielsetzung als Hebel zur Erreichung der Effizienz- und Effektivitätsziele von Shared Services. Für die Digitalisierung sind besonders folgende Vorteile eines sich über alle relevanten Teilaktivitäten erstreckenden Standardprozesses (sog. „End-to-End"-Betrachtung) von Bedeutung:[20] Durch die Standardisierung wird eine einheitliche Datenbasis geschaffen, die eine Voraussetzung für die automatische Verarbeitung sowie neue, datengetriebene Geschäftsmodelle (z. B. Analytics von Prozessdaten) bildet. Weiterhin wird eine nachfolgende Automatisierung durch die Prozessstandardisierung rentabel, da weniger individuelle Anpassungen der Software an einzelne Aktivitäten notwendig sind. Das vollständige Potenzial von Plattformen bzw. Cloud-Lösungen im Zusammenhang mit Shared Services ist dann nutzbar, wenn die Prozesse nicht nur im eigenen Konzern, sondern auch übergreifend in unterschiedlichen Konzernen an global einheitliche Standards angepasst werden.[21]

---

[17] Vgl. Lueg (2013, S. 8).

[18] Vgl. Münstermann, Eckhardt und Weitzel (2010, S. 31).

[19] Vgl. Rau und Helbing (2015a, S. 339).

[20] Vgl. Lueg et al. (2017, S. 64f.).

[21] Vgl. Rau und Helbing (2015a, S. 355).

2.2.2 *Prozessautomatisierung*

Durch die Automatisierung von Geschäftsprozessen wird es möglich, dass Aktivitäten in höherer Qualität, d. h. mit geringerer Fehlerrate und schnellerer Durchlaufzeit, sowie zu niedrigeren Stückkosten ausgeführt werden. Weitere Vorteile sind eine verbesserte Skalierbarkeit und Compliance, die größeren Möglichkeiten der Mitarbeiter, sich auf anspruchsvollere Tätigkeiten zu konzentrieren, sowie die Optimierung des Risikoprofils der SSO.[22]

Für die Automatisierung der Prozesse können verschiedene Technologien, wie beispielsweise Business Process Management (BPM) und Robotic Process Automation (RPA), eingesetzt werden.[23] Dabei ist zu berücksichtigen, auf welcher Schicht des Anwendungssystems[24] sie operieren und welcher Grad an IT-Kenntnissen zu ihrer Implementierung notwendig ist.[25] Anwendungen zur Automatisierung im Rahmen von BPM-Ansätzen[26] greifen auf die Applikationslogik- und Datenverwaltungsschicht zu. Weiterhin werden für die Implementierung IT-Fachleute benötigt. Falls die in SSOs ausgelagerten Prozesse stark fragmentiert sind, wird kein Volumen erreicht, das die für die Automatisierung benötigten Finanz- und IT-Ressourcen rechtfertigt.[27] Um dennoch Aktivitäten in der SSO zu automatisieren, haben viele Unternehmen bereits begonnen oder geplant, RPA-Anwendungen für standardisierte Prozesse zu implementieren.[28] Die Einrichtung von „Robots" – das Synonym für eine einzelne Lizenz der Automatisierungs-Software – erfolgt durch Mitarbeiter mit vergleichsweise wenigen Programmierkenntnissen. Die Software kann applikationsübergreifend arbeiten, da der Robot, wie zuvor der Mitarbeiter, auf der Benutzerschnittstelle des Anwendungssystems operiert.[29]

Die Automatisierung in Unternehmen beschränkt sich gegenwärtig größtenteils auf regelbasierte Aktivitäten mit niedriger bis hoher Komplexität, deren Inputs überwiegend in strukturierter Form, z. B. in Tabellenform,[30] vorliegen.[31] Ein Beispiel hierfür sind Aktivitäten der Personalabteilung nach der Einstellung

---

[22] Vgl. Kroll et al. (2016, S. 29).

[23] Vgl. Everest Global Inc. (2014, S. 14).

[24] Die Architektur betrieblicher Anwendungssysteme besteht oftmals aus mehreren Schichten, die unterschiedliche Funktionen wahrnehmen, wie die Interaktion mit dem Benutzer, die Anwendungsfunktionalität und die Datenverwaltung, vgl. Mertens et al. (2017, S. 138), Sommerville (2012, S. 194f.).

[25] Vgl. Willcocks und Lacity (2016, S. 70f.).

[26] Vgl. Dumas et al. (2013, S. 20f.).

[27] Vgl. Willcocks und Lacity (2016, S. 72f.).

[28] In einer Umfrage aus dem Jahr 2016 unter 150 Führungskräften in internationalen Konzernen gaben 39% an, bereits RPA-Lösungen implementiert zu haben. 77% teilten mit, dass dies in den nächsten 3-5 Jahren geplant sei, vgl. Kroll et al. (2016, S. 20).

[29] Vgl. Willcocks und Lacity (2016, S. 72f.).

[30] Vgl. Everest Global Inc. (2014, S. 11).

[31] Vgl. Kroll et al. (2016, S. 12).

eines neuen Mitarbeiters. Gemäß festgelegter Abläufe wird auf verschiedene Anwendungssysteme zugegriffen, um die Lohnzahlung, Sozialabgaben, ein IT-Konto usw. einzurichten.[32] Die Automatisierung wissensbasierter und kognitiver Back-Office-Tätigkeiten auf Basis unstrukturierter Daten, wie E-Mails oder Schriftstücke,[33] durch Künstliche Intelligenz wird bereits erprobt.[34]

Abb. 2.3 zeigt am Beispiel der Siemens AG eine sinnvolle Priorisierung der einzelnen Schritte zur Automatisierung bei der Integration von Prozessen in die SSO.

1. Vereinfachung und Komplexitätsreduzierung
2. Standardisierung und Prozessoptimierung
3. Automatisierung durch Möglichkeiten des ERP-Systems
4. Automatisierung mittels Operations Platforms und Electronic Workflows, insbesondere BPM-Plattformen
5. Automatisierung durch RPA („virtuelle FTEs")

Abb. 2.3: Automatisierung bei der Integration von Prozessen in die SSO

In Bezug auf die Digitalisierung stellt der Automatisierungsgrad einen bedeutenden Erfolgsfaktor dar. Technologische Rückstände führen angesichts der hohen Geschwindigkeit, mit der die digitale Transformation erfolgt, schnell zu Wettbewerbsnachteilen seitens der SSO bezüglich der Kosten und der Qualität der Leistungserbringung. Durch die Prozessautomatisierung in der SSO werden Kenntnisse und Erfahrungen bezüglich der eingesetzten Technologien erworben sowie die Infrastruktur auf den aktuellen Standard gebracht. Eine hohe Akzeptanz technischer Innovationen ist ebenfalls wichtige Voraussetzung für die fortschreitende Automatisierung von wissensbasierten und kognitiven Aktivitäten in der Digitalisierung von SSOs. Die erfolgreiche Umsetzung führt auch zur Anpassung der Organisationsstrukturen und Veränderung der Unternehmenskultur.

2.2.3 Organisationskultur

Organisationskultur bezeichnet die gemeinsame, gesammelte Lernerfahrung einer Gruppe bei der Bewältigung der Herausforderung externer Anpassung und interner Integration, aus der ein Schema oder System von Glaubenssätzen, Werten oder Verhaltensnormen entsteht, die von den Mitgliedern als Grundannahmen verinnerlicht und letztlich nicht mehr bewusst wahrgenommen werden.[35]

---

[32] Vgl. Willcocks und Lacity (2016, S. 66f.).

[33] Vgl. Everest Global Inc. (2014, S. 11).

[34] Vgl. Mainichi Japan (2016).

[35] Vgl. Schein und Schein (2017, S. 6).

In der SSO ist eine geeignete Organisationskultur zu entwickeln, was einen entscheidenden Erfolgsfaktor für die erfolgreiche digitale Transformation darstellt.

Die Stärken der SSO liegen in der Fähigkeit zur grenzüberschreitenden Zusammenarbeit mit den Kunden, dem Teilen von Best Practices, einer ganzheitlichen und funktionsübergreifenden Perspektive sowie einer ausgeprägten Innovationskultur.[36] Letztere äußert sich in der Anwendung von agilen Prinzipien,[37] Trial-and-Error, dem offenen Austausch über Erfolge und Fehlschläge, unternehmerischer Initiative sowie Veränderungsbereitschaft.[38] In der SSO von Siemens wird die Weiterentwicklung der Innovationskultur beispielsweise systematisch gefördert durch Plattformen zum regelmäßigen Informationsaustausch sowie Förder- und Weiterbildungsprogramme, Workshops, Ideenwettbewerbe und Auszeichnungen.

2.3 Digitale Geschäftsmodelle von SSOs

2.3.1 Grundlagen

Das Konzept des „Business Model“ hat seit der Mitte der 90er Jahre in Wissenschaft und Praxis zunehmende Relevanz gewonnen.[39] Geschäftsmodelle umfassen allgemein die Architektur des Wertschöpfungsprozesses einschließlich der beteiligten Akteure und deren Funktionen, die Wertangebote für Ersteller und Nutzer sowie die Erlösquellen.[40] Entsprechend setzen Geschäftsmodellinnovationen der SSOs an der Schöpfung, Übertragung und Realisation von Werten[41] an.

Wertinnovationen zeichnen sich durch ein verändertes Wertangebot in Form von neuen Produkten oder Dienstleistungen aus, die dem Kunden zur Verfügung gestellt und von diesem nachgefragt werden.[42] Angesichts der ausgeprägten Kundenorientierung von SSOs[43] bezieht sich ein verändertes Wertangebot von Shared Services stark auf den durch die Digitalisierung hervorgerufenen Bedarf an Dienstleistungen. Darüber hinaus muss die SSO Optimierungspotenziale in der gesamten Wertschöpfungskette aufgrund der vorhandenen Prozesskenntnisse und der erreichten höheren Transparenz in einer End-to-End-Perspektive identifizieren sowie eine aktive Rolle bei der Digitalisierung im Konzern innehaben.

---

[36] Vgl. Egli (2013, S. 437f.).

[37] Vgl. mit Bezug auf die agile Softwareentwicklung Beck et al. (2001).

[38] Vgl. Jassawalla und Sashittal (2002, S. 43).

[39] Vgl. Zott et al. (2011, S. 1022).

[40] Vgl. Timmers (1998, S. 4).

[41] Vgl. Teece (2010, S. 172).

[42] Vgl. Gleich, Knocke und Laux (2017, S. 159).

[43] Vgl. Sterzenbach (2010, S. 94f.).

Als architektonische Innovationen werden neue Wertschöpfungskonstellationen verstanden, durch die das Wertangebot der SSO für die Kunden hinsichtlich Ressourcen, Wertschöpfung sowie der Distribution optimal konfiguriert wird.[44] In der digitalen Disruption erlangt die Anpassungsfähigkeit von Konzernen an ein stark volatiles Umfeld hohe Bedeutung. Durch die Bereitstellung einer skalierbaren Prozessinfrastruktur verbessern SSOs über architektonische Innovationen die Flexibilität des Gesamtunternehmens.

Serviceplattformen sind Sammlungen wiederverwendbarer Module, die den Anbietern erlauben, neue Dienstleistungen effektiver zu konfigurieren, sodass diese den Bedürfnissen einzelner Kunden besser entsprechen.[45] Im Bereich des Cloud-Computing haben sich verschiedene Servicemodelle unter dem Kompositum „as-a-Service“ etabliert.[46] Bei Übertragung dieser Konzepte[47] auf die Distribution von Dienstleistungen der SSO wird ein bedarfsgerechter Zugang zu konfigurierbaren Shared Service Leistungen im Konzern geschaffen, die mit geringem Koordinationsaufwand dezentral zur Verfügung gestellt werden.

Das Cloud- oder Plattformkonzept lässt sich auch auf die Ressourcen der Shared Services anwenden. Einerseits können Belastungsspitzen über sog. Crowdworking, d. h. über die Einbindung von Mitarbeitern mit Hilfe der Cloud, abgefedert werden.[48] Andererseits werden bestimmte Aktivitäten, die selbst bei Zentralisierung in der SSO keine nennenswerten Skalenvorteile erreichen, für ein Outsourcing vorgesehen.[49] Hierzu ist die Aktivität in Bezug auf strategische Relevanz, Datensicherheit und Rechtskonformität zu überprüfen.[50] Die SSO würde in diesem Geschäftsmodell die Einbindung der externen Dienstleister über eine Plattform koordinieren und als Schnittstelle für die modularisierten Aktivitäten innerhalb des Konzerns fungieren.[51]

Innovationen im Ertragsmodell schließlich ermöglichen der SSO bessere Ertrags- und Kostenpositionen.[52] Auch hier ergeben sich aus der Digitalisierung mit der Verfügbarkeit umfassender und detaillierter Prozessdaten verschiedene Ansatzpunkte, um die im SSC erbrachten Dienstleistungen präziser zu bewerten und zu verrechnen.

Im Folgenden werden zwei Praxisbeispiele für die Realisierung digitaler Geschäftsmodelle in SSOs vorgestellt, die unterschiedliche Elemente der genannten Innovationsformen verbinden.

---

[44] Vgl. Gleich, Knocke und Laux (2017, S. 161).

[45] Vgl. Hofman und Meijerink (2014, S. 115f.).

[46] Vgl. Leimeister (2015, S. 53).

[47] Vgl. Mell und Grance (2010, S. 55).

[48] Vgl. Lueg (2016, S. 10).

[49] Vgl. Dressler (2007, S. 103).

[50] Vgl. Schönherr und Madan (2015, S. 95).

[51] Vgl. Rau und Helbing (2015a, S. 354f.).

[52] Vgl. Gleich, Knocke und Laux (2017, S. 162).

2.3.2 Automatisierte Dienstleistungen

Shared Services tragen zur Schaffung von Werten im gesamten Unternehmen bei, wenn es gelingt, die in der SSO realisierten Innovationen in einem Geschäftsmodell abzubilden.

Innerhalb der SSO besteht in der Regel ein hohes Maß an Erfahrung bezüglich der notwendigen Veränderungen bei der Digitalisierung und Automatisierung von Prozessen. Weiterhin besitzen Tätigkeiten im Bereich von Automatisierung ein zyklisches Beschäftigungsprofil: Während der Planung, der Implementierung, den regelmäßigen Optimierungsphasen sowie bei Fehlfunktionen besteht ein hoher Betreuungsbedarf durch Experten. Im laufenden Betrieb ist der Personalbedarf dagegen gering. Aufgrund der Vernetzung sind die Tätigkeiten weitgehend ortsungebunden durchführbar. Diese Aspekte sprechen für die Bündelung der Automatisierungsexpertise in der SSO, wodurch eine bedarfsgerechte Allokation der knappen Ressourcen im Konzern ermöglicht wird. Der nachfolgende Praxisbericht aus der SSO der Siemens AG zeigt, wie die RPA im gesamten Konzern umgesetzt wird.

Robotic Process Automation am Beispiel der Siemens SSO

Seit Oktober 2016 wird die globale Implementierung von Robotic Process Automation (RPA) durch die Siemens SSO im Rahmen eines Center of Expertise (CoE) vorangetrieben. Das CoE dient als interner Partner zur effizienten sowie effektiven Umsetzung von RPA und bündelt Ressourcen, Know-how, Methoden und Infrastruktur. Damit steht der SSO und ihren Kunden (Divisionen und Funktionen) ein starker Implementierungspartner zur Durchführung von RPA-Projekten zur Seite, der neben der Bereitstellung eines Rahmenwerks auch die praktische Umsetzung verantwortet und die Schnittstelle zur eng unterstützenden IT-Organisation bildet. Das Leistungsspektrum des RPA-CoE umfasst:

- Unterstützung bei der Identifikation und Aufnahme von RPA-Potentialen,
- Bewertung der Machbarkeit und Priorisierung der Umsetzung,
- Erstellung von RPA-Konzepten und Robot-Entwicklung,
- Inbetriebnahme und Überwachung des laufenden Betriebs,
- Unterstützung bei der Qualitätssicherung und fortlaufenden Optimierung.

Die Zusammenarbeit mit den Business Lines folgt dem „Pull-Ansatz". Hierzu schult das CoE sog. „RPA-Demand Manager" auf Kunden- bzw. Nutzerseite. Deren Hauptaufgabe liegt in der Identifikation von RPA-Potenzialen in der jeweiligen Business Line. Im Rahmen eines „train the trainer"-Konzepts tragen die funktionalen Demand Manager das notwendige RPA-Basiswissen in ihre Business Lines. Dabei entstehen RPA-Expertennetzwerke auf der Kundenseite, die einen aktiven Wissensaustausch zu Anwendungsfällen oder bewährten Vorgehensweisen von RPA sicherstellen. Der Idee folgend, dass die Identifizierung von Automatisierungspotenzialen zur Aufgabe aller Shared Service-Mitarbeiter gehört, unterstützt das CoE die Community-Bildung sowohl mit gezielter Kommunikation, z. B. im Siemens-internen Social Network oder den „Siemens News", als auch durch Informationsveranstaltungen und Workshops in den Shared Service Centern (SSCs).

Die zielgerichtete Steuerung der Nachfrage auf Konzernebene und dezentral in den SSCs ist Aufgabe von sog. „Demand Boards". Diese setzen sich jeweils aus CoE-Vertretern sowie den verantwortlichen Demand Managern der Geschäftsbereiche zusammen. Durch diesen Ansatz wird zum einen die notwendige Transparenz für eine belastbare Umsetzungsplanung geschaffen und zum anderen ein systematischer Wissensaustausch in den SSCs sichergestellt.

Für die Einführung von RPA über alle SSCs hinweg wurden neben dem zentralen CoE im SSC in Prag (Tschechische Republik) auch regionale, angeschlossene CoEs in den SSCs Sao Paulo (Brasilien) und Bangalore (Indien) etabliert. Diese bedienen unter Anleitung und in enger Abstimmung mit dem zentralen CoE die lokale Nachfrage mit eigenen Entwicklungsressourcen.

Im Rahmen des beschriebenen Ansatzes wurden mehr als 135 Anwendungsfälle evaluiert, von denen aktuell 31 implementiert wurden. Zu den bereits implementierten Anwendungsfällen gehören unter anderem:

Erstellung von Anhangsangaben zum Quartals- und Jahresabschluss
Der Robot übernimmt Aktivitäten des Finanzbuchhalters: Er extrahiert Daten auf Basis eines Standard-Reports aus den ERP-Systemen, bereitet diese in Excel auf, legt die Informationen in einer Kollaborationsumgebung ab, erstellt einen konsolidierten Ergebnisbericht und befüllt das Berichterstattungstool mit den relevanten Ergebnissen.

Operative Abwicklung des Einkaufs von Fracht-Dienstleistungen
Der Robot übernimmt Aktivitäten des Einkäufers: Er überwacht den Eingang von Transportbedarfen in einem Web-Portal, ermittelt die günstigsten Transportkonditionen je Anfrage, schreibt die für den Bedarf geeigneten Transportdienstleister an, liest deren Rückmeldung, akzeptiert das günstigste Angebot per E-Mail und startet auf dieser Basis den Bestellprozess durch die Anlage der Bestellung im ERP-System.

2.3.3 Analytics und datenbasierte Dienstleistungen

Die ökonomische Verwertung von großen Datenmengen stellt ein zentrales Element der Digitalisierung dar. Business Analytics, als Teilbereich der Business Intelligence, bezeichnet die intensive Nutzung von Daten, statistischen Verfahren, vergangenheits- und zukunftsbezogenen Modellen sowie faktenbasiertem Management, um Entscheidungen und Handlungen voranzutreiben.[53] Durch die Anwendung von Process Mining in der SSO werden bestehende Prozesse strukturiert und optimiert.[54] Ein neuer Anwendungsbereich sind Predictive Analytics. Hier wird Process Mining zur Implementierung eines Frühwarnsystems,

[53] Vgl. Davenport und Harris (2007, S. 7).

[54] Vgl. van der Aalst (2016, S. 31).

beispielsweise für die wahrscheinliche Verletzung von Service Level Agreements innerhalb des Prozessdurchlaufs, oder zur Aufdeckung von Unregelmäßigkeiten eingesetzt.[55] Aufgrund der tiefgehenden Prozesskenntnis erscheinen Shared Services für die Auswertung prozessbezogener Daten und Umsetzung prädestiniert.

Darüber hinaus wird die Wertschöpfung von Analytics in der SSO auch mit neuen Produkten oder Dienstleistungen generiert, die für interne oder externe Kunden ausgeführt werden.[56] Das nachfolgend beschriebene Beispiel der Siemens Global Marketing Services zeigt, wie die Analytics-Expertise im Geschäftsmodell der SSO verankert wird. Durch die Untersuchung von großen, unternehmensinternen und -externen Datenmengen werden zusätzliche Wertbeiträge für die SSO und das Gesamtunternehmen generiert.

Digitale Geschäftsmodelle für Shared Services am Beispiel der Siemens Global Marketing Services

Die Global Marketing Services (GMS), eine Einheit der SSO im Siemens-Konzern, unterstützt die internen Marketing- und Vertriebseinheiten durch wissensbasierte Dienstleistungen bei der digitalen Transformation. Das Portfolio der GMS umfasst globale Marktforschungsprojekte, Vertriebs- und Marketing-Konzepte, Kundenloyalitätsprojekte sowie automatisierte Verkaufslösungen, die allen Divisionen und Regionen von Siemens zur Verfügung stehen.

Das Projekt „Lead Generation“ der GMS ist ein Beispiel für ein digitales Geschäftsmodell von Shared Services im Bereich der Neukundengewinnung. Siemens besitzt umfangreiches Wissen über die Bestandskunden des Unternehmens. Das Nachfragepotenzial von Marktteilnehmern, die nicht zum Kundenkreis von Siemens zählen, ist jedoch weitgehend unbekannt. Da die Akquise von Neukunden hohe Kosten verursacht, hat die Identifikation von Neukunden mit hohem Nachfragepotenzial (sog. Leads) einen bedeutenden Einfluss auf die Performance der Marketing- und Vertriebseinheiten. Die GMS trägt durch Anwendung von Mining-Technologien auf große Datenmengen zur Wertschaffung bei.

Der Prozess der Identifikation von Leads ist in Abb. 2.4 schematisch dargestellt. In der Kundenanalyse werden auf Basis der B2B-Bestandskunden der vorgegebenen Kundensegmente idealtypische Kundenprofile (Benchmark-Unternehmen) erstellt. Dabei werden Merkmale wie Unternehmensgröße, Umsatz, Branchenzugehörigkeit, aber auch die produktspezifische Ausrichtung berücksichtigt.

[55] Vgl. Breuker et al. (2016, S. 1010).

[56] Vgl. Gleich, Munck und Schulze (2016, S. 32).

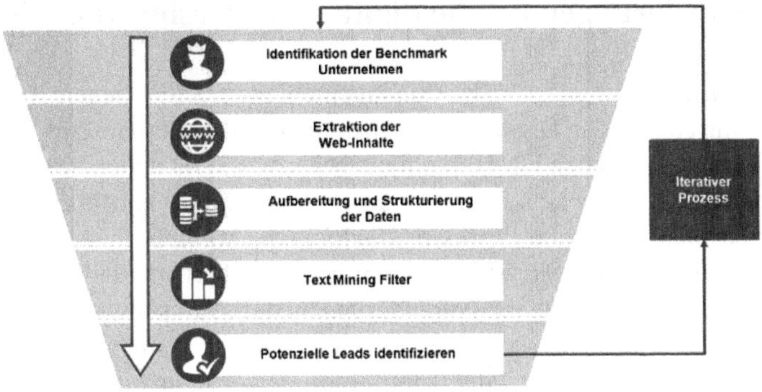

Abb. 2.4: Schematische Darstellung der Identifikation von Neukunden mit hohem Nachfragepotenzial (Leads)

Im nächsten Schritt wird eine Datenbasis potenzieller Neukunden im Hinblick auf die idealtypischen Merkmale generiert. Beispielsweise werden große, unstrukturierte Datenmengen aus tausenden Webseiten mit Web-Robot-Technologien extrahiert. Die Unternehmensdaten aus verschiedenen Quellen, wie Unternehmens-Webseiten, Handelsregister, Gewerbeverzeichnissen und IHK-Datenbanken, werden zusammengeführt, aufbereitet und strukturiert. Mit Hilfe von Text Mining-Filtern werden Muster in der Datenbasis identifiziert, um den Grad der Übereinstimmung eines potenziellen Neukunden mit dem idealtypischen Kunden (Benchmark-Potenzial) abzuleiten. Daraus wird in Kombination mit anderen Parametern, wie der Investitionsbereitschaft, ein Scoring-Modell für das Nachfragepotenzial erstellt. Alle verfügbaren Informationen werden in eine Kerngröße, das sog. Lead-Potenzial, überführt, durch das potenzielle Neukunden mit dem höchsten Nachfragepotenzial identifiziert werden.

Über die vollautomatische Identifikation relevanter Neukunden hinaus liefert das System den Marketing- und Vertriebseinheiten bereits vor Beginn der Akquise umfangreiche Detailinformationen über den potentiellen Kunden. Hierdurch können die Mitarbeiter die persönliche Kontaktaufnahme bzw. das Erstgespräch zielgerichteter gestalten.

Die Weiterentwicklung des Projekts „Lead Generation" sieht die Überführung der einmaligen Marktanalyse in einen dauerhaften Prozess vor, durch den das System zur Neukundengewinnung innoviert wird. Dies schließt auch die Optimierung des Scoring-Models durch Nutzer-Feedback sowie die Verfügbarkeit von Echtzeit-Informationen ein. Beispielsweise werden durch Informationen über strukturelle Veränderungen beim Kunden die vertrieblichen Aktivitäten zeitlich so gesteuert, dass die Wahrscheinlichkeit eines Vertragsabschlusses erhöht wird.

2.4 Herausforderungen für die digitale Leadership von SSOs

Besondere Herausforderungen für das Management von SSOs liegen in der nachhaltigen Umsetzung der Digitalisierungsstrategie mit hoher Geschwindigkeit und bei der umfangreichen Überzeugungsarbeit von SSO-Kunden bezüglich der Notwendigkeit von Prozessänderungen, unter gleichzeitiger Fortführung der implementierten Shared Service-Prozesse. Nachfolgend werden die erforderlichen Anpassungen am Führungssystem[57] von Shared Services erläutert.

In der Personalführung müssen Veränderungen der Aufgabengebiete und Personalanpassungen, die sich aus der Digitalisierung ergeben, möglichst frühzeitig kommuniziert werden. Bei der Einführung von Automatisierung, wie RPA, wird die Kommunikation des Vorhabens und der Auswirkung auf die Beschäftigung gegenüber den Mitarbeitern bereits in der Pilotphase empfohlen. Durch offene Informationen wird erreicht, dass die geplanten Initiativen Unterstützung in der Mitarbeiterschaft finden.[58] Die zunehmende Diversifizierung von Arbeitsverhältnissen, z. B. durch Cloud-, Crowd- oder Clickwork, und die vermehrte Erhebung von Daten über Mitarbeiter in digitalisierten Prozessen müssen auf Konformität mit den arbeits- und datenschutzrechtlichen Bestimmungen hin überprüft werden.[59]

Durch Automatisierung ändert sich das Risikoprofil der SSO. Während Risiken bezogen auf Compliance und die Verfügbarkeit von Mitarbeitern sinken, steigen aufgrund des hohen Volumens automatisierter Prozesse die IT-Risiken, z. B. im Hinblick auf Datensicherheit. Eine weitere Herausforderung stellt die langfristige Entwicklung von Automatisierungslösungen dar. Hier steht das Feedback menschlicher Mitarbeiter bei der Aufdeckung von Fehlern und der stetigen Verbesserung von Prozessen nicht mehr bzw. nur in verringertem Umfang zur Verfügung. Daher müssen automatisierte Prozesse vom Management der SSO in regelmäßigen Intervallen, z. B. unter Anwendung der oben beschriebenen Analytics-Verfahren, auf Verbesserungspotenziale hin überprüft und gegebenenfalls weiterentwickelt werden. Besonders bei RPA ergibt sich auch operativ ein kontinuierlicher Anpassungsbedarf bei einem Update der Informationssysteme, in denen die Robots arbeiten.[60]

Die Anforderungen, die sich aus der digitalen Transformation für die Mitarbeiter der SSO aus Sicht der Mitglieder des *AK Shared Services* ergeben, sind in Abb. 2.5 dargestellt. Neben hochspezialisierten Data Scientists steigt auch der Bedarf an IT-Fachleuten sowie Fachkräften mit End-to-End-Prozesskenntnissen. Ebenso sind Soft-Skills, wie Veränderungsbereitschaft und Kommunikationsfähigkeit, bedeutsam.

[57] Vgl. Küpper et al. (2013, S. 35f.).

[58] Vgl. Lacity und Willcocks (2016, S. 33).

[59] Vgl. Schietinger (2017, S. 26).

[60] Vgl. Reifenberger (2016, S. 70).

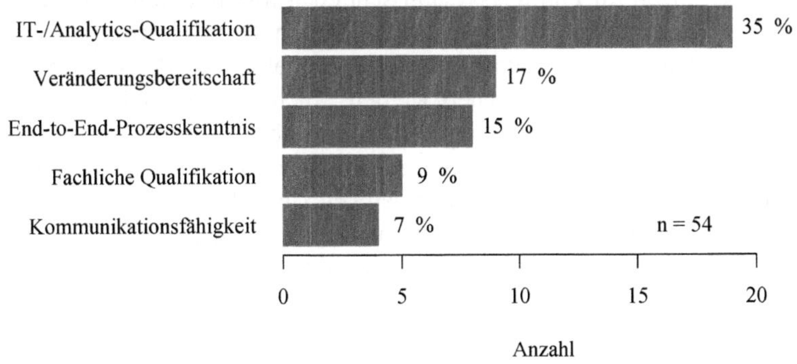

Abb. 2.5: Veränderte Anforderungen an die Mitarbeiter der SSO

Bezüglich der Einstellung von Fachkräften positionieren sich Shared Services angesichts verbesserter Möglichkeiten zur Personalentwicklung als attraktiver Arbeitgeber. Die neuen Geschäftsmodelle der Digitalisierung eröffnen interessante und abwechslungsreiche Tätigkeitsprofile.[61] Darüber hinaus ist ein systematisches Talentmanagement zur Förderung fähiger Mitarbeiter in der SSO und Bindung von Talenten notwendig. Sofern durch Automatisierung bisherige Aktivitäten in der SSO künftig entfallen, sollten fähige Mitarbeiter für anspruchsvolle Fachtätigkeiten weiter qualifiziert und mit zusätzlichen IT-Qualifikationen ausgestattet werden. Bei Fluktuation von Mitarbeitern ist darauf Wert zu legen, dass deren spezifische Prozesskenntnisse nicht verloren gehen, sondern in einer detaillierten Dokumentation festgehalten werden.

Auch im Hinblick auf die Organisation der SSO ergibt sich Anpassungsbedarf. Angesichts der Bedeutung der Digitalisierung erscheint die Bündelung der Gesamtverantwortung von Kompetenzen für die zugehörigen Initiativen im Top-Management der SSO sinnvoll. Zur Erprobung neuer, stärker IT-basierter Geschäftsmodelle ist der Einsatz agiler Vorgehensweisen denkbar. Diese eignen sich für ein volatiles Unternehmensumfeld[62] und ermöglichen eine stärkere Kundenzentrierung.[63] Zur Nutzung von Synergiepotenzialen, besonders im Bereich der Automatisierung und Datenanalyse, müssen eventuell vorhandene „Silostrukturen" innerhalb der SSO überwunden werden. Hieraus ergeben sich Tendenzen zu multifunktionalen SSCs und dem Global Business Services-Modell.[64]

---

[61] Vgl. Davenport und Patil (2012, S. 75).

[62] Vgl. Leimeister (2015, S. 270).

[63] Vgl. Lemke, Brenner und Kirchner (2017, S. 310).

[64] Vgl. Suska und Weuster (2016, S. 28).

Die Anpassungen im Führungssystem schließen Modifikationen des Informations-, Planungs- und Kontrollsystems der SSO ein. Der Umsetzungsgrad der Digitalisierung sowie Qualität und Kosten der digitalisierten Prozesse müssen mithilfe neuer Kennzahlen[65] gesteuert werden. Auch im Controlling der SSO besteht Automatisierungspotenzial für regelbasierte Abläufe.[66] In-Memory-Technologien erlauben eine schnelle Reaktion auf kritische Entwicklungen durch die Auswertung großer Datenmengen in Echtzeit (Flexibles Reporting).[67] In Bezug auf Prognosen werden Predictive Analytics und Simulationen zur besseren Entscheidungsunterstützung vom Management der SSO eingesetzt.[68]

2.5 Fazit

Die Digitalisierung stellt sowohl eine umfassende Herausforderung als auch eine sehr große Chance für die SSOs von Konzernen dar. Veränderungen des Umfelds bezüglich Technologie und Gesellschaft erfordern Flexibilität und die Entwicklung neuer Geschäftsmodelle. Standardisierung, Automatisierung sowie eine Organisationskultur, die Innovation fördert, bilden den Grundstein für die Realisation der mit der Digitalisierung einhergehenden Erfolgspotenziale.

Die Innovationen im Geschäftsmodell der SSO beziehen sich auf ein verändertes Wertangebot an Produkten oder Dienstleistungen, die für die Kunden erbracht werden, die Art, wie das Wertangebot für den Kunden konfiguriert wird und das Ertragsmodell, über das die SSO die geschaffenen Werte abrechnet. An zwei Beispielen wurde gezeigt, wie Dienstleistungen im Bereich der Automatisierung und bei Analytics unter Einbeziehung von Cloud- und Plattformkonzepten für die Kunden der SSO bereitgestellt werden. Hierdurch entwickeln sich SSOs zum nachhaltigen Treiber der Digitalisierung im gesamten Konzern. Dies sichert nicht nur die bedarfsgerechte Allokation von Expertise, sondern ermöglicht auch die nachhaltige Schaffung von Wertbeiträgen.

[65] Siehe auch Fischer und Hirsch (2016, S. 9).

[66] Vgl. Losbichler (2016, S. 58).

[67] Vgl. Fischer und Hirsch (2016, S. 9).

[68] Vgl. Fischer, Möller und Schultze (2015, S. 110f.).

Literaturverzeichnis

Beck, Kent, et al. 2001. *Principles behind the Agile Manifesto*. http://agilemanifesto.org/principles.html. Zugegriffen: 05.05.2017.

Bitkom. 2016. *Der Arbeitsmarkt für IT-Fachkräfte*. https://www.bitkom.org/Presse/Pressegrafik/2016/November/Bitkom-Charts-IT-Fachkraefte-14-11-2016-final.pdf. Zugegriffen: 05.05.2017.

Breuker, Dominic, et al. 2016. Comprehensible Predictive Models for Business Processes. *MIS Quarterly*, 40:1009-A9.

Brühl, Rolf, et al. 2017. Shared Services – Relevanz, Ziele und Entwicklungsstand. In *Erfolgreiche Führung von Shared Services*. ZfbF-Sonderheft 70/2017, Hrsg. T. M. Fischer und M. Vollmer, 3-23. Wiesbaden: Springer Gabler.

Davenport, Thomas H., und Jeanne G. Harris. 2007. *Competing on analytics: The new science of winning*, Boston: Harvard Business School Press.

Davenport, Thomas H., und D. J. Patil. 2012. Data Scientist: The Sexiest Job of the 21st Century. *Harvard Business Review*, 90(10):70-76.

Deloitte Consulting LLP. 2015. *2015 Global Shared Services survey*. https://www2.deloitte.com/content/dam/Deloitte/dk/Documents/finance/Deloitte-SSSurvey-Interactive.pdf. Zugegriffen: 05.05.2017.

Dressler, Sören. 2007. *Shared Services, Business Process Outsourcing und Offshoring*, Wiesbaden: Gabler Verlag.

Dumas, Marlon, et al. 2013. *Fundamentals of Business Process Management*, Berlin, Heidelberg: Springer.

Egli, Vanessa. 2013. A Sustainable Approach to Transition Projects – Change Management. In *Finance bundling and finance transformation: Shared services next level*, Hrsg. F. Keuper und K.-E. Lueg, 425-446. Wiesbaden: Springer Gabler.

Everest Global Inc. 2014. *Service Delivery Automation (SDA) Market in 2014 – Moving Business Process Services Beyond Labor Arbitrage*. http://www.everestgrp.com/wp-content/uploads/2014/10/Service-Delivery-Automation-Market-in-2014-Everest-Group-Report.pdf. Zugegriffen: 05.05.2017.

Fischer, Thomas M., und Stefan Hirsch. 2016. Controlling, Erfolgsmessung und Steuerung im Shared Service Center. *Audit Committee Quarterly*, (4):8-9.

Fischer, Thomas M., K. Möller und W. Schultze. 2015. *Controlling: Grundlagen, Instrumente und Entwicklungsperspektiven*, 2. Aufl., Stuttgart: Schäffer-Poeschel Verlag.

Gleich, Ronald, H. Knocke und T. Laux. 2017. SSC als Geschäftsmodell und Ansatzpunkte zur Geschäftsmodellinnovation. In *Erfolgreiche Führung von Shared Services*. ZfbF-Sonderheft 70/2017, Hrsg. T. M. Fischer und M. Vollmer, 149-167. Wiesbaden: Springer Gabler.

Gleich, Ronald, J. C. Munck und M. Schulze. 2016. Industrie 4.0: Revolution oder Evolution? Grundlagen und Auswirkungen auf das Controlling. In *Unternehmenssteuerung im Zeitalter von Industrie 4.0,* Hrsg. R. Gleich, H. Losbichler und R. M. Zierhofer, 21-41. Freiburg, München: Haufe Verlag.

Hess, Thomas, et al. 2016. Options for Formulating a Digital Transformation Strategy. *MIS Quarterly Executive*, 15 (2):123-139.

Hofman, Erwin, und Jeroen Meijerink. 2014. Platform thinking for services: The case of human resources. *The Service Industries Journal*, 35(3):115-132.

Jassawalla, Avan R., und Hemant C. Sashittal. 2002. Cultures that support product-innovation processes. *Academy of Management Executive*, 16(3):42-54.

Kroll, Christian, et al. 2016. *Robotic Process Automation - Robots conquer business processes in back offices*. https://www.de.capgemini-consulting.com/resource-file-access/resource/pdf/robotic-process-automation-study.pdf. Zugegriffen: 05.05.2017.

Küpper, Hans-Ulrich, et al. 2013. *Controlling: Konzeption, Aufgaben, Instrumente*, 6. Aufl., Stuttgart: Schäffer-Poeschel Verlag.

Lacity, Mary C., und Leslie P. Willcocks. 2016. Robotic Process Automation at Telefónica O2. *MIS Quarterly Executive* 15(1):21-35.

Leimeister, Jan M. 2015. Einführung in die Wirtschaftsinformatik, 12. Aufl., Berlin, Heidelberg: Springer Gabler.

Lemke, Claudia, W. Brenner und K. Kirchner. 2017. *Einführung in die Wirtschaftsinformatik*, Band 2: Gestalten des digitalen Zeitalters, Berlin und Heidelberg: Springer.

Losbichler, Heimo. 2016. Controlling 4.0: Muster des Wandels. In *Unternehmenssteuerung im Zeitalter von Industrie 4.0*, Hrsg. R. Gleich, H. Losbichler und R. M. Zierhofer, 43-60. Freiburg, München: Haufe Verlag.

Lueg, Kai-Eberhard. 2013. Strategic Roadmap of a Global Finance Shared Services Organization. In *Finance bundling and finance transformation: Shared services next level*, Hrsg. F. Keuper und K.-E. Lueg, 3-22. Wiesbaden: Springer Gabler.

Lueg, Kai-Eberhard. 2016. Die Zukunft von Shared Services – aktuelle Trends und Entwicklungen. *Audit Committee Quarterly*, (4):10-11.

Lueg, Kai-Eberhard, et al. 2017. Prozessstandardisierung. In *Erfolgreiche Führung von Shared Services*. ZfbF-Sonderheft 70/2017, Hrsg. T. M. Fischer und M. Vollmer, 63-78. Wiesbaden: Springer Gabler.

Mainichi Japan. 2016. *Insurance firm to replace human workers with AI system*. http://mainichi.jp/english/articles/20161230/p2a/00m/0na/005000c. Zugegriffen: 05.05.2017.

Mell, Peter, und Tim Grance. 2010. The NIST Definition of Cloud Computing. *Communications of the ACM*, 53 (6):50.

Mertens, Peter, et al. 2017. *Grundzüge der Wirtschaftsinformatik*, 12. Aufl., Berlin und Heidelberg: Springer.

Münstermann, Björn, A. Eckhardt und T. Weitzel. 2010. The performance impact of business process standardization. *Business Process Management Journal*, 16(1):29-56.

Rau, Thilo, und Frank Helbing. 2015a. Globale Trends im Shared-Services-Bereich. In *Shared services und business process outsourcing: Umsetzung, Herausforderungen und aktuelle Trends*, Hrsg. M. Lohrmann, T. Rau und A. Riedel, 333-358. Weinheim: Wiley-VCH Verlag.

Rau, Thilo, und Frank Helbing. 2015b. Unternehmerische Herausforderungen und Ziele. In *Shared services und business process outsourcing: Umsetzung, Herausforderungen und aktuelle Trends*, Hrsg. M. Lohrmann, T. Rau und A. Riedel, 21-59. Weinheim: Wiley-VCH Verlag.

Reifenberger, Sabine. 2016. Kollege Roboter. *Finance* :68-70.

Schein, Edgar H., und Peter Schein. 2017. *Organizational culture and leadership*, 5. Aufl., Hoboken: Wiley.

Schietinger, Marc. 2017. Hemmschuh oder Treiber des Wandels? Die Sozialpartnerschaft und Mitbestimmung im Zeitalter der Digitalisierung. *Personalführung*, (3):21-27.

Schönherr, Vilmar und Ashish Madan. 2015. Business Process Outsourcing. In *Shared services und business process outsourcing: Umsetzung, Herausforderungen und aktuelle Trends*, Hrsg. M. Lohrmann, T. Rau und A. Riedel, 87–108. Weinheim: Wiley-VCH Verlag.

Sommerville, Ian. 2012. *Software Engineering*, 9. Aufl., München, Harlow, Amsterdam: Pearson.

Spitzenpfeil, Thomas, und Isabelle Adelt. 2015. Winning in the Digital World: Controlling und Digitalisierung. In *Controlling im digitalen Zeitalter*, Hrsg. P. Horváth und U. Michel, 15-26. Stuttgart: Schäffer-Poeschel.

SSON. 2017. *The 2017 State of the Shared Services Industry Report: Back to Basics*. https://www.ssonetwork.com/2017-state-of-the-shared-services-industry. Zugegriffen: 05.05.2017.

Sterzenbach, Sven. 2010. *Shared Service Center-Controlling: Theoretische Ausgestaltung und empirische Befunde in deutschen Unternehmen*, Frankfurt am Main: Peter Lang.

Suska, Michael, und Arne Weuster. 2016. *Shared Services: Multiplying Success*. http://www.pwc.de/de/prozessoptimierung/assets/shared-services-multiplying-success.pdf. Zugegriffen: 05.05.2017.

Teece, David J. 2010. Business Models, Business Strategy and Innovation. *Long Range Planning*, 43(2-3):172-194.

Timmers, Paul. 1998. Business Models For Electronic Markets. *Electronic Markets*, 8(2):3-8.

Weber, Jürgen, T. G. Truijens und A. Neumann-Giesen. 2012. *Organisationsform Shared-Service-Center. Herausforderungen an das Controlling*, Weinheim: Wiley-VCH Verlag.

van der Aalst, Wil. 2016. *Process mining: Data science in action*, 2. Aufl., Berlin, Heidelberg: Springer.

Weill, Peter, und Stephanie L. Woerner. 2015. Thriving in an Increasingly Digital Ecosystem. *MIT Sloan Management Review*, 56 (4):27-34.

Westerhoff, Thomas. 2008. Corporate Shared Services: Das Geschäftsmodell aus strategischer Unternehmenssicht. In *Corporate Shared Services: Bereitstellung von Dienstleistungen im Konzern*, Hrsg. F. Keuper und C. Oecking, 55–73. Wiesbaden: Gabler.

Willcocks, Leslie P., und Mary Lacity. 2016. *Service automation: Robots and the future of work*, Warwickshire: Steve Brookes Publishing.

Zott, Christopher, R. Amit und L. Massa. 2011. The Business Model: Recent Developments and Future Research. *Journal of Management*, 37(4):1019-1042.

Kapitel 3
Organisation von Business Analytics – Formen und Entwicklungspfade

Arbeitskreis Integrationsmanagement für neue Produkte der Schmalenbach-Gesellschaft für Betriebswirtschaft e.V.[1, 2]

3.1 Business Analytics als wesentliches Element der digitalen Transformation

Nur noch wenige Unternehmen haben eine wie auch immer geartete *digitale Transformation* nicht als vorrangige Priorität erkannt. Die Bezeichnungen dieser Transformationsbemühungen unterscheiden sich von Branche zu Branche. Industrie 4.0 und Internet of Things (IoT) sind allgegenwärtige Begriffe in produzierenden Unternehmen. In anderen Branchen wie der der technischen Gebäude-Ausrüster existieren Begriffe wie Smart Home. Weitere Ausdifferenzierungen finden sich in Nischenbranchen. Ein Beispiel ist das Smart Gardening in der Garten- und Landschaftspflege.

In vielen Unternehmen wurde und wird die digitale Transformation als vorrangig technisches Problem wahrgenommen. Die technischen Veränderungen, wie der vermehrte Einsatz von Sensorik und Elemente der Konnektivität, sind allerdings nur ein erster Schritt. Das volle Potenzial entfalten diese nur dann, wenn die Transformation auch die *betriebswirtschaftliche Sphäre* der Unternehmen erfasst. Im Zentrum stehen neuartige Geschäftsmodelle. Sie fußen

---

[1] Mitglieder des Arbeitskreises (Auszug): Dr. Sebastian Berlin, Drees & Sommer SE / Dr. Michael Currle, RECARO Holding GmbH / Günther Fleig / Prof. Dr. Ronald Gleich, EBS European Business School / Dr. Lars Grünert, TRUMPF GmbH + Co. KG / Prof. Dr. Roland Helm, Universität Regensburg / Prof. Dr. Dr. h.c. mult. Péter Horváth, IPRI - Int. Performance Research Institute / Prof. Dr. Klaus Möller, Universität St. Gallen / Prof. Dr. Michael Reiß, Universität Stuttgart / Prof. Dr. Mischa Seiter, IPRI - Int. Performance Research Institute / Norbert Unterharnscheidt, e.systeme21 AG.

[2] Federführende Autoren: Mischa Seiter, Lars Grünert, Lukas Esser (Universität Ulm).

oftmals auf einem verbesserten Verständnis und der besseren Vorhersage des Kundenverhaltens („predictive analytics") sowie auf neuartigen Dienstleistungen („smart services"). Aber auch die angestrebten unternehmensinternen Verbesserungen basieren in der Regel auf einer höheren Datenverfügbarkeit und der Fähigkeit, aus diesen Daten betriebswirtschaftlich relevante Muster zu extrahieren.

Die Kompetenz, jene teils neuartigen Daten, mittels in der betrieblichen Praxis neuartigen Algorithmen so zu analysieren, dass betriebswirtschaftlich relevante Evidenzen aufgezeigt werden, wird in der Literatur seit einiger Zeit als *Business Analytics* bezeichnet.[3] Der Fokus im Zuge der Etablierung von Business Analytics in Unternehmen liegt in der Regel auf der Datenverfügbarkeit und den Algorithmen zur Mustererkennung. Wenig beachtet werden bislang *organisatorische Aspekte*.

Differenziert nach ihrem *Zentralisierungsgrad* können verschiedene Organisationsvarianten unterschieden werden. Als vollständig zentralisierte Varianten sind bspw. die direkte Unterstellung einer Abteilung für Business Analytics unter der ersten Führungsebene oder unter einem einzelnen Fachbereich möglich. Eine teilzentralisierte Variante ist das sog. *Center of Excellence*, die als koordinierende Einheit in der Organisation fungiert und dabei der ersten Führungsebene untersteht.[4] Dezentralisierte Varianten zeichnen sich hingegen durch das Fehlen einer koordinierenden Einheit aus. Es können an verschiedenen Stellen im Unternehmen unabhängige Business Analytics-Einheiten existieren.

Im vorliegenden Beitrag werden unterschiedliche Organisationformen von Business Analytics diskutiert. Darauf aufbauend werden Gestaltungsempfehlungen abgeleitet. Abschließend werden typische Diffusionspfade von Business Analytics in Unternehmen skizziert.

3.2 Einordnung des Begriffs Business Analytics

In einer weiten Interpretation kann unter Business Analytics ein „[...] auf Daten und Algorithmen basierender Prozess [...] zur Gewinnung von Evidenzen, mit dem Ziel, betriebswirtschaftliche Problemstellungen im gesamten Managementzyklus von Planung, Steuerung und Kontrolle evidenzbasiert zu lösen" verstanden werden.[5] Oftmals in enge Verwandtschaft zu Business Analytics gerückte Begriffe sind u. a. *„Data Science"* und *„Business Intelligence"*. Bei Data Science handelt es sich um einen übergeordneten Begriff, wie eine Definition von Chen et al. zeigt: Sie definieren Business Intelligence und Analytics als „data science in business".[6] Business Analytics kann daher als angewandte Data

[3] Vgl. für eine begriffliche Übersicht Holsapple, Lee-Post und Pakath (2014).

[4] Vgl. Morison und Davenport (2013, S. 161).

[5] Seiter (2017, S. 18).

[6] Chen, Chiang und Storey (2012, S. 1181).

Science in der Domäne Betriebswirtschaft verstanden werden. Die Abgrenzung zum Begriff „Business Intelligence" ist hingegen weniger eindeutig. Den bestehenden Definitionen zu diesem Begriff ist gemein, dass der Fokus auf dem Sammeln und Organisieren von Daten sowie Abfragen zum Zwecke des Reportings liegt. Im Falle von Business Analytics steht jedoch nicht das Sammeln von Daten im Vordergrund, sondern die Erklärung der Ergebnisse und die darauf aufbauende Steuerung von betriebswirtschaftlichen Entscheidungen.[7]

In Literatur und Praxis hat sich eine *dreigliedrige Binnendifferenzierung* von Business Analytics etabliert: Descriptive, Predictive und Prescriptive Analytics (vgl. Abb. 3.1). Im Rahmen von *Descriptive Analytics* werden Daten vergangenheitsbezogen analysiert und vorrangig mit einfachen deskriptiven statistischen Methoden ausgewertet. Die nächste Stufe, *Predictive Analytics*, umfasst prädiktive Instrumente wie Zeitreihenanalysen oder Klassifikationsanalysen, um Aussagen über die zukünftige Entwicklung zu machen. Im Fokus steht die Prognose des Verhaltens von Kunden, Mitarbeitern oder technischen Systemen. Dienstleistungen wie „predictive maintenance" basieren auf den Ergebnissen dieser Analysen. Eine optimale Reaktion des Unternehmens auf zukünftige Ereignisse steht im Mittelpunkt von *Prescriptive Analytics*. Eine beispielhafte Fragestellung in diesem Kontext ist die optimale Reaktion auf ein prognostiziertes Kundenverhalten.

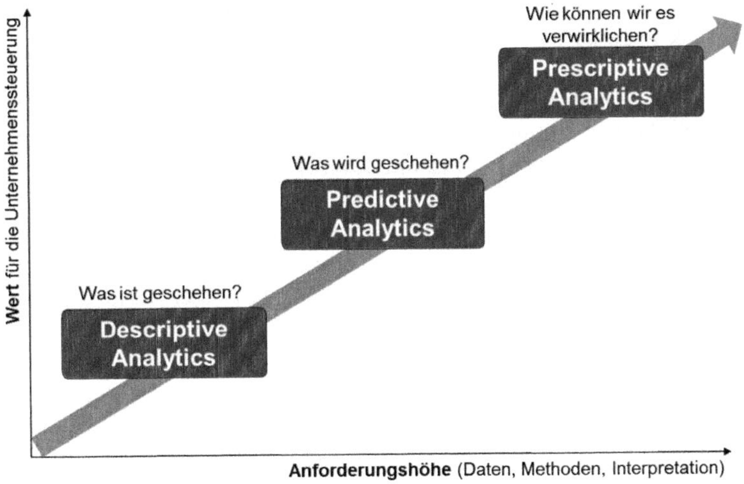

Abb. 3.1: Drei Business Analytics Modi[8]

[7] Vgl. Schniederjans, Schniederjans und Starkey (2015, S. 6).

[8] In Anlehnung an Gartner (2012).

Durch den konsequenten Einsatz von Business Analytics können aus der Nutzung dieser Daten Wettbewerbsvorteile erwachsen.[9] Dies trifft vor allem für die beiden komplexeren Analytics-Modi – Predictive und Prescriptive Analytics – zu. Sie ermöglichen es, das Management von einem reaktiven zu einem antizipativen Modus weiterzuentwickeln.[10] Daher wird es in Zukunft auch für Unternehmen, deren Geschäftsmodell bislang nicht auf der Nutzung datenbasierter Evidenzen beruhte, zunehmend relevant, die Möglichkeiten durch den Einsatz von Business Analytics für sich als Differenzierungsfaktor zu nutzen. Es zeichnet sich bereits heute ab, dass mit steigendem Komplexitätsgrad der Analysen ein höherer Wettbewerbsvorteil erzielt werden kann.[11]

Eng verbunden mit der Diskussion des Begriffs Business Analytics ist eine neuartige Rolle – dem sog. *Data Scientist*.[12] Er sollte verschiedenartigsten Anforderungen gerecht werden: von der Datenbeschaffung über die Analyse und Interpretation bis hin zur Nutzung der Ergebnisse für die Lösung betriebswirtschaftlicher Problemstellungen.[13] Die offensichtliche Überforderung dieser Rolle führte notwendigerweise zu einer Differenzierung. Im Rahmen dieser wurde eine Vielzahl von Rollen unterschieden:[14]

- Datenakquise & -haltung,
- Datenaufbereitung,
- Datenanalyse,
- Visualisierung & Reporting,
- Integration sowie
- Privacy & Security.

Die erste Rolle befasst sich mit der *Datenakquise und -haltung*, deren Hauptaufgabe darin besteht, Daten aus allen notwendigen Datenquellen zu sammeln und bereitzustellen. Einfach zu erschließende Datenquellen sind bspw. Open Data-Initiativen, deren Daten in strukturierter Form vorliegen. Zum Auffinden der jeweils benötigten Daten sind Such- und Abfragekompetenzen auf Basis unterschiedlicher Programmiersprachen zentral. Aus der steigenden Relevanz von Datenhandelsplätzen erwächst die Notwendigkeit, auch Kompetenzen im Bereich der Bewertung von Daten aufzubauen. Nur wenn ihr Wert für den weiteren Verlauf des Business Analytics-Prozesses korrekt eingeschätzt werden kann, kann dessen Effizienz sichergestellt werden. Neben der Datenakquise zählt zu den Aufgaben dieser Rolle auch die Datenhaltung, also die Speicherung der akquirierten Daten in einer geeigneten Form. Dabei müssen verschiedene

---

[9] Vgl. LaValle et al. (2010, S. 22).

[10] Vgl. Cokins (2013, S. 69).

[11] Vgl. Ransbotham, Kiron und Prentice (2015, S. 65).

[12] Vgl. Davenport (2014, S. 87).

[13] Vgl. Davenport und Patil (2012).

[14] Vgl. Seiter (2017, S. 90).

Aspekte, wie die Zugriffsgeschwindigkeit und Kosten der Datenhaltung berücksichtigt werden.

Da aus der bloßen Akquisition von Daten noch keine tragfähige Basis für die Datenanalyse entsteht, ist die *Datenaufbereitung* Aufgabe einer weiteren Rolle. Wegen des hohen zeitlichen Aufwands der Datenaufbereitung ist die personelle Trennung der Aufgaben Datenaufbereitung und Datenanalyse notwendig. Zum Aufgabengebiet der auch als Data Engineers bezeichneten Experten zählt darüber hinaus die Steigerung sämtlicher Dimensionen der Datenqualität.

Eine dritte Rolle ist verantwortlich für die *Datenanalyse*. In der Regel ist diese Rolle adressiert, wenn die Bezeichnung Data Scientist im engeren Sinne verwendet wird. Zu ihren Kernaufgaben zählt die Wahl und Anwendung geeigneter Algorithmen. Jedoch wäre die Reduktion der Kompetenzen auf die Algorithmen nicht sinnvoll, vielmehr muss ein weiteres Element hinzutreten, dass u. a. aus Anwendungserfahrung gespeist wird: Kreativität. Konkret ist hier mit Kreativität die sinnvolle Abweichung von Standardvorgehensweisen gemeint.

Die Ergebnisse der Datenanalyse müssen für die Nutzer aufbereitet werden, was der hier als *Visualisierung & Reporting* bezeichneten Rolle obliegt. Der Visualisierung von Evidenzen kommt eine hohe Bedeutung zu, da sie maßgeblich deren weitere Anwendung bestimmt. Eine suboptimale Visualisierung führt dazu, dass die Nutzer Evidenzen teilweise oder gar vollständig falsch wahrnehmen und interpretieren. Somit fungiert die Rolle Visualisierung & Reporting als Schnittstelle zwischen der Gewinnung und Nutzung der Evidenz.

Die Rolle *Integration* ist immer dann notwendig, wenn die betrachtete betriebswirtschaftliche Problemstellung nicht durch eine einmalige Datenanalyse lösbar ist, sondern eine Verstetigung oder gar Automatisierung notwendig sind. Dabei wird unter dem Begriff Operational Analytics die vollständige Automatisierung durch Integration von Analytics-Funktionen in betriebliche Prozesse angestrebt. Somit besteht die wesentliche Aufgabe der Rolle Integration darin, die Verbindung zwischen Analytics-Funktionalitäten und den betrieblichen Prozessen herzustellen. Dazu sind neben Kompetenzen zur Analyse und Automatisierung von Prozessen auch Kompetenzen in der Programmierung erforderlich.

Weiterhin ist eine Rolle mit explizit der Thematik *Privacy & Security* im Rahmen von Business Analytics betraut. In der Regel wird dabei die Einhaltung von Datenschutzregeln subsumiert. Deren Basis bilden zuvorderst gesetzliche Anforderungen an den Datenschutz, die insbesondere bei personenbezogenen Daten vorliegen. Darüber hinaus können freiwillige Zusatzregeln als vertrauensbildende Maßnahmen Gegenstand von Privacy sein. Ein Anhaltspunkt für die Notwendigkeit von Zusatzregeln ist das Akzeptanzausmaß, das Kunden hinsichtlich Datensammlung und -analyse aufweisen.[15]

Die vielfältigen Rollen führen zu einer Vielzahl unterschiedlicher Organisationsformen. Allerdings ist die Verortung einiger Rollen von bestehenden Strukturen determiniert. So wird die Rolle Privacy & Security in der Regel durch die dafür bereits bestehende Einheit mit abgedeckt. Der Fokus der weiteren

---

[15] Vgl. Franks (2014, S. 168).

Ausführungen liegt daher auf den beiden Rollen, für die der höchste Freiheitsgrad hinsichtlich ihrer Verortung besteht: Datenaufbereitung und Datenanalyse. Diese stellen zudem den Kern der Etablierung der Funktion Business Analytics dar.

3.3 Grundlegende Organisationsformen von Business Analytics

Als Gestaltungsvariable für die Organisationsform ist der *Zentralisierungsgrad* von überragender Bedeutung. Legt man diesen als Differenzierungskriterium zu Grunde, lassen sich drei Gruppen von Organisationsvarianten für Business Analytics unterscheiden: zentralisierte Varianten, teilzentralisierte Varianten sowie dezentralisierte Varianten. Abb. 3.2 zeigt wesentliche *zentralisierte Organisationsformen*.

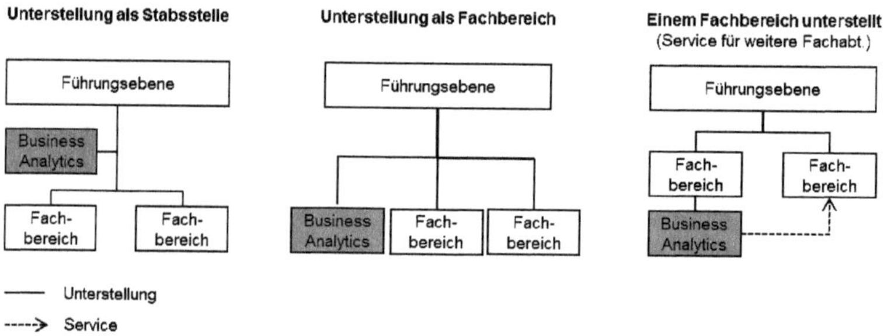

Abb. 3.2: Zentralisierte Organisationsformen

Innerhalb der zentralisierten Varianten können drei wesentliche Formen unterschieden werden: die Unterstellung als Stabsstelle, die Unterstellung als eigener Fachbereich und die Einordnung in einen Fachbereich. Bei der *Unterstellung als Stabstelle* ist die Analytics-Einheit organisatorisch in einer Einheit zusammengefasst und berichtet direkt an die erste Führungsebene. Trotz dieser direkten Unterstellung können die eigentlichen Analytics-Projekte in die unterschiedlichen Fachabteilungen eingeordnet sein. Mitglieder der Analytics-Einheit können für diese entsandt oder in Form eines Consulting-Modells von den Abteilungen für interne Dienstleistungen angefordert werden.[16] Bei der *Unterstellung als Fachbereich* wird die Business Analytics-Einheit als eigenständiger Fachbereich im Unternehmen etabliert. In diesem sind alle Fachkräfte für Business Analytics zentral zusammengefasst und mit einer internen Hierarchie ausgestattet.

Die dritte zentralisierte Organisationsform, die *Einordung in einen Fachbereich*, erfolgt so, dass die Analytics-Einheit demjenigen Fachbereich zugeordnet wird, der Business Analytics am intensivsten nutzt. Diese funktionale

[16] Vgl. Morison und Davenport (2013, S. 161).

Einordnung wird daher in der Literatur auch als best home-Modell bezeichnet.[17] Ausgehend von der Einordnung in einem Fachbereich können Business Analytics-Fachkräfte intern Dienstleistungen an andere Fachbereiche erbringen.

Neben den aufgezeigten zentralisierten Varianten können sind auch unterschiedliche teilzentralisierte Organisationsvarianten denkbar. Kennzeichnend für diese Varianten ist, dass Koordination und formale Unterstellung nicht kongruent durch dieselbe übergeordnete Organisationseinheit erfolgen. Somit können mehrere Business Analytics-Einheiten oder -Projekte in mehreren Fachbereichen im Unternehmen existieren, die durch eine Einheit koordiniert werden. Abb. 3.3 zeigt drei teilzentralisierte Varianten auf.

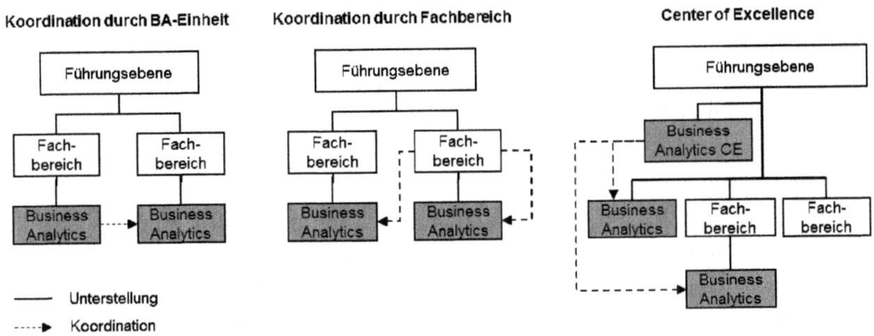

Abb. 3.3: Teilzentralisierte Organisationsvarianten

Die ersten beiden Varianten unterscheiden sich durch die koordinierende Einheit. Im ersten Fall erfolgt die Koordination durch eine *Business Analytics-Einheit*, die einem bestimmten Fachbereich unterstellt ist. Im Regelfall ist dies diejenige Einheit, die Business Analytics am intensivsten nutzt. Damit weist dieser Fall Parallelen zum best home-Modell auf. Im alternativen Fall gibt es keine koordinierende Analytics-Einheit, sondern die Koordination erfolgt durch einen *Fachbereich* (vgl. Mitte der Abb. 3.3).

Ein Spezialfall ist die dritte teilzentralisierte Variante, das sog. *Center of Excellence-Modell* (CE). Dabei ist die koordinierende Einheit, das CE, organisatorisch direkt der obersten Führungsebene unterstellt. Das CE ist dabei jedoch nicht die der Führungsebene zuarbeitende Analytics-Einheit, wie es bspw. die Stabstelle als zentralisierte Organisationsvariante wäre. Vielmehr können an mehreren Stellen im Unternehmen Business Analytics-Einheiten oder gar ein spezifischer Business Analytics-Fachbereich existieren. Trotz dieser organisatorischen Heterogenität in Bezug auf die formale Zuordnung sind alle relevanten Rollen im Zusammenhang mit Business Analytics im Unternehmen Teil des CE. Dieses dient dem gegenseitigen Erfahrungsaustausch und soll es ermöglichen, über kurze Kommunikationswege personelle wie informationstechnische Ressourcen unter den Analytics-Einheiten und -Projekten effizient einzusetzen.[18]

[17] Vgl. Morison und Davenport (2013, S. 161).

[18] Vgl. Davenport, Harris und Morison (2010, S. 107).

Vollständig dezentralisierte Varianten liegen vor, wenn die für die Umsetzung von Business Analytics relevanten Rollen im Unternehmen in den einzelnen Fachbereichen verteilt arbeiten, ohne dass eine gemeinsame Koordination oder ein regelmäßiger Erfahrungsaustausch der Analytics-Einheiten stattfindet. Je nach Verteilung der Rollen auf die einzelnen Unternehmensfunktionen können hier eine Vielzahl von Organisationsformen unterschieden werden.

Grundsätzliche Vor- und Nachteile der zentralen und dezentralen Organisationsvarianten können aus der betriebswirtschaftlichen Organisationsliteratur abgeleitet werden. So liegt ein wesentlicher Vorteil der zentralisierten Organisationsformen in einem *effektiven Einsatz der Ressourcen*. Da alle relevanten Rollen im Unternehmen von einer Stelle koordiniert werden, können die für die einzelnen Projekte erforderlichen Ressourcen bereitgestellt und die Effizienz des Ressourceneinsatzes überwacht und gesteuert werden. Weiterhin können leichter *einheitliche Standards* im Unternehmen durchgesetzt werden, bspw. in Bezug auf die verwendeten Datenformate oder die Analytics-Software. Als wichtigster Vorteil einer zentralisierten Organisation von Business Analytics kann der erhöhte *Lernzuwachs* angesehen werden. Durch die Bündelung der Business Analytics zugeordneten personellen Ressourcen im Unternehmen wird der gegenseitige Austausch erleichtert, sodass neue Problemstellungen durch Adaption vorhandenen Wissens schneller gelöst werden können. Damit kommt ein höherer Zentralisierungsgrad dem Ziel entgegen, das Potenzial von Business Analytics im Unternehmen auszuschöpfen und weiterzuentwickeln. Zudem kann durch Zentralisierung ein höherer Grad an *Unabhängigkeit der Ergebnisse* von möglichen Interessen einzelner Fachbereiche geschaffen werden. Dies trifft insbesondere für die Unterstellung als Stabsstelle oder als eigener Fachbereich zu, da einzelne Unternehmensbereiche Vorbehalte oder Widerstände gegenüber Business Analytics aufbauen könnten.

Den zentralisierten Organisationsvarianten stehen jedoch auch *Vorteile eines geringeren Zentralisierungsgrads* gegenüber. Dazu zählt insbesondere eine erhöhte Spezialisierung auf für den Fachbereich spezifische Analytics-Problemstellungen. Die Einbindung in die jeweiligen Fachbereiche ermöglicht ihnen vertiefte Einblicke in die Prozesse und das Tagesgeschäft, sodass sie ein tiefgehendes Verständnis für die spezifischen Problemstellungen haben und leichter Verbesserungspotenziale identifizieren können. Die erarbeiteten Evidenzen und Lösungen können so aufgrund ihrer hohen Spezifität direkt in den Fachabteilungen eingesetzt werden, sodass aus einem geringen Zentralisierungsgrad eine *verbesserte Servicequalität* folgt. In diesem Zusammenhang ist auch die positive Wirkung auf die *Motivation* zu nennen, da die Nähe zur Umsetzung der erarbeiteten Lösungen positive arbeitspsychologische Effekte hervorruft. Weiterhin führt die Integration der Analytics-Einheiten zu einer *höheren Akzeptanz in der Linienorganisation*, sodass weniger Vorbehalte gegenüber den Ergebnissen von Business Analytics entstehen und das Auftreten von Implementierungsbarrieren oder Widerständen unwahrscheinlicher werden.

Eine Option im Rahmen der bisher diskutierten Varianten ist der Rückgriff auf *externe Dienstleister*. Dies bietet insbesondere für Unternehmen, die bislang keinen Bezug zu Business Analytics hatten, den Vorteil, rasch Expertise für sich nutzen zu können und Lösungen für spezifische Problemstellungen zu erhalten. Die erforderlichen Kompetenzen müssen somit nicht durch eigene Mitarbeiter abgedeckt werden. Dem gegenüber steht jedoch der zentrale Nachteil, dass kaum Wissenszuwachs im Unternehmen entsteht. Bei Veralten des Lösungsansatzes oder der gewonnenen Evidenzen können diese nicht einfach aktualisiert oder angepasst werden. Die Auslagerung auf externe Dienstleister kann bspw. dann sinnvoll sein, wenn Initialprojekte angestoßen werden sollen, welche die Potenziale von Business Analytics für das Unternehmen demonstrieren sollen. Diese könne für die weitere digitale Transformation des Unternehmens im Sinne eines Leuchtturmprojekts eine positive Signalwirkung aussenden.

Neben dem Zentralisierungsgrad liegt ein wesentliches organisatorisches Gestaltungsmerkmal darin, *welcher Person der ersten Führungsebene* die Business Analytics-Einheit unterstellt ist. Ein in der Literatur bislang kaum beachteter Punkt im Zusammenhang mit organisatorischen Aspekten von Business Analytics ist die *Signalwirkung*, die von der Entscheidung für eine Organisationsform ausgeht. Dieses Signal kann auf zwei Ebenen entstehen: zum einen durch die Einordnung der Analytics-Einheit in einer funktionalen Organisation, zum anderen durch die Unterstellung. Wenn bspw. die Business Analytics-Einheit in die Unternehmensfunktion Produktion eingeordnet wird, wird in die Organisation das Signal ausgesandt, dass durch den Einsatz von Business Analytics u. a. Effizienzsteigerungen in der Produktion erreicht werden sollen. Dieses Signal kann daraufhin Auswirkungen auf die Wahrnehmung der Analytics-Spezialisten im Unternehmen haben und es können daraus Implementierungsbarrieren erwachsen. Ein ähnliches Signal entsteht durch die Entscheidung der Unterstellung unter einen bestimmten Geschäftsführer oder Vorstand. Daher werden zukünftig Themen wie die Einführung eines Chief Data Officers oder Chief Analytics Officers relevant.[19]

Die Wahl der Organisationsform ist nicht nur von den Vor- und Nachteilen der Varianten einzelnen Zentralisierungsgrade, sondern auch vor allem davon abhängig, *was mit Business Analytics im Unternehmen erzielt werden soll*. Dazu können drei wesentliche Ausprägungen unterschieden werden:

- Durch Analysen sollen interne Verbesserungen, wie Effizienzsteigerungen in einzelnen Prozessen, erreicht werden.
- Daten sollen gezielt zur Entwicklung neuer oder zur Verbesserung bestehender Produkte oder Dienstleistungen genutzt werden.
- Die Implementierung von Business Analytics hat strategische Reichweite und soll das Geschäftsmodell transformieren.

Ausgehend von den unterschiedlichen Ausprägungen der Zielsetzung können Gestaltungsempfehlungen in Bezug auf die Organisationsform gegeben werden, wie Abb. 3.4 in einer Übersicht zeigt.

---

[19] Vgl. dazu Franks (2014, S. 222f.) und Brown et al. (2014, S. 14).

Für den ersten Fall, der Erzielung interner Verbesserungen, überwiegen die Vorteile eines niedrigen Zentralisierungsgrades. Durch die organisatorische Nähe zum jeweiligen Fachbereich besitzen die mit Business Analytics betrauten Fachkräfte eine vertiefte Kenntnis der entsprechenden Abläufe und Problemstellungen und können so spezifische Lösungen erarbeiten. Darüber hinaus kann durch die verbesserte Akzeptanz von Business Analytics das Entstehen von Implementierungsbarrieren vermieden werden. Dies trifft insbesondere auf größere Unternehmen zu, welche die entsprechenden personellen Ressourcen und Kompetenzen in den einzelnen Fachbereichen besitzen. Bei kleinen Unternehmen hingegen kann die Bündelung der Analytics-Rollen zu einer zentralen Einheit sinnvoll sein, um die Effizienz der eingesetzten personellen Ressourcen zu erhöhen. So kann bspw. im Rahmen eines Consulting-Modells die zentrale Analytics-Einheit für mehrere Fachbereiche Dienstleistungen erbringen und der Gesamtnutzen von Business Analytics für das Unternehmen erhöht werden.

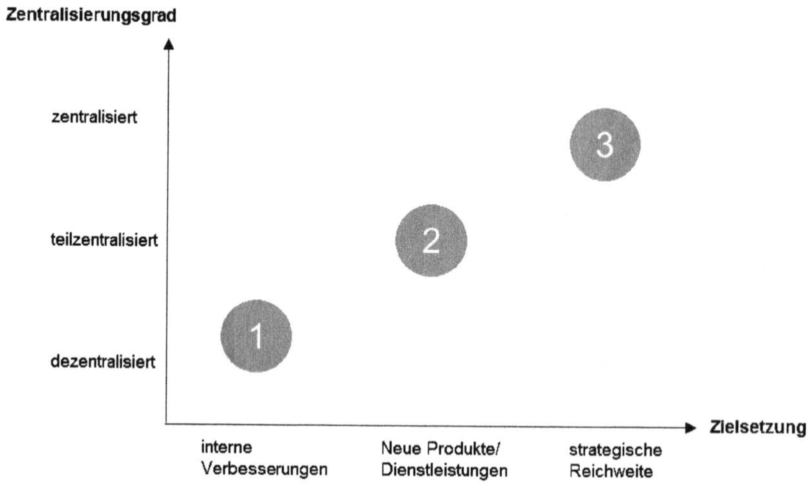

Abb. 3.4: Raster für die Ableitung von Gestaltungsempfehlungen

Für die Entwicklung neuer Produkte oder Dienstleistungen ist in vielen Fällen eine teilzentralisierte Organisationsform sinnvoll. Insbesondere bei Unternehmen mit divisionaler Organisation ist das Center of Excellence-Modell vorteilhaft, da es die Vorteile einer dezentralen Organisation mit einem koordinierten zentralen Austausch verbindet. Durch die Einbindung von Analytics-Einheiten in den einzelnen Sparten bzw. Fachabteilungen besitzen diese ein vertieftes Verständnis für die spezifischen Problemstellungen im Zusammenhang mit dem betreffenden Produkt und den verfügbaren Daten. Der zentrale Vorteil einer übergreifenden Koordination durch das Center of Excellence liegt darin, dass es eine Austauschplattform für die Inhaber von Rollen im Zusammenhang mit Business Analytics im Unternehmen darstellt. Aus dem gegenseitigen Austausch von Erfahrungen und dem gegenseitigen Einblick in die Analytics-Problemstellungen und

Lösungen erwachsen für das Unternehmen zwei Vorteile: zum einen kann die Effizienz verbessert werden, indem das mehrfache Erarbeiten von Lösungen für vergleichbare Probleme vermieden wird. Zum anderen kann der Einblick in die Problemstellungen und Lösungen aus anderen Bereichen als wertvolle Ideenquelle für den eigenen Fachbereich dienen. Dies kann sich sowohl direkt auf die entwickelte Lösung beziehen, als auch auf die Einsatzmöglichkeiten einzelner Analytics-Instrumente. Die Nähe der obersten Führungsebene zum Center of Excellence kann insbesondere während der Transformationsphase wertvoll sein, da diese einen direkten Einblick in die Analytics-Initiativen hat und so den strategischen Fokus besser überwachen und ggf. steuernd eingreifen kann.

Wenn die Zielsetzung des Einsatzes von Business Analytics von strategischer Reichweite ist (Fall 3 in Abb. 3.4), ist ein hoher Zentralisierungsgrad vorteilhaft. So begünstigt die fehlende Nähe zu den Abläufen und Zwängen des Tagesgeschäfts zum einen die Erarbeitung radikaler Lösungsoptionen. Zum anderen ermöglicht eine Zentralisierung die Bündelung der vorhandenen Kompetenzen im Unternehmen. Dies ist insbesondere in frühen Phasen der Transformation relevant, wenn die Einsatzmöglichkeiten von Business Analytics für das Unternehmen noch eruiert und die erforderlichen Kompetenzen und Rollen bestimmt werden sollen. Denn durch eine Konzentration der vorhandenen Ressourcen bspw. in einer Stabsstelle wird eine Zusammenarbeit mit externen Partnern erleichtert, bspw. mit spezialisierten Unternehmen oder Angeboten von Universitäten und Forschungseinrichtungen. Im Rahmen von Projekten können die Mitarbeiter des Unternehmens spezifische Analytics-Lösungen losgelöst vom Tagesgeschäft im Austausch mit externen Experten erarbeiten. Da im Gegensatz zum externen Bezug von Analytics-Lösungen von Dienstleistern die eigenen Mitarbeiter an der Erarbeitung einer Analytics-Lösung beteiligt sind, besitzen diese nach Abschluss des Projekts ein tiefgehendes Verständnis für die entwickelte Lösung und können diese bei Bedarf weiterentwickeln und Erfahrungen auf andere Problemstellungen übertragen. Somit kann ein nachhaltiger Effekt für das Unternehmen erzielt werden. Durch die Zusammenarbeit mit externen Experten können zudem Defizite in Bezug auf bestimmte Kompetenzen können leichter erkannt und gezielt durch Weiterbildungsmaßnahmen oder durch Einstellung von neuen Mitarbeitern mit dem erforderlichen Kompetenzprofil behoben werden.

3.4 Diffusion von Business Analytics in die Organisation

Die gewählten Organisationsformen für Business Analytics sind in Unternehmen oftmals einem zeitlichen Wandel unterworfen. Typische Diffusionspfade können durch das Modell zur Diffusion von Innovationen beschrieben werden. Business Analytics wird hierzu als eine Innovation interpretiert, die mit einem zunehmenden Adoptionsgrad im Unternehmen Anwendung findet. Die Diffusion von Business Analytics in die Organisation unterliegt analog zum von Rogers postulierten

Konzept einem S-förmigen Verlauf.[20] In Abb. 3.5 ist der grundlegende Verlauf des Adoptionsgrads von Business Analytics im Verlauf der Transformation skizziert. Darin sind die drei wesentlichen Transformationsphasen auf dem Weg zur vollständigen Adaption von Business Analytics in die Entscheidungsprozesse im Unternehmen abgetragen.

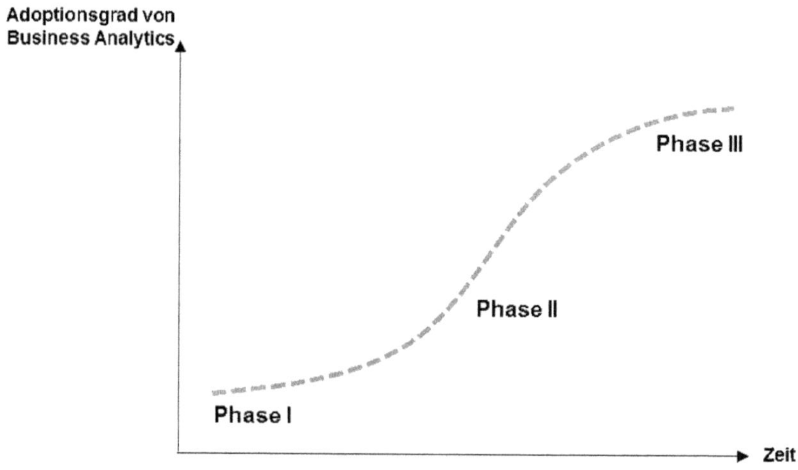

Abb. 3.5: Verlauf des Adoptionsgrads von Business Analytics

In der *initialen Phase* werden von Unternehmen erste Analytics-Projekte mit Leuchtturmcharakter durchgeführt. Diese dienen zur Exploration der Potenziale von Business Analytics und sollen die Möglichkeiten des Einsatzes demonstrieren. Die Erfahrungen und Erfolge können so für die interne Kommunikation zur weiteren Transformation genutzt werden. Eine erste Variante ist die Etablierung von Strukturen auf Zeit, im Rahmen derer durch erste Projekte das Potenzial von Business Analytics aufgezeigt werden soll. Ein anderer Diffusionspfad kann jedoch auch mit der Etablierung dezentraler Business Analytics-Einheiten in jenen Fachabteilungen beginnen, die einen hohen Nutzen vermuten lassen.

Unternehmen in der ersten Phase profitieren analog zum dritten Fall im vorangegangenen Kapitel von einem hohen Zentralisierungsgrad und ggf. dem Einbezug externer Partner. Durch die Bündelung der Ressourcen und des Knowhows in einer zentralen Analytics-Einheit soll die Effektivität des Einsatzes sichergestellt und gegenseitiges Lernen gefördert werden. Die organisatorische Ansiedlung nah an der obersten Führungsebene ermöglicht dieser einen verbesserten Einblick in die Zielsetzung und den Fortschritt der initialen Analytics-Projekte und erleichtert so deren Steuerung. Die Bündelung der Ressourcen in einer zentralen Einheit weist dabei Parallelen zum Grundgedanken des autonomen Organisationsmodells auf, in welchem explorative Aufgaben – sprich: die

[20] Vgl. Rogers (1983, S. 95).

Entwicklung und Umsetzung von Innovationen – explizit vom Bestands- bzw. Tagesgeschäft getrennt werden.[21]

Die erforderlichen Daten werden für die Analysen oftmals einzeln erhoben und stehen noch nicht in einem an den Erfordernissen von Business Analytics ausgerichteten unternehmensweiten Data Warehouse zur Verfügung.

Für die weitere Transformation ist es für Unternehmen während der ersten Phase zentral, die im Rahmen der ersten Analytics-Projekte gesammelten Erfahrungen zu nutzen, um mögliche Kompetenz- und Ressourcenlücken zu identifizieren. Ausgehend davon können Maßnahmen zur Schließung dieser Lücken entworfen werden.

Unternehmen zeichnen sich in der *zweiten Transformationsphase* dadurch aus, dass Business Analytics bereits in den einzelnen Fachbereichen dezentral eingesetzt wird. Dazu ist es in vielen Fällen erforderlich, zusätzliche personelle Ressourcen direkt in den priorisierten Fachbereichen einzusetzen. Durch eine teilzentralisierte Organisationsform mit einer Koordination durch eine Analytics-Stabstelle kann die zielgerichtete Durchführung der Analytics-Projekte in den Fachbereichen sichergestellt werden. Der niedrigere Zentralisierungsgrad kann helfen, die Akzeptanz von Business Analytics in den einzelnen Fachbereichen zu erhöhen. Innerhalb ihres Fachbereichs können die teilzentralisieren Analytics-Einheiten analog zur Funktion des technology evangelists als interne analytics evangelists die Einsatzmöglichkeiten von Business Analytics demonstrieren und Implementierungsbarrieren vorbeugen.[22]

Wesentliche Herausforderungen im Zusammenhang mit der zweiten Transformationsphase sind die vollständige Sammlung und Erschließung relevanter Daten aus allen Fachbereichen, bspw. durch Schaffung eines unternehmensweiten Data Warehouse. Denn mit zunehmender Adoption von Analytics wird neben der Expertise bei der Anwendung von Analytics-Instrumenten das Informationsmanagement eine zentrale Aufgabe.[23]

Ziel der *dritten Transformationsphase* ist es, als analytics organization Analytics-Instrumente in einer Vielzahl von Prozessen automatisiert einzusetzen.[24] Dabei kann ein hohes Maß an Dunkelverarbeitung erreicht werden, sodass nicht für jede Analyse Data Scientists eingesetzt werden müssen. So können auch Prozesse und Entscheidungen in operativen Bereichen durch Business Analytics unterstützt werden.[25] Dazu ist es erforderlich, Algorithmen und Visualisierungen so zu entwerfen, dass auf Basis der Analyseergebnisse tatsächlich verbesserte Entscheidungen bei operativen Fragestellungen getroffen werden können. In diesem Zusammenhang kann auch von embedded analytics gesprochen werden.[26] Die in der dritten Phase zunehmend dezentral organisierten Data Scientists

---

[21] Vgl. Ebers (2016).

[22] Google stellte 2007 den ersten analytics evangelist ein, vgl. Search Engine Watch (2007).

[23] Vgl. Kiron und Shockley (2011, S. 59).

[24] Vgl. Davenport (2013a, S. 145).

[25] Vgl. Davenport (2013b, S. 69).

[26] Vgl. Bose (2009, S. 157).

können im Rahmen von nicht-automatisierten Prozessen eingesetzt werden, um bspw. an komplexeren Analytics-Problemstellungen oder der Weiterentwicklung automatisierter Analysen zu arbeiten. Das Aufgabenspektrum der Data Scientists umfasst in der dritten Phase jedoch auch die Überwachung der auf Basis automatisierter Analysen generierten Evidenzen sowie die Überwachung der Datenqualität. Bei kleineren Unternehmen kann es aus Effizienzgründen sinnvoll sein, trotz unternehmensweiter Anwendung von Business Analytics einen hohen Zentralisierungsgrad beizubehalten und eine zentrale Analytics-Einheit zu bilden, die von einzelnen Fachbereichen angefordert werden können und die schrittweise die Implementierung von embedded analytics vorantreibt.

Literaturverzeichnis

Bose, Ranjit. 2009. Advanced analytics: opportunities and challenges. *Industrial Management & Data Systems,* 109:155-172.

Brown, Brad, D. Court und P. Willmott. 2014. Mobilizing your C-suite for big-data analytics. *McKinsey on Business Technology,* 33:14-21.

Chen, Hsinchun, R. Chiang und V. Storey. 2012. Business Intelligence and Analytics: From Big Data to Big Impact. *MIS quarterly,* 36:1165-1188.

Cokins, Gary. 2013. Driving acceptance and adoption of business analytics. *The Journal of Corporate Accounting & Finance,* 24:69-74.

Davenport, Thomas H. 2013a. Linking Decisions and Analytics for Organizational Performance. In *Enterprise Analytics – Optimize Performance, Process, and Decision Through Big Data*, Hrsg. T. H. Davenport, 135-151. Upper Saddle River: FT Press.

Davenport, Thomas H. 2013b. Analytics 3.0. *Harvard Business Review,* 91(12):64-72.

Davenport, Thomas H. 2014. *Big Data@Work – Dispelling the Myths, Uncovering the Opportunities*, Boston: Harvard Business School Publishing Corp.

Davenport, Thomas H., J. G. Harris und R. Morison. 2010. *Analytics at work: Smarter decisions, better results,* Boston: Harvard Business Review Press.

Davenport, Thomas, und D. J. Patil. 2012. Data Scientist: The Sexiest Job of the 21st Century. *Harvard Business Review,* 90(5):70-76.

Ebers, Mark. 2016. Organisationsmodelle für Innovation. *Zeitschrift für betriebswirtschaftliche Forschung,* 69:81-109.

Franks, Bill. 2014. *The analytics revolution,* Hoboken: Wiley.

Gartner Report. 2012. *Forecast: Enterprise software markets*. Worldwide, 2011-2016, 4Q12 Update.

Holsapple, Clyde, A. Lee-Post und R. Pakath. 2014. A unified foundation for business analytics. *Decision Support Systems,* 64(C,8):130-141.

Kiron, David, und Rebecca Shockley. 2011. Creating business value with analytics. *MIT Sloan Management Review,* 53:57-63.

LaValle, Steve, et al. 2010. Analytics: The new path to value. *MIT Sloan Management Review,* 52:1-25.

Morison, Robert F., und Thomas H. Davenport. 2013. Organizing Analysts. In *Enterprise Analytics – Optimize Performance, Process, and Decision Through Big Data*, Hrsg. T. Davenport, 157-178. Upper Saddle River: FT Press.

Rogers, Everett M. 1983. *Diffusion of Innovations*. New York City: The Free Press.

Ransbotham, Sam, D. Kiron und P. K. Prentice. 2015. Minding the analytics gap. *MIT Sloan Management Review,* 56(3):63-68.

Schniederjans, Marc J., D. G. Schniederjans und C. M. Starkey. 2015. *Business Analytics Principles, Concepts, and Applications – What, Why, and How*, Upper Saddle River: Pearson Education.

Search Engine Watch. 2007. *Google Hires „Analytics Evangelist"*. https://searchenginewatch.com/sew/news/2056700/google-hires-analytics-evangelist. Zugegriffen 20.04.2017.

Seiter, Mischa. 2017. *Business Analytics. Effektive Nutzung fortschrittlicher Algorithmen in der Unternehmenssteuerung*, München: Verlag Vahlen.

Kapitel 4
Führung und Arbeit in einer digitalisierten und datengetriebenen Welt: Ein konfigurationstheoretischer Zugang

Arbeitskreis Unternehmensführung der Schmalenbach-Gesellschaft für Betriebswirtschaft e.V.[1, 2]

Organisationen sind heute durch ein hohes Maß an digitaler Kommunikation, Vernetzung und Datenbeständen gekennzeichnet. Mitarbeiter, Kunden, Lieferanten und weitere Stakeholder generieren durch Kommunikation in digitalisierten Schriftstücken, sozialen Netzwerken, E-Mails, Tweets, Blogs und Internet-Telefonie eine unüberschaubare Menge an Daten. Zu diesen personennahen, nutzergenerierten und kommunikationsbezogenen Daten kommen weitere Daten hinzu, wie individuelle Bewegungsdaten, Daten aus geschäftsbezogenen (z. B. Kundendaten) oder industriellen Prozessen (z. B. Sensordaten). Die Digitalisierung, die dadurch mögliche Datenanalytik und intelligente Algorithmen werden auf die Arbeitswelt der Zukunft großen Einfluss haben.[3] Viele Organisationen haben Digitalisierungsprojekte in unterschiedlichen Bereichen eingeführt oder experimentieren mit Anwendungen, sind sich aber über Konsequenzen für Führung und Arbeiten nicht bewusst. Auch die Forschung liefert hierzu bislang nur

---

[1] Mitglieder des Arbeitskreises: Dr. Ludger Arnoldussen / Prof. Dr. Bernhard Hirsch, Universität der Bundeswehr München / Prof. Dr. Stephan Kaiser, Universität der Bundeswehr München / Rudolf Kastner, EGT AG / Prof. Dr. Arjan Kozica, ESB Business School, Hochschule Reutlingen / Prof. Dr. Helmut Krcmar, TU München / Dr. Ursula Lipowsky / Prof. Frank Motte, Hochschule Aalen - Technik und Wirtschaft / Dr. Sven Oleownik, Gimv NV / Prof. Dr. Birgit Renzl, Universität Stuttgart / Simon Rimrod, Swiss International Air Lines AG / Prof. Dr. Max Ringlstetter, Kath. Universität Eichstätt-Ingolstadt / Paul Ritter, Winzergemeinschaft Franken eG / Dr. Bernhard Steidl, Selux AG / Prof. Dr. Meike Tilebein, Universität Stuttgart / Dr. Walter R. Trux, Erbato GmbH / Dr. Gerrit Volk, Bundesnetzagentur / Prof. Dr. Andreas Waldraff, Unternehmensberatung und Unternehmensführung Berlin GmbH / Dr. Herbert Walter, Walter Consult / Christian Weller von Ahlefeld, The Mobility House AG / Peter Wittmann, Steinbeis Digital Business Consortium / Prof. Dr. Erich Zahn, Graduate School of Excellence advanced Manufacturing Engineering.

[2] Federführende Autoren: Stephan Kaiser, Arjan Kozica, Peter Wittmann.

[3] Vgl. Davenport (2014).

wenig Erkenntnisse[4] und nimmt die Führung und Arbeit in digital transformierten Organisationen insbesondere nicht ausreichend integrativ in den Blick.

Der *AK Unternehmensführung* begegnet im vorliegenden Beitrag diesem Forschungsdefizit und praktischen Herausforderungen dadurch, dass der konfigurationstheoretische Zugang als theoretische Perspektive für die Analyse der digital transformierten Organisation eingeführt wird.[5] Aus Sicht des konfigurativen Ansatzes beziehen sich verschiedene Dimensionen eines vernetzten Systems rekursiv aufeinander. Die Zusammenhänge zwischen den Dimensionen können deshalb durch einfach gerichtete kausale Wirkbeziehungen nur verkürzt beschrieben werden und es gibt keine ex ante definierbaren und allgemein verbindlichen Ansatzpunkte um das konfigurative System zu ändern.[6] Der konfigurationstheoretische Ansatz lenkt dabei den Blick auf die organisationalen, interaktionalen und individuellen Dimensionen der digitalen Arbeitswelt und lässt anschließend erste Implikationen für ein konfigurationstheoretisch informiertes Vorgehen im Rahmen der Digitalisierung von Organisationen zu.

4.1 Organisationstheoretische Grundlagen zur Betrachtung der Digitalisierung

4.1.1 *Eklektischer Zugang und dessen Gefahren*

Organisationen sind komplexe soziale Gebilde, in denen unterschiedliche Elemente zusammenwirken. So geht man beispielsweise in klassischen Organisationsansätzen davon aus, dass Organisationen (teils widersprüchliche) Ziele haben, Aktivitäten der Mitarbeiter relevant sowie offizielle und informelle Regeln sowie Technologien wichtig sind. Zugleich sind die Formen der Kommunikation, die Bedürfnisse und Motivationen der Beschäftigten und deren Kompetenzen von Bedeutung. Die Komplexität des Phänomens bewirkt, dass es keine besonders ausgezeichnete Theorie gibt, mit der sich organisationale Fragen diskutieren lassen.[7] In der arbeitsteiligen wissenschaftlichen Forschung werden stattdessen organisationale Phänomene mit verschiedenen Theorien diskutiert. Dies betrifft auch die aktuelle Diskussion zur Digitalisierung und deren Auswirkungen auf Führung und Arbeit. Die psychologisch orientierte Forschung beschäftigt sich beispielsweise mit der Frage, wie Technologien auf den Menschen wirken.[8] Die Soziologie hingegen diskutiert die Auswirkungen der Digitalisierung auf

[4] Vgl. George, Haas und Pentland (2014).

[5] Vgl. Meyer, Tsui und Hinings (1993), Van de Ven et al. (2013).

[6] Vgl. Busenbark et al. (2015), Fiss, Marx und Cambré (2013).

[7] Vgl. Scherer und Marti (2014).

[8] Vgl. Arnetz (1997).

die Gestaltung der Arbeit[9] und auf Konzepte wie veränderte Rollen.[10] In der Managementforschung hingegen wird Führung in virtuellen Teams untersucht.[11]

Die exemplarisch aufgeführten Forschungsperspektiven tragen wesentlich zu einem besseren Verständnis der Auswirkungen der Digitalisierung auf Arbeit und Führung bei. Allerdings vermitteln sie dabei selektive Bilder, da sie das komplexe Phänomen „Organisation" schlaglichtartig aus ihrer jeweiligen theoretischen Perspektive analysieren. Dies kann dazu führen, dass Wissenschaftler und Praktiker die Wechselwirkungen zwischen verschiedenen Dimensionen und Betrachtungsperspektiven nicht ausreichend in den Blick nehmen. Die Digitalisierung ist jedoch ein „ganzheitliches" Phänomen, das alle Bereiche der Organisation betrifft.[12] Die digitalen Arbeitswelten (Arbeiten 4.0) umfassen zum Beispiel Dimensionen wie Führung, Mitarbeiterverhalten, Strukturen und Prozesse. Während aktuelle soziologische, betriebswirtschaftliche und psychologische Studien einzelne Aspekte der digital transformierten Organisation beschreiben, erfassen praxisorientierte Konzepte wie „New Work" oder Arbeiten 4.0 die Arbeitswelten integrativ und multiperspektivisch.

Im Kontext der aktuellen Forschungen zu digital transformierten Organisationen ist es deshalb notwendig, neben der perspektivgebundenen Forschung integrative Ansätze heranzuziehen, um die Auswirkungen der Digitalisierung auf die Organisation zu analysieren. Aus diesem Grund wird nachfolgend der konfigurationstheoretische Zugang in die Diskussion eingeführt. Dabei gilt es zu beachten, dass mit dem konfigurationstheoretischen Zugang nicht der Anspruch verbunden ist, die Digitalisierung vollständig beschreiben zu können. Es wird lediglich ein Ansatz empfohlen, der verschiedene Themen integrativ in den Blick nimmt und damit eine andere, in diesem Fall integrative Perspektive einnimmt. Dies geht zwangsläufig zu Lasten der „Tiefenschärfe" bei einzelnen Themen und produziert eigene „blinde Flecken".

4.1.2 Konfigurationstheoretischer Zugang als holistische Betrachtung

Der konfigurative Ansatz ist ein organisationstheoretischer Ansatz, der den Anspruch hat, mehrere Dimensionen von Organisationen integrativ und vor dem Hintergrund der gegenseitigen Wirkung der Dimensionen auf- und untereinander in den Blick zu nehmen. Die Basis konfigurationstheoretischen Denkens sind die situativen Ansätze.[13] Anders als in „Best Practice-Ansätzen" gehen situative Ansätze nicht davon aus, dass es eine beste Lösung für ein organisationales Problem gibt. Der situative Ansatz nimmt viel mehr an, dass Parameter der „Situation"

---

[9] Vgl. Boes et al. (2016).

[10] Vgl. Barley (2015).

[11] Vgl. Charlier et al. (2016).

[12] Vgl. Brynjolfsson und McAfee (2014).

[13] Vgl. Donaldson (2001).

(wie die Unternehmensgröße oder Art der Technologie) einen kausalen Einfluss auf organisationale Parameter wie insbesondere die organisationale Struktur (Abteilungsbildung, Integrationsmechanismen, Regeln usw.) haben. Zudem gilt in situativen Ansätzen die Annahme, dass eine hohe Stimmigkeit zwischen den Variablen der Situation sowie der Organisation zu Effizienz führt.

Frühere situative Ansätze haben nur wenige Variablen untersucht und Wechselwirkungen zwischen den unterschiedlichen Dimensionen von Organisationen nur bedingt in den Blick genommen. Die Grundgedanken des situativen Ansatzes wurden daher weiterentwickelt. Während insbesondere ältere Studien die konfigurationstheoretischen Ansätze als eine Gegenentwicklung sehen[14], verstehen neuere Studien diese Ansätze als Weiterentwicklung der Kontingenztheorie und betonen deren gemeinsame Prämissen.[15] Denn die konfigurationstheoretischen Ansätze greifen die Idee der Passung („Fit") zwischen Variablen wie beispielsweise Struktur, Strategie, Kultur und Motivationen der Beschäftigten sowie der relevanten Umwelt (Ressourcen, Legitimität, institutionelle Umwelt) auf. Anders als situative Ansätze jedoch sehen konfigurative Ansätze Organisationen als integrierte Systeme und nehmen eine holistische Betrachtungsweise ein.[16] Dies bedeutet, dass die „Stimmigkeit" der zahlreichen Dimensionen in Kombination sowie die Stimmigkeit mit der relevanten Umwelt (wie beim „einfachen" kontingenztheoretischen Ansatz) einen hohen Einfluss auf die Effizienz und Effektivität von Organisationen haben.[17]

Eine zentrale Annahme des konfigurativen Ansatzes ist es, dass es keine unendliche Anzahl stimmiger Kombinationen gibt, sondern dass sich bestimmte Typen identifizieren lassen. In diesem Sinne ist mit einer bestimmten organisationalen Konfiguration eine Gruppe von Organisationen gemeint, die hinsichtlich der Stimmigkeit („Fit") verschiedener Variablen ähnliche Eigenschaften aufweisen.[18] Dabei gilt es zu beachten, dass sich für gleiche Umweltanforderungen durchaus mehrere stimmige Konfigurationen identifizieren lassen.[19] Die jeweils für eine „funktionierende", d. h. stimmige und damit effiziente, Kombination an Variablenausprägungen wird entweder empirisch (Typologie) oder konzeptionell (Taxonomie) bestimmt.

Organisationale Konfigurationen werden seit einiger Zeit in der Organisationsforschung diskutiert. Burns und Stalker unterscheiden beispielsweise mechanistische und organische Organisationen.[20] Erstere zeichnen sich durch Stabilität und Routinen aus und können in stabilen Umwelten hoch effizient sein. Organische Strukturen hingegen sind flexibler und darauf ausgelegt, in dynamischen Umwelten ausreichend lernfähig zu sein. Miller und Friesen gehen in

---

[14] Vgl. Meyer, Tsui und Hinings (1993).

[15] Vgl. Van de Ven et al. (2013).

[16] Vgl. Meyer, Tsui und Hinings (1993), Short, Payne und Ketchen (2008).

[17] Vgl. Van de Ven et al. (2013).

[18] Vgl. Meyer, Tsui und Hinings (1993).

[19] Vgl. Gresov und Drazin (1997).

[20] Vgl. Burns und Stalker (1995, original 1961).

ihrer Studie explizit über bivariate Beziehungen zwischen Variablen wie in den situativen Ansätzen hinaus und analysieren eine umfassendere Zahl an Variablen und deren Wechselwirkungen.[21]

Konfigurationstheoretische Ansätze werden insbesondere im strategischen Management und in der Organisationstheorie verwendet. Sie sind jedoch nicht darauf beschränkt, wie mehrfach in der Literatur betont wurde.[22] Vielmehr können in konfigurationstheoretische Ansätze auch individuelle Dimensionen (wie bspw. Kompetenzen, Motivation) sowie soziale Aspekte (Normen, Kultur, Interaktion) aufgenommen werden. Die Dimensionen sind damit auf verschiedenen Analyseebenen angesiedelt und umfassen Eigenschaften auf der individuellen Ebene, der Teamebene und der organisationalen Ebene.[23] Somit ist der konfigurationstheoretische Ansatz dazu in der Lage, Erkenntnisse aus beispielsweise der psychologischen oder soziologischen Forschung zu organisationalen Phänomenen zu integrieren und die Interdependenz der verschiedenen Dimensionen zu analysieren.

Diese Multidimensionalität und Interdependenz, verbunden mit mehreren Analyseebenen (Individuum, Interaktion, Organisation), hat den Vorteil, Führung und Arbeit in Organisationen integrativ und hinsichtlich ihrer wechselseitigen Wirkungen zu erfassen. Dies macht es möglich, die Auswirkungen der digitalen Transformation umfassend zu analysieren und zu verstehen. Dabei gilt es die Herausforderung zu bewältigen, die sich aus der Vielzahl potentieller Variablen und Verbindungen zwischen den Variablen ergibt. Rein statistisch betrachtet gibt es eine Anzahl von möglichen Kombinationen, die zwar möglicherweise mathematisch gehandhabt werden könnte, aber dann keinen relevanten Beitrag für das Verständnis von Organisationen bietet. Letztlich ist es daher wichtig, zwischen komplexitätsreduzierender reduktionistischer Forschung (mit Fokus auf sehr wenigen Variablen und der geringen Aussagekraft mit Blick auf das Gesamtsystem) und komplexitätsanerkennender Forschung (viele Variablen und deren dynamische Wechselwirkungen im Gesamtsystem) eine Balance zu finden.[24]

Zu beachten ist zudem, dass die Stimmigkeit nicht als absolut, sondern als relativ und beweglich gedacht werden muss. Organisationen sind mit widersprüchlichen Erwartungen ihrer Umwelt konfrontiert und vielfach durch Widersprüche und Paradoxien gekennzeichnet.[25] Neuere konfigurative Ansätze nehmen dies mit in Betracht und gehen von komplexen, eigendynamischen Wechselwirkungen zwischen verschiedenen Elementen aus.[26] Aus Sicht des konfigurativen Ansatzes beziehen sich verschiedene Dimensionen eines vernetzten Systems damit rekursiv aufeinander. Die Zusammenhänge zwischen den Dimensionen

[21] Vgl. Miller und Friesen (1977).

[22] Vgl. Short, Payne und Ketchen (2008), Meyer, Tsui und Hinings (1993).

[23] Vgl. Meyer, Tsui und Hinings (1993, S. 1175).

[24] Vgl. Van de Ven et al. (2013, S. 403).

[25] Vgl. Schad et al. (2016), Putnam, Fairhurst und Banghart (2016).

[26] Vgl. Van de Ven et al. (2013).

können deshalb durch einfach gerichtete kausale Wirkbeziehungen nur verkürzt beschrieben werden.[27]

4.1.3 Wandel von Organisationen aus konfigurationstheoretischer Perspektive

Die konfigurationstheoretische Organisationstheorie beeinflusst, wie Stabilität und Wandel von Organisationen konzeptualisiert wird. Grundsätzlich sehen Konfigurationstheoretiker Wandel von Organisationen als episodisch an.[28] Längere Phasen der Stabilität und des vergleichsweise inkrementellen und graduellen Wandels werden diesem Wandelkonzept folgend durch Phasen des radikaleren Wandels unterbrochen. Der Grund für dieses Wandelverständnis ist, dass Organisationen als eng miteinander verbundene Elemente (wie Strategie, Kultur, Strukturen, Motivation) gedacht werden. Die Elemente untereinander streben nach Konsistenz und einem stabilen Muster. Inkrementeller Wandel kann nun das feinjustierte System der unterschiedlichen Elemente untereinander in Disharmonie bringen und zwar dann, wenn sich zwar einzelne Teile des konfigurativen Systems ändern, nicht aber das ganze Arrangement.[29] Die Beharrungskräfte des Systems können nun dazu führen, dass die Adaption an die Umwelt nicht in ausreichendem Maße stattfindet. Es entsteht somit ein Mis-Fit zwischen der Umwelt und der Organisation. Den Fit zur Umwelt wieder herzustellen bedeutet für die Organisation, ihre grundlegende Konfiguration ändern zu müssen. Miller stellt hierzu fest, dass „firms moving from one effective type to another may have to undergo many changes"[30] und dass dieser Wandel als umfassender charakterisiert werden kann. Zwar haben Wissenschaftler auf die substantielle Bedeutung inkrementellen Wandels in Organisationen hingewiesen[31], die in konfigurationstheoretischen Ansätzen tendenziell unterschätzt wird. Dennoch zeigt sich sowohl in der Lebensrealität von Führungskräften und Beschäftigten, als auch in der empirischen Forschung, dass Organisationen mit eng gekoppelten Elementen durch kontinuierlichen, nicht-disruptiven Wandel nicht alle Umweltanforderungen bewältigen können.[32] Insbesondere im Kontext der Digitalisierung, die vielfach mit dem Adjektiv „disruptiv" beschrieben wird, scheint das zu gelten. Letztlich gilt es in konfigurationstheoretischen Ansätzen zu beachten, dass sich der Erfolg von organisationalem Wandel – sowohl inkrementellem als auch radikalem – daran bemisst, ob die strukturelle Trägheit existierender Konfigurationen überwunden und durch den Wandelprozess eine veränderte, ausreichend

[27] Vgl. Busenbark et al. (2015), Fiss, Marx und Cambré (2013).

[28] Vgl. Meyer, Tsui und Hinings (1993), Miller und Friesen (1982).

[29] Vgl. Miller (1982).

[30] Miller (1982, S. 134).

[31] Vgl. Brown und Eisenhardt (1997).

[32] Vgl. Burke (2014).

stimmige Anordnung der verschiedenen Elemente von Organisationen erreicht werden kann.

Aus Sicht einer Führungskraft, die Wandel gezielt herbeiführen will, ergeben sich aus diesem Wandelverständnis besondere Herausforderungen. Zunächst einmal kann festgehalten werden, dass es keine ex ante definierbaren und allgemein verbindlichen Ansatzpunkte gibt, um das konfigurative System zu ändern.[33] Zudem ist es für die Akteure des Wandels eine besondere Herausforderung, die verschiedenen Elemente des konfigurativen Systems zu adressieren und durch Interventionen in die Richtung einer neuen, stimmigen Konfiguration zu wandeln.

4.2 Dimensionen der Digitalisierung der Arbeitswelt

In den Tageszeitungen und in der Fachpresse, auf Kongressen und sonstigen Veranstaltungen spielt das Thema Digitalisierung zurzeit eine unübersehbare Rolle. In der Praxis wird überwiegend davon ausgegangen, dass sich Arbeitspraktiken und -strukturen durch die Digitalisierung grundlegend verändern. Trotz aller Kritik, die Managementmoden[34] und so genannten Buzz-Words seitens der Managementforschung entgegengebracht werden können, gibt es Indizien für die tatsächliche praktische Bedeutung der Digitalisierung für Management, Führung und Organisation.[35] Dies zeigt sich unter anderem auch daran, dass Unternehmen umfassend in digitale Technologien investieren und aktuell zahlreiche neue (disruptive) digitale Geschäftsmodelle (Plattformökonomie) entstehen. Zudem kommen neue Berufsbezeichnungen auf, wie beispielsweise eines CDO, des Chief Digital Officers, oder von Data Scientists. Allerdings ist es derzeit noch recht unklar, wie sich die Digitalisierung auf die Arbeitswelt und Führung konkret auswirkt. Bislang existieren zum Thema Digitalisierung der Arbeitswelt insbesondere Studien von Beratungsunternehmen und Ministerien (z. B. Bundesministerium für Arbeit und Soziales). Originär wissenschaftliche, empirische Studien zur Transformation in digitale Arbeitswelten finden sich nur wenige. Bisher vielzitierte Arbeiten sind dabei meist hypothetisch und zukunftsorientiert[36] oder beschreiben aktuelle Entwicklungen eher deskriptiv und wertend als analytisch.[37]

Vor dem Hintergrund einer konfigurationstheoretischen Perspektive auf die Digitalisierung der Arbeitswelt ist es jedoch bedeutsam, die Dimensionen und die Elemente der Digitalisierung auf empirischer und konzeptionell fundierter Basis umfassender zu verstehen. Um die Chancen der digitalen Arbeitswelt zu realisieren und die Risiken zu vermeiden, müssen die unterschiedlichen die digitale Arbeitswelt konstituierenden Dimensionen in Unternehmen zudem sinnvoll

---

33 Vgl. Busenbark et al. (2015), Fiss, Marx und Cambré (2013).

34 Vgl. Abrahamson (1996).

35 Vgl. Bodrožić und Adler (2017).

36 Vgl. Gabel und Tokarski (2014), George, Haas und Pentland (2014).

37 Vgl. Lehky (2011).

aufeinander abgestimmt sein. Dabei kann eine Veränderung des komplexen Zusammenspiels der Dimensionen der Arbeitswelt nur firmenspezifisch unter Beachtung der Besonderheiten der Unternehmen und unter Einbeziehung der Kompetenzen und Kenntnisse der Unternehmensangehörigen erfolgen. Es ist anzunehmen, dass in jeder Dimension spezifische Risiken enthalten sind, die sich, wenn auch nicht ausschließlich, aus einer nicht-passenden Abstimmung der Elemente der Dimensionen untereinander ergeben. Wichtig ist deshalb die ausgewogene Berücksichtigung sowohl der Chancen, wie z. B. soziale Innovationen (Vereinbarkeit von Familie und Beruf, demokratische Arbeitswelten usw.) als auch der Risiken (wie z. B. Technostress, Überwachung und Kontrolle, fehlender Datenschutz, Überforderung) im Transformationsprozess zur digitalisierten Arbeitswelt zu bedenken. Im Folgenden werden basierend auf aktuellen Diskussionen in Wissenschaft und Praxis zentrale organisationale (Abschn. 4.2.1) und individuelle sowie interaktionale Dimensionen (Abschn. 4.2.2) der Digitalisierung der Arbeitswelt skizziert.

4.2.1 Organisationale Dimensionen und ihre Elemente

Eine linear-sequentielle Beschreibung der organisationalen Dimensionen der Digitalisierung stößt aufgrund der Vernetzung der einzelnen Elemente an Grenzen. Gleichwohl lassen sich im Folgenden drei wesentliche Dimensionen und ihre Elemente (Prozesse, Informationen und Daten, Strukturen und Koordination) beschreiben.

(1) Prozesse: Die Digitalisierung von Arbeit und Organisation bedeutet in einem ersten Schritt meist die Einführung neuer Softwaretechnologien und -systeme. Hierdurch werden Geschäfts-, Arbeits- und Kommunikationsprozesse im Regelfall beschleunigt, standardisiert und (zum Teil vollständig) automatisiert. Aus konfigurationstheoretischer Sicht ist es deshalb zentral, diese Prozesse als wesentliche Elemente der Digitalisierung zu beachten. Insbesondere die vollständige Automatisierung einzelner Prozesse kann dazu führen, dass Stellen in Organisationen wegfallen und sogar ganze Berufsgruppen substituiert werden. An die Stelle der Mitarbeiter treten dann intelligente Artefakte. Unter dem Schlagwort der „Soziomaterialität“[38] wird in der Forschung diskutiert, wie Software und Algorithmen als Akteure im organisationalen Geschehen konzipiert werden können. Dieses Verständnis digitaler Technologien behandelt Mensch und Nicht-Mensch im Sinne der Akteur-Netzwerk-Theorie[39] als gleichwertige Einheiten. Die in dieser Tradition geführten Forschungen leisten einen wesentlichen Beitrag dazu, das Zusammenwirken verschiedener Elemente des konfigurativen Systems zu verstehen.

---

[38] Vgl. Orlikowski (2007).

[39] Vgl. Latour (2007).

(2) Informationen und Daten: Durch die digitale Abbildung und Begleitung von Prozessen durch Software entstehen Informationen und Daten (Stichwort Big Data). Hieraus lassen sich Softwarelösungen entwickeln, wie Decision Support Systems oder Business Intelligence Analytics, welche die organisationale Entscheidungsfindung unterstützen.[40] Diese Lösungen lassen sich dazu nutzen, dass digitalisierte Unternehmen auf Basis von Datenanalytik genauere Vorhersagen, bessere Entscheidungen und präzisere Interventionen vornehmen, als Unternehmen, die auf Erfahrung und Intuition setzen. Aus konfigurationstheoretischer Sicht lässt sich argumentieren, dass dies auf Führungsverhalten und Machtstrukturen in Organisationen Auswirkungen hat. Jay Galbraith sieht vor diesem Hintergrund einen „shift in power from experienced and judgmental decision makers to digital decision makers"[41] voraus. Führungskräfte könnten in dieser Vorstellung einen hybriden Charakter annehmen, indem sie im Normalfall auf Basis von intelligenten Softwareanwendungen entscheiden und nur fallweise die eigene Intelligenz und Entscheidungsfähigkeit benutzen.

(3) Hierarchische Strukturen und Koordination: Wie unter dem Aspekt der Daten bereits angesprochen, wird in der Forschung und Praxis diskutiert, dass sich die hierarchischen Organisations- und Machtstrukturen in Unternehmen durch die digitale Transformation verändern werden. Dies wird damit begründet, dass es zu einer zunehmenden Auflösung der hierarchisch-vertikalen Trennung von Entscheidung und Durchführung in digitalisierten Organisationen komme. So wird argumentiert, die Datifizierung könne zu einer Demokratisierung von Organisationsstrukturen führen: Während für klassische, hierarchische Organisationen die Vorstellung vorherrscht, dass Manager auf Basis von Informationen entscheiden und auf den niedrigeren hierarchischen Stufen primär diese Entscheidungen umgesetzt werden, führen intelligente Algorithmen und datengetriebene Entscheidungen zu einem Verschwimmen dieser Grenzen.[42] Denn durch die Digitalisierung können entscheidungsrelevante Informationen auf nahezu allen Hierarchieebenen nutzbar gemacht werden, sodass die Systeme der Entscheidung und Durchführung zunehmend verschmelzen. Dadurch kann es zu einer Machtverschiebung in Richtung der Mitarbeiter kommen. In der Forschung wird argumentiert, dass die Regeln des Zugriffs auf Informationen demjenigen Entscheidungsmacht[43] verleihen, der Zugriff erhält, und dass bereits die Sichtbarkeit von Informationen zum Empowerment von bisher operativen Mitarbeitern auf der Umsetzungsebene führt.[44] Diesem Empowerment von Mitarbeitern stehen allerdings die zunehmende Überwachung und Steuerung digitalen Arbeitens durch Softwarelösungen[45] gegenüber. Ein Aspekt, der unter dem Schlagwort des digitalen Taylorismus diskutiert wird.

---

40 Vgl. Shollo und Galliers (2016).

41 Galbraith (2014).

42 Vgl. Berner, Graupner und Maedche (2014), Zammuto et al. (2007).

43 Vgl. Orlikowski und Robey (1991).

44 Vgl. Elmes, Strong und Volkhoff (2005).

45 Vgl. Staab und Nachtwey (2016), Morlok, Matt und Hess (2015).

4.2.2 *Individuelle und interaktionale Dimensionen*

Unter die individuellen und interaktionalen Dimensionen der Digitalisierung der Organisation fallen insbesondere fähigkeitsbezogene und motivationale Elemente sowie, auch im Zusammenhang mit organisationalen Dimensionen, führungs- und zusammenarbeitsbezogene Elemente.

(1) Fähigkeiten und Motivation: Für die Digitalisierung der Arbeitswelt sind spezifische individuelle Kompetenzen notwendig, deren Fehlen problematisch werden kann. So können sich z. B. erhöhte Autonomiegrade in digitalisierten Arbeitswelten negativ auf die Gesundheit der Mitarbeiter auswirken, wenn diese keine ausreichenden Kompetenzen zur Bewältigung autonomer Arbeitssituationen aufweisen.[46] Auch kann die verstärkte Nutzung digitaler Technologien neue Formen psychischer Störungen verursachen, die sich negativ auf die individuelle Lebensführung und auf die Produktivität im Unternehmen auswirken.[47] Zusätzlich werden die erforderlichen Mitarbeiterkompetenzen in Mensch-Computer-Interaktionen[48] analysiert, beispielsweise die erfolgreiche Nutzung und Integration von Technologien im Arbeitsumfeld.[49] Dabei wird häufig das Konzept der „Affordance" zugrunde gelegt, welche die Mensch-Maschine-Integration dann als erfolgreich ansieht, wenn Technologien einen Beitrag zur Erreichung individueller Ziele des Nutzers leisten. Mit Blick auf den einzelnen arbeitenden Menschen wurde untersucht, wie sich die neue Verfügbarkeit von Mitarbeitern auf den wahrgenommenen Stress auswirkt.[50] In einer empirischen Studie identifizieren Ayyagari et al.[51], dass neben Arbeitsüberlastung und Rollenunklarheit[52] sowie der Gestaltung von arbeitsplatzbezogenen Technologien (bspw. Usability) insbesondere die Möglichkeit der Überwachung und Kontrolle („invasion of privacy") bei den Mitarbeitern negativen Stress verursachen kann.[53] Analog zu früheren Studien[54] verdeutlichen Ayyagari et al.[55], dass die konkrete Gestaltung und Nutzung der Technologien den durch die Mitarbeiter wahrgenommenen Stress beeinflussen. Zudem hat die Forschung gezeigt, dass Persönlichkeitseigenschaften eine relevante Auswirkung auf den technikinduzierten Stress in digitalen Arbeitsumgebungen haben.[56] Auf dieser Erkenntnis aufbauend, gilt es bei der Frage der Transformation in digitale Arbeitswelten,

---

[46] Vgl. Clauß, Hoppe und Dettmers (2016).

[47] Vgl. Rosen und Cheever (2013).

[48] Vgl. Benbasat (2010).

[49] Z. B. Selwyn (2003).

[50] Vgl. Arnetz (1997).

[51] Vgl. Ayyagari, Grover und Purvis (2011).

[52] Siehe auch Reyt und Wiesenfeld (2015).

[53] Vgl. Ayyagari, Grover und Purvis (2011).

[54] Vgl. Wang, Shu und Tu (2008).

[55] Vgl. Ayyagari, Grover und Purvis (2011).

[56] Vgl. Morlok, Matt und Hess (2016).

die Persönlichkeitseigenschaften der Mitarbeiter mit in Betracht zu ziehen, um negative Auswirkungen zu vermeiden.

(2) Führung und Zusammenarbeit: Im Fokus der Diskussion zur Digitalisierung der Arbeitswelt stehen zudem neue Arten der Zusammenarbeit von Teams, sich verändernde Führungskonzepte, neue Arbeitgeber-Arbeitnehmer-Beziehungen (durch die Möglichkeit der Überwachung und Kontrolle) sowie Autonomie und Selbstbestimmung am Arbeitsplatz. Kooperation im digitalen Zeitalter wird im Hinblick auf Wissensmanagement und Informationsteilung[57] sowie auf interaktive Kommunikation in Social Media Plattformen und Online-Netzwerken untersucht. Daneben stehen die Auswirkungen auf die Kultur und Identität einer Organisation[58] im Forschungsfokus. Die Entwicklung neuer Praktiken in Organisationen wurde beispielsweise durch die Nutzung von BlackBerries und die daraus entstehenden neuen Erwartungen unter den Organisationsmitgliedern empirisch nachvollzogen.[59]

4.3 Implikationen für die Unternehmensführung in der digitalen Transformation

Aus der konfigurationstheoretischen Perspektive und dem damit verbundenen Bewusstsein der vernetzten Mehrdimensionalität der Digitalisierung der Arbeitswelt lassen sich nach Auffassung des *AK Unternehmensführung* erste Implikationen für ein schematisches Vorgehen der Unternehmensführung im Rahmen der Digitalisierung der Arbeitswelt ableiten. Dabei lässt sich entlang von vier Fragen ansetzen, die sich Entscheider und Verantwortungsträger stellen sollten, wenn sie reflektiert und systematisch Arbeit und Führung in Richtung Digitalisierung transformieren wollen.

(1) Digitalisierungsatlas: Eine erste Frage, die sich aus konfigurationstheoretischer Perspektive stellt, ist, welche individuellen und organisationalen Dimensionen durch die Digitalisierung potentiell betroffen und wie diese vernetzt sind. Um dies zu beantworten, ist ein konfigurationstheoretischer Bezugsrahmen erforderlich, der einen begrifflichen Apparat zur Verfügung stellt, Themen strukturiert und auf Zusammenhänge zwischen verschiedenen Dimensionen verweist. Durch einen solchen Atlas der Digitalisierung werden systemische und gezielte Überlegungen zum Thema Digitalisierung der Arbeitswelt erleichtert. Unternehmen, die am Anfang einer reflektierten digitalen Transformation ihrer Arbeitswelt stehen, müssten einen solchen unternehmensspezifischen Atlas der Digitalisierung durch Bezugnahme auf bereits existente allgemein gefasste Bezugsrahmen, durch eigene Recherchen und eigenen Wissensaufbau oder in Begleitung externer Beratung ausarbeiten.

---

57 Vgl. Hildrum (2009).

58 Vgl. Gal, Jensen und Lyytinen (2014).

59 Vgl. Orlikowski (2007).

(2) Digitalisierungsindex: Der Atlas der Digitalisierung ist der Ausgangspunkt für die Beantwortung der Frage, welchen Reifegrad der Digitalisierung die fokale Organisation besitzt. Dies geschieht, indem die im Atlas angelegten Dimensionen mit Messinstrumenten und -skalen hinterlegt werden, so dass sich ein Digitalisierungsindex ableiten lässt. Dieser verbessert die Kenntnis über den Status-Quo der Digitalisierung im Unternehmen und eröffnet die Möglichkeit, die Gestaltung der digitalen Transformation an den aktuellen unternehmensspezifischen Gegebenheiten anzusetzen. Hinter dieser Überlegung stecken im Kern konfigurationstheoretische Fragestellungen, z. B.: Wie gut passen die Kompetenzen der Mitarbeiter zu den neuen digital ermöglichten Arbeitspraktiken? Unterstützen die Anreiz- und Führungssysteme die Transformation in die digitale Arbeitswelt? Gibt es spezifische Bedürfnisse der Mitarbeiter oder sind bereits Fehlentwicklungen, wie z. B. durch digitale Arbeitspraktiken induzierter Stress, erkennbar? Sofern Entscheider über derartige unternehmensspezifische Zusammenhänge und Konfigurationen Kenntnisse haben, können sie ihre Arbeitswelten gezielter digitalisieren.

(3) Digitalisierungskompass: Das Management und die erfolgsorientierte Führung des Unternehmens verlangen nach Zielvorstellungen. Über die Kenntnis des Status quo hinaus ist es also für Entscheider von hoher Bedeutung, eine Vorstellung der angestrebten Konfiguration der unternehmensspezifischen digitalen Arbeitswelt zu haben. Wie soll die digitale Arbeitswelt im Unternehmen künftig aussehen? Welche digital ermöglichten Arbeitspraktiken sind unternehmensspezifisch sinnvoll? Welcher Digitalisierungsgrad passt zur Kultur des Unternehmens, zu den Produkten, zum Kern der organisationalen Identität? Nicht alles, was vorstellbar ist, ist auch unternehmensspezifisch sinnvoll. Die Bildung einer „Vision der digitalen Arbeitswelt“ (eines angestrebten Zielzustands) ermöglicht es dann auch, die Lücke zwischen Ist-Zustand und angestrebtem Zustand zu erkennen. Auch wenn durch den andauernden technologischen und gesellschaftlichen Wandel der potentielle Zielzustand als dynamisch zu betrachten ist, hilft eine Imagination des Ziels dabei, konkrete Maßnahmen zu identifizieren, Mitarbeiter für den Wandel zu gewinnen und den Erfolg zu messen.

(4) Digitalisierungs- bzw. Transformationsagenda: Aus einer konfigurationstheoretischen Perspektive müssen alle Veränderungsschritte in Richtung Digitalisierung der Arbeitswelt untereinander abgestimmt werden, um systematisch und zielgerichtet die Digitalisierung der Arbeitswelt zu erreichen. Wichtig ist es dabei, den individuellen Ausgangspunkt des Unternehmens sowie die spezifischen Entwicklungsziele für den anzustrebenden Digitalisierungsgrad in der Arbeitswelt zu berücksichtigen. Insbesondere sind individuelle Unternehmens- und Führungskulturen, etablierte Praktiken und technologische Altlasten, Kompetenzniveaus der Belegschaft sowie branchen- oder produktbezogene bzw. normative Anforderungen an die Arbeitsplätze in ihren wechselseitigen Beziehungen in die Transformationsagenda gleichberechtigt einzubeziehen.

4.4 Fazit

Die Digitalisierung von Arbeitswelt und Führung ist eine der aktuell zentralen Herausforderungen für Organisationen. Ein Resultat der Beschäftigung des *AK Unternehmensführung* mit diesem Thema war die Erkenntnis, dass eine holistische und integrative Perspektive auf das Thema erforderlich ist. Mit dem in diesem Beitrag vorgeschlagenen konfigurationstheoretischen Ansatz kann es künftig besser gelingen, die Zusammenhänge und Wechselwirkungen verschiedener Dimensionen und Elemente der digitalen Organisation und deren Auswirkungen auf Arbeit und Führung zu verstehen.

Literaturverzeichnis

Abrahamson, Eric. 1996. Management Fashion. *Academy of Management Review,* 21:254-285. DOI: 10.5465/AMR.1996.9602161572.

Arnetz, Bengt B. 1997. Technological Stress: psychophysiological aspects of working with modern information technology. *Scandinavian Journal of Work, Environment & Health,* 23:97-103.

Ayyagari, Ramakrishna, V. Grover und R. Purvis. 2011. Technostress: Technological Antecedents and Implications. *MIS Quarterly,* 35:831-858.

Barley, Stephen R. 2015. Why the Internet Makes Buying a Car Less Loathsome. How Technologies Change Role Relations. *Academy of Management Discoveries,* 1:5-35. DOI: 10.5465/amd.2013.0016.

Barley, Stephen R., D. Meyerson und S. Grodal. 2011. E-mail as a Source and Symbol of Stress. *Organization Science,* 22:887-906. DOI: 10.1287/orsc.1100.0573.

Benbasat, Izak. 2010. HCI Research: Future Challenges and Directions. *Transactions on Human-Computer Interaction,* 2:16-21.

Berner, Martin, E. Graupner und A. Maedche. 2014. The Information Panopticon in the Big Data Era. *Journal of Organization Design,* 3(1):14. DOI: 10.7146/jod.9736.

Bodrožić, Zlatko, und Paul S. Adler. 2017. The Evolution of Management Models. *Administrative Science Quarterly,* online first. DOI: 10.1177/0001839217704811.

Boes, Andreas, et al. 2016. Digitalisierung und "Wissensarbeit": Der Informationsraum als Fundament der Arbeitswelt der Zukunft. *Aus Politik und Zeitgeschichte,* 66:32-39.

Brown, Shona L., und Kathleen M. Eisenhardt. 1997. The Art of Continuous Change. Linking Complexity Theory and Time-Paced Evolution in Relentlessly Shifting Organizations. *Administrative Science Quarterly,* 42:1. DOI: 10.2307/2393807.

Brynjolfsson, Erik, und Andrew McAfee. 2014. *The second machine age. Wie die nächste digitale Revolution unserer aller Leben verändern wird,* Kulmbach: Börsenmedien AG.

Burke, W. Warner. 2014. Changing Loosely Coupled Systems. *The Journal of Applied Behavioral Science*, 50:423-444. DOI: 10.1177/0021886314549923.

Burns, Tom, und George M. Stalker. 1995. *The management of innovation,* Nachdruck, Oxford u. a.: Oxford Univ. Press.

Busenbark, John R., et al. 2015. Toward a Configurational Perspective on the CEO. A Review and Synthesis of the Management Literature. *Journal of Management,* 42:234-268. DOI: 10.1177/0149206315618448.

Charlier, Steven D., et al. 2016. Emergent leadership in virtual teams. A multilevel investigation of individual communication and team dispersion antecedents. *The Leadership Quarterly,* 27:745-764. DOI: 10.1016/j.leaqua.2016.05.002.

Clauß, Elisa, A. Hoppe und J. Dettmers. 2016. Förderung von Erholungskompetenz bei Berufstätigen mit hoher Autonomie und Flexibilität. *PERSONALquarterly,* 68(2):22-27.

Davenport, Thomas H. 2014. *Big Data@Work – Dispelling the Myths, Uncovering the Opportunities*, Boston: Harvard Business School Publishing Corp.

Donaldson, Lex. 2001. *The contingency theory of organizations,* Nachdruck, Thousand Oaks: Sage Publications.

Elmes, Michael B., D. M. Strong und O. Volkoff. 2005. Panoptic empowerment and reflective conformity in enterprise systems-enabled organizations. *Information and Organization,* 15(1):1-37. DOI: 10.1016/j.infoandorg.2004.12.001.

Fiss, C. Peer, A. Marx und B. Cambré. 2013. Configurational Theory and Methods in Organizational Research: Introduction. In *Configurational theory and methods in organizational research,* Hrsg. C. F. Peer, B. Cambré und A. Marx, 1-22. Bingley: Emerald Group Publishing Limited.

Gabel, Tim J., und Cathy Tokarski. 2014. Big Data and Organizational Design: Key Challenges Await the Survey Research Firm. *Journal of Organization Design,* 3:37-45. DOI: 10.7146/jod.9753.

Gal, Uri, T. Blegind Jensen und K. Lyytinen. 2014. Identity Orientation, Social Exchange, and Information Technology Use in Interorganizational Collaborations. *Organization Science,* 25:1372-1390. DOI: 10.1287/orsc.2014.0924.

Galbraith, Jay R. 2014. Organizational Design Challenges Resulting From Big Data. *Journal of Organization Design,* 3:2-13. DOI: 10.7146/jod.8856.

George, Gerry, M. R. Haas und A. Pentland, A. 2014. Big Data and Management. *Academy of Management Journal,* 57:321-326. DOI: 10.5465/amj.2014.4002.

Gresov, Christopher, und Robert Drazin. 1997. Equifinality. Functional Equivalence in Organization Design. *Academy of Management Review,* 22:403-428. DOI: 10.5465/AMR.1997.9707154064.

Hildrum, Jarle Moss. 2009. Sharing Tacit Knowledge Online. A Case Study of e-Learning in Cisco's Network of System Integrator Partner Firms. *Industry and Innovation,* 16:197-218. DOI: 10.1080/13662710902764360.

Latour, Bruno. 2007. *Reassembling the social. An introduction to Actor-Network-Theory,* Oxford u. a.: Oxford University Press.

Lehky, Maren. 2011. *Leadership 2.0. Wie Führungskräfte die neuen Herausforderungen im Zeitalter von Smartphone, Burn-out & Co. managen,* Frankfurt und New York: Campus Verlag.

Meyer, Alan D., A. S. Tsui und C. R. Hinings. 1993. Configurational approaches to organizational analysis. *Academy of Management Journal,* 36:1175-1195. DOI: 10.2307/256809.

Miller, Danny, und Peter H. Friesen. 1982. Structural Change and Performance. Quantum Versus Piecemeal-Incremental Approaches. *Academy of Management Journal,* 25:867-892. DOI: 10.2307/256104.

Miller, Danny. 1982. Evolution and Revolution. A Quantum View of Structural Change in Organizations. *Journal of Management Studies,* 19:131-151. DOI: 10.1111/j.1467-6486.1982.tb00064.x.

Miller, Danny, und Peter H. Friesen. 1977. Strategy-Making in Context. Ten Empirical Archetypes. *Journal of Management Studies,* 14:253-280. DOI: 10.1111/j.1467-6486.1977.tb00365.x.

Morlok, Tina, C. Matt und T. Hess. 2015. *Privatheit und Datenflut in der neuen Arbeitswelt. Chancen und Risiken einer erhöhten Datentransparenz.* Forum Privatheit und selbstbestimmtes Leben in der digitalen Welt. Fraunhofer-Gesellschaft zur Förderung der angewandten Forschung e.V., Karlsruhe.

Morlok, Tina, C. Matt und T. Hess. 2016. Führung und Privatheit in der digitalen Arbeitswelt. *Datenschutz und Datensicherheit,* 40:310-314. DOI: 10.1007/s11623-016-0602-1.

Orlikowski, Wanda J. 2007. Sociomaterial Practices. Exploring Technology at Work. *Organization Studies,* 28:1435-1448. DOI: 10.1177/0170840607081138.

Orlikowski, Wanda J., und Daniel Robey. 1991. Information Technology and the Structuring of Organizations. *Information Systems Research,* 2:143-169. DOI: 10.1287/isre.2.2.143.

Putnam, Linda L., G. T. Fairhurst und S. Banghart. 2016. Contradictions, Dialectics, and Paradoxes in Organizations. A Constitutive Approach. *The Academy of Management Annals,* 10:65-171. DOI: 10.1080/19416520.2016.1162421.

Reyt, Jean-Nicols, und Batia M. Wiesenfeld. 2015. Seeing the Forest for the Trees. Exploratory Learning, Mobile Technology, and Knowledge Workers' Role Integration Behaviors. *Academy of Management Journal*, 58:739-762. DOI: 10.5465/amj.2013.0991.

Rosen, Larry, und Nancy Cheever. 2013. *Die digitale Falle. Treibt uns die Technologie in den Wahnsinn?*, Berlin u. a.: Springer Spektrum.

Schad, Jonathan, et al. 2016. Paradox Research in Management Science. Looking Back to Move Forward. *The Academy of Management Annals*, 10:5-64. DOI: 10.1080/19416520.2016.1162422.

Scherer, Andreas G., und Emilio Marti. 2014. Wissenschaftstheorie der Organisationstheorie. In *Organisationstheorien*, Hrsg. A. Kieser und M. Ebers, 15-42. Stuttgart: Kohlhammer.

Selwyn, Neil. 2003. Apart from technology. Understanding people's non-use of information and communication technologies in everyday life. *Technology in Society*, 25:99-116. DOI: 10.1016/S0160-791X(02)00062-3.

Shollo, Arisa, und Robert D. Galliers. 2016. Towards an understanding of the role of business intelligence systems in organisational knowing. *Information Systems Journal*, 26:339-367. DOI: 10.1111/isj.12071.

Short, Jeremy C., G. T. Payne und D. J. Ketchen. 2008. Research on Organizational Configurations: Past Accomplishments and Future Challenges. *Journal of Management*, 34:1053-1079. DOI: 10.1177/0149206308324324.

Staab, Philipp, und Oliver Nachtwey. 2016. Die Digitalisierung der Dienstleistungsarbeit. *Aus Politik und Zeitgeschichte*, 66:18-19.

Van de Ven, Andrew H., M. Ganco und C.R. Hinnings. 2013. Returning to the Frontier of Contingency Theory of Organizational and Institutional Designs. *The Academy of Management Annals*, 7:393-440. DOI: 10.1080/19416520.2013.774981.

Wang, Kanliang, Q. Shu und Q. Tu. 2008. Technostress under different organizational environments. An empirical investigation. *Computers in Human Behavior*, 24:3002-3013. DOI: 10.1016/j.chb.2008.05.007.

Zammuto, Raymond F., et al. 2007. Information Technology and the Changing Fabric of Organization. *Organization Science*, 18:749-762. DOI: 10.1287/orsc.1070.0307.

Kapitel 5
Diversity Analytics: Stand und Perspektiven

Arbeitskreis Controlling heterogener Personalstrukturen der Schmalenbach-Gesellschaft für Betriebswirtschaft e.V.[1, 2]

Belegschaften in deutschen Unternehmen werden deutlich vielfältiger, was Alter, Geschlecht und kulturellen Hintergrund angeht, mit Folgen für die Arbeitswelt, die wir bislang nur unvollständig absehen können.[3] Die Politik mit dem Allgemeinen Gleichbehandlungsgesetz und internationale Investoren haben zudem dafür gesorgt, dass viele größere Unternehmen ein formales Diversity Management betreiben.[4]

Jenseits einfacher Kennzahlen („Frauenquoten") verzichten deutsche Unternehmen, so scheint es, weitgehend auf Datenanalysen, um die Vielfalt ihrer Belegschaft zu messen, die Folgen der Vielfalt für die Performance abzuschätzen oder den Erfolg von Diversity-Management-Maßnahmen zu evaluieren. Dies überrascht, denn die genannten Themen sind zumindest aus Sicht der Politik drängend, müssten es jedoch auch für Unternehmen sein. Zudem liegen die niedrig aggregierten Personendaten, die für weitgehendere Analysen notwendig sind, in den Personalinformationssystemen vor.[5] Manche Unternehmen wie Google

---

[1] Mitglieder des Arbeitskreises: Prof. Dr. Torsten Biemann, Universität Mannheim / Ivana Dedus, Deutsche Bahn AG / Dr. Susanne Dyrchs, The Boston Consulting Group GmbH / Markus Helle, Voith GmbH / Prof. Dr. Anja Iseke, Hochschule Ostwestfalen-Lippe / Prof. Dr. Renate Ortlieb, Universität Graz / Stefan Piekny, Schwarz Dienstleistung KG / Dr. Regine Pohlmann, Otto Group / Prof. Dr. Kerstin Pull, Universität Tübingen / Prof. Dr. Martin Schneider, Universität Paderborn / Sabine Tieves, Deutsche Bank AG / Dr. Michael Waas, Krones AG / Prof. Dr. Ingo Weller, Universität München.

[2] Federführende Autoren: Torsten Biemann, Ivana Dedus, Susanne Dyrchs, Natascha Golz (Deutsche Bahn AG), Markus Helle, Anja Iseke, Renate Ortlieb, Regine Pohlmann, Kerstin Pull, Martin Schneider, Gernot Sendowski (Deutsche Bank AG), Sabine Tieves, Michael Waas, Ingo Weller.

[3] Vgl. Eichhorst und Buhlmann (2015).

[4] Vgl. Vedder (2006), Süß und Kleiner (2006), Lederle (2007).

[5] Vgl. Strohmeier und Piazza (2015).

nutzen bereits erfolgreich statistisch ausgereifte Modelle, um etwa die Diskriminierungsfreiheit in Personalauswahlverfahren zu untersuchen.[6]

Der *AK Controlling heterogener Personalstrukturen* greift Ansätze dieser Pionierunternehmen, Literatur zu HR Analytics und Ergebnisse der wissenschaftlichen Forschung zu Diversity auf, um die Konturen, die Bedeutung und die Grenzen der „Diversity Analytics" als Forschungsfeld aufzuzeigen. Das Wort „Diversity Analytics" bringt die Begriffe „Diversity Management" und „HR Analytics" zusammen. Gemeint ist ein stark auf statistische Methoden zurückgreifendes Controlling heterogener Personalstrukturen. Dazu werden auch Personaldaten der Unternehmen ausgewertet. Die Auswertungen weichen von traditionellen Controlling-Methoden wie Kennzahlensystemen, Abweichungsanalysen und Trendanalysen ab und nutzen vielfach Methoden, die in der wissenschaftlichen Forschung zum Einsatz kommen, wie etwa Regressionsanalysen. Die Nähe zwischen akademischer und betrieblicher Forschung könnte nach Ansicht des *AK Controlling heterogener Personalstrukturen* stärker im Sinne eines evidenzbasierten Managements genutzt werden. Zum Beispiel könnten Analyseteams in den Unternehmen die vielen wissenschaftlichen Studien, die zu Diversity vorliegen, aufgreifen. Es bieten sich auch Kooperationen zwischen akademischen und betrieblichen Analyseteams an.

5.1 Diversity Analytics in deutschen Unternehmen?

Unternehmen können auf neue Weise ihre heterogenen Belegschaften untersuchen, weil sich im Personalcontrolling ein Wandel abzeichnet. Im Zuge der Digitalisierung sind Personalinformationssysteme leichter handhabbar. Personaldaten können in großen Mengen („Big Data") genutzt und miteinander verknüpft werden. Das Personalcontrolling hat dies unter den Schlagworten „HR Analytics" bzw. „People Analytics" aufgegriffen.[7] Zwei Aspekte sind dabei für unseren Zusammenhang wichtig.

Erstens werden in HR Analytics traditionelle Controlling-Methoden überwunden. Fitz-Entz[8] beispielsweise unterscheidet verschiedene Methoden nach ihrem Reife- bzw. Erkenntnisgrad. Vergangenheitsbezogene, deskriptive Auswertungen („Ad hoc-Reporting") liefern weniger Erkenntnisse als statistische Analysen (Korrelationen und Regressionen), die zum Teil zukunftsbezogen sind („Prädiktion") oder automatisiert optimale Entscheidungen ableiten können („Optimierung"). Diese und ähnliche Unterscheidungen[9] deuten darauf hin, dass sich praktisches Personalcontrolling heute stärker an statistischen Methoden orientiert, die auch in der akademischen Personalforschung zum Einsatz kommen.

---

[6] Vgl. Sullivan (2013).

[7] Vgl. Davenport, Harris und Shapiro (2010), Fitz-Enz (2010), Levenson (2005), Sullivan (2013), Waber (2013).

[8] Vgl. Fitz-Enz (2010, S. 186ff.)

[9] Vgl. Holthaus, Park und Stock-Homburg (2015).

Zweitens werden auch Diversity-Fragen mit der neuen Analytik untersucht. Ein Analyseteam von Google, das in diesem Bereich als Pionier gilt, verfolgt das Projekt „Improving Diversity", in dem quantitativ untersucht wird, wie unterrepräsentierte Personengruppen bei der Personalauswahl, der Beförderung und der Mitarbeiterbindung besonders gefördert werden können.[10] Bei Kimberly Clark analysiert ein Team anhand von Personaldaten, an welchen Stellschrauben der Konzern nachjustieren muss, um Diversity Management erfolgreicher im Hinblick auf die Beschäftigung und Förderung von Frauen zu machen.[11] Xerox nutzt einen Algorithmus zur Auswertung von Online-Bewerbungen unter anderem dazu, Bewertungen zu objektivieren und diskriminierende Effekte bei der Rekrutierung zu vermeiden.[12] Es werden von Beratungsunternehmen bereits Software-Lösungen angeboten um Rekrutierungsentscheidungen objektiviert zu treffen.[13]

In Deutschland spielt diese Form der Analytik noch eine untergeordnete Rolle. Bedingt durch die Hinwendung zum Diversity Management haben sich zwar verschiedene Netzwerke von Unternehmen gebildet, die auch Kooperationen mit der Wissenschaft, der Beratung und Nicht-Regierungsorganisationen eingegangen sind.[14] In den letzten Jahren lag ein deutlicher Schwerpunkt der Diskussion auf der Frage der Gleichstellung nach Geschlecht, da nach wie vor Frauen in Führungspositionen unterrepräsentiert sind.[15] Fallstudien belegen zudem, dass Diversity Management in vielen deutschen Unternehmen, allerdings in unterschiedlicher Ausgestaltung, umgesetzt wird.[16] In keinem der dokumentierten Fallstudien spielt jedoch die Analytik – über einfache Kennzahlen hinaus – eine Rolle.

Dass es jedoch erste Ansätze auch in deutschen Unternehmen gibt, belegen Beispiele aus dem *AK Controlling heterogener Personalstrukturen*.

Fallbeispiel: Deutsche Bahn Konzern[17]

Um das Ziel „Top-Arbeitgeber" als ein wesentliches Ziel der Konzernstrategie DB2020+ zu erreichen, will der DB-Konzern die Mitarbeiterzufriedenheit erhöhen und die Arbeitgeberattraktivität steigern. Ein Diversity Management trägt mit anderen Personalmaßnahmen dazu bei, die zur Zielerreichung erforderlichen Rahmenbedingungen zu schaffen. Auf diese Weise sollen qualifizierte Mitarbeiter und Führungskräfte, unabhängig von deren Geschlecht, ethnischer Herkunft, Alter und anderen sozialen Kriterien, nachhaltig für den DB-Konzern gewonnen und entwickelt werden.

---

[10] Vgl. Sullivan (2013).

[11] Vgl. Petrilla (2014), Bosanac (2015).

[12] Vgl. O'Brien (2014), Smedley (2014), o.V. (2013).

[13] Vgl. Burleigh (2015).

[14] Vgl. Krell und Sieben (2011).

[15] Vgl. Dyrchs und Strack (2012), Lorenzo et al. (2016).

[16] Vgl. Krause, Göbel und Vedder (2011), Wagner und Voigt (2007).

[17] Nach Informationen von Natascha Golz und Ivana Dedus.

Mit Einrichtung einer Abteilung Diversity Management im Jahr 2012, direkt beim Vorstand Personal, wurde die Relevanz dieses Themas mit Signalwirkung innerhalb und außerhalb des DB-Konzerns deutlich gemacht. Ziel der Abteilung Diversity Management ist die nachhaltige Verankerung von Vielfalt in der Unternehmenskultur auf nationaler und internationaler Ebene. Dies soll langfristig dazu führen, dass Diversity-Themen Teil des Denkens und Handelns aller Führungskräfte und Mitarbeiter werden. Aufgrund der unterschiedlichen Dimensionen von Vielfalt fokussiert sich die Arbeit zunächst auf Vielfalt in Bezug auf Geschlecht, ethnische Herkunft und Alter. Hierbei wird sichergestellt, dass keine Benachteiligungen im Sinne des Allgemeinen Gleichbehandlungsgesetzes (AGG) erfolgen.

Personalcontrolling / HR Analytics im Deutsche Bahn Konzern

Unsere aktuellen Personalinstrumente decken eine vorausschauende und wirksame Planung und Steuerung von strategischer bis operativer Ebene ab. Neben einer nachhaltigen Strategischen Personalplanung ist der Bereich Personalcontrolling insbesondere im Hinblick auf Analysen und Dashboards gut aufgestellt. In diesem Rahmen werden beispielsweise detaillierte monatliche Analysen der Personallage mit einem Betrachtungsumfang von rund 177.000 Mitarbeitern (Datenverfügbarkeit im internen Datawarehouse Personal) sowie eine ausgewählte Kennzahlenbetrachtung für alle rund 195.000 Mitarbeiter in Deutschland erstellt. Einen Fokus bildet die Analyse der heterogenen Personalstruktur und darin die Verankerung von Kennzahlen, die für das Diversity Management relevant sind. U. a. werden Kennzahlen wie Alter, Frauenanteil, Migrationshintergrund, Schwerbehinderung, Beschäftigte in Mutterschutz und Elternzeit, Mitarbeiter in Teilzeit, Gesundheitsstand und Fluktuation differenziert betrachtet. Zusätzlich wird die Erreichung von vereinbarten Zielniveaus z. B. für Mitarbeiterzufriedenheit, Arbeitgeberattraktivität, Frauenanteil und Gesundheitsstand gemessen. Dabei werden auch „flankierende" Kennzahlen dargestellt und analysiert, die Einfluss auf die Zielerreichung der TOP-Kennzahl haben, sowie Simulationen erstellt, die aufzeigen, welche Maßnahmen notwendig sind, um vereinbarte Zielhöhen zu erreichen.

Mittelfristige Zielstellung Diversity Analytics

Betrachtet man, ausgehend von dem aufgezeigten sehr guten Status Quo im Bereich der beschreibenden Analyse, die weiteren möglichen Reifegrade der Analyse, so wird deutlich, dass es sich in Ergänzung zu konventionellen Analysemethoden lohnt, weitere Instrumente aus dem Analytics-Bereich auszuprobieren. Beispielsweise führen wir zwar bereits diagnostische Analysen durch, diese sind jedoch mit der konventionellen IT sehr zeitaufwendig. Hier möchten wir effizienter werden und gleichzeitig weitere Analysen (vorausschauende und verordnende Analysen) mit der Einführung einer neuen, auf diesem Gebiet führenden Software erschließen.

Fallbeispiel: Deutsche Bank[18]

Unser Diversity & Inclusion (D&I) - Management basiert auf der festen Überzeugung, dass vielfältige Teams die innovativeren und besseren Ergebnisse liefern.

Dazu nur auf eine Diversity-Dimension zu fokussieren wäre weder vielfältig noch inklusiv. Letztlich wollen wir für ein breites Spektrum von Mitarbeiterinnen und Mitarbeitern attraktiv sein und bleiben.

Vielfalt alleine ist noch nicht wertschöpfend. Um aus der Vielfalt einen Mehrwert für Kunden, Mitarbeiter und das Unternehmen zu gewinnen, ist uns eine Führungskultur, die einen produktiven Umgang mit Vielfalt wertschätzt, wichtig.

Zu Beginn standen u. a. der „Business Case", der Aufbau von Mitarbeiternetzwerken und „Diversity Councils", die Entwicklung von Trainings und Frauenförderprogrammen und die Mitgründung der Charta der Vielfalt im Fokus.

Darauf aufbauend entwickelten und implementierten wir eine „Diversity 2.0"-Strategie, die u. a. effektivere Steuerungsstrukturen, erhöhte Führungsverantwortung und mehr Transparenz zum Inhalt hatte.

Die nächste Ebene wollen wir nun mit der Integration von D&I-Methoden und -Maßnahmen in die Abläufe der Bank erreichen – auch über den Personalbereich hinaus. Insbesondere den Geschäftsbereichen wollen wir helfen, den spezifischen „Business Impact" zu erkennen und wertschöpfend zu nutzen.

Wir nutzen Daten natürlich auch für D&I. Manches ist regulatorisch erforderlich, z. B. im Zusammenhang mit dem deutschen „Geschlechterquotengesetz" oder dem US „Equal Employment Opportunity Act".

Aber, ist das Erreichen z. B. einer Quote bereits ein Erfolg im Sinne von D&I? Weitaus wichtiger erscheinen Kombinationen von Daten und Informationen und deren Trends, wie z. B. die Ergebnisse von Mitarbeiterbefragungen in Kombination mit freiwilligen demographischen Angaben; die Geschlechterquoten bei Beförderungen in Kombination mit z. B. der Verweildauer auf der vorherigen Ebene oder dem Alter; sowie der Anteil von Männern in Elternzeit und deren Dauer.

Die jeweils relevanten Relationen definieren und die Trends richtig beurteilen zu können, erfordert ein hohes Maß an Erfahrung im Unternehmen und ein gutes Verständnis des Umfelds. Pauschale Annahmen führten zu pauschalen Schlussfolgerungen, wären kontraproduktiv und setzten die Bank schlimmstenfalls Risiken aus. Ein objektives Richtig oder Falsch ist vor dem Hintergrund der vielfachen Variablen und deren Wirkung nicht darstellbar.

Die nachhaltige Umsetzung von D&I ist ein langer Weg mit einem nicht binär zu definierenden Ziel. Wir sind aber fest davon überzeugt, dass es sich lohnt, diesen Weg zu gehen.

---

[18] Nach Informationen von Gernot Sendowski.

Fallbeispiel: Otto Group[19]

Bereits 2011 hat die Otto Group ein konzernweites Diversity Management implementiert. Von Beginn an war ein integriertes Diversity Controlling wesentlicher Baustein des Diversity Managements, um kennzahlengestützt Transparenz zu schaffen, die Wirksamkeit von Maßnahmen zu evaluieren sowie im Sinne einer nachhaltigen Prozessbegleitung durch ein regelmäßiges Reporting Managementinformationen für verschiedene Zielgruppen bereitzustellen.[20] Zu den Diversity-Zielen und den daraus abgeleiteten Maßnahmen entwickelte das Diversity Controlling Indikatoren für die Zielerreichung und Kennzahlen zur Erfolgsmessung. Dabei wurden hauptsächlich auf Vergangenheitsdaten basierende deskriptive Statistiken zur Darstellung von Verteilungen oder Veränderungen infolge der Maßnahmen verwendet. Darüber hinaus hilft ein Prognosemodell unter Verwendung interner und externer Daten bei der Abschätzung demographischer Effekte für das Unternehmen.

Seit der Einführung des Diversity Managements hat die fortschreitende Digitalisierung nicht nur Kundenbedürfnisse, sondern auch Geschäftsmodelle, Prozesse, Strukturen und die Unternehmenskultur tiefgreifend verändert. Hinzu kommt, dass die Erfahrungen des Diversity Managements sehr deutlich zeigen, dass nachhaltige Veränderungen der betrieblichen Praxis umso wahrscheinlicher werden, je klarer aufgezeigt werden kann, dass Vielfalt einen spürbaren Mehrwert bringt und ein Zusammenhang mit dem Geschäftserfolg hergestellt werden kann.

Vor diesem Hintergrund wird die Diversity-Strategie zurzeit in vier strategische Richtungen weiter ausgestaltet:

- *Compliance und Employer Branding*: Erhöhung der Arbeitgeberattraktivität durch Social Collaboration und Visibilität von Diversity.
- *Strategische Herausforderungen im Kerngeschäft*: Nutzung vielfältiger Kompetenzen und Perspektiven, um heterogene Kundenbedürfnisse besser zu verstehen.
- *Management von personeller Vielfalt durch veränderte Führung*: Wertschätzung unterschiedlicher persönlicher Kompetenzen und Ausrichtung heterogener Teams auf gemeinsame Ziele.
- *Neue Chancen durch flexible Prozesse und Arbeitsformen*: Gestaltung eines Arbeitsumfelds, das Raum für unterschiedlichste Bedürfnisse der Mitarbeitenden bietet.

Das Diversity Controlling wird auch bei der Neuausrichtung des Diversity Managements ein wichtiges Handlungsfeld bleiben, um die Entwicklung, die Förderung und die Wirkungen von Vielfalt transparent zu machen und eine zielführende Steuerung zu ermöglichen. Hierfür braucht es zukünftig ein methodisches Repertoire, das deutlich über die klassischen Kennzahlen hinausweist. Neben qualitativen Verfahren, wie Interviews oder Fallstudien, werden auch Reichweite

---

[19] Nach Informationen von Regine Pohlmann.

[20] Vgl. Pohlmann und Pundt (2016).

und Grenzen von HR Analytics für die strategisch relevanten Fragestellungen der Unternehmenspraxis auszuloten sein. Diesbezüglich steht die Otto Group jedoch noch ganz am Anfang.

5.2 Diversity Analytics: Ein Forschungsfeld

Der vorangehende Abschnitt hat deutlich gemacht: Dem Controlling anhand von Kennzahlen wird eine wichtige Funktion im Diversity Management zugesprochen. Auch eine weitergehende Analytik wird als sinnvoll eingeschätzt, aber nur in ersten Ansätzen praktiziert. Dies hat Gründe, auf die in Abschn. 5.2.3 eingegangen wird. Doch zunächst sollen die Methodik (Abschn. 5.2.1) und exemplarische Erkenntnisse (Abschn. 5.2.2) des Forschungsfeldes Diversity Analytics skizziert werden.

5.2.1 Methodik

Analytics-Ansätze mit hohem Reifegrad dienen der Prädiktion oder der automatisierten Optimierung von Entscheidungen anhand von Regressionsanalysen und ähnlichen Verfahren (Abschn. 5.1). Diese Ansätze erlauben wichtige Einsichten im Diversity Management. Sie können Zusammenhänge aufdecken, die subjektive Entscheider selbst mit viel Erfahrung nicht zu sehen vermögen. Das ist besonders bei Fragen des Diversity Managements wichtig, denn häufig führen subtile Mechanismen zu Ungleichbehandlungen. Beispielsweise können Auswahlentscheidungen durch unbewusste Stereotype geprägt sein.[21] In prädiktiven Modellen können Stereotype sichtbar und unter Umständen unwirksam gemacht werden.

Doch in vielen Unternehmen werden pro Jahr nur wenige Personen eingestellt, befördert oder in einem Entwicklungsprogramm weitergebildet. Wenn daher nur wenige Fälle zu statistischen Analysen zur Verfügung stehen, ist die so genannte statistische Power empirischer Analysen gering: Selbst wenn es z. B. eine Ungleichbehandlung zwischen Personengruppen gibt, könnte diese nicht aufgedeckt werden. Nicht nur für Klein- und Mittelunternehmen könnte dies ein starkes Hindernis sein, weitgehende Analysen zu betreiben und in die entsprechende Kompetenz und Dateninfrastruktur zu investieren.

Die meisten Diversity-Analytics-Projekte in den Unternehmen müssen also auch ohne Big Data auskommen. Die Methodik, die im Folgenden skizziert wird, erreicht dies, indem Vorwissen (der Forschungsstand), qualitatives Expertenwissen im Unternehmen und quantitative Datenanalysen systematisch miteinander kombiniert werden. Der Vorschlag orientiert sich am so genannten

[21] Vgl. Krell (2011, S. 267f.).

„evidenzbasierten Management“[22] sowie an „Insider Econometrics“[23]. Diversity-Analytics-Projekte sollten in zwei Stufen bearbeitet werden:

1. Zunächst wird der *Forschungsstand* anhand von Meta-Analysen und anderer Überblicksliteratur aufbereitet. Würde beispielsweise die Bedeutung von Diversität in Teams untersucht, sollte der entsprechende Forschungsstand als Startpunkt genommen werden. Dieser erste Schritt sichert das Vorwissen über bestimmte substanzielle Zusammenhänge, gibt Anregungen zu Forschungsdesigns und der Operationalisierung zentraler Größen.
2. Erst in der zweiten Phase werden eigene *statistische Analysen mit Personaldaten* betrieben. Das Design der Analysen – Auswahl der Fälle, Stichprobengrößen und Operationalisierung – wird anhand des Vorwissens optimiert, sodass auch geringere Fallzahlen häufig ausreichen. Bei der Umsetzung der Analysen und der Interpretation der Ergebnisse ist zudem die Interpretation von Experten im Unternehmen unerlässlich. D. h. quantitative Analysen und qualitative Einsichten sollten systematisch kombiniert werden.

Insgesamt setzt die vorgeschlagene Methodik darauf, Einsichten der akademischen Forschung systematisch zu nutzen, um betriebliche Analysen zu kanalisieren und aussagekräftiger zu machen.

5.2.2 Diversity und Diversity Management: Forschungsergebnisse

Um empirische Analysen im Rahmen von Diversity-Analytics-Projekten in den Unternehmen zu gestalten, liegen in der akademischen Diversity-Forschung eine Vielzahl von Studien und empirischen Erkenntnissen vor. Im Folgenden wird das entsprechende Vorwissen zu vier wichtigen Forschungssträngen umrissen, um zu illustrieren, an welchem Fundus an Vorarbeiten sich betriebliche Diversity-Analytics-Teams bedienen können, wenn sie den Forschungsstand aufarbeiten und eigene statistische Analysen mit Personaldaten planen. Dabei konzentrieren wir uns auf zentrale Fragen des Diversity Managements: Welche Diversity-Management-Maßnahmen erhöhen die Beschäftigung benachteiligter Personengruppen? Wie wirken Signale zu Diversität und Diversity Management auf die Arbeitgeberattraktivität? Werden bestimmte Gruppen bei der Personalauswahl benachteiligt? Und wann sind diverse Teams effektiv?

Wirkung von Diversity-Management-Maßnahmen

Die zentrale Frage, wie Diversity-Management-Maßnahmen wirken, ist erstaunlich wenig untersucht. In Deutschland finden sich hierzu allenfalls Ergebnisse von Experteninterviews[24], doch es fehlen großzahlige Studien. Für die USA liegt

---

[22] Vgl. Pfeffer und Sutton (2006), Rousseau (2006), Marler und Boudreau (2017).

[23] Vgl. Shaw (2009), Frick und Fabel (2013).

[24] Vgl. Froese und Schraudner (2010).

eine Studie vor mit Daten von 708 Unternehmen im Zeitraum 1971 bis 2002.[25] Sie findet zur Förderung der Beschäftigung und Beförderung unterrepräsentierter Gruppen starke Unterschiede in den Maßnahmentypen. Am stärksten wirken Maßnahmen wie Affirmative-Action-Pläne und die Einrichtung von Diversity-Komitees. Mentoring und die Förderung von Netzwerken haben schwache Wirkungen. Wirkungslos bleiben Schulungen, die Entscheidungsträger über versteckte Ungleichbehandlungen aufklären. Dieser Forschungsstrang illustriert insgesamt, dass verschiedene Typen von Diversity-Management-Maßnahmen unterschiedlich wirksam sind.

Diversität und Arbeitgeberattraktivität

Etwas mehr ist bekannt darüber, wie Diversity Management oder wahrgenommene Diversität von Unternehmen auf potenzielle Bewerber wirken. Dabei können Diversitätssignale in Stellenanzeigen, Rekrutierungsmaterialien und im Internet *explizit* gesendet oder aber *implizit* und womöglich ungewollt kommuniziert werden.

Bei expliziten Signalen wird z. B. untersucht, welchen Effekt es auf die wahrgenommene Arbeitgeberattraktivität hat, wenn im Rahmen fiktiver Unternehmensdarstellungen ein Foto einer Gruppe von Menschen abgedruckt wird, die erkennbar unterschiedlichen Ethnien angehören[26], oder wenn in einer Unternehmensbroschüre darauf hingewiesen wird, dass das Unternehmen eine diversitätsorientierte Rekrutierungspolitik verfolgt.[27] In unterschiedlichen Kontexten und mit unterschiedlichen Diversitätsmerkmalen zeigt sich: Die unterrepräsentierten Beschäftigtengruppen fühlen sich von explizit kommunizierten Diversitätssignalen angesprochen. Sie finden das Unternehmen allerdings attraktiver, wenn es sich zur Gleichbehandlung aller Mitarbeiter verpflichtet, anstatt spezifische Programme zur Förderung unterrepräsentierter Beschäftigtengruppen aufzulegen.[28] *Implizite* Diversitätssignale sind bislang weniger untersucht.[29] Iseke und Pull[30] untersuchen, welchen Effekt es auf die Arbeitgeberattraktivität aus der Sicht weiblicher Bewerber hat, ob die Geschäftsführung eines fiktiven Unternehmens rein männlich ist oder ob es dort auch eine oder sogar mehrere Frauen gibt. Ähnlich wie in den genannten Studien zu expliziten Signalen zeigt sich auch hier, dass die über die (impliziten) Diversitätssignale angesprochene Gruppe Gleichbehandlung schätzt, aber keine Bevorzugung wünscht.

Einige Studien untersuchen den Zusammenhang zwischen expliziten und impliziten Signalen auf die Arbeitgeberattraktivität.[31] Insgesamt zeigt die

25 Vgl. Kalev, Dobbin und Kelly (2006).

26 Vgl. Avery (2003), Perkins, Thomas und Taylor (2000), Avery et al. (2013), Walker et al. (2009).

27 Vgl. Highhouse et al. (1999), Williams und Bauer (1994), Walker et al. (2007).

28 Vgl. Williams und Bauer (1994), McNab und Johnston (2002), Windscheid et al. (2015).

29 Vgl. Rabl und Triana (2014), Iseke und Pull (2017).

30 Vgl. Iseke und Pull (2017).

31 Vgl. Windscheid et al. (2016), Rabl und Triana (2014).

Literatur, dass implizite und explizite Diversitätssignale die Arbeitgeberattraktivität beeinflussen und dass sie miteinander interagieren. Die subtilen, komplexen und unerkannten Effekte machen diesen Strang von Diversity Analytics besonders interessant. Unternehmen können hier wichtige Erkenntnisse zum Employer Branding gewinnen.

Verzerrte Personalauswahl

Die Frage nach Verzerrungen bei der Personalauswahl ist besonders komplex, weil methodisch-technische Aspekte von Auswahlverfahren[32], ihre ökonomischen Kosten und Nutzen, rechtliche Rahmenbedingungen (insbesondere das Allgemeine Gleichbehandlungsgesetz) und gesellschaftliche Anliegen wie Chancengleichheit miteinander verwoben sind und zu Trade-offs führen.[33]

Die Evidenz zu Diskriminierungsproblemen im deutschen Arbeitsmarkt ist alarmierend. So zeigen Schneider et al.[34] mit einem Feldexperiment, dass Bewerber mit türkischem Namen (relativ zu Bewerbern mit deutschem Namen) im Ausbildungsmarkt systematisch diskriminiert werden. Bei identischen Lebensläufen mussten (fiktive) türkische Bewerber 7 Bewerbungen schreiben, um eine Einladung zum Vorstellungsgespräch für eine Stelle als Mechatroniker oder Bürokaufmann zu erhalten, während Bewerber mit deutschem Namen nur 4 bzw. 6 Bewerbungen schreiben mussten. Die Nettodiskriminierung fiel in sehr kleinen Unternehmen (< 6 Mitarbeiter) deutlich höher aus als in mittelgroßen und großen Unternehmen. Vergleichbare Ergebnisse berichten auch Kaas und Manger, Kolle sowie Weichselbaumer.[35] Diese Befunde sind auch rechtlich relevant. Das Allgemeine Gleichbehandlungsgesetz von 2006 soll regeln, dass Diskriminierung im Arbeitsleben verhindert oder beseitigt wird.[36] Nach §1 AGG dürfen Bewerber nicht aufgrund ihrer Rasse oder ethnischen Herkunft, des Geschlechts, der Religion oder Weltanschauung, einer Behinderung, des Alters oder ihrer sexuellen Identität benachteiligt werden. Personalauswahlprozesse und -instrumente können zu unzulässiger Diskriminierung führen, wenn sie bestimmte Bewerbergruppen systematisch benachteiligen.

In den USA wird bereits seit längerem als ein Messkonzept, um Benachteiligungen aufzudecken, die Adverse Impact Ratio (AIR) genutzt[37]: Der Anteil der erfolgreichen Bewerber der benachteiligten Gruppe wird ins Verhältnis zum Anteil der erfolgreichen Bewerber der bevorteilten Gruppe gesetzt. Bewerben sich z. B. 80 Männer und 40 Frauen, und 8 Männer, aber nur 2 Frauen werden ausgewählt, ist der AIR=(2/40)/(8/80)=0.5. Als etablierte Regel gilt, dass bei einem Wert von unter 0.8 von einer unzulässigen Diskriminierung auszugehen

[32] Vgl. Aguinis und Smith (2007).

[33] Vgl. Arthur und Woehr (2013), Hough, Oswald und Ployhart (2001), Ployhart und Holtz (2008).

[34] Vgl. Schneider, Yemane und Weinmann (2014).

[35] Vgl. Kaas und Manger (2012), Kolle (2014), Weichselbaumer (2016).

[36] Vgl. Frintrup und Flubacher (2014).

[37] Vgl. Roth, Bobko und Switzer (2006).

ist. Die Kennzahl ist in Forschung und Praxis weit verbreitet und leicht berechenbar, aber nicht ohne Kritik geblieben. Unter anderem weist die Forschungsliteratur auf das sog. „diversity-validity dilemma“[38], Probleme kleiner Fallzahlen („small samples problem“) und die Anwendung der 4/5 Regel in komplex strukturierten Unternehmen („combined samples problem“) hin.[39] In Deutschland wird diese Methodik noch selten verwendet.[40]

Insgesamt stützt dieser Forschungsstrang den Befund, dass teilweise unbewusste Mechanismen im Bewerbungsprozess zu unerwünschten Selektionseffekten führen. Diese können eine Chancengleichheit verhindern. Zudem werden interessante Konzepte bzw. Kennzahlen zur Messung von Selektion und Diversität vorgeschlagen. Da Selektionsentscheidungen nicht nur im Rahmen der Personalauswahl stattfinden, sondern auch bei Gehaltserhöhungen, der Aufnahme in einen Talent Pool, Beförderungen und der freiwilligen Fluktuation, kann die AIR-Methodik auch für solche Entscheidungen genutzt werden. Dies könnte helfen, Hindernisse zu mehr Diversity aufzudecken und rechtliche Risiken zu vermeiden.

Diversity im Personaleinsatz: Teamforschung

Zentral ist auch die Frage, welche Wirkung die Diversität auf die Zusammenarbeit im Team ausübt, zumal mit der Digitalisierung und Vernetzung von Wertschöpfungsprozessen die Arbeit zunehmend in Projekten stattfindet.[41] Zu dieser Frage liegt eine Vielzahl von empirischen Befunden aus der Teamforschung vor. Das Problem im Hinblick auf die Diversity Analytics ist jedoch: Die Befunde bleiben uneinheitlich und widersprüchlich. Dies lässt sich auf zwei grundlegende Zusammenhänge zurückführen.

Erstens lassen sich *zwei gegenläufige Effekte* von Diversität unterscheiden. Einerseits wird argumentiert, dass vielfältig zusammengesetzte Teams anfälliger für Konflikte und damit weniger produktiv sind als homogene Teams.[42] Diese pessimistische Argumentation wird insbesondere durch die Social-Identity-Theorie[43] und das sog. Similarity-Attraction-Paradigma[44] gestützt. Andererseits wird argumentiert, dass vielfältigere Teams über mehrere Arten von Fachwissen sowie über unterschiedliche Perspektiven und Problemlösungsansätze verfügen. Diese optimistische Argumentation wird insbesondere im Information-Processing-Ansatz[45] und in den grundlegenden Diversity-Management-Konzepten[46] betont.

---

[38] Vgl. Ployhart und Holtz (2008).

[39] Vgl. Roth et al. (2006).

[40] Vgl. Stumpf, Leenen und Scheitza (2016).

[41] Vgl. Bakker et al. (2016), Burke und Morley (2015).

[42] Vgl. Jehn, Northcraft und Neale (1999).

[43] Vgl. Tajfel und Turner (1986).

[44] Vgl. Miliken und Martins (1996).

[45] Vgl. Hambrick, Cho und Chen (1996).

[46] Vgl. Cox und Blake (1991).

Zweitens wird der Zusammenhang zwischen Team-Diversität und Erfolg *höchst unterschiedlich empirisch untersucht*.[47] So betrachten Studien etwa verschiedene Dimensionen von Diversität. Es dominieren sozio-demographische Kategorien wie Geschlecht[48], Alter[49] und Nationalität/Ethnizität[50], aber auch strukturelle Merkmale wie Organisationsabteilung/Funktionsbereich[51] und Teamzugehörigkeitsdauer.[52] Außerdem betrachten sie die Wirkung dieser Diversitäts-Dimensionen entweder einzeln (zum Beispiel in Form eines Heterogenitätsindexes wie Varianz, Variationskoeffizient oder Blau-Index) oder im Zusammenspiel, das heißt, über sog. Verwerfungslinien oder Faultlines. Bei der Betrachtung von einzelnen Diversitäts-Dimensionen existieren unterschiedliche Verständnisse von Heterogenität[53], je nachdem, ob es um die Anzahl von Kategorien eines Merkmals geht (Varietät), eine ungleiche Verteilung dieser Kategorien (Disparität) oder die Distanz zwischen den Kategorien (Separation). Bei der Betrachtung von Heterogenität im Sinne von Faultlines, also dem Zusammenfallen verschiedener Diversitäts-Dimensionen, wird hingegen auf die Bildung von Subgruppen in Teams und bestimmte Merkmalskonfigurationen dieser Subgruppen abgestellt.[54] Empirische Studien unterscheiden sich außerdem hinsichtlich der verwendeten Erfolgsmaße, zum Beispiel Innovationen, Problemlösungsverhalten und Produktivität. Schließlich werden verschiedene Arten von Teams untersucht, zum Beispiel Top-Management-Teams[55], Teams in Forschung und Entwicklung[56] und globale Teams.[57] Diese Arten von Teams haben verschiedene Arbeitsaufgaben (Entscheiden, Generieren von Ideen, Produzieren), sie sind unterschiedlich groß, und sie agieren in unterschiedlichen Kontexten (virtuell oder vor Ort, intra- oder interorganisational).

Mehr Licht in den komplexen Zusammenhang zwischen Team-Diversity und Erfolg bringen empirische Studien, die indirekte, moderierende Effekte untersuchen. So zeigte sich zum Beispiel, dass mit zunehmender Teamgröße der negative Effekt von kultureller Diversität auf Kommunikation und Teamzufriedenheit stärker wird.[58] Auch die Art der Diversität hat einen moderierenden Einfluss. So hat Team-Diversität, die auf strukturellen Merkmalen wie Organisationsab-

---

[47] Vgl. Bell et al. (2011), Horwitz und Horwitz (2007), Joshi und Roh (2009), Schneid et al. (2015), Webber und Donahue (2001).

[48] Vgl. Pletzer et al. (2015), Schneid et al. (2015).

[49] Vgl. Schneid et al. (2016).

[50] Vgl. Ely, Padavic und Thomas (2012), Richard, Kirby und Chadwick (2013).

[51] Vgl. Iseke et al. (2015).

[52] Vgl. de Poel, Stoker und Van der Zee (2014).

[53] Vgl. Harrison und Klein (2007).

[54] Vgl. Lau und Murnighan (1998).

[55] Vgl. Certo et al. (2006), Richard, Kirby und Chadwick (2013).

[56] Vgl. Hoisl, Gruber und Conti (2016), Cheung et al. (2016).

[57] Vgl. Cummings (2004).

[58] Vgl. Stahl et al. (2010).

teilungen/Funktionsbereichen beruht, positivere Effekte als sozio-demographische Diversität.[59] Es zeigt sich zudem dann ein positiver Effekt, wenn Team-Diversität direkt relevant ist für die Arbeitsaufgabe (etwa Diversität in der Art der Berufserfahrung).[60] Eine weitere wichtige Unterscheidung ist die zwischen leicht beobachtbaren Merkmalen wie Alter und Geschlecht (surface-level diversity) und schwer beobachtbaren, aber tief verankerten Werten und Normen (deep-level diversity): Es scheint insbesondere darauf anzukommen, dass die Teammitglieder in Hinblick auf Werte und Normen homogen sind – was jedoch in vielen Studien nicht gemessen wird.[61] Zudem ist die Art der Arbeitsaufgabe entscheidend: Hohe Team-Diversität hat insbesondere bei komplexen und schwierigen Aufgaben positive Auswirkungen.[62] Und schließlich sind Führung und die Arbeitsumgebung wichtige Moderatoren: Transformationale Führung hat einen positiven moderierenden Effekt[63]; ebenso ein Teamklima, das Stereotype vermeidet[64], Vielfalt wertschätzt[65] und von Vertrauen geprägt ist.[66] Insgesamt geben die indirekten, moderierenden Effekte wertvolle Hinweise darauf, wie heterogene Teams erfolgreich gestaltet werden können.

5.2.3 *Herausforderungen*

Der selektive Überblick hat gezeigt, dass für viele praktische Fragen der Diversity Analytics auf wichtige Vorarbeiten zurückgegriffen werden kann, sowohl was die zu erwartenden Effekte als auch die denkbare Studienmethodik angeht. Zugleich zeigt der Überblick, dass die Zusammenhänge vielfach überraschend sind. Datenanalysen lohnen sich also. Wenn Diversity-Analytics-Projekte dennoch nur in ersten Ansätzen zu finden sind, liegt das vermutlich an spezifischen Herausforderungen.

Diversity Analytics müssen wie alle HR-Analytics-Projekte technische Probleme der Datenverfügbarkeit, -integration und -analyse lösen.[67] Die folgenden Aspekte betreffen Diversity-Analytics-Projekte allerdings in besonderer Weise.

HR-Analytics-Projekte sind in der Regel mitbestimmungspflichtig. Es ist davon auszugehen, dass der Betriebsrat Diversity-Analytics-Projekte besonders kritisch prüft. Ein spezifischer Zuschnitt der Mitarbeitergruppen in der Analyse,

[59] Vgl. Cummings (2004).

[60] Vgl. Horwitz und Horwitz (2007).

[61] Vgl. Harrison, Price und Bell (1998).

[62] Vgl. Bowers, Pharmer und Salas (2000), Horwitz und Horwitz (2007), Joshi und Roh (2009), Wegge et al. (2008).

[63] Vgl. de Poel, Stoker und Van der Zee (2014), Kearny und Gebert (2009).

[64] Vgl. Ely, Padavic und Thomas (2012).

[65] Vgl. Chung et al. (2015).

[66] Vgl. Cheung et al. (2016).

[67] Vgl. Angrave et al. (2016), Strohmeier und Piazza (2015).

z. B. durch die Kombination der Merkmale Alter, Geschlecht und Qualifikation, hat meist zur Folge, dass Rückschlüsse auf einzelne Personen prinzipiell möglich werden.[68] Das würde gegen die gesetzlichen Datenschutzbestimmungen verstoßen. Zudem verstoßen Personalentscheidungen, die auf Basis demographischer Merkmale der Mitarbeiter getroffen werden und einen negativen Einfluss auf Beschäftigungs- und Arbeitsbedingungen bestimmter Personengruppen haben, gegen das Allgemeine Gleichbehandlungsgesetz.[69]

Vorbehalte gegen Diversity Analytics gibt es möglicherweise auch von Seiten der Personalverantwortlichen oder Diversity-Beauftragten und der Beschäftigten. Sie bezweifeln häufig, dass man den Wert von Diversität adäquat in Kennzahlen erfassen kann.[70] Diese Zweifel können vermutlich dann ausgeräumt werden, wenn die relevanten Aspekte mit adäquaten Methoden analysiert werden. Relevante Aspekte geraten vermutlich dann in den Blick, wenn ein umfassendes Verständnis für die Unternehmensstrategie und Wertschöpfungsprozesse besteht und mit unterschiedlichen Funktionen (z. B. Personal, Marketing, Produktion) kooperiert wird.[71] Adäquate Methoden können helfen, inhaltliche Fehlschlüsse zu vermeiden. Daher sollten Diversity Analytics einen hohen Reifegrad besitzen, also über einfache Kennzahlen oder Abweichungsanalysen hinausgehen. Sie sollten sich an den Standards der Forschung – Insider Econometrics und Evidence-based Management – orientieren.

Interessanterweise bedeuten die genannten Anforderungen, dass Diversity-Analytics-Teams selbst heterogen sein sollten. Diversity Analytics erfordern die Kollaboration von Personal- bzw. Diversity-Managern, denen häufig die erforderlichen Methodenkenntnisse fehlen, mit Statistik- und IT-Experten, die in der Regel nicht hinreichend mit der inhaltlichen Bedeutung der Variablen und den relevanten Kontextfaktoren vertraut sind.[72] Diversity-Analytics-Teams sind aber nicht nur interdisziplinär, sondern häufig auch von Verwerfungslinien bzw. Faultlines (vgl. Abschn. 5.2.2) gekennzeichnet, da die überwiegende Mehrheit der Diversity-Beauftragten weiblich ist, während die IT- und Statistikexperten tendenziell männlich sind.[73] Daher kommt der effektiven Führung von Diversity-Analytics-Teams eine besondere Bedeutung zu.

Diversity-Managern fällt es häufig nicht leicht, die Geschäftsführung und andere Stakeholder von der Bedeutung dieses Arbeitsgebiets zu überzeugen, Ressourcen dauerhaft zu akquirieren und Erkenntnisse aus den Diversity-Analytics-Projekten in Entscheidungsprozesse einzubringen.[74] Zudem fehlt es den Unternehmen an Erfahrungen, wie man Diversity Analytics am besten gestaltet.

---

[68] Vgl. Holthaus et al. (2015).

[69] Vgl. Gola (2015).

[70] Vgl. Angrave et al. (2016).

[71] Vgl. Rasmussen und Ulrich (2015).

[72] Vgl. Cascio und Boudreau (2011).

[73] Vgl. Boyd und Crawford (2012).

[74] Vgl. Rasmussen und Ulrich (2015).

5.3 Fazit

Big Data ist nicht notwendig, um durch Diversity-Analytics-Projekte aussagekräftige Ergebnisse zu gewinnen. Dies hat das in diesem Beitrag vertretene Konzept eines zweistufigen Vorgehens gezeigt. Vor der quantitativen Analyse steht der Blick auf den Forschungsstand. Der Streifzug durch wichtige Ergebnisse der Diversity-Forschung hat deutlich gemacht: Die Effekte von Diversität und Diversity-Management-Maßnahmen sind indirekt und kontextsensibel. Doch auch wenn die akademische Forschung die Effekte bei weitem nicht geklärt hat, hält sie einen Fundus an Erkenntnissen und Forschungsdesigns bereit, der betrieblichen Diversity-Analytics-Teams Anregungen geben kann.

In deutschen Unternehmen sind Diversity-Analytics-Projekte noch wenig zu finden. Das dürfte an den angesprochenen Herausforderungen ebenso liegen wie daran, dass Unternehmensleitungen den Nutzen dieser Projekte nicht sehen. Auch wenn sie noch wenig verwirklicht sind, könnten Kooperationen der Unternehmen mit anderen Unternehmen und der akademischen Wissenschaft hilfreich sein, um die Legitimität der Projekte zu erhöhen, Erfahrungen auszutauschen und notwendige Kompetenzen kostengünstig zu nutzen und aufzubauen.[75]

Da Diversity Analytics auf niedrig aggregierte Daten angewiesen sind, dürften die Einwände der Betriebsräte und Datenschutzbeauftragten eine wesentliche Hürde bleiben. Doch es kann im Interesse der Beschäftigten sein, Verzerrungen in Personalauswahlverfahren bewusst zu machen und die Wirkungen von Diversität etwa auf die Zufriedenheit der Beschäftigten zu untersuchen.

Literaturverzeichnis

Aguinis, Herman, und Marlene A. Smith. 2007. Understanding the impact of test validity and bias on selection errors and adverse impact in human resource selection. *Personnel Psychology,* 60:165-199.

Angrave, David, et al. 2016. HR and analytics: why HR is set to fail the big data challenge. *Human Resource Management Journal*, 26:1-11.

Arthur, Winfred, und David Woehr. 2013. No steps forward, two steps back: The fallacy of trying to “Eradicate” adverse impact? *Industrial and Organizational Psychology*, 6(4):438-442.

Avery, Derek R. 2003. Reactions to diversity in recruitment advertising - are differences black and white? *Journal of Applied Psychology,* 88:672-679.

Avery, Derek R., et al. 2013. Examining the draw of diversity: How diversity climate perceptions affect job-pursuit intentions. *Human Resource Management,* 52(2): 175-193.

[75] Vgl. Lerderle (2007), Angrave et al. (2016), Rasmussen und Ulrich (2015).

Bakker, Rene M., et al. 2016. Temporary organizing: promises, processes, problems. *Organization Studies,* 37:1703-1719.

Bell, Suzanne T., et al. 2011. Getting specific about demographic diversity variable and team performance relationships: A meta-analysis. *Journal of Management,* 37:709-743.

Bosanac, Alexandra. 2015. *How "people analytics" is transforming human resources.* Canadian Business, 26.10.2016. http://www.canadianbusiness.com/innovation/how-people-analytics-is-transforming-human-resources. Zugegriffen: 21.03.2017.

Bowers, Clint A., J. A. Pharmer und E. Salas. 2000. When member homogeneity is needed in work teams: A meta-analysis. *Small Group Research,* 31:305-327.

Boyd, Danah, und Kate Crawford. 2012. Critical questions for big data: Provocations for a cultural, technological, and scholarly phenomenon. *Information, communication & society,* 15:662-679.

Burke, Catriona M., und Michael J. Morley. 2015. On temporary organizations: A review, synthesis and research agenda. *Human Relations,* 69:1235-1258.

Burleigh, Nina. 2015. *What Silicon Valley thinks of women.* Newsweek, 28.01.2015. http://www.newsweek.com/2015/02/06/what-silicon-valley-thinks-women-302821.html. Zugegriffen: 03.04.2017.

Cascio, Wayne F., und John W. Boudreau. 2011. What's around the corner in HR? *Organizational Dynamics,* 40(4):243-245.

Certo, S. Trevis, et al. 2006. Top management teams, strategy and financial performance: A meta-analytic examination. *Journal of Management Studies,* 43:813-839.

Cheung, Siu Yin, et al. 2016. When and how does functional diversity influence team innovation? The mediating role of knowledge sharing and the moderation role of affect-based trust in a team. *Human Relations,* 69:1507-1531.

Chung, Yunhyung, et al. 2015. Cracking but not breaking: Joint effects of faultline strength and diversity climate on loyal behavior. *Academy of Management Journal,* 58:1495-1515.

Cox, Taylor H., und Stacy Blake. 1991. Managing cultural diversity: implications for organizational competitiveness. *Academy of Management Executive,* 5(3):45-56.

Cummings, Jonathon N. 2004. Work groups, structural diversity, and knowledge sharing in a global organization. *Management Science,* 50:352-364.

Davenport, Thomas H., J. Harris und J. Shapiro. 2010. Competing on talent analytics. *Harvard Business Review,* 88(10):52-8.

de Poel, Frouke M., J. I. Stoker und K. I. Van der Zee. 2014. Leadership and organizational tenure diversity as determinants of project team effectiveness. *Group & Organization Management,* 39:532-560.

Dyrchs, Susanne, und Rainer Strack. 2012. *Shattering the glass ceiling: An analytical approach to advancing women into leadership roles*. The Boston Consulting Group.

Eichhorst, Werner, und Florian Buhlmann. 2015. *Die Zukunft der Arbeit und der Wandel der Arbeitswelt*. IZA Standpunkte 77.

Ely, Robin J., I. Padavic und D. A. Thomas. 2012. Racial diversity, racial asymmetries, and team learning environment: Effects on performance. *Organization Studies*, 33:341-362.

Fitz-Enz, Jac. 2010. *The New HR Analytics: Predicting the Economic Value of Your Company's Human Capital Investments*, New York: AMACOM.

Frick, Bernd, und Oliver Fabel. 2013. Special issue "Insider Econometrics". *Journal of Business Economics*, 83:99-100.

Frintrup, Andreas, und Brigitte Flubacher. 2014. *Diversity Management in der Personalauswahl: Kulturelle Vielfalt in Unternehmen und Behörden ermöglichen*, Berlin und Heidelberg: Springer.

Froese, Anna, und Martina Schraudner. 2010. Diversity-Management in der Umsetzung. Eine Good Practice-Studie aktueller Implementierungskonzepte großer Unternehmen im deutschsprachigen Raum. In *Diversity im Innovationssystem*, Hrsg. M. Schraudner, 149-172. München: Fraunhofer-Verlag.

Gola, Peter. 2015. HR Intelligence und Analytics – Datenschutzrechtliche Grenzziehungen. In *Human resource intelligence und analytics*, Hrsg. S. Strohmeier und F. Piazza, 127-158. Wiesbaden: Springer.

Hambrick, Donald C., T. S. Cho und M.-J. Chen. 1996. The influence of top management team heterogeneity on firms` competitive moves. *Administrative Science Quarterly*, 41:659-684.

Harrison, David A., K. H. Price und M. P. Bell. 1998. Beyond relational demography: Time and the effects of surface- and deep-level diversity on work group cohesion. *Academy of Management Journal*, 41:96-107.

Harrison, David A., und Katherine J. Klein. 2007. What's the difference? Diversity constructs as separation, variety, or disparity in organizations. *Academy of Management Review*, 32:1199-1228.

Highhouse, Scott, et al. 1999. Assessing company employment image: An example in the fast food industry. *Personnel Psychology*, 52:151-172.

Hoisl, Karin, M. Gruber und A. Conti. 2016. R&D team diversity and performance in hypercompetitive environments. *Strategic Management Journal*, online first. DOI: 10.1002/smj.2577.

Holthaus, Christian, Y. Park und R. Stock-Homburg. 2015. People Analytics und Datenschutz – Ein Widerspruch? *Datenschutz und Datensicherheit*, 39:676-681.

Horwitz, Sujin K., und Irwin B. Horwitz. 2007. The Effects of team diversity on team outcomes: A meta-analytic review of team demography. *Journal of Management,* 33:987-1015.

Hough, Leatta. M., F. L. Oswald und R. E. Ployhart. 2001. Determinants, detection and amelioration of adverse impact in personnel selection procedures: Issues, evidence and lessons learned. *International Journal of Selection and Assessment,* 9:152-194.

Iseke, Anja, et al. 2015. Cross-cutting organizational and demographic divides and the performance of research and development teams: two wrongs can make a right. *R&D Management,* 45:23-40.

Iseke, Anja, und Kerstin Pull. 2017. Female executives and perceived employer attractiveness: On the potentially adverse signal of having a female CHRO rather than a female CFO. *Journal of Business Ethics*, online first. DOI: 10.1007/s10551-017-3640-1.

Jehn, Karen A., G. Northcraft und M. A. Neale. 1999. Why differences make a difference: A field study of diversity, conflict, and performance in work-groups. *Administrative Science Quarterly*, 44(4):741-763.

Joshi, Aparna, und Hyuntak Roh. 2009. The role of context in work team diversity research: A meta-analytic review. *Academy of Management Journal*, 52(3):599-627.

Kaas, Leo, und Christian Manger. 2012. Ethnic discrimination in germany's labour market: A field experiment. *German Economic Review*, 13(1):1-20.

Kalev, Alexandra, F. Dobbin und E. Kelly. 2006. Best practices or best guesses? Assessing the efficacy of corporate affirmative action and diversity policies. *American sociological review*, 71(4):589-617.

Kearney, Eric, und Diether Gebert. 2009. Managing diversity and enhancing team outcomes: The promise of transformational leadership. *Journal of Applied Psychology*, 94(1):77-89.

Kolle, Andre. 2014. Gender and ethnic discrimination in hiring: evidence from field experiments in the German labor market. Dissertation. Universität Paderborn.

Krause, Florian, E. Göbel und G. Vedder. 2011. *Fallstudien zum Thema Diversity Management,* München und Mering: Hampp.

Krell, Gertraude. 2011. Diskriminierungs-und Gleichstellungspotenzial von Leistungsbeurteilungen. In *Chancengleichheit durch Personalpolitik: Gleichstellung von Frauen und Männern in Unternehmen und Verwaltungen,* Hrsg. G. Krell, 261-274. 6. Aufl., Wiesbaden: Gabler.

Krell, Gertraude, und Barbara Sieben. 2011. Diversity Management: Chancengleichheit für alle und auch als Wettbewerbsvorteil. In *Chancengleichheit durch Personalpolitik: Gleichstellung von Frauen und Männern in Unternehmen und Verwaltungen. Rechtliche Regelungen – Problemanalysen – Lösungen,* Hrsg. G. Krell, 155-174. 6. Aufl., Wiesbaden: Gabler.

Lau, Dora C., und J. Keith Murnighan. 1998. Demographic diversity and faultlines: The compositional dynamics of organizational groups. *Academy of Management Review,* 23(2):325-340.

Lederle, Sabine. 2007. Die Einführung von Diversity Management in deutschen Organisationen: Eine neoinstitutionalistische Perspektive. *Zeitschrift für Personalforschung/German Journal of Research in Human Resource Management*, 21(1):22-41.

Levenson, Alec. 2005. Harnessing the power of HR analytics. *Strategic HR Review*, 4(3):28-31.

Lorenzo, Rocio, et al. 2016. *Changing the german economy by moving more women into management*. BCG perspectives, 28.07.2016.

Marler, Janet H., und John W. Boudreau. 2017. An evidence-based review of HR Analytics. *The International Journal of Human Resource Management,* 28(1):3-26.

McNab, Sarah M., und Lucy Johnston. 2002. The impact of equal employment opportunity statements in job advertisements on applicants' perceptions of organisations. *Australian Journal of Psychology*, 54(2):105-109.

Milliken, Frances J., und Luis L. Martins. 1996. Searching for common threads: Understanding the multiple effects of diversity in organizational groups. *Academy of Management Review,* 21:402-433.

O'Brien, James Mashable. 2014. *Big data is changing the game for recruiters.* http://mashable.com/2014/06/11/big-data-recruiting/#yIEFXufGmkq7. Zugegriffen: 21.03.2017.

Perkins, Lesley A., K. M. Thomas und G. A. Taylor. 2000. Advertising and recruitment: Marketing to minorities. *Psychology & Marketing*, 17(3): 235-255.

Petrilla, Molly. Fortune. 2014. *How analytics helped Kimberly-Clark solve its diversity problem.* http://fortune.com/2014/12/10/kimberly-clark-dods-worth-diversity/. Zugegriffen: 21.03.2017.

Pfeffer, Jeffrey, und Robert I. Sutton. 2006. Evidence-based management. *Harvard Business Review*, 84(1):62-74.

Pletzer, Jan L., et al. 2015. Does gender matter? Female representation on corporate boards and firm financial performance - A meta-analysis. *PLoS ONE,* 10(6):e0130005. DOI:10.1371/journal.pone.0130005.

Ployhart, Robert E., und Brian C. Holtz. 2008. The diversity-validity dilemma: Strategies for reducing racioethnic and sex subgroup differences and adverse impact in selection. *Personnel Psychology*, 61(1):153-172.

Pohlmann, Regine, und Leena Pundt. 2016. Diversity Controlling als nachhaltige Prozessbegleitung. In *Personalentwicklung: Themen, Trends, Best Practices*, Hrsg. K. Schwuchow und J. Gutmann, 332-338. Freiburg: Hauffe.

Rabl, Tanja, und Maria C. Triana. 2014. Organizational value for age diversity and potential applicants' organizational attraction: Individual attitudes matter. *Journal of business ethics*, 121(3):403-417.

Rasmussen, Thomas, und Dave Ulrich. 2015. Learning from practice: how HR analytics avoids being a management fad. *Organizational Dynamics*, 44(3):236-242.

Richard, Orlando C., S. L. Kirby und K. Chadwick. 2013. The impact of racial and gender diversity in management on financial performance: how participative strategy making features can unleash a diversity advantage. *The International Journal of Human Resource Management*, 24:2571-2582.

Roth, Philip L., P. Bobko und F. S. Switzer III. 2006. Modeling the behavior of the 4/5ths rule for determining adverse impact: Reasons for caution. *Journal of Applied Psychology*, 91(3):507-522.

Rousseau, Denise M. 2006. Is there such a thing as "evidence-based management"? *Academy of Management Review*, 31:256-269.

Schneid, Matthias, et al. 2015. The influence of cultural context on the relationship between gender diversity and team performance: A meta-analysis. *The International Journal of Human Resource Management*, 26:733-756.

Schneid, Matthias, et al. 2016. Age diversity and team outcomes: A quantitative review. *Journal of Managerial Psychology*, 31:2-17.

Schneider, Jan, R. Yemane und M. Weinmann. 2014. *Diskriminierung am Ausbildungsmarkt. Ausmaß, Ursachen und Handlungsperspektiven*. Forschungsbereich beim Sachverständigenrat deutscher Stiftungen für Integration und Migration (SVR).

Shaw, Kathryn. 2009. Insider econometrics: A roadmap with stops along the way. *Labour Economics*, 16:607-617.

Smedley, Tim. 2014. Forget the CV, data decide careers. *Financial Times*, 09.07.2014.

Stahl, Günter K., et al. 2010. Unraveling the effects of cultural diversity in teams: A meta-analysis of research on multicultural work groups. *Journal of International Business Studies*, 41:690-709.

Strohmeier, Stefan, und Franca Piazza. 2015. *Human Resource Intelligence und Analytics: Grundlagen, Anbieter, Erfahrungen und Trends*, Wiesbaden: Springer.

Stumpf, Siegfried, W. R. Leenen und A. Scheitza. 2016. Adverse Impact in der Personalauswahl einer deutschen Behörde: Eine Analyse ethnischer Subgruppendifferenzen. *German Journal of Human Resource Management: Zeitschrift für Personalforschung*, 31(1):4-31. DOI: 10.1177/2397002216637289.

Sullivan, John. 2013. *How Google Is Using People Analytics to Completely Reinvent HR*. TLNT: The Business of HR 26. http://docshare01.docshare.tips/files/28758/287584559.pdf. Zugegriffen: 11.04.2017.

Süß, Stefan, und Markus Kleiner. 2006. Diversity-Management in Deutschland: Mehr als eine Mode? *Die Betriebswirtschaft*, 66:521-541.

Tajfel, Henri, und John C. Turner. 1986. The social identity theory of inter-group behavior. In *Psychology of Intergroup Relations*, Hrsg. S. Worchel und L. W. Austin, 7-24. Chicago: Nelson-Hall.

o.V. 2013. Big data and hiring: Robot recruiters. *The Economist*, 06.04.2013. http://www.economist.com/news/business/21575820-how-software-helps-firms-hire-workers-more-efficiently-robot-recruiters. Zugegriffen: 21.03.2017.

Vedder, Günther. 2006. Die historische Entwicklung von Diversity Management in den USA und in Deutschland. In *Diversity Management. Impulse aus der Personalforschung*, Hrsg. G. Krell und H. Wächer, 1-23. München und Mering: Rainer Hampp Verlag.

Waber, Ben. 2013. *People Analytics: How Social Sensing Technology Will Transform Business and What It Tells Us about the Future of Work*, Upper Saddle River: FT Press.

Wagner, Dieter, und Bernd-Friedrich Voigt. 2007. *Diversity-Management als Leitbild von Personalpolitik*, Wiesbaden: Springer.

Walker, H. Jack, et al. 2009. Displaying employee testimonials on recruitment web sites: Effects of communication media, employee race, and job seeker race on organizational attraction and information credibility. *Journal of Applied Psychology*, 94(5):1354-1364.

Walker, H. Jack, et al. 2007. An assessment of attraction toward affirmative action organizations: Investigating the role of individual differences. *Journal of Organizational Behavior*, 28(4):485-507.

Webber, Sheila Simsarian, und Lisa M. Donahue. 2001. Impact of highly and less job-related diversity on work group cohesion and performance: A meta-analysis. *Journal of Management*, 27:141-162.

Wegge, Jürgen, et al. 2008. Age and gender diversity as determinants of performance and health in a public organization: The role of task complexity and group size. *Journal of Applied Psychology*, 93:1301-1313.

Weichselbaumer, Doris. 2016. *Discrimination against female migrants wearing headscarves*. IZA Discussion Papers Nr. 10217.

Williams, Margret L., und Talya N. Bauer. 1994. The effect of a managing diversity policy on organizational attractiveness. *Group & Organization Management*, 19(3):295-308.

Windscheid, Leon, et al. 2016. Actions speak louder than words: Outsiders' perceptions of diversity mixed messages. *Journal of Applied Psychology*, 101(19):1329-1341.

Windscheid, Leon, et al. 2015. The paradox of diversity initiatives: When organizational needs differ from employee preferences. *Journal of Business Ethics*, online first. DOI:10.1007/s10551-015-2864-1.

Teil II

Folgen neuer Wertschöpfungsprozesse

Kapitel 6
Digitalisierung und Vernetzung in Einkauf und Supply Chain Management

Arbeitskreis Einkauf und Logistik der Schmalenbach-Gesellschaft für Betriebswirtschaft e.V.[1,2]

6.1 Entwicklung und Bedeutung von Digitalisierung und Vernetzung in Einkauf und SCM

Digitalisierung und Vernetzung sind „klassische" Themen im Umfeld des Einkaufs und des Supply Chain Managements.[3] Als Nahtstellen zwischen Unternehmen[4] und ihren internen Funktionen einerseits und dem Beschaffungsmarkt bzw. den Anbietern sowie den – bereits kontrahierten – Lieferanten andererseits,

---

[1] Mitglieder des Arbeitskreises: Prof. Dr. Dr. h.c. Jürgen Bloech, Universität Göttingen / Prof. Dr. Ronald W. Bogaschewsky, Universität Würzburg / Ruediger Eberhard, Evonik Industries AG / Prof. Dr. Michael Eßig, Universität der Bundeswehr München / Prof. Dr. Elisabeth Fröhlich, Cologne Business School / Dr.-Ing. Silvius Grobosch, BME e.V. / Dr. Bernd Huber, Google Germany GmbH / Friedhelm Hüsch, KSB AG / Hans Krug, Miele & Cie. KG / Prof. Dr. Rainer Lasch, TU Dresden / Hans-Joachim Lumbe, Allocation Network GmbH / Prof. Dr. Dr. h.c. Hans-Christian Pfohl, TU Darmstadt / Dr. Klaus Staubitzer, Siemens AG / Michael Stietz, Körber AG / Prof. Dr. Wolfgang Stölzle, Universität St. Gallen / Dr. Marcell Vollmer, SAP Ariba.

[2] Federführender Autor: Ronald W. Bogaschewsky.

[3] Auf eine Abgrenzung der Begriffe Einkauf und Supply Chain Management (SCM) soll hier aus Platzgründen verzichtet werden, zumal die wissenschaftlichen Definitionen nicht einheitlich sind und die Zuschnitte der Aufgabenbereiche in der Praxis hiervon abweichen und sehr heterogen ausfallen. Zu einer strukturierten Differenzierung beschaffungsbezogener Begriffe siehe Bogaschewsky (2003, S. 26ff.)

[4] In diesem Beitrag wird primär Bezug auf (privatwirtschaftliche) Unternehmen genommen, wobei sich die Ausführungen in Teilen auf den Bereich öffentlicher Institutionen übertragen lassen. Für einen Überblick zum Supply Chain Management im öffentlichen Sektor siehe Eßig und Witt (2009) sowie zum öffentlichen Einkauf Glock und Broens (2011).

ist „Vernetzung" von je her eine Kernaufgabe der beschaffungsbezogenen Funktionen. Dies wird in nahezu allen Definitionen des Supply Chain Management[5] explizit betont und ist traditionell impliziter Bestandteil des strategischen Einkaufsmanagements.[6]

Ähnliche Feststellungen können für die Digitalisierung getroffen werden, wenn diese als Entwicklung und Nutzung von IT-Systemen zur Unterstützung von Prozessen und Aufgaben im Beschaffungsbereich interpretiert werden. Neben der traditionellen Nutzung von „Materialwirtschafts-Software", zumeist im Rahmen von Enterprise Resource Planning (ERP)-Systemen, die primär der Planung und Steuerung von (direktem) Produktionsmaterial dient[7], sind hier solche Systeme von Bedeutung, die auf der Internet-Technologie basieren und (ursprünglich) eine deutliche Erweiterung gegenüber den Funktionalitäten konventioneller ERP-Systeme darstellten.[8] Die überaus rasante Entwicklung dieser E-Procurement-Systeme hat maßgeblich zur starken Verbreitung des E-Commerce im Business-to-Business (B2B)-Bereich beigetragen, so dass dem Einkauf hier eindeutig die Rolle des Treibers einer grundlegenden wirtschaftlichen Strukturänderung zuerkannt werden kann.

Die E-Procurement-Systeme bzw. Tools zur IT-seitigen Unterstützung von Beschaffungsaufgaben lassen sich in die folgenden Kategorien differenzieren:[9]

- E-Katalog-basierte Beschaffungssysteme,
- Purchase-to-Pay (P2P)-Systeme (auch Order-to-Pay-Systeme),
- E-Ausschreibungssysteme (E-Sourcing / E-Tendering),
- E-Auktionssysteme,
- E-SRM-Systeme (Supplier Relationship Management / Lieferantenmanagement),
- E-SCM-Systeme sowie
- E-Collaboration-Systeme.

---

[5] Teilweise findet auch der Begriff des Supply Network Management Verwendung, um die vernetzte Struktur der Wertkette zu betonen. Im Folgenden wird der stärker verbreitete Terminus Supply Chain Management verwendet, ohne damit reine „Kettenstrukturen" zu meinen.

[6] Für eine historische Aufarbeitung der Literatur zum Einkaufsmanagement siehe Bogaschewsky (2003, S. 15ff.) und zu aktuellen Aufgabenbeschreibungen Lasch (2017). Siehe hierzu auch die wegweisenden Arbeiten von Grochla (1973) ab den 1950er-Jahren und dem Arbeitskreis Weber-Hax (1960), Vorläufer des *AK Einkauf und Logistik*, der ebenfalls hierzu publizierte, vgl. Bloech und Rottenbacher (1986).

[7] Vgl. u. a. Gronau (2010).

[8] Diese strenge Abgrenzung von ERP- und „Internet-basierten" Systemen kann heute nicht mehr uneingeschränkt aufrechterhalten werden, da sich ERP-Systeme bzw. deren Nachfolger mittlerweile auch der Internet-Technologie auf verschiedene Weise (Web-basierte User Interfaces u. a.) bedienen und E-Procurement-Tools stärker integriert werden. Zu den Anfängen der Internet-basierten Systeme im Einkauf siehe Bogaschewsky (1999) sowie Bogaschewsky und Kracke (1999).

[9] Aus Platzgründen wird hier nicht auf (Enterprise) Social Networks im Beschaffungsbereich eingegangen. Siehe hierzu die Studie von Bogaschewsky und Müller (2012). Auch werden Risikomanagementsysteme ausgespart. Siehe hierzu Bogaschewsky und Müller (2016b).

Angesichts der oftmals euphorischen, zumindest aber sehr optimistischen und zumeist pauschalen Berichte zu Industrie 4.0, dem (Industriellen) Internet der Dinge oder auch der Digitalisierung im Allgemeinen erscheint es angebracht, den aktuellen Status des Einsatzes IT-basierter Systeme im Beschaffungsbereich zu betrachten, da nur hierauf basierend zu erwartende Entwicklungen für die nähere und mittelfristige Zukunft seriös abgeschätzt werden können. Dabei wird nicht näher auf technische Details und Herausforderungen eingegangen, sondern es sollen die generellen Systemtypen und die von diesen unterstützten Aufgabenbereiche und Prozesse betrachtet werden.

6.2 Verbreitung und Nutzung IT-basierter Systeme in Einkauf und SCM

Der State-of-the-Art des Einsatzes der im Folgenden betrachteten Systemtypen wird vom Verfasser[10] seit dem Jahre 2006 jährlich in empirischen Studien[11] untersucht. Im Folgenden wird ein kurzer Überblick zum aktuellen Stand der Nutzung der jeweiligen Systemtypen gegeben.

E-Katalog-basierte Beschaffungssysteme[12]
Die Systeme werden insgesamt heute von den meisten Unternehmen als für ihre Prozessabwicklung „relevant" eingestuft und sind bei größeren Unternehmen (GU) auch zu rund 90% im Einsatz. Die kleineren und mittelgroßen Unternehmen (KMU) liegen hier mit rund 70% noch zurück. Die Nutzungsquoten, gemessen am Anteil möglicher an allen relevanten Transaktionen über diese Systeme, ist noch nicht zufriedenstellend, teilweise sogar niedrig. So nutzen 30% der größeren Unternehmen die Systeme für weniger als ein Viertel aller hierüber prinzipiell abwickelbaren Transaktionen; bei den KMU sind dies sogar fast 37%. Besonders die Industrie liegt hier mit 45,7% zurück. Nutzungsquoten von mehr als 75% weist nicht einmal ein Viertel der GU auf, bei den KMU sogar weniger als 15%. Auch hier sind die Dienstleister (25%) weiter als die Industrie (15,7%). Dabei wird die zukünftige Nutzung durchgängig als steigend erwartet. Während nationale Standorte zumeist schnell an die Systeme angebunden werden, erfolgt die Einbindung internationaler Standorte in der Regel erheblich langsamer.

---

[10] Alle im Folgenden zitierten Studien wurden unter Mitarbeit von Holger Müller, seit 2013 Professor für BWL, insbes. SCM an der HTWK Leipzig durchgeführt.

[11] In den Jahren 2000 bis 2004 wurden jährlich Studien zu B2B-Marktplätzen durchgeführt und letztmals 2002 publiziert, die im Folgenden nicht berücksichtigt sind, vgl. Bogaschewsky und Müller (2002).

[12] Die zitierten Daten beziehen sich auf eine Studie aus dem Jahre 2016, vgl. Bogaschewsky und Müller (2016a). Insgesamt nahmen 181 Personen an der Befragung teil, knapp 60% davon waren Vertreter von Industrieunternehmen, 21,5% aus dem Dienstleistungsbereich, 11% aus öffentlichen Organisationen und 8,3% aus dem Handel. 45% vertreten („größere") Unternehmen mit mehr als 2.000 Mitarbeitern.

Der Hauptnutzen der Systeme zeigt sich nach Angaben der Befragten in der Senkung der Prozesskosten, der Erhöhung der Prozesstransparenz und der Compliance sowie der Steigerung der Prozessstabilität in Verbindung mit der Vermeidung bzw. Reduzierung von Fehlern. Im Mittel werden knapp 24% Prozesskostenersparnis und 6,6% Einstandspreisreduzierung erreicht. Dass trotz dieser sehr positiv anmutenden Werte die Nutzungsquoten oftmals eher durchschnittlich sind, dürfte häufig an internen Gründen, insbesondere an der mangelnden Bereitschaft zur Zusammenarbeit zwischen Abteilungen sowie an einem Festhalten an tradierten Prozessen liegen, was die Notwendigkeit eines ausgefeilten Change Managements betont. Zudem wird häufig die Wirtschaftlichkeit einer solchen Lösung für Warengruppen mit wenigen Bestellungen pro Periode angezweifelt. Als weiterer Hinderungsgrund wurde eine mangelnde Ressourcenausstattung für die Einführung der Systeme genannt. Angesichts neuartiger Lösungen am Markt, die einfache Schnittstellen zu einer Fülle von E-Katalogen bei gleichzeitig homogener Benutzungsoberfläche und standardisierten Prozessen anbieten, könnte dieser Problempunkt in Zukunft weniger von Bedeutung sein.

Purchase-to-Pay (P2P)-Systeme[13]

Diese, korrekter als Order-to-Pay-Systeme zu titulierenden Tools[14] betonen die durchgängige IT-Unterstützung des administrativen Beschaffungsprozesses unter Einschluss von Wareneingangsbuchung, Rechnungsempfang und -prüfung (E-Invoicing), Kreditorenbuchung und Zahlungsabwicklung (E-Payments). Dabei ist zwischen ERP-gesteuertem und E-Katalog-basiertem Material zu differenzieren, zumal hierfür sowohl unterschiedliche Systemtypen den Beschaffungsprozess unterstützen, als auch zumeist anders geartete Abrufzyklen und Konditionen mit den jeweiligen Lieferanten vorliegen. Da in diesem Zusammenhang neben dem Empfangen und Verarbeiten von Einzelrechnungen auch Sammelrechnungen bzw. das Gutschriftverfahren von Bedeutung ist, wurde dies gesondert erhoben.

Hinsichtlich des Anteils der Bestellungen aus bestehenden Verträgen, die im Gutschriftverfahren abgerechnet werden, geben für beide „Güterkategorien" knapp 50% ‚nicht relevant' an. Im Rahmen der anerkannten Relevanz sind die Quoten mit 22,2% (ERP) und 25,9% (E-Katalog) für ‚kein Einsatz' ebenfalls hoch, so dass jeweils nur etwa ein Viertel aller Antwortenden Gutschriftverfahren in diesen Bereichen nutzt. Dies erfolgt zudem in sehr geringem Umfang. Die KMU liegen hier weit hinter den GU, so bei der Einschätzung zur Nicht-Relevanz (GU: 37,5%; KMU: 60,6%), Nicht-Einsatz (GU: 18,8%; KMU: 25,4%),

---

[13] Die zitierten Daten beziehen sich auf die oben genannte Studie, vgl. Bogaschewsky und Müller (2016a).

[14] Der Begriff ‚Order' ist hier präziser, da es um administrative Abwicklungsprozesse und oftmals um Abrufe aus bestehenden Kontrakten geht, wohingegen der Terminus ‚Purchase' zumeist mit weiter reichenden Tätigkeiten, einschließlich der Kontrahierung von Lieferanten verbunden wird.

Nutzer (GU: 43,7%, dabei 25% unter 10% aller Prozesse; KMU: 13,2%, dabei rund ein Zehntel unter 10%).

Hinsichtlich der Implementierung vollständig elektronisch unterstützter Prozessschritte liegt für die ‚Rechnungsübermittlung' seitens des Lieferanten bzw. dem Rechnungseingang für beide Güterkategorien der geringste Wert vor: 25,6% ERP-Material; 32,8% E-Kataloggüter. Den zweitniedrigsten und für beide Kategorien nahezu identischen Wert (42,6%; 42,7%) weist der zweite Schritt des Transfers der Rechnung in das eigene System auf. Die Rechnungsprüfung erfolgt zu 56,9% bzw. 55,2% und das Buchen der geprüften Rechnung zu 53,8% und 52,5% automatisch. In etwas geringerem Maße wird die Zahlungsanweisung (49,6%; 47,9%) automatisiert durchgeführt. Für die elektronische Rechnungsübermittlung seitens des Lieferanten ergaben sich mit rund einem Drittel für beide Materialkategorien recht hohe Werte sowohl für die Nichtrelevanz als auch für ‚relevant, aber kein Einsatz'. Damit verbleibt nur ein Drittel für ‚Nutzung', wobei mit rund einem Zehntel, die unter 10% der eingehenden Rechnungen liegen, nur wenige Anwender mit einem etwas umfänglicheren Anteil elektronischer Rechnungseingänge zu verzeichnen sind. Rund 5,5% der Antwortenden können mit Anteilen von über 90% der Rechnungen hier als ‚heavy user' bezeichnet werden. In noch deutlich geringerem Umfang werden Rechnungen über externe Plattformen konsolidiert. In jedem Fall ist der Eingang elektronischer Rechnungen zumeist noch ein Engpass, denn zahlreiche Unternehmen digitalisieren eingehende Rechnungen und führen diese dann einem elektronisch gestützten Prüfungs- und Buchungsprozess zu. Hier liegt die Quote der Starknutzer (>90%) bei 12,6% für ERP-Material und fast 15% für Katalogware. Ähnlich hoch sind auch die Werte für die sehr intensiven Nutzer mit knapp 17% (ERP) und gut 18% (Katalog) für die Zahlungsprozesse. Diese „Best Practice"-Werte dürfen nicht darüber hinwegtäuschen, dass rund 55% bis 60% aller Antwortenden diese Schritte entweder für nicht automatisierungsrelevant halten oder bisher noch keine entsprechenden Systeme installiert haben.

Als Gründe für die Umsetzung eines elektronischen Rechnungs- und Zahlungsverkehrs werden primär die Beschleunigung der Prozesse, die Vermeidung von Fehlbuchungen, die Prozesskostenersparnis und die vollständigere Rechnungsprüfung genannt. Die erzielten Prozesskosteneinsparungen fallen mit rund 10% für ERP- und rund 15% für E-Katalogmaterial durchaus attraktiv aus, so dass die geringe Akzeptanz von P2P-Lösungen bzw. deren niedriger Nutzungsumfang schwer verständlich erscheinen. Dabei ist zu berücksichtigen, dass diese Systeme eine „Optimierung" der Prozesse über übliche Funktionsbereichsgrenzen hinweg intendieren, wovon insbesondere die Bereiche Einkauf und Rechnungswesen / Buchhaltung betroffen sind. In vielen Fällen dürfte hier noch kein gemeinsames Verständnis für effiziente Prozesse aufgebaut worden sein und eine nicht ausreichende Kommunikations- und Kooperationsbasis vorliegen. Eine mangelnde Bereitschaft zur Zusammenarbeit seitens des Bereichs Finanzen / Buchhaltung wurde jedoch nur zu knapp 30% als Hinderungsgrund genannt. Leicht darüber lagen unzureichende Fähigkeiten des aktuell installierten Software-Systems, und mit 43,6% dominanter Grund waren mangelnde Ressourcen für die Umsetzung.

E-Ausschreibungssysteme (E-Sourcing / E-Tendering)[15]

Elektronische Ausschreibungssysteme werden von gut einem Viertel der Antwortenden als nicht relevant für ihr Unternehmen angesehen. Dies ist primär auf KMU (37,4%) zurückzuführen, wohingegen für GU (12,2%) auch diese Systeme als „Standard-Tool" angesehen werden können. Unter denen, die eine Relevanz der Systemeinführung für sich sehen, sind fast 35%, die ein solches System noch nicht eingeführt haben. Die Nutzungsquoten bei den eingeführten Tools sind oftmals sehr niedrig (über 56% liegen unter 25% des potentiell hierüber abwickelbaren Beschaffungsvolumens) und nur bei relativ wenigen hoch (16,4% liegen über 75%). Dabei gibt es nur geringfügige Unterschiede zwischen den Nutzern aus GU und KMU, wohingegen die Dienstleister höhere Nutzungsquoten aufweisen. Es wird allgemein eine steigende Nutzung erwartet. Nationale Standorte sind, sofern relevant, zu einem größeren Teil angebunden, was entweder parallel erfolgte oder oft nur bis zu einem Jahr in Anspruch nahm. Die Anbindung relevanter internationaler Standorte hinkt zurück und dauert länger.

Die festgestellten positiven Auswirkungen sind im Mittel je Kategorie lediglich auf mittlerem Niveau. Am höchsten (‚stark') werden die Erhöhung von Prozesstransparenz und Compliance eingeschätzt, gefolgt von der Erhöhung der Prozessstabilität in Verbindung mit der Vermeidung von Fehlern sowie der Senkung der Prozesskosten und der Einstandspreisreduzierung. Es wurden durchschnittliche Prozesskostenreduzierungen in Höhe von 11,5% realisiert und Einstandspreissenkungen von 8,2%. Offenbar werden angesichts der niedrigen Nutzungsquoten diese Potentiale nicht umfassend genutzt. Auch wenn diese Werte nicht zwangsläufig auf die weiteren Materialgruppen und Beschaffungsvolumina extrapoliert werden können, so liegt die Vermutung nahe, dass es eher interne als wirtschaftliche Gründe für die zögerliche Ausweitung des Einsatzes geben mag. Die mit der Einführung IT-basierter Ausschreibungssysteme einhergehende Standardisierung von Prozessen bedeutet oftmals auch die Infragestellung bisheriger Vorgehensweisen bis hin zur Frage der Bestimmung des Vertragspartners bzw. des Lieferanten. Dass hiermit deutlich weitreichendere Veränderungen vorgenommen werden als „nur" eine Standardisierung und Straffung von Prozessen liegt ebenso auf der Hand wie die Tatsache, dass nicht immer alle Verantwortlichen mit solchen Veränderungen einverstanden sein dürften. Auch hier spielt mithin das Change Management eine bedeutende Rolle. Als Hinderungsgründe für die Einführung dominierten dementsprechend auch neben der mangelnden Qualifikation der Mitarbeiter die innerbetrieblichen Widerstände.

---

[15] Die zitierten Daten beziehen sich auf die oben genannte Studie; vgl. Bogaschewsky und Müller (2016a).

E-Auktionssysteme[16]

Über die Hälfte der Antwortenden sieht IT-Systeme zur Unterstützung von Auktionen für sich als nicht relevant an und 21,6% nutzen solche trotz erkannter Relevanz noch nicht. Die Unternehmen, die entsprechende Tools bereits nutzen, decken zu über 60% mit diesen weniger als ein Zehntel des grundsätzlich hierfür geeigneten Beschaffungsvolumens ab – 26,5% liegen zwischen 10% und 25% und lediglich knapp 12% darüber, aber unter der Hälfte des Möglichen. Damit verbleiben lediglich sehr wenige Nutzer, die diese Form der Verhandlungsführung auch nur ansatzweise systematisch nutzen. Zwar ist bekannt, dass es einige wenige Unternehmen gibt, die E-Auktionen recht intensiv nutzen. Diese scheinen aber nicht repräsentativ zu sein. Die Lücken zwischen dem gewünschten Rollout über das eigene Unternehmensnetzwerk im nationalen (26,7% absolut) und internationalen (39,3% absolut) Bereich sind dementsprechend auch recht groß. Dessen unbenommen werden erzielte Einsparungen von im Mittel etwa 10% bei den Prozesskosten und leicht über diesem Wert bei den Einstandspreisen angegeben. Dazu wird eine leichte Zunahme des Einsatzes erwartet. Die Senkung der Einstandskosten wird als Hauptgrund für die Nutzung von E-Auktionen angegeben, gefolgt von einer Erhöhung der Prozesstransparenz und der Compliance. Insgesamt stellen E-Auktionen damit eine Nischenanwendung dar, auch wenn einzelne Unternehmen diese Verhandlungsform als strategisches Instrument intensiv nutzen.

E-SRM-Systeme (Supplier Relationship Management / Lieferantenmanagement)[17]

Systeme, die das Lieferantenmanagement im Sinne der Administration und Steuerung des Lieferantenpools[18] unterstützen, kamen einige Jahre nach den vorgenannten Tools als Internet-basierte Lösungen auf den Markt und erlebten einen gewissen Boom. So halten weniger als ein Viertel der Befragten diese Systeme für sich für nicht relevant, aber 45,7% setzen diese trotz erkannter Relevanz noch nicht ein, wobei viele davon in der Planungsphase hierfür sind. Interessant ist, dass die Unternehmen, die diese Systeme bereits einsetzen, dies auch recht konsequent tun bzw. die Nutzung weiter ausbauen. So decken gut 15% mehr als 90% ihrer strategischen Lieferanten hierüber ab und 21,7% zwischen 75% und 90%. Gut ein Viertel liegt unter 10% und dürften sich daher noch in der Ausrollphase befinden. Die KMU können hier mit dem Nutzungsstand durchaus mit den GU

---

[16] Die zitierten Daten beziehen sich auf eine Studie aus dem Jahre 2015, vgl. Bogaschewsky und Müller (2015). Insgesamt nahmen 197 Personen an der Befragung teil, 67% davon waren Vertreter von Industrieunternehmen, gut 20% aus dem Dienstleistungsbereich, rund 7% aus öffentlichen Organisationen und 5,6% aus dem Handel. 45,7% vertreten („größere") Unternehmen mit mehr als 2.000 Mitarbeitern.

[17] Die zitierten Daten beziehen sich auf die oben genannte Studie, vgl. Bogaschewsky und Müller (2015).

[18] Hier geht es um die Erhebung, Speicherung und Auswertung von Lieferantendaten. Die Bezeichnung von Bestellsystemen i.w.S. als Supplier Relationship Management muss als missverständlich eingeordnet werden.

mithalten. Für alle Unternehmensgrößen ist eine deutliche Lücke beim Ausrollen der Lösung über nationale und noch stärker über internationale Standorte festzustellen.

E-SCM-Systeme[19]

Den elektronischen Datenaustausch entlang der Supply Chain halten 82,7% der Befragten für ihr Unternehmen für relevant, wobei GU mit 90,6% dies gegenüber KMU (79,1%) vermehrt so sehen. Damit dürfte E-SCM-Systemen eine hohe praktische Bedeutung zukommen. Ein elektronischer Austausch erfolgt primär mit Lieferanten (92,1%) sowie – mit großem Abstand – mit logistischen Dienstleistern (LDL) (51,1%), Zollbehörden (41%) und Finanzinstituten (40,3%). Beim Austausch mit Lieferanten liegen GU mit 95,8% leicht vor KMU (90,1%); bei LDL (53,8% zu 45,8%) und Zollbehörden (45,1% zu 33,3%) weisen KMU höhere Werte als GU auf.

Durchgehende elektronische Prozesse hinsichtlich selbst generierter Dokumente kommen zwischen 40,6% bei Bestellungen / Abrufen und 18,8% bei der Bedarfsvorschau zum Einsatz. Viele (39,3%) setzen keine elektronisch unterstützten Prozesse bei der Bedarfsvorschau ein, was insbesondere an den 43% bei den KMU gegenüber 30,3% bei den GU liegt. Auch haben GU Bestellungen / Abrufe mit 53,3% deutlich stärker vollständig integriert als KMU (34,1%). Ähnliche Diskrepanzen gelten für alle anderen erfassten Anwendungskategorien.

Bei den Dokumenten, die von Dritten erstellt wurden, liegt die durchgehende elektronische Abwicklung mit 30% für Rechnungen knapp vor Bestellbestätigungen (27,2%). Die anderen Anwendungsarten liegen im Bereich 14% (Auftragsstatus beim Lieferanten) bis 17,8% (Zollbescheide). Mit 55,1% ist die Quote ohne jegliche elektronische Unterstützung hinsichtlich des Auftragsstatus beim Lieferanten am höchsten und in der Rechnungsabwicklung mit 22,7% am niedrigsten. Während die Unterschiede zwischen GU und KMU bei der Rechnungsabwicklung mit 37,8% zu 26% „Vollintegration" groß sind, fallen diese sonst nicht so stark ins Gewicht. Die Quoten für eine Nichtnutzung sind bei KMU gegenüber GU über alle Anwendungen hinweg höher, auch hier verstärkt bei der Rechnungsabwicklung.

Unternehmen, die den elektronischen Datenaustausch aktuell nicht als relevant für sich einschätzen, geben hierfür mangelnde interne (technische) Voraussetzungen als primären Grund (37,9%) an.

---

[19] Die zitierten Daten beziehen sich auf eine Studie aus dem Jahre 2016. Insgesamt nahmen 181 Personen an der Befragung teil, davon knapp 60% aus der Industrie, 21,5% aus dem Dienstleistungsbereich, 6,5% aus dem Handel und 11% vertraten öffentliche Institutionen. 45,3% der Teilnehmer kamen aus Unternehmen mit mehr als 2.000 Mitarbeitern. Vgl. Bogaschewsky und Müller (2016b).

E-Collaboration-Systeme[20]

60,4% der Befragten geben an, dass sie für das Qualitätsmanagement mit über 90% ihrer Lieferanten per Telefon oder Fax kommunizieren; im Mittel erfolgt dies in gut drei Viertel der Fälle. Der Einsatz verschiedener E-Tools liegt hier jeweils um die 10%. Lediglich 5,3% nutzen E-Tools, die hierfür einen strukturierten Prozess mit Erledigungskontrolle vorsehen für mehr als 90% der Lieferanten. Es ist daher nicht verwunderlich, dass über ein Drittel (34,4%) mit dem diesbezüglichen Stand der Digitalisierung unzufrieden bzw. zu 8,9% sehr unzufrieden sind. Lediglich 14,2% sind zufrieden und magere 1,2% sehr zufrieden. Hinsichtlich erwarteter Entwicklungen in den nächsten drei Jahren sehen 20,7% keine Veränderungen, 36,6% haben erste Ideen, 23,2% grobe und nur 14,2% konkrete Pläne; 5,3% setzen diese bereits um.

Eine Kollaboration mit Lieferanten wird in anderen Anwendungsbereichen im Mittel nur in geringfügigem Ausmaß erwartet. Für Neuproduktentwicklungen zu knapp zwei Dritteln in geringem Maße bzw. kaum und nur zu 11,2% in größerem Umfang. Für Wertanalysen u. Ä. bei bestehenden Produkten wird dies lediglich in geringfügig intensiverer Weise erwartet. Bereits umgesetzt haben dies bisher nicht einmal 2% der Befragten. Für die grundsätzliche Zusammenarbeit über virtuelle Räume sind die Quoten etwas höher: Ein Drittel geht hier von einer starken oder sehr starken Nutzung aus, aber auch über 40% von einem geringfügigen Einsatz. Umgesetzt ist auch dies bisher kaum (2,8%).

Diese Ergebnisse stehen im Kontrast zu der angegebenen Bedeutung der Kollaboration mit Lieferanten: Über die Hälfte sieht diese für die Zukunft als strategische Kernkompetenz und knapp 45% als Kernelement der Industrie 4.0-Strategie (Bewertungen jeweils ‚stark' oder ‚sehr stark'). Allerdings gehen die Einschätzungen noch nicht so weit, dass diese in Zukunft vor dem Hintergrund stark dominieren wird, dass der marktorientierte strategische Einkauf zunehmend IT-getrieben bzw. digital umgesetzt werden würde. Im Umkehrschluss erwartet man demnach, dass das Agieren am Beschaffungsmarkt weiterhin eine durch den Einkäufer ausgeführte Tätigkeit bleibt und die IT hierfür lediglich Support bietet. Klar erkannt werden die sich wandelnden Qualifikationsanforderungen. Hier sagen 44,2%, dass die geforderte Koordinations- und Kollaborationskompetenz die benötigte Prozesskompetenz (‚stark' / ‘sehr stark') dominieren werden, wobei ein Viertel hiervon nicht ausgeht.

---

[20] Die zitierten Daten beziehen sich auf eine Studie aus dem Jahre 2017, vgl. Bogaschewsky und Müller (2017). Die angegebenen Prozentzahlen zu zukünftigen Erwartungen beziehen sich auf alle, die diese Aspekte aktuell noch nicht realisiert bzw. entsprechende Lösungen implementiert haben. Der Bereich E-Collaboration wurde bereits in den Studien derselben Autoren von 2006 bis 2009 erfasst. Da Verbreitung und Nutzungsgrad hier jedoch sehr gering waren, wurde diese Kategorie in den Folgejahren nicht mehr erfasst. Auf die Ergebnisse der Befragungen kann zugegriffen werden per Download unter: http://www.cfsm.de/studien/elektronische-beschaffung/.

6.3 Auswirkungen von Industrie 4.0 auf Einkauf und SCM

Die Ergebnisse unserer Industrie 4.0-Studie[21] bestätigen die Aussagen anderer Studien[22] und spiegeln die Darstellungen in den Medien dahingehend wider, dass zu knapp zwei Dritteln die Teilnehmer Veränderungen in hohem bis sehr hohem Ausmaß erwarten, wobei KMU stärkere Auswirkungen erwarten als GU. Dabei werden diese Veränderungen zu gut 87% in drei Jahren oder später (knapp 30% in mehr als fünf Jahren) erwartet. Die KMU sehen diesen langen Zeithorizont der Veränderungen zu 34,3%, GU zu knapp einem Fünftel. Starke Veränderungen werden erwartet hinsichtlich eines verstärkten IT-Einsatzes in Planung und Steuerung, einer stärkeren Automatisierung von Prozessen und einer verbesserten Transparenz und Kontrolle. Dabei sind kaum Unterschiede der Einschätzungen seitens GU und KMU zu konstatieren.

Fast die Hälfte der Unternehmen verfügt über keine Industrie 4.0-Strategie, gut 38% haben eine grobe Strategievorstellung und lediglich 9% eine konkretisierte Strategie. Nur gut 5% geben an, eine sehr konkrete Strategie entwickelt zu haben. KMU liegen mit fast 55% ohne Strategie deutlich hinter GU (32,6%). Letztere geben zu 9,3% an, eine sehr konkrete Strategie zu haben, KMU nur zu 3,3%. Inhaltlich beziehen sich definierte Strategien zu 70% auf die Erhöhung von Produktivität und Effizienz bestehender Produktionen, gefolgt von 58,6% in Bezug auf die Flexibilität existierender Fertigungen. Knapp 53% wollen den Kundenservice im bestehenden Umfeld verbessern. Fast 43% trauen sich zu, mittels Industrie 4.0 neue Produkte zu entwickeln und neue Märkte zu erobern – zum Teil (37,1%) mit stärker kundenorientierten bzw. individualisierten Produkten. Nur 30% wollen völlig neue Geschäftsmodelle entwickeln, was vor allem den Dienstleistern (61,5%) zuzuschreiben ist. Diese liegen auch bei den kunden- und marktorientierten Kategorien deutlich vor der Industrie. Bei der Frage, wie sich Industrie 4.0 in Einkauf / SCM auswirkt, gibt es keine klar erkennbaren Schwerpunkte und alle Bereiche (bspw. Kollaboration mit Lieferanten, Beschaffungslogistik) werden im Mittel – ohne deutliche Unterschiede zwischen GU und KMU – mit „mäßig stark" beurteilt. Somit ist es nicht überraschend, dass kaum im Einsatz befindliche, Industrie 4.0-bezogene Lösungen angegeben werden. Mit 11,4% steht hier die Entwicklungszusammenarbeit mit Lieferanten an vorderster Stelle, gefolgt von Bedarfsvorhersagen (10,8%) und der Produktionsplanung (7,6%). GU liegen hier teilweise deutlich vor den KMU, bspw. 15,7% zu 9,3% bei der Entwicklungszusammenarbeit mit Lieferanten.

Zusätzliche Ressourcen werden für Industrie 4.0-bezogene Entwicklungen und Aufgaben im Bereich Einkauf / SCM zu 58,3% gar nicht vergeben und zu 16,7% mit ‚zu wenig' und zu 25% mit ‚ausreichend' beurteilt. In GU gibt es bei 50% kein Budget, immerhin bei 40% in ausreichendem Maße. KMU schneiden

---

[21] Die zitierten Daten beziehen sich auf die oben genannte Studie aus dem Jahre 2016, vgl. Bogaschewsky und Müller (2016b).

[22] Siehe u. a. Geissbauer, Vedso und Schrauf (2016), McKinsey Digital (2016), McKinsey Global Institute (2013, 2015), Purdy und Davarzani (2015), Smit et al. (2016).

hier mit 64,3% ‚gar nicht', 21,4% ‚zu wenig' und 14,3% ‚genügend' deutlich schlechter ab.

Allem Hype um das Thema „(Industrial) Internet of Things" zum Trotz, haben die Unternehmen und deren Einkaufs- / SCM-Abteilungen in der Breite hierzu kaum klare Strategien, geschweige denn in relevantem Umfang konkrete Anwendungen vorzuweisen. Zudem konzentrieren sich die erwarteten Aktivitäten auf mehr oder weniger evolutionäre Verbesserungen innerhalb bestehender Systeme, wohingegen „disruptive Innovationen" unter Entwicklung neuer Geschäftsmodelle u.Ä. nur in Ausnahmefällen in der Vorstellungskraft der Befragten zu liegen scheinen.

6.4 Die Zukunft der Digitalisierung in Einkauf und SCM

Der State-of-the-Art des Einsatzes moderner IT-Instrumente im Bereiche Einkauf und SCM muss im Mittel als eher ernüchternd eingestuft werden. Damit sind sehr viele Unternehmen hier weder technisch, noch prozessbezogen adäquat auf neue, innovative Formen der Digitalisierung und Vernetzung bzw. hinsichtlich neuer Konzepte im Rahmen von Industrie 4.0-Strategien vorbereitet. Allerdings sind große Unterschiede in Bezug auf den Einsatz moderner IT-Tools zwischen den Unternehmen festzustellen. Die „Early Movers" in diesem Bereich sind den „Laggards" zum Teil weit voraus. Die folgenden Ausführungen basieren auf einer empirischen Erhebung,[23] die die Antwortenden explizit aufforderte, ihre Einschätzung über Entwicklungen der nächsten Jahre abzugeben.

Bei der Betrachtung der *administrativen Aufgaben* in Einkauf und SCM sehen zwei Drittel der Befragten nicht, dass diese weitgehend ausgelagert werden würden. Lediglich 3,1% stimmen dem deutlich zu. Für wahrscheinlicher hält man offenbar eine nahezu komplette Automatisierung, der 46,3% klar zustimmen; 14% haben diese bereits vollzogen und etwas mehr als ein Zehntel sehen diese nicht. Bei der problemlosen („plug-and-play") Anbindung von Lieferanten gibt es gegensätzliche Einschätzungen. Hinsichtlich reibungsloser Bestellprozesse geben 15,3% an, hier bereits eine entsprechende Anbindungsmöglichkeit geschaffen zu haben, wohingegen 29,8% dies auch für die Zukunft für sich nicht sehen. 42,5% wollen dies in Zukunft umsetzen. Ähnliche Aussagen liegen für die Aufnahme in den Lieferantenpool vor: 11,4% bieten dies bereits, fast ein Drittel sieht dies auch nicht in Zukunft für ihr Unternehmen und ebenso knapp ein Drittel gibt eine ‚starke' oder ‚sehr starke' Bedeutung an.

Relativ zurückhaltend ist man auch bei der Erwartung hinsichtlich einer fortgeschrittenen Systemunterstützung. Virtuelle Assistenten, die menschliche Experten ersetzen, erwarten mehr als die Hälfte nicht; lediglich 11,8% sehen

[23] Die Daten beziehen sich auf die oben bereits im Zusammenhang mit E-Collaboration zitierte Studie, vgl. Bogaschewsky und Müller (2017). Die angegebenen Prozentzahlen zu zukünftigen Erwartungen beziehen sich auf alle, die diese Aspekte aktuell noch nicht realisiert bzw. entsprechende Lösungen implementiert haben.

dies als klares Zukunftsszenario. Etwas optimistischer ist man hinsichtlich automatischer Routinen, die fehlerfreie und effiziente Prozesse ermöglichen. Hier meinen 4,3% dies bereits umgesetzt zu haben. Ein knappes Viertel erwartet dies nicht, aber fast 37,5% stimmen dem klar zu. Die Möglichkeit zur systemseitigen Unterstützung komplexerer Konfigurationen sehen 4,4% für sich als bereits umgesetzt. Gut 39% erwarten derartige Funktionalitäten nicht, ein Viertel stimmt dem aber zu. Einen einfachen und flexiblen Zugriff auf eine Vielzahl von Katalogen, wie er sich momentan durch einige existierende Anwendungen abzeichnet, wollen 9,5% bereits umgesetzt haben. Etwas mehr als ein Viertel sieht dies für sich allerdings auch in Zukunft nicht; 42,4% werten dies jedoch als klare Entwicklungsrichtung.

Interessant sind auch einige generelle Aspekte in diesem Zusammenhang. So sehen etwas mehr als ein Fünftel der Befragten kein Ende des Maverick Buying durch neue IT-Möglichkeiten; eine geringfügig höhere Anzahl Teilnehmer erwarten dies jedoch deutlich. 8,6% behaupten, dies bereits für sich erreicht zu haben. Der Systembetrieb und deren Weiterentwicklung wird offenbar von vielen als Kernaufgabe gesehen, da einer Auslagerung dieser Aufgaben an Dienstleister zu 37,5% nicht zugestimmt wird, wohingegen nur 23,6% dies klar für sich als Szenario sehen und lediglich 6,5% dies bereits umgesetzt haben. Schließlich lehnt fast ein Fünftel die Aussage ab, dass operative Einkaufsprozesse (zukünftig) nicht mehr als wertschöpfende Tätigkeiten gesehen werden; allerdings stimmen über 40% dieser Aussage zu und für 5,2% gilt dies bereits heute.

Werden die *strategischen Aufgaben* betrachtet, so gibt es hinsichtlich der „innovativen" Weiterentwicklung von IT-Lösungen vor allem in zwei Bereichen in größerem Umfang Zustimmung: Eine weitgehende Automatisierung von Ausschreibungsprozessen erwarten fast 30%. Nimmt man die 26,6% dazu, die hier ‚mittel' angaben, kann dies als klarer Trend gesehen werden. Für rund ein Viertel ist dies allerdings keine Option. Auch das Erreichen einer sehr hohen Markttransparenz durch den Einsatz intelligenter Suchalgorithmen im Internet und von Datenanalyseverfahren wird von mehr als einem Drittel als sehr realistisch angesehen; knapp ein Viertel bewertet die Wahrscheinlichkeit hierfür mit ‚mittel', etwas mehr als ein Fünftel sieht dies nicht. Interessant ist in diesem Zusammenhang die Einschätzung von 22,9% der Befragten, dass sehr große Plattformen in Zukunft individuelle Anbieter mit recht hoher Wahrscheinlichkeit verdrängen würden. Rund ein Viertel hält dies zumindest für möglich, 29,4% sehen dies nicht.

Einer höheren Dynamik des marktbezogenen Handelns mit verstärkten Spotkäufen stimmen nicht einmal 10% klar zu; gut 38% lehnen dies ab. Die geringsten Zustimmungsraten erhielten die automatisierte Generierung von Sourcingstrategien und die Automatisierung der Verhandlungsführung mit mehreren Lieferanten gleichzeitig sowie in B2B-Netzwerken. Offenbar ist das Vertrauen in die Künstliche Intelligenz hier im Mittel noch nicht sehr weit fortgeschritten. Dementsprechend wird nur in Ausnahmefällen davon ausgegangen, dass IT-Lösungen strategische Einkäufer ersetzen könnten und nur wenige sprechen dem strategischen Einkauf ab, eine wertschöpfende Kernaktivität zu sein.

Eine real-time Lieferantenbewertung können sich über 40% gut vorstellen, 4,4% wollen dies bereits implementiert haben, 23,6% können sich dies für sich nicht vorstellen. Pessimistischer ist die Einschätzung für ein IT-basiertes Kontraktmanagement, das 32,1% nicht für sich sehen; immerhin fast ein Fünftel hält dies für recht realistisch. Die Identifizierung von Versorgungsrisiken scheint ein Sorgenkind zu bleiben, denn nur 3,1% geben an, dies bereits mit intelligenten Routinen und fortschrittlicher Datenanalyse zu tun. Lediglich 22,1% erwarten dies klar für sich, aber knapp 32% gar nicht oder kaum. Etwas unentschlossen zeigt sich das Bild bei der Frage, ob die Kommunikation via Internet zunehmend Vor-Ort-Besuche bei potentiellen und bestehenden Lieferanten ersetzen wird. Über ein Drittel gibt hier ‚mittel' an, 22,2% stimmen dem klar zu, aber 43,4% sehen dies in geringem Umfang oder nicht.

6.5 Best Practice-Benchmark

Basierend auf den Ergebnissen der ausgewerteten empirischen Studien ist zu konstatieren, dass die Verbreitung und der Einsatz der meisten E-Tools im Beschaffungsbereich in den Unternehmen im Mittel noch sehr zu wünschen übrig lässt. Lediglich bei den E-Katalog-basierten Lösungen ist der Anwendungsstand etwas höher. Auch die Integration dieser Einzellösungen untereinander sowie mit den Backend-Systemen ist im Durchschnitt nicht durchgängig vollzogen.[24] Zu beachten ist, dass es in allen Bereichen Anwender gibt, die hier bereits sehr weit fortgeschritten sind und damit den aktuellen Standard setzen bzw. als Best Practice bezeichnet werden können. Bei der Prognose, ob sich die Gesamtheit der Unternehmen in diese Richtung bewegen werden, ist zu beachten, dass die Vorteilhaftigkeit einzelner Lösungen von einer Vielzahl von Faktoren abhängen, wie Industriezugehörigkeit, Wertschöpfungstiefe, Stellung in der Wertkette, fremdbeschaffte Güter, Transaktionshäufigkeiten und letztlich der – auf der Unternehmensstrategie basierenden – Beschaffungsstrategie. Unbenommen dieser Spezifika erscheint der Trend zu einer stärkeren IT-Unterstützung in den Prozessen und Aufgabengebieten des Einkaufs und SCM eindeutig.

Um den Stand einiger Best Practice-Unternehmen aufzuzeigen, seien nachfolgend die Antworten ausgewählter Unternehmensvertreter, insbesondere aus dem *AK Einkauf und Logistik*, dargelegt.[25] So sind bei dieser Gruppe bereits 42,9% der *administrativen Prozesse* nahezu komplett automatisiert im Vergleich zu nur 14% bei der befragten Gesamtgruppe (GG). Drei Viertel derer, die noch nicht so weit sind, weisen der Komplettautomatisierung eine ‚sehr starke' Bedeutung für die zukünftige Umsetzung zu (GG: 16,7% zzgl. 29,5% ‚stark').

---

[24] Diese Aussage kann unter Heranziehung der zitierten Studien belegt werden.

[25] Bei den nachfolgenden Vergleichswerten der Benchmarkgruppe ist zu beachten, dass die Grundgesamtheit mit sieben Unternehmensvertretern recht klein ist, was konkret bedeutet, dass ein Unternehmen 14,3% Anteil in dieser Gruppe repräsentiert. Rein statistisch gesehen sind diese Angaben daher fragwürdig, aber zu Vergleichszwecken trotzdem durchaus informativ.

In der Frage der Auslagerung des operativen Einkaufs verneint dies ein Drittel (GG: 68,1%), ein Drittel sieht hier eine ‚mittlere' (GG: 11,5%) und 16,7% eine ‚starke' Tendenz (GG: 3,2% ‚sehr stark / stark'). Die reibungslose Anbindung von Lieferanten hinsichtlich der Abwicklung von Bestellprozessen ist in der Benchmarkgruppe bereits zu gut 57% vollzogen (GG: 15,3%). Dieselben Werte liegen für die Aufnahme in den Lieferantenpool und hinsichtlich Rechnungs- und Zahlungsprozesse vor (GG: jeweils 11,4%). Von denen, die dies noch nicht umgesetzt haben, wiesen für alle drei Fragen jeweils zwei Drittel dieser für die Zukunft eine ‚hohe' Bedeutung zu, hinsichtlich der Rechnungs- und Zahlungsprozesse sogar ein Drittel eine ‚sehr hohe'. In der Grundgesamtheit sind diese Bewertungen deutlich niedriger; ein Großteil sieht dies jeweils in geringem Maße, kaum oder gar nicht.

Der Zugriff auf eine Vielzahl alternativer Kataloge ist zu knapp 43% bereits umgesetzt (GG: 9,5%). Drei Viertel der anderen Unternehmen weisen dieser Möglichkeit eine ‚sehr hohe' Bedeutung zu (GG: 14,3% zzgl. 28,1% ‚hoch'). Virtuelle Assistenten setzen 14,3% bereits ein (GG: 1,3%). Bei den bisherigen Nichtnutzern dieser Option sieht die Hälfte eine deutliche Entwicklung in diese Richtung (GG: 11,8%). Automatisierte Routinen für fehlerfreie und effiziente Prozesse sind zu 28,6% vorhanden (GG: 4,3%); 60,1% der verbliebenen Gruppe sehen hierfür für sich einen ‚starken' Umsetzungstrend (GG: 30,4% zzgl. 7,1% ‚sehr stark'). Die Möglichkeit zu komplexeren Konfigurationen bieten bereits 28,6% (GG: 4,4%). 80% bewerten dies als ‚wichtig' oder ‚sehr wichtig' für die Zukunft (GG: 25,1%).

Lediglich 14,3% behaupten, dem Maverick Buying bereits ein Ende bereitet zu haben (GG: 8,6%). Ein Drittel sieht hierfür eine klare Tendenz (GG: 24,1%). Der Systembetrieb und deren Weiterentwicklung wird im Gegensatz zur Grundgesamtheit nicht als Kernkompetenz gesehen; eine Auslagerung an Dienstleister haben 42,9% bereits vollzogen (GG: 6,5%) und die Hälfte der Verbleibenden hält dies für ‚wichtig' oder ‚sehr wichtig' (GG: 23,5%). Bei 28,6% werden operative Einkaufsprozesse nicht als wertschöpfende Tätigkeiten angesehen (GG: 5,2%); 60,1% sehen dies klar für ihre Zukunft (GG: 42,6%).

Hinsichtlich der *strategischen Aufgaben* geben 28,6% an, eine weitgehende Automatisierung von Ausschreibungsprozessen bereits erreicht zu haben (GG: 2,2%). Jeweils die gleiche Anzahl (40,1%) sehen dies als ‚starke' bzw. ‚sehr starke' zukünftige Entwicklung (GG: 23% und 6,8%). Eine sehr hohe Markttransparenz durch den Einsatz intelligenter Suchalgorithmen im Internet und von Datenanalyseverfahren geben 14,3% an, bereits erreicht zu haben (GG: 3,1%). Ein Drittel der anderen hält dies für eine ‚sehr starke' und 16,7% für eine ‚starke' Entwicklung (GG: 8,6% bzw. 25,8%). 14,3% meinen, dass sehr große Plattformen bereits individuelle Anbieter verdrängt hätten (GG: 3,1%) und 16,7% sehen einen ‚starken' Trend hierhin, bei der Grundgesamtheit sind dies sogar insgesamt 22,9%.

Verstärkte Spotkäufe anstelle von Rahmenverträgen setzen 14,3% bereits um (GG: 1,8%); 16,7% der Verbleibenden lehnen dies ab (GG: 38,1%). Eine automatisierte Generierung von Sourcingstrategien führen bereits 14,3% durch (GG: 0,9%). Die Automatisierung der Verhandlungsführung mit mehreren Lieferanten gleichzeitig und in B2B-Netzwerken haben jeweils ebenfalls bereits 14,3% umgesetzt (GG: 0,9% bzw. 1,3%). So stimmen auch 28,6% der These zu, dass IT-Lösungen strategische Einkäufer ersetzen werden (GG: 4,4%); es sprechen jedoch – ähnlich wie in der Grundgesamtheit –nur wenige dem strategischen Einkauf ab, eine wertschöpfende Kernaktivität zu sein.

Eine real-time Lieferantenbewertung haben 14,3% installiert (GG: 4,4%); von den Verbliebenen hält dies die Hälfte für ‚sehr wichtig' und 16,7% für ‚wichtig' (GG: 12% bzw. 30,1%). Ein IT-basiertes Kontraktmanagement haben 14,3% umgesetzt (GG: 0,9%); ein Drittel der Restgruppe hält dies für ‚sehr wichtig' und 16,7% für ‚wichtig' (GG: 4,5% bzw. 14,7%). Die Identifizierung von Versorgungsrisiken mit intelligenten Routinen und fortschrittlicher Datenanalyse haben bereits 28,6% implementiert (GG: 3,1%) und jeweils 40% messen dem eine ‚hohe' bzw. ‚sehr hohe' Bedeutung bei (GG: 17,5% bzw. 4,6%). Die Kommunikation via Internet wird zunehmen und Vor-Ort-Besuche bei potentiellen und bestehenden Lieferanten öfter ersetzen meinen 42,9% (GG: 22,2% zzgl. 2,2% ‚bereits umgesetzt').

Hinsichtlich der Qualifikationsanforderungen geben 14,3% an, dass die geforderte Koordinations- und Kollaborationskompetenz die benötigte Prozesskompetenz bereits dominiert (GG: 5%) und die Hälfte der anderen meint, dass diese in Zukunft (stark / sehr stark) dominieren werden (GG: 44,5%).

Damit zeigen sich eklatante Unterschiede zwischen den hier betrachteten Best Practice-Unternehmen und der Gesamtgruppe. Lediglich bei der Einschätzung der sich wandelnden Qualifikationsanforderungen, der Einschätzung zu einer Komplettauslagerung des operativen Einkaufs, in gewissem Maße auch hinsichtlich dessen abnehmender Bedeutung im Sinne einer Kernkompetenz, beim Einsatz intelligenter Suchalgorithmen im Internet und von Datenanalyseverfahren, der real-time Lieferantenbewertung sowie – sogar stärker bei der Grundgesamtheit – der zunehmenden Dominanz großer Plattformen zeigen sich ähnliche Ansichten. Beide Gruppen bestätigen die Bedeutung des strategischen Einkaufs als Kernkompetenz.

Daher kann festgestellt werden, dass das Gros der Unternehmen das Thema Digitalisierung, Vernetzung und Industrie 4.0 noch sehr zurückhaltend aufgegriffen hat und in vielen Bereichen weit davon entfernt scheint, hier in der Breite innovative Schritte zu tätigen. Die Best Practice-Unternehmen dürften dagegen voraussichtlich ihren Entwicklungsfortschritt noch weiter ausbauen können.

Literaturverzeichnis

Arbeitskreis Weber-Hax der Schmalenbach-Gesellschaft. 1960. *Der Einkauf im Industriebetrieb als unternehmerische und organisatorische Aufgabe*, Köln-Opladen: Westdeutscher Verlag.

Bloech, Jürgen, und Stefan Rottenbacher. 1986. *Materialwirtschaft*. Stuttgart: C.E. Poeschel.

Bogaschewsky, Ronald. 2003. Historische Entwicklung des Beschaffungsmanagements. In *Management und Controlling von Einkauf und Logistik*, Hrsg. R. Bogaschewsky und U. Götze, 13-42. Gernsbach: Deutscher Betriebswirte-Verlag.

Bogaschewsky, Ronald. 1999. *Elektronischer Einkauf*, Gernsbach: Deutscher Betriebswirte-Verlag.

Bogaschewsky, Ronald, und Uwe Kracke. 1999. *Internet-Intranet-Extranet. Strategische Waffen für die Beschaffung*, Gernsbach: Deutscher Betriebswirte-Verlag.

Bogaschewsky, Ronald, und Holger Müller. 2002. *b2b Marktplatzführer. Erfolgreich handeln auf Online-Märkten*, Düsseldorf: Verlagsgruppe Handelsblatt.

Bogaschewsky, Ronald, und Holger Müller. 2017. *Digitalisierung, Vernetzung, Industrie 4.0 in Einkauf und SCM – heute und morgen*. Lehrstuhl für Betriebswirtschaftslehre und Industriebetriebslehre. Universität Würzburg. http://www.wiwi.uni-wuerzburg.de/lehrstuhl/bwl2/startseite. Zugegriffen: 30.03.2017.

Bogaschewsky, Ronald, und Holger Müller. 2016a. *Purchase-to-Pay-Prozesse: Stand der Anwendung und Trends 2016*. Lehrstuhl für Betriebswirtschaftslehre und Industriebetriebslehre. Universität Würzburg. http://www.cfsm.de/fileadmin/Downloads/Studien/P2P/Studie_P2P_Bogaschewsky_Mueller.pdf. Zugegriffen: 30.03.2017.

Bogaschewsky, Ronald, und Holger Müller. 2016b. *Industrie 4.0: Wie verändern sich die IT-Systeme in Einkauf und SCM?* Lehrstuhl für Betriebswirtschaftslehre und Industriebetriebslehre. Universität Würzburg. http://www.cfsm.de/studien/industrie-40-it-systeme-in-einkauf-und-scm/. Zugegriffen: 30.03.2017.

Bogaschewsky, Ronald, und Holger Müller. 2015. *Elektronische Beschaffung 2015: Stand der Nutzung und Trends*. Lehrstuhl für Betriebswirtschaftslehre und Industriebetriebslehre. Universität Würzburg. http://www.cfsm.de/fileadmin/Downloads/E-Procurement/Elektronische_Beschaffung_2015.pdf. Zugegriffen: 30.03.2017.

Bogaschewsky, Ronald, und Holger Müller. 2012. *Social Media im Einkauf – Ergebnisse der Online-Studie 2012*. http://www.cfsm.de/fileadmin/Downloads/sm-studie/whitepaper_social_media_im_Einkauf.pdf. Zugegriffen: 30.03.2017.

Eßig, Michael, und Matthias Witt. 2009. *Öffentliche Logistik. Supply Chain Management für den öffentlichen Sektor,* Wiesbaden: Springer.

Geissbauer, Reinhard, J. Vedso und S. Schrauf. 2016. *Industry 4.0: Building the digital enterprise.* https://www.pwc.com/gx/en/industries/industries-4.0/landing-page/industry-4.0-building-your-digital-enterprise-april-2016.pdf. Zugegriffen: 30.03.2017.

Glock, Christoph, und Michael Broens. 2011. *Organisation des öffentlichen Einkaufs: Grundlagen, rechtliche Rahmenbedingungen und praktische Fallbeispiele,* Würzburg: B+G Wissenschaftsverlag.

Grochla, Erwin. 1973. *Grundlagen der Materialwirtschaft,* 2. Aufl., Wiesbaden: Gabler.

Gronau, Norbert. 2010. *Enterprise Resource Planning,* 2. Aufl., München: Oldenbourg.

Lasch, Rainer. 2017. *Strategisches und operatives Logistikmanagement: Beschaffung,* Wiesbaden: Springer Gabler.

McKinsey Digital. 2016. *Industry 4.0 after the initial hype. Where manufacturers are finding value and how they can best capture it.* https://www.mckinsey.de/files/mckinsey_industry_40_2016.pdf. Zugegriffen: 30.03.2017.

McKinsey Global Institute. 2013. *Disruptive technologies: Advances that will transform life, business, and the global economy.* http://www.mckinsey.com/business-functions/digital-mckinsey/our-insights/disruptive-technologies. Zugegriffen: 30.03.2018.

McKinsey Global Institute. 2015. *The Internet of things. Mapping the value beyond the hype.* https://www.mckinsey.de/files/unlocking_the_potential_of_the_internet_of_things_full_report.pdf. Zugegriffen: 30.03.2017.

Purdy, Mark, und Ladan Davarzani. 2015. The Growth Game-Changer: How the Industrial Internet of Things can drive progress and prosperity. https://www.accenture.com/_acnmedia/Accenture/Conversion-Assets/DotCom/Documents/Global/PDF/Dualpub_18/Accenture-Industrial-Internet-Things-Growth-Game-Changer.pdf. Zugegriffen: 30.03.2017.

Smit, Jan, et al. 2016. *Industry 4.0. Study for the ITRE Committee. European Parliament. Policy Department A: Economic and Scientific Policy.* www.europarl.europa.eu/RegData/etudes/STUD/2016/570007/IPOL_STU(2016)570007_EN.pdf. Zugegriffen: 30.03.2017.

Kapitel 7
Digitalisierung und Besteuerung

Arbeitskreis Steuern der Schmalenbach-Gesellschaft für Betriebswirtschaft e.V.[1,2,3]

7.1 Steuerpolitisches Ziel: Besteuerung am Ort der Wertschöpfung

Im Mittelpunkt der unter dem Schlagwort BEPS (Base Erosion and Profit Shifting) geführten steuerpolitischen Diskussion steht die Forderung, dass die Besteuerung am Ort der Wertschöpfung erfolgen soll.[4] Die OECD hat allerdings nicht erläutert, was sie unter Wertschöpfung versteht und wie die Wertschöpfung bestimmt wird. Definiert man Wertschöpfung als Differenz zwischen dem von

---

[1] Mitglieder des Arbeitskreises: Dr. Martina Baumgärtel, Allianz SE / Michael Beisheim, Bertelsmann SE & Co. KGaA / Bernd-Peter Bier, Bayer AG / StB Prof. Dr. Jens Blumenberg, Linklaters LLP / Brigitte Bomm, Deutsche Bank AG / Michael Brödel, thyssenkrupp AG / RA StB Dr. Christian Dorenkamp, Deutsche Telekom AG / StB Fritz Esterer, WTS Group AG StBG / RA Dr. Ullrich Fechner, Profunda Verwaltungs-GmbH / StB Prof. Dr. Guido Förster, Universität Düsseldorf / StB Dr. Ulrich Haiß, PricewaterhouseCoopers GmbH WPG / WP StB Prof. Dr. Dr. h.c. Norbert Herzig, Universität zu Köln / StB Dr. Michael Hölzl, OSRAM Licht AG / StB Susanne Hüttemann, KPMG AG WPG / Prof. Dr. Holger Kahle, Universität Hohenheim / Sylvia Kleemann, Merck KGaA / StB Prof. Dr. Stefan Köhler, Ernst & Young GmbH WPG / Dr. Hans Maier, Robert Bosch GmbH / Heinrich Montag, E.ON SE / StB Prof. Dr. Andreas Oestreicher, Universität Göttingen / StB Astrid Pausch, DZ BANK AG / Dr. Robert Risse, Henkel AG & Co. KGaA / WP StB Prof. Dr. Thomas Rödder, Flick Gocke Schaumburg / Bettina Rodenberg, Beiersdorf AG / Prof. Dr. Martin Ruf, Universität Tübingen / Prof. Dr. Deborah Schanz, Universität München / Prof. Dr. Wolfram Scheffler, Universität Erlangen-Nürnberg / Ina Schlie, SAP SE / Volker Schmidt-Fehrenbacher, Vodafone GmbH / Prof. Dr. Christoph Spengel, Universität Mannheim / Prof. Dr. Caren Sureth-Sloane, Universität Paderborn / StB Prof. Dr. Christoph Watrin, Universität Münster.

[2] Federführende Autoren: Wolfram Scheffler, Christoph Spengel.

[3] Für die Unterstützung bei der Erstellung des Beitrags dankt der Arbeitskreis Christina Mair (Universität Erlangen-Nürnberg).

[4] Vgl. OECD (2015a, S. 3).

einem Unternehmen erzielten Umsatz und den von ihm in Anspruch genommenen Vorleistungen, erscheint die Umsetzung der von der OECD aufgestellten Forderung keine Schwierigkeiten zu bereiten. Dies wird anhand eines stark vereinfachenden Beispiels deutlich: In einem Konzern sind drei Einheiten in den Wertschöpfungsprozess eingebunden. Einheit 1 erwirtschaftet durch eigene Aktivitäten eine Wertschöpfung von 50, Einheit 2 von 200 und Einheit 3 von 300. Die drei Konzerneinheiten nehmen von Konzernfremden jeweils Vorleistungen von 150 in Anspruch.

Wird beim Absatz der Leistungen an Konzernfremde ein Erlös von 1.000 erzielt, beträgt die Wertschöpfung des Konzerns 550. Dies entspricht der Differenz zwischen dem Außenumsatz von 1.000 und den Vorleistungen von fremden Dritten von 450. Die Wertschöpfung des Konzerns als Ganzes ist einfach zu bestimmen. Das Problem besteht darin, diese Wertschöpfung auf die beteiligten Einheiten aufzuteilen. Der für die konzerninterne Leistung abgerechnete Verrechnungspreis ist der Umsatz der leistenden und gleichzeitig die Vorleistung der leistungsempfangenden Einheit. Es besteht also eine gegenseitige Abhängigkeit. Ist die Wertschöpfung bekannt, steht der Verrechnungspreis fest. Umgekehrt erfolgt über die Konkretisierung des Verrechnungspreises die Verteilung der Wertschöpfung zwischen den Konzerneinheiten. Damit tritt der Widerspruch auf, dass die OECD einerseits an der Abrechnung von konzerninternen Leistungen auf Grundlage des Drittvergleichs festhält,[5] aber andererseits Verrechnungspreise als eine Ursache dafür ansieht, dass die Besteuerung nicht (mehr) am Ort der Wertschöpfung erfolgt.

	Einheit 1	Einheit 2	Einheit 3
Vorleistungen von anderen Konzernunternehmen	0	→ 200	→ 550
Vorleistungen von fremden Dritten	150	150	150
eigene Wertschöpfung	50	200	300
Verrechnungspreis (= Vorleistung der abnehmenden Konzerneinheit)	200	550	-.-
Außenumsatz	-.-	-.-	1.000

Abb. 7.1: Vereinfacht dargestellter Wertschöpfungsprozess im Konzern

Der Wertschöpfungsprozess ist regelmäßig nicht so einfach strukturiert, wie in dem Beispiel unterstellt. Vielmehr sind an der Entstehung der Wertschöpfung zahlreiche Konzerneinheiten und Konzernfremde beteiligt. Insbesondere beim Auftreten von Netzwerkeffekten kann der Beitrag der einzelnen Konzerneinheiten zu der insgesamt entstehenden Wertschöpfung nicht einfach bestimmt werden. Solche Netzwerkeffekte entstehen vor allem durch die Digitalisierung der

[5] Vgl. OECD (2010, S. 31), OECD (2015e, S. 9).

Wirtschaft. Durch die Auswertung der gesammelten Daten (Stichworte Big Data, Data Analytics) eröffnen sich völlig neue Geschäftschancen. Dies führt dazu, dass der IT nicht mehr nur unterstützende Funktion zukommt. Vielmehr wird sie zu einem wesentlichen Werttreiber. Im Rahmen der betrieblichen Wertschöpfung können erhebliche Wettbewerbsvorteile erzielt werden. Die Effekte der Digitalisierung beschränken sich nicht darauf, dass neue Leistungen entstehen. Sie macht sich auch bei zahlreichen „klassischen" Produkten bemerkbar, die in immer größerem Umfang durch Softwarekomponenten ergänzt oder erweitert werden.

Da sich die Digitalisierung der Wirtschaft in vielfältiger Form auf die Wertschöpfung auswirkt, geht es aus steuerlicher Sicht nicht nur um die in letzter Zeit ausführlich diskutierten, von vielen als unangemessen („aggressiv") angesehenen Steuergestaltungen der Unternehmen. Vielmehr haben die durch die Digitalisierung ausgelösten grundlegenden Veränderungen des Wertschöpfungsprozesses zur Konsequenz, dass sowohl die Lokalisierung als auch die Quantifizierung der Wertschöpfung sowie die Zuordnung zu einzelnen Konzerngesellschaften generell immer schwieriger werden.

In Abschn. 7.2 werden die durch die Digitalisierung ausgelösten Veränderungen der Wertschöpfungsprozesse beschrieben, indem die Auswirkungen der Einbindung der IT in den Leistungserstellungsprozess hinsichtlich der daraus resultierenden steuerlichen Fragestellungen gruppiert werden.[6] In Abschn. 7.3 werden aus dem BEPS-Projekt der OECD die Maßnahmen ausgewählt, die einen starken Bezug zur Digitalisierung aufweisen. In Abschn. 7.4 wird auf die steuerlichen Aspekte eingegangen, deren Ausgangspunkt zwar nicht die Digitalisierung ist, denen aber dennoch für digitale Geschäftsmodelle erhebliche Bedeutung zukommt. Abschn. 7.5 enthält eine Zusammenfassung.

7.2 Veränderungen bei der Wertschöpfung und daraus resultierende steuerliche Effekte

7.2.1 Veränderung des Wertschöpfungsprozesses innerhalb eines Unternehmens

7.2.1.1 Erhöhte Bedeutung von immateriellen Wirtschaftsgütern einschließlich Software

Die Digitalisierung der Wirtschaft ist untrennbar mit der Erstellung von Software verbunden. Dies gilt nicht nur für die Unternehmen, bei denen der Absatz von Software den Kerngeschäftszweck bildet, sondern auch für Unternehmen, bei denen die IT-gestützte Abwicklung des Leistungserstellungsprozesses im

[6] Zu einer alternativen Analyse anhand digitaler Geschäftsmodelle siehe ausführlich Olbert und Spengel (2017).

Mittelpunkt steht. Darüber hinaus gibt es zahlreiche Unternehmen, die „klassische“ Produkte durch Softwarekomponenten ergänzen, um dadurch die Einsatzmöglichkeiten dieser Produkte zu erweitern.

Für die Besteuerung ist relevant, dass die Erstellung von Software häufig auf Unternehmenseinheiten ausgelagert wird, die sich in einem Staat befinden, der weder mit dem Ansässigkeitsstaat des Mutterunternehmens noch mit dem Staat übereinstimmt, in dem der Absatz der betrieblichen Leistung erfolgt. Bei „klassischen“ Produkten findet in vielen Fällen die Produktentwicklung in einem anderen Staat statt als die Programmierung der in diesem Produkt integrierten Software. Damit kommt es zu einer Verlagerung der Wertschöpfung in die Staaten, in denen die Software erstellt wird. Dies führt dazu, dass der Anteil der Wertschöpfung zurückgeht, der im Ansässigkeitsstaat des Mutterunternehmens und in dem Staat, in dem die Leistung gegenüber dem Kunden erbracht wird, besteuert werden kann. In welchem Ausmaß diese Verschiebung der Besteuerungsrechte zugunsten des Staats erfolgt, in dem die Programmentwickler tätig sind, hängt unter anderem davon ab, welcher Verrechnungspreis für deren Tätigkeit verrechnet wird.

Da die Besteuerung an Rechtssubjekten anknüpft, sind die Rechte an der Verwertung des für den Geschäftserfolg entscheidenden immateriellen Wirtschaftsguts einer bestimmten Konzerneinheit zuzuordnen. Da es sich bei Software – wie generell bei immateriellen Wirtschaftsgütern – um sehr standortelastische Produktionsfaktoren handelt, kann durch die Zuordnung der Verwertungsrechte bestimmt werden, bei welcher Einheit die Gewinne ausgewiesen werden. Stimmt die persönliche Zuordnung (Zuordnung zu einer bestimmten Konzerneinheit) mit der räumlichen Zuordnung (zwischenstaatliche Zuordnung) überein, kommt es dazu, dass die Wertschöpfung in einem bestimmten Staat ausgewiesen werden kann. Soweit die Wertschöpfung dem Staat zugewiesen wird, in dem sich der Inhaber des immateriellen Wirtschaftsguts befindet, stehen dem Ansässigkeitsstaat des Mutterunternehmens, dem Staat, in dem die betriebliche Leistung abgesetzt wird, und dem Staat, in dem die Software entwickelt wurde, dementsprechend geringere Besteuerungsrechte zu.[7]

7.2.1.2 Geringere „Vor-Ort-Präsenz“

Durch die Erstellung digitaler Produkte verliert die „Vor-Ort-Präsenz“ von Unternehmen erheblich an Bedeutung. Für den Geschäftserfolg ist es immer weniger relevant, dass Arbeitnehmer des Unternehmens mit dem Kunden persönlich in Kontakt treten. So werden z. B. Ladengeschäfte durch Auslieferungslager und persönliche Ansprechpartner in den Geschäftsräumen des Unternehmens durch die IT-gestützte Abwicklung des Geschäftsprozesses ersetzt.

In einigen Branchen übernehmen Maschinen die Funktion von menschlichen Arbeitskräften oder der Umfang von beim Kunden tätigen Arbeitnehmern wird durch den Einsatz von Software deutlich reduziert. Anwendungsfälle dafür

---

[7] Zur Zurechnung von Erträgen aus der Verwertung von immateriellen Werten siehe z. B. Jacobs, Endres und Spengel (2016, S. 720ff.).

bilden unter anderem Pflegeleistungen und haushaltsnahe Dienstleistungen (wie Advanced Robotics, Digital Farming, Smart Hospital) oder die Überwachung der Funktionsfähigkeit von Wirtschaftsgütern über das Internet (z. B. Fernwartung, Smart Home). Der persönliche Kontakt zwischen den Mitarbeitern und dem Kunden reduziert sich auf die Inbetriebnahme des Produkts und auf die Behebung von Störungen.

7.2.1.3 Trennung zwischen Übernahme von Risiken und Ausübung einer Funktion

Die Unterscheidung zwischen der Durchführung einer Aktivität und der Übernahme der damit verbundenen Verantwortung führt dazu, dass die Wertschöpfung, die durch eine betriebliche Funktion entsteht, zwischen mehreren Unternehmenseinheiten aufgeteilt werden kann. Typische Beispiele, in denen Funktion und die damit verbundenen Chancen und Risiken auseinanderfallen, sind Kommissionäre, Lohnfertiger oder Auftragsforscher. Diesen wird ein deutlich geringerer Anteil an der Wertschöpfung zugeordnet als den in gleicher Funktion tätigen Händlern, Produzenten oder Forschern, die ihre Tätigkeit auf eigenes Risiko ausüben. Diese Differenzierung ist dem Grunde nach nicht neu. Durch die Digitalisierung haben sich jedoch die Überwachungsmöglichkeiten deutlich verbessert. Damit ist es leichter möglich Unternehmenseinheiten einzusetzen, die nur eine bestimmte betriebliche Funktion ausüben, die damit verbundenen Chancen und Risiken aber bei einer anderen Unternehmenseinheit liegen.

7.2.2 Veränderung des Wertschöpfungsprozesses zwischen unabhängigen Vertragspartnern

7.2.2.1 Verstärkte Einbindung von Vermittlern

Der Einzelhandel hat traditionell die Funktion, die Verbindung zwischen dem Hersteller eines Produkts und dem Endabnehmer herzustellen. Diese Funktion wird insbesondere beim Absatz von standardisierten Waren wie Büchern, Foto- und Elektroartikeln vermehrt durch Vergleichs- oder Verkaufsportale im Internet übernommen. Dies hat bei Vergleichsportalen zur Konsequenz, dass dem als Vermittler agierenden Unternehmen ein Teil der Wertschöpfung zugeordnet wird und dementsprechend der Anteil des leistenden Unternehmens und der des traditionellen Einzelhandels zurückgehen. Die internetgestützte Vermittlung ist unter anderem auch bei Hotel- und Flugbuchungen, dem Abschluss von Versicherungs- und Kreditverträgen oder der Vermittlung von Immobilien weit verbreitet.[8]

Die Unternehmen, die IT-gestützte Plattformen betreiben, sind in vielen Fällen in einem Staat ansässig, der nicht mit dem Staat übereinstimmt, in dem der Endkunde die gewünschte Leistung in Anspruch nimmt. Konsequenz ist, dass

[8] Wenn das leistungserbringende Unternehmen direkt mit dem Kunden in Kontakt tritt, bleibt die Wertschöpfung bei diesem Unternehmen. Diese Situation wird dem im vorangehenden Abschnitt angesprochenen Effekt einer geringeren „Vor-Ort-Präsenz“ zugeordnet.

sich nicht nur die Aufteilung der Wertschöpfung auf die beteiligten Wirtschaftssubjekte verändert, sondern gleichzeitig die Aufteilung zwischen den Staaten. Die an den Vermittler gezahlte Provision wird von dem an den Endkunden leistenden Unternehmen als Betriebsausgabe abgezogen und in dem Staat als Betriebseinnahme erfasst, in dem der Vermittler steuerpflichtig ist.

Die Veränderung der Leistungsbeziehungen verändert auch die Funktion der Logistik. Beim Absatz von Waren bestand die Aufgabe bislang darin, die Produkte vom Hersteller zum Einzelhändler zu liefern. Die Abnehmer erwarben die Produkte beim Einzelhändler. Bei einer Bestellung über das Internet sind die Waren direkt dem Endabnehmer zuzustellen.

7.2.2.2 Veränderung des Leistungserstellungsprozesses durch 3D-Drucker

Der Einsatz von 3D-Druckern wird die Wertschöpfungskette und damit die Aufteilung der Besteuerungsrechte zwischen den Staaten erheblich beeinflussen. Die dabei auftretenden Effekte werden anhand eines stark vereinfachten Beispiels aus der Automobilbranche skizziert.

Der Automobilzulieferer erwirbt bei einem Maschinenbauunternehmen die Maschinen, die für die Produktion der Zulieferteile benötigt werden. Zu diesem Zweck beschäftigt er Arbeitnehmer und kauft die für die Produktion der Zulieferteile erforderlichen Materialien ein. Die fertigen Zulieferteile werden zum Kunden (Automobilhersteller) transportiert. Entwickelt das Maschinenbauunternehmen die Software für einen entsprechenden 3D-Drucker, kann der Automobilhersteller mit diesem die Zulieferteile selbst herstellen. Bei dem Maschinenbauunternehmen ist zwischen der Produktentwicklung im engeren Sinne und der Entwicklung der Software für die Steuerung des 3D-Druckers zu differenzieren.[9] Aufgrund der direkten Leistungsbeziehung zwischen dem Maschinenbauunternehmen und dem Automobilhersteller erhöht sich tendenziell der Wertschöpfungsbeitrag des Maschinenbauunternehmens. Wird die Entwicklung der Softwarekomponente des 3D-Druckers ausgelagert, kommt dieser Teil der Wertschöpfung dem Staat zugute, in dem die Softwareentwickler tätig sind. Soweit das Automobilunternehmen die Zulieferteile selbst herstellt, wird der Automobilzulieferer nicht mehr benötigt. Die mit der Herstellung der Zulieferteile verbundene Wertschöpfung wird nicht mehr vom Automobilzulieferer erbracht, sondern vom Automobilhersteller. Der Automobilhersteller beschäftigt auch die Arbeitnehmer und nimmt den Einkauf der benötigten Materialien vor. Sind der Automobilzulieferer und der Automobilhersteller nicht im gleichen Staat tätig, verschiebt sich nicht nur die Verteilung der Wertschöpfung zwischen den Unternehmen, sondern auch die Verteilung der damit verbundenen Besteuerungsrechte zwischen den Staaten.

[9] Zu diesem Einfluss der Digitalisierung siehe Abschn. 7.2.1.1.

7.2.2.3 Erhöhte Bedeutung der Sharing Economy

Zwei prominente Beispiele für die Sharing Economy sind das Erbringen von Übernachtungs- und Fahrdienstleistungen durch Personen, die ansonsten nicht unternehmerisch tätig sind. Die bislang von Beherbergungs- und Taxiunternehmen erwirtschaftete Wertschöpfung wird in zweifacher Weise anders verteilt. Zum einen werden die Übernachtungs- und Fahrdienstleistungen von anderen Personen erbracht. Zum anderen partizipieren die als Vermittler eingeschalteten Unternehmen an dieser Wertschöpfung daran, dass sie eine Provision erhalten.[10] In Abhängigkeit davon, in welchem Staat der Vermittler ansässig ist, wirkt sich die Sharing Economy nicht nur auf die persönliche Zuordnung der Wertschöpfung aus. Zusätzlich kommt es zu einer Veränderung der (räumlichen) Zuordnung der Wertschöpfung, d. h. zu einer Veränderung der Aufteilung der Besteuerungsrechte zwischen den Staaten.

7.2.2.4 Erwerb des Gewinnpotentials durch Übernahme eines Unternehmens

Das für die Digitalisierung charakteristische immaterielle Wirtschaftsgut kann von dem Unternehmen entweder selbst entwickelt oder durch die Übernahme eines Unternehmens (mittelbar) erworben werden. Das in dem übernommenen Unternehmen vermutete Gewinnpotential führt dazu, dass bei derartigen Transaktionen häufig sehr hohe Preise gezahlt werden. Aus steuerlicher Sicht führt der mittelbare Erwerb eines immateriellen Wirtschaftsguts durch Übernahme eines anderen Unternehmens dazu, dass das Gewinnpotential auf Seiten des Verkäufers bereits im Zeitpunkt der Transaktion realisiert wird. Zusätzlich kommt es zu einer Zuordnung der erst in späteren Jahren am Markt bestätigten Wertschöpfung zum Käufer des Unternehmens. Die mit der Entscheidung zwischen Eigenentwicklung eines immateriellen Wirtschaftsguts oder dessen Erwerb durch Übernahme eines Unternehmens verbundenen steuerlichen Effekte sind sehr komplex. Im Einzelnen hängen sie davon ab, in welcher Weise der Verkauf vollzogen wird (asset deal oder share deal), ob nach einem share deal das übernommene Unternehmen rechtlich bestehen bleibt oder mit dem erwerbenden Unternehmen verschmolzen wird und in welchen Staaten der Verkäufer und der Erwerber ansässig sind.

---

[10] Der Anteil der Vermittler erhöht sich nur insoweit, als sie derartige Leistungen bislang nicht vermittelt haben. Zu einer Veränderung der persönlichen Zurechnung der Vermittlungsleistung kommt es auch dann, wenn die Vermittlung von anderen Unternehmen (z. B. Reisebüros) durchgeführt wird. Zur Bedeutung von Vergleichsportalen siehe Abschn. 7.2.2.1.

7.3 Maßnahmen im Zusammenhang mit der Zuordnung von Besteuerungsrechten

7.3.1 Schutz der Interessen des Quellenstaats

7.3.1.1 Ertragsteuern

Die OECD hat sich im Rahmen des Aktionspunkts 1 ihres BEPS-Projekts („Herausforderungen für die Besteuerung der digitalen Wirtschaft") sehr ausführlich mit der Besteuerung der digitalen Wirtschaft beschäftigt.[11] Sie kam zu dem Ergebnis, dass für die digitale Wirtschaft keine besonderen Besteuerungsregeln gelten sollten. Da die Digitalisierung die gesamte Wirtschaft erfasst, sollten die für digitale Geschäftsmodelle geltenden Regeln mit den anderen Aktionsplänen des BEPS-Projekts abgestimmt werden.[12]

Dieser Zusammenhang wird insbesondere mit dem Aktionspunkt 7 „Verhinderung der künstlichen Umgehung des Status als Betriebsstätte" gesehen.[13] Dieser Aktionspunkt ist dadurch gekennzeichnet, dass die Besteuerungsrechte des Quellenstaats durch eine Ausweitung des abkommensrechtlichen Betriebsstättenbegriffs erweitert werden. Dieses Ziel soll zum einen dadurch erreicht werden, dass der Negativkatalog des Art. 5 Abs. 4 OECD-MA nur noch zur Anwendung kommt, wenn es sich um Hilfstätigkeiten oder Tätigkeiten vorbereitender Art handelt. Das zweite Element zur Stärkung der Besteuerungsrechte des Quellenstaats ist die Erweiterung der Definition der Vertreterbetriebsstätte. Von einem abhängigen Vertreter wird nicht nur dann ausgegangen, wenn er eine Abschlussvollmacht besitzt, sondern auch dann, wenn der Vertreter gewöhnlich die wesentliche Rolle beim Abschluss von Verträgen einnimmt, d. h. wenn systematisch Verträge abgeschlossen werden, ohne dass der Vertretene wesentliche Änderungen vornimmt (Erweiterung des Art. 5 Abs. 5 OECD-MA). Ein unabhängiger Vertreter (insbesondere Makler, Kommissionär) begründet zukünftig nur dann keine Vertreterbetriebsstätte des Vertretenen, wenn es sich bei dem Vertreter um ein unabhängiges Unternehmen handelt (Erweiterung des Art. 5 Abs. 6 OECD-MA).

Diese Erweiterung des Betriebsstättenbegriffs entspricht auch der Steuerpolitik der EU-Kommission. Die in Art. 5 des Richtlinienvorschlags zur Harmonisierung der steuerlichen Gewinnermittlung enthaltene Definition des Betriebsstättenbegriffs deckt sich inhaltlich mit den Vorstellungen der OECD.[14]

---

[11] Vgl. OECD (2015a).

[12] Vgl. OECD (2015a, S. 86ff.) sowie Bannes und Cloer (2016, S. 1432), Jacobs, Endres und Spengel (2016, S. 97), Rogge (2015, S. 2966), Westberg (2014, S. 541).

[13] Vgl. OECD (2015d).

[14] Vgl. EU-Kommission (2016e), siehe auch EU-Kommission (2016b).

7.3.1.2 Umsatzsteuer

Die Lieferung von Gegenständen wird umsatzsteuerlich grundsätzlich nach dem Bestimmungslandprinzip besteuert. Im Präsenzhandel ergibt sich dies aus § 3 Abs. 1, 6 UStG (Art. 14 Abs. 1, Art. 32 MwStSystRL) und beim Versandhandel (offline-E-Commerce) aus § 3 Abs. 1, § 3c UStG (Art. 14 Abs. 1, Art. 34 MwStSystRL).[15] Beim Import von Gegenständen aus einem Drittland wird die Besteuerung nach den Verhältnissen des Landes, in dem der private Endverbrauch stattfindet, durch die Erhebung der Einfuhrumsatzsteuer erreicht (§ 1 Abs. 1 Nr. 4 UStG, Art. 2 Abs. 1 Buchst. d MwStSystRL). Bei auf elektronischem Weg erbrachten sonstigen Leistungen (online-E-Commerce) wird das Bestimmungslandprinzip dadurch umgesetzt, dass bei privaten Abnehmern der Ort der sonstigen Leistung am Wohnsitz oder gewöhnlichen Aufenthaltsort des Leistungsempfängers liegt (§ 3 Abs. 9, § 3a Abs. 5 UStG, Art. 24 Abs. 1, Art. 58 MwStSystRL).[16]

Im Grundsatz werden zwar der Präsenzhandel und der offline-E-Commerce gleich besteuert. Zu Wettbewerbsverzerrungen kommt es jedoch dadurch, dass Warenlieferungen mit einem Wert von bis zu 22 € einfuhrumsatzsteuerfrei eingeführt werden können (§ 1a Einfuhrumsatzsteuer-Befreiungsverordnung). Um die daraus resultierenden Vorteile für digitale Geschäftsmodelle in Form des offline-E-Commerce zu vermeiden, wird überlegt, diese als Vereinfachungsregeln gedachten Befreiungen aufzuheben.[17]

7.3.2 Angemessene Aufteilung zwischen Quellen- und Ansässigkeitsstaat

Für die Sicherung der Besteuerungsrechte des Quellenstaats ist es nicht ausreichend, eine Besteuerung dem Grunde nach festzulegen. Wird eine Betriebsstätte angenommen, hängt der Umfang der Besteuerung im Quellenstaat davon ab, welcher Anteil des Gesamtgewinns dieser zugeordnet wird. Bei der Diskussion um die „Nullsummentheorie" bei Vertreterbetriebsstätten[18] wird die Bedeutung der zwischenstaatlichen Erfolgszuordnung besonders deutlich. Vergleichbare Aussagen gelten für die Einordnung von Servern als Betriebsstätte und die

---

[15] Eine Ausnahme gilt, wenn in einem der Mitgliedstaaten die Lieferschwelle von 100.000 € (Grundsatz) oder 35.000 € (Mitgliedstaatenwahlrecht) nicht überschritten ist, und für den privaten Reiseverkehr innerhalb der EU.

[16] Siehe hierzu und den damit verbundenen verfahrensrechtlichen Regelungen (§ 18 Abs. 4c, 4d UStG, Mini-One-Shop-Stop-Verfahren, MOSS) ausführlich z. B. Sterzinger (2014, S. 213ff.).

[17] Vgl. EU-Kommission (2016c, S. 6), Waren mit einem Wert von bis zu 150 € können zollfrei eingeführt werden (Art. 23, Art. 24 Zollbefreiungsordnung). In der Praxis kommt es deshalb auch bei Lieferungen mit einem Wert zwischen 22 und 150 € häufig dazu, dass die Einfuhrumsatzsteuer nicht erhoben wird, vgl. EU-Kommission (2016a, S. 15f.).

[18] Vgl. BMF-Schreiben vom 22.12.2016, Tz. 422-423, sowie z. B. Rasch und Müller (2014, S. 418ff.), Schreiber und Greil (2017, S. 10ff.).

Begrenzung des Negativkatalogs nach Art. 5 Abs. 4 OECD-MA auf Hilfstätigkeiten und Tätigkeiten vorbereitender Art. Eine vergleichbare Problematik ergibt sich bei Tochterkapitalgesellschaften. Bei diesen ist zwar eine Steuerpflicht in ihrem Ansässigkeitsstaat grundsätzlich unstrittig. Allerdings hängt der Umfang der Besteuerung davon ab, wie hoch die steuerpflichtigen Gewinne der Tochterkapitalgesellschaft ausfallen.

Das Problem für die damit angesprochene zwischenstaatliche Erfolgszuordnung liegt darin, dass der Ort, an dem die Wertschöpfung entsteht, in den meisten Fällen nicht verlässlich bestimmt werden kann. Da bei digitalen Geschäftsmodellen der Wertschöpfungsprozess nicht linear verläuft, sondern daran viele Wirtschaftssubjekte beteiligt sind, deren Aktivitäten vielfältige Interdependenzen aufweisen, ist unklar, bei welchem Steuersubjekt und in welchem Staat die Wertschöpfung entstanden ist. Insbesondere bei der Zuordnung der eingesetzten immateriellen Wirtschaftsgüter bestehen aufgrund ihrer hohen Standortelastizität erhebliche Ermessensspielräume. Darüber hinaus ergeben sich dadurch weitere Abgrenzungsfragen, dass der Ort, an dem die Aufwendungen zur Entwicklung des Geschäftsmodells anfallen, und der Ort, an dem die Erträge mit dem entstandenen immateriellen Wirtschaftsgut erzielt werden, auseinanderfallen.

Die Zielsetzung, eine Übereinstimmung zwischen der sich aus einer verrechnungspreisorientierten Erfolgszuordnung ergebenden Aufteilung des Gesamtgewinns und dem Wertschöpfungsbeitrag der einzelnen Konzerneinheiten zu erreichen, wird im BEPS-Projekt insbesondere in folgenden Aktionsplänen aufgegriffen: Verrechnungspreise und immaterielle Werte (Aktionspunkt 8), Verrechnungspreise und Risiko sowie Kapital (Aktionspunkt 9) und Verrechnungspreise und risikoreiche Transaktionen (Aktionspunkt 10). Nach dem Aktionspunkt 13 (Verrechnungspreisdokumentation und länderbezogene Berichterstattung) soll die Angemessenheit der verwendeten Verrechnungspreise durch umfangreiche Dokumentationen plausibel gemacht werden.[19]

Sofern bei digitalen Geschäftsmodellen die Standardmethoden der Verrechnungspreisermittlung (Preisvergleichs-, Wiederverkaufs- und Kostenaufschlagsmethode) wegen Mangel an ausreichend aussagekräftigen Fremdvergleichsdaten nicht angewandt werden können, ist die Anwendung der transaktionsbezogenen Gewinnaufteilungsmethode in Betracht zu ziehen (Profit Split-Methode).[20] Vom methodischen Ansatz ist die Profit Split-Methode grundsätzlich geeignet, den durch Transaktionen mit Konzernfremden erzielten Gewinn sachgerecht auf die beteiligten Konzerneinheiten zu verteilen. Bei der Anwendung auf digitale Geschäftsmodelle ergibt sich jedoch in der Besteuerungspraxis häufig die Schwierigkeit, den Beitrag der einzelnen Konzerneinheiten zur Wertschöpfung in verlässlicher Weise zu quantifizieren und einem bestimmten Staat zuzuordnen.

---

[19] Siehe hierzu OECD (2015f). Zu den Dokumentationspflichten siehe auch § 90 Abs. 3, § 138a AO sowie Ditz et al. (2016, S. 789ff.).

[20] Vgl. Heggmair et al. (2014, S. 328).

Die OECD hat zwar klar zum Ausdruck gebracht, dass sie an einer verrechnungspreisorientierten Erfolgszuordnung festhalten möchte.[21] Allerdings gehört zu dem steuerpolitischen Programm der EU unter anderem die Einführung einer Gemeinsamen konsolidierten Körperschaftsteuer-Bemessungsgrundlage (GKKB).[22] In einem ersten Schritt soll die Bemessungsgrundlage harmonisiert werden.[23] Im zweiten Schritt sollen darauf aufbauend Regelungen zur Konsolidierung und formelhaften Gewinnaufteilung eingeführt werden. Der innerhalb der EU erzielte Gewinn soll entsprechend den Faktoren Arbeit (unterteilt in Lohnsumme und Anzahl der Beschäftigten), Vermögen (begrenzt auf materielle Wirtschaftsgüter) und Umsatz auf die Mitgliedstaaten verteilt werden, in denen das Unternehmen ansässig ist oder über eine Tochterkapitalgesellschaft oder Betriebsstätte tätig ist. Aufgrund der erheblichen Bewertungsprobleme wird auf einen Einbezug von immateriellen Wirtschaftsgütern in die Schlüsselgröße „Vermögen" verzichtet.[24]

7.3.3 Maßnahmen gegen unfairen Steuerwettbewerb

Viele Staaten setzen dadurch Anreize, die Verwertung von immateriellen Wirtschaftsgütern über bei ihnen ansässige Konzerneinheiten durchzuführen, dass sie für die damit erzielten Erträge eine im Vergleich zur Regelbesteuerung stark reduzierte Besteuerung vorsehen (Patentbox, IP-Box).[25] Die im internationalen Steuerrecht vorgesehenen Besteuerungsregeln führen dazu, dass die Unternehmen die steuerlichen Vorteile durch die Integration einer Tochtergesellschaft, über die die bei digitalen Geschäftsmodellen vorhandenen immateriellen Wirtschaftsgüter verwertet werden, nutzen können. Einschränkungen für die Steuerplanung ergeben sich allerdings daraus, dass auf Ebene der OECD und der EU die steuerlichen Begünstigungen für die Erträge aus der Verwertung von immateriellen Wirtschaftsgütern nur dann nicht als unfairer Steuerwettbewerb oder als Beihilfe nach Art. 107-109 AEUV angesehen werden, wenn die Entlastungen nur insoweit gewährt werden, wie der Steuerpflichtige selbst Forschungs- und Entwicklungsaktivitäten durchgeführt hat und dafür tatsächlich Ausgaben getätigt hat (Nexus-Ansatz).[26]

---

[21] Vgl. OECD (2010, S. 31), OECD (2015e, S. 9).

[22] Vgl. EU-Kommission (2016d). Dieser Richtlinienvorschlag baut auf einem vergleichbaren Entwurf aus dem Jahr 2011 auf, vgl. EU-Kommission (2011).

[23] Vgl. EU-Kommission (2016e).

[24] Vgl. OECD (2010, S. 89), EU-Kommission (2016d, S. 12).

[25] Zum Überblick siehe PwC (2016, S. 6). Im GKB-RLE sind gleichfalls Anreize für Forschung und Entwicklung vorgesehen, siehe hierzu Abschn. 7.4.4.

[26] Vgl. OECD (2015c, S. 9), EU-Kommission (2015, S. 12). Zu Vorschlägen, Gestaltungen einzuschränken, durch die innerhalb von Deutschland immaterielle Wirtschaftsgüter über Tochtergesellschaften in Gemeinden mit einem niedrigen Gewerbesteuerhebesatz verwertet werden, siehe Finanzverwaltung NRW (2016).

Bei Staaten, die sich an dem OECD-Projekt nicht beteiligen, wird das Erzielen von als unangemessen angesehenen steuerlichen Vorteilen durch eine Hinzurechnungsbesteuerung vermieden. Gewinne einer passiv tätigen Tochterkapitalgesellschaft oder Betriebsstätte in einem Niedrigsteuergebiet werden auf Ebene des Anteilseigners so besteuert, als ob er sie in seinem Ansässigkeitsstaat selbst erwirtschaftet hätte. Der Aktionspunkt 3 der OECD „Stärkung der Vorschriften zur Hinzurechnungsbesteuerung“[27] wird in der EU durch Art. 7, Art. 8 ATAD konkretisiert.[28]

7.4 Allgemeine steuerliche Regelungen mit Bezug zur Digitalisierung der Wirtschaft

7.4.1 Einschränkungen bei der Verrechnung von Aufwendungen

Ein Kennzeichen der Digitalisierung der Wirtschaft ist, dass bei der Entwicklung der eingesetzten immateriellen Wirtschaftsgüter hohe Aufwendungen entstehen können. Da für selbst erstellte immaterielle Wirtschaftsgüter des Anlagevermögens in vielen Staaten ein Aktivierungsverbot besteht (in Deutschland nach § 5 Abs. 2 EStG), kommt es in der Entwicklungsphase bei dem betrachteten Projekt zum Ausweis von Verlusten. Sofern das Unternehmen nicht aus anderen Geschäftsaktivitäten über positive Einkünfte verfügt, können die Aufwendungen nur zeitverzögert über einen Verlustvortrag verrechnet werden. Diese Problematik betrifft insbesondere Start-up-Unternehmen, da diese in der Anfangsphase über keine oder nur geringe Umsatzerlöse verfügen. Die Verrechnung der Aufwendungen wird weiter verzögert oder gar vollständig eingeschränkt, wenn der Verlustvortrag betragsmäßig und/oder zeitlich begrenzt ist. Deshalb ist es zu begrüßen, dass in Art. 41 Abs. 1, 2, 4 GKB-RLE vorgesehen ist, dass der Verlustvortrag weder eine zeitliche noch eine betragsmäßige Begrenzung enthält. Im Vergleich zum geltenden deutschen Steuerrecht (§ 10d Abs. 2 EStG, § 10a S. 1, 2 GewStG) würden bei einer Harmonisierung der steuerlichen Gewinnermittlung in der EU die betragsmäßigen Beschränkungen auf 60% des nach Abzug des Sockelbetrags von 1 Mio. € verbleibenden Gesamtbetrags der Einkünfte bzw. Gewerbeertrags entfallen.

Aus den bei Digitalisierungsprojekten anfallenden Aufwendungen resultiert ein hoher Finanzierungsbedarf. Wird dieser durch Fremdkapital gedeckt, führen Einschränkungen der (sofortigen) Verrechnung von Fremdkapitalzinsen über eine „Zinsschranke“ zu einer Verstärkung der Problematik, die sich aus Einschränkungen beim Verlustabzug ergeben. Da im Aktionspunkt 4 der OECD

[27] Vgl. OECD (2015b).

[28] Vgl. Richtlinie (EU) 2016/1164. Zum Vergleich zwischen Art. 7, 8 ATAD und §§ 7-14 AStG siehe z. B. Linn (2016, S. 645), Müller und Wohlhöfler (2016, S. 668), Rautenstrauch und Suttner (2016, S. 2391), Schnitger et al. (2016, S. 960).

„Begrenzung der Gewinnverkürzung durch Zins- und wirtschaftlich vergleichbare Aufwendungen“[29] eine Zinsschranke vorgeschlagen wird, werden die in § 4h EStG und § 8a KStG enthaltenen Begrenzungen bei der Verrechnung von Fremdkapitalaufwendungen vermutlich nicht aufgehoben. Auf Ebene der EU sind in Art. 4 ATAD für die Beschränkung der Abziehbarkeit von Fremdkapitalaufwendungen gleichfalls Regelungen vorgesehen, die mit dem derzeitigen deutschen Steuerrecht weitgehend vergleichbar sind.

In den Situationen, in denen das für die Digitalisierung benötigte Know-how durch die Übernahme eines Unternehmens erworben wird, besteht die Gefahr, dass bei dem erworbenen Unternehmen der Verlustvortrag und im Rahmen der Einschränkungen von Fremdkapitalaufwendungen der Zinsvortrag bzw. EBITDA-Vortrag entfallen. Die Einschränkungen beim Verlustabzug und beim Abzug von Fremdkapitalaufwendungen lösen dann bei Übernahme eines Unternehmens nicht nur einen negativen Zeiteffekt aus, vielmehr sind die Aufwendungen überhaupt nicht abziehbar. Dieser negative Bemessungsgrundlageneffekt ist sehr bedeutsam, da der mittelbare Erwerb von immateriellen Wirtschaftsgütern insbesondere durch die Übernahme von jungen Unternehmen erfolgt. Für die Digitalisierung sind Vorschriften, die eine Einschränkung des Verlustabzugs nach einem Gesellschafterwechsel vorsehen (z. B. § 8c i.V.m. § 8d KStG), ein großes steuerliches Hindernis. Es bleibt abzuwarten, wie die Erleichterungen durch § 8d KStG sich in der Praxis auswirken.

Die im Zusammenhang mit der Digitalisierung entstehenden immateriellen Wirtschaftsgüter werden häufig durch die Vergabe von Lizenzen verwertet. Werden bei der Verrechnung von Lizenzzahlungen vergleichbare Einschränkungen wie bei der Verrechnung von Fremdkapitalaufwendungen eingeführt, führt dies zu einer erheblichen Beeinträchtigung für die grenzüberschreitende Geschäftstätigkeit. Die bereits derzeit bestehenden Einschränkungen beim Abzug von Lizenzzahlungen bei der Gewerbesteuer aufgrund der Hinzurechnung nach § 8 Nr. 1 Buchst. f GewStG würden sich deutlich erhöhen und auf die Einkommen- und Körperschaftsteuer ausgedehnt. Besonders problematisch wäre dies für Branchen, deren Geschäftsmodell durch die Vergabe von Unterlizenzen geprägt ist (so z. B. bei der Vermarktung von Software).[30] Bemerkenswert ist, dass den in Deutschland vorgestellten Vorschlägen zur Einführung einer „Lizenzschranke“[31] derzeit weder im BEPS-Projekt der OECD noch auf europäischer Ebene (ATAD) entsprechende Bestrebungen gegenüberstehen.

[29] Vgl. OECD (2015c).

[30] Kritisch zur Lizenzschranke z. B. Ditz et al. (2014, S. 46f.), Sachverständigenrat (2014, Rn. 678).

[31] Vgl. Bundesregierung (2017).

7.4.2 Einschränkungen beim grenzüberschreitenden Verlustausgleich

Wird die Softwareentwicklung auf eine eigenständige Tochtergesellschaft in einem anderen Staat ausgelagert, besteht das steuerpolitische Hemmnis darin, dass die in den Anfangsjahren entstehenden Verluste aufgrund des fehlenden grenzüberschreitenden Verlustausgleichs auch im Ansässigkeitsstaat des Mutterunternehmens nicht verrechnet werden können. Eine Lösungsalternative besteht darin, dass das Tochterunternehmen als Auftragsforscher tätig ist, sodass die Aufwendungen unmittelbar dem Mutterunternehmen zugerechnet werden. Das Tochterunternehmen weist damit jeweils geringe Gewinne aus. Die Erträge in der Verwertungsphase fallen bei dem Konzernunternehmen an, dem das bei der Forschung und Entwicklung entstandene immaterielle Wirtschaftsgut zugerechnet wird. Bei ertragreichen Digitalisierungsprojekten stehen die Erfolge damit zu einem großen Teil dem Staat zu, in dem der Eigentümer des immateriellen Wirtschaftsguts ansässig ist. Dem Staat, in dem die Entwicklung durchgeführt wird, wird nur ein geringer Teil des Gewinns des Unternehmens und die Besteuerung der Löhne der bei der Tochtergesellschaft beschäftigten Arbeitnehmer zugeordnet.

Für die Unternehmen würde ein grenzüberschreitender Verlustausgleich die Flexibilität der Aufgabenverteilung deutlich erhöhen, da die Übertragung sämtlicher Chancen und Risiken auf eine ausländische Konzerneinheit nicht mit Liquiditätsnachteilen verbunden wäre. Im Zusammenhang mit der Harmonisierung der steuerlichen Gewinnermittlung ist innerhalb der EU ein grenzüberschreitender Verlustausgleich in Form der Nachversteuerungsmethode vorgesehen (Art. 42 GKB-RLE). Der Vorteil der Nachversteuerungsmethode wird allerdings dadurch deutlich eingeschränkt, dass es spätestens nach fünf Jahren zu einer Nachversteuerung kommt. Bei längerfristigen Forschungs- und Entwicklungsprojekten bewirkt Art. 42 GKB-RLE also nur eine kurzfristige Liquiditätsentlastung. Bei erfolglosen Digitalisierungsprojekten wird - entgegen der Konzeption der Nachversteuerungsmethode - der grenzüberschreitende Verlustausgleich nicht auf Dauer gewährt.[32] Diese Nachteile werden auch von der EU-Kommission gesehen, da die in Art. 42 GKB-RLE vorgeschlagene Form der Nachversteuerungsmethode nur solange gelten soll, bis es durch Einführung einer GKKB innerhalb der EU zu einem umfassenden grenzüberschreitenden Verlustausgleich kommt (Art. 71 GKKB-RLE).[33]

---

[32] Die Möglichkeit, dauerhafte (finale) Verluste innerhalb der EU grenzüberschreitend zu verrechnen, besteht seit der Änderung der Rechtsprechung des EuGH nicht mehr, vgl. TimacAgro (EuGH 2015) gegenüber Marks & Spencer (EuGH 2005) und LidlBelgium (EuGH 2008).

[33] Vgl. EU-Kommission (2016e, S. 3f.).

7.4.3 Entstrickung

Werden die im Zusammenhang mit der Digitalisierung eingesetzten Wirtschaftsgüter auf eine in einem anderen Staat belegene Betriebsstätte überführt oder auf eine Tochterkapitalgesellschaft übertragen, sind die in diesen Wirtschaftsgütern enthaltenen stillen Reserven aufzulösen (§ 4 Abs. 1 S. 3, 4 EStG bzw. Trennungsprinzip). Nach deutschem Steuerrecht kann eine sofortige Besteuerung der stillen Reserven nur bei der Überführung von Wirtschaftsgütern des Anlagevermögens in eine in einem anderen EU-Staat belegenen Betriebsstätte vermieden werden (§ 4g EStG). Eine ratierliche Besteuerung der stillen Reserven ist auch in Art. 5 ATAD sowie Art. 29 GKB-RLE vorgesehen. Beide Vorschriften bleiben auf die Überführung auf ausländische Betriebsstätten beschränkt, d. h. Übertragungen auf (in- und ausländische) Tochterkapitalgesellschaften werden in diese Regelungen nicht einbezogen.

Die Besteuerung der stillen Reserven im Zeitpunkt einer Umstrukturierung innerhalb eines Konzerns schränkt die organisatorische Flexibilität bei der Verwertung von immateriellen Wirtschaftsgütern deutlich sein. Dies gilt nicht nur für die Überführung bzw. Übertragung von einzelnen Wirtschaftsgütern, sondern insbesondere bei Umstrukturierungen, die als Funktionsverlagerung i.S.d. § 1 Abs. 3 S. 9-12 AStG gewertet werden. Die Problematik einer sofortigen Besteuerung bei konzerninternen Übertragungen besteht seit vielen Jahrzehnten. Aufgrund der großen Bedeutung von immateriellen Wirtschaftsgütern stellt sie sich aber bei der zunehmenden Digitalisierung der Wirtschaft in verstärktem Maße.

7.4.4 Förderung von Forschung und Entwicklung

Die Förderung von Forschung und Entwicklung und damit auch von Digitalisierungsprojekten gehört zu den wichtigsten steuerpolitischen Zielen der EU.[34] Diese Zielsetzung wird in die Harmonisierung der steuerlichen Gewinnermittlung integriert.[35] Nach Art. 9 Abs. 3 GKB-RLE besteht die Förderung von Forschung und Entwicklung darin, dass mehr Betriebsausgaben gewinnmindernd abgezogen werden dürfen, als tatsächlich anfallen. Der zusätzlich als Betriebsausgabe abziehbare Betrag beträgt grundsätzlich 50% der verrechneten Beträge, d. h. der Gewinn mindert sich um 150% der tatsächlich angefallenen Ausgaben.[36] Um Anreize zu einer Ausdehnung von Forschungs- und Entwicklungsaktivitäten zu setzen, ist zwar eine input-orientierte Förderung einer output-orientierten Förderung in Form einer begünstigten Besteuerung von den damit

---

[34] Vgl. Verordnung (EU) Nr. 1291/2013, S. 104.

[35] Vgl. EU-Kommission (2016e, S. 11).

[36] Bei Forschungs- und Entwicklungsausgaben von über 20 Mio. € reduziert sich der erhöhte Betriebsausgabenabzug auf 125%, für (konzernunabhängige) Start-ups erhöht er sich auf 200%.

erzielten Erträgen (z. B. Patentbox) grundsätzlich vorzuziehen.[37] Sofern die mit einem Digitalisierungsprojekt anfallenden Aufwendungen aufgrund fehlender anderweitiger sonstiger Erträge erst zeitverzögert über einen Verlustvortrag mit den zukünftig erzielten Erträgen verrechnet werden können, sind die positiven Effekte eines erhöhten Betriebsausgabenabzugs allerdings deutlich geringer als die einer unabhängig von der Gewinnsituation des Unternehmens gewährte Forschungszulage.[38]

7.4.5 Erfassung der Sharing Economy

Bei der Sharing Economy geht es darum, die steuerlich relevanten Vorgänge korrekt zu erfassen. Das verfahrensrechtliche Problem beruht darauf, dass diejenigen, die beispielsweise Unterbringungs- oder Fahrdienstleistungen erbringen, häufig ansonsten steuerlich nicht als Unternehmer auftreten. Die Aufgabe besteht darin, bei diesen Personen zu prüfen, ob sie eine ertragsteuerlich relevante Tätigkeit ausüben und ob sie umsatzsteuerlich Unternehmer sind.[39] Um die ertrag- und umsatzsteuerlich relevanten Aktivitäten zu erfassen, sind Anzeigepflichten nicht ausreichend. Eine Möglichkeit zur Sicherstellung des Besteuerungsrechts besteht darin, die für derartige Leistungen tätigen Vermittler in den Dokumentationsprozess einzubinden.[40]

Aber auch dann, wenn es gelingen sollte, die im Zusammenhang mit der Sharing Economy anfallenden Besteuerungsvorgänge vollständig zu erkennen, wird es zu einem Rückgang der Besteuerungsrechte des Staates kommen, in dem die Unterbringungs- oder Fahrdienstleistungen erbracht werden. Zum einen erhalten die als Vermittler auftretenden Unternehmen von den Leistungserbringern eine Provision, die die im Inland steuerpflichtigen Einkünfte mindert, wenn die Vermittler nicht im Inland ansässig sind. Dabei handelt es sich allerdings nicht um ein spezielles Problem der Sharing Economy. Vielmehr tritt dieser Effekt bei der Digitalisierung generell auf.[41] Zum anderen bleibt ein Teil der steuerlichen Bemessungsgrundlage unberücksichtigt. Gewerbesteuer fällt nur insoweit an, als der Freibetrag von 24.500 € überschritten wird (§ 11 Abs. 1 S. 3 Nr. 1 GewStG). Auf die Ausgangsleistungen wird nur dann Umsatzsteuer erhoben, wenn der Jahresumsatz 17.500 € übersteigt oder auf die Behandlung als Kleinunternehmer

---

[37] Siehe hierzu umfassend Expertenkommission Forschung und Innovation (2017, S. 74).

[38] Zum Vergleich der Wirkung von erhöhtem Betriebsausgabenabzug mit denen einer Forschungszulage sowie mit einer ermäßigten Besteuerung von Erträgen siehe Bardens und Scheffler (2016, S. 483ff.), Kessler et al. (2008, S. 1237ff.), Spengel (2009).

[39] Bei der crowd-Finanzierung ist zu prüfen, ob die dem Geldgeber gewährten Gegenleistungen einkommensteuerlich steuerbar sind (z. B. als Sachbezüge im Rahmen der Einkünfte aus Kapitalvermögen).

[40] Vgl. Monopolkommission (2016, S. 376ff.).

[41] Siehe hierzu Abschn. 7.2.2.1.

verzichtet wird (§ 19 UStG).[42] Bei der Einkommensteuer kommt es insoweit zu einem Rückgang des Steueraufkommens als der persönliche Steuersatz des Leistungserbringers unter der Ertragsteuerbelastung liegt, die bei „traditionellen" Beherbergungs- oder Taxiunternehmen anfällt.

7.5 Ausblick

Die Digitalisierung der Wirtschaft führt zu erheblichen Veränderungen des Wertschöpfungsprozesses. Dies gilt sowohl für die Aufgabenverteilung innerhalb eines Unternehmens als auch für die Verteilung der Wertschöpfung zwischen unabhängigen Vertragspartnern. Diese Entwicklungen haben sowohl Einfluss auf die Verteilung der Gewinne zwischen den einzelnen Steuerpflichtigen als auch die Verteilung zwischen den Staaten. Die von der Digitalisierung ausgehenden Effekte auf die Besteuerung beruhen in erster Linie auf den Veränderungen der ökonomischen Verhältnisse und nicht primär auf steuerplanerischen Aktivitäten der Unternehmen.

Das BEPS-Projekt der OECD ist sehr breit angelegt. Es steht nur zum Teil in Zusammenhang mit der Digitalisierung der Wirtschaft. Soweit die von den Staaten unter Berufung auf das BEPS-Projekt der OECD vorgeschlagenen Maßnahmen einen Bezug zur Digitalisierung haben, können sie danach eingeteilt werden, ob sie den Interessen der Quellenstaaten dienen, ob mit ihnen eine angemessene Aufteilung zwischen dem Quellen- und Ansässigkeitsstaat angestrebt wird oder ob sie gegen Steueroasen bzw. unfairen Steuerwettbewerb gerichtet sind. Darüber hinaus gibt es zahlreiche steuerpolitische Maßnahmen, deren Zielsetzung zwar nicht auf die Digitalisierung bezogen ist, die sich aber auf die Vorteilhaftigkeit von digitalen Geschäftsmodellen sehr stark auswirken.

Ausgehend von den in diesem Beitrag skizzierten ökonomischen und steuerrechtlichen Aspekten wird es noch zu untersuchen sein, welche organisatorischen Veränderungen die Digitalisierung in den Unternehmen auslöst und welche steuerlichen Fragestellungen sich daraus ergeben. Die projektbezogene Leistungserbringung führt dazu, dass es für die interne Abwicklung in den Unternehmen nicht entscheidend ist, welche Unternehmenseinheit die Vertragsbeziehungen mit Außenstehenden eingeht und in welchem Staat die Wertschöpfung erbracht wird. Beurteilungskriterium bildet der insgesamt erwirtschaftete Gewinn. Für steuerliche Zwecke ist er einer bestimmten Konzerneinheit und einem bestimmten Staat zuzuordnen. Bei einer weltweiten Strukturierung der Unternehmen entsprechend den Grundsätzen einer Matrixorganisation stellen sich für die Steuerabteilung anspruchsvolle Aufgaben.

---

[42] Der Rückgang des Steueraufkommens wird dadurch abgeschwächt, dass Kleinunternehmern, deren Umsätze nicht steuerbar sind, kein Vorsteuerabzug gewährt wird.

Literaturverzeichnis

Bannes, Maximilian, und Adrian Cloer. 2016. BEPS Aktionsplan 1: Besteuerung der digitalen Wirtschaft. *BetriebsBerater,* 71:1431-1432.

Bardens, Saskia, und Wolfram Scheffler. 2016. Patentboxen nicht das beste Instrument zur Förderung von Forschung und Entwicklung. *Die Unternehmensbesteuerung,* 9:483-491.

BMF-Schreiben vom 22.12.2016, IV B 5 – S 1341/12/10001-03, *BStBl* 2017 I, S. 182.

Bundesregierung. 2017. *Entwurf eines Gesetzes gegen schädliche Steuerpraktiken im Zusammenhang mit Rechteüberlassungen.*

Ditz, Xaver, et al. 2016. Die neuen Pflichten zur Dokumentation von Verrechnungspreisen nach dem Regierungsentwurf des Anti-BEPS-Umsetzungsgesetzes v. 13.07.2016. *IStR Internationales Steuerrecht,* 25:789-797.

Ditz, Xaver, et al. 2014. BEPS-Reformvorschläge zu Lizenzgebühren und Verrechnungspreisen bei immateriellen Wirtschaftsgütern aus Sicht der Beratungspraxis. *IStR Internationales Steuerrecht,* 24:45-51.

EU-Kommission. 2016a. *Commission Staff Working Document, Proposals for a Council Directive, a Council Implementing Regulation and a Council Regulation on Modernising VAT for Cross-border B2C e-Commerce from 01.12.2016*, SWD (2016) 379 final.

EU-Kommission. 2016b. *Empfehlung der Kommission vom 28.01.2016 zur Umsetzung von Maßnahmen zur Bekämpfung des Missbrauchs von Steuerabkommen,* C (2016) 271 final.

EU-Kommission. 2016c. *Mitteilung der Kommission an das Europäische Parlament, den Rat und den Europäischen Wirtschafts- und Sozialausschuss über einen Aktionsplan im Bereich der Mehrwertsteuer vom 07.04.2016,* COM (2016) 148 final.

EU-Kommission. 2016d. *Vorschlag für eine Richtlinie des Rates über eine Gemeinsame Konsolidierte Körperschaftsteuer-Bemessungsgrundlage (GKKB) vom 25.10.2016,* COM (2016) 683 final.

EU-Kommission. 2016e. *Vorschlag für eine Richtlinie des Rates über eine Gemeinsame Körperschaftsteuer-Bemessungsgrundlage (GKB) vom 25.10.2016*, COM (2016) 685 final.

EU-Kommission. 2015. *Mitteilung der Kommission an das Europäische Parlament und den Rat, Eine faire und effiziente Unternehmensbesteuerung in der EU vom 17.06.2015,* COM (2015) 302 final.

EU-Kommission. 2011. *Vorschlag für eine Richtlinie des Rates über eine Gemeinsame konsolidierte Körperschaftsteuer-Bemessungsgrundlage (GKKB-RLE) vom 16.03.2011*, COM (2011) 121 endgültig/2.

EuGH vom 17.12.2015, Rs. C-388/14 (TimacAgro), ECLI:EU:C:2015:829.

EuGH vom 15.05.2008, Rs. C-414/06 (Lidl Belgium), ECLI:EU:C:2008:278.

EuGH vom 13.12.2005, Rs. C-466/03 (Marks & Spencer), ECLI:EU:C:2005:763.

Expertenkommission Forschung und Innovation. 2017. *Jahresgutachten zu Forschung, Innovation und technologischer Leistungsfähigkeit Deutschlands.* http://www.e-fi.de/fileadmin/Gutachten_2017/EFI_Gutachten_2017.pdf. Zugegriffen: 23.02.2017.

Finanzverwaltung NRW. 2016. *Wichtiger Schritt gegen nationale Steueroasen.* https://www.finanzverwaltung.nrw.de/de/pressemitteilung/wichtiger-schritt-gegen-nationale-steueroasen. Zugegriffen: 17.01.2017.

Heggmair, Maik, et al. 2014. Ermittlung von angemessenen Verrechnungspreisen für Unternehmen der Digital Economy. *IStR Internationales Steuerrecht,* 24:323-329.

Jacobs, Otto H., D. Endres und C. Spengel. 2016. *Internationale Unternehmensbesteuerung*, 8. Aufl., München: C.H. Beck.

Kessler, Wolfgang, et al. 2008. Steuerliche Anreize zur Stimulierung von Forschung und Entwicklung in Deutschland. *Der Betrieb,* 61:1237-1241.

Linn, Alexander. 2016. Die Anti-Tax-Avoidance-Richtlinie der EU – Anpassungsbedarf in der Hinzurechnungsbesteuerung? *IStR Internationales Steuerrecht,* 25:645-652.

Monopolkommission. 2016. *XXI. Hauptgutachten – Wettbewerb 2016*, Baden-Baden: Nomos.

Müller, Stefan, und Andreas Wohlhöfler. 2016. Die EU-Richtlinie zur Bekämpfung von Steuervermeidungspraktiken. *Internationales Steuer- und Wirtschaftsrecht – IWB,* 665-671.

OECD. 2015a. *Addressing the Tax Challenges of the Digital Economy*, Action 1, Final Report.

OECD. 2015b. *Designing Effective Controlled Foreign Company Rules*, Action 3, Final Report.

OECD. 2015c. *Limiting Base Erosion Involving Interest Deductions and Other Financial Payments*, Action 4, Final Report.

OECD. 2015d. *Preventing the Artificial Avoidance of Permanent Establishment Status*, Action 7, Final Report.

OECD. 2015e. *Aligning Transfer Pricing Outcomes with Value Creation*, Action 8, Final Report.

OECD, 2015f. *Guidance on Transfer Pricing Documentation and Country-by-Country Reporting*, Action 13, Final Report.

OECD. 2010. *Transfer Pricing Guidelines for Multinational Enterprises and Tax Administrations*.

Olbert, Marcel, und Christoph Spengel. 2017. International Taxation in the Digital Economy: Challenge Accepted? *World tax journal,* 9:3-46.

PwC. 2016. *Global Research & Development Incentives Group*. http://www.pwc.com/gx/en/tax/pdf/pwc-global-r-and-d-brochure-feb-2016.pdf. Zugegriffen: 17.01.2017.

Richtlinie (EU) 2016/1164 des Rates vom 12. Juli 2016 mit Vorschriften zur Bekämpfung von Steuervermeidungspraktiken mit unmittelbaren Auswirkungen auf das Funktionieren des Binnenmarktes, ABl. EU 2016 L193, S. 1.

Rasch, Stephan, und Clarisse Müller. 2014. Vertreterbetriebsstätte: BsGaV: Der ständige Vertreter und die „Nullsummentheorie". *Internationale Steuer-Rundschau – ISR*, 3:418-422.

Rautenstrauch, Gabriele, und Johannes Suttner. 2016. Die EU Anti-BEPS-Richtlinie: Überblick und künftige Anpassungsnotwendigkeiten im deutschen Recht. *BetriebsBerater*, 71:2391-2396.

Rogge, Stefan. 2015. Brennpunkte bei der Besteuerung der Digitalwirtschaft. *BetriebsBerater*, 70:2966-2973.

Sachverständigenrat zur Begutachtung der gesamtwirtschaftlichen Entwicklung. 2014. *Jahresgutachten 2014/2015, Mehr Vertrauen in Marktprozesse*.

Schnitger, Arne, et al. 2016. Anmerkungen zu den Vorgaben für die Hinzurechnungsbesteuerung nach der sog „Anti-BEPS-Richtlinie". *IStR – Internationales Steuerrecht*, 25:960-975.

Schreiber, Rolf, und Stefan Greil. 2017. Das „Anti-BEPS-Umsetzungsgesetz". *Der Betrieb*, 70:10-18.

Spengel, Christoph. 2009. *Steuerliche Förderung von Forschung und Entwicklung (FuE) in Deutschland*, Heidelberg: Springer.

Sterzinger, Christian. 2014. Ort der an einen Nichtunternehmer erbrachten elektronischen Dienstleistung. *Umsatz Steuerberater UStB*, 213-216.

Verordnung (EU) Nr. 1291/2013 des Europäischen Parlaments und des Rates vom 11.12.2013 über das Rahmenprogramm für Forschung und Innovation Horizont 2020, Abl. EU 2013 L 347, S. 104.

Westberg, Björn. 2014. Taxation of the Digital Economy – An EU Perspective. *European Taxation*, 54:541-544.

Kapitel 8 Herausforderungen neuer digitaler Geschäftsmodelle für die Bestimmung von Verrechnungspreisen

Arbeitskreis Verrechnungspreise der Schmalenbach-Gesellschaft für Betriebswirtschaft e.V.[1, 2]

8.1 Die Herausforderungen der Digitalisierung und ihre Bedeutung für die steuerlichen Verrechnungspreise

Eine Studie vom Mai 2013 hat zwölf disruptive Technologien identifiziert, die vermutlich fundamentale Auswirkungen auf die Weltwirtschaft haben werden. Angeführt wird die Liste vom Phänomen des „mobilen Internets" gefolgt von der „Automatisierung der Wissensarbeit" und dem „Internet der Dinge".[3] Allein diesen drei Technologiefeldern schreibt das Institut ein umwälzendes Marktpotenzial zu. Folgt man dieser Argumentation, dann stellt die Digitalisierung keine Randerscheinung dar, sondern ist ein Trend, der sich durch alle Bereiche der Wirtschaft ziehen wird. Die damit einhergehenden Herausforderungen sind für Marktteilnehmer jeglicher Branchen auch in Deutschland relevant. So kündigte die Deutsche Bank AG z. B. an, sich dauerhaft als unabhängiger digitaler

---

[1] Mitglieder des Arbeitskreises: StB Dr. Sven Bremer, Siemens AG / Michael Brödel, thyssenkrupp AG / StB Dr. Dirk Brüninghaus, Ernst & Young GmbH WPG / Prof. Dr. Ralf Ewert, Universität Graz / Michael Freudenberg, KPMG AG WPG / Dr. Gregor Gehauf, BMW Group / StB Dr. Markus Greinert, Flick Gocke Schaumburg / StB Jana Heß-Mähnert, Evonik Industries AG / Christina Krake, thyssenkrupp AG / Ansgar Kreuzer, BMW Group / Dr. Hans Maier, Robert Bosch GmbH / Dr. Jan Thomas Martini, Universität Bielefeld / Prof. Dr. Rainer Niemann, Universität Graz / Prof. Dr. Michael Overesch, Universität zu Köln / Prof. Dr. Dieter Pfaff, Universität Zürich / RA Dr. Stephan Rasch, PricewaterhouseCoopers GmbH WPG / StB Erich Sattler, Südzucker AG / Prof. Dr. Ulrich Schreiber, Universität Mannheim / Prof. Dr. Dirk Simons, Universität Mannheim / Prof. Dr. Christoph Spengel, Universität Mannheim / Patrick Stasch, thyssenkrupp AG / Julia Stoltenberg, SAP SE / Michael Streibel, ABB Asea Brown Boveri Ltd / Prof. Dr. Caren Sureth-Sloane, Universität Paderborn / Anne Wenisch, BASF SE / Jobst Wilmanns, Deloitte GmbH WPG.

[2] Federführende Autoren: Dirk Brüninghaus, Michael Freudenberg, Hans Maier, Dirk Simons, Julia Stoltenberg, Caren Sureth-Sloane.

[3] Vgl. McKinsey Global Institute (2013).

Plattformanbieter etablieren zu wollen.[4] Auch in industriell geprägten Branchen, wie etwa in der Stahlindustrie, führt die Digitalisierung zu fundamentalen Veränderungen. So hat Klöckner & Co SE disruptive Entwicklungen antizipierend mit der Klöckner.i GmbH eine eigene unabhängige Stahlhandelsplattform ins Leben gerufen, um so nicht zuletzt branchenfremden Quereinsteigern zuvorzukommen.[5]

Die fortschreitende Digitalisierung öffnet in nahezu allen Branchen den Raum für neue Produkte und Dienstleistungen, die zu einer nachhaltigen Veränderung bestehender bzw. dem Aufbau neuer Geschäftsmodelle und neuer Wertschöpfungsketten führen. Dies geht einher mit einer erhöhten Planungsunsicherheit für alle Marktteilnehmer. Auch wenn Innovationen seit jeher wirtschaftliche Zyklen prägen, so liegt die Besonderheit der neuen digitalen Geschäftsmodelle in der hohen Mobilität der relevanten Werttreiber, den häufig zunächst niedrigen Markteintrittsbarrieren kombiniert mit nachfolgenden Netzwerkeffekten sowie der wachsenden Bedeutung von Daten und Informationen für die Wertschöpfung.

Die Digitalisierung induziert in den betroffenen Unternehmen einen Transformationsprozess, der sich auf den eigenen Wertschöpfungsprozess und die dafür erforderliche Aufbau- und Ablauforganisation nachhaltig auswirkt. Für multinationale Unternehmensgruppen mit Präsenzen in verschiedenen Jurisdiktionen kann dies eine Neuordnung der Konzernstruktur sowie der grenzüberschreitenden Wertschöpfungsketten bedeuten.[6] Veränderte Wertschöpfungsketten können über die konzerninternen Verrechnungspreise die Verteilung des zu versteuernden Einkommens zwischen den Gruppengesellschaften erheblich verändern.

Die Einführung bzw. Umsetzung von digitalen Geschäftsmodellen bewirkt eine Vielzahl von grundlegenden Veränderungen für die Unternehmen insgesamt. Dies gilt auch für Abrechnung interner Leistungen im Rahmen teilweise oder ganz digitalisierter Wertschöpfungsketten mittels Verrechnungspreisen. Da Verrechnungspreise grundlegend sind für die Bestimmung der steuerlichen Bemessungsgrundlagen in den Ländern, in denen ein multinationales Unternehmen aktiv ist, und damit zugleich für die Steuerlast der Ländergesellschaften als auch für die des Konzerns insgesamt, ist auch die Steuerabteilung maßgeblich von Veränderungen in der Wertschöpfungskette betroffen. Die wesentlichen Herausforderungen lassen sich wie folgt zusammenfassen:

- *Permanente Disruption:* Die Digitalisierung stellt für Unternehmen kein einmaliges Ereignis dar. Vielmehr unterliegen die aus der Digitalisierung entstehenden Geschäftsmodelle einem kontinuierlichen Wandel und erfordern eine regelmäßige Neubewertung von Transaktionen bzw. Neuentwicklung der Verrechnungspreissystematik.

---

[4] Vgl. Godenrath (2016).

[5] Vgl. Stüber (2016).

[6] Zur Abhängigkeit der Wirkungsweise von Koordinationsmechanismen, wie z. B. Transferpreisen, von der Organisationsstruktur vgl. Pfeiffer und Wagner (2007).

- *Planung unter erhöhter Unsicherheit:* Für Industrieunternehmen und für eine große Anzahl von Dienstleistern stellt die Digitalisierung Neuland mit einem nicht eingrenzbaren Entwicklungshorizont dar. Die Veränderungsgeschwindigkeit der Geschäftsmodelle ist hoch und reißt immer wieder Markteintrittsbarrieren nieder. Die Planbarkeit der Geschäftstätigkeit wird dadurch erheblich erschwert. Gleichzeitig geht die Digitalisierung der Geschäftsmodelle nicht zwingend mit Gewinn- oder Umsatzsteigerungen oder der Erschließung neuer, profitabler Märkte einher. In vielen Fällen werden Unternehmen, ähnlich wie die oben genannten Unternehmen Deutsche Bank AG und Klöckner & Co SE, darauf bedacht sein, die eigene Marktposition aufrechtzuerhalten und potenziellen, branchenfremden Konkurrenten den Markteintritt zu erschweren. Die sich den Steuerpflichtigen dabei bietenden Handlungsoptionen sind den Steuerbehörden möglichst plastisch und nachvollziehbar aufzuzeigen und mit entsprechenden Erwartungen hinsichtlich betriebswirtschaftlicher Plangrößen wie Umsatz und Gewinn der operativen Geschäftstätigkeit zu untermauern. Nicht zuletzt die gesetzlich gewünschte Dokumentation der Verrechnungspreise und der ihnen zu Grunde liegenden Annahmen zum Zeitpunkt der Verrechnungspreisbildung werden die Unternehmen hier vor Herausforderungen stellen.[7] Späteres „besseres" der Betriebsprüfung vorliegendes Wissen („Hindsight") kann hinsichtlich seiner Bedeutung für die Angemessenheit der Verrechnungspreise somit nicht unter Rückgriff auf Erfahrungswerte widerlegt werden.
- *Verändertes Risikoprofil:* Digitale Geschäftsmodelle sind häufig das Ergebnis eines iterativen Prozesses, in dem Produkte oder Dienstleistungen in einem frühen Entwicklungsstadium in den Markt gebracht werden. Misserfolge sind dabei vorprogrammiert und sogar gewünscht, um das eigene Produkt kontinuierlich zu verbessern. Aus Misserfolgen resultieren allerdings steuerliche Verluste. Angesichts steuerlicher Verluste ist zu überlegen, wie diese in der Unternehmensgruppe zu verteilen sind. Zu antizipieren ist weiterhin, dass sich auch die Finanzverwaltungen mit den veränderten Ertrags- und Risikoprofilen der neuen Geschäftsmodelle vertraut machen müssen.
- *Abgrenzung von Werttreibern:* Die Digitalisierung wird neue Werttreiber hervorbringen, die in traditionellen Geschäftsmodellen nicht existierten oder lediglich eine untergeordnete Rolle spielten. Solche neuen Werttreiber können Netzwerkeffekte sein, bei denen weder klar ist, wer Lieferant, noch wer Empfänger einer Leistung ist. Diese Werttreiber müssen für steuerliche Zwecke hinsichtlich ihres Beitrags zur Wertschöpfung und dem sich daraus ergebenden Gewinn- oder Verlustpotenzial bewertet werden. Dabei werden gängige, durch das Steuerrecht bereitgestellte Konzepte zur Abgrenzung von (immateriellen) Wirtschaftsgütern nicht ausreichen, um die neuen

[7] Vgl. § 4 Nr. 4b der Verordnung zu Art, Inhalt und Umfang von Aufzeichnungen im Sinne des § 90 Absatz 3 der Abgabenordnung (Gewinnabgrenzungsaufzeichnungsverordnung – GAufzV) vom 12.07.2017.

Wertschöpfungsstrukturen (z. B. Netzwerkstrukturen) einer Operationalisierung für steuerliche Zwecke zugänglich zu machen.

- *Mobilität:* Digitale Geschäftsmodelle sind durch ein hohes Maß an Mobilität geprägt. Know-how in Form von Software kennzeichnet sämtliche digitalen Geschäftsmodelle. Anders als in der häufig immobilen Fertigungsindustrie sind Werttreiber, die z. B. auf Software beruhen, und die damit zusammenhängenden Funktionen mit relativ geringem Aufwand und ohne spürbare Einschränkung der Leistungsfähigkeit transferierbar. Dabei seien steuerrechtliche Implikationen, wie die Besteuerung von Funktionsverlagerungen, zunächst ausgeblendet.
- *Fehlende Vergleichsmaßstäbe:* Zumindest in der Anlaufphase neuer Geschäftsmodelle liegen Vergleichsdaten, die für den steuerlich relevanten Fremdvergleich erforderlich sind, nicht vor. So können z. B. Benchmarkstudien nur unter bestimmten Voraussetzungen zur Untermauerung von Verrechnungspreisen genutzt werden. Dieser Mangel an belastbaren Vergleichsdaten kann aufgrund der hohen Veränderungsgeschwindigkeit der Geschäftsmodelle zum Dauerzustand werden. Damit stehen sowohl Finanzverwaltungen wie Steuerpflichtige vor der Herausforderung, die Angemessenheit von Verrechnungspreisen in digitalen Geschäftsmodellen ohne die Möglichkeit des Fremdvergleichs mit einem vertretbaren Aufwand nachzuweisen.

Aufbauend auf den o.g. steuerlich relevanten Charakteristika wird im Folgenden zwischen zwei Kategorien von Digitalisierung unterschieden. Zum einen wird die Digitalisierung als Chance aufgefasst, bestehende Produkte und Dienstleistungen weiterzuentwickeln (z. B. die Bereitstellung von Apps für stationäre Produkte, die Digitalisierung von Produktinformationen, etc.). Die Ausrichtung der Wertschöpfung im Konzern und die Allokation von Werttreibern zu Geschäftseinheiten bleiben davon weitestgehend unberührt. Es handelt sich nicht um ein neues Geschäftsmodell, sondern um die Weiterentwicklung eines bestehenden Modells. Das Unternehmen fokussiert sich weiterhin auf den ihm angestammten Markt und versucht, sich über Produktverbesserung entweder preislich oder kostenseitig gegenüber Wettbewerbern zu differenzieren (Red Ocean Strategie[8]). Zum anderen wird die Digitalisierung als Ausgangspunkt für die Entwicklung völlig neuer Geschäftsmodelle, die sich faktisch einen eigenen neuen Markt schaffen, aufgefasst (Blue Ocean Strategie[9]).

Dem digitalen Wandel und den daraus erwachsenden steuerrechtlichen Implikationen hat die OECD im Rahmen des BEPS-Projektes (Base Erosion and Profit Shifting) einen eigenen Aktionspunkt gewidmet. Ziel dieses Aktionspunktes ist es, bei digitalen Geschäftsmodellen sicherzustellen, dass die Besteuerung in den Staaten und dem Ausmaß erfolgt, in dem Wertschöpfung dort anfällt. Fraglich ist jedoch, inwieweit das von der OECD bereitgestellte regulatorische Instrumentarium ausreicht, um die Wertschöpfung aus derzeit entstehenden digitalen

---

[8] Vgl. Kim und Mauborgne (2005, S. 5f.).

[9] Vgl. Kim und Mauborgne (2005, S. 5f.).

Geschäftsmodellen für steuerliche Zwecke überhaupt und zudem angemessen zu erfassen. Die resultierenden Verrechnungspreise müssen nachvollziehbar sein und damit durch die zugrundeliegenden Wertschöpfungsprozesse gerechtfertigt werden können. Dabei ist zu berücksichtigen, dass die Interessen der betroffenen unterschiedlichen Finanzverwaltungen in die Beurteilung der Angemessenheit der Wertschöpfung, wie diese auf die Länder alloziert wird, einfließen.[10] Aus steuerlicher Perspektive sind die beiden nachfolgenden Fragenkomplexe von besonderem Interesse:[11]

1. An welchem Ort findet die Leistungserbringung bzw. die Wertschöpfung statt? Welche Liefer- und Leistungsbeziehungen ergeben sich daraus? Welchen Beitrag leisten Kapital, Personen und Funktionen dabei? Dies umfasst auch die Frage nach der Klassifikation von Unternehmen für steuerliche Zwecke in Routineunternehmen einerseits bzw. Strategieträger oder Entrepreneur andererseits.
2. Mittels welcher Methode lassen sich fremdübliche Verrechnungspreise bestimmen? Wie lassen sich Fremdvergleichsdaten als Maßstab ermitteln bzw. welche Maße können als Ersatzgrößen genutzt werden?

Ziel des Beitrags ist es, anhand eines exemplarischen Sachverhalts aufzuzeigen, welche Anwendungsmöglichkeiten der klassischen Verrechnungspreiskonzepte und -methoden für digitale Geschäftsmodelle bestehen, sowie Regelungslücken zu identifizieren, die Nachbesserungen seitens der OECD bzw. der lokalen Gesetzgeber erfordern.[12]

8.2 Fallbeispiel

Ausgangsbasis des Fallbeispiels ist die Wertschöpfungskette eines fiktiven Automobilzulieferers. Aus Gründen der Übersichtlichkeit werden die für die Wertschöpfung relevanten Funktionen weitestgehend eigenständigen rechtlichen Einheiten zugeordnet. Zur Veranschaulichung der möglichen steuerrechtlichen Fragestellungen wird ferner angenommen, dass der wesentliche Teil der Wertschöpfung durch Konzerngesellschaften übernommen wird.

---

[10] Bei Redaktionsschluss war noch nicht bekannt, welche Finanzverwaltungen über das „Multilateral Instrument" der Anwendung der OECD-Konzepte in bestehenden Doppelbesteuerungsabkommen zustimmen.

[11] Zu den steuerlichen Herausforderungen durch die Digitalisierung vgl. auch Olbert und Spengel (2017).

[12] Schmalenbach hat sich bereits in seiner Habilitationsschrift aus dem Jahr 1903 mit dem Einsatz von Verrechnungspreisen auseinandergesetzt, vgl. Martini (2007, S. 1). Vgl. auch Schmalenbach (1908/1909). Zur später hinzutretenden Bedeutung von Verrechnungspreisen für die Besteuerung vgl. Rieke (2015, S. 1).

Die Wertschöpfungskette untergliedert sich wie in Abb. 8.1 dargestellt zunächst in die klassischen Tätigkeiten Entwicklung, Produktion und Vertrieb. Die funktionsausübenden Einheiten sind in unterschiedlichen Jurisdiktionen angesiedelt. Es wird angenommen, dass die Unternehmensgruppe Sensoren und Entertainmentsysteme für die Automobilindustrie (Original Equipment Manufacturer, OEM) fertigt, welche diese wiederum in ihre Endprodukte integriert.

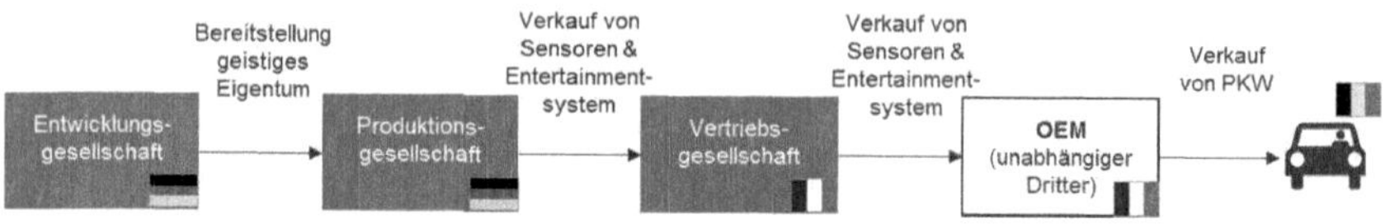

Abb. 8.1: Ausgangswertschöpfungskette

Im Zuge der Digitalisierung werden die verbauten Sensoren und Entertainmentsysteme dazu verwendet, Bewegungs- und Nutzerdaten aufzuzeichnen, zu speichern und über eine Schnittstelle verfügbar zu machen (vgl. Abb. 8.2). Die Datenextraktion wird durch eine ebenfalls eigenständige Einheit vorgenommen und von dieser in einer konzerneigenen Cloud abgelegt, welche durch eine weitere Konzerngesellschaft betrieben wird. Im nächsten Schritt werden diese Rohdaten durch eine Gesellschaft analysiert und aufbereitet und erneut über die Cloud den anderen Konzerngesellschaften als Informationen zur Verfügung gestellt. Diese Informationen liefern z. B. Impulse für Neu- und Weiterentwicklungen und erlauben die Erbringung zusätzlicher informationsbezogener Services gegenüber den OEMs.

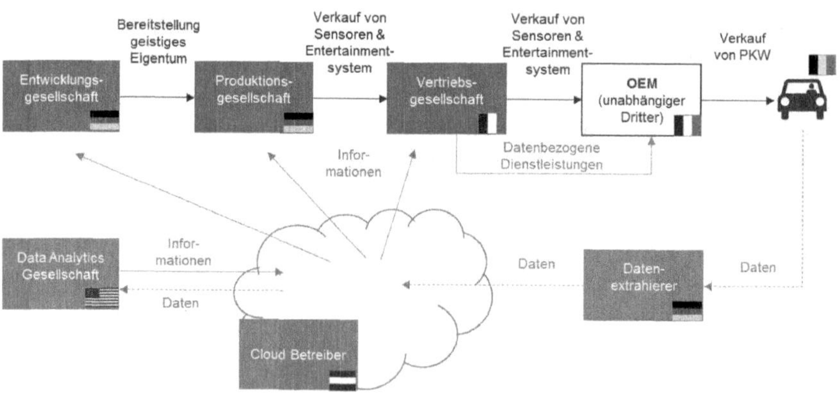

Abb. 8.2: Ausbau der Wertschöpfung im Zuge der Digitalisierung

Der Zugriff auf Bewegungs- und Nutzungsdaten sowie der direkte Zugang zu den Endkunden ermöglicht die Entwicklung und Vermarktung von neuen informationsbasierten Dienstleistungen. So erhalten die Endkunden über eine in das Entertainmentsystem integrierte App Zugang zu Dienstleistungsangeboten. Der Datenaustausch erfolgt erneut über die konzerneigene Cloud. Eine Konzerneinheit übernimmt hier die Aufgabe, die Inhalte zu verwalten und zu pflegen sowie Dienstleistungsangebote zu vermitteln. Die Dienstleistungen selbst werden nicht durch den Konzern, sondern durch unabhängige Dienstleistungsunternehmen erbracht. Die Releasepflege der App erfolgt durch ein weiteres Konzernunternehmen. Die Integration dieses zusätzlichen Geschäftsmodells in die Wertschöpfung des Konzerns ist in Abb. 8.3 illustriert.

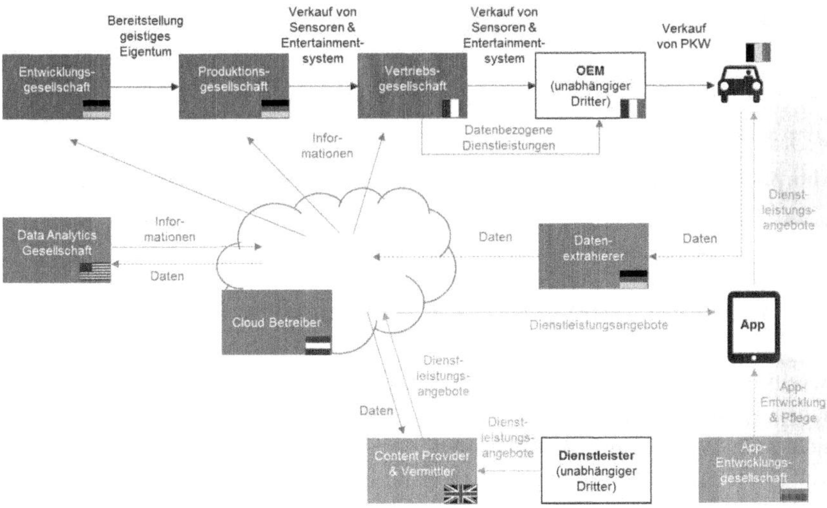

Abb. 8.3: Integration zusätzlicher Geschäftsmodelle

Ermutigt durch die Erfolge im zusätzlichen Geschäftsmodell entwickelt die Konzernobergesellschaft neue Geschäftsmodelle (vgl. Abb. 8.4). Dabei profitiert sie von den bisherigen Erfahrungen aus der Digitalisierung und beabsichtigt ferner, die im bestehenden Geschäftsmodell verwendeten Daten im Rahmen eines neuen Geschäftsmodells weiter zu verwerten, um auf diese Weise Synergien zu erwirtschaften.

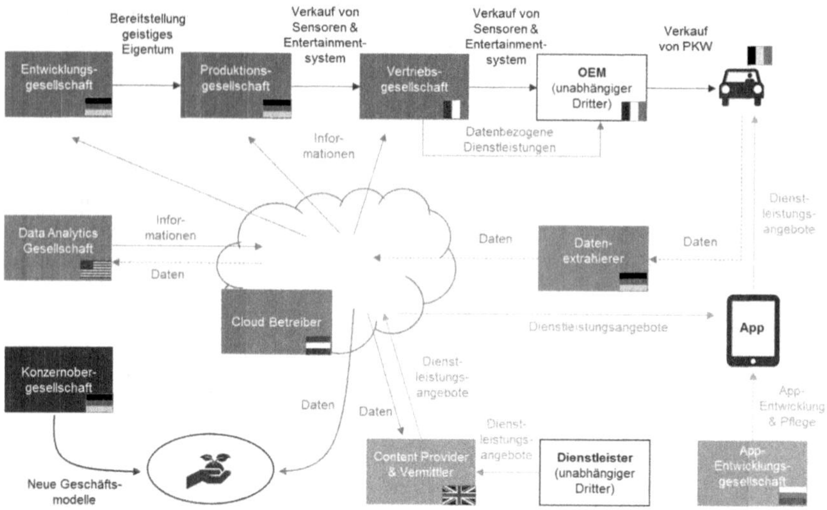

Abb. 8.4: Erzielung von Synergien durch weitere Geschäftsmodellentwicklungen

8.3 Klassifizierung der Wertschöpfungsbeiträge

Bereits etablierte digitale Geschäftsmodelle machen deutlich, dass die herkömmlichen Kategorien von Wertschöpfung nach den neuen, digitalen Maßstäben nicht mehr ausreichen, um Verrechnungspreise zu untermauern. So verfügt der weltgrößte Anbieter für Übernachtungsmöglichkeiten, Airbnb, über keinerlei eigene Immobilien, während das größte Taxiunternehmen, Uber, keine eigene Fahrzeugflotte besitzt.[13] Die traditionellen Anknüpfungspunkte zur Ermittlung der anteiligen Wertschöpfung, z. B. Vermögen oder Personal, fehlen somit häufig. Diese Beispiele verdeutlichen, dass gegebenenfalls neue Indikatoren für die Zuteilung der Wertschöpfung gefunden werden müssen.[14]

Darüber hinaus kommen im Zuge digitaler Geschäftsmodelle neue Konzepte zur Anwendung. Ein Beispiel ist der Minimum Viable Product[15] Ansatz, der auf eine Markteinführung von Produkten und Leistungen in einem relativ frühen Entwicklungsstadium abstellt und einen engen iterativen Austausch zwischen Kunde und Unternehmen unterstellt. Die Weiterentwicklung der Produkte und

[13] Vgl. Goodwin (2015) sowie Kennedy (2015).

[14] Formelhafte Aufteilungsmethoden greifen zwar auf Indikatoren wie Vermögensgegenstände oder Personal zurück, allerdings können sie auch weitreichendere realwirtschaftliche Effekte als Verrechnungspreismodelle hervorrufen, vgl. Martini, Niemann und Simons (2012) und (2016). Vgl. auch Sureth und Bäumer (2010), Oestreicher et al. (2014), Ortmann (2015), Ortmann und Sureth-Sloane (2016) sowie Scheffler (2016).

[15] Vgl. Ries (2012, S. 1ff).

Leistungen wird somit maßgeblich durch das Kundenfeedback vorangetrieben. Damit verändert sich der Zusammenhang zwischen der Entwicklung von Produkten und deren Vertrieb, womit sich auch der Anteil von Entwicklung und Vertrieb an der Wertschöpfung ändert.

Diese Beispiele zeigen, dass sich digitale Geschäftsmodelle in verschiedenen Dimensionen auf die Wertschöpfung von Unternehmen auswirken können. Die Digitalisierung verändert nicht nur das Produktportfolio, sondern auch die Entwicklungs-, Produktions-, und Vertriebsprozesse. Darüber hinaus verändern sich die gruppeninterne Arbeitsteilung und die relative Bedeutung der einzelnen Arbeitsschritte.

Im Rahmen des BEPS-Projektes wurde versucht, die skizzierte Entwicklung mittels folgender Aspekte zu systematisieren und so Anknüpfungspunkte für die Bestimmung von Verrechnungspreisen zu konkretisieren. Gemäß Aktionspunkt 1 sind folgende Kernaspekte digitaler Geschäftsmodelle von Bedeutung:

- Mobilität von immateriellen Wirtschaftsgütern, Nutzern und Kunden, Funktionen
- Datenabhängigkeit und -zuverlässigkeit ("Big Data") und Nutzerbeteiligung
- Netzwerkeffekte bezogen auf Nutzerbeiträge, Integration und Synergien
- Nutzung von mehrseitigen Geschäftsmodellen mit Marktteilnehmern in unterschiedlichen Jurisdiktionen
- Tendenz zu Monopolen und Oligopolen basierend auf Netzwerkeffekten
- Volatilität aufgrund geringer Eintrittsbarrieren und sich schnell verändernder Technologie.[16]

Eine abschließende Beurteilung der Angemessenheit dieser Klassifikation kann derzeit noch nicht geleistet werden.

8.3.1 Strukturmerkmale von Wertschöpfungsketten

Aus der Perspektive steuerlicher Verrechnungspreise ist Wertschöpfung im herkömmlichen Sinne eine sequentielle Abfolge von aufeinander aufbauenden Funktionen. Diese orientieren sich an dem typischen Verlauf einer Wertschöpfungskette nach Porter.[17] Vereinfacht dargestellt stellen Forschung und Entwicklung das erste Glied der Kette dar, an welches sich die unterschiedlich ausdifferenzierten Glieder der Produktion anschließen. Letztlich gelangen die Endprodukte über den Vertrieb an die Kunden. Dieses Bild entspricht auch der in Abb. 8.1 skizzierten Wertschöpfungskette. Man spricht in diesem Zusammenhang auch von vertikalen Geschäftsmodellen.[18] Dabei müssen nicht zwingend sämtliche Wertschöpfungsstufen innerhalb einer Unternehmensgruppe ausgeübt werden.

[16] OECD (2015a, Tz. 151-179).

[17] Vgl. Porter (2003).

[18] Vgl. Doeblin und Dowling (2007).

Bereits deutlich einfachere Strukturen eines vertikalen Geschäftsmodells (als die des Fallbeispiels) öffnen sich der Digitalisierung, indem z. B. die verschiedenen Wertschöpfungsstufen informationstechnologisch integriert werden und Kundenfeedback unmittelbar an die Entwicklungsabteilung zurückgespielt werden kann.

Aus steuerrechtlicher Sicht kann die Digitalisierung einerseits eine Neubewertung der Funktionen erfordern, um eine angemessene multinationale Gewinnverteilung zu erreichen. Im Zuge der Digitalisierung entstehen andererseits aber auch neue Funktionen wie die Extraktion, Auswertung und Speicherung von Daten (vgl. Abb. 8.2), die sich in das Modell von Porter als Sekundärfunktionen einordnen lassen. Über das Entstehen neuer Funktionen hinaus geht die verrechnungspreistechnische Beurteilung gewonnener Daten. Diese können selbst zu einem zunehmend wichtigeren Werttreiber werden, der Mehrwerte schafft und neue Leistungen für die Kunden (in Abb. 8.2 den OEMs) ermöglicht. Ein besonderes Merkmal dieses neuen „Produktes" ist, dass dessen Erstellung keine klar darauf entfallenden Kosten aufweist, die als Orientierungsgröße für die Verrechnungspreisbildung genutzt werden könnten. In diesem Zusammenhang sind die Bedeutung der Datenextraktion, welche z. B. Amazon als einen wesentlichen Treiber seines Geschäftsmodells identifiziert hat, die Speicherung und Zugänglichmachung der Daten sowie die für ihre Auswertung notwendigen Algorithmen zu bewerten.

Neben der vertikalen Extension bietet die Digitalisierung auch die Möglichkeit einer horizontalen Ausweitung der Geschäftstätigkeit mittels neuer Geschäftsmodelle (vgl. Abb. 8.3). Es handelt sich dabei nicht um einfache Zusatzleistungen, sondern um die Befriedigung gänzlich anderer Kundenbedürfnisse. Während eine vertikale Geschäftsmodellerweiterung das Angebot von z. B. digitalen Navigationsdienstleistungen für den Erwerber eines PKW beinhaltet, wird dem gleichen Kunden bei einer horizontalen Ausweitung z. B. eine monatliche Flatrate für die Nutzung des Internets angeboten. Im vorliegenden Fallbeispiel ermöglicht die informationstechnologische Anbindung des Endkunden das Angebot von neuen Dienstleistungen, die sich außerhalb des ursprünglichen Kerngeschäfts bewegen. Aus Verrechnungspreissicht ist dabei von Bedeutung, dass teilweise identische Werttreiber zum Einsatz kommen, jedoch keine Deckungsgleichheit mit der ursprünglichen Wertschöpfung und den dort agierenden Einheiten besteht. Damit kann eine eindeutige Aussage über den Wertbeitrag einer Funktion vor dem Hintergrund einer einzelnen Wertschöpfungskette nicht getroffen werden. Durch die Digitalisierung werden Wertschöpfungsketten vermehrt interdependent und insgesamt komplexer.

Ein Ansatz für die Darstellung der für die Verrechnungspreise relevanten Unterschiede zwischen vertikalen und horizontalen Geschäftsmodellen ist die Beschreibung ihrer Struktur als „Spider" oder „Snake"[19].[20] Die Anordnung der Wertschöpfung als „Snake" entspricht dem oben eingeführten Verständnis einer

---

[19] Vgl. Abb. 8.5.

[20] Vgl. Nowak, Schwarz und Südekum (2016).

sequentiellen Anordnung der Funktionen. Entlang dieser Anordnung erfolgt regelmäßig die Klassifizierung der Wertschöpfungsteilnehmer nach Maßstäben der deutschen steuerlichen Vorschriften in Entrepreneure bzw. Strategieträger, Routineunternehmen sowie Unternehmen, die sich keiner der beiden vorgenannten Gruppen zuordnen lassen („hybride Unternehmen").[21]

In Abgrenzung zum „Snake"-Modell weisen als „Spider" aufgebaute Wertschöpfungen keine sequentielle Abfolge auf. Entsprechende Wertschöpfungsstrukturen sind z. B. in der Automobilindustrie üblich, in denen die OEMs verschiedene Komponenten von ihren Zulieferern beziehen und diese zu einem Endprodukt zusammensetzen. Die Zulieferer haben wiederum ihre Wertschöpfung als „Snake" organisiert, in welcher wieder die für steuerliche Zwecke erforderliche Einteilung in Routine- und Nicht-Routine-Unternehmen erfolgt. Bis dato existierende Spider-Strukturen beschränkten sich im Wesentlichen auf die Zusammenarbeit voneinander unabhängiger Mitglieder der Wertschöpfungskette, sodass diese Anordnung für die Praxis der Verrechnungspreisermittlung von nachrangiger Bedeutung war. Neuartige Spider-Strukturen werden zudem zu einer größeren Anzahl von Entrepreneuren oder zumindest von Nicht-Routine-Wertschöpfungsteilnehmern führen, was die Bestimmung von angemessenen Verrechnungspreisen weiter erschweren wird.

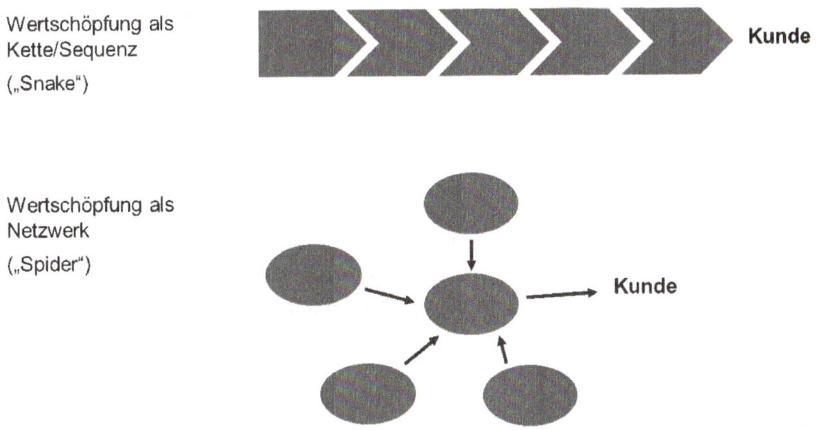

Abb. 8.5: Snake versus Spider

Betrachten wir die beispielhaft skizzierten Geschäftsmodelle in Abb. 8.3, so scheidet die Klassifikation als „Snake" aus. Vielmehr entspricht das Bild dem Aufbau eines „Spider"-Modells, welches sich ggf. in unterschiedliche „Snakes" untergliedert[22]. Dabei fehlen jedoch viele Strukturen, die für die Bewertung von Abschnitten der Wertschöpfungskette traditionell grundlegend sind. Es ist etwa unklar, welche der Wertschöpfungsketten bzw. Teile der Wertschöpfung die

[21] Vgl. hierzu BMF (2005).

[22] Vgl. Abb. 8.6.

Leistungen gegenüber dem Kunden bündeln. Dies wird dadurch erschwert, dass es dabei nicht zwingend nötig ist, dass dies auch für den Kunden ersichtlich ist.

Abb. 8.6: Anordnung der Wertschöpfung gemäß „Snake/Spider"-Modell

8.3.2 Werttreiber in digitalen Geschäftsmodellen

Aus Verrechnungspreissicht kommen als Ansatzpunkte für die Analyse der relevanten Werttreiber neben den ausgeübten Funktionen auch die eingesetzten Wirtschaftsgüter in Frage. Dabei ist es unerheblich, ob diese Werttreiber materieller oder immaterieller Natur sind. Auch ist unerheblich, ob die eingesetzten Wirtschaftsgüter bereits vor der Leistungsabgabe existierten oder erst im Zuge der Leistungserbringung entstanden sind. Zusätzlich ist zu berücksichtigen, dass einzelne Wirtschaftsgüter leicht replizierbar sein können oder nur über eine geringe Lebensdauer verfügen. Eine Systematisierung für das Fallbeispiel des Abschn. 8.2 findet sich in Abb. 8.7.

Weitere Aspekte, wie z. B. Datensicherheit, mögliche Netzwerkeffekte sowie die Marke bzw. die Unternehmensreputation, können in der Regel nicht eindeutig zugeordnet werden, da sie in allen drei Wertschöpfungsebenen von Bedeutung sind. Beispielsweise nennt die Deutsche Bank ihre Reputation als wichtigen Werttreiber für die Etablierung einer unabhängigen digitalen Bankenplattform. Aus der Reputation erwächst ein Wettbewerbsvorteil gegenüber branchenfremden Konkurrenten, weil potentielle Kunden aus der herkömmlichen Abwicklung von Finanztransaktionen einen Reputationstransfer auf die Plattform vornehmen.

<table>
<tr><th>Wertschöpfung</th><th colspan="12">Funktionen und wesentliche Wirtschaftsgüter</th></tr>
<tr><td rowspan="2">Sensoren & Entertainmentsystem</td><td colspan="4">Forschung & Entwicklung</td><td colspan="4">Produktion</td><td colspan="4">Vertrieb</td></tr>
<tr><td colspan="4">Patente
Produkt-Know-how</td><td colspan="4">Fertigungsanlage
Produktions-Know-how</td><td colspan="4">Kundenverträge (OEM)
Kundenstamm (OEM)</td></tr>
<tr><td rowspan="2">Bewegungs- und Nutzerdaten</td><td colspan="4">Datenextraktion</td><td colspan="4">Speicherung & Bereitstellung</td><td colspan="4">Datenanalyse</td></tr>
<tr><td colspan="4">Quellcodes</td><td colspan="4">Serverkapazität
Steuerungsalgorithmen</td><td colspan="4">Algorithmen</td></tr>
<tr><td rowspan="2">Digitale Dienstleistungen (Plattform)</td><td colspan="4">App-Entwicklung</td><td colspan="4">Content-Entwicklung</td><td colspan="4">Dienstleistungsvermittlung</td></tr>
<tr><td colspan="4">Quellcodes</td><td colspan="4">Know-how</td><td colspan="4">Lieferantenverträge
Lieferantenstamm</td></tr>
<tr><td rowspan="2">Wertschöpfungsketten übergreifend</td><td colspan="12">Keine eindeutige Funktionszuordnung möglich</td></tr>
<tr><td colspan="3">Netzwerkeffekte</td><td colspan="3">Marke/Reputation</td><td colspan="3">Datensicherheit</td><td colspan="3">Kundenstamm (Konsument)</td></tr>
</table>

Abb. 8.7: Wertschöpfung und ihre Werttreiber (nicht-abschließende Auflistung)

In allen drei Wertschöpfungsketten ist der Zugriff auf Daten und Informationen entscheidend. Dabei greifen alle Einheiten auf denselben Daten- und Informationsbestand zu und erzeugen bzw. sammeln wiederum durch ihre Tätigkeiten neue Daten, die allen Wertschöpfungsteilnehmern zur Verfügung gestellt werden. Somit leistet fast jede Einheit einen Beitrag zu der Daten- und Informationssammlung. Diese beginnt mit der Entwicklung und Produktion der technischen Mittel, um die Daten zu erfassen (Sensoren), reicht über die Extraktion, Speicherung und Bereitstellung der Daten, bis hin zur Anreicherung und Nutzung der Daten in den Vertriebskanälen. Neben den Daten sind die Kundenbeziehungen bzw. die genutzten Vertriebskanäle relevant. In der Ausgangssituation gründet der Endkunde seine Kaufentscheidung auf die Leistungsmerkmale des PKW, das Design und die Markenwahrnehmung. Kunde des Zulieferers in unserem Beispiel ist aber zunächst nur der OEM. Mit der Digitalisierung wird es dem Kunden ermöglicht, über das Entertainment-System basierend auf seinen Bewegungs- und Nutzerdaten auf ihn zugeschnittene Dienstleistungen einzukaufen. Je attraktiver das Dienstleistungspaket ist, desto mehr wird das Dienstleistungsangebot zu einem Faktor für die Kaufentscheidung des Kunden. Infolgedessen kann ein Zustand eintreten, in dem der Endkunde den PKW lediglich als Medium wahrnimmt. Dementsprechend wählt der OEM den Zulieferer mit der wettbewerbsfähigsten Dienstleistungsplattform. Dabei ist nicht die entwickelte und hergestellte Hardware (d. h. Sensoren und Entertainment-Systeme) das wichtigste Entscheidungskriterium, sondern das Dienstleistungsangebot. Diese Verschiebung der relativen Bedeutung von Produkt und Dienstleistung hat Rückwirkung auf die Verrechnungspreisbildung.

8.3.3 *Relevante Transaktionsbeziehungen*

Aufbauend auf der Wertschöpfung sind für die steuerrechtliche Analyse die relevanten Geschäftsbeziehungen zwischen verbundenen Unternehmen zu ermitteln, für welche in einem nächsten Schritt angemessene Verrechnungspreise zu bestimmen sind. Im vorliegenden Beispiel werden aus Veranschaulichungsgründen auch Liefer- und Leistungsbeziehungen zwischen Unternehmen mit Sitz in derselben Jurisdiktion betrachtet. Der Fokus liegt dabei auf den komplexen Wertschöpfungsstrukturen der durch Digitalisierung geprägten Geschäftsmodelle des Beispielfalls. Daher werden die Transaktionsbeziehungen in der klassischen Wertschöpfungskette, d. h. Entwicklung, Produktion und Vertrieb der Sensoren und Entertainmentsystemen nicht weiter betrachtet. Jedoch wird ihrer Relevanz für die weiteren Wertschöpfungsketten und ggf. daraus entstehenden Beziehungen Rechnung getragen.

Wesentliche Transaktionsbeziehungen ergeben sich aus den ausgetauschten Daten und Informationen. Nachfolgend wird davon ausgegangen, dass der Endkunde der Sammlung, Auswertung und Weiterverwendung der Daten durch die Unternehmensgruppe zugestimmt hat und rechtlich keinerlei weiteren Anspruch auf die Daten besitzt. Darüber hinaus wird angenommen, dass auch die zwischen den Vertriebseinheiten und dem OEM getroffene Vereinbarung festlegt, dass unsere Unternehmensgruppe über die Daten verfügt. Dabei ist die von einer niederländischen Einheit betriebene Cloud Dreh- und Angelpunkt, da über sie der Austausch unverarbeiteter Daten und Informationen stattfindet. Von ihr ausgehend können folgende Transaktionsbeziehungen bestimmt werden:

- Die entstehenden Bewegungs- und Nutzerdaten werden zunächst durch einen Datenextrahierer ausgelesen und als Rohdaten über die Cloud verschiedenen Nutzern im Konzern verfügbar gemacht. Zum Zeitpunkt der Datenextraktion ist nicht vorhersehbar, wer sich zu einem Nutznießer der Daten entwickeln wird.
- Die Rohdaten werden durch eine Einheit in den USA aufbereitet und analysiert. Aus den unverarbeiteten Daten werden Informationen gewonnen, die anderen Nutzern zur Verfügung gestellt werden. Da die Datenaufbereitung auf einen konkreten Bedarf ausgerichtet ist, ist der Transaktionspartner der Data Analytics Einheit bekannt.
- Die Informationen werden von verschiedenen Einheiten der klassischen Wertschöpfungskette aus der Cloud abgerufen, um ihre nicht digitalen Produkte zu verbessern und mit neuen Funktionen auszustatten (Forschung & Entwicklung), die Produktionsplanung, z. B. für Verschleißteile zu optimieren (Produktion), bzw. verbesserte Kundeninformationen im Vertrieb zur Verfügung zu haben. Letzteres umfasst auch die Möglichkeit, zusätzliche informationsbezogene Dienstleistungen für die OEMs zu erbringen, z. B. die Bereitstellung von aufbereiteten Nutzerdaten.

- Darüber hinaus werden die Daten für neue Geschäftsmodelle verwendet, so z. B. durch den Betreiber der endkundenfokussierten App, über welche weitere Dienstleistungen für den Endkunden angeboten werden. Darüber hinaus werden die Daten ggf. auch durch zukünftige, noch nicht bestehende Geschäftsmodelle im Konzern verwendet.

Aus den Transaktionen wird noch nicht deutlich, welche Konzerneinheiten die Verfügungsmacht über die Daten haben. Dabei ist ebenfalls unklar, ob der Eigentümer sogar wechselt, wenn die unverarbeiteten Daten in Informationen umgewandelt werden. Zwar ist für die Eigentumsfrage die Ausgestaltung der zu Grunde zu legenden rechtlichen Verträge ein erstes Indiz, jedoch ist nach Sicht der Finanzverwaltungen auch dem tatsächlichen Geschäftsgebaren der verbundenen Unternehmen Bedeutung beizumessen.[23]

Neben den Daten ist die Kundenbeziehung relevant. Zwar besaß der Vertrieb in der klassischen Wertschöpfung bisher keinen direkten Kontakt zum Endkunden in der klassischen Wertschöpfung, was sich durch die Digitalisierung ändert. Die direkte Kundenbeziehung erlaubt es, weitere Dienstleistungen an den Kunden zu vermitteln bzw. für diesen zu erbringen. Unstreitig dürfte sein, dass die Frage nach dem Eigentum der Kundenbeziehung nicht unabhängig vom Eigentum an den Nutzerdaten behandelt werden kann.

8.3.4 Klassifizierung der Transaktionspartner

Für die Bestimmung angemessener Verrechnungspreise sind die Transaktionspartner anhand ihrer Beiträge zur Wertschöpfung, d. h. ihren ausgeübten Funktionen, ihren eingesetzten Wirtschaftsgütern und ihren übernommenen Risiken zu bewerten. Zwar können Risiken und Wirtschaftsgüter rechtlich mittels von Verträgen zugeordnet werden, jedoch muss diese Zuordnung einhergehen mit der tatsächlichen Ausübung der relevanten Management- und Kontrollfunktionen.[24]

Die relative Bedeutung der Funktionen hängt von unterschiedlichen Faktoren ab. Ein wichtiger Faktor ist dabei, welches Nutzenversprechen den Kunden überzeugt, ein bestimmtes Produkt oder eine Leistung zu beziehen. Im vorliegenden Beispiel ist zwischen zwei Kundenkategorien zu unterscheiden: den OEMs und den Endkunden. Dabei kann die Kaufentscheidung des OEM durch den Endkunden beeinflusst sein. Legt der Endkunde z. B. wenig Wert auf Leistungsversprechen des OEMs, welche auf die Produkte des Zulieferers zurückzuführen sind, so verliert die Entwicklung und Produktion dieser Produkte für die Wertschöpfung an Bedeutung.

---

[23] Vgl. OECD (2015b, Tz. 1.42-1.43).

[24] Vgl. OECD (2015b, Tz. 1.60-1.70).

Ein weiterer Faktor ist die Austauschbarkeit einzelner Funktionen, d. h. inwieweit kann das funktionsausübende Unternehmen ohne Funktionsverlagerungen ersetzt werden. Diese Wettbewerbssituation wirkt sich auf die Handlungsalternativen der Transaktionspartner und damit ihre Verhandlungsposition bei der Verrechnungspreisbestimmung aus; dabei sind z. B. Kosten durch den Wechsel des Transaktionspartners zu berücksichtigen. Die Klassifizierung als austauschbare und damit vermeintliche Routinefunktion muss nicht zwangsläufig mit geringeren Gewinnerwartungen für diese Funktion einhergehen. So können Kunden mit relativ überschaubarem Aufwand von einem Cloud-Anbieter zum anderen wechseln. Dennoch ist gerade dieser Geschäftszweig z. B. von Amazon hoch profitabel.[25]

8.4 Anwendbarkeit der gängigen Verrechnungspreismethoden

8.4.1 Anforderungen an die Verrechnungspreismethode

Zusätzlich zu der Identifizierung und Klassifizierung der Transaktionspartner anhand ihrer Wertschöpfungsbeiträge ergeben sich weitere Fragen bei der Wahl und Umsetzung der anzuwendenden Verrechnungspreismethode.

Zu den genannten ökonomischen Merkmalen digitaler Geschäftsmodelle, die auch in den anzuwendenden Verrechnungspreismethoden zu reflektieren sind, gehören insbesondere die folgenden:

- Hohe Anlaufkosten: Zwar können die Markteintrittsbarrieren bei digitalen Geschäftsmodellen niedrig sein, jedoch stellt sich der Erfolg vieler Modelle erst nach mehreren Jahren ein (z. B. muss zunächst erst eine kritische Anzahl an Kunden gewonnen werden, damit die sich ergebenden Netzwerkeffekte zu entsprechenden Gewinnen führen). Daher werden u. U. Anlaufverluste über das gängige Maß von drei bis fünf Jahren hinaus zu tragen sein.[26] Diese Verluste sind den beteiligten Einheiten in angemessener Weise zuzuordnen.
- Geringe Grenzkosten: Ist ein digitales Produkt bzw. eine Dienstleistung einmal entwickelt und erfolgreich im Markt eingeführt, so sind die Kosten für die Bereitstellung weiterer Dienstleistungen bzw. Produkte nahe null. Damit entfallen Kosten als Orientierungshilfe für die Bestimmung von Verrechnungspreisen.

---

[25] In ihrem Geschäftsbericht für das Wirtschaftsjahr 2016 weist die Amazon.com, Inc. für das Segment Amazon Web Services, welches auch die Cloud Services umfasst, einen Nettoumsatz („Net Sales“) von $ 12,2 Mrd. und einen operativen Gewinn („Operating Income“) von $ 3,2 Mrd. Dies entspricht einer Umsatzrendite von 25,4%. In 2016 erwirtschaftete Amazon.com, Inc. 74,1% seines operativen Gewinns mit dem Segment Amazon Web Services.

[26] Sog. Aquavit-Urteil, vgl. BFH I R 3/92, BStBl. II 1993, 457.

- Monopolstellung: Netzwerkeffekte führen oft zu einer Monopolstellung (beispielhaft sei hier die Verdrängung von Netzwerken wie StudiVZ durch Facebook angeführt). Damit wird auch der Zugang zu Fremdvergleichsdaten in Abhängigkeit von der zu testenden Transaktion erschwert oder unmöglich.
- Synergieeffekte: Synergieeffekte aus der Kombination von klassischen mit digitalen Geschäftsmodellen führen zu zusätzlichem Steuersubstrat. Die Unternehmen müssen dieses mittels Verrechnungspreisen zwischen den beteiligten Konzerngesellschaften aufteilen. Dabei werden die jeweiligen Beiträge der Konzerngesellschaften zur Generierung der Synergien objektiv so gut wie nicht messbar sein.
- Kostenlose Leistungen: Einige digitale Geschäftsmodelle zielen darauf ab, einen möglichst umfassenden Kundenkreis über kostenlose Produkte und Leistungen anzusprechen, um einen Teil dieser Kunden zur Nachfrage kostenpflichtiger Zusatzleistungen zu motivieren („Freemium"). Es ist unklar, wie dies bei der Verrechnungspreisbildung zu berücksichtigen ist.

Die genannten Herausforderungen sind kein durch die Digitalisierung hervorgerufenes neues Phänomen. Die Besonderheit liegt jedoch darin begründet, dass die aufgezeigten Effekte in digitalen Geschäftsmodellen in hoher Frequenz in Kombination und flächendeckend auftreten, d. h., es handelt sich nicht um Einzelfälle. Folglich müssen Steuerpflichtige und Finanzverwaltung konzeptionelle Lösungen entwickeln, wie mit digitalen Geschäftsmodellen verrechnungspreistechnisch systematisch zu verfahren ist.

8.4.2 Auswahl der Verrechnungspreismethode

Ausgangspunkt bei der Methodenwahl sind die in § 1 Abs. 3 AStG sowie in den Verwaltungsgrundsätzen von 1983 sowie die in den Verwaltungsgrundsätzen-Verfahren dargestellten Methoden. Zu erwartende Schwierigkeiten bei ihrer Anwendung auf digitale Geschäftsmodelle lassen sich anhand des oben dargestellten Fallbeispiels skizzieren:

- Die *Preisvergleichsmethode* stellt auf interne (zwischen dem Steuerpflichtigen und fremden Dritten) sowie externe (zwischen fremden Dritten) Preisvergleiche ab. Abhängig von den zu bewertenden Leistungen besteht hier das Problem fehlender vergleichbarer Transaktionen aufgrund der Neuartigkeit der Geschäftsmodelle bzw. der Monopol- oder Oligopolstellung des Anbieters. Ob ein Vergleich möglich ist, hängt letztendlich eng mit der Austauschbarkeit der zugrundeliegenden Leistung zusammen. So kann vermutet werden, dass Programmierleistungen oder das Betreiben einer Cloud unabhängig von dem Geschäftsmodell, zu dem sie direkt oder indirekt beitragen, vergütet werden können und damit einem Preisvergleich zugänglich sind.

- Die Anwendung der *Kostenaufschlagsmethode* basiert auf zwei Annahmen: Zum einen wird unterstellt, dass der zu vergütende Transaktionspartner als Routineunternehmen zu klassifizieren ist bzw. dass eine kostenbasierte Vergütung dem Beitrag zur Wertschöpfung angemessen ist. Zum anderen wird vorausgesetzt, dass eine sachgerechte Kostenbasis existiert. Während sich die Kostenaufschlagsmethode weiterhin z. B. für beauftragte Programmierleistungen eignet, bei denen der Wertschöpfungsbeitrag durch die Personalkosten widergespiegelt wird, sind beispielsweise die Bereitstellung von Cloud-Kapazitäten oder die Datenanalyse anhand von Standardalgorithmen mangels bedeutsamer Einzelkosten problematischer: Die Bereitstellung von (Cloud-)Serverkapazitäten ist durch sprungfixe Kosten geprägt. Wird die Leistung gegenüber unterschiedlichen Transaktionspartnern erbracht, ist die Zuordnung der Sprungkosten zu leisten.[27] Bei der Verwendung von intern entwickelten Standardalgorithmen, die als Bestandteil einer Routinetätigkeit angesehen werden, muss die Vergütung der Entwicklungskosten thematisiert werden, insbesondere da die Grenzkosten gegen null gehen.
- Die Anwendung der *Wiederverkaufspreismethode* benötigt einen externen Referenzpunkt, d. h. einen mit einem fremden Dritten vereinbarten Marktpreis. Von diesem wird die fremdübliche Bruttomarge abgezogen. Betrachtet man das oben skizzierte Geschäftsmodell ergeben sich mehrere Schwierigkeiten: Zunächst fließen in die Leistung Vorleistungen verschiedener Konzerngesellschaften ein. Sofern diese nicht mittels der Preisvergleichs- oder der Kostenaufschlagsmethode vergütet werden, ist zu klären, wie der aus der Wiederverkaufspreismethode resultierende Verrechnungspreis aufgeteilt werden soll. Darüber hinaus muss bestimmt werden, wie Kundenleistungen, die kostenlos bereitgestellt werden (Freemium-Modell) bzw. die relativ niedrig bepreist und erst bei Erreichen einer kritischen Masse an Kundenabrufen profitabel werden, zu behandeln sind. Hier spielen Größendegressionseffekte eine besondere Rolle, welche in der Anlaufphase eine extrem hohe und bei Erreichen der kritischen Masse eine relativ niedrige Rohgewinnspanne pro Stück erforderlich machen.
- Die *transaktionsbezogene Nettomargenmethode* („TNMM“) eignet sich ebenfalls lediglich für Routinefunktionen. Problematisch ist, über eine Datenbankanalyse mit dem zu verprobenden Transaktionspartner hinreichend eingeschränkt vergleichbare Unternehmen zu identifizieren. Ausnahme bilden erneut Leistungen, bei denen vom bestehenden Geschäftsmodell abstrahiert werden kann (z. B. Programmierleistungen). Eine weitere Fragestellung wird sich bei Anwendung der TNMM nach der anzuwendenden Kennzahl bzw. der ihr zu Grunde liegenden Bemessungsgrundlage ergeben. Eine umsatzbasierte Betrachtung stellt den Steuerpflichtigen vor vergleichbare Herausforderungen wie die Wiederverkaufspreismethode.

---

[27] Hier böten sich Verfahren der kooperativen Spieltheorie an, die auf dem Shapley-Wert oder dem τ-value basieren, vgl. Holler und Illing (2013).

- Digitale Geschäftsmodelle lassen sich ggf. nicht mehr auf einen einzigen Entrepreneur bzw. Strategieträger in der Wertschöpfungskette reduzieren, da die wesentlichen Werttreiber in unterschiedlichen Einheiten angesiedelt sind. Damit würde die Anwendung der *Gewinnaufteilungsmethode* (Profit Split/ Revenue Split) ausscheiden. Außerdem birgt die Methode ihre eigenen Herausforderungen: Zunächst wird in der Anlaufphase eher von einer Verlustaufteilung, denn von einer Gewinnaufteilung auszugehen sein. Dies verursacht bei den beteiligten Konzerngesellschaften ein erhöhtes steuerliches Risiko, verbundenen mit entsprechenden Compliance-Kosten. Eine weitere Frage ergibt sich hinsichtlich eines angemessenen Aufteilungsschlüssels. Lösungen, bei denen (kapitalisierte) Kosten als Näherungswert für die Wertschöpfung verwendet werden, laufen u. U. aufgrund der vorgenannten Gründe ins Leere.
- Beim *hypothetischen Fremdvergleich* wird eine Verhandlungslösung zwischen zwei (oder mehr) unabhängigen Parteien bei völliger Informationstransparenz simuliert. Dabei soll auf die Gewinnpotenziale der verhandelnden Parteien sowie ihre Handlungsalternativen abgestellt werden. Schon bei der Anwendung zur Ermittlung von Verrechnungspreisen für Transferpakete i. S. des § 1 Abs. 3 AStG zeigt sich, dass diese Herangehensweise viel Interpretationsspielraum birgt. Dies gilt umso mehr für digitale Geschäftsmodelle, die mit einer besonders hohen Prognoseunsicherheit behaftet sind. Damit ist dieser Ansatz vom Aufwand her noch höher einzuschätzen als die Gewinnaufteilungsmethode.

Digitale Geschäftsmodelle erschweren es, Routinetätigkeiten von besonders werthaltigen Tätigkeiten zu unterscheiden. Es ist deswegen oft nicht zweifelsfrei auszumachen, welche Einheit in der Wertschöpfungskette die Funktion des Entrepreneurs oder Strategieträgers innehat. Die bei der Bestimmung von Verrechnungspreisen übliche Vorgehensweise, Routinefunktionen einen angemessenen Gewinn zuzuordnen, führt dann nicht zu einem überzeugenden Ergebnis. Hinzu kommt, dass hohe Anlaufverluste, niedrige Grenzkosten sowie Synergieeffekte zu den typischen Merkmalen digitaler Geschäftsmodelle gehören. All dies wird die Standardmethoden (Preisvergleichsmethode, Kostenaufschlagsmethode und Wiederverkaufsmethode) vermutlich oftmals an ihre Grenzen stoßen lassen.

Es spricht aus dieser Sicht einiges dafür, dass die Gewinnaufteilungsmethode (Profit Split/Revenue Split) bei digitalen Geschäftsmodellen an Bedeutung gewinnt. Zwar hat auch diese Methode mit der Schwierigkeit zu kämpfen, dass sich digitale Geschäftsmodelle nicht mehr ohne Weiteres auf einen einzigen Entrepreneur oder Strategieträger in der Wertschöpfungskette reduzieren lassen, da die Werttreiber in mehr als einer Einheit angesiedelt sind. Gleichwohl bietet die Gewinnaufteilungsmethode mehr Flexibilität. Sie hat gegenüber den Standardmethoden den Vorteil, dass ein Gewinn, der mehreren Einheiten in der Wertschöpfungskette zuzuordnen ist, nach ökonomisch plausiblen Maßstäben aufgeteilt werden kann.[28]

---

[28] Zum Profitsplit vgl. u. a. Schreiber und Fell (2017).

Diese erhöhte Flexibilität hat indes einen Preis. Für die Unternehmen steigt das Risiko der Doppelbesteuerung, wenn sich die beteiligten Steuerbehörden nicht auf ein gemeinsames Vorgehen bei der Aufteilung der Gewinne verständigen können. Die verstärkte Heranziehung der Gewinnaufteilungsmethode zur Bestimmung von Verrechnungspreisen bei digitalen Geschäftsmodellen setzt daher unbedingt voraus, dass die beteiligten Steuerbehörden sich verständigen. An dieses Verständigungsverfahren betreffend die verbindliche Aufteilung der Gewinne im Rahmen der Festlegung von Verrechnungspreisen sind daher hohe Anforderungen zu stellen. Notwendig ist ein Verfahren, das dem Steuerpflichtigen Rechtsschutz gewährt.

Die Übertragung der gängigen Verrechnungspreismethoden auf digitale Geschäftsmodelle ist nicht trivial. Insgesamt wird die Bedeutung der derzeit gängigen Methoden vermutlich moderat zurückgehen, dennoch behalten die Standardmethoden weiterhin ihre Relevanz. Denn die Risiken der Anwendung der Gewinnaufteilungsmethode für die Unternehmen sind auf absehbare Zeit hoch. Anders als in klassischen Geschäftsmodellen erfordern die Standardmethoden jedoch eine regelmäßige Überprüfung hinsichtlich ihrer Anwendbarkeit dem Grunde nach, da sich die Bedeutung von Werttreibern dynamisch verschieben kann und wird.

8.5 Fazit

Die Digitalisierung bringt Geschäftsmodelle hervor, die mit einer erhöhten Prognoseunsicherheit und volatileren Erfolgsmustern behaftet sind. Außerdem sind die Werttreiber und Funktionen deutlich mobiler, so dass sich in der Summe erhebliche Abgrenzungs- und Interpretationsspielräume bei der Ermittlung steuerlicher Verrechnungspreise ergeben. Resultierende multiple und netzwerkartig verknüpfte Wertschöpfungsstrukturen erschweren die Anwendung der OECD-Grundsätze. Diese sind nach wie vor geprägt von einer industriellen Produktion und bedürfen einer flexibel angepassten Anwendung. So können Wertschöpfungsketten entstehen, die bei erheblichen Entwicklungs- und Anlaufverlusten im eingeschwungenen Zustand beinahe ohne Grenzkosten agieren, eine Vielzahl überlappender Transaktionen aufweisen und mehr als einen Entrepreneur haben. Aus Verrechnungspreissicht sind die Herausforderungen jedoch nicht neu, sondern haben Vorbilder in anderen Branchen. Trotzdem verbleibt eine Reihe von Zweifelsfragen. Wie nachgewiesen werden konnte, wird sich die Bedeutung der einzelnen Verfahren zur Verrechnungspreisbestimmung verschieben. Außerdem wird nicht das gesamte Methodenset zukunftstauglich sein.

Literaturverzeichnis

Amazon.com, Inc. 2017. *Annual Report 2016*. http://phx.corporate-ir.net/External.File?item=UGFyZW50SUQ9NjY2MjA0fENoaWxkSUQ9Mzc0MDUxfFR5cGU9MQ==&t=1. Zugegriffen: 30.04.2017.

BFH. 1993. Urteil vom 17.02.1993. I R 3/92, BStBl. II, 457.

BMF. 2017. *Verordnung zu Art, Inhalt und Umfang von Aufzeichnungen im Sinne des § 90 Absatz 3 der Abgabenordnung (Gewinnabgrenzungsaufzeichnungs-Verordnung – GAufzV)*. BGBl. I Nr. 47, 2367-2371.

BMF. 2005. *Grundsätze für die Prüfung der Einkunftsabgrenzung zwischen nahestehenden Personen mit grenzüberschreitenden Geschäftsbeziehungen in Bezug auf Ermittlungs- und Mitwirkungspflichten, Berichtigungen sowie auf Verständigungs- und EU-Schiedsverfahren (Verwaltungsgrundsätze-Verfahren)*. BMF-Schreiben vom 12. 04.2005 - I V B 4 - S 1341 - 1/05.

Doeblin, Stefan, und Michael Dowling. 2007. Horizontal und vertikal integrierte Geschäftsmodelle von Telekommunikationsanbietern und Service Providern. In *Infrastruktur und Services – Das Ende einer Verbindung? Die Zukunft der Telekommunikation*, Hrsg. A. Picot und A. Freyberg, 29-42. Berlin, Heidelberg: Springer.

Godenrath, Björn. 2016. In der Digitalfabrik wird Innovation in Serie produziert. *Börsen-Zeitung*, 14.12.2016.

Goodwin, Tom. 2015. *The Battle Is For The Customer Interface*. https://techcrunch.com/2015/03/03/in-the-age-of-disintermediation-the-battle-is-all-for-the-customer-interface/. Zugegriffen: 06.06.2017.

Holler, Manfred J., und Gerhard Illing. 2013. *Einführung in die Spieltheorie*, Berlin und Heidelberg: Springer-Verlag.

Kennedy, John. 2015. *How digital disruption changed 8 industries forever*. https://www.siliconrepublic.com/companies/digital-disruption-changed-8-industries-forever. Zugegriffen: 06.06.2017.

Kim, Chan W., und Renée Mauborgne. 2005. *Der Blaue Ozean als Strategie*, München: Carl Hanser Verlag.

Martini, Jan Thomas. 2007. *Verrechnungspreise zur Koordination und Erfolgsermittlung*, Wiesbaden: DUV.

Martini, Jan Thomas, R. Niemann und D. Simons. 2016. Tax-Induced Distortions of Effort and Compensation in a Principal-Agent Setting. *Journal of International Accounting, Auditing and Taxation*, 27:26-39.

Martini, Jan Thomas, R. Niemann und D. Simons. 2012. Transfer pricing or formula apportionment? Tax-Induced Distortions of Multinationals' Investment and Production Decisions. *Contemporary Accounting Research*, 29:1060-1086.

McKinsey Global Institute. 2013. *Disruptive technologies: Advances that will transform life, business, and the global economy.* http://www.mckinsey.com/business-functions/digital-mckinsey/our-insights/disruptive-technologies. Zugegriffen: 06.06.2017.

Nowak, Verena, C. Schwarz und J. Südekum. 2016. Asymmetric Spiders: Supplier Heterogeneity and the Organization of Firms. *Canadian Journal of Economics*, 49(2):663-684.

OECD. 2015a. *Addressing the Tax Challenges of the Digital Economy*, Action 1, Final Report.

OECD. 2015b. *Aligning Transfer Pricing Outcomes with Value Creation*, Action 8, Final Report.

Oestreicher, Andreas, et al. 2014. Gemeinsame Körperschaftsteuer-Bemessungsgrundlage (GKB) bzw. Gemeinsame Unternehmensteuer-Bemessungsgrundlage (GUB): Eine steuerliche Folgenabschätzung für Deutschland. *Steuer und Wirtschaft*, 91(4):326-343.

Olbert, Marcel, und Christoph Spengel. 2017. International Taxation in the Digital Economy: Challenge Accepted? *World Tax Journal*, 9:3-46.

Ortmann, Regina. 2015. Uncertainty in weighting formulary apportionment factors. How does weighting uncertainty impact after-tax income of multinational groups? *Die Betriebswirtschaft*, 75(3):161-177.

Ortmann, Regina, und Caren Sureth-Sloane. 2016. Can the CCCTB Alleviate Tax Discrimination Against Loss-Making European Multinational Groups? *Journal of Business Economics*, 86(5):441-475.

Pfeiffer, Thomas, und Joachim Wagner. 2007. Internal markets or hierarchies: Transfer prices or budgets? *Journal of Economics and Business*, 59(3):241-255.

Porter, Michael E. 2003. *Wettbewerbsvorteile (Competitive Advantage). Spitzenleistungen erreichen und behaupten*, Frankfurt am Main: Campus Verlag.

Rieke, Sabrina. 2015. *Verrechnungspreise im Spannungsfeld zwischen Konzernsteuerung und internationalem Steuerrecht*, Wiesbaden: Springer Gabler.

Ries, Eric. 2012. *Lean Startup: Schnell, risikolos und erfolgreich Unternehmen gründen*, München: Redline Verlag.

Scheffler, Wolfram. 2016. CCCTB: Influence on Extent and Complexity of Tax Planning. In *Practical Problems in European and International Tax Law, Essays in Honour of Manfred Mössner*, Hrsg. H. Jochum u. a., 409-428. Amsterdam: IBFD.

Schmalenbach, Eugen. 1908/1909. Über Verrechnungspreise. *Zeitschrift für handelswissenschaftliche Forschung*, 3:165-185.

Schreiber, Ulrich, und Lisa Fell. 2017. International Profit Allocation, Intangibles and Sales-Based Transactional Profit Split. *World Tax Journal*, 9:1-18.

Stüber, Jürgen. 2016. *Klöckner & Co will der Amazon des Stahlhandels werden*. http://www.derwesten.de/wirtschaft/kloeckner-co-will-der-amazon-des-stahlhandels-werden-id11626161.html. Zugegriffen: 25.04.2017.

Sureth, Caren, und Michaela Bäumer. 2010. Besteuerung multinationaler Unternehmen in der EU – eine vergleichende Analyse ausgewählter Reformvorschläge. *Zeitschrift für Betriebswirtschaft*, 80(2):171-202.

Teil III

Disruptive Geschäftsmodelle und Transformation von Branchen

Kapitel 9
Business Model Innovation – die neue Herausforderung

Arbeitskreis Innovationsmanagement der Schmalenbach-Gesellschaft für Betriebswirtschaft e.V.[1, 2]

Mit der zunehmenden Nutzung des Internets in nahezu allen Bereichen des täglichen Lebens und mit der Verbreitung der Digitalisierung ändern sich nicht nur Strukturen und Prozesse in Unternehmen, sondern es scheinen traditionelle Geschäftsmodelle in immer mehr Bereichen der Wirtschaft in Frage gestellt zu werden. Die Medienindustrie stellt ein frühes Beispiel für einen Wirtschaftsbereich dar, in dem die traditionelle Produktion journalistischer Inhalte und der Verkauf von Printmedien nicht mehr gefragt sind. Viele der traditionell von Journalisten zusammengetragenen Nachrichten sind heute allgegenwärtig und junge Kunden sind nicht mehr bereit, für diese „ohnehin vorhandenen" Informationen Geld zu bezahlen. Dabei ändert sich nicht nur das Medium, sondern die gesamte Art der Leistungserstellung. Viele Bereiche des Handels ändern sich fundamental; dies gilt für den Handel mit Sachgütern wie Elektronik oder Bekleidung ebenso wie für Dienstleistungen, z. B. Reisedienstleistungen. Aber auch traditionelle Branchen wie die Fahrzeugindustrie wandeln ihre Leistung von der Hardware in Richtung Mobilitätsservices. Selbst die Energieversorger verdienen ihr Geld in Zeiten dezentral erzeugter regenerativer Energie nicht mehr durch

---

[1] Mitglieder des Arbeitskreises: Dr. Michael Bartl, HYVE AG / Dr. Paul Blažek, cyLEDGE Media GmbH / Prof. Dr. Joachim Fischer, Universität Paderborn / Dr. Wolfgang Gruel, car2go Group GmbH / Walter Heilbronner, ZF Friedrichshafen AG / Prof. Dr. Cornelius Herstatt, Technische Universität Hamburg / Peter Hettich, Think A GmbH & Co. KG / Dr. Jürgen Hirte, DJH Consulting / Dr. Angelika Kolb-Telieps, K-T Innovation / Prof. Dr. Hans Koller, Helmut-Schmidt-Universität Hamburg / Dr. Ulrich Lange, Chance4Change GmbH & Co. KG / Prof. Dr. Wolfgang Leuchtenberger, Evonik-Stiftung / Anke Limbach, Limbach Consulting / Dr. Carsten Linz, SAP SE / Prof. Dr. Martin G. Möhrle, Universität Bremen / Christian Munzinger, Airbus SE (Defence & Space) / Sven Natsch, Bayer Pharma AG / Prof. Dr. Georg Oenbrink, Evonik Industries AG / Dr. Harald Pacl, Sanofi-Aventis Deutschland GmbH / Carina Schaefer, Drägerwerk AG & Co. KGaA / Dr. Frank Scheidemantel, Robert Bosch GmbH / Georg Trummer, Siemens AG / Dr. Stefan Uhrlandt / Alexander Wilmes, Innogy SE.

[2] Federführender Autor: Hans Koller.

die Errichtung und den Betrieb großer Kraftwerke, sondern zunehmend durch umfassende Serviceleistungen rund um diese dezentralen Erzeuger regenerativer Energien. Und auch in der Finanzwelt scheinen sich die Geschäftsmodelle nachhaltig zu wandeln.

Die Betrachtung von Innovationen ist daher nicht mehr auf die traditionellen Produkt- und Prozessinnovationen beschränkt, sondern erfordert zunehmend auch die Analyse der Veränderung ganzer Geschäftsmodelle, also der Art und Weise, wie mit neuartigen Leistungen auf eine andere Weise Geld verdient wird. Diese Veränderungen zeichnen sich seit dem Aufkommen der Internet-Ökonomie ab.[3] Zerdick et al. diskutieren frühzeitig das Phänomen, wie ein Unternehmen, das seine Produkte umsonst abgibt, unter erwerbswirtschaftlichen Bedingungen überleben kann. Die kostenlose Bereitstellung von Internet-Browsern, Routenplanern oder Suchmaschinen bilden frühe Beispiele dieser fundamentalen Veränderung traditioneller Geschäftsmodelle. „Verschenken von Produkten als Erfolgsrezept", so lautete eines der 10 Prinzipien jener Internet-Ökonomie. Mit dem Boom von Unternehmen in der Internet-Ökonomie verbreitete sich der Begriff der „Business Model Innovation" (BMI) – ein Begriff, der in der Folge kontrovers diskutiert und abgegrenzt worden ist.[4]

Der *AK Innovationsmanagement* hat sich mit dieser bedeutsamen Form der Innovation näher befasst, um der Frage nachzugehen, ob bestimmte Muster in den aktuellen BMI erkennbar sind. Dabei ist das typische Vorgehen des *AK Innovationsmanagement* ein konsequent empirisches, bei dem die Herausforderungen und Lösungen aus verschiedenen Unternehmen vorgestellt und diskutiert werden. Methodologisch ist dieses Vorgehen als Case Study Analysis mit dem Ziel der Cross Case Analysis einzuordnen.[5] In diesem Sinne wird nachfolgend zunächst ein gemeinsames Rahmenmodell für die BMI vorgestellt, das der dann folgenden Präsentation der einzelnen Fallstudien zugrunde gelegt wird, um schließlich in einer Diskussion die vermuteten Muster im Sinne von Gemeinsamkeiten und Unterschieden der BMI in den verschiedenen Cases herauszuarbeiten.

9.1 Framework für Business Model Innovations

In der Literatur gibt es unterschiedliche Frameworks für die Darstellung der Geschäftsmodelle. Für einen grundsätzlichen Blick auf mehrere Unternehmen aus unterschiedlichen Branchen eignet sich das Modell von Johnson, Christensen und Kagermann, welches nur vier grobe Themen adressiert, von denen zwei zusammengefasst werden können.[6] Im Kern geht es daher um die drei Themen:

---

[3] Vgl. Zerdick et al. (2001).

[4] Vgl. z. B. Amit und Zott (2001), Chesbrough und Rosenbloom (2002), Baden-Fuller und Morgan (2010), Teece (2010), Zott, Amit und Massa (2011).

[5] Vgl. v. a. Yin (2009), Eisenhardt (1989).

[6] Vgl. Johnson, Christensen und Kagermann (2008).

1. *Customer Value Proposition (CVP):* Was bestimmt den Wert einer Leistung aus Sicht der Kunden – bzw. in einer dynamischen Betrachtung: Wie hat sich die Erwartungshaltung der Kunden geändert?
2. *Key Resources (KR) und Key Processes (KP):* Welche wesentlichen Ressourcen und Prozesse muss ein Unternehmen beherrschen, um die Leistung in der vom Kunden gewünschten Weise zu erstellen?
3. *Profit Formula (PF):* Wie lässt sich durch die Bereitstellung der bedungenen Leistung Geld verdienen? Diese Frage lässt sich wiederum unterteilen in das „Revenue Model“ (RM) und in die „Cost Structure“ (CS).

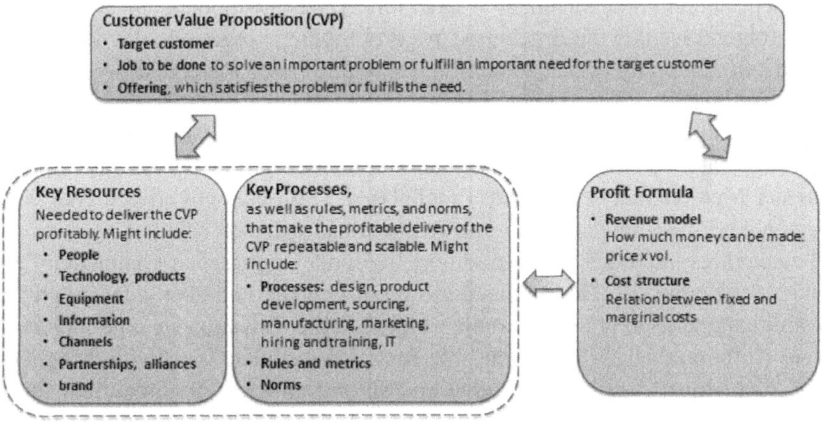

Abb. 9.1: Das Business Model nach Johnson/Christensen/Kagermann 2008

9.2 Business Model Innovations in der Praxis

9.2.1 Medienindustrie, insbesondere Zeitungs- und Zeitschriftenverlage

Die Medienbranche ist von der Digitalisierung in besonders starker Weise betroffen und wird oft als Beispiel für grundlegende Änderungen der Geschäftsmodelle herangezogen. Manche Branchenvertreter sprechen von dem tiefgreifendsten Wandel der Branche seit der Erfindung des Buchdrucks. Bisher haben die Herausgeber von Zeitungen und Zeitschriften davon gelebt, dass sie Nachrichten und Reportagen journalistisch so aufbereiteten, dass sich zahlreiche Leser dafür interessierten. Neben den Einnahmen aus dem Verkauf der Zeitungen und Zeitschriften erzielten die Herausgeber ihre Einnahmen v. a. aus zwei Quellen – erstens von werbetreibenden Unternehmen, die an der Reichweite und dem Kontakt zu dem speziellen Lesersegment interessiert waren, sowie zweitens aus der Platzierung von Annoncen für Immobilien, Stellenangebote, Fahrzeuge,

Partnerschaftsanzeigen etc. Diese goldenen Zeiten sind seit der Verbreitung des Internets jedoch passé. Insbesondere die lukrativen Annoncen werden fast nur noch auf speziellen Portalen wie Scout 24, Immonet, StepStone, mobile oder Parship publiziert. Die werbetreibenden Unternehmen finden mit Portalen wie Google und Amazon oder den sozialen Netzwerken alternative Möglichkeiten für ihre Werbung.[7] Und selbst die Leser, insbesondere jene aus der Generation Y, finden im Internet zahlreiche Quellen für Nachrichten und Informationen über spezielle Interessenbereiche, ohne dafür bezahlen zu müssen. Ohne Übertreibung stellt sich damit für die traditionellen Zeitungs- und Zeitschriftenverlage zunehmend die Frage, wie sie überleben können. Es scheint so, als wäre dazu in jedem Fall ein fundamentaler Wandel ihrer Geschäftsmodelle unvermeidbar.[8] Nachfolgend werden die Ergebnisse aus drei Studien vorgestellt, die dieser notwendigen Änderung der einzelnen Elemente des Geschäftsmodelles von Verlagen näher auf den Grund gehen.[9]

Hinsichtlich der Erwartungen potentieller Leser (CVP) erbrachte eine Umfrage unter 504 Lesern in Kombination mit einer Befragung von 52 Experten aus der Medienbranche folgende Ergebnisse:[10] Die Leser präferieren eher eine persönliche Zusammenstellung von Artikeln aus unterschiedlichen Quellen zu Themen ihres Interesses als die traditionelle Bündelung zu einer kompletten Zeitung oder Zeitschrift. Diese Inhalte sollten in Echtzeit und über jedes mögliche Kommunikationsgerät bereitgestellt werden. Ferner erwarten sie eine multimediale Aufbereitung der Nachricht mit Texten, Videos etc. sowie die Möglichkeit, diese Inhalte zu kommentieren und sie mit anderen zu teilen. Sehr deutlich ist auch die Erwartung, für die Basisversorgung mit Informationen nichts bezahlen zu müssen – selbst wenn man dafür mit Werbung konfrontiert wird. Akzeptiert würden höchstens „freemium"-Angebote, bei denen nur für den „premium content" gezahlt werden muss, oder günstige „flat rate"-Angebote für die Versorgung mit Informationen. Eine zweite Befragung unter 225 Lesern richtete sich insbesondere auf die Erwartungen der Leser an den Inhalt und an die Informationsquelle sowie auf die Bereitschaft der Leser, eigene Beiträge einzubringen. Hierbei wurde gezielt unterschieden zwischen einerseits Nachrichten (News) und andererseits Informationen über „Special Interest Topics" (SI).[11] Im Ergebnis wurde deutlich, dass die Leser sowohl die Beiträge professioneller Journalisten als auch die Beiträge anderer Leser (User Generated Content, UGC) wertschätzen, ohne dass sich dieses Ergebnis zwischen News und SI signifikant unterschied. Ebenfalls für beide Themenbereiche wurde deutlich, dass die Leser nach wie vor großen Wert auf qualitativ hochwertige, verlässliche und aktuelle

---

[7] Vgl. auch die Darstellungen in Abschn. 9.2.2 über das Geschäftsmodell von Google.

[8] Vgl. z. B. auch Hess (2014).

[9] Vgl. Koller und Dennstedt (2016), Dennstedt und Koller (2016), Zeng, Dennstedt und Koller (2016), Dennstedt und Koller (2017).

[10] Vgl. Dennstedt und Koller (2016).

[11] Vgl. Zeng, Dennstedt und Koller (2016).

Informationen legen. Die Bereitschaft zur Einbringung eigener Beiträge erwies sich als weitläufig vorhanden und war geringfügig höher für SI als für News.

Für die *Key Resources* bedeutet dies, dass neben dem eigenen Netzwerk an Journalisten und den von ihnen produzierten Beiträgen hoher Qualität der gute Kontakt zu den „Prosumern" eine zentrale Rolle spielt, die als sachkundige Leser nicht nur Inhalte konsumieren, sondern mit eigenen Kommentaren und Beiträgen Inhalte beisteuern, die wiederum von anderen Lesern nachgefragt werden. Im Idealfall „beheimatet" eine Zeitung oder Zeitschrift ganze Communities für bestimmte Themengebiete, sei es im News- oder im SI-Bereich, die dann Themen untereinander und mit den einschlägigen Journalisten diskutieren. Damit avanciert die Zeitung oder Zeitschrift fast zu einer Plattform für themenbezogene soziale Netzwerke. Um dies zu ermöglichen, müssen die *Key Processes* eine in jeder Hinsicht komfortable Kommunikation zwischen den Beteiligten und eine komfortable Einbindung externer Beiträge unterstützen. Dies beschreibt zweifellos nur einen Ausschnitt der relevanten Key Resources und -Processes, aber einen mit besonderem Handlungsbedarf, denn gerade hinsichtlich dieser fachlichen Diskussionen konkurrieren die Herausgeber mit zahlreichen anderen Portalen.

Angesichts der beschriebenen Lesererwartung, ihrer Zahlungsbereitschaft und der Konkurrenzsituation tritt verstärkt die Frage nach dem *Revenue Model* und der *Profit Formula* in den Vordergrund. Die Erlöse aus dem Verkauf der Zeitungen und Zeitschriften, die Einnahmen aus den Freemium- oder „flat rate"-Angeboten werden allenfalls einen kleinen Bruchteil der Ausgaben decken. Die bisher lukrativen Märkte für Immobilien, Stellenangebote, KFZ etc. werden nicht zurückkehren. Die einzig verbliebene Einnahmequelle scheinen die werbetreibenden Unternehmen zu sein. Diese allerdings haben heute eine weitaus größere Auswahl an Werbekanälen als jemals zuvor, so dass die Zeitungen und Zeitschriften dieser Kundengruppe ihres zweiseitigen Marktes schon etwas Besonderes bieten müssten, um sie auf ihre Seiten zu ziehen. Vor diesem Hintergrund befasste sich eine dritte Untersuchung mit der Frage nach den Erwartungen werbetreibender Unternehmen und interviewte hierzu 15 Marketingmanager.[12] Ein Schwerpunkt jener Interviews lag auf der Frage, inwieweit der Zugang zu Communities of Interest (CoI) für diese werbetreibenden Unternehmen von Interesse ist. Eben dieses Interesse wurde durch die Interviews eindrucksvoll bestätigt. Die CoI werden als relevante Zielgruppe bezeichnet, insbesondere wenn sie eine hohe Anzahl an interessierten Mitgliedern aufweisen, die untereinander intensiv kommunizieren. In jedem Fall seien die Unternehmen an Informationen über diese Diskussionen interessiert sowie an der Möglichkeit, eigene Nachrichten an diese Gruppe senden zu können. Einige der befragten Unternehmen waren zudem interessiert an einer direkten Interaktion mit den Mitgliedern der CoI. Ferner bestätigten die Interviewten ihr Interesse an einem Service der Zeitungen, der eben diese Interaktion mit der CoI unterstützt. Es scheint, als könnten die Verlage den werbetreibenden Unternehmen hier etwas bieten, was

---

[12] Vgl. Dennstedt und Koller (2017).

kein Handelsportal und auch kein soziales Netzwerk per se anbieten kann. Dies gilt umso mehr, je mehr die Zeitungen über die personalisierten Interessen ihrer Leser wissen. Um von diesem Umsatzpotential auch zu einer positiven Profit Formula zu gelangen, müssen die Interaktionsprozesse nicht nur komfortabel, sondern auch hochgradig effizient sein, so dass vieles automatisiert ablaufen kann. Darüber hinaus bietet die Einbeziehung der CoI das Potential, deren Mitglieder stark in die Interaktion und eventuell auch in die Moderation einzubinden, ohne dass dies zusätzliche Kosten verursacht.

9.2.2 Google[13]

Wie funktioniert eigentlich das Geschäftsmodell von Google, das im Zusammenhang mit Digitalisierung und innovativen Geschäftsmodellen immer wieder als Paradebeispiel genannt wird? Dabei wird im Folgenden „nur" das Kerngeschäft von Google betrachtet, nicht hingegen Aktivitäten wie Google X, Nest, Fiber oder Android.

Im Kernbereich unterstützt Google die Suche nach Informationen über z. B. Institutionen, Personen oder konkrete Produkte. Dahinter steht die Vision der Gründer, alle verfügbaren Informationen für jeden Nutzer überall verfügbar zu machen – und zwar unentgeltlich. In klassischer Manier der Internet-Ökonomie standen mit dem Suchalgorithmus und der Ergebnispräsentation also Produkte im Vordergrund, die verschenkt wurden – ähnlich wie später Android, YouTube, Google Maps, Earth, News, Scholar u. a. Jedes dieser Angebote vergrößerte die Gruppe der Google-Nutzer. Wenn 2016 der Anteil der Bevölkerung in Deutschland, der das Internet regelmäßig nutzt, bei 83,8% liegt, dann kann man davon ausgehen, dass diese Nutzer auch regelmäßig Google nutzen. Und da sie mit Google ihre eigene Informationsnachfrage befriedigen, kann Google die große Menschenmenge auch zielgerichtet nach Interessen gruppieren. Neben den Suchanfragen artikulieren die Nutzer ihre Interessen auch durch das Anschauen von Videos auf YouTube oder durch die Nutzung der anderen o.g. Dienste von Google. Auch diesbezüglich wird die Reichweite von Google deutlich, wenn man bedenkt, dass 2016 über die Hälfte der 14- bis 29-Jährigen in Deutschland täglich Videos auf Portalen wie YouTube schaut und dass 2017 die durchschnittliche tägliche Zeitdauer des Videokonsums im Internet diejenige des Fernsehkonsums erreichen wird.

Eben diese gigantische Reichweite in Verbindung mit der Interessenartikulation der Nutzer macht die Portale von Google so interessant für Unternehmen, die den gezielten Kontakt zu Interessenten suchen. In diesem klassischen Fall eines zweiseitigen Marktes bietet Google den interessierten Unternehmen einen Kontakt zu spezifischen Kunden über drei Kanäle: Search, Display und YouTube.

---

[13] In Anlehnung an Sara Hildebrandt und Bianca Dennstedt, Using Digital Marketing – Zum Geschäftsmodell von Google, Vortrag im Rahmen der Sitzung des *AK Innovationsmanagement*, 10.02.2017.

Search: Unter diesem Dienst bietet Google den Unternehmen an, dass Angebote jener Unternehmen, die zu den Anfragen der Nutzer passen, auf der Ergebnisseite oberhalb der regulären Suchergebnisse oder am rechten Seitenrand erscheinen. Sucht ein Nutzer also nach Restaurants in Hamburg, dann findet er oberhalb und rechts neben der Ergebnisliste die Hinweise auf Restaurants, die einen entsprechenden Vertrag mit Google haben. Allerdings muss es nicht die direkte Suche nach Restaurants sein, sondern der Kunde von Google kann festlegen, bei welchen Stichworten die Anzeige gezeigt werden soll, im Beispiel also auch bei „Hunger" oder „Durst".

Display: Mit diesem Dienst bietet Google seinen Kunden ein „Remarketing" an, bei dem eine Suchanfrage des Nutzers dazu führt, dass die passende Annonce des Unternehmens auch auf den Webpages der Partner aus dem „Google Display Network" erscheint, z. B. jene Restaurant-Anzeige auf der Seite von Zalando. Dies bewirke eine Erinnerung des Kunden an seine kürzlich geäußerten Interessen. Geht man davon aus, dass 96% der Nutzer eine Webpage verlassen, ohne das dort präsentierte Angebot anzunehmen, dass 70% derer, die einen Einkaufswagen befüllen, die Webpage unverrichteter Dinge wieder verlassen und dass 49% mehrere Anbieter-Seiten besuchen, bevor sie kaufen, dann wird der potentielle Nutzen dieses Remarketing für die Unternehmen deutlich. Immerhin erreiche dieses Google Display Network in Deutschland pro Tag über 50 Mio. Nutzer.

YouTube: Mit Blick auf YouTube bietet Google den werbetreibenden Unternehmen an, Werbe-Videos (in inhaltlicher Abhängigkeit von dem aufgerufenen Video) einzuspielen, die der Nutzer nach einer Mindestlaufzeit (z. B. 5 Sek.) überspringen oder auch komplett anschauen kann. Zahlen muss der Kunde für dieses eingespielte Video nur, wenn der Nutzer es länger als 30 Sekunden anschaut. Bedenkt man, dass die Reichweite dieser Werbevideos durchaus vergleichbar ist mit der von großen Fernsehsendern, dass ferner dieser Spot in Abhängigkeit von den Interessen des individuellen Nutzers eingespielt wird und dass eine Zahlungspflicht nur entsteht, wenn der Nutzer so interessiert ist, dass er das Werbe-Video länger als 30 Sek. anschaut, dann wird deutlich, warum dieser Kanal für die werbetreibenden Unternehmen interessant ist.

Insgesamt lässt sich damit die *CVP* mit Blick auf die werbetreibenden Unternehmen als Kunden gut beschreiben. Google bietet ihnen eine sehr große Reichweite für ihre Werbung, die nur eingespielt wird, wenn sich der Kunde für bestimmte Themen interessiert. In der Verknüpfung mit Stichworten sind die Unternehmen sehr flexibel, ebenso wie bei der Gestaltung der Werbebotschaft oder des Werbe-Videos bei YouTube. Über alle Aktionen der Nutzer bekämen die werbetreibenden Unternehmen eine detaillierte Rückkopplung, so dass die Werbeerfolgskontrolle gegenüber anderen Werbekanälen sehr viel besser sei. Und schließlich müsse der Kunde nur zahlen, wenn der Nutzer dem Link folgt oder das Video hinreichend lange anschaut. Ferner könne der Kunde im Sinne seiner Kostenkontrolle ex ante ein bestimmtes Budget festlegen, bis zu dem die Werbung gezeigt wird.

Die *Key Resources* bestehen v. a. in den Entwicklern der Software – sowohl zur effizienten Suche aus Sicht der Nutzer als auch zur Verknüpfung der

Suchanfragen mit den Werbehinweisen und natürlich zur Erstellung aller Statistiken für die Werbeerfolgskontrolle und die Ermittlung der Preise. Daneben bilden die Account Manager eine wichtige Ressource, die die Kampagnen für die Kunden steuern. *Key Processes* sind eindeutig die automatisierten Prozesse zur Suche, zur Verlinkung, zur Auswertung und zur Abrechnung.

Das *Revenue Model* ist leicht beschrieben: Jede Abrechnung im Search- und im Display-Bereich erfolgt ausschließlich über Klicks, was im Vergleich zur Zahlung über Reichweite in anderen Broadcast-Medien den großen Vorteil bedeute, dass das werbetreibende Unternehmen nur für die Kontaktierung interessierter Kunden zahle. Allerdings erfolgt die Zahlung stets unabhängig vom Vertragsabschluss. Den Preis pro Klick ermittelt Google aus Parametern wie dem langfristigen Wert eines potentiellen Vertragsabschlusses, dem Wettbewerb zwischen den Unternehmen, der zeitlichen Konzentration der Nachfrage, der lokalen Kaufkraft etc. Während dieser Klick-Preis für exotische Produkte in Nischenmärkten im zweistelligen Cent-Bereich liegt, könne er für die Vermittlung langfristiger Kunden (z. B. bei Lebensversicherungen, Nespresso- oder Rasier-Systeme) durchaus eine Höhe von 20-50 € annehmen. Bei vielen Produkten liegt der Preis im einstelligen Euro-Bereich. Dieser einmal festgelegte Preis bleibt anschließend konstant. Dass aus diesem Umsatz auch ein attraktiver Profit wird, liegt an den geringen Kosten vollautomatisierter Prozesse.

9.2.3 Fahrzeugindustrie[14]

Getrieben durch die Verdichtung der Mega-Cities, die damit verbundenen Infrastrukturprobleme in vielen großen Städten weltweit und durch die zunehmend leistungsfähigen Systeme des ÖPNV auf der einen Seite sowie getrieben durch die sehr viel bessere und leichtere Möglichkeit zur Koordination der Mobilitätsdienste in den städtischen Regionen mit Hilfe des Internets, des GPS, der weitläufig verbreiteten Smartphones mit den entsprechenden Apps auf der anderen Seite scheint die Bedeutung des eigenen Autos deutlich in den Hintergrund zu treten. Für die Angehörigen der Generation Y stellt das eigene Auto eben kein Statussymbol mehr dar, wohl aber die leicht verfügbare Mobilität ohne die mit dem Eigentum verbundenen Belastungen.[15]

Vor diesem Hintergrund müssen sich die Fahrzeughersteller fragen, ob sie weiterhin „nur" die Fahrzeuge als „Hardware" produzieren und die Bereitstellung von Mobilitätsservices anderen überlassen wollen oder ob sie selbst Mobilitätsservices anbieten. Diese Frage scheint von vielen Fahrzeugherstellern in dem

---

[14] In Anlehnung an Wolfgang Gruel, MobilityServices – neue Geschäftsmodelle jenseits des Verkaufs von Automobilen, Vortrag im Rahmen der Öffentlichen Sitzung des *AK Innovationsmanagement* anlässlich des 70. Deutschen Betriebswirtschafter-Tages, 29.09.2016, sowie Irene Feige, Mobility Services – Business Model Innovations aus Sicht eines Premium-Herstellers, Vortrag im Rahmen der Sitzung des *AK Innovationsmanagement*, 10.02.2017.

[15] Vgl. zu diesen Tendenzen z. B. Goletz, Heinrichs und Feige (2016).

Sinne eigener Mobilitätsservices beantwortet worden zu sein. BMW bietet seit 2011 gemeinsam mit Sixt den Mobilitätsservice DriveNow an. VW ist ebenfalls 2011 mit dem begrenzten Angebot Quicar eingestiegen, hat dann aber den Nutzerstamm an Greenwheels abgegeben und im Dezember 2016 verkündet, unter der Marke Moia Mobilitätsservices anbieten zu wollen; daneben hat sich VW an dem Uber-Konkurrenten Gett beteiligt.

Als Vorreiter im Bereich der Mobilitätsservices aber kann seit 2008 Daimler mit ihrer Tochter car2Go bezeichnet werden, die mit ihren 14.000 Fahrzeugen rund 2 Mio. Mitglieder an ca. 30 Standorten in 9 Ländern versorgt.[16] Der besondere Service liegt darin, dass die Fahrzeuge überall im Geschäftsgebiet spontan oder nach vorheriger Reservierung angemietet und wieder abgestellt werden können. Mit der App Moovel bietet Daimler einen erweiterten Mobilitätsservice, der verschiedene Angebote aus dem ÖPNV, Bikesharing sowie car2go und mytaxi kombiniert und damit als einheitliche Schnittstelle für jede Form der Routenplanung auftreten möchte. Dabei kann die Route nicht nur geplant, sondern auch gebucht und bezahlt werden. In einer nicht allzu fernen Zukunft ist vorstellbar, dass der Service nach dem Prinzip der „Mass Customized Mobility" [17] noch stärker auf die individuellen Bedürfnisse der Kunden angepasst werden kann. Wenn darüber hinaus autonomes Fahren dazu kommt, dann werden sich die Möglichkeiten für die Geschäftsmodelle noch deutlich ausdehnen.

Die Erwartungen der Kunden an Mobilitätsdienste *(CVP)* sind nicht vorrangig geprägt durch das besondere Design und die Leistungsdaten des Fahrzeugs, sondern vielmehr durch die Einfachheit, mit der das Mobilitätsbedürfnis des Nutzers erfüllt werden kann. Das beinhaltet die schnelle Verfügbarkeit des „richtigen" Verkehrsmittels, das je nach Reisezweck sehr unterschiedlich sein kann (vom Zweisitzer über den Transporter bis hin zum ÖPNV), und die unkomplizierte Abwicklung von der Bedarfsäußerung über die Bereitstellung und Rücknahme bis hin zur Abrechnung. Gleichzeitig beinhaltet dies auch die Verbindung zu einem viel umfassenderen Angebot weiterer Services rund um das mobile Leben. Um diese einheitliche Schnittstelle zum Kunden konkurrieren nicht nur die traditionellen Fahrzeughersteller, sondern zahlreiche weitere Anbieter aus diesem Umfeld – von der Kommune über den ÖPNV bis hin zu den Spezialisten der Datensammlung, -auswertung und -bereitstellung wie z. B. Google+.

Die geänderten Kundenerwartungen haben erhebliche Konsequenzen für die *Key Resources* und die *Key Processes:* Statt hoher Ansprüche an Design, Qualität und Individualität des Fahrzeugs lassen sich sinnvolle Mobilitätsdienste auf Fahrzeugen mit Standardausstattungen aufbauen, die leicht zu bedienen und einfach auf verschiedene Nutzer anpassbar sind. Besonders wichtig ist eine hohe Verfügbarkeit und geringe Total Cost of Ownership, da jeder Ausfall des Fahrzeugs beim Kunden Unzufriedenheit und beim Betreiber des Mobilitätsservices

---

[16] Die Daimler AG betreibt car2Go in verschiedenen Regionen mit unterschiedlichen Partnerunternehmen, in Europa ist der Minderheitspartner des Joint Ventures die Autovermietung Europcar.

[17] Vgl. Gruel und Piller (2016).

Kosten verursacht. Gleichwohl wird es auch in Zukunft ein differenziertes Angebot an Fahrzeugen unterschiedlicher Klassen und Hersteller geben. Aber die Key Resources und Processes werden nicht mehr auf die Fahrzeugherstellung, -reparatur und -finanzierung begrenzt sein, sondern vielmehr auf die Erfassung der Mobilitätswünsche – individuell wie kollektiv – und die Prozesse zur Bereitstellung entsprechender Angebote. Dies gilt auch in Richtung komplementärer Angebote.

Das *Revenue Model* und die *Pofit Formula* werden sehr viel mehr von der täglichen Inanspruchnahme und Zahlungsbereitschaft des Kunden abhängen; selbst Flatrate-Modelle werden keine so langfristige Zahlungsreihe begründen wie bei dem traditionellen Verkauf eines Fahrzeugs auf Kredit. Ergänzt wird dieses volatilere Einnahmemodell aber durch die Entwicklung in Richtung zweiseitiger Märkte: Anbieter, denen es gelingt, sich mit einem umfassenden Mobilitätsangebot durchzusetzen, werden darüber ebenfalls den Zugang zu zahlreichen weiteren Angeboten vermitteln können (Restaurants, Geschäfte, Sehenswürdigkeiten „auf dem Weg“) sowie entsprechende Daten sammeln und verkaufen können. Ferner werden sie über dieses Portal Werbebotschaften an dezidierte Zielgruppen übermitteln können. Darüber hinaus werden die Mobilitätsanbieter bei autonom fahrenden Fahrzeugen zahlreichen interessierten Unternehmen den Zugang zu den Fahrzeugpassagieren während der Fahrt anbieten. Letztlich ergeben sich hier interessante Parallelen zu dem Revenue Model von Google oder aus der Zeitungsbranche. Vielleicht erleben wir auch hier den Trend in Richtung zweiseitiger Märkte, bei denen die Erlöse nicht mehr aus dem reinen Mobilitätsservice, sondern aus der Zahlung für den Zugang zu Anbietern komplementärer Services stammen, die auf Basis der Datenauswertungen ebenfalls sehr individualisiert offeriert werden können.

9.2.4 Luftfahrtindustrie[18]

Zweifellos ist es unmöglich, von „dem“ Geschäftsmodell in der Luftfahrt zu sprechen. Schon auf den ersten Blick gibt es die Fluggesellschaften – mit wiederum unterschiedlichen Kundensegmenten –, die Flugzeughersteller (mit unterschiedlichen Flugzeugtypen), die Dienstleister für Ausstattung, Wartung und Reparaturen (MRO) sowie zahlreiche weitere Service-Provider – wobei im Folgenden nur von der zivilen Luftfahrt und von dem Personentransport die Rede ist. Hier hat eine klassisch disruptive Innovation einen erheblichen Einfluss auf die Geschäftsmodelle entwickelt: Mit dem Aufkommen der Low-Cost-Carrier, ergänzt um zahlreiche Intermediäre und Preisvergleichsportale hat sich das Preisgefüge im Economy-Bereich bei nahezu allen Fluggesellschaften massiv geändert. Der deutlich erhöhte Preiswettbewerb hat eine Effizienzsteigerung in vielen Bereichen des Fliegens erzwungen und zugleich die Markentreue vieler

---

[18] In Anlehnung an Sven Taubert, Der Einfluss der Digitalisierung auf die Geschäftsmodelle in der Luftfahrt, Vortrag im Rahmen der Sitzung des *AK Innovationsmanagement*, 09.02.2017.

Passagiere deutlich reduziert. Ausgehend hiervon haben sich die Geschäftsmodelle bei den Luftfahrtgesellschaften nachhaltig geändert, was auch Auswirkungen auf die Flugzeughersteller hat:

Bei den allermeisten Reisenden ist die Erwartung *(CVP)* seither geprägt durch den Preis für eine im Kern des Transportes von A nach B nahezu homogene Leistung. Die Möglichkeiten zur Differenzierung durch Services sind beschränkt und rechtfertigen aus Sicht der meisten Kunden nur eine begrenzte Preisdifferenzierung. Dies gilt insbesondere für kurze und mittlere Distanzen; auf Interkontinentalflügen gewinnt der Service an Bedeutung, doch nimmt hier auch die Anzahl der anbietenden Airlines und damit der Wettbewerb deutlich zu. Befeuert wird dieser Preiswettbewerb durch die Kostenstruktur der Airlines, da nach der Entscheidung über die Durchführung eines Fluges der mit Abstand größte Teil der Kosten fixiert ist und die Airline gezwungen ist, mit dem Verkauf der Tickets einen möglichst hohen Deckungsbeitrag zu erzielen – was die Preisuntergrenze für die Tickets sehr gering werden lässt. Sicher stellt sich die Situation für Business oder First Class Reisende anders dar, doch ist der Anteil der Business Class Reisenden seither deutlich gesunken.

Dieser Entwicklung der CVP haben sich auch die etablierten Fluggesellschaften anpassen müssen – im Kern über eine permanente Steigerung der Anforderungen an die Effizienz der *Key Resources* und der *Key Processes*. Die vielfältigen diesbezüglichen Ansätze zu würdigen, ist an dieser Stelle unmöglich. Klar ist aber, dass dies erhebliche Konsequenzen für die Anforderungen an die Flugzeuge – und mithin für die Geschäftsmodelle der Flugzeughersteller – hat, wie z. B. die flexiblere Gestaltung der Kabine, die modulare Bauweise der Flugzeuge, die auch für die Wartung erhebliche Vorteile mit sich bringt, oder die Hinzufügung der teuersten Komponente über Betreibermodelle: Wenn die Triebwerke nicht mehr gekauft, sondern von den Triebwerkshersteller betrieben und ihre Nutzung als „power by the hour" abgerechnet werden, dann reduziert das nicht nur das gebundene Kapital, sondern verlagert die Verantwortung für den Betrieb auf den Triebwerkhersteller bzw. auf das Wartungsunternehmen, mit dem der Triebwerkhersteller kooperiert (auch eine Veränderung des Geschäftsmodelles der Triebwerkhersteller). Aber auch andere Aspekte zur Flugzeuggestaltung werden vor diesem Hintergrund interessant, wie z. B. der Verzicht auf ein Inflight Entertainment System, das nicht nur hohe Anschaffungs- und Wartungskosten verursacht, sondern auch schwer ist und damit die Treibstoffrechnung erhöht. Würde man stattdessen den Service des „Bring your own device" anbieten, ließen sich die Kosten deutlich senken – und zugleich neue Angebote für die Nutzung des Internets während des Fluges unterbreiten. Insgesamt aber werde die Veränderungsgeschwindigkeit der Flugzeuge gegenüber anderen Branchen deutlich gebremst durch die Anforderungen der Regulierung und der intensiven Zulassungsprüfung. Eine weitere Hoffnung zur Kostensenkung durch die bessere Datenerfassung und -auswertung ergibt sich aus den künftig sehr viel umfassenderen Daten über die Reparaturbedürftigkeit von Verschleißteilen, so dass die notwendigen Wartungsarbeiten besser vorhergesagt und optimiert werden können, was unmittelbar zu einer Reduktion teurer Ausfallzeiten beiträgt. Dies ermöglicht den MRO-Unternehmen eine verlässlichere Kalkulation der Preise für Komplettangebote zur Wartung und verändert damit deren Geschäftsmodell.

Im Kern der Effizienzsteigerung bei den *Key Processes* steht zweifellos die Automatisierung zahlreicher Prozesse rund ums Fliegen – von der elektronischen Buchung inklusive des elektronischen Tickets über das Self Check-in des Passagiers und des Gepäcks bis hin zum automatisierten Handling des Gepäcks auf Basis der verfügbaren Daten oder der Anzeige bzw. künftig des RFID-Chips im Koffer.[19] Hier sind in der Vergangenheit erhebliche Rationalisierungen umgesetzt worden, die sich mit der breiten Verwendung von Smartphones durch die Passagiere noch deutlich erweitert haben. Es ist leicht vorstellbar, dass sich diese Potentiale in der Zukunft noch weiter ausdehnen.

Der springende Punkt ist auch hier die Frage der *Profit Formula*. Vor dem Hintergrund der oben geschilderten Wettbewerbssituation ist klar, dass selbst unter Berücksichtigung der Kostensenkungen aus der Effizienzsteigerung der reine Verkaufspreis für die regulären Sitzplätze in der Economy Class erheblich unter Wettbewerbsdruck steht. Zwar tragen sowohl die Business Class als auch besonders die First Class maßgeblich zum Erlös bei und zweifellos betreiben die Fluggesellschaften extrem leistungsfähige Systeme zur Ermittlung der Angebotspreise für die Flugreise in Abhängigkeit von zahlreichen Determinanten, aber dennoch kann man davon ausgehen, dass viele Fluggesellschaften nicht rentabel arbeiten könnten, wenn der Verkauf von Sitzplätzen die einzige Quelle für das Erlösmodell wäre. Vielmehr wird dieses Revenue Model in entscheidender Weise ergänzt durch den Verkauf von Zusatzleistungen (Platzreservierung, Plätze mit mehr Beinfreiheit, Gepäck etc.) sowie insbesondere durch Cross-Selling Angebote im Zusammenhang mit der Flugbuchung – sei es die Reiseversicherung oder der Mietwagen am Zielort oder das Hotelzimmer. Dies lässt sich zudem gut mit den Prämienprogrammen wie Miles & More kombinieren. Auf Basis umfassenderer Datenverfügbarkeit werden diese Möglichkeiten in der Zukunft deutlich erweitert – wobei die etablierten Fluggesellschaften in Deutschland auch in Zukunft darauf bedacht bleiben werden den Eindruck zu vermeiden, dass die Daten der Kunden in unerwünschter Weise verwendet werden. Gleichwohl ist vorstellbar, dass – wie bei Mobilitätsangeboten – der Bereich des Cross-Selling weiter ausgebaut wird. So könnten Flugreisen für Passagiere noch günstiger angeboten werden, wenn dafür einigen Unternehmen der Zugang zu den Passagieren geöffnet wird. Dadurch wachsen auch hier die Optionen für zweiseitige Märkte.

[19] Vgl. z. B. "Airbus bag2go" in Kooperation mit Rimowa und T-Systems.

9.2.5 Softwareindustrie (SAP)[20]

Betrachtet man den Bereich Business Software anhand des Unternehmens SAP, so gewinnt man auch hier den Eindruck, dass sich das Geschäftsmodell deutlich gewandelt hat. Die Marktnachfrage wendet sich in Richtung Cloud-Software und leistungsstarker Plattformen: Auf Basis der Cloud-Software werden die Software Applikationen als Service bereitgestellt und die Plattformen ermöglichen die Integration unterschiedlicher Software-Applikationen – sowohl von SAP als auch von anderen Herstellern. Linz, Müller und Zimmermann sprechen in diesem Zusammenhang von einer Steigerung der Vollständigkeit des Angebots und der Transaktionslogik („Inclusiveness") und klassifizieren diese Transformation als Übergang von einem Produkt-System, nämlich der integrierten SAP Business Suite, zum Plattform- und Cloud-Anbieter.[21] Dies prägt auch die *CVP*, deren Ziel es ist, SAP Cloud und SAP On-Premise-Applikationen mit Software von Drittanbietern umfassend und als integrierte Geschäftsprozesse anzubieten.

Bezüglich der *Key Resources* und *Key Processes* ist festzustellen, dass SAP eine Transformation von einer linearen Software-Wertschöpfungskette hin zu dem Management eines Ökosystems von komplementären Software-Anbietern vollzogen hat. Basis dessen ist die Neuentwicklung der SAP HANA Plattform, die eine Migration von 400 Mio. Zeilen Softwarecode der Business Suite auf SAP HANA erforderlich machte. Des Weiteren investierte SAP 8 Mrd. $ in das interne und externe Wachstum bei Cloud-Software. Daneben spielt die Entwicklung des Partnernetzwerkes eine zentrale Rolle: Bereits in der Vergangenheit hat SAP stark auf die Zusammenarbeit mit Systemintegratoren gesetzt, die auch noch heute die große Mehrheit aller SAP Implementierungen umsetzen. Für einen Plattformanbieter gewinnt darüber hinaus die Fähigkeit, eine Community aus Entwicklern für die SAP Plattform aufzubauen und zu orchestrieren, große Bedeutung. Hierzu hat SAP zahlreiche Partnerprogramme ins Leben gerufen. Sowohl für die Einbindung der Partner als auch für die Key Processes insgesamt sei der Übergang zu einem cross-funktionalen und integrierten Dev-Ops-Modell wichtig, das durch die Kopplung aus agilen Entwicklungsverfahren (Dev) und dem Cloud-Betrieb der Software (Operations) für die Kunden gekennzeichnet ist. Schließlich baute SAP ein weltweites Netzwerk an Rechenzentren auf, um die Verfügbarkeit der Software in der Cloud und die Wiederherstellung der Daten im Notfall zu gewährleisten.

Die Geschäftsmodelltransformation von SAP geht mit einer starken Veränderung des *Revenue Model* einher: Statt wie beim traditionellen Verkauf von Softwarelizenzen vorab größere Umsätze und danach kontinuierliche Wartungserlöse zu realisieren, findet nun beim Cloud-Modell ein Nutzungs- oder ein transaktionales Preismodell Anwendung (Abonnement-Modell). Für den Kunden werden

---

[20] In Anlehnung an Carsten Linz, Innovationsführerschaft im Digitalen Zeitalter, Vortrag im Rahmen der Öffentlichen Sitzung des *AK Innovationsmanagement* anlässlich des 70. Deutschen Betriebswirtschafter-Tages, 29.09.2016.

[21] Vgl. Linz, Müller-Stewens und Zimmermann (2017).

Fixkosten damit zu variablen Kosten. Um als Anbieter mit dem Umsatz aus dem Cloud-Service Gewinne realisieren zu können, bedarf es niedriger Kosten im Vertrieb und beim Betrieb der Applikationen und der Plattform. Nach Erreichen einer kritischen Masse an Kunden kann das Cloudgeschäft sowohl beim Umsatz als auch bei Profitabilität das traditionelle Geschäft mit Softwarelizenzen sogar übertreffen. Insgesamt habe SAP mit SAP S/4 HANA die umfassendste Änderung des Geschäftsmodells in der Geschichte des Unternehmens vollzogen.

9.2.6 Finanzindustrie, insbesondere Banken[22]

Es ist frappierend, wie sehr die Digitalisierung auch die traditionsreiche und häufig als veränderungsresistent erachtete Welt der Banken verändert hat und weiter verändern wird. Stichworte wie Crowdfunding, Fintech-Unternehmen und die sich entwickelnde Blockchain-Technologie zeugen von umwälzenden Entwicklungen. Ohne ein ausführliches Fallbeispiel lassen sich wesentliche Veränderungen des Geschäftsmodells traditioneller Banken folgendermaßen charakterisieren:

Jenseits aller notwendigen Segmentierung der Kundengruppen scheint für alle Kunden zu gelten, dass sie als *CVP* vor allem schnelle und jederzeit verfügbare Information in Echtzeit erwarten. Sie sind aber nicht bereit, für diese Information zu bezahlen. Zudem erwartet der Kunde mehr direkte Kommunikation, die ebenfalls schnell und unkompliziert sein muss. Alle Banken arbeiten deshalb an ihrem digitalen Auftritt. Nicht nur Kontoinformation, Zahlungsverkehr und Transaktionen, sondern zunehmend auch Kreditentscheidungen sowie Anlageempfehlungen und -entscheidungen werden digitalisiert. Mit der künstlichen Intelligenz kommt eine ganz neue Qualität in die Anlageempfehlung und den Abschluss.

Dies bedingt eine massive Veränderung der heute oft noch papiergebundenen *Key Processes* in der Bankenwelt: Es wird ein Wandel von einem „Batch Mindset" auf einen „Real Time Mindset" stattfinden, bei dem die Prozesse darauf ausgerichtet sein müssen, qualitativ hochwertige Antworten sofort und über alle vom Kunden genutzten Kommunikationskanäle zu geben. Der Wettbewerb von der Fintech Industrie ist nicht nur eine Bedrohung, sondern ermöglicht auch Chancen zur Partnerschaft. Insgesamt werden *Key Partner* eine größere Rolle als bisher spielen: Die Kernkompetenzen der Banken, die insbesondere im Risikomanagement, einer ausgeglichenen Struktur von Kapitalanlagen und Verpflichtungen (Asset-/ Liability Management) sowie in der Bereithaltung von Angeboten für alle wesentlichen Kundenbedürfnisse zur Kapitalanlage oder -aufnahme (Customer Coverage) liegen, werden sich durch die Digitalisierung

---

[22] In Anlehnung an Stefan Krause, Künftige Geschäftsmodelle im Bankensektor, Vortrag im Rahmen der Öffentlichen Sitzung des *AK Innovationsmanagement* anlässlich des 70. Deutschen Betriebswirtschafter-Tages, 29.09.2016.

nicht verändern. Aber zusätzlich benötigt werden Kompetenzen in den Bereichen Technologie und Datenmanagement sowie Online Marketing und Vertrieb.

Die grundsätzliche Art, wie man in der Bank Geld verdient (*Profit Formula*), wird sich nicht ändern. Provisionen, Zinsmarge und Risikokosten werden weiter entscheidend sein. Wie man die Leistung liefert, wird sich verändern, und damit die Kostenstrukturen. Hier kann man von einer deutlichen Kostensenkung durch Automatisierung vieler Prozesse ausgehen.

9.2.7 Handel, insbesondere Versand- bzw. Onlinehandel[23]

Der fundamentale Einfluss der Digitalisierung auf den stationären Handel ist allgemein bekannt: Die Präsentation der Ware bedarf keiner lokalen Ausstellung mehr, sondern ist jederzeit online präsent. Die Beratungsfunktion des stationären Einzelhandels vor Ort wird substituiert durch die Bewertungen und Rezensionen anderer Kunden sowie durch Produkttests zahlreicher Institutionen und teilweise auch durch die Hotline des Onlinehändlers. Wie noch gezeigt wird, erscheint sogar das virtuelle Anprobieren der Bekleidung immer realistischer. Und die Orts- und Zeitüberbrückung wird schon heute durch leistungsfähige Logistikdienstleister im 24h-Service oder demnächst sogar im Intraday-Service übernommen. Dass jedoch nicht nur der stationäre Einzelhandel, sondern auch der Versand- bzw. Onlinehandel vor fundamentalen Herausforderungen steht, ist vielleicht nicht so weitläufig bekannt.

Die Kundenerwartungen *(CVP)* sind geprägt durch deutlich gestiegene Anforderungen an technisch perfekte Darstellungen auf allen Kanälen – vom Shop für E-Commerce im Internet über das Angebot im mobilen Internet und die Einbindung in Apps bis hin zur Verknüpfung der Angebote über soziale Netzwerke, damit die Kunden ihre potentielle Auswahl über soziale Medien teilen und diskutieren können. Selbstverständlich erwarten die Kunden zutreffende Produktbeschreibungen und informative Bewertungen. Und dann sind sie natürlich auf der Suche nach günstigen Preisen – insbesondere vor dem Hintergrund einer deutlich höheren Transparenz auf der Basis von Preissuchmaschinen. Daneben stehen die Ansprüche an eine schnelle Lieferung und an einen umfassenden Service bei Problemen mit dem Produkt. War der 24h-Lieferservice gestern noch ein Alleinstellungsmerkmal, kann das heute als Hygienefaktor betrachtet werden. Mittlerweile gehen die Anforderungen eher in Richtung einer personalisierten Schnittstelle, bei der der Kunde auf jedem Gerät das gleiche personalisierte Angebot vorfindet und die Komplexität der riesigen Produktauswahl sowohl durch eine personalisierte Ansprache (wie auch bei AirBnB, Uber oder Spotify) als auch durch personalisierte Produktempfehlungen verringert wird.

[23] In Anlehnung an Silke Marward und Tim Buchholz, Perspektiven für die Entwicklung innovativer Geschäftsmodelle im Handel, Vortrag im Rahmen der Sitzung des *AK Innovationsmanagement*, 09.02.2017.

Diese Anforderungen werden dadurch nachhaltig geschürt, dass der Onlinehandel einem aggressiven internationalen Wettbewerb unterliegt, der zugleich durch ausgeprägte Konzentrationstendenzen und erhebliche Wettbewerbsvorteile aus der Konzentration geprägt ist. Des Weiteren spielt aus der Sicht des Kunden die Sortimentsfunktion eine wesentliche Rolle, also die Möglichkeit, ein breites Sortiment unterschiedlicher Waren über das gleiche Portal und mit demselben Kundenkonto erwerben zu können, für das dann u.U. Vorteile in Abhängigkeit von dem Einkaufsvolumen oder über eine Prime-Mitgliedschaft gegeben werden. Auf diese Weise wird ein Anbieter-Ökosystem aufgebaut, das die Erfahrungswelt des Kunden deutlich vereinfacht – in der der Kunde aber gleichzeitig auch einem Lock-in Effekt erliegt. Um dies zu erreichen, ist die Beziehung zum Kunden das Entscheidende; es geht um den Customer Lifetime Value und nicht um den einzelnen Kauf.

Im Zentrum der *Key Resources* und *Key Processes* steht die Beherrschung der IT für ein hochwertiges, stabiles Kundenerleben und für die erwähnte personalisierte Kundenansprache. Dazu müssen nicht nur alle oben genannten Kanäle bedient, sondern diese müssen auch über responsive Shops verbunden werden, um dem Kunden über jedes Gerät den gleichen Wiedereinstieg in seine Einkaufswelt zu ermöglichen. Mehr denn je kommt es dazu auf eine zielgerichtete Sammlung und Auswertung von Daten über das Verhalten einzelner Kunden oder Kundengruppen an. Auf dieser Basis soll der Herausforderung begegnet werden, dem einzelnen Kunden aus der unüberschaubaren Vielfalt an Produkten genau jene anzubieten, die ihn mit hoher Wahrscheinlichkeit interessieren. Die dahinter stehenden statistischen Auswertungen und Algorithmen stellen zunehmend eine Kernkompetenz dar. Sobald sich aus der Datenauswertung innovative Anregungen ergeben, ist es wichtig, diese schnell aufzugreifen, zu testen und daraus zu lernen. Hierzu muss das Unternehmen eine hohe Flexibilität zur umgehenden Anpassung an veränderte Kundenwünsche aufweisen. Eine agile Organisation gehört ebenso dazu wie die Identifikation und Integration von interessanten Start-ups.

Die erwartete große Sortimentsbreite und -tiefe kann das Handelsunternehmen nur mit einer entsprechenden Anbindung der Hersteller und ggf. weiterer Händler bereitstellen. Auch diese Partner stellen *Key Resources* dar und müssen über effiziente *Key Processes* eingebunden werden. Als Unternehmen, das eine Plattform für den Austausch zwischen einer Vielzahl an Herstellern einerseits und Kunden andererseits bereitstellen will, kommt es nicht nur darauf an, einen Mehrwert für die Kunden zu schaffen, sondern auch die Partnerunternehmen effizient zu bedienen. Ihnen muss es so einfach wie möglich gemacht werden, diese Plattform für den Vertrieb ihrer Produkte zu nutzen. Damit entwickeln sich auch Onlinehändler zunehmend zu Plattformen auf einem zweiseitigen Markt.

Während die bisherige Darstellung vor allem den Status Quo beschreibt, zeichnen sich am Horizont bereits die nächsten gravierenden Veränderungen ab, die die bisherigen Geschäftsmodelle der Onlinehändler (und im Übrigen auch die Geschäftsmodelle der stationären Einzelhändler) erneut herausfordern: Mit einer Verbreitung des Internet of things ist absehbar, dass viele Gegenstände (z. B. die

Waschmaschine) mit ihrer eigenen Verbindung ins Internet die direkte Kommunikation zwischen dem Hersteller und den Endkunden deutlich erleichtern. Auf diese Weise kann der Hersteller nicht nur automatisiert die Versorgung des Kunden mit Verbrauchsmaterialien (z. B. Waschmittel) organisieren, sondern er kann den Zustand der Waschmaschine permanent überwachen und ggf. den Service zur Wartung oder Reparatur entsenden oder dem Kunden bei entsprechendem Verschleiß eine neue Waschmaschine zu einem Sonderpreis anbieten. In einer solchen Welt muss sich der Handel fragen, mit welchem Geschäftsmodell er seine Relevanz aus Sicht des Kunden behält. Im Kern liegt die Kundenerwartung nicht in dem günstigen Kauf einer Waschmaschine, sondern in dem verlässlichen Service, mit Hilfe eines bestimmten Gerätes seine Bedürfnisse befriedigen zu können, also z. B. mit einer bestimmten Qualität waschen zu können oder sogar gewaschene Wäsche zu beziehen.

Der Otto Versand verfolgt u. a. die beiden folgenden Ansätze zur Erweiterung des Service, um die Relevanz als Handelsunternehmen zu erhalten:

- Der „Otto Produktassistent“ ist ein Aufkleber für Geräte, der mit einer URL bzw. einem NFC-Tag ausgestattet ist. Diesen kann der Kunde mit einem Smartphone auslesen, woraufhin ihm alle relevanten Informationen über das Gerät präsentiert werden, z. B. Informationen über die Reinigung der Brüh-Gruppe eines Kaffee-Automaten (inkl. Video-Anleitungen etc.). Auf diese Weise soll in dem Moment, wo Fragen auftreten, die Lösung von Otto in leicht zugänglicher Weise bereitgestellt werden.
- Unter der Marke „Otto Now“ bietet Otto verschiedene Geräte (Haushaltsgeräte, Fernseher, Notebook etc.) zur Miete an. Die monatliche Zahlung beinhaltet ggf. auch die Reparatur oder sogar den Austausch durch Otto, der Mietvertrag ist jederzeit kündbar und der Mietpreis sinkt mit der Dauer des Mietvertrags. Auf diese Weise hofft Otto, als Vertragspartner im Bewusstsein der Kunden zu bleiben und nach einem Umzug oder beim Umstieg auf neuere Geräte als permanenter Partner die entsprechenden Services fortsetzen zu können. Ferner kann Otto bei diesem Service auf die langjährigen Erfahrungen mit dem Geräte-Service und der Wiederverwertung bauen.

Letztlich muss es im Interesse eines Onlinehändlers sein, vom Kunden als primäre Anlaufstelle für eine breite Gruppe an Services wahrgenommen zu werden, um über Services und Bonus-Programme Lock-in Effekte zu erzielen und relativ viel über die Präferenzen des Kunden zu erfahren. Auf diese Weise kann man neben den nachgefragten Produkten unaufdringlich Angebote im Cross-Selling unterbreiten und das eigene Geschäftsmodell ausweiten. Amazon Prime beschreitet diesen Weg über diverse Zusatzangebote relativ erfolgreich. Dadurch kann es dem Handel gelingen, vom Kunden über die klassische Sortimentsfunktion und den umfassenden Service als der eigentliche Ansprechpartner wahrgenommen zu werden. Das jedoch verlagert das Geschäftsmodell und insbesondere die *Profit Formula* von der Verkaufsprovision in Richtung einer dauerhaften Entlohnung für die Bereitstellung jener Services.

9.2.8 Weitere innovative Geschäftsmodelle datenbasierter Start-ups

Die bei der Erläuterung des Versandhandels angedeutete Möglichkeit des realitätsgetreuen Anprobierens von Bekleidung im Online-Store öffnet den Blick auf ein weiteres innovatives Geschäftsmodell: Ein Beispiel bietet die noch junge und doch schon sehr erfolgreiche *doob group*.[24] Deren Angebot besteht darin, dass sie in einem der derzeit 14 stationären Stores (Düsseldorf, Berlin, New York, Los Angeles, San Francisco, Sydney, Barcelona, Tokyo, Teheran, Kuala Lumpur) oder in einem der mobilen „Fotostudios" eine Aufnahme von Person(en) mit 66 Kameras macht, die auf mehreren Ebenen kreisförmig angeordnet sind. Der sog. „dooblicator" ist ein mobiles, berührungsloses Fullbody-Scanning-System, das eine Erfassung des menschlichen Körpers und anderer komplexer Oberflächenstrukturen schnell (0,01 Sek.) und hochpräzise gewährleistet. Aus diesen multiperspektivischen Aufnahmen werden die 3D-Daten errechnet, um daraus ein realitätsgetreues 3D-Modell der Person zu erzeugen. Dieses kann einerseits genutzt werden, um mit Hilfe des 3D-Drucks eine naturgetreue Figur herzustellen, die dem Kunden ausgehändigt wird. Andererseits entsteht über das 3D-Modell ein virtueller Avatar, den die doob group im Rechner in Bewegung versetzen kann. So kann der Avatar sowohl natürliche Körperbewegungen vollführen, als auch gestikulierend und mit natürlich anmutender Mimik kommunizieren.

Diese Technik bietet völlig neue Möglichkeiten bei der Entwicklung individueller und maßgeschneiderte Produkte und Lösungen für verschiedenste Industrien und Märkte. Bereits heute interessieren sich nicht nur Privatpersonen für diese Leistung, sondern u. a. die Bekleidungsindustrie oder der Handel, die darüber ein Anprobieren von Bekleidungsstücken am virtuellen Abbild des Kunden ermöglichen, oder die Film- und Gaming-Industrie, der sich neue Möglichkeiten für die Einbindung von Avataren in Filme, in Augmented- oder Virtual Reality-Anwendungen und in Spiele bieten.

Das Geschäftsmodell der doob group basiert auf einem vollautomatisierten Plattformmodell und dient der Vermarktung von digitalen Menschendaten für diverse Industrien und Konsumenten. Derzeit stellt der Verkauf von individuell 3D-gedruckten Figuren den wichtigsten Revenue Stream des Unternehmens dar: Darüber hinaus ist der *CVP* für andere Unternehmen überall dort leicht erkennbar, wo es um die Einbindung von Personen in eine virtuelle Welt geht – um die virtuelle Anprobe von Textilien (und damit um die Reduktion der Retouren-Quote), um die Einbindung realer Personen in Augmented- bzw. Virtual Reality-Anwendungen und in Spiele oder um Online-Meetings mit Avataren in einem Skype 3.0.

Bezüglich der *Key Resources* und *Key Processes* ist erstens die Datenbank mit den Humandaten vieler Privatpersonen und bekannter Persönlichkeit

---

[24] In Anlehung an Vladimir Puhalac und Paul Blažek, Business Model Evolution made in Germany, Vortrag im Rahmen der Öffentlichen Sitzung des *AK Innovationsmanagement* anlässlich des 70. Deutschen Betriebswirtschafter-Tages, 29.09.2016.

hervorzuheben sowie zweitens die Weiterentwicklung („deep learning“) jener Algorithmen zur Generierung der digitalen Menschen-Modelle aus den multiperspektivischen Aufnahmen mittels künstlicher Intelligenz auf Basis dieser Datenbank. Mit der Entwicklung der doob group zum Data Broker erschließen sich weitere Kommerzialisierungsmöglichkeiten, welche in einem zweiseitigen Markt auf die wiederkehrende und skalierbare Verwertung von Humandaten setzen.

In ebenfalls fundamentaler Weise ist ein neues Angebot von *HYVE* in der Lage, die Geschäftsmodelle vieler Branchen zu beeinflussen.[25] HYVE selbst verfolgt in ihrem „Haus der Innovation“ eine ganze Reihe unterschiedlicher Geschäftsmodelle zur Förderung von Innovationen. Im Folgenden soll es um das Tochterunternehmen „*TAWNY*“ gehen, mit dem HYVE ein System aus dem Bereich des „Affective Computing“ präsentiert, das es mit Hilfe künstlicher Intelligenz möglich machen soll, Gefühle zu erkennen, zu interpretieren und zu verarbeiten. Dazu nutzt TAWNY im Wesentlichen physiologische Daten, die über Wearables erfasst werden, wie Herzfrequenz, Hauttemperatur oder die elektrodermale Aktivität. Ergänzend kann man Stimmmuster oder den Gesichtsausdruck als physiologische Merkmale hinzuziehen. Diese physiologischen Daten können angelernte Systeme mit Hilfe von Machine-Learning-Algorithmen in Gefühlsmuster übersetzen. Je besser diese Systeme für einzelne Individuen kalibriert sind und je mehr physiologische Daten parallel erfasst und verarbeitet werden, desto verlässlicher ist die sich daraus ergebende Gefühlseinschätzung.

Für derartige aktuelle Einschätzungen der individuellen Stimmungslage – oder sogar ihrer kurzfristig erwartbaren Entwicklung – gibt es vielfältige Nutzungsmöglichkeiten wie z. B.

- die Gestaltung von Rahmenbedingungen im Smart Home Bereich wie Ambientebeleuchtung oder Empfehlungen zur Unterhaltungsmusik oder zu Filmen,
- ein empathisches Fahrzeug, das in Abhängigkeit vom Aggressivitätslevel des Fahrers die Fahrerassistenzsysteme anpasst,
- die Ausgestaltung von Kommunikationsinhalten, die je nach aktueller Gefühlslage anders vermittelt werden – man denke beispielsweise an die Werbebotschaft oder an die Produktvorschläge beim online-shopping. Weiterhin könnten Recommender-Systeme wie Netflix oder intelligente Agenten wie Alexa die emotionale Lage der Menschen mitberücksichtigen,
- die aktuelle Beanspruchung oder sogar Überforderung von Menschen bei anstrengenden Aufgaben im Arbeitsleben z. B. zur Verbesserung der Arbeitssicherheit,
- medizinische Anwendungen in Abhängigkeit von der Gefühlslage z. B. bei manisch-depressiven Patienten, aber auch bei Patienten mit vielen anderen Erkrankungen.

---

[25] In Anlehnung an Michael Bartl, Entwicklung eines Ökosystems für Innovation und neue Business Modelle, Vortrag im Rahmen der Sitzung des *AK Innovationsmanagement*, 10.02.2017.

Das dahinterstehende Geschäftsmodell für ein Unternehmen wie HYVE wird bezeichnet als „Horizontal Artificial Intelligence as a Service", mit Hilfe dessen der cloudbasierte Service der Auswertung jener physiologischen Daten für einen bestimmten Geldbetrag angeboten wird. Dies eröffnet vielfältige Möglichkeiten zur Anpassung der Geschäftsmodelle verschiedenster Dienstleister durch Nutzung der Emotionsdaten von Menschen, z. B. in den oben genannten Bereichen. Es scheint, als würde der Satz an nutzbaren Daten durch eine Affective-Computing-Technologie wie die von TAWNY um eine ganze Dimension erweitert.

In den Fallbeispielen wurde mehrfach die Bedeutung einer Einbeziehung externer Wissensträger als *Key Resource* in die Geschäftsmodelle betont. Eine besonders beeindruckende Form der Wertschöpfung durch User vollzieht sich in verschiedenen Bereichen der Patientenversorgung, insbesondere bei der Erstellung von *Apps für medizinische Zwecke*.[26] Eine Untersuchung von 1140 Apps für medizinische Zwecke erbrachte, dass fast die Hälfte dieser Apps von Ärzten, Patienten oder deren Angehörigen, kurzum von Usern, entwickelt worden ist. Ferner erbrachte die Analyse der Ratings, dass die User Apps signifikant besser bewertet worden sind als die von Unternehmen entwickelten Apps. Als ursächlich kann das ausgeprägte Anwendungswissen der User vermutet werden. In jedem Fall wird schnell deutlich, dass Medizingerätehersteller gut beraten wären, diese Inputs als *Key Resources* in ihrem Unternehmen zu nutzen und eine effiziente Einbindung durch entsprechende *Key Processes* sicherzustellen.

9.3 Diskussion: Gemeinsamkeiten zwischen den Praxisbeispielen

Bei aller Schwierigkeit des Vergleichs zwischen den sehr heterogenen Branchen und unter allem Vorbehalt, dass auch aus den betrachteten Branchen immer nur Ausschnitte herausgegriffen werden konnten, soll nachfolgend versucht werden, einige zusammenfassende Eindrücke zu destillieren.

Zunächst sei festgehalten, dass die vermuteten gravierenden Änderungen der Geschäftsmodelle tatsächlich in einer erstaunlichen Breite unterschiedlicher Branchen beobachtbar sind. Sowohl die Bedürfnisse der Kunden als auch die Koordination arbeitsteiliger Leistungserstellung scheinen sich auf breiter Basis zu ändern. Was die einzelnen Elemente eines Geschäftsmodelles angeht, so lässt sich – mit aller Vorsicht – Folgendes festhalten:

Die *Customer Value Proposition* scheint zunächst dadurch geprägt, dass die Kunden immer stärker eine umfassende Lösung ihrer Bedürfnisse statt einzelner Produkte suchen. Dies beinhaltet den umfassenden Service ebenso wie die Individualisierung der Leistung. Nicht die Zeitung, sondern die personalisierte

[26] In Anlehnung an Moritz Göldner, Neue Geschäftsmodelle im Gesundheitswesen – die medizinische App auf Rezept, Vortrag im Rahmen der Sitzung des *AK Innovationsmanagement*, 10.02.2017. Vgl. auch Göldner und Herstatt (2016).

Versorgung mit allen relevanten Informationen, nicht das Fahrzeug, sondern die personalisierte Mobilitätsdienstleistung, nicht der Verkauf einer Waschmaschine, sondern die Gewährleistung der Möglichkeit zu waschen prägen die Erwartung der Kunden. Die umfassende Befriedigung der Bedürfnisse kann ggf. auch die Hinzuziehung komplementärer Leistungen weiterer Hersteller erforderlich machen. Die Mobilität soll über eine App geregelt werden, über die alle Verkehrsbetriebe gebucht werden können. Daneben steigen die Erwartungen an die Bereitstellung der Informationen in Echtzeit, wie auch für die Banken betont.

Vor diesem Hintergrund wird in vielen Branchen eine interessante Frage lauten: Welches Unternehmen bildet den Ansprechpartner des Kunden? Dieser Wettbewerb wird unter Anbietern aus vielen verschiedenen Branchen ausgefochten – in dem Bewusstsein, dass nur wenige Plattformen sich durchsetzen werden. Die Plattformbetreiber müssen vor allem eine mühelose Kommunikation ohne Medienbrüche anbieten, die auf umfassenden Informationen rund um die einzelnen Kunden basiert. Dazu trägt nicht nur die weitläufige Sammlung von Daten über die Interessen des Einzelnen bei, sondern auch die Daten über die körperliche Verfassung (man denke an die Wearables und die entsprechende Bündelung derartiger Daten über IBM Watson) und über die emotionale Verfassung der einzelnen Personen, wie von TAWNY bereitgestellt. Ergänzt man diese Daten um die Möglichkeiten der Mustererkennung mit Hilfe der Artificial Intelligence, dann werden die Wünsche Einzelner tatsächlich prognostizierbar. Zudem zeigt das Beispiel von doob, dass die Grenzen zwischen der physischen und der virtuellen Realität zunehmend verschwimmen. Und die Beispiele der Medical Apps zeigen, wie sehr die Akteure dabei auch als „Prosumer“ oder „Co-Creator“ auftreten, ebenso wie bei der Ergänzung journalistischer Inhalte um UGC.

Bei den *Key Resources* spielt dementsprechend die breite Erfassung der Kundendaten eine extrem große Bedeutung sowie die Beherrschung der IT zur vollständigeren Ableitung von Mustern und zur komfortablen Kommunikation mit den Kunden; dies wird von nahezu allen betrachteten Branchen betont. Daneben trägt die Modularisierung der Produkte wesentlich zur effizienten Anpassung der Leistungen an die individuellen Bedürfnisse der Kunden bei. Man denke nur an den Aufwand, den SAP an dieser Stelle betrieben hat, aber beispielsweise auch an die Bedeutung der Modularisierung in der Automobil- oder in der Luftfahrtindustrie. Des Weiteren wird in vielen Branchen deutlich, dass das umfassende Angebot für die Kunden nur unter Mitwirkung zahlreicher Partnerunternehmen realisierbar ist. Dies wurde für Banken oder für SAP sehr deutlich betont, aber auch für die Luftfahrtindustrie und für Mobilitätsleistungen. Bei Otto war gar die Rede davon, für die Partner so attraktiv sein zu müssen, dass diese ihre Leistungen über Otto verkaufen wollen. Dabei müssen diese Key Partner gar nicht nur andere Unternehmen sein, sondern können auch Communities sein, die z. B. für Zeitungen eine herausragende Bedeutung erlangen, oder Lead User wie in dem Bereich der App-Entwicklung für die Patientenversorgung.

Was die *Key Processes* angeht, so ist insbesondere für Google, aber auch für die Banken, für SAP oder die Mobilitätsservices sowie auch für Otto und selbst für doob und TAWNY betont worden, wie wichtig eine weitgehende

Automatisierung aller Prozesse zur Kommunikation mit den Kunden ist, um die Kosten für die Erbringung individualisierter Leistungen im Zaume zu halten. Dort, wo eine enge Einbindung weiterer Partner oder gar der Nutzer geboten ist – wie in der Medienindustrie oder bei Mobilitätsdiensten – spielt eine effiziente Gestaltung der Prozesse zur Einbindung dieser Partner eine ebenso große Rolle. Ein weiteres angestrebtes Ergebnis der Prozesse zur Datensammlung und -auswertung lautet: be predictive. So sieht LHT in der besseren Prognose etwaiger Reparaturnotwendigkeiten ein großes Potential zur Kostensenkung bei gleichzeitiger Steigerung der Servicequalität. Auch Otto erklärt sein Bestreben, die künftige Kundennachfrage besser vorhersagen zu können, um individualisierte Angebote zu geringeren Kosten realisieren zu können.

Die Frage der *Profit Formula* ist angesichts der wachsenden Ansprüche jener Kunden bei gleichzeitig zunehmendem Wettbewerb die eigentliche Herausforderung. Unternehmen aus der Internetökonomie haben diesbezüglich neue Wege gewiesen. Google macht eindrucksvoll deutlich, wie man Leistungen für eine extrem große Zahl an Kunden unentgeltlich bereitstellen und dadurch für viele andere Unternehmen auf einem zweiseitigen Markt so attraktiv werden kann, dass daraus eines der wertvollsten Unternehmen der Welt entstehen konnte. Die Medienindustrie muss versuchen, einen ähnlichen Weg zu beschreiten, und sie muss sich beeilen, denn sie konkurriert mit Diensten wie Google News und insbesondere den sozialen Netzwerken um die Aufmerksamkeit der interessanten Leser. Aber auch die Anbieter von Mobilitätsservices und die Anbieter von Flugreisen betonen die Bedeutung des Cross-Selling für die eigenen Erlöse und sehen sich einem solchen zweiseitigen Markt gegenüber; auch hier könnte der Wettbewerb bewirken, dass die Kunden für die primäre Leistung der Beförderung wenig bezahlen, sie dafür aber während der Fahrt mit den Angeboten anderer Unternehmen konfrontiert werden. Auch der Handel betont die Bedeutung des Cross-Selling auf Basis der Daten über die Interessen des einzelnen Kunden. Besonders pikant scheint in all diesen Fällen die erwartbar hohe Korrelation zwischen der Anzahl der Nutzer und der Anzahl der sekundären Angebote – was wiederum mehr Informationen über die Nutzer offenbart – weil diese Korrelation die Konzentrationstendenzen begünstigen könnte. Dies wiederum würde die Dringlichkeit unterstreichen, sich mit dem Thema der BMI zu befassen.

Dabei gewinnt man den Eindruck, dass die traditionellen Unternehmen nicht aus freien Stücken agieren, sondern von den Potentialen der IT zur umfassenderen Gestaltung ihrer Services getrieben werden. Unternehmen, die eine hohe Kompetenz in der Gewinnung und Auswertung von personenbezogenen Daten der Kunden besitzen, beherrschen zunehmend die Kundenkommunikation und vermögen dadurch auch verstärkt die Kundenmeinung zu beeinflussen. Dadurch besteht die Gefahr, dass diese Unternehmen höhere Wertschöpfungsbeiträge zu Lasten der Produkthersteller abschöpfen. Die oben beschriebenen Reaktionen zur Entwicklung neuer Geschäftsmodelle durch traditionelle Hersteller und Händler sind also auch als Notwehr zu verstehen, um den Kontakt zu den eigenen Kunden so weit wie möglich zu erhalten.

In der weiteren Verwendung von Kundendaten steckt noch viel ungenutztes Potential, das zahlreiche Start-ups gezielt zu nutzen versuchen. Durch Automatisierung locken vergleichsweise attraktive Profite. Revenue Model und Cost Structure der IT-basierten Ressourcen und Prozesse sind attraktiver als im traditionell produzierenden Gewerbe.

Für den Kunden bedeutet dies ein erhöhtes Maß an Komfort und Bequemlichkeit, aber auch ein Verlust an Privatsphäre und teilweise zunehmende Abhängigkeit. Insofern sind die beschriebenen Entwicklungen auch Abbild eines tiefgreifenden gesellschaftlichen Wandels.

9.4 Schlussfolgerungen

Die Veränderung vieler Branchen in den vergangenen 15 Jahren ist mit einer Geschwindigkeit vorangeschritten, die viele nicht für möglich gehalten hätten. Schon heute sind die Geschäftsmodelle ganzer Branchen in Bewegung, konvergieren Branchen und dringen damit in ehemals getrennte Geschäftsmodelle ein. Diese Entwicklung wird sich mit zunehmender Digitalisierung beschleunigt fortsetzen. Wer jetzt seine Geschäftsmodelle nicht grundlegend auf den Prüfstand stellt und sie an die veränderten Kundenerwartungen in einer digitalisierten Welt anpasst, der wird möglicherweise mitansehen müssen, wie andere Service-Provider auf der Basis weitreichender Informationen über die Kunden umfassende Dienstleistungen kombinieren – sodass die traditionellen Unternehmen allenfalls noch Zulieferer für diese umfassenden Service-Provider sind.

Literaturverzeichnis

Amit, Raphael, und Christoph Zott. 2001. Value Creation in E-Business. *Strategic Management Journal*, 22:493-520.

Baden-Fuller, Charles, und Mary S. Morgan. 2010. Business Models as Models. *Long Range Planning*, 43:156-171.

Chesbrough, Henry, und Richard S. Rosenbloom. 2002. The role of the business model in capturing value from innovation: evidence from Xerox Corporations's technology spin-off companies. *Industrial and Corporate Change*, 11:529-555.

Dennstedt, Bianca, und Hans Koller. 2016. Business Model Innovations in the Digital Publishing Industry. *Global Media Journal*, 6:14-27.

Dennstedt, Bianca, und Hans Koller. 2017. Reinvention of Publishers' Revenue Model – Expectations of Advertisers towards Publishers' Products. *Media and Communication*, 5(2):77-86. DOI: 10.17645/mac.v4i3.845.

Eisenhardt, Kathleen M. 1989. Building Theories from Case Study Research. *The Academy of Management Review*, 14:532-550.

Goeldner, Moritz, und Cornelius Herstatt. 2016. *Are Patients and Relatives the Better Innovators? The Case of Medical Smartphone Applications*. https://papers.ssrn.com/sol3/papers.cfm?abstract_id=2743314. Technology and Innovations Management. Working Paper No. 91, Hamburg University of Technology.

Goletz, Mirko, D. Heinrichs und I. Feige. 2016. *Mobility Trends in Cutting-Edge Cities*. Institute for Mobility Research.

Gruel, Wolfgang, und Frank T. Piller. 2016. A new vision for personal transportation. *MIT Sloan Management Review,* 57:19-23.

Hess, Thomas. 2014. What is a Media Company? A Reconceptualization for the Online World. *International Journal on Media Management,* 16:3-8.

Johnson, Mark W., C. M. Christensen und H. Kagermann. 2008. Reinventing your Business Model. *Harvard Business Review,* (12):50-59.

Koller, Hans, und Bianca Dennstedt. 2016. Business Model Innovations in the Digital Publishing Industry. In *Megatrend Digitalisierung – Potentiale der Arbeits- und Betriebsorganisation*, Hrsg. C. M. Schlick, 261-280. Berlin: GITO-Verlag.

Linz, Carsten, G. Müller-Stewens und A. Zimmermann. 2017. *Radical Business Model Transformation. Gaining the competitive edge in a disruptive world,* London, New York: Kogan Press.

Teece, David J. 2010. Business Models, Business Strategy and Innovation. *Long Range Planning,* 43:172-194.

Yin, Robert K. 2009. *Case Study Research: Design and Methods*. Applied Social Research Methods Series 5, Thousand Oaks, London und New Delhi: SAGE.

Zeng, Michael, B. Dennstedt und H. Koller. 2016. Democratizing Journalism – How User-Generated Content and User Communities Affect Publishers' Business Models. *Creativity and Innovation Management,* 25:536-551.

Zerdick, Axel, et al. 2001. *Die Internet-Ökonomie. Strategien für die digitale Wirtschaft,* 3. Aufl., Berlin und Heidelberg: Springer-Verlag.

Zott, Christoph, R. Amit und L. Massa. 2011. The Business Model: Recent Developments and Future Research. *Journal of Management,* 37:1019-1042.

Kapitel 10
Die eigene Digitalisierungsstrategie finden: Auswirkungen der Digitalisierung auf die Geschäftsmodelle in der Baubranche

Arbeitskreis Baubetriebswirtschaft der Schmalenbach-Gesellschaft für Betriebswirtschaft e.V.[1, 2]

10.1 Digitalisierung ist mehr als eine Innovation!

Die Digitalisierung findet nicht mehr nur Eingang in einzelne Werkzeuge; digitale Systeme wachsen sich vielmehr zum roten Faden aus, der bestimmt, wie Geschäftsmodelle entwickelt werden müssen und welche Geschäftsmodelle in der Zukunft funktionieren werden. Sie bestimmen, wie sich die gesamte Interaktion der Marktteilnehmer untereinander verändert und sie determinieren die Logik der Prozesse.

Bei Innovationen kann man entscheiden, diese aufzugreifen und umzusetzen oder nicht. Ob die getroffene Entscheidung klug war, zeigt dann das Jahresergebnis. Im Gegensatz dazu kann man sich jedoch als Unternehmen kaum für oder gegen Digitalisierung entscheiden, denn sie durchdringt alle Strukturen,

---

[1] Mitglieder des Arbeitskreises: Dr. Wolfgang R. Bays, Brune Consulting GmbH / Ralf Behn, Rud. Otto Meyer Ltd. & Co. KG / Dr. Karsten Derks, Derks.co / Dr. Andreas Geyer, Zentralverband des Deutschen Baugewerbes e.V. / Prof. Dr. Mike Gralla, TU Dortmund / Prof. Dr. Manfred Helmus, Universität Wuppertal / Prof. Dr. Dieter Jacob, TU Freiberg / Thorsten Krauß, KRAUSS Baugesellschaft mbH Berlin / Gerhard List, List AG / Joachim Neßeler, nesseler bau gmbh / Prof. Dr. Ralf-Peter Oepen, BWI-Bau GmbH / Prof. Dr. Andreas Pfnür, TU Darmstadt / Prof. Dr. Peter Racky, Universität Kassel / Dr. Karl Reinitzhuber, Unibail-Rodamco Germany GmbH / Rolf Scharmann, Johann Augel Bauunternehmung GmbH / Prof. Dr. Dirk Schiereck, TU Darmstadt / Andreas Schmieg, Buchalik Brömmekamp Unternehmensberatung GmbH / Dr. Alexander Tesche, Ed. Züblin AG / Reinhold Wittenberg, AUG. PRIEN Bauunternehmung GmbH & Co. KG / Hans-Joachim Zahn / Prof. Dr. Josef Zimmermann, TU München.

[2] Für die Unterstützung bei der Erstellung des Beitrags dankt der Arbeitskreis Nahid Khorrami (Bergische Universität Wuppertal) und Elvira Bodenmüller (BWI-Bau, Düsseldorf).

Prozesse und Instrumente. Deshalb wäre es fatal, sich den Herausforderungen der Digitalisierung zu verschließen: Dies würde nur den Fortbestand des eigenen Unternehmens gefährden. Genau hier setzt die disruptive Wirkung der Digitalisierung an. Denn Digitalisierung bedeutet nicht nur, vorhandene Prozesse digital abzubilden.

Digitalisierung ist mehr! Digitalisierung wirft nämlich die Frage auf, wie Prozesse zukünftig aussehen werden und wie diese veränderten Prozesse in digitalen Systemen realisiert werden können. Die systemische Digitalisierung bestimmt, wie Unternehmen zukünftig ihre Geschäfte abwickeln. Sie verändert die Interaktion mit Kunden, Lieferanten, Nachunternehmern und anderen am Bauprozess beteiligten Partnern. Sie verändert mithin die Geschäftsmodelle der Bauunternehmen. Genau dies ist Disruption, also das Verdrängen bestehender Technologien, Produkte und Dienstleistungen durch andere Verfahren, Abläufe, Strukturen und Prozesse.

10.2 Mehrwerte der Digitalisierung

Digitalisierung ist kein Selbstzweck. Im Vordergrund stehen vielmehr wirtschaftliche Interessen. Es geht zuvorderst um die Steigerung der Produktivität, die ökonomische Optimierung des eigenen Unternehmens und das Aufrechterhalten der Wettbewerbsfähigkeit. Dies soll beispielhaft an fünf typischen Mehrwerten der Digitalisierung verdeutlicht werden:

Mehrwert 1: Kostenoptimierung

Der Baumarkt hat sich in den vergangenen Jahrzehnten zu einem extrem preisdiktierten Markt entwickelt, auf dem jeder Kostenvorteil immer auch zu einem ganz entscheidenden Wettbewerbsvorteil wird. Die über alle Geschäfts- und Produktionsbereiche reichende Digitalisierung eröffnet große Potenziale zur Kostenoptimierung. So kann beispielsweise mit Hilfe der Digitalisierung eine kostenintensive Baustellenfertigung durch eine wirtschaftlich günstigere Vorfertigung substituiert werden, da eine hierfür notwendige Vorplanung angesichts der Möglichkeiten des virtuellen Bauens in absehbarer Zeit zur Normalität wird. Hierdurch werden dann Opportunitätskosten – also entgangene Erträge oder Nutzen im Vergleich zur besten, aber nicht realisierten Handlungsalternative – vermieden. Die Digitalisierung von Systemen und Abläufen führt darüber hinaus auch zu einer Kompensation menschlicher Arbeit und verhilft den Bauunternehmen so zu einer Lösung für das aktuelle Problem des mangelnden Nachwuchses an Personal auf allen Hierarchieebenen.

Mehrwert 2: Bereitstellung von Mengendaten

Insbesondere im Verkehrswegebau leidet die Baubranche unter dem Problem, dass Mengendaten nicht oder zumindest nicht in der benötigten Qualität und Aktualität zur Verfügung stehen. Diese Mengendaten werden beispielsweise im Rahmen der Kalkulation als Soll-Mengen, für eine zeitnahe Bauabrechnung als Ist-Mengen sowie für ein zeitnahes Controlling als Plan- und Prognosedaten benötigt. Zuvorderst durch die Integration von Baumodellen und Kalkulationssystemen sowie durch moderne Vermessungsmethoden (Drohnenflüge, Laserscanning u. a. m.) können diese Mengendaten schneller und exakter als heute üblich gewonnen und zur Verfügung gestellt werden. Unternehmen erwachsen so hohe Wettbewerbsvorteile gegenüber konkurrierenden Marktteilnehmern, denen diese Informationen fehlen.

Mehrwert 3: Befriedigung von Kundenbedürfnissen
Kunden erfahren die Vorteile der Digitalisierung in allen Bereichen des Lebens und Arbeitens und tragen diese Erfahrungen auch als Erwartungen in die Baubranche hinein. Per Smartphone-App ausgelöste Bestellungen oder ein kundenseitiges Monitoring in den Produktionsprozess eines bestellten Produktes befriedigen die Bedürfnisse der Kunden nach Schnelligkeit, Einfachheit und Kontrolle. Die Baubranche wird davon profitieren, sei es durch virtuelle BIM-Modelle, durch reale, im 3D-Druck erzeugte Modelle, durch dreidimensionale Planungstools direkt am Bildschirm oder durch Smart-Buildings, bei denen die Nutzung über Smartphones gesteuert wird.

Mehrwert 4: Bewältigung der Veränderungsdynamik
Je komplexer Bauwerke z. B. in ihrer konstruktiven Ausprägung, den mit ihnen verbundenen kostenmäßigen Größenordnungen und/oder der Menge und der mit ihnen verbundenen Verflechtungen zwischen allen Beteiligten werden, umso umfangreicher bzw. detaillierter müssten zwangsläufig die zugrundeliegenden Bauverträge sein. Dabei ist es faktisch unmöglich, vollkommene Bauverträge abzuschließen, weshalb das Baurecht ja auch explizit darauf ausgelegt ist, auch während des Bauproduktionsprozesses immer noch nachjustieren zu können – natürlich verbunden mit Konsequenzen, wie z. B. einer entsprechenden Anpassung der Vergütung. Hier setzt die Digitalisierung an beiden Flanken an: Einerseits ermöglicht sie eine viel detailliertere Planungsbasis, andererseits erleichtert sie die Dokumentation von Veränderungen. Erstmals ist es damit möglich, die Veränderungsdynamik eines Bauprojekts einzufangen und tatsächlich nachvollziehbar zu machen.

Mehrwert 5: Verbesserung des Images der Baubranche
Die Baubranche wird nicht als Hightech-Branche wahrgenommen, da ihre technischen Errungenschaften und Innovationen – abgebildet in spektakulären Bauwerken aller Art – wenn überhaupt, dann nur punktuell erfahrbar sind. Digitalisierung ist jedoch eine globale Erfahrung. Wenn es der Baubranche nicht gelingt, ihren Mehrwert für den Lebensstandard und die gebaute Umwelt über die gesamte Wertschöpfungskette hinaus transparent zu machen, werden High-Potentials die Baubranche meiden. Die Bauwirtschaft muss offensive Marketingstrategien verfolgen, um zu transportieren, dass sie nicht nur offen für Digitalisierung ist, sondern dass diese bereits ein wesentlicher Bestandteil sowohl des Bauprojektmanagements als auch der Unternehmensführung ist. Die Innovationskraft der

Bauwirtschaft muss unter Beweis stellen, dass sie in der Lage ist, die digitale Wertschöpfungskette Realität werden zu lassen, und dass damit Industrie 4.0 in Bauen 4.0 einen gleichberechtigten Stellenwert hat.

10.3 Die eigene Digitalisierungsstrategie finden

Die spannende Herausforderung für Führungskräfte liegt nun in der Frage, wie eine Unternehmenskultur geschaffen werden kann, die die Digitalisierung systematisch implementiert. Denn nur wer erkennt, dass digitale Transformation neben technologischem vor allem auch kulturellen Wandel bedeutet, wird seine Organisation erfolgreich in die digitale Zukunft führen.

Die Unternehmensleitung darf sich nicht der Illusion hingeben, sie könne alles selbst vordenken und von oben verordnen. Vielmehr muss sie den richtigen Rahmen stecken – eine Strategie entwickeln, die vorgibt, was in welchen Geschäftsfeldern mit welcher Technologie erreicht werden soll.

Veränderung findet damit auf drei Ebenen statt:

- auf der Prozessebene und damit in den Leistungen und Workflows des Unternehmens;
- auf der Technologieebene und
- auf der Beschäftigtenebene (Unternehmensleitung ebenso wie Führungskräfte / Mitarbeiter), und zwar sowohl im sozialen Gefüge des Unternehmens als auch im persönlichen Arbeitsverhalten.

10.3.1 Veränderungen auf der Prozessebene

Das Erfolgspotenzial der Digitalisierung liegt nicht alleine im Einsatz softwaregestützter Lösungen. Der erste Ansatzpunkt zur Optimierung muss immer in der Organisation von Unternehmens- und Projektabläufen sowie in der Organisation der zugrundeliegenden Datenstrukturen liegen. Denn unstrukturierte Prozesse erhalten durch die Digitalisierung nicht automatisch eine zielführende Struktur. Notwendiger erster Schritt ist deshalb das Aufarbeiten der Prozesse des Unternehmens. Die Aufnahme der IST-Prozesse im eigenen Unternehmen führt nicht nur dazu, Defizite durch unstrukturierte bzw. undefinierte Prozesse zu identifizieren, sondern auch dazu, punktuell Potenziale z. B. zur Effizienzsteigerung durch Digitalisierung zu erkennen.

Schaut man sich beispielsweise die Angebotsbearbeitung als Hauptaufgabe eines Bauunternehmens an und nutzt hierfür die Methode BIM (Building Information Modeling), ergeben sich durch die verschiedenen Einsatzmöglichkeiten der Methode erkennbar zahlreiche Effizienzsteigerungen (vgl. Abb. 10.1).

Abb. 10.1: Hauptaufgabe Angebotserstellung

- Idealerweise würde man unter der projektübergreifenden Anwendung der Methode BIM ein Ausschreibungsmodell mit allen für das ausführende Unternehmen relevanten Angaben vom Auftraggeber erhalten. Bei den erhaltenen Informationen muss es sich nicht zwangsläufig um im Modell visualisierte Informationen handeln. Wichtig ist nur immer das Referenzieren der Informationen auf ein Bauteil.
- Die *Prüfung der Planunterlagen* würde basierend auf diesem Modell erfolgen. Somit könnte sichergestellt werden, dass dem BU durch Planungsmängel bzw. inkonsistente Angaben keine Mehrkosten entstehen. Modellbasierte Qualitätsprüfungen sind dabei deutlich zuverlässiger und weniger zeitintensiv als die Prüfung von 2D-Planungsunterlagen. Möglich sind geometrische und regelbasierte Prüfungen beispielsweise zur Identifikation von Kollisionen bis hin zur Kommunikation und Verwaltung der Planungsprüfungsergebnisse an die Projektbeteiligten.
- Auch im Rahmen der *Kalkulation* kann die Methode eingesetzt werden und zu Effizienzsteigerungen führen. Hierbei werden das vom Auftraggeber erhaltene Model und damit die Bauteile bemustert und mit Kostenkennwerten hinterlegt. Leistungsverzeichnisse – in einer zweidimensionalen Planungswelt unabdingbar zur Überführung von Objektbeschreibungen in kalkulierbare Einheiten – werden überflüssig.
- Die BIM-basierte *Terminplanung* bietet gegenüber der konventionellen Terminplanung Vorteile insbesondere durch die Möglichkeit der visuellen Überprüfung der Vollständigkeit und der logischen Abfolge des Terminplans. Weiterhin ist im Gegensatz zu einem einfachen Balkenplan eine deutlich verständlichere Kommunikation gegenüber Projektbeteiligten und der Öffentlichkeit umsetzbar.

Wesentlich ist jedoch die Feststellung: Die durchgängige Nutzung von BIM-Modellen spielt bei der Digitalisierung eine wichtige, aber nicht die einzige Rolle. Andere Technologien wie zum Beispiel zur Erfassung von Beständen oder Topographien, digitale Werkzeuge zur Verbesserung der Baustellenlogistik und mobile Endgeräte zur Vereinfachung des Dokumenten-Managements sind auch bedeutende Elemente der Digitalisierung der Baubranche.

Ferner werden in Zukunft viel stärker vernetzte Geschäftsmodelle mit differenzierten Wertschöpfungsprozessen eine Rolle spielen. Die Definition des Bau-SOLLs wird nicht immer nur vom Auftraggeber ausgehen, sondern von ganz unterschiedlichen Stellen bestimmt. Es wird zu einer wesentlich stärkeren Verzahnung von Planen und Bauen kommen, woraus auch eine wesentlich stärkere „Produktisierung“[3] des Bauens folgt.

10.3.2 Investitionen auf der Technologieebene

Auch für die Technologieebene kann man mit dem Beispiel BIM sehr gut belegen, wie sich digitalisierungsgetriebene Veränderungen auswirken.

Natürlich sind Investitionen in eine sichere und agile IT-Infrastruktur die Basis aller Digitalisierungsbemühungen. Allerdings wird man allein im Hinblick auf die Methode BIM von der Masse an Softwarelösungen, die derzeit auf dem Markt erhältlich ist, erschlagen. Verbunden hiermit ist beim potenziell willigen zukünftigen Nutzer nicht das Gefühl, die Komplexität im alltäglichen Geschäft reduzieren zu können.

Wie man bei der Anschaffung von Softwarelösungen am besten vorgeht und wie man sich bei der Masse an Angeboten zurechtfinden kann, verdeutlicht nachfolgende Abb. 10.2.

---

[3] Vgl. BWI-Bau (2013).

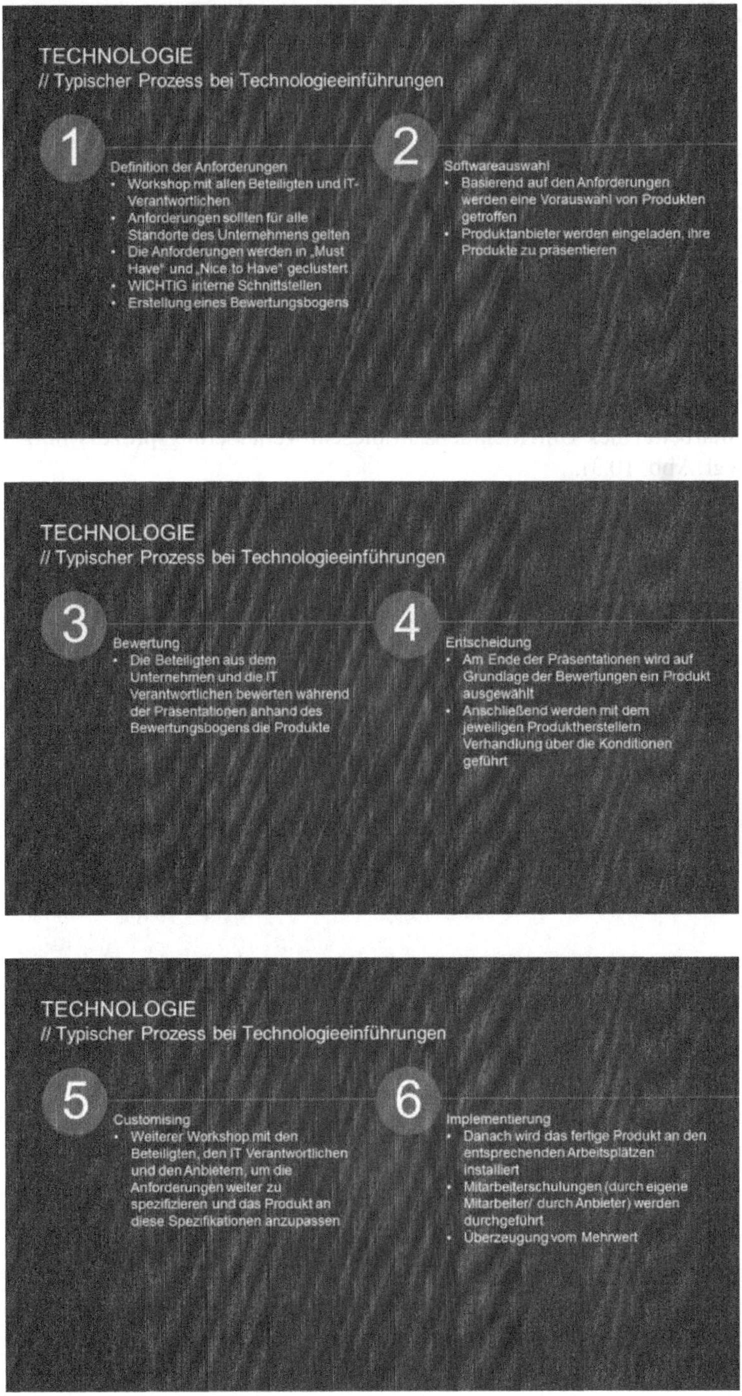

Abb. 10.2: Typischer Prozess bei Technologieeinführungen

10.3.3 Anforderungen an die Menschen in den Unternehmen

Auch für die Digitalisierung gilt: Jede Effizienzsteigerung kann nur dann wirksam werden, wenn die handelnden Menschen sie auch umsetzen. Einerseits bietet die Digitalisierung den Mitarbeitern, aber auch allen anderen am Bauprozess beteiligten Parteien, die Möglichkeiten, ihre Leistungsfähigkeit zu optimieren, indem ihnen alle Informationen zur Verfügung stehen, die sie benötigen. Andererseits sind die Veränderungen in den Arbeitsprozessen für jeden, der damit in Berührung kommt, eine echte Herausforderung. Verständlicherweise stehen damit z. B. viele Mitarbeiter einem Wandel eher skeptisch gegenüber. Die Digitalisierung führt eben nicht nur zu der Anwendung von neuen Produkten, sondern auch zu neuen Formen der Zusammenarbeit. Diese erfordern auch neue Regeln, die gemeinsam erarbeitet werden müssen. Genau deshalb ist es wichtig, alle Mitarbeiter des Unternehmens in diesem Veränderungsprozess mitzunehmen (vgl. Abb. 10.3).

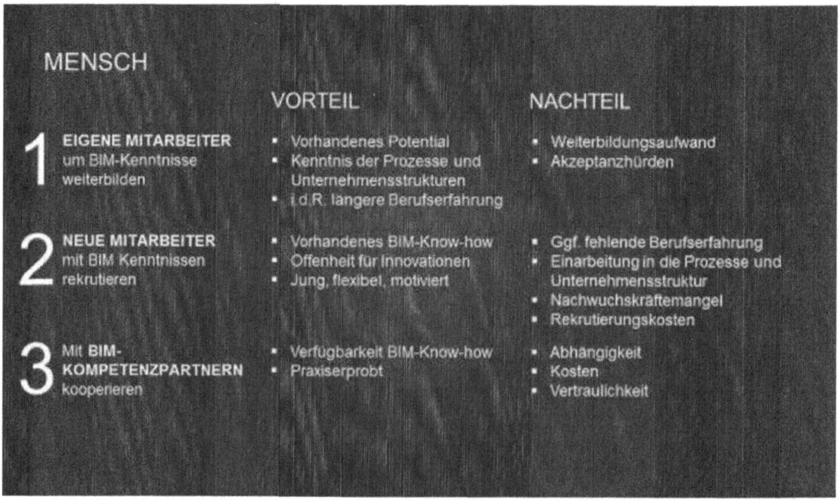

Abb. 10.3: Der Mensch als bestimmender Faktor der Digitalisierung

Die Kernkompetenz vieler Bauunternehmen ist bisher der Umgang mit Verwerfungen auf der Baustelle und eine gute Improvisationsfähigkeit. Überspitzt formuliert, zeichnen sich erfolgreiche Bauunternehmen heute noch dadurch aus, dass sie das „Chaos“ auf der Baustelle beherrschen. Der digitalisierungsgesteuerte Wandel führt aber dazu, dass ein über Jahrzehnte gewachsenes Verständnis von Bauprozessen von heute auf morgen nicht mehr gilt. Der Wandel von einem improvisationsorientierten hin zu einem planungsorientierten Prozessdenken führt auch zu einem gravierenden Wandel in den geforderten Kernkompetenzen der Mitarbeiter eines Bauunternehmens. Es gilt, in den Unternehmen diese neuen Kernkompetenzen aufzubauen.

Träger eines Wandels sind vor allem diejenigen Mitarbeiter im Unternehmen, die wissbegierig sind und darauf brennen, etwas Neues auszuprobieren. Mitarbeiter, die sagen: Ich probiere das jetzt aus. Im Gegenzug muss man ihnen hinreichend Fehlertoleranz zubilligen, um etwas voranzutreiben. Bei diesen Mitarbeitern handelt es sich häufig, aber nicht nur (!) um junge Talente, die im Gegenzug aber auch deutlich mehr Freiheiten und Eigenverantwortung einfordern. Um die Menschen in diesem Veränderungsprozess im Unternehmen mitzunehmen, benennt die allgemeine betriebswirtschaftliche Führungslehre im Wesentlichen drei Ansatzpunkte:[4]

- Wichtigste Führungsaufgabe ist die *Kommunikation*, denn nur im Gespräch miteinander können Ängste abgebaut und Begeisterung für den Wandel erzeugt werden.
- Obwohl von einer Veränderung direkt betroffen, fehlt oftmals die unmittelbare *Beteiligung* der Mitarbeiter an der Entwicklung oder an der Entscheidung. Mitarbeiter sehen sich häufig vor vollendete Tatsachen gestellt und reagieren mit Unverständnis und Unmut darauf, dass sie nicht informiert oder gefragt wurden und nun meinen, praxisfremde Konzepte anwenden zu müssen. Daher ist eine Beteiligung und ein Mitwirken der Mitarbeiter von Beginn an zu befürworten. Und wenn es „nur" darum geht, neue Produkte bzw. neue Prozesse bewerten zu lassen.
- Dritter wichtiger Punkt in diesem Zusammenhang ist die *Qualifizierung* der Mitarbeiter: Je mehr Wissen über die Konsequenzen der Digitalisierung die maßgeblichen Beschäftigten eines Unternehmens haben, desto wahrscheinlicher ist es, dass sie auch Treiber des Veränderungsprozesses werden.

10.4 Wertschöpfung Bau 4.0

Zusammenfassend müssen sich die Unternehmen die Frage stellen: Passen die bisher verfolgten Strategien der verschiedenen Geschäftsfelder unter diesen Rahmenbedingungen noch?

Das Agieren der Bauunternehmen auf dem Baumarkt wird sich massiv verändern: Bauunternehmen 4.0 werden in einem vernetzten Wertschöpfungssystem das Zusammenspiel von Planen und Bauen beherrschen und in Netzwerken mit Auftraggebern, Lieferanten, Nachunternehmern und Vorproduzenten komplexe Bauvorhaben realisieren.

Wertschöpfungsmodelle werden nicht mehr linear sein, sondern Wertschöpfungsprozesse werden sich – in sich zum Teil immer wieder neu vernetzenden Geschäftsmodellen – immer weiter differenzieren, Bau-Soll-Definitionen werden an unterschiedlichen Stellen gebildet und insgesamt führt dies zukünftig zu einer stärkeren Verzahnung von Planen und Bauen.

[4] Vgl. Stolzenberg und Heberle (2013).

Von der bisher geläufigen, passiv Auftragsvergaben abwartenden Akquisitionshaltung hin zu einer viel stärker aktiven, vertriebsorientierten Marktbearbeitung: Hierauf müssen die Geschäftsmodelle der Zukunft ausgerichtet werden. Dem gesamten Thema Marketing kommt zukünftig eine wesentlich größere Bedeutung zu, denn die Digitalisierung zwingt zu neuen, ideenreichen und engagierten Modellen aktiver Marktbearbeitung und Vertriebsorientierung.

Die Bauunternehmen müssen jedoch den digitalen Wandel aktiv beeinflussen und insbesondere ihre Kernkompetenz in der Gestaltung des Bauprozesses so früh wie möglich in das Projektmanagement einbringen. Dabei gilt: Ohne Kenntnis der heutigen Kernprozesse keine Digitalisierungsstrategie!

Wenn Unternehmensleitungen in wirtschaftlich erfolgreichen Zeiten kontinuierlich die strategische Ausrichtung überprüft haben, dann sind sie im Prozedere geübt und haben das Verfahren professionalisiert. Angesichts der anstehenden Veränderungen ist die Beschäftigung mit der eigenen Strategie schlichtweg überlebensnotwendig! Der digitalisierungsgetriebene Veränderungsdruck verzeiht keine Nachlässigkeit, insbesondere dann nicht, wenn umfassende Lernprozesse im Unternehmen erst noch zusätzlich Zeit beanspruchen. Bei allem Enthusiasmus darf man das Beharrungsvermögen gewachsener Strukturen nicht unterschätzen, aber: Tradiertes, über Jahre gewachsenes Denken muss in Frage gestellt werden!

Das alles klingt im ersten Moment nach sehr viel Aufwand und Arbeit. Oftmals ist es auch sinnvoller, nicht auf Anhieb den großen Wurf zu versuchen, sondern eine Politik der kleinen Schritte zu verfolgen, z. B. neue Ideen in kleinen Einheiten zu erproben und Erfahrungen transparent zu teilen. Inspiration liefern Kooperationen mit Start-ups, Pilotprojekte mit freiwilligem Charakter oder interne Kommunikationsförderprogramme.

Aber auch wenn wir den Kulturwandel in kleinen Schritten vorantreiben: Wir müssen es mit aller Konsequenz tun!

Literaturverzeichnis

BWI-Bau. 2013. *Ökonomie des Baumarktes – Grundlagen und Handlungsoptionen: Zwischen Leistungsversprecher und Produktanbieter*, Wiesbaden: Springer Vieweg.

Stolzenberg, Kerstin, und Krischan Heberle. 2013. *Change Management. Veränderungsprozesse erfolgreich gestalten – Mitarbeiter mobilisieren. Vision, Kommunikation, Beteiligung, Qualifizierung*, Berlin: Springer.

Kapitel 11
Digitalisierung im Krankenhaus: Technische Entwicklungen und deren Implikationen für Behandlungsprozesse

Arbeitskreis Ökonomie im Gesundheitswesen der Schmalenbach-Gesellschaft für Betriebswirtschaft e.V.[1, 2]

Eine der derzeit großen gesellschaftlichen Herausforderungen ist die zukunftsfähige Gestaltung des Gesundheitswesens. In Deutschland machen die jährlichen Gesundheitsausgaben in Höhe von 328,0 Mrd. € mehr als 11% vom Bruttosozialprodukt aus und stellen damit einen relevanten Teil unserer Ökonomie dar. Davon entfallen 123,4 Mrd. € auf den Bereich der stationären Krankenversorgung. Die aktuelle Entwicklung im Krankenhaus ist dabei geprägt von einer dauerhaften Reduktion der Verweildauer. War in 1993 ein Patient noch durchschnittlich 12,6 Tage im Krankenhaus, so waren dies in 2013 nur noch 7,5 Tage. Darüber hinaus stieg in diesem Zeitraum das durchschnittliche Alter der Patienten von 48,1 auf 54,6 Jahre an. Hinzu kommt, dass auch das Durchschnittsalter der Mitarbeitenden zunahm und weiter zunimmt.[3] Immer mehr einzelne Leistungen müssen somit pro Behandlungstag erbracht werden. Die Belastung

---

[1] Mitglieder des Arbeitskreises: Sebastian Baum, St.-Antonius-Hospital Eschweiler / Markus Bazan, BAZAN Berater im Gesundheitswesen / Dr. Martin Biller, St. Remigius Krankenhaus Leverkusen / Prof. Dr. Nils Crasselt, Universität Wuppertal / Volker Feldkamp, Deutsche Fachpflege Gruppe / Martin Große-Kracht, ATEGRIS GmbH / Dr. Thorsten Kehe, Märkische Gesundheitsholding GmbH & Co. KG / RA Detlef Klimpe, Leinen & Derichs Anwaltsozietät / Dr. Nicolas Krämer, Städtische Kliniken Neuss – Lukaskrankenhaus – GmbH / Dr. Arne Krüger, St.-Marien Hospital GmbH, Klinikum Lünen / Prof. Dr. Ludwig Kuntz, Universität zu Köln / Dr. Rainer Lampe, Transformation Partner / Hans-Georg Lauer, Coaching und Consulting / Dr. Georg Metzger, Maximilians-Augenklinik gGmbH / Prof. Dr. Gabriele Moos, FH Koblenz / Christoph J. Rupprecht, AOK Rheinland/Hamburg – Die Gesundheitskasse / RA Dr. Kerrin Schillhorn, michels.pmks Rechtsanwälte Partnerschaft mbB / Prof. Dr. Harald Schmitz, Bank für Sozialwirtschaft Aktiengesellschaft / Dr. Ralf Michael Schmitz, VKD Verband der Krankenhausdirektoren Deutschlands e.V. / PD Dr. Bernhard Schwilk / Silvan Uick / Sebastian Warweg, C3 Kliniken Holding GmbH / Prof. Dr. Michael Wittland, Hochschule Hannover / Andreas Wittler, Pro Klinik Krankenhausberatung GmbH & Co. KG.

[2] Federführende Autoren: Ludwig Kuntz, Rainer Lampe, Valerio Signorelli (Universität St. Gallen), Michael Wittland.

[3] Vgl. Statistisches Bundesamt (2017).

des Personals steigt entsprechend. Dies kann sich negativ auf die Behandlungsqualität auswirken und führt im Extremfall zu einer höheren Mortalität.[4] Weitere Verbesserungen der Prozesse werden in der Folge immer schwieriger und führen durch die zeitmäßige Verdichtung der Leistungen und die damit einhergehenden Unsicherheiten zu einem hohen Koordinierungsaufwand. Kommt noch der Zeitdruck hinzu – z. B. im Falle einer Notfallbehandlung – sind Koordinationsmethoden wie z. B. Behandlungspfade nicht immer ausreichend, sondern müssen um dialogbasierte Koordinationsansätze wie kurzfristig einberufene interdisziplinäre Teambesprechungen erweitert werden. Dies führt zu einer Erhöhung der Komplexität, die ohne Unterstützung der Informationstechnologie (IT) nicht bewältigt werden kann. Im Idealfall liegen alle relevanten Informationen für die Teambesprechung fachspezifisch aufbereitet zum gleichen Zeitpunkt widerspruchsfrei vor. Auf Basis einer papierbasierten Patientenakte ist dies wohl kaum möglich, da diese sich nur zeitverzögert aktualisieren lässt und nur an einer Stelle sein kann, d. h. nicht immer vollständig da, wo die Informationen zum Patienten gerade gebraucht werden.

Die Bedeutung der IT ist noch deutlicher erkennbar, wenn man sich die grundlegenden weltweiten Trends im Gesundheitswesen und den daraus resultierenden Wandel vor Augen hält. Die Zukunft im Gesundheitswesen wird bestimmt sein durch eine an dem individuellen Patienten ausgerichtete individualisierte Versorgung[5], komplexe gebündelte Vergütungsstrukturen[6] und komplett integrierte Prozesse.[7] Der Patient wird eine aktivere Rolle bei den Behandlungsentscheidungen haben[8] und der Blick wird mehr auf präventive Ansätze gelenkt.[9] All diese Trends haben ein großes Potenzial, die Gesundheitsversorgung zu verbessern, allerdings kann davon ausgegangen werden, dass dies ohne einen parallelen Wandel im Bereich der IT nicht funktionieren kann.

Die Argumentation für eine positive Wirkung von IT im Gesundheitswesen ist bislang eher theoretisch und beispielhaft. Es gibt zwar einige Studien, die zeigen, dass die Anwendung von IT einen positiven Einfluss auf die Behandlungsqualität hat. Beispiele hierfür sind die Senkung der Mortalität[10] und die Verbesserung der Patientensicherheit.[11] Insgesamt ist allerdings der Einfluss auf die Qualität bislang eher als schwach einzustufen; gleiches gilt auch für den Einfluss auf die Effizienz.[12] Ohne Zweifel besteht noch ein großer Forschungsbedarf, um die Auswirkungen des Einsatzes von IT im Gesundheitswesen besser

---

[4] Vgl. Kuntz, Mennicken und Scholtes (2014).

[5] Vgl. z. B. Hamburg und Collins (2010), Epstein et al. (2010).

[6] Vgl. z. B. Porter (2009).

[7] Vgl. z. B. Tang und Lansky (2005).

[8] Vgl. z. B. Oshima Lee und Emanuel (2013).

[9] Vgl. z. B. Beaglehole et al. (2008).

[10] Vgl. Amarasingham et al. (2009).

[11] Vgl. z. B. Aron et al. (2011).

[12] Vgl. Agarwal et. al. (2010).

abschätzen zu können. Hierzu will der *AK Ökonomie im Gesundheitswesen* einen Beitrag leisten.

Konkret stellen wir uns in diesem Artikel folgende Fragen: Welche Technologien haben ein hohes Innovationspotenzial? Sind Qualitäts- bzw. Effizienzverbesserungen durch eine fortschreitende Digitalisierung zu erwarten? Welche Randbedingungen können eine disruptive Wirkung forcieren? Die vollständige Beantwortung dieser Fragen geht sicherlich weit über die Möglichkeiten dieses Aufsatzes hinaus. Daher ist es unser Ziel, ein Meinungsbild zu generieren, und damit die zukünftige Diskussion in Forschung und Praxis zu diesem Thema anzuregen und zu unterstützen.

Wir gehen hierfür wie folgt vor: Zunächst werden wir erläutern, was wir konkret unter Digitalisierung eines Krankenhauses verstehen und einige relevante Technologien kurz beschreiben. Danach beschreiben wir, welche Stufen der Digitalisierung ein Krankenhaus üblicherweise durchläuft, um den Grad der Digitalisierung zu erhöhen, und beschreiben diesbezüglich die Situation in Deutschland. Hierzu greifen wir auf ein bereits etabliertes Modell (HIMSS EMR Adoption Model (EMRAM)[13]) zurück, das bereits in Deutschland genutzt wird. Mögliche Auswirkungen und Hemmnisse der Digitalisierung analysieren wir im Rahmen eines Fallbeispiels. Hierfür haben wir ein Krankenhaus ausgewählt, das zu den wenigen Krankenhäusern in Deutschland gehört, die gemäß HIMSS mindestens auf der vorletzten Stufe und damit bereits umfassend digitalisiert sind. Darüber hinaus trägt eine Expertenbefragung von Mitgliedern dieses Arbeitskreises zur Bewertung der Digitalisierung im Krankenhaus bei. Der Beitrag schließt mit einem zusammenfassenden Fazit.

11.1 Der digitale Wandel im Gesundheitssystem

Digitale Technologien haben in den letzten Jahren diverse Industrien fundamental revolutioniert und auch das Gesundheitssystem befindet sich im digitalen Wandel. Im branchenweiten Vergleich ist der Grad der Digitalisierung im Gesundheitswesen derzeit aber noch niedrig. Seit Jahren sind digitale Technologien wie bspw. klinische Informationssysteme (KIS), d. h. Software-Anwendungen, welche Patientendaten speichern und verarbeiten, ein viel diskutiertes Thema im globalen sowie im deutschen Gesundheitswesen. Einige wichtige Fortschritte in der Implementierung von IT-Lösungen in deutschen Krankenhäusern konnten in den letzten Jahren erzielt werden, dennoch haben digitale Technologien das Gesundheitssystem noch nicht transformiert. Im Gegenzug dazu ist Uber z. B. dabei, als Softwareunternehmen das globale Geschäft der Taxidienste auf den Kopf zu stellen, Amazon hat den Handel durch E-Commerce transformiert und Airbnb fordert durch Online-Vermittlung von privaten Wohnungen die Hotelindustrie heraus. Im Hinblick auf die Digitalisierung im Gesundheitssystem und neueintretende Unternehmen im Gesundheitsbereich trägt eine PwC Studie den

[13] Vgl. HIMSS (2017).

Titel „Who will be industry's Amazon.com?".[14] Aufgrund der wirtschaftlichen Bedeutung des Gesundheitssektors sind die Anreize für Unternehmen für erfolgreiche digitale Innovationen hoch.

Branchengrenzen verschwimmen zunehmend und internationale Technologieunternehmen wie Google, IBM oder Apple drängen immer stärker in den Gesundheitssektor vor. Diverse Partnerschaften bilden sich mit dem Ziel, innovative Eco-Systeme aufzubauen und einen entscheidenden Beitrag zur Transformation des Gesundheitswesens zu leisten. So hat sich kürzlich Medtronic mit Fitbit zusammengeschlossen.[15] Das Ziel dabei ist, durch die Verbindung von Daten aus dem kontinuierlichen Blutzuckermessgerät von Medtronic und dem Aktivitäts-Tracker-Armband von Fitbit, Diabetespatienten wertvolle Einsichten über ihren Blutzuckerspiegel zu geben. Die Daten werden auf der mobile Health Applikation „iPro 2 myLog" den Diabetespatienten auf dem Smartphone zur Verfügung gestellt. Die Daten können den behandelnden Ärzten übermittelt und entsprechende Therapieempfehlungen daraus abgeleitet werden. Ärzte können Einsichten gewinnen, wie sich der Blutzuckerspiegel in Abhängigkeit des Aktivitätslevels im Alltag verändert, so dass der Glucoselevel von Diabetespatienten optimaler eingestellt werden kann. Auf diese Weise können bspw. mögliche Unterzuckerungen oder Niereninsuffizienzen als schwerwiegende Folgeschäden bei Diabetikern vermindert werden.

Dem Durchbruch von solchen integrierten Lösungen mit Medical Devices und Aktivitäts-Trackern stehen jedoch noch einige Hürden im Weg. Kritische Themen sind zum Beispiel die Genauigkeit der Daten von Aktivitäts-Trackern, die Einbindung solcher Daten in klinische Informationssysteme damit auch die behandelnden Ärzte zum Beispiel in Notsituationen im Übergang von einer chronischen zu einer akuten Behandlung auf die Informationen zugreifen können und die Berücksichtigung der Sicherheit der Patientendaten.[16] Dennoch haben solche Lösungen das Potenzial, Therapien im Gesundheitswesen zu revolutionieren und die Basis für datenbasierte Therapieunterstützungs- und Handlungsempfehlungen zu geben. Die Partnerschaft zwischen Medtronic und Fitbit ist bei weitem nicht die einzige Partnerschaft oder Innovation auf dem Feld der Digitalisierung im Gesundheitssystem, sie zeigt aber exemplarisch, was möglich ist in der Integration von medizinischen Geräten und digitalen Innovationen im Hard- und Softwarebereich.

---

[14] PwC (2014).

[15] Vgl. Mack (2016).

[16] Vgl. Malvey und Slovensky (2014).

11.2 Überblick der etablierten und neu aufkommenden digitalen Technologien

Die Verfügbarkeit von elektronischen Patientendaten durch IT-Lösungen ist seit Jahren ein entscheidendes Thema im Gesundheitswesen. Begriffe wie Telemedizin, also Gesundheitsdienstleistungen mittels Telekommunikation, sind seit den 70er Jahren bekannt. Für die Nutzung von IT im Gesundheitswesen hat sich der Begriff „eHealth" herausgebildet. Der Begriff umfasst IT-Systeme, die Informationen und Daten zwischen Patienten und Leistungserbringern austauschen. Das Ziel dabei ist, die Vorbeugung, Diagnose, Therapie oder das Monitoring des Gesundheitszustands zu verbessern.[17] Der in den letzten Jahren neu aufgekommene Begriff „Digital Health" umfasst gemäß Sonnier digitale Technologien, die Menschen im Management ihres Gesundheitszustands durch patientenzentrierte Lösungen unterstützen.[18] In diesem Zusammenhang definierte Gotthard, Vorsitzender des Vorstands der CompuGroup Medical SE, auf der Fachtagung des Bundesverbands Managed Care (BMC) eHealth als IT-Innovationen aus Sicht der Leistungserbringer und Digital Health als patientenzentrierte digitale Innovationen.[19]

eHealth-Initiativen gehen auf den Anpassungsdruck im Gesundheitswesen zurück, die Kosten durch optimierte Diagnose- und Behandlungsprozesse mittels klinischer Informationssysteme nachhaltig zu senken, die Risiken von Fehlbehandlungen zu minimieren und generell die Qualität der Gesundheitsdienstleistungen sowie die Patientenzufriedenheit zu steigern.[20] Digital Health andererseits geht auf die Nachfrage der „Consumers", also der Patienten, zurück. Immer mehr Menschen wollen durch digitale Technologien die eigene Gesundheit besser managen und datenbasierte, personalisierte Therapieempfehlungen nutzen.[21] Der Trend wird als „Quantified Self" Bewegung zusammengefasst und beinhaltet die Vermessung der eigenen Gesundheitsdaten via Sensortechnologien und mobilen Applikationen.[22]

Die Digitalisierung im Gesundheitswesen basiert grundlegend auf klinischen Informationssystemen, deren Herzstück die Electronic Medical Records (EMR) bilden, also die elektronischen Patientenakten. Diese sind der Kern-Informationsträger der klinischen und medizinischen Daten des Patienten.[23] Die Verfügbarkeit umfassender und integrierter Patientendaten in klinischen Informationssystemen, die zur richtigen Zeit an der richtigen Stelle in den verschiedenen Abteilungen in den Krankenhäusern verfügbar gemacht werden, bildet

17 Vgl. European Commission (2017).

18 Vgl. Sonnier (2015).

19 Vgl. Gotthard (2015).

20 Vgl. Haluza und Jungwirth (2016), Agarwal et al. (2010).

21 Vgl. Atluri et al. (2016).

22 Vgl. Schumacher (2016).

23 Vgl. Yang et al. (2015).

den Ursprung des digitalen Paradigmawechsels im Gesundheitssystem.[24] Die Healthcare IT Experten Yang et al. haben nebst den relativ etablierten EMR-Systemen drei neu aufkommende digitale Technologie-Trends identifiziert, die einen substantiellen Impact auf das Gesundheitssystem haben können: 1) Health Sensing, 2) Cloud Computing und 3) Big Data. Dargestellt in einer „Daten Value Chain" umfasst Health Sensing eine Innovation im Bereich der Datengewinnung (collection), Cloud Computing im Bereich der Datenspeicherung und -verwaltung (management) und Big Data im Bereich der Datenanalyse (utilization).[25] Die folgende Abb. 11.1 stellt die Technologielandschaft der relativ etablierten EMR-Systeme und neu aufkommenden digitalen Technologien im Gesundheitssystem dar.

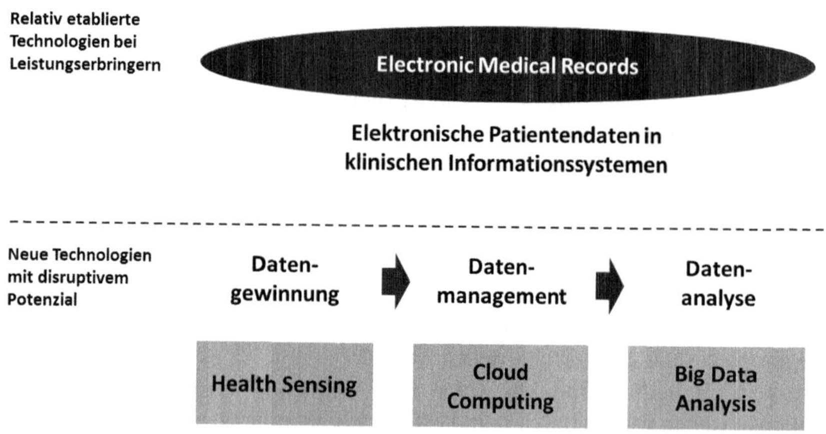

Abb. 11.1: Technologielandschaft[26]

11.2.1 Elektronische Patientenakten als Herzstück der Digitalisierung

Die Patientendaten sind der Schlüssel für die Integration der Behandlungsdaten über die verschiedenen Versorger im Gesundheitssystem. IT-Lösungen bei Leistungserbringern können als Enabler betrachtet werden, Prozess- und Organisationsstrukturen zu optimieren. Ein KIS, bei dem Daten bspw. aus den Systemen der Labordiagnostik oder von Röntgensystemen in eine elektronische Patientenakte eingespeist werden, trägt stark zur Verfügbarkeit, Aktualität und Qualität

[24] Vgl. Agarwal et al. (2010).

[25] Vgl. Yang et al. (2015).

[26] Eigene Abbildung in Anlehnung an Yang et al. (2015).

der Daten für die Entscheidungen im Krankenhaus bei.[27] In Deutschland haben sich diverse KIS-Anbieter etabliert, etwa AGFA Healthcare, Cerner, CompuGroup Medical, I-Solutions Health, Meierhofer, Nexus, SAP oder Telekom. Bis in Deutschland Krankenhäuser aber papierlos arbeiten, werden wohl noch viele Jahre vergehen. Gemäß Günther und HIMSS Europe Analysen sind komplett elektronisch arbeitende Kliniken in Deutschland sehr dünn gesät. Teilweise fehlen selbst noch grundlegende Infrastrukturvoraussetzungen wie flächendeckendes WLAN.[28]

HIMSS, die Healthcare Information and Systems Society, ist der weltweit größte Anwenderverband für Health-IT und engagiert sich für den Einsatz von anwender- und patientenzentrierten IT-Lösungen im Gesundheitssystem. HIMSS unterstützt deutsche Krankenhäuser bei IT-Investitionsentscheidungen und analysiert den Nutzen und die Kosten von IT-Lösungen in der medizinischen Versorgung. Zur Bewertung des Fortschritts bei der Implementierung von klinischen Informationssystemen hat HIMSS das EMR Adoption Model (EMRAM) entwickelt. Mithilfe des EMRAM werden die verschiedenen Funktionsebenen der digitalen Patientenakten analysiert, wobei EMRAM gegenwärtig acht Entwicklungsstufen kennt, vom Level 0 bis zum Level 7. Alle Kriterien einer Stufe müssen erfüllt sein, um im globalen HIMSS Standard die nächste Stufe zu erreichen.

Mithilfe des HIMSS Models können IT-Implementierungen zwischen verschiedenen Krankenhäusern verglichen werden und der Nutzungsgrad der vorhandenen IT-Infrastruktur in den verschiedenen Abteilungen der Krankenhäuser festgestellt werden. Im Jahr 2015 wurden über die Hälfte der Krankenhäuser in Deutschland im EMRAM auf Stufe 0 eingestuft.[29] Das heißt, dass bei diesen Krankenhäusern keine Informationssysteme für Abteilungen wie Labor, Radiologie oder Apotheke implementiert waren und Daten von externen Anbietern nicht elektronisch übernommen werden konnten. Was das im Januar 2016 in Kraft getretene „Gesetz für sichere digitale Kommunikation und Anwendungen im Gesundheitswesen" (eHealth Gesetz) in Deutschland zum Fortschritt der KIS-Implementierung beitragen wird, bleibt abzuwarten. Es gibt aber auch ausgewählte Krankenhäuser in Deutschland, welche die Stufe 6 oder 7 im EMRAM bereits erreicht haben. Auf der Stufe 6 verfügt ein Krankenhaus über ein KIS, mit dem die Ärzte während der jeweiligen Dokumentation mit einem Clinical Decision Support System interagieren können, also mit einem fortgeschrittenen klinischen IT-Entscheidungsunterstützungssystem. Weiterhin besteht eine vollständige elektronische Unterstützung des Medikationsprozesses (closed loop medication), d. h. von der Verordnung bis zur Steuerung und Administration der Medikation. Die Stufe 7 als gegenwärtig höchste Stufe ist dadurch gekennzeichnet, dass die Patientenakten vollständig elektronisch erfasst sind, also das Krankenhaus papierlos arbeitet, alle klinisch relevanten Informationen am Point of Care digital verfügbar sind und die Daten umfassend genutzt werden. Dadurch

[27] Vgl. Rudolf und Schmidt (2016).

[28] Vgl. Rudolf und Schmidt (2016).

[29] Vgl. Günther (2016).

wird eine vollständige Datenintegrität innerhalb des jeweiligen Krankenhauses und mit anderen Pflegedienstleistern ermöglicht, die höchste Qualitätsanforderungen der Patientenversorgung und -sicherheit gewährleistet, und klinische und operative Geschäftsprozesse optimiert.[30] Abb. 11.2 stellt das EMRAM dar.

European EMR Adoption Model SM

Stufe	Cumulative Capabilities
Stufe 7	Vollständiges EMR; CCD-Transaktionen zur gemeinsamen Datennutzung; Data Warehousing; Berichte über das Resultat der Datenpflege, Qualitätssicherung
Stufe 6	Interaktion der ärztlichen Dokumentation mit vollständigem CDSS (strukturierte Vorlagen bzgl. klinischer Protokolle lösen Varianz- und Konformitätswarnungen aus) und geschlossene Medikationsverwaltung.
Stufe 5	Komplette PACS -Lösung ersetzt alle filmbasierten Bilder.
Stufe 4	CPOE zumindest in einem klinischen Service-Bereich bzw. für die Medikation (d. h. e Prescribing); möglicherweise gibt es auf Grundlage klinischer Protokolle Unterstützung bei klinischen Entscheidungen.
Stufe 3	Pflege-/klinische Dokumentation (Fließschema); möglicherweise gibt es Unterstützung bei klinischen Entscheidungen zur Prüfung auf Fehler während der Verordnungseingabe bzw. PACS ist auch außerhalb der Radiologie verfügbar.
Stufe 2	Speicher für klinische Daten (Clinical Data Repository; CDR) / elektronische Patientenakte; möglicherweise gibt es ein kontrolliertes medizinisches Vokabular, Unterstützung bei klinischen Entscheidungen (CDS) zur elementaren Konfliktüberprüfung, Dokumentenspiegelung und Funktionen zum Austausch von Krankheitsdaten (HIE).
Stufe 1	Unterabteilungen wie Labor, Radiologie und Apotheke sind alle installiert ODER die LIS-, RIS-, PHIS-Datenausgabe erfolgt online über externe Service Provider.
Stufe 0	Keine der drei Unterabteilungen (LIS, RIS, PHIS) ist installiert ODER es erfolgt keine Labor-, Radiologie-, Apotheken-Datenausgabe online über externe Service Provider.

Abb. 11.2: EMRAM[31]

[30] Vgl. Herzog (2016).

[31] Günther (2016).

Die Frage bleibt, ob HIMSS dem technologischen Fortschritt gerecht wird und wie eine Stufe 8 aussehen könnte, da das aktuelle EMRAM nun auch bereits seit 2005 in Kraft ist. Ein weiteres Potenzial für Verbesserungen im Gesundheitssystem liegt in der Integration patientengenerierter Daten durch Wearables oder mobile Applikationen in das KIS der Leistungserbringer.[32] Dadurch würde eine viel größere Menge an medizinischen Informationen über einen Patienten in Diagnose- und Behandlungssituationen zur Verfügung stehen und eine datengetriebene und stärker personalisierte Therapieempfehlung unterstützt werden. Wichtig ist es somit, über die Grenzen des Krankenhauses hinwegzudenken und integrierte Lösungen anzustreben, die System- oder Leistungserbringergrenzen überwinden. Ohne die Vernetzung der patientengenerierten Daten mit dem KIS können durch Digital-Health-Angebote, bspw. in Form von mobilen Applikationen für Diabetiker für das Monitoring des Blutzuckerspiegels oder von Daten von sensorbestückten Inhalatoren für Asthmatiker, nur Insellösungen generiert werden. Um die Potenziale solcher technologischen Entwicklungen und die Daten der Patienten bestmöglich zu nutzen, geht es somit um die Überleitung der persönlichen, lokalen Patientenakte, in ein KIS der Leistungserbringer.

11.2.2 Neu aufkommende digitale Technologien mit disruptivem Potenzial

Neu aufkommende Technologien haben das Potenzial, patientengenerierte Daten in klinische Anwendungssysteme einzupflegen und große Mengen an strukturierten und unstrukturierten Daten zu analysieren, um Ärzte in ihren Entscheidungen zu unterstützen. Drei wesentliche Technologien in dem Zusammenhang sind Health Sensing, Cloud Computing und Big Data.

Health Sensing
Health Sensing umfasst Sensortechnologien, die Vitalparameter messen können und damit entscheidend zur Quantified-Self-Bewegung und zur wichtigen Gewinnung von Patientendaten beitragen. Fortschritte in der Sensorentechnologie, eingebaut in Wearables, als Add-on Devices für Smartphones oder bspw. in der Form von „smarten" Kontaktlinsen, erlauben durch nicht-invasive Verfahren medizinische Parameter zu messen und tragen damit entscheidend zur Datengewinnung bei. Wie das Beispiel der Smart Lens Technologie aus der Partnerschaft zwischen Google und Novartis zeigt, braucht es noch Jahre, bis diese revolutionären Sensortechnologien den Markt verändern. Das Ziel von Google und Novartis war, einerseits eine Kontaktlinse zu entwickeln, die eine automatische Korrektur gegen den altersbedingten Verlust der Nahanpassungsfähigkeit des Auges vornehmen soll und andererseits eine Kontaktlinse, die den Blutzuckerspiegel bei Diabetikern aus der Tränenflüssigkeit misst. Ende 2016 haben die beiden Unternehmen bekannt gegeben, die Testphase der intelligenten

[32] Vgl. Gotthard (2015).

Kontaktlinsen beim Menschen auf Grund der technischen Komplexität auf unbestimmte Zeit zu verschieben. Hird, Ghosh und Kitano analysieren die Gründe für solche Verzögerungen bei digitalen und technologischen Entwicklungen im Gesundheitssystem wie folgt: „Healthcare's patient-centric, regulation-driven innovation model, defined by safety, rigorous testing and risk mitigation, is diametrically opposite to the 'demo or die' philosophy of the tech industry, and has limited the speed and extent of penetration by digital technologies."[33] Obwohl technologische Entwicklungen im Gesundheitssystem durch eine längere und aufwendigere Testphase gehen als in vielen anderen Industrien, werden wir in den nächsten Jahren aufgrund des technologischen Fortschritts bestimmt viele Innovationen im Bereich der Sensortechnologie sehen.

Cloud Computing

Cloud Computing ist ein branchenübergreifender Trend, hat aber auch fundamentale Auswirkungen auf das Datenmanagement im Gesundheitssystem. Cloud-Lösungen speichern Daten in einem entfernten Rechenzentrum und ermöglichen einen dezentralen Zugang zu Patientendaten sowie eine ubiquitäre Verfügbarkeit der Daten zu relativ geringen Speicherkosten, also ein „Healthcare system as a Service (HaaS)". Durch Cloud Computing können Patientendaten 24/7 in Echtzeit gespeichert und mit Leistungserbringern ausgetauscht werden.[34] Die Einbindung patientengenerierter Daten in klinische Informationssysteme der Leistungserbringer wird durch Cloud Computing ermöglicht, womit ein integrierter, vernetzter Patientendatenpool entwickelt werden kann.[35] Ein kritisches und wichtiges Thema im Zusammenhang mit Cloud Computing sind Sicherheits- und Datenschutzstandards. Um vertrauenswürdige und akzeptierte Lösungen zu entwickeln, wird es von großer Bedeutung sein, dass nur autorisierte Personen auf Patientendaten zugreifen können, die Daten an einem sicheren Ort aufbewahrt werden u. a. m.

Big Data

Eine weitere Technologie mit disruptivem Potenzial ist Big Data. Die große Menge an Daten, die durch Health Sensing generiert und durch Cloud Computing verwaltet wird, bleibt ohne Analyse wertlos. Diese Rolle kommt Big Data zu, deren Kernidee darin besteht, neue Erkenntnisse durch die Analyse von diversen Daten zu gewinnen. Signifikante Fortschritte wurden im Bereich komplexer Analyseverfahren und maschinellen Lernens gemacht, wodurch ein datengesteuertes Gesundheitssystem ermöglicht wird auf der Grundlage der Analyse von strukturierten Daten im KIS und unstrukturierten Datenquellen wie klinischen Texten, Audiodaten, Bildern oder Videos.[36]

---

[33] Hird, Ghosh und Kitano (2016, S. 900).

[34] Vgl. Yang et al. (2015).

[35] Vgl. Fischer et al. (2015).

[36] Vgl. Fischer et al. (2015).

Aufgrund der enormen Datenmengen im Gesundheitssystem gibt es sehr viele Anwendungsmöglichkeiten von Big Data. Eine große Hürde im HIMSS EMRAM besteht darin, dass viele relevante Informationen nur in unstrukturierter Form vorliegen, also zum Beispiel in Form von Texten, die von Ärzten und Pflegepersonal verfasst wurden.[37] Klassische Statistikmethoden können diese unstrukturierten Daten in Form von Text nicht auswerten. Big Data Lösungen lassen sich aber effektiv nutzen für die systematische und klinikübergreifende Erkenntnisgewinnung aus Texten.[38] Die Fortschritte in der Analyse von riesigen Informationsmengen gekoppelt mit maschinellen Lernverfahren ermöglichen kognitive Systeme (cognitive computing), wie IBM Watson.[39] Das System wird bereits im Gesundheitssystem angewendet, etwa zur Analyse von genetischen Tests für die Erhöhung der Genauigkeit von Krebsdiagnosen und evidenzbasierten, individuellen Therapieempfehlungen. Diese basieren auf der Analyse von Zusammenhängen in über 12 Millionen Textseiten medizinischen Wissens und ähnlichen Patientenprofilen.[40] Durch kognitive Systeme entstehen ganz neue Entscheidungshilfen für Ärzte, basierend auf Best-Practice Medizininformationen und klinischen Aufzeichnungen, was zu besseren Diagnoseergebnissen, Therapieempfehlungen und deutlichen Zeitersparnissen für Ärzte führen kann. Durch die Kombination eines kognitiven Systems mit genomischen Patientendaten, Health Sensing Vitalparametern, klinischen Aufzeichnungen, Patientenakten oder Daten vergleichbarer Patienten können Big Data Lösungen verbesserte und personalisierte Therapieempfehlungen geben.[41]

Bis sich solche Systeme in der Praxis bei Leistungserbringern flächendeckend durchsetzen, werden noch Jahre vergehen. In Deutschland nutzt bereits die RHÖN-KLINIKUM AG das kognitive Computersystem IBM Watson. Gegenwärtig untersucht das System Patientendaten nach Auffälligkeiten und seltenen Syndromen, vergleicht diese mit weltweit ähnlichen Datenprofilen, um dann in einem Bruchteil der sonst benötigten Zeit Diagnosevorschläge und Empfehlungen für Patientenzuweisungen zu liefern. Dadurch können der Behandlungserfolg und die Behandlungssicherheit entscheidend erhöht werden. Eine entsprechende Pilotphase ist gelungen und derzeit testet die RHÖN-KLINIKUM AG das kognitive Assistenzsystem für Anwendungen.[42]

Die drei neu aufkommenden Technologien Health Sensing, Cloud Computing und Big Data haben somit das Potenzial, das Gesundheitssystem zu transformieren.

---

[37] Vgl. Rüping (2015).

[38] Vgl. Holzinger et al. (2014)

[39] Vgl. Fischer et al. (2015).

[40] Vgl. IBM (2017).

[41] Vgl. Fischer et al. (2015).

[42] Vgl. RHÖN-KLINIKUM (2017).

11.3 Fallanalyse eines „Digitalisierten Krankenhauses"

Basierend auf Interviews mit je einem Verantwortlichen aus Geschäftsführung, IT, Pflege und Medizin haben wir am Beispiel des Ev. Krankenhauses Mülheim untersucht, welche Vorteile eine weitentwickelte IT für ein Krankenhaus bietet, und was auf dem Weg dahin zu beachten war. Das Ev. Krankenhaus Mülheim eignet sich für diese Betrachtung sehr, da es einerseits mit HIMSS EMRAM Level 6 ready einen hohen Grad an Digitalisierung aufweist, andererseits jedoch als Krankenhaus der Regelversorgung mit etwa 600 Betten vergleichbar mit vielen deutschen Krankenhäusern ist. Zunächst haben wir thematisiert, wodurch der Weg zu HIMSS Level 6 ready gekennzeichnet war: Ausgangspunkt hierfür war die Überzeugung, dass durch umfassende IT-Unterstützung eine bessere Versorgung, mehr Patientensicherheit und ein höherer Grad an Standardisierung und damit verbundener Effizienz erreicht werden kann. Ein vor bereits mehr als zehn Jahren formuliertes Ziel war dabei das „papierlose Krankenhaus". Ausgehend von einem IT-unterstützten Management einzelner Leistungsstellen des Krankenhauses hat sich somit auf Grundlage einer Reihe von Einzelentscheidungen ein umfassend digitalisiertes und vernetztes Krankenhaus entwickelt. Mit diesem Ergebnis waren dann auch die Anforderungen an eine Zertifizierung des Krankenhauses nach HIMSS Level 6 ready gegeben. Hauptnutzen ist dabei heute eine umfassende und stetig verfügbare digitalisierte Informationsbasis. Die Qualität wird insbesondere dadurch befördert, dass der IT-Einsatz eine höhere Standardisierung und damit eine bessere Prozesssicherheit „erzwingt". Jeder kleine Schritt auf dem Weg dahin war dabei durchaus herausfordernd. Zunächst bestand vielfach ein Vorbehalt gegen Veränderungen. Sobald sich jedoch erste erfolgreiche Beispiele, etwa für eine funktionierende Verbindung zwischen zwei Leistungsstellen, finden, und die Anwender den Nutzen kennen und schätzen lernen, wird es deutlich leichter, ähnliche Vernetzungen für weitere Bereiche umzusetzen. Wesentlicher Schlüssel für eine erfolgreiche Entwicklung der IT ist dabei in allen Projekten die Einbeziehung einer oder mehrerer Fachpersonen aus den jeweiligen betroffenen Bereichen, um sicherzustellen, dass die Anforderungen klar abgebildet werden und eine gemeinsame Lösung gefunden wird, die für alle Beteiligten funktioniert. Gleichzeitig war vielfach auch ein „Abwarten" sinnvoll. Projekte wurden erst umgesetzt, wenn seitens der Softwareanbieter Lösungen verfügbar waren, die die Anforderungen des betreffenden Prozesses vollständig abbilden konnten. Wenngleich sicher nicht repräsentativ und bedingt durch eine Reihe von Besonderheiten, so ist dennoch interessant, dass der beschrittene Weg der Digitalisierung im Ev. Krankenhaus Mülheim nicht zu einem übermäßigen Anstieg des relativen IT-Budgets geführt hat.

Die weiteren Schritte sehen nun vor, zunächst den Medikationsprozess vollständig – auch mit einer integrierten Kontrollfunktion – IT-gestützt abzubilden. Sobald hier eine Lösung umgesetzt ist, ist HIMSS EMRAM Level 6 erreicht. Geplant ist zudem, HIMSS EMRAM Level 6 in alle Bereiche des Krankenhauses auszurollen. Zukünftig ermöglicht der dann erreichte Stand noch eine wesentliche weitere, in den Augen der Befragten äußerst spannende Dimension zur

Qualitätsverbesserung: Die digital verfügbaren Daten lassen sich systematisch nutzen und auswerten, um Zusammenhänge besser zu verstehen und zu erkennen und somit auf dieser Basis die Leistungserbringung weiterzuentwickeln. Erste geplante Themen sind hier die Sturzprävention oder die Antibiotikatherapie. Hier liegt auch der wesentliche Baustein auf dem Weg zu HIMSS EMRAM Level 7, welches keine weitere technische Anforderung formuliert, sondern eine umfassende Nutzung der verfügbaren Daten zu genau diesem Zweck vorsieht. Dieser Nutzen vervielfacht sich nach Einschätzung der befragten Personen nochmals, wenn Daten mehrerer Einrichtungen zusammengeführt werden können.

Ein weiteres wesentliches Zukunftsthema ist nach Einschätzung der Befragten das Thema der Kommunikation bzw. des Datenaustausches. Für die Kommunikation mit anderen Leistungserbringern ist hierfür eine übergeordnete Lösung sinnvoll, und nicht eine Fülle individueller Lösungen zwischen einzelnen Leistungserbringern, wie sie derzeit vielfach entstehen. Mit Blick auf die Kommunikation mit dem Patienten stellt sich insbesondere die Frage, wie Daten, die der Patient mitbringt, in den Behandlungsprozess und damit zunächst in das KIS einbezogen werden können. Um erste Erfahrungen etwa zur Einbeziehung von Daten aus Wearables zu machen, laufen derzeit Pilotprojekte. Auch soll eine sichere Kommunikationslösung zum Austausch zwischen Mitarbeitenden geschaffen werden.

Darüber hinaus wird es nach Einschätzung der Befragten zeitnah Weiterentwicklungen in der Bereitstellung medizinischen Wissens geben, die bspw. basierend auf ersten Diagnosen Empfehlungen zu Behandlungsprozessen und damit weiteren Diagnoseschritten ermöglichen und das Potenzial haben, die bisherigen Abläufe stark zu verändern und zu unterstützen. Nichtdestotrotz wird dies nach Einschätzung der befragten Personen die Bedeutung des Wissens der behandelnden Personen nicht reduzieren, und auch die enge persönliche Zusammenarbeit zwischen an der Behandlung Beteiligten aus Pflege und Medizin am Patienten wird erforderlich bleiben.

11.4 Experteninterviews zur Bewertung der Innovationen

Zur Bewertung des Innovationspotenzials einzelner Technologien bzw. Innovationen in Bezug auf Bedeutung, Qualität und Effizienz, aber auch im Hinblick auf Grenzen und Hindernisse der Digitalisierung, wurden Mitglieder des *AK Ökonomie im Gesundheitswesen* – allesamt ausgewiesene Experten im Gesundheitswesen – schriftlich um die Beantwortung eines Fragebogens mit fünf offenen Fragen und einer geschlossenen Frage gebeten. Neun Arbeitskreismitglieder haben an der Studie teilgenommen. Die Auswertung der Freitextantworten erfolgte mittels der qualitativen Inhaltsanalyse nach Mayring, nachfolgend werden die Ergebnisse zusammengefasst wiedergegeben: Das größte Potenzial für Veränderungen der Behandlungsprozesse durch Digitalisierung im Krankenhaus sehen die befragten Experten insbesondere in der durch eine digitale Patientenakte oder eine Telematik-Infrastruktur klar verbesserten Verfügbarkeit von Informationen,

d. h. dem auch zuvor beschriebenen „Herzstück“ der Technologielandschaft. Darüber hinaus wird auch der Entscheidungsunterstützung bzw. Entscheidungsübernahme durch kognitive Systeme ein sehr hohes Veränderungspotenzial zugesprochen. Die umfassende Verfügbarkeit von Informationen durch die Digitalisierung und damit besser koordinierte Behandlungen werden auch als wesentlicher Treiber für Qualitäts- und Effizienzverbesserungen genannt, zudem erwarten einzelne Experten einen hohen Nutzen für Qualität und Effizienz durch einen erweiterten Einsatz von Entscheidungsunterstützungssystemen. Ob die Digitalisierung ihre Potenziale dabei voll entfalten wird, hängt jedoch auch stark von den Rahmenbedingungen ab. Feststehende Strukturen wie die Sektorentrennung behindern nach Einschätzung der befragten Experten das Innovationspotenzial. Auch stellt der „Faktor Mensch“ eine mögliche Limitation dar, vielfältige Partikularinteressen und aus diesen resultierende Vorbehalte gegenüber der Nutzung von IT können die Digitalisierung ausbremsen. Des Weiteren birgt die zwingend erforderliche Klärung von Fragen des Datenschutzes erhebliche Fallstricke. Deutlich erschwert wird die Digitalisierung im Krankenhaus nach Einschätzung der Befragten des Weiteren insbesondere durch eine unzureichende Finanzierung von Investitionen sowie noch fehlende Standards zum Datenaustausch.

Abb. 11.3 fasst die Antworten zu einer weiteren Frage zur Bewertung des Innovationspotenzials einzelner Technologien auf einer Skala von 1 (sehr geringes Potenzial) bis 10 (sehr hohes Potenzial) zusammen. Auch hier zeigt sich, dass insbesondere eine digitalisierte Informationsbasis sowie die Nutzung künstlicher Intelligenz (KI) zur Entscheidungsunterstützung ein hohes Veränderungspotenzial aufweisen.

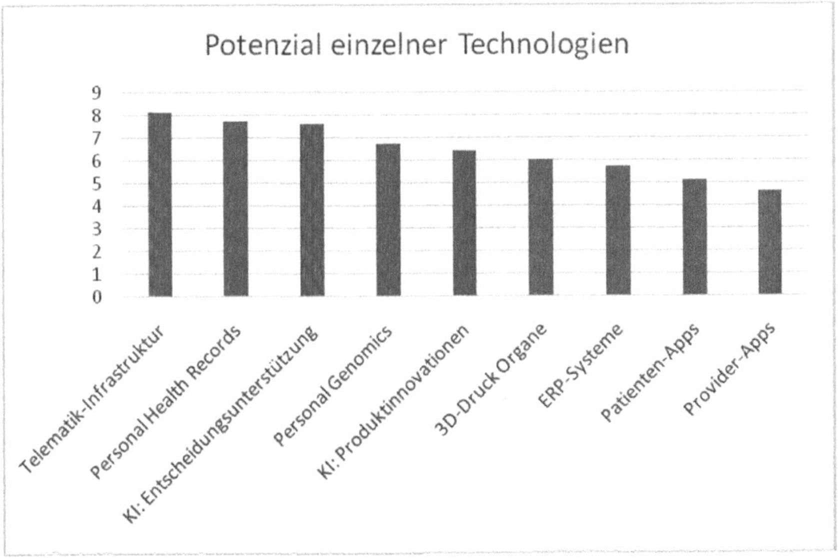

Abb. 11.3: Potenzial einzelner Technologien

11.5 Fazit

Insbesondere klinischen Informationssystemen und damit der Verfügbarkeit aller zu einem Patienten zusammengetragenen Daten wird ein hohes Potenzial zur Verbesserung von Qualität und Effizienz im Gesundheitswesen zugesprochen. Erste Implementierungen solcher Konzepte wie im Ev. Krankenhaus Mülheim bestätigen die hier vermuteten Vorteile und Potenziale. Die Zukunft wird jedoch erweiterte Möglichkeiten bieten, die das Gesundheitswesen wie wir es heute kennen disruptiv verändern werden: Erstens wird sich durch Technologien wie Health Sensing und eine bessere Telematikinfrastruktur die Informationsgrundlage für Diagnose und Behandlung massiv erweitern. Zweitens wird sich durch kognitive Systeme zur automatisierten Auswertung dieser großen Datenmengen, Big Data, eine signifikant verbesserte Entscheidungsunterstützung für Diagnose und Therapie bieten. Patientenzentrierte, individualisierte und zugleich auf Basis der verfügbaren Datenmengen evidenzbasierte Behandlungsformen werden somit in einem im Vergleich zur heutigen Situation klar erweiterten Umfang kosteneffizient möglich und können damit die Medizin revolutionieren.

Auf dem Weg dahin sind jedoch noch viele Punkte zu klären: Neben komplexen Fragen des Datenschutzes bzw. der Datensicherheit und der Verantwortlichkeiten für Entscheidungen braucht es insbesondere auch den Willen und die Kompetenz der Leistungserbringer, diese deutlich erweiterte Informationsbasis auch zu nutzen. In der Verknüpfung dieser erweiterten Möglichkeiten mit direktem Patientenkontakt und individuellem Wissen der Leistungserbringer liegt das disruptive Potenzial der Informationstechnologie im Gesundheitswesen.

Literaturverzeichnis

Agarwal, Ritu, et al. 2010. Research commentary – The digital transformation of healthcare: current status and the road ahead. *Information Systems Research,* 21(4):796-809.

Amarasingham, Ruben, et al. 2009. Clinical information technologies and inpatient outcomes: a multiple hospital study. *Archives of Internal Medicine,* 169(2):108-114.

Aron, Ravi, et al. 2011. The impact of automation of systems on medical errors: evidence from field research. *Information Systems Research,* 22(3):429-446.

Atluri, Venkat, et al. 2016. *How tech-enabled consumers are reordering the healthcare landscape.* http://www.mckinsey.com/industries/healthcare-systems-and-services/our-insights/how-tech-enabled-consumers-are-reordering-the-healthcare-landscape. Zugegriffen: 07.04.2017.

Beaglehole, Robert, et al. 2008. Improving the prevention and management of chronic disease in low-income and middle-income countries: a priority for primary health care. *Lancet,* 372(9642): 940-949.

Epstein, Ronald M., et al. 2010. Why the nation needs a policy push on patient-centered health care. *Health Affairs*, 29(8):1489-1495.

European Commission. 2017. *Definition eHealth*. http://ec.europa.eu/health/ehealth/policy/index_de.html. Zugegriffen: 18.01.2017.

Fischer, Markus, et al. 2015. *Big Data im Gesundheitswesen*. http://www.satw.ch/de/tags/publikation-detail/content/show/Publication/big-data-im-gesundheitswesen/cH/1a4c18799b410b20cb0b3b2dd1a3d603/. Zugegriffen: 18.01.2017.

Gotthard, Frank. 2015. *Health 2.0 - Chance für disruptive Innovationen im Gesundheitswesen?* Vortrag anlässlich der BMC-Fachtagung „Vernetzte Versorgung: Welche Lücken kann Digital Health wirklich schließen?", 09.06.2015.

Günther, Melanie. 2016. *Elektronische Patientenakte: Was bringt Deutschland wirklich voran?* http://www.healthcare-in-europe.com/de/artikel/16460-elektronische-patientenakte-was-bringt-deutschland-wirklich-voran.html. Zugegriffen: 07.04.2017.

Haluza, Daniela, und David Jungwirth. 2016. ICT and the future of healthcare: aspects of pervasive health monitoring. *Informatics for Health and Social Care*, online first.

Hamburg, Margaret A., und Francis S. Collins. 2010. The path to personalized medicine. *New England Journal of Medicine*, 363(4):301-304.

Herzog, Rainer. 2016. *EMRAM & die Nutzenoptimierung im Krankenhaus. Der durchdachte Einsatz von IT-Lösungen*. http://www.conhit.de/media/cit/cit_dl_vortraege/archiv_vortraege_2016/Herzog_Rainer_-_EMRAM_und_die_Nutzenoptimierung_im_KH_Praesentation_2016.pdf. Zugegriffen: 07.04.2017.

HIMSS. 2017. http://www.himssanalytics.org/emram. Zugegriffen: 09.06.2017.

Hird, Nick, S. Ghosh und H. Kitano. 2016. Digital health revolution: perfect storm or perfect opportunity for pharmaceutical R&D? *Drug Discovery Today*, 21(6):900-911.

Holzinger, Andreas, et al. 2014. Biomedical text mining: state of-the-art, open problems and future challenges. In *Interactive knowledge discovery and data mining in biomedical informatics*, Hrsg. A. Holzinger und I. Jurisica, 271-300. Berlin: Springer.

IBM. 2017. http://www-05.ibm.com/de/watson/. Zugegriffen: 07.04.2017.

Kuntz, Ludwig, R. Mennicken und S. Scholtes. 2014. Stress on the ward: evidence of safety tipping points in hospitals. *Management Science*, 61(4):754-771.

Mack, Heather. 2016. *Medtronic, Fitbit partner to integrate data from CGM device, activity tracker into one app*. http://www.mobihealthnews.com/content/medtronic-fitbit-partner-integrate-data-cgm-device-activity-tracker-one-app. Zugegriffen: 09.06.2017.

Malvey, Donna, und Donna J. Slovensky. 2014. *mHealth. Transforming healthcare*, Boston: Springer.

Oshima Lee, Emily, und Ezekiel J. Emanuel. 2013. Shared decision making to improve care and reduce costs. *New England Journal of Medicine*, 368(1):6-8.

Porter, Michael E. 2009. A strategy for health care reform – toward a value-based system. *New England Journal of Medicine*, 361(2):109-112.

PwC. 2014. *Healthcare's new entrants: who will be the industry's Amazon.com?* https://www.pwc.com/us/en/health-industries/healthcare-new-entrants/assets/pwc-hri-new-entrants.pdf. Zugegriffen: 07.04.2017.

RHÖN-KLINIKUM. 2017. https://www.rhoen-klinikum-ag.com/konzern/innovation-und-behandlungsexzellenz/netzwerkmedizin/ibm-watson.html. Zugegriffen: 07.04.2017.

Rudolf, Thomas, und Steffen Schmidt. 2016. Digitalisierung im Krankenhaus. *mt-medizintechnik*, 136(6):28-30.

Rüping, Stefan. 2015. Big Data in Medizin und Gesundheitswesen. *Bundesgesundheitsblatt*, 58(8):794-798.

Schumacher, Florian. 2016. Von Quantified Self zur Gesundheit der Zukunft. In *eHealth*, Hrsg. V. P. Andelfinger und T. Hänisch, 39-51. Wiesbaden: Springer.

Sonnier, Paul. 2015. *Definition digital health*. http://storyofdigitalhealth.com/definition/. Zugegriffen: 07.04.2017.

Statistisches Bundesamt. 2017. https://www.destatis.de. Zugegriffen: 01.04.2017.

Tang, Paul C., und David Lansky. 2005. The missing link: bridging the patient – provider health information gap. *Health Affairs*, 24(5):1290-1295.

Yang, Ji-Jiang, et al. 2015. Emerging information technologies for enhanced healthcare. *Computers in Industry*, 69:3-11.

Kapitel 12
Digitalisierung und Regulierung in Netzindustrien[1]

Arbeitskreis Regulierung in Netzindustrien der Schmalenbach-Gesellschaft für Betriebswirtschaft e.V.[2, 3]

Die Digitalisierung von Wirtschaft und Gesellschaft ist ein entscheidender Einflussfaktor für die wirtschaftliche und gesellschaftliche Zukunft Deutschlands. Eine Schlüsselrolle kommt dabei dem Telekommunikationssektor zu: Neben die Digitalisierung tritt als zweite wichtige Entwicklung die Vernetzung, die hochleistungsfähige Telekommunikationsnetze voraussetzt. In den kommenden Jahren werden nicht mehr nur Smartphones und Computer vernetzt sein, sondern weltweit Milliarden von Geräten untereinander kommunizieren und so zu einem „Internet der Dinge" führen. Die meisten industriellen Wertschöpfungsketten

---

[1] Zum Thema "Digitalisierung und Regulierung von Netzindustrien" hat der *AK Regulierung in Netzindustrien* am 31.05.2016 eine öffentliche Fachkonferenz in Berlin veranstaltet. Der Beitrag geht in Teilen auf Vorträge der federführenden Autoren bei dieser Konferenz zurück und spiegelt nicht notwendigerweise in allen Punkten die Auffassung jedes Mitglieds des Arbeitskreises wider.

[2] Mitglieder des Arbeitskreises: Peter Abegg, Deutsche Bahn AG / Nadja Ballauf, 50Hertz Transmission GmbH / Dr. Jörg Bergmann, Open Grid Europe GmbH / a.o. Prof. Dr. Jörg Borrmann, Universität Wien / Prof. Dr. Gert Brunekreeft, Jacobs University Bremen / Prof. Dr. Thomas Fetzer, Universität Mannheim und Mannheim Centre for Competition and Innovation (MaCCI) / Dr. Oliver Franz, innogy SE / Sebastian Freier, PricewaterhouseCoopers GmbH WPG / Prof. Dr. Gunther Friedl, TU München / Dr. Jürgen Gay, Stadtwerke München GmbH / Prof. Dr. Georg Götz, Universität Gießen / PD Dr. Christian Growitsch, Fraunhofer CEM und Universität Hamburg / Oliver Günther, Stromnetz Berlin GmbH / Prof. Dr. Dirk Hachmeister, Universität Hohenheim / Dr. Jan Krancke, Deutsche Telekom AG / Prof. Dr. Tobias Kretschmer, Universität München / Prof. Dr. Dr. h.c. Hans-Ulrich Küpper, Universität München / Dr. Ilka Meyne, Deutsche Post AG / Frank Miram, Deutsche Bahn AG / Dr. Christoph Müller, Netze BW GmbH / Rico Nelte-Freudenberger, Postcon Deutschland B.V. & Co. KG / Prof. Dr. Burkhard Pedell, Universität Stuttgart / Prof. Dr. Robert Schönau, Hochschule Hof / Marcus Söhrich, Open Grid Europe GmbH / Prof. Dr. Christoph Weber, Universität Duisburg-Essen.

[3] Federführende Autoren: Peter Abegg, Michael Brinkmann (Deutsche Telekom AG), Thomas Fetzer, Oliver Franz, Sebastian Freier, Christian Growitsch, Jan Krancke, Ilka Meyne, Burkhard Pedell.

werden digitalisiert und vor allem vernetzt. Die systematische intelligente Verarbeitung der erzeugten Daten bringt weitreichende Innovationschancen mit sich, z. B. indem sie für die Optimierung von Beschaffungs- und Produktionsprozessen, von Logistik und von Vertriebs- und Servicemanagement genutzt werden kann, aber auch Interaktionen zwischen den Akteuren entlang der gesamten Wertschöpfungskette ermöglicht.

Gleichzeitig haben sich in den vergangenen Jahren neue digitale Marktstrukturen entwickelt, die sog. zwei- oder mehrseitigen Märkte. Diese Märkte zeichnen sich durch die Existenz einer (digitalen) Plattform aus, die von zwei oder mehreren Gruppen von Marktakteuren genutzt wird. Dabei ermöglicht der Betreiber einer Plattform den beteiligten Gruppen, über diese Plattform Handel zu treiben bzw. zu kommunizieren.[4] Ein wesentlicher Vorteil für die Nutzer einer solch zwei- oder mehrseitigen Plattform ist die Ausnutzung von indirekten Netzwerkexternalitäten. Diese entstehen, wenn der Nutzen der Plattformnutzung der einen Gruppe von der Größe der anderen Gruppe abhängt und beeinflusst wird.[5] Der zwei- oder mehrseitige Markt zeichnet sich dabei dadurch aus, dass diese Externalitäten durch Verhandlungen der Marktteilnehmer nicht vollständig internalisierbar sind und auf beiden Seiten des Marktes unterschiedlich wirken. Diese Tatsache kann der Plattformbetreiber bei seiner Preissetzung durch eine Grund- oder Mitgliedsgebühr und eine Verbrauchs- oder Nutzungsgebühr ausnutzen. Um beide Seiten des Marktes zur Nutzung der Plattform zu motivieren, wählt der Plattformbetreiber eine asymmetrische Preisstruktur aus den jeweiligen Gebühren. Ein Mitgliedsentgelt muss an den Plattformbetreiber gezahlt werden, um den grundsätzlichen Zugang zur Plattform zu erhalten, während ein Transaktionsentgelt immer dann anfällt, wenn über die Plattform Transaktionen abgewickelt werden.[6]

Die Entwicklung solcher neuen digitalen Märkte, eigentlich die demnächst vollständige Digitalisierung der Wirtschaft, hat für sämtliche Wirtschaftsbereiche weitreichende Folgen. Für Industriesektoren, die einer spezifischen Regulierung unterliegen, verdienen diese Konsequenzen aber deshalb besondere Beachtung, weil die Regulierung oftmals an traditionelle Markt- und/oder Unternehmensstrukturen anknüpft, die durch die Digitalisierung in Frage gestellt werden. Dies wird an mindestens drei Charakteristika der sektorspezifischen Regulierung besonders deutlich: Regulierung knüpft traditionell an bestimmte Ebenen der Wertschöpfungskette an, meist in Gestalt einer bestehenden Netzinfrastruktur. Die Digitalisierung führt aber dazu, dass unterschiedliche Ebenen der Wertschöpfungskette enger miteinander verknüpft sind, wodurch eine Regulierung, die sich auf die Infrastruktur fokussiert, zwangsläufig an Grenzen gerät. Hierdurch können neue Wettbewerbsverhältnisse entstehen, die es bei der Regulierung zu berücksichtigen gilt: Möglicherweise wird in bestimmten Bereichen eine Rückführung der Marktregulierung denkbar; ebenso ist es aber auch denkbar, dass bisher unregulierte Märkte künftig reguliert werden müssen, um

[4] Vgl. Rochet und Tirole (2006).

[5] Vgl. Dewenter (2007).

[6] Vgl. Rochet und Tirole (2006).

ein „Level Playing Field“ zu gewährleisten. Zweitens ist die sektorspezifische Regulierung auf einzelne Sektoren fokussiert, insbesondere Telekommunikation, Energie, Post und Eisenbahn. Durch die Digitalisierung wachsen diese und andere, benachbarte Sektoren näher zusammen, neue Abhängigkeitsverhältnisse entstehen – und damit auch die Notwendigkeit zum Überdenken einer Regulierung, die Sektoren bisher weitgehend isoliert in den Blick nimmt. Drittens schließlich nimmt in allen regulierten Industrien die Bedeutung von Daten zu. Ging es in der sektorspezifischen Regulierung bisher vorrangig im Zusammenhang mit dem Thema Daten um das Datenschutzrecht, so wird zunehmend deutlich, dass Daten ein Wirtschaftsgut sind, welches neue Geschäftsmodelle über die Sektorengrenzen ermöglicht und entsprechend auch der Betrachtung über Sektorengrenzen hinweg bedarf.

Ausgehend von diesen exemplarischen Herausforderungen der Digitalisierung soll in der Folge zum einen aus Sicht der einzelnen Sektoren dargestellt werden, wie Digitalisierung Unternehmen und Märkte im jeweiligen Sektor verändert und welche intrasektoralen Herausforderungen für die Regulierung daraus folgen. Zum anderen soll darauf eingegangen werden, welche Herausforderungen für mehrere oder alle Sektoren verbindend wirken.

12.1 Intrasektorale Herausforderungen der Digitalisierung

12.1.1 Telekommunikation[7]

12.1.1.1 Infrastrukturinvestitionen als zentrale Herausforderung

Welche Herausforderungen ergeben sich aus der Digitalisierung speziell für die Netzebene des Telekommunikationssektors? Die zugrundeliegenden Telekommunikationsnetze müssen den Transport der stetig anwachsenden Datenmengen ermöglichen. Dies spiegelt sich wider in den gegenwärtigen Diskussionen über die „Gigabit-Gesellschaft“ und den damit verbundenen Bestrebungen im Markt, der Politik und der Regulierung, möglichst flächendeckend möglichst schnelle Netzinfrastrukturen aufzubauen. Breitbandnetze müssen zudem intelligente Funktionen und Dienste bereitstellen, um die immer vielfältiger werdenden Anforderungen zukünftiger Anwendungen optimal zu unterstützen. Ging es bislang hauptsächlich um die Steigerung von Geschwindigkeit und Flächenversorgung, gewinnen erfolgskritische Faktoren wie höchste Ausfallsicherheit, niedrige Latenz für eine Kommunikation in Echtzeit, hohe Flexibilität durch Virtualisierung von Netzfunktionen,[8] Miniaturisierung der Mehrantennensysteme,

---

[7] Federführend verfasst von Michael Brinkmann und Jan Krancke in Anlehnung an den Vortrag von Jan Krancke im Rahmen der Fachkonferenz „Digitalisierung und Regulierung in Netzindustrien“ des *AK Regulierung in Netzindustrien*, 31.05.2016.

[8] Durch die Virtualisierung von Netzfunktionen (engl. Network Functions Virtualization, NFV) werden Funktionen nicht mehr durch einzelne Hardware-Netzelemente vor Ort realisiert, sondern können zentral konfiguriert werden, was eine effizientere Ressourcenallokation ermöglicht.

Energieeffizienz, Sicherheit, aber auch Mobilität und Geschwindigkeit vernetzter Dinge als Herausforderungen für die digitalen Netze der Zukunft eine höhere Priorität.

Die Konvergenz verschiedener Technologien ist dabei ein zentraler Aspekt. Denn es geht nicht singulär um eine Technologie, wie Glasfaser bis in jeden Haushalt. Das infrastrukturelle Rückgrat der Digitalisierung wird vielmehr ein bedarfsgerechtes und volkswirtschaftlich effizientes Zusammenspiel verschiedener drahtgebundener und drahtloser Technologien sein (müssen). Bei der Bestimmung des effizienten Technologiemix sind beispielsweise Glasfaser-, aufgerüstete Kupfer- und Koaxialkabelnetze, aber auch LTE-Mobilfunk-, Wifi- oder Satellitentechnologien zu berücksichtigen. Dabei wird „5G" die nächste Evolution der digitalen Kommunikation sein; in 5G verschmelzen die spezifischen Stärken der einzelnen Technologien. 5G wird eine Netzarchitektur mit sich bringen, die für die industrielle Fertigung und die Logistik von Gütern und Daten ebenso wichtig und neuartig ist wie für Endkunden und stellt damit eine wesentliche Plattforminnovation dar.[9] Diese Technologie ist deutlich stärker softwarebasiert und erlaubt eine hochflexible und bedarfsgerechte Virtualisierung von Netzfunktionen. Die Standardisierung von 5G definiert im Wesentlichen drei große Dienstekategorien: Breitband (enhanced mobile broadband, EMBB), Maschine-zu-Maschine-Kommunikation (massive machine-type communications, mMTC) und qualitätssensible Kommunikation (ultra-reliable low latency communications, URLLC). 5G wird daher die Schlüsseltechnologie der Digitalisierung sein, denn erst damit werden die weitreichende Vernetzung und die hohen, unterschiedlichen Qualitätsansprüche – auch über die Sektoren hinweg – möglich.

Eine der großen Herausforderungen der Digitalisierung für den Telekommunikationssektor liegt im Aufbau der dafür erforderlichen Infrastrukturen und Netzintelligenz. Hierfür sind erhebliche, mit Risiken verbundene Investitionen erforderlich – Schätzungen beziffern für Europa ein Volumen im mittleren dreistelligen Milliardenbereich.[10] Der Entwurf der Europäischen Kommission für einen Kodex für elektronische Kommunikationsnetze,[11] ein jüngst von der Bundesnetzagentur vorgestelltes Konsultationspapier[12] und das Weißbuch Digitale Plattformen des Bundesministeriums für Wirtschaft und Energie[13] haben dem folgend die Frage der Investitionsanreize in neue Netze als ein prioritäres Handlungsfeld der Regulierungspolitik und des Regulierungsrechts definiert. Mit Blick auf die erforderlichen Investitionen für den Aufbau hochleistungsfähiger Netzinfrastruktur liegt im Telekommunikationssektor ein grundlegendes Dilemma vor: Sollen neue Hochgeschwindigkeitsnetze in bestimmten Regionen aufgebaut werden, droht potenziellen Investoren aufgrund der heutigen Regulierungspraxis eine sofortige Regulierung auch der neuen Netzinfrastruktur, z. B.

[9] Zu Plattforminnovationen vgl. Krancke und Müller (2011).

[10] Europäische Kommission (2016a).

[11] Europäische Kommission (2016b).

[12] BNetzA (2017a).

[13] BMWi (2017).

weil es sich entweder um einen bisher unversorgten „weißen Fleck handelt“, in dem die neue Infrastruktur jedenfalls temporär zu einem Monopol führt, oder weil in einem Gebiet nur zwei vertikal integrierte Unternehmen miteinander konkurrieren und der Wettbewerb auf Verbraucherebene als nicht ausreichend bewertet wird.[14] Der Regulierungseingriff ist zumeist mit weitreichenden Vorgaben für den Investor verbunden, die mögliche Geschäftsmodelle und Preise beeinflussen. Dies wirkt sich potenziell negativ auf die Investitionsbereitschaft in neue Netze aus und kann damit den Breitbandausbau behindern.

Die sektorspezifische Telekommunikationsregulierung ist bisher stark auf die Regulierung bestehender Netze ausgerichtet und dabei dem Ziel der Wettbewerbssicherung stark verpflichtet. Sie muss künftig stärker die Balance zwischen der Sicherstellung von Wettbewerb einerseits und der Gewährung ausreichender Freiräume für Investitionen in neue Netze andererseits suchen, mit anderen Worten gewinnt die Zielsetzung der dynamischen Effizienz gegenüber einer rein statischen Effizienzbetrachtung an Gewicht.[15] Hierzu gehört eine Netzregulierung, die in erster Linie bei Problemen in Endkundenmärkten ansetzt und die die Förderung von Investitionsanreizen in den Vordergrund stellt. Dabei kann es im Einzelfall durchaus auch erforderlich sein, Vorleistungsregulierung von neuen hochleistungsfähigen Netzen jedenfalls für einen bestimmten Zeitraum auszusetzen, um Investoren eine angemessene Rendite auf Infrastrukturinvestitionen zu ermöglichen.

12.1.1.2 Neue Wettbewerbsverhältnisse bei Diensten

Neben den technologischen Herausforderungen bringt die Digitalisierung vor allem aber auch einen Wandel der Branchenparadigmen mit sich. Die Markt- und Wettbewerbslandschaft unterliegt erheblichen Veränderungen. Existierende Geschäftsmodelle ändern sich schnell und komplett neue Geschäftsmodelle entstehen. Schon der Rückblick auf die vergangenen Jahre belegt die Dynamik anschaulich. Der überwiegende Teil der Wertschöpfung ist durch privaten Konsum, insbesondere Unterhaltung, geprägt und der größte Teil des daraus resultierenden Umsatzes wird von wenigen großen US-amerikanischen Internetunternehmen wie Alphabet, Amazon, Apple und Facebook erzielt. Die neuen Geschäftsmodelle stehen sehr häufig im Wettbewerb mit klassischen Telekommunikationsdiensten; Internetdienste, wie Messenger-Angebote, stellen somit vielfach ein Substitut zu Kommunikationsdiensten dar.

Die Internetgeschäftsmodelle und deren Voraussetzungen unterscheiden sich dabei stark von denen im „klassischen“ Telekommunikationsbereich. Es geht bei Internetmärkten überwiegend um geschlossene Plattformen, De-facto-Standards und das Prinzip „The winner takes it all“. Bei Internetmärkten ist eine hohe Skalierung wesentlicher Erfolgsfaktor, und dabei spielen Nutzerdaten als neue Währung,

---

[14] Die derzeit gültige Marktdefinition und Marktanalyse in Deutschland bezieht Glasfasernetze in die regulierten Märkte ein. Damit sind von einem Regulierungseingriff insbesondere Investitionen des als marktmächtig klassifizierten Unternehmens betroffen.

[15] Zum Verhältnis von statischer und dynamischer Effizienz und daraus abgeleiteten Regulierungsprinzipien vgl. Kretschmer, Küpper und Pedell (2011, S. 3ff.).

mit der Nutzer ihre Dienstanbieter bezahlen, eine besondere Rolle. Dennoch sind Internetgeschäftsmodelle vergleichsweise deutlich weniger Regularien unterworfen als der Telekommunikationsbereich, der seit der Liberalisierung stark von sektorspezifischer Regulierung geprägt ist. Die unterschiedliche regulatorische Handhabung vergleichbarer Dienste und Anwendungen bringt wichtige ökonomische, aber auch (gleichheits-)rechtliche Fragen rund um Marktdefinitionen, Marktmachtanalysen, Abhilfemaßnahmen und symmetrische Regularien mit sich.

Es ergibt sich hieraus die Herausforderung, ein faires und konsistentes Regelwerk für alle digitalen Dienste zu etablieren und damit gleiche Wettbewerbsbedingungen in den jeweiligen Märkten aufzustellen. Hierzu gehört auch, potenzielles Marktversagen bei Internetdiensten zügig in Angriff zu nehmen. Vereinfachte und beschleunigte Regulierungsverfahren können mehr Rechtssicherheit in diesem Umfeld schaffen. Schließlich verpflichtet bei bestehendem Deregulierungspotential auch das Unionsrecht (Better Regulation Directive) dazu, die sektorspezifische Regulierung im Wettbewerb konsequent in das allgemeine Wettbewerbsrecht zurückzuführen.[16]

12.1.2 Post[17]

12.1.2.1 Neue Wettbewerbsverhältnisse im Paketmarkt

Für den Postsektor bietet die Digitalisierung sowohl Chancen als auch Risiken. Aufgrund der zunehmenden Bedeutung des Onlinehandels verzeichnet der Paketmarkt in Deutschland seit 2011 jährlich Wachstumsraten zwischen 5% und 8%.[18] Gerade der Bereich der B2C-Sendungen ist den letzten Jahren zunehmend gewachsen und heute weitgehend durch wettbewerbliche Strukturen mit mehreren großen Anbietern geprägt. Alle großen Anbieter ermöglichen zudem bundesweit privaten Nachfragern die Abholung oder Aufgabe von Paketen.[19] Für die Zustellung gibt es über das klassische Track-and-Trace hinaus intelligente Empfängerservices.[20] Es stellt sich deshalb die Frage, ob angesichts dieser Entwicklungen nicht eine allgemeine Wettbewerbsaufsicht ausreichend wäre.

---

[16] DIRECTIVE 2009/140/EC OF THE EUROPEAN PARLIAMENT AND OF THE COUNCIL vom 25.11.2009, Rdnr. 5: "The aim is progressively to reduce *ex-ante* sector specific rules as competition in the markets develops and, ultimately, for electronic communications to be governed by competition law only. Considering that the markets for electronic communications have shown strong competitive dynamics in recent years, it is essential that *ex-ante* regulatory obligations only be imposed where there is no effective and sustainable competition.".

[17] Federführend verfasst von Ilka Meyne in Anlehnung an ihren Vortrag im Rahmen der Fachkonferenz „Digitalisierung und Regulierung in Netzindustrien" des *AK Regulierung in Netzindustrien*, 31.05.2016.

[18] Vgl. BNetzA (2015a, S. 17).

[19] Vgl. BNetzA (2015a, S. 45).

[20] Nach Ansicht der BNetzA sorgen „Wettbewerb und fortschreitende Digitalisierung [...] im Paketmarkt für neue Angebote und eine optimierte Zustellung". BNetzA (2015b, S. 92).

Auf der anderen Seite haben sich auch die Nachfragestrukturen geändert. Große Onlinehändler verfügen über Nachfragemacht. Amazon baut daneben sogar eigene Zustellnetze auf. Dies offenbart die hohe Bestreitbarkeit von Paketmärkten und macht deutlich, dass große Nachfrager erheblichen Einfluss auf das Marktgeschehen und die Marktstrukturen haben. Die Bundesnetzagentur fordert deshalb die Ausweitung und Intensivierung der Marktbeobachtung, um diesen Entwicklungen gerecht zu werden.[21] Sofern für den Paketmarkt keine vollständige Deregulierung erfolgt, wäre unter diesem Aspekt eine Ausweitung der Regulierung auf Marktteilnehmer, die bisher nicht der Regulierung unterliegen, jedoch aufgrund ihrer Finanzkraft und ihres Geschäftsmodells Einfluss auf angrenzende Märkte haben, durchaus zu überdenken.

12.1.2.2 Neue Wettbewerbsverhältnisse im Briefmarkt

Anders stellt sich die Situation im Briefmarkt dar. Die klassische Briefbeförderung wird immer mehr durch elektronische Medien ersetzt. Dies betrifft alle Arten der Briefkommunikation, angefangen von privaten Schreiben über Kommunikation von Banken, Behörden und Versicherungen, den Versand von Rechnungen etc. sowie auch die direkte Kundenansprache per Brief im Dialog Marketing. Im Unterschied zu anderen europäischen Ländern ist der Mengenrückgang in Deutschland dabei bisher moderat ausgefallen.[22] Deutlich stärker betroffen sind Länder wie Dänemark, bei denen insbesondere die digitale Verwaltung[23] wesentlich weiter fortgeschritten ist als in Deutschland. Seit dem Jahr 2003 hat Dänemark gut zwei Drittel seiner Sendungsmenge eingebüßt. Zugleich ist dort ein Preisanstieg verbunden mit Leistungseinschränkungen zu beobachten.

Zwar gibt es auch im Briefmarkt innovative Lösungen wie etwa das Angebot von Hybridprodukten oder die Ausweitung der Sendungsverfolgung. Eine Beschleunigung des Mengenrückgangs in Deutschland scheint dennoch nur eine Frage der Zeit.

Das im Jahr 1997 verabschiedete Postgesetz, aber auch die aktuelle Regulierungspraxis können diesen Herausforderungen nicht mehr gerecht werden. Dies bezieht sich sowohl auf den allgemeinen Regulierungsrahmen als auch die konkreten Vorgaben zur Ausgestaltung der postalischen Grundversorgung, des sog. Universaldienstes.

12.1.2.3 Marktabgrenzung im Briefmarkt

Dass die sektorspezifische Regulierung aus einer Zeit vor der Digitalisierung stammt, zeigt sich auch an der Marktabgrenzung als Voraussetzung für die

---

[21] BNetzA (2016, S. 6).

[22] Seit dem Jahr 2007, dem Jahr mit dem höchsten Briefaufkommen, ist das Briefvolumen kontinuierlich zurückgegangen. Gegenüber 2007 ist die Briefmenge um rund 11% auf 15,7 Mrd. Sendungen in 2015 gefallen. Dies entspricht einem Rückgang von 1,4% p.a., vgl. BNetzA (2011), (2013) und (2015a).

[23] In Dänemark erfolgt die Kommunikation mit der öffentlichen Verwaltung fast ausschließlich digital. Jeder Bürger über 15 Jahre verfügt über einen digitalen Briefkasten.

Regulierung. Der Gesetzgeber stellt im Postgesetz ausschließlich auf Märkte für Postdienstleistungen ab. Rechtlich folgt daraus zwar nicht, dass andere Dienstleistungen oder Medien nicht berücksichtigt werden dürfen, jedoch grenzt die Bundesnetzagentur im Einvernehmen mit dem Bundeskartellamt in ihren Entscheidungen nach wie vor allein Briefbeförderungsmärkte ohne Einbeziehung digitaler Medien ab.

Aber nicht nur im Hinblick auf die Einbeziehung elektronischer Substitution geht diese Betrachtungsweise von einer zu undifferenzierten Marktsicht aus.[24] Das Angebot von Briefbeförderungsleistungen kann nicht pauschal als ein Markt angenommen werden. So sind einige Segmente des Briefmarktes deutlich stärker von elektronischer Substitution betroffen als andere. Beispielsweise erfolgt die Kundenansprache zur Neukundengewinnung inzwischen sehr stark über elektronische Medien, während die klassische Kundenansprache über adressierte Werbesendungen an Bedeutung verloren hat. Empirische Studien[25] für den Bereich der adressierten Werbesendungen haben klar gezeigt, dass ein entscheidender Teil Werbetreibender bereits bei einer kleinen nicht vorübergehenden Preisanpassung zu einem Onlinemedium wechseln würden. Dieses Ergebnis ist unabhängig davon, ob die kritische Elastizität auf der Basis von Kundenbefragungen anhand eines SSNIP-Tests (Small but signifikant and non-transitory increase in price) oder mittels einer Regressionsanalyse von Umsatzdaten hergeleitet wurde, und es spricht für ein Überdenken der traditionellen Marktabgrenzung im Hinblick auf eine mögliche Einbeziehung elektronischer Werbemedien.

12.1.2.4 Kostenmaßstab und Genehmigungspflicht von Entgelten

Doch selbst wenn eine weite Marktabgrenzung unter Einbeziehung digitaler Medien nicht unmittelbar zu einem Wegfall der Marktbeherrschung und damit zur Entlassung aus der Regulierung führt, so stellt das Vorhandensein von elektronischen Substituten eine effektive Einschränkung der Handlungsspielräume des regulierten Unternehmens dar. Eine Entgeltregulierungspraxis, die in einer von einem hohen Anteil fixer Gemeinkosten geprägten Mehrproduktunternehmen von einer statischen Gemeinkostenallokation ausgeht und die das Orientierungsgebot[26] ausschließlich dahingehend interpretiert, dass die Preise den Vollkosten zu entsprechen haben, wird dieser Tatsache nicht gerecht und ist ökonomisch ineffizient.[27]

Ein weiteres Hindernis für flexible Reaktionen auf die durch die Digitalisierung geänderten Marktverhältnisse liegt in der Genehmigungspflicht. Die Entgelte für Briefprodukte, die nicht auf Kunden mit größeren Einlieferungsmengen[28] abzielen, müssen nach wie vor von der Bundesnetzagentur genehmigt

---

[24] Vgl. e.ca economics (2016), Lademann & Associates (2016).

[25] Vgl. e.ca economics (2016), Lademann & Associates (2016).

[26] Gem. § 20 Abs. 1 PostG müssen sich die Entgelte an den Kosten der effizienten Leistungsbereitstellung orientieren.

[27] Zur Entgeltregulierung vgl. z. B. ausführlich Church und Ware (2000), Train (1991).

[28] Tarife, die ab einer Mindesteinlieferungsmenge von 50 Stück zur Anwendung kommen,

werden. Dies gilt auch, wenn sich der Leistungsumfang nur geringfügig ändert oder eine neue Leistung am Markt getestet werden soll. Bei einer Entscheidungsfrist von bis zu zehn Wochen und dem entsprechenden Vorlauf zur Abstimmung und Erstellung der notwendigen Nachweise sowie der Unsicherheit hinsichtlich des dann tatsächlich genehmigten Entgeltes ist eine flexible Markterprobung neuer Produkte kaum oder nur sehr eingeschränkt möglich.

12.1.2.5 Wege zur wettbewerbsrechtlichen Aufsicht

Für den Paketsektor wäre angesichts der dynamischen Entwicklungen im Paketmarkt eine Überführung aus der sektorspezifischen Regulierung in die allgemeine Wettbewerbsaufsicht zu prüfen. Gleichzeitig darf man marktmächtige Unternehmen aus anderen Sektoren, die Einfluss auf das Marktgeschehen haben, nicht aus den Augen verlieren. Für den Briefsektor ist eine Lockerung der Regulierung aus anderen Gründen angebracht. Sowohl in der schriftlichen Kommunikation als auch im Marketing ersetzen digitale Medien mehr und mehr die klassische Briefsendung, sodass das Briefvolumen seit Jahren konstant sinkt. Die Verfügbarkeit elektronischer Substitute schränkt deshalb den Verhaltensspielraum der Briefdienstleister deutlich ein. Dies sollte im Rahmen eines modernen Regulierungsansatzes mit einer weiten Marktabgrenzung und Kostenmaßstäben, die dem eingeschränkten Handlungsspielraum des regulierten Unternehmens gerecht werden, Berücksichtigung finden. Gleichzeitig würde eine Lockerung der Entgeltgenehmigungspflicht für neue Dienstleistungen die Einführung und Erprobung derselben am Markt erleichtern und damit auch den Verbrauchern zugutekommen.

12.1.3 Energie[29]

Auch die Energiewirtschaft kann sich der zunehmenden Digitalisierung nicht entziehen und befindet sich mitten im Transformationsprozess. Insbesondere in der Optimierung und Automatisierung von Prozessen des Netzes (z. B. Netzleittechnik, steuerbare Ortsnetzstationen) und teilweise in der Rolle als Energievertrieb (z. B. im Rahmen von Smart Home-Anwendungen oder Kundenwechselprozessen) erwachsen Kernelemente der Digitalisierung zu zentralen Werkzeugen von Energieversorgern bzw. Netzbetreibern. Über die gesamte Wertschöpfungskette hinweg spielen dabei auch neue Analysemethoden im Sinne von Big Data eine zunehmende Rolle (z. B. im Asset Management oder im Energievertrieb).

---

bedürfen gemäß § 19 PostG nicht der Genehmigung, können aber von der BNetzA anhand der gleichen Kostenmaßstäbe überprüft werden.

[29] Federführend verfasst von Oliver Franz und Sebastian Freier in Anlehnung an ihren Vortrag im Rahmen der Fachkonferenz „Digitalisierung und Regulierung in Netzindustrien“ des *AK Regulierung in Netzindustrien*, 31.05.2016.

12.1.3.1 Markt- und regulierungsgetriebene Digitalisierung

Die Digitalisierung entwickelt sich dabei aber sowohl unternehmerisch als auch ordnungspolitisch induziert weiter. Aufgrund der differenzierten bzw. entbündelten Wertschöpfungskette (Unbundling), die regulatorisch in den Energiemärkten seit längerem über Europäische Richtlinien und in Deutschland über das Energiewirtschaftsgesetz (EnWG) vorgegeben ist, wirkt Digitalisierung im Energiesektor aber nicht einheitlich, sondern in differenzierter Art und Weise. Die Liberalisierung der Energiemärkte und Regulierung der Netzbetreiber wurde allerdings deutlich vor der eigentlichen Digitalisierungswelle beschlossen. Die damaligen Entscheidungen haben in ihren Grundzügen bis heute Bestand. Dabei kann die (Netz-)Regulierung in bestimmten Bereichen zunächst die Rolle eines Katalysators übernehmen, zugleich begrenzt sie aber auch den zur Verfügung stehenden Innovationsraum und behindert wettbewerbliche Entwicklungen (z. B. durch Start-ups). Neben einer „unternehmensgetriebenen Digitalisierung", die intrinsisch motiviert ist, stehen daher Maßnahmen, die aus einer „extern getriebenen Digitalisierung" resultieren, d. h. durch regulatorische Vorgaben bestimmt sind. Für die erste Fallgruppe der Digitalisierung können beispielhaft Situationen genannt werden, in denen sich ein Unternehmen aus eigenem Antrieb entscheidet, bestimmte Prozesse vollständig zu digitalisieren.

12.1.3.2 Regulierung des Smart Metering durch das Messstellenbetriebsgesetz

Dagegen ist das Gesetz zur Digitalisierung der Energiewende bzw. dessen Kernstück – das sog. Messstellenbetriebsgesetz (MsbG) – aktuelles und zugleich klassisches Beispiel für eine Situation, in der der Gesetzgeber einen Innovationsschritt (die grundsätzliche Einführung von Smart Metern) vorgibt. Dies jedoch wiederum in differenzierter Art und Weise: In einem grundsätzlich liberalisierten Markt werden gesetzlich nur die Netzbetreiber als regulierte Netzmonopolisten zum Rollout verpflichtet. Mit dem MsbG als Grundlage für eine weitere Digitalisierung wird die spezifische Ausgestaltung des Smart Meter-Rollouts in Deutschland weitgehend vorbestimmt. Dies betrifft zunächst den Umfang des Rollouts. Zwar werden alle Zähler getauscht, aber aufgrund der hohen erwarteten Kosten müssen nur ca. 15% der Geräte, welche aber den Löwenanteil der gesamten transportierten Strommenge abbilden, mit einer Kommunikationsfunktion ausgestattet werden.[30] Das MsbG definiert weitgehende Anforderungen an Hard- und Software sowie an den bereichsspezifischen Datenschutz. Damit werden aber in einem potentiell hoch dynamischen Umfeld bereits vor der eigentlichen Markteinführung deutliche Grenzen der Entwicklung vorgegeben. In anderen durch die Digitalisierung getriebenen Transformationsprozessen kommen diese Einschränkungen erst mit der Zeit, nach dem sich ein Marktmodell entwickeln konnte (vgl. z. B. Airbnb oder Uber und die weltweit vielfältigen Reaktionen öffentlicher Körperschaften auf diese Geschäftsmodelle).

---

[30] Zu der angegebenen Verteilung von fernauslesbaren und nicht fernauslesbaren Systemen vgl. BET (2016, S. 16).

Diese Einschränkungen im Rahmen des MsbG gelten wohlgemerkt auch für wettbewerbliche Akteure, die im weiterhin liberalisierten deutschen Zählermarkt entsprechende Systeme ausbringen wollen. Die „deutsche" Hardware ist zudem entsprechend zu zertifizieren, um im Energiesystem eingesetzt werden zu können. Damit ist absehbar, dass Deutschland einen kostenintensiven, aber hoch sicheren Rollout unternehmen wird, der im restlichen Europa zwar zur Kenntnis genommen wird, aber (jedenfalls noch) keinen Beispielcharakter hat. Die ordnungspolitischen Vorgaben bzw. Einschränkungen, die Abhängigkeit von Hard- und Software und die fehlende Interoperabilität über Landesgrenzen hinweg sind dabei wesentliche Herausforderungen auf dem Weg zu einer weiteren Digitalisierung der Energiewirtschaft.

Wie erwähnt, fußt die aktuelle energiewirtschaftliche Regulierung stark auf den zentralen Gedanken der Liberalisierung des vergangenen Jahrtausends. Eine mögliche diskriminierende Marktmacht der Netzbetreiber sollte durch die Regulierung und insbesondere das strikte Unbundling entlang der Tätigkeiten gemäß § 6b EnWG ausgeschlossen werden. Auch das MsbG hält an dieser Philosophie fest und trennt den Messstellenbetrieb für die neuen Geräte jedenfalls buchhalterisch von den klassischen Tätigkeiten des Netzbetriebs. Dieses Konzept ist aus Sicht des liberalisierten Messmarkts zu verstehen, wobei allerdings festzustellen ist, dass nach wie vor der Beweis aussteht, dass Wettbewerb um (technisch weitgehend identische) Zähler wirklich wertschöpfend sein kann. Es ist also weiterhin nicht das Ziel, neuen digitalen Marktmodellen und Marktteilnehmern eine Plattform oder gar einen bevorzugten Markteintritt zu ermöglichen, sondern klassische Überlegungen der Monopolregulierung stehen im Vordergrund.

12.1.3.3 Ausstrahlungseffekte auf wettbewerbliche Bereiche der energiewirtschaftlichen Wertschöpfungskette

Dadurch, dass in der entbündelten Wertschöpfungskette der Energiewirtschaft eigentlich kaum Geschäftsmodelle denkbar sind, die nicht die regulierten Bereiche des Netzes berühren, strahlt deren Regulierung auch auf die wettbewerblichen Bereiche aus: So werden die Datenaustausche zwischen regulierten und nicht-regulierten Akteuren seit Jahren auf digitaler Basis, d. h. über Derivate des UN-Standards EDIFACT (Electronic Data Interchange for Administration, Commerce and Transport) abgewickelt, um Wettbewerb auf der durch natürliche Monopole geprägten Netzinfrastruktur zu ermöglichen. Wegen der Vielzahl der Marktteilnehmer bedarf es dabei einheitlicher Schnittstellen, Datenformate, Dateninhalte und Prozesse. Solche einheitlichen „Standards", an die sich alle Markteilnehmer halten müssen, sind Grundvoraussetzung einer vollständig dezentralen Datenkommunikation, die in der deutschen Energiewirtschaft bisher den Regelfall darstellt.

Während der relativ enge Rahmen, den der Gesetzgeber der Branche mit dem MsbG aktuell gesetzt hat, aus daten- und verbraucherschutzrechtlicher Sicht sicherlich zu begrüßen ist, steht seine Innovationsfreundlichkeit infrage. Ob sich aber die Erwartungen an die Digitalisierung der Energiewende auf dieser Basis erfüllen können, ist offen.

Das Ziel oder die Vision allerdings ist bereits heute klar erkennbar. Künftig werden im Energiesystem und vor allem im und um das Stromnetz („all electric society") zahlreiche Geräte und Anwendungen ein Internet der Dinge („Internet of things") bilden. Dieses weitgehend digitalisierte Verhalten muss mit den tradierten Konzepten der Regulierung und Netzbewirtschaftung in Einklang gebracht werden.

12.1.4 Eisenbahn[31]

Auch im Eisenbahnsektor bringt die fortschreitende Digitalisierung weitreichende Veränderungen mit sich. Durch den Einsatz digitaler Technik in der Schieneninfrastruktur und automatisierte Trassenzuweisungssysteme können die bestehende Infrastruktur effizienter ausgelastet und somit Kapazitätsengpässe reduziert werden. Die Zuverlässigkeit des Systems wird durch das frühzeitige Erkennen von Problemen mittels Sensorik (z. B. in Weichen, Signalen, Aufzügen) verbessert und Prozesse werden mittels Big Data-Analysen (z. B. Identifikation optimaler Wartungszyklen) optimiert. Im Schienengüterverkehr profitiert der Endkunde u. a. von schnelleren Reaktionszeiten (z. B. bei Trassenanfragen), einem lückenlosen Tracking der Ware und einer besseren Vorhersehbarkeit des Lieferzeitpunktes. Im Schienenpersonenverkehr stehen dem Reisenden zunehmend mobile Applikationen zur Verfügung, die ihn auf seiner gesamten (multimodalen) Reisekette unterstützen – von der Verkehrsmittelwahl über die Buchung, Bezahlung und das Echtzeitrouting bis zur Bewertung der beteiligten Transporteure. Auch im Logistikbereich werden solche Anwendungen entwickelt (z. B. Online-Frachtbörsen wie uShip.com oder pamyra.de). Noch haben diese Dienstleistungen keinen sehr hohen Reifegrad erreicht und der Markt ist mit zahlreichen sowohl brancheninternen als auch branchenfremden Akteuren noch stark diversifiziert.

12.1.4.1 Neue Wettbewerbsverhältnisse im Eisenbahnsektor

Die mit solchen zweiseitigen Plattformmärkten einhergehenden indirekten Netzeffekte werden aber mittelfristig zu einer Marktkonsolidierung führen. Da es bei Mobilitätsplattformen keine nutzerseitigen Lock-in-Effekte gibt und Nutzerpräferenzen sehr heterogen sind, ist eine vollständige Monopolisierung nicht zwingend zu erwarten, wohl aber eine segmentspezifische Marktkonzentration (z. B. privat vs. geschäftlich, national vs. international, Ballungsraum vs. ländlicher Raum).

Der Erfolg solch digitaler Geschäftsmodelle wird dann mit Verschiebungen in der Wettbewerbslandschaft des gesamten Mobilitätssektors einhergehen. Neue Plattformanbieter drängen in Schnittstellen, insbesondere zum Endkunden, und

[31] Federführend verfasst von Peter Abegg in Anlehnung an seinen Vortrag im Rahmen der Fachkonferenz „Digitalisierung und Regulierung in Netzindustrien" des *AK Regulierung in Netzindustrien*, 31.05.2016.

sammeln dort wertvolle Daten über Transportgewohnheiten und -präferenzen. Schon heute ist absehbar, dass den Eisenbahnverkehrsunternehmen Teile der Wertschöpfungskette (insb. Reisendeninformation und Vertrieb) von Anbietern solcher Plattformen strittig gemacht werden.

Aus Sicht der traditionellen Anbieter droht damit ein Szenario, das bereits aus anderen Branchen bekannt ist. Ohne erfolgreiche eigene Digitalstrategien müssen die Eisenbahnverkehrsunternehmen um ihren direkten Endkundenkontakt fürchten. Der Wettbewerb im Verkehrsmarkt wird sich durch diese Entwicklungen verstärken. Wenn Teile der Wertschöpfungskette nicht mehr zwingend von den Eisenbahnverkehrsunternehmen erbracht werden müssen, sinken auch die Markteintrittsbarrieren im eigenwirtschaftlichen Verkehr. Durch europaweit einheitliche Standards bei digitalisierter Leit- und Sicherungstechnik ist zudem rollendes Material europaweit flexibler einsetzbar und durch Prozessdigitalisierungen, etwa bei der Trassenanmeldung, werden Sprachbarrieren für ausländische Anbieter abgebaut. Der Markt für eigenwirtschaftliche Open Access-Verkehre wird bestreitbarer.

12.1.4.2 Neue intermodale Wettbewerbsverhältnisse und Marktabgrenzung

Auch intermodal steigt der Wettbewerbsdruck zwischen Schiene und anderen Verkehrsträgern. Digitale Plattformen, egal ob von „alteingesessenen" Transporteuren oder branchenfremden, neuen Anbietern, ermöglichen einen schnellen und transparenten Verkehrsträgervergleich. Durch neue digitale Geschäftsmodelle, insbesondere Sharing-Konzepte, kommen neue Konkurrenten hinzu. Auch der Straßenverkehr wird durch autonomes Fahren an Attraktivität gewinnen. Zwar können die verschiedenen Verkehrsträger sich auch in multimodalen Reiseketten, deren Organisation durch die Digitalisierung deutlich einfacher wird, komplementär ergänzen, aber die Substitutionsgefahr durch andere Verkehrsträger ist in einem so flexiblen System allgegenwärtig.

Dieser intermodale Wettbewerbsdruck wird durch eine höhere Preissensitivität auch an die Netzbetreiber weitergegeben, was den Regulierungsbedarf im Infrastrukturbereich verringern könnte. Angesichts der durch die Digitalisierung vereinfachten Durchführung intermodaler Logistik- und Reiseketten ist grundsätzlich die Frage zu stellen, ob eine verkehrsträgerspezifische Regulierung in einem solchen Marktumfeld noch zweckmäßig ist. Perspektivisch müssen die Verkehrsmärkte vermehrt multimodal abgegrenzt und wettbewerbsökonomisch betrachtet werden.

12.1.4.3 Neue digitale Bottlenecks

Zugleich entstehen bei den Plattformbetreibern neue digitale Bottlenecks, die unter Umständen regulatorische Eingriffe erfordern. Insbesondere die Verkehrsträgerauswahl, also Auswahl und Darstellung alternativer Transportoptionen, birgt Diskriminierungspotential. Die Entwicklungen in diesem Bereich müssen daher sorgsam beobachtet werden.

12.2 Intersektorale Herausforderungen

12.2.1 Überblick

Wie bereits eingangs erwähnt, ist ein Wesensmerkmal der digitalen Revolution nicht nur die reine Digitalisierung, sondern die damit einhergehende Vernetzung zahlreicher Geräte, Datenbestände und Dienste. Dies führt zwangsläufig dazu, dass Energie, Bahn und Post neben vielen anderen Bereichen, wie Mobilität, Agrarwirtschaft und Gesundheit zu Anwendungssektoren der Telekommunikation werden. Intelligente, hochleistungsfähige Telekommunikationsinfrastruktur ist in ihrer Funktion als ‚Enabler' also mit all diesen Sektoren verknüpft.[32] Besonders augenscheinlich wird dies bei Bahn und Energie, bei denen insbesondere die Netzsteuerung ein hohes Maß an Digitalisierung über Telekommunikationsinfrastrukturen mit sich bringt. Umgekehrt sind Telekommunikationsnetze auf eine funktionierende Stromversorgung angewiesen. Die Vernetzung der einzelnen Sektoren spielt bisher in deren spezifischer Regulierung kaum eine Rolle. Daher soll in der Folge noch kurz beispielhaft darauf eingegangen werden, an welchen Stellen die Digitalisierung zu neuen relevanten Schnittstellen zwischen den Sektoren führt.

12.2.2 Energie und Telekommunikation

Die neuen Smart Meter sind aus Sicht des Gesetzgebers auch der Nukleus einer neuen Steuerungstechnologie in den Energienetzen. Dadurch entsteht eine neue wechselseitige Abhängigkeit des Energiesystems und des Telekommunikationssystems, denn Smart Meter werden i.d.R. über öffentliche Telekommunikationsnetze angebunden, um diese zum Übermitteln der Steuersignale zu nutzen. Dabei müssen Überlegungen zur Resilienz des Systems an sich, zu Szenarien eines Cyber Warfare, aber auch zur klassischen Versorgungssicherheit bis hin zur richtigen Regulierung der beiden Systeme angestellt werden. Die wechselseitige Abhängigkeit der Systeme kann dabei einfach am Beispiel moderner Telekommunikationssysteme verdeutlicht werden. Diese funktionieren nur, solange die Stromversorgung sichergestellt ist. Es muss daher die Frage gestellt werden, wie diesen Szenarien durch eine Anpassung der Regulierung Rechnung getragen werden kann, d. h., ob und ggf. wie Regulierung intersektoral koordiniert werden kann und muss, um zu einem adäquaten Gesamtergebnis zu gelangen. In dem hoch dynamischen Umfeld, welches sich hier abzeichnet, ist zudem zu fragen, ob steuernde Regulierung gerade auch sektorübergreifend effizient sein kann. Ggf. erscheint es zielführender, sich auf eine möglichst operationalisierbare politische Zielvorgabe (bspw. resiliente Stromversorgung der Bundesrepublik auch bei

---

[32] Vgl. im Überblick BNetzA (2017b, S. 24ff.).

hoher IKT-Durchdringung des Elektrizitätssystems) zu beschränken und deren Umsetzung weitgehend marktlichen Kräften zu überlassen.

12.2.3 Bahn und Telekommunikation

Mit fortschreitender Digitalisierung steigt die Abhängigkeit des Schienenverkehrs von der Datennetzversorgung durch die Telekommunikationsbranche. Im Schienenpersonenfernverkehr ist eine gute Internetverbindung im Zug bereits heute ein entscheidendes Kriterium für die intermodale Verkehrsträgerwahl. Auch im Personennahverkehr gewinnt Konnektivität auf der Reise rasant an Bedeutung und selbst im Güterverkehr wollen immer mehr Versender im ständigen Datenaustausch mit ihrer Ware stehen (zur Übermittlung von Standortdaten, Temperaturdaten, usw.). Eine gute Versorgung mit mobilfunkgestütztem Breitband entlang der Schienenwege ist die notwendige Voraussetzung für die Erfüllung dieses Kundenbedürfnisses. Die intermodale Wettbewerbsfähigkeit des Schienenverkehrs hängt somit entscheidend vom Angebot der Telekommunikationsanbieter ab.

Eine leistungsstarke Datennetzanbindung entlang der Schienenwege ist aber nicht nur zur Befriedigung des Konnektivitätsbedürfnisses der Kunden wichtig, es ist auch eine Voraussetzung für eine Digitalisierung der Schieneninfrastruktur selbst. Digitale Stellwerks- und Signaltechnik, sensorgestützte Betriebsüberwachung und vorausschauende Wartung oder autonom fahrende Züge sind ohne eine gute Datenanbindung nicht möglich.

Die Ausgestaltung der an eine Frequenzvergabe gekoppelten Versorgungspflichten sowie die Überwachung ihrer Einhaltung durch den Regulierer werden somit zu einem zentralen Anliegen des Schienensektors. Abweichende Versorgungsstandards, z. B. zwischen Schiene und Straße, können zu einer Verzerrung der intermodalen Wettbewerbsbedingungen führen.

12.3 Fazit

In sämtlichen analysierten Sektoren ergeben sich durch die Digitalisierung hohe Investitionsbedarfe. Eine Schlüsselrolle nehmen dabei die Investitionen in moderne Telekommunikationsnetze ein, die eine Voraussetzung für Innovationen in den anderen Sektoren darstellen. Aber auch in den anderen Sektoren erfordert die Digitalisierung der Infrastruktur erhebliche Investitionsanstrengungen. Zudem bestehen auch wechselseitige Abhängigkeiten, etwa dadurch, dass moderne Telekommunikationsnetze auf eine zuverlässige Stromversorgung angewiesen sind. Um Anreize für innovative Investitionen zu schaffen, ist bei der Regulierung insbesondere ein Augenmerk auf den Aspekt der dynamischen Effizienz zu richten. Teilweise wird die Digitalisierung auch durch Regulierung vorgeschrieben, etwa bei der Verpflichtung der Netzbetreiber zum Einbau von Smart Meters durch das Messstellenbetriebsgesetz.

In allen analysierten Sektoren verändern sich durch die Digitalisierung die Wettbewerbsverhältnisse erheblich. Neue Geschäftsmodelle konkurrieren mit bestehenden Diensten, z. B. Internetdienste mit Telekommunikationsdiensten, Online-Händler mit eigenen Zustelldiensten mit bestehenden Paketdienstleistern und Mobilitätsplattformen mit bestehenden Eisenbahnverkehrsunternehmen. In vielen Fällen, wie bei Messenger-Diensten und Mobilitätsplattformen, basieren diese neuen Geschäftsmodelle auf Plattformmärkten und der Bezahlung von Dienstleistungen mit den Daten der Nutzer. Diese Plattformen können ihrerseits neue digitale Bottlenecks darstellen.

Gerade im Bereich der Telekommunikations- und Briefdienstleistungen und des Transports ergeben sich durch neue Plattformen Substitutionseffekte bzw. nimmt der intermodale Wettbewerb zu. Ein Fokus der Regulierung ausschließlich auf den Infrastrukturbereich von Netzbetreibern wird durch diese Entwicklungen zunehmend in Frage gestellt. Besondere Aufmerksamkeit sollte der Herstellung eines Level Playing Field zwischen etablierten Netzbetreibern und den Anbietern neuer Geschäftsmodelle geschenkt werden; dies kann im Einzelfall durch eine Lockerung der Netzregulierung für bestimmte Bereiche bis hin zur Überführung in das allgemeine Wettbewerbsrecht oder durch eine Einbeziehung neuer Geschäftsmodelle in die Regulierung erfolgen, wofür insbesondere auch die jeweilige Marktabgrenzung kritisch zu hinterfragen ist.

Die durch die Digitalisierung in Netzindustrien ausgelösten Entwicklungen stellen das Regulierungsmanagement der betroffenen Unternehmen vor neue Herausforderungen. Dies betrifft insbesondere das strategische Regulierungsmanagement, dem die grundlegende Funktion zukommt, das Unternehmen bestmöglich an die Regulierung anzupassen. Zu seinen Aufgaben gehören im Einzelnen die Analyse des regulatorischen Umfelds, die Entwicklung von Investitionsstrategie, Unternehmensstruktur und Kooperationen, Anträge an Regulierungsbehörden sowie Stellungnahmen zur Entwicklung der Regulierung.[33]

Im Hinblick auf die Digitalisierung in Netzindustrien bedeutet dies zunächst einmal, dass das Regulierungsmanagement bei der Entwicklung eigener digitaler Geschäftsmodelle einzubeziehen ist und Konzepte zur Steuerung von Geschäftsmodellinnovationen[34] um die Regulierungsperspektive zu erweitern sind. Eine Früherkennung von Entwicklungen im technologischen, wettbewerblichen und regulatorischen Umfeld und sich daraus ergebenden Chancen und Risiken verlangt ebenfalls die Einbeziehung des Regulierungsmanagements. In enger Abstimmung mit dem Strategischen Management, dem Controlling und dem Risikomanagement sind die erwarteten Auswirkungen der prognostizierten Entwicklungen und die damit verbundenen Risiken aufzuzeigen und in den Entscheidungskalkülen, insbesondere der Investitionsplanung, zu berücksichtigen.[35] Die Analyse der Auswirkungen sollte dabei aufgrund der aufgezeigten

---

[33] Vgl. die empirische Untersuchung der Aufgaben des strategischen Regulierungsmanagements von Schuchardt, Hoffjan und Finger (2015, S. 85ff.).

[34] Vgl. Gassmann et al. (2017).

[35] Vgl. zur Rolle des Controllings im Regulierungskontext Pedell (2008, S. 683ff.).

Zusammenhänge über Wertschöpfungsstufen und Sektoren hinweg erfolgen und insbesondere auch die Rolle von Daten als Grundlage von digitalen Geschäftsmodellen berücksichtigen. Werden Inkonsistenzen der Regulierung erkannt, die sich z. B. dadurch ergeben, dass die Regulierung die Auswirkungen der Digitalisierung nicht angemessen berücksichtigt und kein Level Playing Field für den Wettbewerb herstellt, so hat das Regulierungsmanagement die Aufgabe, entsprechende Argumentationslinien zu erarbeiten und auf eine konsistente Regulierung hinzuwirken.

Literaturverzeichnis

BET – Büro für Energiewirtschaft und technische Planung GmbH. 2016. *Auswirkungen des geplanten Messstellenbetriebsgesetzes auf das Energiedatenmanagement für betriebliche Anwendungen und Abrechnungszwecke des Verteilnetzbetreibers*. Kurzgutachten im Auftrag des BDEW. http://www.bet-aachen.de/fileadmin/redaktion/PDF/Studien_und_Gutachten/Kurzgutachten_MsbG-E_f%C3%BCr_den_BDEW_-_Stand_2016_04_12.pdf. Zugegriffen: 05.05.2017.

BMWi Bundesministerium für Wirtschaft und Energie. 2017. *Weißbuch Digitale Plattformen – Digitale Ordnungspolitik, Innovation, Wettbewerb und Teilhabe*. https://www.bmwi.de/Redaktion/DE/Publikationen/Digitale-Welt/weissbuch-digitale-plattformen.pdf?__blob=publicationFile&v=8. *Zugegriffen*: 05.05.2017.

BNetzA Bundesnetzagentur. 2011. *Tätigkeitsbericht Post 2010/2011*. https://www.bundesnetzagentur.de/SharedDocs/Downloads/DE/Allgemeines/Bundesnetzagentur/Publikationen/Berichte/2011/TaetigkeitsberichtPost20102011pdf.pdf?__blob=publicationFile&v=2. Zugegriffen: 05.05.2017.

BNetzA Bundesnetzagentur. 2013. *Tätigkeitsbericht Post 2012/2013*. https://www.bundesnetzagentur.de/SharedDocs/Downloads/DE/Allgemeines/Bundesnetzagentur/Publikationen/Berichte/2013/131216_TaetigkeitsberichtPost2012.pdf?__blob=publicationFile&v=3. Zugegriffen: 05.05.2017.

BNetzA Bundesnetzagentur. 2015a. *Tätigkeitsbericht Post 2014/2015*. https://www.bundesnetzagentur.de/SharedDocs/Downloads/DE/Allgemeines/Bundesnetzagentur/Publikationen/Berichte/2015/TB_Post_2015.pdf?__blob=publicationFile&v=2. Zugegriffen: 05.05.2017.

BNetzA Bundesnetzagentur. 2015b. *Jahresbericht 2015*. https://www.bundesnetzagentur.de/SharedDocs/Downloads/DE/Allgemeines/Bundesnetzagentur/Publikationen/Berichte/2016/Jahresbericht2015.pdf?__blob=publicationFile&v=2. Zugegriffen: 05.05.2017.

BNetzA Bundesnetzagentur. 2016. *Digitale Transformation in netzgestützten Industrien*. Konferenzband. https://www.bundesnetzagentur.de/DE/Allgemeines/Presse/Mediathek/Berichte/Konferenzband2016.pdf?__blob=publicationFile&v=6. Zugegriffen: 05.05.2017.

BNetzA Bundesnetzagentur. 2017a. *Konsultationsdokument Fragen der Entgeltregulierung bei FttH/B-basierten Vorleistungsprodukten mit Blick auf den Ausbau hochleistungsfähiger Glasfaserinfrastrukturen vom 14.03.2017*. https://www.bundesnetzagentur.de/SharedDocs/Downloads/DE/Sachgebiete/Telekommunikation/Unternehmen_Institutionen/Marktregulierung/Massstaebe_Methoden/FttH_FttB_Ausbau/Konsultationsdokument_Entgeltregulierung_FttH_FttB.pdf;jsessionid=9AFC4377DC1DE38D48F01E32FDED5B5A?__blob=publicationFile&v=2. Zugegriffen: 05.05.2017.

BNetzA Bundesnetzagentur. 2017b. *Digitale Transformation in den Netzsektoren. Aktuelle Entwicklungen und regulatorische Herausforderungen*. Stand: Mai 2017.

Church, Jeffrey R., und Roger Ware. 2000. *Industrial Organization: A Strategic Approach*, Boston u. a.: McGraw-Hill.

Dewenter, Ralf. 2007. Das Konzept der zweiseitigen Märkte am Beispiel von Zeitungsmonopolen. *MedienWirtschaft: Zeitschrift für Medienmanagement und Kommunikationsökonomie*, 4(Sonderheft):6-14.

e.ca economics. 2016. *Der Markt für zielgerichtete physische und digitale Werbung*. Eine empirische Untersuchung im Auftrag der Deutsche Post AG.

Europäische Kommission. 2016a. *Pressemitteilung IP/16/3008*, 14.09.2016.

Europäische Kommission. 2016b. *Vorschlag für eine Richtlinie des Europäischen Parlaments und des Rates über den europäischen Kodex für die elektronische Kommunikation*, COM (2016) 590 final/2 vom 12.10.2016, mit dem die Fassung vom 14.09.2016, COM (2016) 590 final berichtigt wird.

Gassmann, Oliver, et al. 2017. Neue Geschäftsmodelle erfolgreich entwickeln und umsetzen. *Controlling*, 29(2):12-20.

Krancke, Jan, und Christoph Müller. 2011. Innovationen in regulierten Netzindustrien. In *Konsistente Regulierung von Netzindustrien*. ZfbF-Sonderheft 64/2011, Hrsg. C. Müller und B. Pedell, 32-51. Düsseldorf: Verlagsgruppe Handelsblatt.

Kretschmer, Tobias, H.-U. Küpper und B. Pedell. 2011. Bedingungen und Prinzipien einer konsistenten Regulierung. In *Konsistente Regulierung von Netzindustrien*. ZfbF-Sonderheft 64/2011, Hrsg. C. Müller und B. Pedell, 1-31. Düsseldorf: Verlagsgruppe Handelsblatt.

Lademann & Associates. 2016. *Marktabgrenzung im Dialogmarketing*. Wettbewerbsökonomisches Gutachten zur Vorlage bei der Bundesnetzagentur im Auftrag der Deutsche Post AG.

Pedell, Burkhard. 2008. Controlling unter dem Einfluss regulatorischer Vorgaben. *Controlling*, 20(12):681-688.

Rochet, Jean-Charles, und Jean Tirole. 2006. Two-Sided Markets: A Progress Report. *The RAND Journal of Economics*, 37(3):645-667.

Schuchardt, Lukas D., A. Hoffjan und H. Finger. 2015. Strategisches Regulierungsmanagement in der anreizregulierten Netzwirtschaft. *Zeitschrift für betriebswirtschaftliche Forschung*, 67(2):70-101.

Train, Kenneth. 1991. *Optimal Regulation: The Economic Theory of Natural Monopoly*, Cambridge: MIT Press.

Teil IV

Implikationen für interne Informations- und Steuerungssysteme

Kapitel 13
Digital Technologies for Managers: A Maturity Model from their Business Perspective

Working Group Digital Finance of Schmalenbach-Gesellschaft für Betriebswirtschaft e.V.[1, 2]

Digital technologies are increasingly pervasive in everyday life and have become a crucial success factor for the performance of companies as well.[3] Especially the internet of things and social listening generate vast amounts of data.[4] Given the limited time managers can spend on accessing and analyzing data, they have a particular demand for filtered, furnished, and visualized information to plan and steer their companies properly. In doing so, corporate management reporting must undergo a digital transformation. Such a reporting covers twofold: (1)

---

[1] Member of the Working Group: Dominik Asprion, ABB Information Systems Ltd. / Joachim Bauß, Deutsche Telekom AG / Andreas Beier, Bayer AG / Thomas Böhm, BASF SE / Thorsten Camin, Henkel AG & Co. KGaA / Prof. Dr. Peter Chamoni, Universität Duisburg-Essen / Joachim Christ, Merck KGaA / Jan Dietrich, Linde AG / Dr. Christoph Ernst, SAP Deutschland SE & Co. KG / Markus Eßwein, Accenture GmbH / Danilo Fiedler, Deutsche Bank AG / Prof. Dr. Matthias Goeken, Hochschule der Deutschen Bundesbank / Ulrich Gropp, Microsoft Deutschland GmbH / Franz-Josef Hansmeier, Wincor Nixdorf International GmbH / Dr. Christian Hebeler, Henkel AG & Co. KGaA / Dr. Matthias Heiden, SAF-Holland S.A. / Michael Helisch, BASF SE / Thomas Horakh, Daimler AG / Prof. Dr. h.c. Karlheinz Hornung / Sven Hühne, Continental AG / Patrick Jung, ABB Information Systems Ltd. / Andreas Korbmann, Merck KGaA / Bernhard Krönke, Continental AG / Dr. Marcus Kuhnert, Merck KGaA / Prof. Dr. Frank Kusterer, BiTS Business and Information Technology School GmbH / PD Dr. Jörg H. Mayer, TU Darmstadt / Sebastian Menges, Merck KGaA / Joachim Mette, SAP Deutschland SE & Co. KG / Dr. Martin Naraschewski, SAP SE / Prof. Dr. Karsten Oehler, Provadis School of International Management and Technology AG / Laurent Pasteau, Merck KGaA / Prof. Dr. Reiner Quick, TU Darmstadt / Ake Roesmann, Bayer AG / Stefan Schäfer, Evonik Industries AG / Stefan Schnell, BASF SE / Thomas Schüssler, Linde AG / Jan Schulte-Bories, Wincor Nixdorf International GmbH / Harald Sonntag, Deutsche Telekom AG / Markus Steigner, BASF SE / Ralph Treitz, Trufa GmbH / Prof. Dr. Alexander Zeier, Universität Magdeburg.

[2] Leading Authors: Jörg H. Mayer, Reiner Quick, Thilo Towara (TU Darmstadt).

[3] Cf. Kane et al. (2015).

[4] Cf. Turner et al. (2014).

Management accounting addresses internal decision makers and consists of (a) planning, budgeting, and forecasting, (b) reporting and analyses, and (c) risk management. The latter should include a forward-looking environmental scanning.[5] (2) Financial accounting addresses external stakeholders and consists of (a) bookkeeping, as well as (b) statutory reporting and consolidation.[6]

Following the acronym "SMAC" digital technologies cover four categories: social, mobile, analytics, and cloud.[7] Social technologies include collaboration tools and enable managers to generate, share, and refine information within and across a company. Using smart devices, mobile technologies facilitate ubiquitous connectivity offering managers information while being on the move. Analytic technologies comprise twofold: Big data analytics covers the ability to process unstructured data to generate new insights. In-memory technologies are a prerequisite for real-time inquiries. Finally, cloud technologies erase the borders of IT delivery on premise and catalyze the evolution of the internet of things.

Using their tradition in information systems (IS) research maturity models are an instrument to derive a rigorous setup of digital technologies in corporate management reporting.[8] Maturity can be defined as "the state or quality of being perfect, complete, or ready."[9] However, existing models often miss a rigorous foundation, focus not on new digital technologies or omit to provide guidelines on how to reach the next level of maturity.[10] The objective of this paper is to develop a digital maturity model for corporate management reporting from a managers' business perspective. We focus on how new technologies can foster a company's development towards a next level of digitalization. Thus, the proposed model will not only serve as a self-assessment tool for companies to evaluate their current as-is situation, but also to derive design guidelines to reach their desired to-be level. We answer three research questions:

- Which digital technologies are currently used in corporate management reporting?
- Which are the next evolutionary steps managers expect?
- Finally, what are design guidelines to arrive at a next level of digitalization?

Applying the seven-step publication schema proposed by Gregor and Hevner[11] for design science research (DSR) in IS, we motivate this article in terms of current gaps regarding maturity models for digital technologies in corporate

[5] Cf. Bromiley et al. (2015).

[6] Cf. Horngreen (1981).

[7] Cf. Udhas et al. (2013). For social technologies, cf. Riemer et al. (2009). For mobile, cf. Frank (2012). For big data analytics and in-memory technology, cf. McAfee and Brynjolfsson (2012). For cloud, cf. Kane et al. (2015).

[8] Cf. Mettler (2011), Marx et al. (2012).

[9] Cf. Neufeldt and Guralnik (1986, p. 836).

[10] Cf. Mattoon et al. (2011), Mettler and Rohner (2009).

[11] Cf. Gregor and Hevner (2013, p. 350).

management reporting. We suggest a DSR in IS approach to close the gaps (introduction). Based on ideas from the state of the art (literature review), we apply the Rasch algorithm to construct a maturity model (method). It is determined by findings from a manager focus group. The most relevant findings are picked up by the proposed design guidelines (artifact description). To evaluate utility, we discuss our findings in one-on-one manager interviews and end with key takeaways (evaluation). Finally, we compare our findings with prior work and examine how they relate back to this articles´ objective (discussion). The article concludes with a summary, limitations, and avenues for future research (conclusion).

13.1 Literature Review

13.1.1 Search Strategy

We started our literature review with a journal search focusing on leading IS research outlets provided by the London School of Economics.[12] We then added proceedings from ICIS, ECIS, and AMCIS, as well as management and accounting journals.[13] We complemented our search with a database query on EBSCO host, Science Direct, and Google Scholar. Since digital technologies is a rather new topic we restricted our research to publications being issued within the last 5 years. To consider practitioners' work, we used the standard Google search engine as well.

Our Boolean search string covered threefold: (1) Maturity model was complemented by its synonyms stage and capability model. (2) Corporate management reporting was specified by Financial and Management Accounting and its subdomains. (3) Digital technologies were detailed by five categories: collaboration, mobile, big data analytics, in-memory technology, and cloud. Our search on titles and abstracts resulted in 58 papers of which we found 33 to be relevant. They cover 14 distinct maturity models (Figure 13.1). To get a perspective on assessment items, we then excluded maturity models from our search string. A backward and forward search revealed 48 additional publications.

---

[12] Cf. Willcocks et al. (2008). The catalog provided incorporates the most recognized journals in IS research such as MIS Quarterly (MISQ), Information Systems Research (ISR), Information Systems Journal (ISJ), Information & Management (I&M), Information & Organization (I&O), Journal of Management Information Systems (JMIS), and Decision Support Systems (DSS).

[13] Accounting, Organizations and Society (AOS), Contemporary Accounting Research (CAR), Journal of Accounting and Economics (JAE), Journal of Accounting Research (JAR), Review of Accounting Studies (RAST), The Accounting Review (TAR).

13.1.2 Literature Systematization and Gap Analysis

In order to examine the researched maturity models we focused on their approach and content (Figure 13.1). The first cluster covers the models' top-down or bottom-up design, their employed qualitative or quantitative techniques, whether utility is validated by tests in practice (provided or not), and whether a managers' perspective is applied. The second cluster details which elements of financial and management accounting, as well as digital domains, are covered. Finally, we examined whether design guidelines are provided.

		Corporate management reporting					Digital technologies				
		Management accounting			Financial accounting						
		Reporting and analyses	Planning	Risk management	Bookkeeping	Stat. rep. and consolidation	Collaboration	Mobile	Big data analytics	In-memory technology	Cloud
1. Bartholomew (2012)	Social Media Listening Maturity Model						•		•		
2. Boughazala and Vreede (2012)	Collaboration Maturity Model						•				
3. CEB (2013)	Mobility Strategy Maturity Model							•			
4. Corcoran and Overby (2011)	Forrester's Social Maturity Model						•				
5. Gaur and Mirman (2014)	Enterprise Mobile Capability Model							•			
6. Halper and Krishnan (2013)	TDWI Big Data Maturity Model	•							•		
7. IBM (2011)	Analytic Quotient	•	•						•		
8. Jung et al. (2013)	Open Data Center Alliance Cloud Maturity Model										•
9. Koehler et al. (2015)	C3M – IT Case Management	•	•				•				
10. Lukman et al. (2011)	Business Intelligence Maturity Model	•		•					•		
11. Marx et al. (2012)	Management Control Systems	•	•			•		•	•		
12. Mattoon et al. (2011)	Cloud Computing Maturity Model										•
13. National Audit Office (2012)	Financial Management Maturity Model	•	•	•	•	•					
14. Ransbotham (2015)	Three Levels of Analytical Maturity	•									

Fig. 13.1: Overview of Recently Developed Maturity Models

Approach (Figure 13.2, column 1-4)

Maturity models can be constructed by either a bottom-up or a top-down design. We identified ten top-down approaches, utilizing a priori determined maturity levels from existing models (Figure 13.2, column 1.1). In turn, we found four bottom-up approaches that analyze individual assessment items, develop measurements, evaluate, and then cluster these items into maturity levels. Regarding their techniques (Figure 13.2, column 1.2), top-down approaches most often use the output from qualitative methods such as creativity techniques, literature reviews or interviews to do both distinguish assessment items and assign them to each maturity level.[14] For example, models designed by practitioners often rely on their authors' (individual) qualitative experience.[15] Bottom-up approaches, in turn, are often constructed using the output of quantitative techniques. Two out of four maturity models apply the Rasch algorithm or cluster analyses.[16] The

[14] Cf. Becker et al. (2009).

[15] Cf. Mattoon et al. (2011).

[16] Cf. Marx et al. (2012), Lukman et al. (2011).

remaining two bottom-up models are based on a literature review and expert interviews.[17]

Only three of the examined models describe, or were tested against their methodology and provide the validity to be applied in practice.[18] Thus, a first result of our literature review is that most of the maturity models examined lack a rigorous design, especially quantitative techniques are missing. Hence, not just utility, but even a replication of their outcomes is most often impossible. Focusing on a rather IT perspective (Figure 13.2, column 1.4), ten of the examined maturity models lack insights from a managers' perspective.

Content (Figure 13.2, column 5-7)

Regarding their corporate management reporting domain the maturity models examined focus on reporting and analyses (7), followed by planning, budgeting, and forecasting (4), statutory reporting and consolidation (3), and risk management (2). Bookkeeping is just covered by one model (Figure 13.2, column 2.1). As some maturity models cover more than one domain, double listing is possible.

Regarding digital technologies these models focus on big data analytics (5) and collaboration (4), whereas, mobile and cloud technologies are covered by three, respectively two models. Although in-memory technology is mandatory in real-time reporting it was not taken into consideration at all. None of these models examined how digital technologies can be leveraged in corporate management reporting. Finally, just four maturity models provide design guidelines on how to apply these technologies in practice.[19]

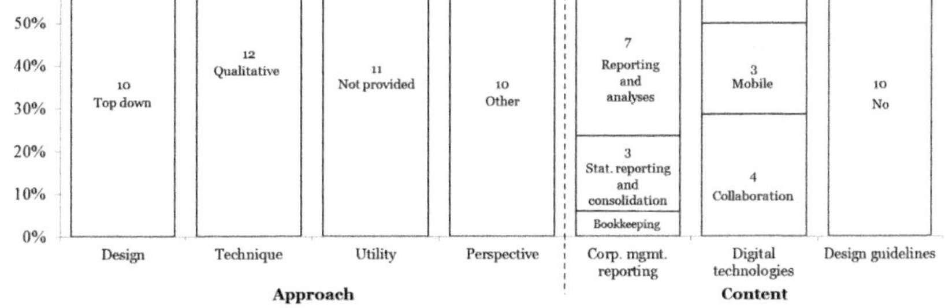

Fig. 13.2: Results of the Literature Review

[17] Cf. Boughazala and Vreede (2012), Koehler et al. (2015).

[18] Cf. Boughazala and Vreede (2012), Lukman et al. (2011), Marx et al. (2012).

[19] Cf. Boughazala and Vreede (2012), Corcoran and Overby (2011), Marx et al. (2012), Ransbotham et al. (2015).

Conclusion: We propose to apply a bottom-up design incorporating the Rasch algorithm. This approach has a rigorous foundation, is transparent, and should lead to relevant results. We ensure utility of our outcomes twofold by incorporating findings from a manager focus group and testing our results in practice.

13.2 Method

Combining exploratory and confirmatory research, mixed methods allow a good adaptation to the real world.[20] Consequently, we started our research with an interdisciplinary literature review on the basis of which quantitative bottom-up approach is applied incorporating the Rasch algorithm. A total of 34 assessment items (Figure 13.5 and 13.6) is derived from the literature review. The desirability of each item is then evaluated for each of the five corporate management domains. Using a five point Likert-scale, the managers are asked to describe their current as-is and their desired to-be level of digital technology. Then, applying the Rasch algorithm, the final items' desirability is calculated. Using a hierarchical cluster analysis, the items are assigned to groups which represent the individual levels of our maturity model. Design guidelines are derived based on significant differences between each level and between the individual domains. To evaluate our findings one-on-one manager interviews are conducted.

13.2.1 Assessment Items

Collaboration technology comprises threefold: Communication as the transfer and exchange of information, coordination covering the alignment of goals and behavior, and cooperation defined as sharing content with common access.[21] Emailing is slowly passed by self-service portals offering latest information on joint network servers (e.g., MS SharePoint).[22] Shared calendars, screen sharing, and direct messaging can be used for real-time chats.[23] Video conferencing and interactive board rooms are seen as more sophisticated.[24] Complementary collaboration bars are more challenging in their implementation, however can greatly improve collaboration. Most sophisticated are social media listening tools, company-wide wikis, and a complementing workflow center within management support systems (MSS).[25]

[20] Cf. Tashakkori and Teddlie (2003).

[21] Cf. Cook (2008), Riemer et al. (2009).

[22] Cf. Meyer and Dibbern (2012).

[23] Cf. Herskovic et al. (2011).

[24] Cf. Neyem et al. (2012).

[25] Cf. Belkadi et al. (2013), Rao (2015).

Mobile technology enables managers to access information from any place and any time. On an initial maturity, level companies may provide employees with company smartphones and later even with tablets. These might even be used for private purposes to enhance user experience. To fully utilize standard reports, they need to be adaptable to different screen sizes. Furthermore, workflow-driven processes being directly connected to the ERP system improve efficiency.[26] Inventory processes can be performed via mobile scanning devices or fully automated by embedded/RFID chips.[27] Finally, push notifications and alerts provide most important information ad hoc and associated analysis can easily be performed on mobile devices.[28] Real-time activity streams allow instantaneous reactions to changing business situations and enhance managers' awareness.[29]

Big data analytics represented by technologies such as web analytics, data mining, and Hadoop is a superior base for predictive analytics, hence a shift to a forward-looking management.[30] Group data warehouses, originally assessed by office tools such as spreadsheets or combined with professional BI frontends are slowly shifted towards in-memory based servers. Leveraging large amounts of unstructured internal and external data big data analytics is used to justify decisions.[31] Interactive corporate dashboards allow drill-downs. Simulations and trend extrapolations are employed on a regular basis and even image, audio and video files are considered.[32]

In-memory technology databases store all data on the main memory and, thus, are multiple times faster than hard disc drives.[33] However, this is only possible with modern compression techniques and column-oriented databases in comparison to the conventional row orientation. We expect companies to simply accelerate their information technology by employing in-memory based data warehouses. Later in-memory technology is expected to be used to implement first real-time processes throughout the company and to speed up planning and consolidation processes.[34] Finally, we predict that flexible real-time analyses and simulations are made possible for every (relevant) business task.[35]

Cloud technology enables on-demand network access to a shared pool of configurable computing resources.[36] Cloud technology can be used for storing data or hosting services (platform as a service, PaaS), providing software as a

[26] Cf. Floerkemeier, Ehrenberg, and Sarm (2007).

[27] Cf. Vasarhelyi (2015).

[28] Cf. Power et al. (2011), SAP (2015).

[29] Cf. Halper and Krishnan (2013).

[30] Cf. Chen et al. (2012).

[31] Cf. Schneider and Jandhyala (2011).

[32] Cf. Zakir et al. (2015).

[33] Cf. Matt (2012).

[34] Cf. Piller and Hagedorn (2011), Delaney (2014).

[35] Cf. Zhang (2015).

[36] Cf. Mell and Grance (2011).

service (SaaS), and outsourcing (IT) infrastructure as a service (IaaS). Finally, cloud technologies allow ubiquitous access to data from various workplaces and devices.[37]

13.2.2 Data Sample

In order to evaluate the desirability of each assessment item, we worked with a manager focus group. Our focus group consists of 25 managers from 15 companies (Figure 13.3), who have met regularly three times a year since 2006 to discuss trends in corporate management and IS support. Focus group meetings are hosted by the "Kompetenzzentrum Unternehmenssteuerungssysteme" at Darmstadt University of Technology.[38] The interviews were conducted in 2015 during one of the regular group sessions, where all of the 25 members participated. As the Rasch algorithm, employing a polytomous rating scale, needs a minimum sample size of 30, complementing interviews among other experts from similar companies were conducted to reach the threshold.

Position	**No.**	**%**	**Sector**	**No.**	**%**	**Market cap. [EUR bn]**	**No.**	**%**
Analyst managers	22	73	Industrial	17	57	≤30	14	46
Consumer managers	8	27	Non-financial Services	13	43	30-90	9	30
						>90	7	24
Total	**30**		**Total**	**30**		**Total**	**30**	

Fig. 13.3: Sample Characteristics

13.2.3 Applying the Rasch algorithm

The Rasch algorithm was initially proposed by Georg Rasch[39] for the measurement of dichotomous data. It is based on the assumption that answers to questionnaires depend on the individual ability of the respondents – along with the items difficulty. The Rasch model assumes that skilled companies have a higher probability to implement more complex and desired items than unskilled ones.[40]

In order to apply the Rasch algorithm, Lahrmann et al.[41] propose a three-step adjustment: (1) To express opinions rather than providing simple right or wrong answers a Likert scale is appropriate. (2) Companies do not always strive for the highest level of maturity. Therefore, it is necessary to not only survey data regarding their current as-is status, but also ask companies about their desired to-be

[37] Cf. Daugherty et al. (2015).

[38] http://www.rcw.wi.tu-darmstadt.de/ccuss.

[39] Cf. Rasch (1960).

[40] Cf. Bond and Fox (2015).

[41] Cf. Lahrmann et al. (2011).

level. However, to provide a maturity model valid for the entirety of companies, as well as robustness against minor changes, the median value shall be used as the common desired to-be level across all companies. The delta value between the common desired value ($\tilde{D}$) and the companies' individual actual value ($\tilde{B}_{ni}$) represents the anticipated improvement (for positive values $X_{\downarrow ni} = D_{\downarrow i} - B_{\downarrow ni}$. A re-coding is proposed, collapsing the X-values into three categories labeled ascendingly from difficult to easy items. The re-coding is necessary to enable valid item estimates based on our n=30 sample (Figure 13.3).

(3) The algorithm converts the raw scores for each company (Bn,), as well as each item (Di), into odds. These odds are logarithmized, and dichotomous data is transformed into a rating scale. The resulting odds, called logits, represent each company's ability (Bn), as well as the items' desirability (Di). Applying a hierarchical cluster analysis using the Ward's minimum variance method the items are clustered based on their logit values separately for each corporate management domain. The best outcome was produced for n=5 clusters assuring distinct levels and a clear model structure. Each cluster represents a distinct stage of the final maturity models presented in Figure 13.5 and 13.6.

X_{ni}	-4	-3	-2	-1	0	1	2	3	4
$\tilde{X}_{ni}$	2			1			0		
Easy items				←→			Difficult items		

Fig. 13.4: Re-coding

The Rasch model provides independent estimates for the organization and item parameters and therefore, can be tested for validity utilizing the integrated fit statistics. Whereas in fit is more sensitive to variances around the companies' own maturity level, outfit is more sensitive to variances in outliers – items far from the companies' maturity level. Both statistics are expected to have a value of around one, whereas a value greater than two within more than 5% of the observations is regarded as critical. As presented in Figure 13.4 both fit statistics stay well around one with no values exceeding the threshold of two.

13.3 Artifact Description

The results and the cluster analysis are presented in Figure 13.5 and 13.6. For maturity level I – digital beginners – the mean logit value of items assigned to this level are around-2 or below across the individual corporate management domains. The mean values for one maturity level differ across the domains as certain domains are digitally more advanced than others so that the desirability of - partly already implemented technologies - is rated lower. Digital technologies are prevalent, however, such companies are newcomers leveraging digital technologies. Maturity level II incorporates items with means between -0.3 and -0.8. In such student companies digital technologies are used, however, no competitive advantages can be gained yet. Assessment items with means close to 0 or slightly above define maturity level III. Digital practitioners are confident with digital technologies that already entered the stage of mass adoption. Maturity level IV covers more innovative features implemented within digital drivers´ companies. The mean values are close to 1 or slightly below. Maturity level V covers digital masters. Such companies are strongly committed to the most desired however, most rarely used digital technologies. They have implemented such technologies or plan to do so soon. The assignment of item 7 and 26 in bookkeeping to the first maturity level doesn't imply that these technologies are fully adopted, but shows their inapplicability to this domain. This interpretation is based on an assessment of the raw scores which shows low values for the items' to-be evaluation. A detailed analysis of the raw scores revealed no further outliers.

13.3.1 Management Accounting

As presented in Figure 13.5, collaboration in management accounting at maturity level I "digital beginners" covers paper-based reports or electronic documents per email attachment. They are circulated around following the push principle. Shared calendars are just used in risk management (item 2). With exception of the reporting and analysis department, every manager has a company smartphone (item 10). Initializing big data analytics the group data warehouse is accessed by Office tools such as spreadsheets (item 20).

Digital student companies complement their collaboration tools by shared calendars (item 2). Screen sharing, video conferencing, and direct messaging are prevalent (items 3 and 4). Risk management managers are thought leaders and ask for collaboration bars integrated in their MSS (item 6). Every manager now has a company smartphone (item 10) and mobile devices are used for private and business purposes alike (item 13). To improve approvals and receipt submissions, companies started with workflow-driven processes being connected to the ERP system even from mobile devices (item 16). In risk management inventory processes are supported by mobile scanning devices and embedded chips (item 14). The company's data warehouse is now enhanced by a professional BI frontend (item 21) and basic cloud technologies help to outsource parts of the IT infrastructure (IaaS, item 34).

> Design guideline 1: Applying collaboration tools raises companies to digital students. Being mobile means that smartphones enable employees to access information from any place. Beyond spreadsheets, big data analytics is enhanced by a group data warehouse with a professional BI frontend.

No.	Item:	Domain:	Logit:	Cluster:	Outfit:	Infit:	Source:
Collaboration							
1	Pull principle: There is a *self-service portal* for latest reports and analyses.	Reporting	0.98	IV	0.59	0.60	White 2000
		Planning	0.48	III	0.64	0.68	
		Risk Management	0.66	III	0.93	0.92	
		Stat. Rep. & Cons.	-0.35	II	0.71	0.79	
		Bookkeeping	0.17	III	0.66	0.74	
2	*Shared calendars*	Reporting	-1.08	II	0.51	0.60	Riemer et al. 2009
		Planning	-0.67	II	0.85	0.93	
		Risk Management	-1.37	I	0.45	0.52	
		Stat. Rep. & Cons.	-0.43	II	0.62	0.71	
		Bookkeeping	-0.39	II	0.57	0.66	
3	*Screen sharing and direct messaging*	Reporting	-0.65	II	0.56	0.65	Tee et al. 2009
		Planning	-0.81	II	0.55	0.62	
		Risk Management	-0.54	II	0.65	0.74	
		Stat. Rep. & Cons.	0.19	III	0.69	0.77	
		Bookkeeping	0.03	III	0.67	0.76	
4	*Video conferencing*	Reporting	-0.65	II	0.65	0.74	Lee-Partridge and Snyder 2012
		Planning	-0.53	II	0.68	0.75	
		Risk Management	-0.26	II	0.65	0.74	
		Stat. Rep. & Cons.	-0.16	II	0.66	0.75	
		Bookkeeping	0.03	III	0.56	0.63	
5	There is an *interactive board room* to discuss and align decisions.	Reporting	0.98	IV	0.71	0.68	SAP 2015
		Planning	0.64	IV	0.64	0.68	
		Risk Management	0.84	IV	0.59	0.68	
		Stat. Rep. & Cons.	1.15	IV	0.63	0.74	
		Bookkeeping	0.47	IV	1.96	2.08	
6	*Collaboration bars* are directly integrated in MSS.	Reporting	0.81	IV	0.78	0.78	Microsoft 2015
		Planning	0.80	IV	0.73	0.73	
		Risk Management	-0.40	II	1.01	1.06	
		Stat. Rep. & Cons.	0.83	IV	1.01	1.07	
		Bookkeeping	0.78	IV	1.10	1.15	
7	*Social media listening* is integrated in MSS.	Reporting	1.15	IV	0.94	1.08	Rao 2015
		Planning	0.97	IV	0.94	1.14	
		Risk Management	1.02	IV	1.22	1.31	
		Stat. Rep. & Cons.	-0.11	III	0.51	0.72	
		Bookkeeping	-1.87	I	0.21	0.26	
8	A *wiki* is used for storing and assessing most important information in a central data base.	Reporting	-0.23	III	1.12	1.11	Riemer et al. 2009
		Planning	-0.11	III	0.93	0.98	
		Risk Management	0.50	III	1.21	1.18	
		Stat. Rep. & Cons.	0.76	IV	0.90	0.94	
		Bookkeeping	0.47	IV	1.25	1.22	
9	A complementing *workflow center* is directly integrated in MSS.	Reporting	0.05	III	1.14	1.14	Belkadi et al. 2013
		Planning	0.48	III	1.01	1.03	
		Risk Management	0.50	III	0.97	1.07	
		Stat. Rep. & Cons.	0.54	IV	0.83	0.87	
		Bookkeeping	0.17	III	0.92	0.93	
Mobile							
10	Every relevant employee has a *company smartphone*.	Reporting	-1.23	II	0.46	0.53	Buettner 2015
		Planning	-1.22	I	0.63	0.66	
		Risk Management	-1.37	I	0.49	0.53	
		Stat. Rep. & Cons.	-0.98	II	0.67	0.71	
		Bookkeeping	-0.67	II	0.52	0.61	
11	*Tablets* are available across the company.	Reporting	0.50	III	0.86	0.92	Gartner Inc. 2014
		Planning	0.48	III	0.74	0.78	
		Risk Management	0.34	III	0.65	0.73	
		Stat. Rep. & Cons.	0.33	IV	1.61	1.57	
		Bookkeeping	-0.81	II	1.28	1.31	
12	Standard reports fit to *different types of mobile devices*.	Reporting	1.53	V	0.32	0.43	Frank 2012
		Planning	1.55	V	0.33	0.48	
		Risk Management	1.41	V	0.28	0.40	
		Stat. Rep. & Cons.	1.69	V	0.59	0.69	
		Bookkeeping	1.69	V	0.33	0.45	
13	Mobile devices throughout the company can be used for *private and business purposes* alike.	Reporting	-0.09	III	1.00	1.04	Buettner 2015
		Planning	-0.25	III	1.02	1.08	
		Risk Management	-0.26	II	1.06	1.13	
		Stat. Rep. & Cons.	0.19	III	0.91	0.99	
		Bookkeeping	0.17	III	0.86	0.97	
14	Inventory processes are performed via *mobile scanning devices*.	Reporting	0.50	III	1.18	1.15	Ehrenberg et al. 2007
		Planning	0.48	III	1.24	1.21	
		Risk Management	-0.40	II	0.69	0.77	
		Stat. Rep. & Cons.	0.05	III	0.98	0.99	
		Bookkeeping	-0.39	II	0.92	0.96	
15	Inventory processes are performed automatically by *embedded chips/ RFID chips*.	Reporting	0.81	IV	1.05	1.00	Vasarhelyi et al. 2015
		Planning	0.64	IV	0.86	0.90	
		Risk Management	0.84	IV	0.72	0.86	
		Stat. Rep. & Cons.	-0.08	III	1.37	1.38	
		Bookkeeping	-0.53	II	1.16	1.17	
16	*Workflow-driven processes* are directly connected to the ERP system.	Reporting	-0.51	II	0.84	0.90	Jin et al. 2014
		Planning	-0.67	II	0.72	0.79	
		Risk Management	-0.40	II	0.83	0.85	
		Stat. Rep. & Cons.	-0.08	III	0.76	0.84	
		Bookkeeping	0.78	IV	0.79	0.78	
17	*Push-notifications and alerts* provide the most important information ad hoc.	Reporting	0.81	IV	0.91	0.95	Power et al. 2011
		Planning	0.64	IV	0.90	0.92	
		Risk Management	0.34	III	0.67	0.76	
		Stat. Rep. & Cons.	0.76	IV	0.92	0.98	
		Bookkeeping	0.62	IV	0.90	0.94	
18	*Ad-hoc analyses* can easily be performed on mobile devices.	Reporting	1.53	V	0.64	0.71	IBM 2011
		Planning	1.15	V	0.60	0.71	
		Risk Management	1.21	IV	0.44	0.54	
		Stat. Rep. & Cons.	2.50	V	0.54	0.64	
		Bookkeeping	0.94	IV	0.82	0.89	
19	A customizable *real-time "activity stream"* adaptively provides information.	Reporting	1.74	V	0.61	0.68	Frank 2012
		Planning	1.55	V	0.52	0.68	
		Risk Management	1.63	V	0.51	0.69	
		Stat. Rep. & Cons.	-1.86	I	0.15	0.18	
		Bookkeeping	0.00	III	0.20	0.24	

Fig. 13.5: Assessment Items[42] (1/2)

Digital practitioners store information in wikis (item 8). To improve approvals and receipt submissions a workflow center is integrated in MSS (item 9). Tablets (item 11) and interactive corporate dashboards provide information with a highly adaptive graphical user interface (item 24). To drive manager self-service manager communication is more and more based on a pull principle (item 1). Cloud

[42] The assignment of item 7 and 26 in bookkeeping to the first maturity level doesn't imply that these technologies are already fully adopted, but rather shows their inapplicability to this domain.

technologies store big amounts of data (PaaS, item 31) and provide software as a service (SaaS, item 33).

> Design guideline 2: Most important, manager communication is shifted to the pull-principle. Information are assessed by manager self-service. In doing so, digital practitioner companies provide more and more wikis, workflow center, interactive dashboards, and tablets.

Digital drivers (maturity level IV) complement manager self-service by collaboration bars, social listening, and interactive board rooms (items 5-7). Alerts and push-notifications provide managers with real time information covering internal and external data sources (items 17, 23). Cloud technologies provide access from various devices and workplaces (item 32).

> Design guideline 3: To raise companies to digital drivers, collaboration has to be complemented by alerts and push-notifications in real time covering internal and external data sources. Furthermore, cloud technologies help to access data from various workplaces and devices. Even image, audio, and video files are covered.

No.	Item:	Domain:	Logit:	Cluster:	Outfit:	Infit:	Source:
Big data analytics							
20	There is a *group data warehouse* being typically assessed by *Office tools* such as spreadsheets.	Reporting	-2.85	I	1.29	1.38	IBM 2011
		Planning	-1.65	I	0.64	0.66	
		Risk Management	-2.88	I	1.23	1.38	
		Stat, Rep. & Cons.	-3.11	I	1.56	1.63	
		Bookkeeping	-3.21	I	1.66	1.72	
21	There is a *group data warehouse* with professional *BI frontends.*	Reporting	-0.93	II	0.60	0.69	Grandpierre et al. 2013
		Planning	-0.81	II	0.77	0.82	
		Risk Management	-0.81	II	0.57	0.64	
		Stat, Rep. & Cons.	-0.15	II	1.08	1.09	
		Bookkeeping	0.32	III	1.10	1.12	
22	There is a data warehouse applying in-memory technologies for flexible analyses in ad-hoc use cases.	Reporting	0.81	IV	0.85	0.90	Plattner and Zeier 2012
		Planning	0.80	IV	0.63	0.76	
		Risk Management	1.63	V	0.55	0.53	
		Stat, Rep. & Cons.	1.50	V	0.61	0.64	
		Bookkeeping	1.69	V	0.49	0.52	
23	Big data analytics uses *unstructured internal and external data.* Data siloing is minimized.	Reporting	1.15	IV	0.64	0.71	Zakir et al. 2015
		Planning	0.80	IV	0.57	0.69	
		Risk Management	0.84	IV	0.65	0.74	
		Stat, Rep. & Cons.	1.54	V	0.72	0.74	
		Bookkeeping	2.14	V	0.64	0.57	
24	*Interactive corporate dashboards* provide predefined reports with drill-downs within a single user-interface.	Reporting	0.35	III	0.56	0.65	IBM 2011
		Planning	0.33	III	0.51	0.60	
		Risk Management	0.50	III	0.54	0.62	
		Stat, Rep. & Cons.	1.01	IV	0.55	0.65	
		Bookkeeping	1.69	V	0.38	0.54	
25	Big data analytics allow complex *simulations and trend extrapolations.*	Reporting	1.15	IV	0.70	0.82	Buhl 2013
		Planning	1.15	V	0.74	0.88	
		Risk Management	1.02	IV	0.62	0.80	
		Stat, Rep. & Cons.	0.61	IV	0.89	0.95	
		Bookkeeping	0.47	IV	0.87	0.93	
26	*Image, audio, and video files* are collected and can be analyzed.	Reporting	1.53	V	0.96	0.88	Zakir et al. 2015
		Planning	1.15	V	1.27	1.01	
		Risk Management	1.02	IV	1.06	1.09	
		Stat, Rep. & Cons.	-0.21	II	0.39	0.50	
		Bookkeeping	-2.20	I	0.20	0.26	
In-memory technology							
27	In-memory technology is implemented as *"pure" new technology* accelerating information delivery.	Reporting	0.05	III	0.75	0.86	Hota 2013
		Planning	0.64	IV	0.69	0.82	
		Risk Management	1.02	IV	0.48	0.60	
		Stat, Rep. & Cons.	1.07	IV	0.92	0.92	
		Bookkeeping	1.69	V	0.82	0.82	
28	In-memory technology is implemented along the value chain enabling *real-time processes.*	Reporting	0.35	III	0.68	0.78	Plattner and Zeier 2012
		Planning	0.33	III	0.64	0.69	
		Risk Management	0.84	IV	0.46	0.55	
		Stat, Rep. & Cons.	1.32	IV	0.42	0.50	
		Bookkeeping	1.48	V	0.41	0.50	
29	In-memory technology is used to accelerate *planning or consolidation processes.*	Reporting	1.15	IV	0.70	0.80	Delaney 2014
		Planning	0.64	IV	0.79	0.87	
		Risk Management	0.66	III	0.86	1.06	
		Stat, Rep. & Cons.	1.32	IV	0.71	0.89	
		Bookkeeping	1.48	V	0.50	0.64	
30	In-memory technology is used for flexible real-time analyses and simulations.	Reporting	0.98	IV	0.70	0.76	Zhang et al. 2015
		Planning	0.03	III	1.13	1.15	
		Risk Management	1.21	IV	0.50	0.58	
		Stat, Rep. & Cons.	1.90	V	0.58	0.78	
		Bookkeeping	2.14	V	0.51	0.63	
Cloud technology							
31	Cloud technology is used for storing big amounts of data.	Reporting	-0.23	III	1.32	1.25	Daugherty et al. 2015
		Planning	0.03	III	1.13	1.15	
		Risk Management	0.03	III	1.05	1.06	
		Stat, Rep. & Cons.	-0.80	II	0.82	0.91	
		Bookkeeping	1.11	IV	0.63	0.73	
32	Cloud technology allows ubiquitous access from various workplaces and devices.	Reporting	0.98	IV	0.51	0.58	Daugherty et al. 2015
		Planning	0.80	IV	0.66	0.62	
		Risk Management	1.21	IV	0.66	0.60	
		Stat, Rep. & Cons.	0.83	IV	1.15	1.19	
		Bookkeeping	0.94	IV	0.95	1.02	
33	Software is provided via cloud services (SaaS).	Reporting	-0.09	III	1.17	1.12	Mell and Grance 2011
		Planning	0.03	III	0.98	1.03	
		Risk Management	0.34	III	1.06	1.11	
		Stat, Rep. & Cons.	-2.20	I	0.29	0.33	
		Bookkeeping	0.78	IV	1.08	1.22	
34	IT infrastructure is outsourced to a provider (*IaaS*).	Reporting	-0.79	II	1.80	1.88	Mell and Grance 2011
		Planning	-0.53	II	1.87	1.99	
		Risk Management	-0.26	II	1.71	1.71	
		Stat, Rep. & Cons.	0.05	III	1.49	1.50	
		Bookkeeping	-0.11	II	1.52	1.58	

Fig. 13.6: Assessment Items (2/2)

In-memory technology is implemented along the value chain and in supporting areas (item 28, 29). Real-time analyses are enabled (item 30) across all management accounting departments. Big data analytics allows complex simulations and trend extrapolations (item 27), starting to use even unstructured data (item 23). In doing so, except for risk management, the company's data warehouse is improved by an in-memory based platform (item 22). In risk management image, audio, and video files are collected and analyzed. Risk scenarios are assessed using information in diverse formats (item 26).

	I - Digital beginners	II - Digital students	III - Digital practitioners	IV - Digital drivers	V – Digital masters
Items for all subdomains	**Collaboration:** Communication covers paper-based reports or electronic documents per email attachment – circulated around following the push principle. **Big data analytics:** The group data warehouse is accessed by Office tools such as spreadsheets (item 20).	**Collaboration:** Shared calendars are used across the company (item 2). Screen sharing, video conferencing, and direct messaging is prevalent (items 3 and 4). **Mobile:** To improve approvals and receipt submissions workflow-driven processes are directly connected to ERP systems even from mobile devices (item 16). **Big data analytics:** Company's data warehouse is now enhanced through a professional BI frontend (item 21). **Cloud:** IT infrastructure is outsourced to a provider (IaaS, item 34).	**Collaboration:** Communication is fundamentally shifted to the pull principle (item 1). Important information is stored in a wiki (item 8). A workflow center is directly integrated in an MSS (item 9). **Mobile:** Besides smartphones even tablets are available throughout the company (item 11). **Big data analytics:** Interactive corporate dashboards provide important information with a highly adaptive graphical user interface (GUI, item 24). **Cloud:** Cloud technology is used to store big amounts of data (PaaS, item 31) and provide software (SaaS, item 33).	**Collaboration:** Social media listening tools are directly integrated in MSS (item 7). There is an interactive board room for discussions (item 5). **Mobile:** Inventory processes are performed automatically by embedded chips/RFID chips. Thus, providing real-time inventories for planning and reporting processes (item 15).Push-notifications and alerts provide ad hoc information (item 17). **Big data analytics:** Big data analytics uses unstructured internal and external data. Data siloing is minimized (item 23). **Cloud:** Cloud technology allows ubiquitous access from various workplaces and devices (item 32).	**Mobile:** Standard reports fit to different types of mobile devices (item 12). A customizable real-time "activity stream" adaptively provides information based on the managers' location and current objective (item 19).
Reporting and analyses		**Mobile:** Every relevant employee has a company smartphone (item 10).	**Mobile:** Mobile devices can be used for private purposes as well (item 13). Companies start to improve their inventory processes by mobile scanning devices and embedded chips (item 14). **In-memory technology:** In-memory technology is implemented to accelerate data warehouse information delivery and latency of business processes (item 27). There are first business cases of in-memory technology along the value chain (item 28).	**Collaboration:** Collaboration bars are directly integrated in MSS (item 6). **Big data analytics:** An in-memory based data warehouse provides flexible ad-hoc analyses (item 22). Big data analytics allows complex simulations (item 25). **In-memory technology:** There are first business cases of in-memory technology along supporting areas (item 29) and it is used for flexible real-time analyses (item 30).	**Mobile:** Ad-hoc analyses can be performed on smartphones and tablets (item 18). **Big data analytics:** Image, audio, and video files from internal and external sources are collected and analyzed (item 26).
Planning, budgeting, and forecasting	**Mobile:** Every manager has a company smartphone (item 10).		**Mobile:** Mobile devices can be used for private purposes as well (item 13). Companies start to improve their inventory processes by mobile scanning devices and embedded chips (item 14). **Big data analytics:** Interactive corporate dashboards provide predefined reports within a single user-interface. **In-memory technology:** There are first business cases of in-memory technology along the value chain (item 28) and it is used for flexible real-time analyses (item 30).	**Collaboration:** Collaboration bars are directly integrated in MSS (item 6). **Big data analytics:** An in-memory based data warehouse provides flexible ad-hoc analyses (item 22). **In-memory technology:** In-memory technology is implemented as "pure" new technology to accelerate data warehouse information delivery (item 27). It is used in supporting areas to accelerate planning and consolidation processes (item 29).	**Mobile:** Ad-hoc analyses can be performed on smartphones and tablets (item 18). **Big data analytics:** Image, audio, and video files from internal and external sources are collected and analyzed (item 26). Complex simulations and trend extrapolations are possible (item 25).
Risk management	**Collaboration:** Shared calendars are used across the company (item 2). **Mobile:** Every manager has a company smartphone (item 10).	**Collaboration:** Collaboration bars are directly integrated in MSS (item 6). **Mobile:** Mobile devices can be used for private and business purposes alike (item 13). Companies start to improve their inventory processes by mobile scanning devices and embedded chips (item 14).	**Mobile:** Push-notifications and alerts provide ad-hoc notifications (item 17). **In-memory technology:** In-memory technology is used along supporting areas (item 29).	**Mobile:** Ad-hoc analyses can be performed on mobile devices (item 18). **Big data analytics:** Big data analytics employs audio, image, and video files (item 26) and can provide complex simulations and trend extrapolations (item 25). **In-memory technology:** In-memory technology is implemented as "pure" new technology to accelerate data warehouse information delivery (item 27) and there are first business cases along the value chain (item 28). It can be used for flexible real-time analyses (item 30).	**Big data analytics:** There is a data warehouse applying in-memory technologies for flexible analyses in ad-hoc use cases (item 22).

Fig. 13.7: Maturity Model Management Accounting

Design guideline 4: Driving real-time analyses the game changer on digital drivers' level is in-memory technology and big data within Finance itself and along the value chain (two speed Finance transformation).

Finally, digital master companies provide data insights even on different types of mobile devices (item 12). An activity stream provides location-sensitive information (item 19). Employing multimedia files (item 26) big data analytics allows complex simulations (item 25). Ad-hoc analyses are performed on mobile devices (item 18) across all domains. The companies' data warehouse is shifted to an in-memory based platform.

Design guideline 5: Ad-hoc analyses are available on different types of devices. Information are delivered based on the managers' location and current objective (real time activity stream).

13.3.2 Financial Accounting

Similarly to management accounting digital beginner companies' collaboration in financial management covers paper-based reports or electronic documents per email attachment (Figure 13.8). However, there are also differences. Providing latest software packages for statutory reporting and consolidation, SaaS is implemented at the very first level of digital maturity (item 33).

Design guideline 6: Scalable SaaS is crucial in statutory reporting and consolidation even on the beginners' level.

In bookkeeping (item 11) tablets are provided on the digital students' level. By applying the pull principle in statutory reporting and consolidation collaboration is pushed to the next level (item 1). Inventory processes are performed by mobile devices (item 14) or fully automatically (item 15) – technologies that are not fully implemented in management accounting before reaching maturity level IV. Cloud technologies are used in statutory reporting and consolidation to outsource big amounts of data or the companies' IT infrastructure in bookkeeping (item 31, 34).

Design guideline 7: To reach the digital students' level communication has to be shifted to the pull principle in statutory reporting and consolidation. Automated inventory processes are the key technologies in bookkeeping to provide real-time data.

Maturity level III is defined by using screen sharing and direct messaging across the company (items 3). In contrast to management accounting, mobile technologies are enhanced by a complementing workflow center (item 9) in bookkeeping. Improving process efficiency in statutory reporting and consolidation, workflow-driven processes are directly connected to the ERP backend (item 16). A data warehouse with a BI frontend is implemented in bookkeeping (item 21). IaaS is outsourced across departments (item 34), SaaS and IaaS are applied earlier than in management accounting.

Design guideline 8: To raise companies to digital practitioners enhancing workflow-driven processes is pivotal. Simplifying data warehouse accessibility through a professional BI frontend is decisive. SaaS and IaaS technologies are more important than in management accounting.

Collaboration bars, interactive board rooms, and wikis (item 5, 6, 8) are key levers to raise collaboration to maturity level IV. A workflow center is integrated in MSS (item 9) and tablets are provided as well (item 11). Accommodating ad-hoc analyses (item 17) push notifications and alerts are implemented. These items are one maturity step behind its counterparts in management accounting. Cloud technologies reach the maximum as IT infrastructure, platform, and software as a service (items 31, 33, 34) outsourced. They can be accessed from various workplaces and devices (item 32).

Design guideline 9: Collaboration bars, interactive boardrooms, and wikis facilitate a new working style. Cloud technologies and push notifications enable ubiquitous reachability.

On maturity level V standard reports fit to different mobile devices (item 12) that are now performing ad-hoc analyses (item 18). Big data analytics is increased by data warehouse applying in-memory technology covering even unstructured internal and external data (item 22, 23). Interactive corporate dashboards are now implemented in bookkeeping (item 24), providing flexible real-time analyses (item 27-30).

Design guideline 10: Real-time data and flexible analyses powered by in-memory technology are key stones for raising your company to the digital masters' level.

13.4 Evaluation

We discussed our maturity models in April 2016 with managers from two companies that currently evaluate the relevance of digital technologies for their future development. We evaluated the utility of our findings in terms of how the proposed design guidelines can help to make digital technologies more tangible, and, finally, help to set up a companies' digital roadmap. Interviews were conducted with the head of group management accounting and a division CFO of a large European consumer company (2015 sales: EUR18.09 bn; 2015 employees: 49,450), as well as the head of Finance IT architecture within the management accounting department of a large industrial gas producer (17.94 bn; 64,538). We finished our evaluation after having interviewed these three managers, as there were first signs for saturation and our aim was a more detailed insight in contrast to broadening previous research.

	I - Digital beginners	II - Digital students	III - Digital practitioners	IV - Digital drivers	V – Digital masters
Items for both subdomains	**Collaboration:** Communication is based on paper-based reports or electronic documents circulated around following the push principle. **Big data analytics:** The group data warehouse is accessed by Office tools such as spreadsheets (item 20).	**Collaboration:** Shared calendars are used across the company (item 2). **Mobile:** Every relevant employee has a company smartphone (item 10).	**Collaboration:** Screen sharing and direct messaging is used across the company (item 3). **Mobile:** Mobile devices throughout the company can be used for private and business purposes alike (item 13).	**Collaboration:** There is an interactive board room to discuss and align deci-sions (item 5) and collaboration bars are directly integrated in MSS (item 6). A wiki is used for storing and assessing most important information in a central data base (item 8). **Mobile:** Push-notifications and alerts provide the most important information on an ad hoc basis (item 17). **Big data analytics:** Big data analytics allow complex simulations and trend extrapolations (item 25). **Cloud:** Cloud technology allows ubiquitous access from various workplaces and devices such as desktop PCs, smartphones, and tablets (item 32).	**Mobile:** Standard reports fit to different types of mobile devices (item 12). **Big data analytics:** There is a data warehouse applying in-memory technologies for flexible preparations of analyses in ad-hoc use cases (item 22). Big data analytics uses unstructured internal and external data. Data siloing is minimized (item 23). **In-memory technology:** In-memory technology is used for flexible real-time analyses (item 30).
Book-keeping	**Collaboration:** Social media listening is integrated in MSS and regularly used to complement analyses or receive further information (item 7). **Big data analytics:** Image, audio, and video files from internal and external sources are analyzed (item 26).	**Mobile:** Besides smartphones, even tablets are available across the company (item 11). Inventory processes are performed either by mobile scanning devices or automatically (items 14 and 15). **Cloud:** IT infrastructure is outsourced to a provider (IaaS, item 34).	**Collaboration:** Communication is based on the pull principle (item 1) and video conferencing further enhances collaboration (item 4). A complementing workflow center is directly integrated in MSS (item 9). **Big data analytics:** There is a data warehouse with a professional Business Intelligence (BI) frontend (item 21).	**Mobile:** Workflow driven processes are enhanced through a direct ERP connection (item 16). Ad-hoc analyses can be easily performed on mobile devices (item 18). **Cloud:** Cloud technology is used for storing big amounts of data (PaaS, item 31) and the provision of software (SaaS, item 33).	**Big Data:** Interactive corporate dashboards are used providing predefined reports with drill-downs within a single user-interface (item 24). **In-memory technology:** In-memory technology is implemented in first business cases along the value chain (item 28), and in supporting areas (item 29). data warehouse information delivery is accelerated (item 27).
Statutory reporting and consolidation	**Cloud:** Software is provided via cloud services (SaaS, item 33).	**Collaboration:** Communication is based on the pull principle (item 1) and video conferencing further enhances collaboration (item 4). **Big data analytics:** There is a data warehouse with a professional Business Intelligence (BI) frontend for analyses (item 21). Image, audio, and video files from internal and external sources are collected and can be analyzed (item 26). **Cloud:** Cloud technology is used for storing big amounts of data, e.g. from a SharePoint (PaaS, item 31).	**Collaboration:** Social media listening is integrated in MSS and regularly used to complement analyses or receive further information (item 7). **Mobile:** Inventory processes are either performed by mobile scanning devices or automatically (items 14, 15). Workflow driven processes like approvals, and receipt submissions are directly connected to the ERP backend improving efficiency (item 16). **Cloud:** IT infrastructure is outsourced to a provider (IaaS, item 34).	**Collaboration:** A complementing workflow center is directly integrated in MSS (item 9). **Mobile:** Besides smartphones even tablets are available throughout the company (item 11). **Big data analytics:** Interactive corporate dashboards provide predefined reports with drill-downs within a single user-interface (item 24). **In-memory technology:** In-memory technology is implemented in first business cases along the value chain (item 28) and in supporting areas (item 29). data warehouse information delivery is accelerated (item 27).	**Mobile:** Ad-hoc analyses can be easily performed on mobile devices (item 18).

Fig. 13.8: Maturity Model Financial Accounting

According to the division CFO of the consumer company, managers are more on the road the bigger the company gets. Thus, information on mobile devices gets more important. This confirms our finding that leveraging different collaboration tools, even from mobile devices, is a key aspect in becoming a digital student (Figure 13.7, design guidelines 1-3).

The head of management accounting added that the mobile trend needs to be supported by a new way of collaboration implementing manager self-service by wikis, workflow center, interactive boardrooms, and corporate dashboards (Figure 13.7, design guideline 1-3, Figure 13.8, design guidelines 8, 10). This comment underlined that collaboration is very tangible for managers: Their working style changed towards group work, even on top management level.

The head of Finance IT was undecided about the benefits of big data analytics. He questioned whether more information will drive better decision per se. Regarding real-time analyses on an in-memory basis he does not know whether that trend will actually become reality. He argued that the most important analyses for managers largely consist of net sales analyses by products, countries, and keyaccount customers for which even their current IT is fast enough. This is in line with our design guidelines 4 and 10 that driving more flexible analyses is a game changer, however just on a higher level of maturity level. Thus, the benefits of in-memory technology are not really tangible for managers yet.

Cloud technologies are still vague for the interviewed managers. This is in contrast to our design guidelines 6 and 8. When it comes to cloud services security concerns are still prevalent. Design guideline 7 is not confirmed as SaaS solutions are recommended for financial accounting already on the beginners' level (Figure 13.8). Besides pure financial data in the cloud, this is in line with our design guideline 5 which drives the transition towards the last and final maturity level in management accounting (Figure 13.7).

13.5 Discussion

Following Gregor and Hevner[43] our research results should be interpreted in terms of significance in comparison with prior work and how they relate back to the objectives and research questions stated in the introduction. We examined 14 maturity models in terms of their approach and covered content (Figure 1). The elaborated gaps in research substantiated the objective of this work, as well as the bottom-up method incorporating the Rasch algorithm. In comparison to prior work, only two maturity models employed such an approach. Digital technologies are merely covered and the examined models lack a manager perspective. Furthermore, they often miss to provide concrete design guidelines. Finally, by obtaining data from managers from different companies, we created more diverse findings than those examined in the literature.

Rasch algorithm: Due to its complexity and the scope of this paper the Rasch algorithm, as well as the results could not be described in full detail. However, the application of the algorithm and an overview of the approach were provided to guide the reader towards our results. A business perspective with managers from different companies was only elaborated by Ransbotham, Kiron and Prentice[44], Jung et al.[45], Marx, Wortmann and Mayer[46], and Lukman et al.[47]. However, they do not cover digital technologies. Although, the sample size is small the fit statistics of the Rasch algorithm expose reliable results.

One-on-one manager interviews: Three out of 14 examined maturity models were tested against utility. We conducted interviews with three managers from different companies to create diverse feedback which validated utility of our findings. Only the models by Boughazala and Vreede, Lukman et al., and Marx,

---

[43] Cf. Gregor and Hevner (2013).

[44] Cf. Ransbotham, Kiron and Prentice (2015).

[45] Cf. Jung et al. (2013).

[46] Cf. Marx, Wortmann and Mayer (2012).

[47] Cf. Lukman et al. (2011).

Wortmann and Mayer performed similar evaluations.[48] The results of the Rasch algorithm along with an analyzation of the raw data imply few outliers for the financial accounting domain (assessment item 7, 26, Figure 13.5, 13.6). This is due to a lack of applicability of the accessed technologies in these domains – individual questionnaires for each domain might limit such issues and further increase data quality.

13.6 Conclusion

Providing a method mix incorporating the Rasch algorithm, we developed a maturity model for digital technologies in corporate management reporting. We derived assessment items from a literature review and assessed their current and desired levels of maturity with findings from a manager focus group. We ended with design guidelines which were evaluated in one-on-one manager interviews. For practice, our findings can serve as a reference for self-service assessment to arrive at a next level of digitalization. For research purposes, our method mix constitutes a rigorous starting point even for other domains than accounting such as procurement or sales and the relevance of digital technologies within these areas.

There are several avenues for future research. A follow-up survey with a larger sample of managers should validate generalizability of our findings. For more distinct findings across the examined domains of financial and management accounting, we propose a split of our questionnaire to several ones and, obviously, then with more assessment items within each of these questionnaires. Finally, the on-going development of digital technologies requires continuous updates of our one-time research. In doing so, future research should compare developments over time to expose reliable technology trends in corporate management reporting.

[48] Cf. Boughazala and Vreede (2012), Lukman et al. (2011), and Marx, Wortmann and Mayer (2012).

References

Bartholomew, Don. 2012. *Where is Your Organization on the Social Media Listening Maturity Model?* https://metricsman.wordpress.com/tag/social-media-listening-maturity-model/. Accessed: 15.01.2017.

Becker, Jörg, R. Knackstedt, and J. Pöppelbuß. 2009. Developing Maturity Models for IT Management: A Procedure Model and its Application. *Business & Information Systems Engineering,* 1(3):213-222.

Becker, Jörg, et al. 2010. *Maturity Models in IS Research.* ECIS 2010 Proceedings. Paper 42.

Belkadi, Farouk, et al. 2013. A Situation Model to Support Awareness in Collaborative Design. *International Journal of Human-Computer Studies,* 71(1):110-129.

Bond, Trevor G., and Christine M. Fox. 2015. *Applying the Rasch Model: Fundamental Measurement in the Human Sciences,* New York City: Routledge.

Boughazala, Imed, and Gert-Jan de Vreede. 2012. *A Collaboration Maturity Model: Development and Exploratory Application.* http://www.researchgate.net/publication/254051627_A_Collaboration_Maturity_Model_Development_and_Exploratory_Application. Accessed: 15.01.2017.

Bromiley, Philip, et al. 2015. Enterprise Risk Management. Review, Critique, and Research Directions. *Long Range Planning,* 48:265-276.

Buettner, Ricardo. 2015. *Towards a New Personal Information Technology Acceptance Model: Conceptualization and Empirical Evidence from a Bring Your Own Device Dataset.* Proceedings of the 21st Americas Conference on Information Systems. http://www.prof-buettner.com/downloads/buettner2015f.pdf. Accessed: 15.01.2017.

Buhl, Hans U. 2013. Interview with Martin Petry on Big Data. *Business & Information Systems Engineering,* 5(2):101-102.

CEB. 2013. *Mobility Strategy Maturity Model: Develop a comprehensive strategy for enabling high-value enterprise mobile capabilities.* https://www.cebglobal.com/exbd/information-technology/infrastructure/mobility-strategy-key-components/index.page?cid=70180000018qXd. Accessed: 15.01.2017.

Chen, Hsinchun, Roger H. Chiang, and Veda C. Storey. 2012. Business Intelligence and Analytics: From Big Data to Big Impact. *MIS Quarterly,* 36(4):1165-1188.

Cook, Niall. 2008. *Enterprise 2.0. How social software will change the future of work,* Burlington: Gower Publishing, Ltd.

Corcoran, Shean, and Christine S. Overby. 2011. *Accelerating Your Social Maturity: for Interactive Marketing Professionals*. https://de.scribd.com/document/88691604/Accelerating-Your-Social-Maturity. Accessed: 15.01.2017.

Daugherty, Paul, P. Banerjee, and M. J. Biltz. 2015. *Digital Business Era: Stretch your Boundaries*. https://www.accenture.com/us-en/_acnmedia/Accenture/Conversion-Assets/Microsites/Documents11/Accenture-Technology-Vision-2015.pdf. Accessed: 15.01.2017.

Delaney, Kalen. 2014. *SQL Server In-Memory OLTP Internals Overview*. https://msdn.microsoft.com/en-us/library/dn720242.aspx. Accessed: 15.01.2017.

Floerkemeier, Christian, I. Ehrenberg, and S. Sarm. 2007. *Inventory Management with an RFID-equipped Mobile Robot*. Proceedings of the 3rd Annual IEEE Conference on Automation Science and Engineering, Scottsdale, 1020-1026.

Frank, Malcolm. 2012. *Don't get SMACked: How Social, Mobile, Analytics and Cloud Technologies are Reshaping the Enterprise*. https://www.cognizant.com/InsightsWhitepapers/dont-get-smacked.pdf. Accessed: 15.01.2017

Gaur, Nitin, and Steve Mirman. 2014. *Enterprise Mobile Capability Maturity Model*. https://www-950.ibm.com/events/wwe/impact/impact2014cms.nsf/download/kedf7ea7c61be61be1458a819e6f/$FILE/Impact2014_1190.pdf. Accessed: 15.01.2017.

Grandpierre, Marcel, G. Buss, and R. Esser. 2013. *In-Memory Computing technology: The holy grail of analytics*. https://www2.deloitte.com/content/dam/Deloitte/de/Documents/technology-media-telecommunications/TMT_Studie_In_Memory_Computing.pdf. Accessed: 15.01.2017.

Gregor, Shirley, and Alan R. Hevner. 2013. Positioning and Presenting Design Science Research for Maximum Impact. *MIS Quarterly*, 37(2):337-355.

Halper, Fern, and Krish Krishnan. 2013. *TDWI Big Data Maturtiy Model Guide: Interpreting your Assessment Score*. https://tdwi.org/whitepapers/2013/10/tdwi-big-data-maturity-model-guide/asset.aspx?tc=assetpg&returnkey=F1UJ4wN5ySp7NQId5nORsE0JzNzWzzdO. Accessed: 15.01.2017.

Herskovic, Valeria, et al. 2011. The iceberg effect: Behind the user interface of mobile collaborative systems. *Journal of Universal Computer Science*, 17(2):183-201.

Horngreen, Charles. 1981. *Introduction to financial accounting*, Englewood Cliffs: Prentice-Hall Inc.

Hota, Jyotiranjan. 2013. Adoption of In-Memory Analytics. *CSI Communications*, 37(1):20-22.

IBM. 2011. *From Novice to Master: Understanding the Analytics Quotient Maturity Model*. http://www.fyisolutions.com/_media/aq_white_paper.pdf. Accessed: 15.01.2017.

Jin, Leigh, X. Deng, and B.-R. Lea. 2014. *Explorative Study of Mobile Apps in the Enterprise*. Proceedings of the 20th Americas Conference on Information Systems, Savannah.

Jung, Christoph, et al. 2013. Open Data Center Alliance Usage Model: Cloud Maturity Model Rev. 2.5. https://opendatacenteralliance.org/docs/cloud_maturity_model_rev_2.5.pdf. Accessed: 15.01.2015.

Kane, Gerald C., et al. 2015. *Strategy, not Technology, Drives Digital Transformation. Becoming a digitally mature enterprise*. MIT Sloan Management Review and Deloitte Universiy Press.

Koehler, Jana, R. Woodtly, and J. Hofstetter. 2015. An impact-oriented maturity model for IT-based case management. *Information Systems*, 47: 278-291.

Lahrmann, Gerrit, et al. 2011. Inductive Design of Maturity Models: Applying the Rasch Algorithm for Design Science Research. In *Service-Oriented Perspectives in Design Science Research*, Eds. H. Jain, A. Sinha, and P. Vitharana, 176-191. Berlin, Heidelberg: Springer.

Lee-Partridge, Joo Eng, and Jason Snyder. 2012. Using the layered model to understand employee selection of information and communication channels for information and knowledge sharing in project teams. Proceedings of the Conference on Information Systems Applied Research. http://proc.conisar.org/2012/pdf/2206.pdf. Accessed: 15.01.2015.

Lukman, Tomaz, et al. 2011. Business Intelligence Maturity: The Economic Transitional Context Within Slovenia. *Information Systems Management*, 28(3):211-222.

Matt, Christian. 2012. In-Memory-Technologien für Unternehmensanwendungen. *Controlling & Management*, 56(4):229-230.

Mattoon, Scott, B. Hensle, and J. Baty. 2011. *Cloud Computing Maturity Model: Guiding Success with Cloud Capabilities*. http://www.oracle.com/technetwork/topics/entarch/oracle-wp-cloud-maturity-model-r3-0-1434934.pdf. Accessed: 15.01.2017.

Marx, Frederik, F. Wortmann, and J. H. Mayer. 2012. A Maturity Model for Management Control Systems. Five Evolutionary Steps to Guide Development. *Business & Information Systems Engineering*, 4:193-207.

McAfee, Andrew P., and Eric Brynjolfsson. 2012. Big Data: The Management Revolution. *Harvard Business Review*, 90(10): 61-68.

Mell, Peter, und Timothy Grance. 2011. *The NIST Definition of Cloud Computing: Recommendations of the National Institute of Standards and Technology*. NIST Special Publication 800-145. NIST - U.S. Department of Commerce.

Mettler, Tobias. 2011. Maturity assessment models: a design science research approach. *International Journal of Society Systems Science*, 3(1/2):81-91.

Mettler, Tobias, and Peter Rohner. 2009. *Situational maturity models as instrumental artifacts for organizational design*. Proceedings of the 4th international conference on design science research in information systems and technology.

Meyer, Paul, and Jens Dibbern. 2012. *Design and Impact of Awareness Functions - A study about social media in virtual teams*. Proceedings of the European Conference on Information Systems, Barcelona.

Microsoft. 2015. *Microsoft releases Office 2016*. http://news.microsoft.com/2015/09/22/microsoft-releases-office-2016/. Accessed: 15.01.2017.

National Audit Office. 2012. *Financial Management Maturity Model*. https://www.nao.org.uk/wp-content/uploads/2013/02/financial_management_maturity_model.pdf. Accessed: 15.01.2017.

Neufeldt, Victoria, and David B. Guralnik. 1986. *Collier's Dictionary. K to Z*, 2nd ed., New York City: P. F. Collier.

Neyem, Andrés, et al. 2012. A reusable structural design for mobile collaborative applications. *Journal of Systems and Software*, 85(3):511-524.

Piller, Gunther, and Jürgen Hagedorn. 2011. Business benefits and application capabilities enabled by in-memory data management. *IMDM*, 193:45-56.

Plattner, Hasso, and Alexander Zeier. 2012. *In-Memory Data Management: Technology and Applications*, Heidelberg, New York: Springer.

Power, Daniel J., F. Burstein, and R. Sharda. 2011. Reflections on the past and future of decision support systems: Perspectives of eleven pioneers. In *Decision Support*, Eds. D. Schuff et al., 25-48. New York City: Springer.

Ransbotham, Sam, D. Kiron, and P. K. Prentice. 2015. *The Talent Dividend: Analytics talent is driving competitve advantage at data-oriented companies*. http://sloanreview.mit.edu/projects/analytics-talent-dividend/. Accessed: 15.01.2017.

Rao, Anand. 2015. *Social listening: How market sensing trumps market research*. http://www.pwc.com/gx/en/services/advisory/consulting/risk/resilience/publications/social-listening-how-market-sensing-trumps-market-research.html. Accessed: 15.01.2017.

Rasch, Georg. 1960. *Probabilistic models for some intelligence and attainment tests*. Danish Institute for Educational Research. Copenhagen, Denmark.

Riemer, Kai, C. Steinfeld, and D. Vogel. 2009. eCollaboration: On the nature and emergence of communication and collaboration technologies. *Electronic Markets*, 19(4):181-188.

SAP. 2015. *SAP Showcases the SAP Digital Boardroom*. http://news.sap.com/sap-showcases-sap-digital-boardroom/. Accessed: 15.01.2017.

Schneider, Erich, and Raghav Jandhyala. 2011. *SAP In-Memory Computing Technology: Changing the way business intelligence is managed*. http://fm.sap.com/data/upload/files/sap_in-memory_computing_technology_.pdf. Accessed: 15.01.2017.

Tashakkori, Abbas, and Charles Teddlie. 2003. *Handbook of Mixed Methods in Social & Behavioral Research*, Thousand Oaks: Sage.

Tee, Kimberly, S. Greenberg, and C. Gutwin. 2009. Artifact awareness through screen sharing for distributed groups. *International Journal of Human-Computer Studies*, 67(9):677-702.

Turner, Vernon, et al. 2014. *The Digital Universe of Opportunities. Rich Data and the Increasing Value of the Internet of Things*. IDC. http://www.emc.com/leadership/digital-universe/index.htm. Accessed: 15.01.2017.

Udhas, Pradeep, K. K. Raman, and P. Sridharan. 2013. *The SMAC Code. Embracing new technologies for future business*. KPMG India.

Vasarhelyi, Mikols A., A. Kogan, and B. M. Tuttle. 2015. Big Data in Accounting: An Overview. *Accounting Horizons*, 29(2):381-396.

White, Martin. 2000. Enterprise information portals. *The Electronic Library*, 18(5):354-362.

Willcocks, Leslie, E. A. Whitley, and C. Avgerou. 2008. The ranking of top IS journals: a perspective from the London School of Economics. *European Journal of Information Systems*, 17:163-168.

Zakir, Jasmine, T. Seymour, and K. Berg. 2015. Big Data Analytics: A Guide for Solution Architects and Project Leaders. *Issues in Information Systems*, 16(2):81-90.

Zhang, Hao, et al. 2015. In-Memory Big Data Management and Processing: A Survey. *IEEE Transactions on Knowledge and Data Engineering*, 27(7):1920-1947.

Kapitel 14
Implikationen der Digitalisierung für den Finanzbereich der Unternehmung und das Rollenbild des CFO

Arbeitskreis Finanzierung der Schmalenbach-Gesellschaft für Betriebswirtschaft e.V.[1, 2]

Zahlreiche empirische Belege weisen darauf hin, dass die Bedeutung des Finanzbereichs sowie des Chief Financial Officer (CFO) als seines Leiters innerhalb der Unternehmungen in den letzten Jahrzehnten kontinuierlich gestiegen ist. So ist etwa der Anteil von US-Unternehmen, in denen die Position des CFO existiert, von weniger als 10% Ende der 1960er Jahre auf 80% im Jahr 2000 angewachsen.[3] Historisch betrachtet können externe Entwicklungen in der Unternehmensumwelt, die oftmals von ökonomischer oder regulatorischer Gestalt sind[4], als Treiber hinter diesem Bedeutungszuwachs und den damit einhergehenden Veränderungsprozessen im Finanzbereich ausgemacht werden. Beispiele hierfür sind die mit dem Ziel der Wertorientierung auf den CFO zukommenden Aufgaben zur Kalkulation, Steuerung und Kommunikation der Wertschaffung der Unternehmung. Auch deren Absicherung hat angesichts der höheren Volatilität der Rahmenbedingungen und des damit einhergehenden, kürzeren Wegs von der strategischen Krise zur Liquiditätskrise an Gewicht gewonnen.[5] Als weiteres Beispiel können die regulatorischen Konsequenzen einer Reihe von Finanzskandalen in den 1990er Jahren und zu Beginn der 2000er Jahre angeführt werden,

---

[1] Mitglieder des Arbeitskreises: Prof. Dr. Hermann Balzer, FH Aachen / Jürgen Binder, Daimler AG / Dr. Markus Coenen, Süwag Energie AG / Steffen Diel, SAP SE / Thomas Empelmann, thyssenkrupp AG / Dr. Jan Haaß, Freudenberg & Co. KG / Jürgen Himmelsbach, TÜV Nord AG / Dr. Christoph Husmann, Capital Stage AG / Klaus Morgenstern, BASF SE / Prof. Dr. Stephan Paul, Ruhr-Universität Bochum / WP StB Roland Pruss, PTG Treuhand und Revision GmbH WPG / Dr. Michael Reuter, Henkel AG & Co. KGaA / Peter Schallenberg, Evonik Industries AG / Dr. Roger Schweitzer, Bertelsmann SE & Co. KGaA / Dr. Verena Volpert, E.ON SE.

[2] Für die Unterstützung bei der Erstellung des Beitrags dankt der Arbeitskreis Dr. Daniel Streit und Marcel Heinze (beide Ruhr-Universität Bochum).

[3] Vgl. Zorn (2004, S. 351).

[4] Vgl. Farag, Plaschke und Rodt (2012, S. 129).

[5] Zu diesen Entwicklungen vgl. Paul et al. (2017).

die den CFO dazu verpflichteten, nun auch eine zentrale Rolle bei der Implementierung und Weiterentwicklung von Governance- und Compliance-Strukturen wahrzunehmen.[6]

In den letzten Jahren sieht sich der Finanzbereich mit der Digitalisierung einem externen Trend gegenüber, der primär durch technologische Innovationen getrieben wird und erneut – insbesondere in Anbetracht zahlreicher öffentlich vorgestellter Anwendungsbeispiele im Kontext der „Industrie 4.0" – Veränderungen im Rollenbild und Tätigkeitsspektrum des Finanzbereichs bzw. des CFO erwarten lässt („Finance has to fit the business"). Die Auswirkungen der Digitalisierung auf den Finanzbereich und seine Leitungsfunktion werden in der (wissenschaftlichen) Literatur bislang jedoch nur vereinzelt in Meinungsbeiträgen oder auf Basis von (Einzel-)Interviews mit CFOs erörtert, die inhaltlich zudem oftmals unscharf bleiben.

Der vorliegende Beitrag des *AK Finanzierung* hat es sich daher zum Ziel gesetzt, in einem ersten Schritt einen breiteren und fundierteren Einblick in die Wahrnehmung der Unternehmenspraxis in Bezug auf die durch die Digitalisierung ausgelösten bzw. erwarteten Veränderungsprozesse im Finanzbereich – mit besonderem Fokus auf der Rolle des CFO – zu geben. Dazu sind im Zeitraum von Februar bis März 2017 insgesamt 11 (persönliche) leitfadengestützte Tiefeninterviews mit den CFOs bzw. Leitern der Finanzabteilungen großer Konzerne in Deutschland geführt und anschließend nach dem Muster der Critical Incident Technique (CIT) strukturiert ausgewertet worden. Basierend auf diesen Ergebnissen wird in einem zweiten Schritt der Versuch unternommen, das zukünftige Rollenbild und Tätigkeitsspektrum von Finanzbereich und CFO im Zeichen der Digitalisierung zu skizzieren sowie die sich daraus ergebenden Konsequenzen für das Qualifikations- und Anforderungsprofil abzuleiten.

14.1 Aktueller Forschungsstand

Derzeit vollzieht sich ein realwirtschaftlicher Umbruch, der vielfach als revolutionär eingestuft wird. Durch den Einfluss der Digitalisierung verändern sich die Geschäftsmodelle, Produkte und Leistungen sowie vor allem die Prozesse in den Unternehmen so gravierend wie seit Jahrzehnten nicht mehr. Autonom fahrende Autos, miteinander kommunizierende Maschinen, sich selbst steuernde cyber-physische Systeme, Smart Factory, Big Data, Machine Learning, künstliche Intelligenz und das Internet der Dinge sind nur einige der zentralen Schlagworte in diesem Zusammenhang. Als Sammelbegriff hierfür hat sich „Industrie 4.0" etabliert. Damit ist die vierte industrielle Revolution nach der Einführung mechanischer Produktionsanlagen Ende des 18. Jahrhunderts, der Einführung arbeitsteiliger Massenproduktion mithilfe elektrischer Energie ab 1870 und dem Einsatz der Elektronik und IT zur weiteren Automatisierung der Produktion seit den 1970er Jahren gemeint.

---

[6] Vgl. Karaian (2014, S. 10), Tulimieri und Banai (2010, S. 241ff.), Rapp und Wullenkord (2014, S. 149), Paul et al. (2017).

Ein finanzierungsrelevantes Kernelement der Industrie 4.0 ist die mit der Digitalisierung verbundene umfassende Vernetzung von Personen, Dingen und Maschinen in Wertschöpfungsketten.[7] In cyber-physische Systeme sind Geräte, Objekte, Produktionsanlagen, Logistikkomponenten usw. eingebettet, die Kommunikations- und internetfähige Module enthalten, um mittels spezieller Sensorik ihre Umwelt erfassen, speichern und dadurch auf die physische Welt einwirken zu können. In vertikaler Hinsicht werden damit die betrieblichen Funktionalbereiche – von Forschung und Entwicklung über Einkauf und Fertigung bis zum Absatz – in der Unternehmung selbst stärker miteinander verzahnt. In Smart Factories kommunizieren Produkte, Transportmittel und Werkzeuge miteinander und handeln selbstständig die nächsten Produktionsschritte aus.

Durch horizontale Vernetzung verändert sich das Zusammenspiel der Unternehmung sowohl mit Lieferanten oder anderen Kooperationspartnern als auch mit den Kunden. Im Automobilbereich beinhalten Smart Services nicht nur den vom Kunden im Internet bedienbaren Konfigurator für sein neues Fahrzeug, sondern umgekehrt auch die vom Auto ausgehende Information über notwendige Servicearbeiten, Wartungs-, Mobilitäts- oder andere Dienstleistungsangebote. Die Digitalisierung erlaubt dann die Integration und Optimierung des Warenflusses vom Kunden über das eigene Unternehmen bis hin zum Lieferanten und zurück. Durch die Digitalisierung soll es somit möglich werden, individuelle Produkte zu den Kosten einer Massenfertigung zu entwickeln und herzustellen (Mass Customization bzw. Mass Personalization).

Hinsichtlich der Auswirkungen der Digitalisierung auf den Finanzbereich und die Rolle des CFO einer Unternehmung können in der bestehenden Literatur vier Argumentationslinien ausgemacht werden, die wie folgt kompakt zusammengefasst werden können:

Erstens wird argumentiert, dass der Finanzbereich aufgrund seiner historisch gewachsenen Bedeutung als „Datensammelstelle" in Zukunft zunehmend in die Verantwortung zur Sicherstellung einer effizienten Nutzung der mit der Digitalisierung verbundenen neuen Dimension der Datenverfügbarkeit (Big Data) genommen wird.[8] Mit neuen Analyse- und Prognoseverfahren wird es voraussichtlich immer besser möglich sein, große Datenmengen in Echtzeit auszuwerten und zur Modellierung zukünftiger Umweltzustände aufzubereiten.[9]

Zweitens werden mit Big Data die Tätigkeitsfelder Risikomanagement, Governance und Compliance an Bedeutung gewinnen. Dies wird insbesondere mit dem erhöhten Risiko für das Entstehen von Datenlecks (Cyber-Sicherheit)[10] sowie mit der zunehmenden Speicherung und Nutzung von (personenbezogenen) Daten, die aus den Geschäftsprozessen heraus generiert werden können[11], begründet.

---

[7] Zur Industrie 4.0 vgl. grundlegend BITKOM und Fraunhofer-Institut (2014) und BMWi (2015).

[8] Pfizenmayer (2016, S. 30), Freitag (2016, S. 58).

[9] Vgl. Weißenberger (2017, S. 16).

[10] Vgl. Freitag (2016, S. 58), Knowledge@Wharton (2016, S. 1).

[11] Vgl. Freitag (2016, S. 57).

Drittens wird vermutet, dass den CFOs vor dem Hintergrund der notwendigen Investitionen in neue Technologien im Kontext der Digitalisierung eine herausgehobene Stellung im Hinblick auf die Beurteilung von Investitionsbedarf und -vorteilhaftigkeit für die einzelnen Unternehmensbereiche zuteil wird.[12] Dabei könnten in Erwartung weit höherer Investitionsvolumina verstärkt quantitative und qualitative Analysen bezüglich geeigneter Finanzierungsinstrumente notwendig werden.[13] Weitergehende Diskussionen von Veränderungen in der Finanzierungspolitik und dem Instrumenten-Einsatz, die sich angesichts der investitionsgetriebenen Transformationsprozesse der Digitalisierung abzeichnen dürften, unterbleiben in der Literatur jedoch gänzlich oder bewegen sich inhaltlich nur an der Oberfläche.

Viertens wird die Hypothese aufgestellt, dass die strategischen Aufgaben des CFOs aufgrund der erodierenden Bedeutung klassischer Aufgabengebiete in Verbindung mit seiner zentralen Stellung als Entscheidungsträger bei Investitionsvorhaben in ihrem Umfang deutlich zunehmen werden.[14] Dies bezieht sich auch auf die Vorreiterrolle, die der CFO bei der unternehmensweiten Implementierung von Industrie 4.0 einnehmen könnte.[15]

14.2 Methodische Vorgehensweise

Das erste Forschungsziel besteht darin, einen breiteren Einblick in die von der Unternehmenspraxis erwarteten Auswirkungen der Digitalisierung auf den Finanzbereich der Unternehmung zu geben. Ausgehend von den in der Literatur bislang formulierten Argumentationslinien sollen dabei drei Forschungsfelder im Fokus der Untersuchung stehen: Erstens ist aufgrund der sich teilweise überlagernden Prozesse und Umsetzungsprojekte das begriffliche Verständnis der Unternehmenspraxis von „Digitalisierung“ und „Industrie 4.0“ von Interesse. Zweitens wird eine Forschungslücke geschlossen, indem explizit die erwarteten Auswirkungen der Digitalisierung auf (transaktionale) Abläufe bzw. Prozesse sowie die Ausgestaltung der Finanzierungspolitik der Unternehmung untersucht werden. Dazu zählen auch potentielle Veränderungen bei dem konkreten Instrumenten-Einsatz zur Finanzierung von Investitionsprojekten mit Bezug zur Digitalisierung bzw. Industrie 4.0. Hierfür sollen zur Veranschaulichung auch konkrete Anwendungsbeispiele abgebildet werden. Drittens soll basierend auf den bisherigen Erkenntnissen ein Einblick in die damit einhergehenden Veränderungen im Rollenbild und Tätigkeitsspektrum des CFO gegeben werden. Abschließend lassen sich daraus wiederum entsprechende Implikationen für das Anforderungsprofil und die erforderliche Qualifikation von CFO und das ihn umgebende Umfeld im Finanzbereich ableiten.

---

[12] Vgl. Fischer und Böckmann (2016, S. 60).

[13] Vgl. Paul (2016, S. 16), Freitag (2016, S. 61).

[14] Vgl. Hesse (2015, S. 25), Freitag (2016, S. 61).

[15] Vgl. Ernst & Young (2016, S. 9).

Um diesem Erkenntnisinteresse gerecht zu werden, wird auf einen qualitativen Forschungsansatz zur Generierung verbaler Daten zurückgegriffen. Strukturierte, leitfadengestützte Tiefeninterviews mit Experten aus Unternehmen eignen sich methodisch immer dann, wenn der Untersuchungsgegenstand thematisch eine Komplexität aufweist, die die Gewährung von zeitlichem und inhaltlichem Raum für Nachfragen und ergänzende Erläuterungen sinnvoll erscheinen lässt.[16] Im Zeitraum von Februar bis März 2017 wurden daher insgesamt 11 persönliche Tiefeninterviews mit Vertretern großer, zumeist börsennotierter Konzerne in Deutschland geführt. Um der (kleinen) Stichprobe zumindest eine größtmögliche ökonomische Relevanz zu verleihen, wurden nur solche Unternehmen angesprochen, denen angesichts einer regelmäßigen Medien-Berichterstattung eine „Vorreiter"-Rolle im Bereich Digitalisierung bzw. Industrie 4.0 zugeschrieben wird. Zudem wurde darauf geachtet, dass eine möglichst breite Streuung über verschiedene Industrien sichergestellt wird. Die Ansprache der Interviewpartner erfolgte über die Mitglieder des *AK Finanzierung* sowie deren persönliche Kontakte.

Im Vorfeld der Interviews ist im *AK Finanzierung* von Praktikern und Wissenschaftlern ein Interviewleitfaden ausgearbeitet worden, der den drei beschriebenen Forschungsfeldern jeweils konkrete Fragen zuordnet. Der Leitfaden wurde mit ausreichend Vorlauf an die Interviewpartner versendet, um eine entsprechende Vorbereitung sicherzustellen und zudem auch während der Interviews als Gedankenstütze dienen zu können. Darüber hinaus konnte so auch gewährleistet werden, dass sämtliche Gespräche einem ähnlichen Verlauf folgen, so dass sich die Vergleichbarkeit der Ergebnisse erhöht.[17] Zur Unterstützung der Auswertung bzw. Effektivität der Inhaltsanalyse der auf etwa 60 bis 90 Minuten ausgelegten Interviews mit der CIT ist zudem stets ein Protokoll angefertigt worden.[18]

14.3 Empirische Ergebnisse

14.3.1 Begriffliche Abgrenzung und Relevanz von „Digitalisierung" und „Industrie 4.0"

Zu Beginn jedes Interviews wurde zunächst das Verständnis der Befragten von den Begriffen „Digitalisierung" und „Industrie 4.0" erörtert, um eine gemeinsame Definition für den weiteren Gesprächsverlauf sicherzustellen und diese bei Anschlussfragen berücksichtigen zu können. Im Ergebnis war sich der Großteil der Befragten einig, dass Digitalisierung eher als Überbegriff für sämtliche

[16] Vgl. Flick und Steinke (2005, S. 14), Kaiser (2014, S. 3), Bogner, Littig und Menz (2014, S. 29).

[17] Vgl. Bogner, Littig und Menz (2014, S. 37).

[18] Die CIT ist ein auf Flanagan (1954) zurückgehender, anerkannter qualitativer Forschungsansatz zur effektiven Inhaltsanalyse verbaler Daten. Siehe hierzu auch Arbeitskreis Finanzierung (2017) sowie Paul, Prystav und Stein (2011).

digitalen Transformationsprozesse zu sehen ist, wohingegen sich Industrie 4.0 eher auf die produktionsseitigen Auswirkungen dieser Prozesse bezieht. Industrie 4.0 wird von den Befragten daher mit Schlagwörtern wie „Vernetzung der Produktionsketten“, „computerisierte, vernetzte Produktionsweise“ oder „Kommunikation der Maschinen untereinander“ in Verbindung gebracht. Die Betroffenheit der befragten Unternehmen von der Industrie 4.0 erweist sich folglich als stark branchenabhängig. Der Vertreter eines Medienunternehmens berichtet etwa, dass die produktionsseitigen Auswirkungen der Industrie 4.0 nur an wenigen Stellen spürbar sind. Demgegenüber führen die Vertreter eines Hochtechnologieunternehmens und eines Chemiekonzerns aus, dass die Kerntechnologien ihrer Geschäftsmodelle inzwischen von den Innovationen der Industrie 4.0 dominiert werden.

Auf Basis dieser Erkenntnis fokussiert sich der Beitrag im weiteren Verlauf auf die Auswirkungen der Digitalisierung, so dass nicht nur die produktionsseitigen Konsequenzen, sondern auch die Auswirkungen auf die Service- und Steuerungsbereiche der Unternehmung mit einbezogen werden. Diese Fokussierung wird von sämtlichen Interviewpartnern auch als zweckmäßig empfunden, da sich beispielsweise bei dem Medienunternehmen zwar „weniger die Industrie 4.0, wohl aber die Digitalisierung niederschlägt“. Zudem führt der Vertreter eines Softwarekonzerns aus, dass der Begriff „breiter definiert sei und es damit leichter fällt, eine Verbindung zum Finanzbereich herzustellen“.

14.3.2 Auswirkungen auf Abläufe bzw. Prozesse im Finanzbereich sowie die Finanzierungspolitik

Grundsätzlich besteht bei der Mehrheit der Befragten kein Zweifel daran, dass die Digitalisierung gravierende Auswirkungen auf die Abläufe und Prozesse im Finanzbereich der Unternehmung haben wird. Als zentraler Treiber der Digitalisierung erweist sich zunächst die – mit dem Schlagwort „Big Data“ zusammenzufassende und die erste Argumentationslinie der bestehenden Literatur widerspiegelnde – Zunahme von Datenquantität und -qualität. Begründet wird dies mit der Tatsache, dass durch die zunehmend mit Sensoren ausgestatteten und vernetzten Maschinen sowie den fortschreitenden Einsatz künstlicher Intelligenz insgesamt mehr Daten produziert werden. „Der CFO wird praktisch von Daten erschlagen“, bringt es der Vertreter eines Industriekonzerns auf den Punkt. Für den Finanzbereich bestehe aber die Chance, Effizienzsteigerungen bei vielen Analyse- und Planungshandlungen zu erzielen, wenn die bereits eingesetzten Mustererkennungsverfahren weiter optimiert werden können. Zwei Befragte stellen heraus, dass sich aufgrund der neuen Datenfülle vor allem auch Zukunftsszenarien im Rahmen der Unternehmensplanung schneller, leichter und präziser simulieren lassen. Zwei andere Vertreter der Praxis geben an, dass viele der neuen Datenpunkte grundsätzlich auch die Berechnung von Indikatoren zulassen, die früher nicht in dieser Form für Analyse- und Planungshandlungen zur Verfügung standen. In diesem Zusammenhang fasst ein Befragter zusammen, dass sich die Datengrundlage für das Reporting gravierend verändert habe. Die traditionellen Daten des Rechnungswesens würden „fast nur noch im Sinne einer Pflichtaufgabe für die Kapitalmarktkommunikation verwendet. Intern aber erfolgen sämtliche Analysen gestützt auf geschäftseinheitenbezogenen Indikatoren."

Auf die Frage nach konkreten Beispielen für Effizienzsteigerungen durch Big Data herrschte unter den Befragten große Einigkeit darüber, dass sich auf Basis der durch die Maschinen bzw. Produkte neuerdings selbst generierten und gemeldeten Daten etwa für zukünftig erforderlich werdende Wartungs- und Reparaturprozesse sowohl die Liquiditätsdisposition als auch die Umsatzplanung optimieren lassen. Zum einen wird auf Grundlage der nun viel früher bekannten Wartungs- und Reparaturnotwendigkeiten eine präzisere Prognose von Ein- und Auszahlungen möglich, aus der sich die Vorhaltung eines geringeren Liquiditätspuffers ergeben kann.[19] Zum anderen erlauben die genaueren Informationen über zukünftige Zahlungsströme eine ebenfalls höhere Prognosegüte bei der Schätzung zukünftiger Umsätze sowie der Rentabilität von Investitionsprojekten. Letzteres gilt insbesondere in Verknüpfung mit der nun weniger aufwändigen Möglichkeit des Simulierens verschiedener Stressszenarien sowie deren Konsequenzen, etwa in Bezug auf politische Ereignisse oder hinsichtlich der Auswirkungen von Megatrends. „Die Planungen erhalten dadurch einen härteren Verbindlichkeitsgrad", schlussfolgert der Vertreter eines Automobilkonzerns. Weitere Anwendungsbeispiele finden sich im Bereich Governance und Compliance, insbesondere hinsichtlich der Eindämmung von Fehl- bzw. kriminellen Handlungen. Einerseits kann auf eine größere Zahl von Frühwarnindikatoren zurückgegriffen werden, andererseits müssen sich die Maßnahmen zur Aufdeckung von Betrugshandlungen nicht mehr nur auf Stichproben stützen, da sich mit neuen Methoden nun der gesamte Datenbestand auswerten lässt.

Als Zwischenfazit zur zweiten Forschungsfrage bestätigen die Befragten, dass sich die Ausrichtung der Analyse- und Planungstätigkeiten im Finanzbereich durch Big Data noch stärker von „reaktiv-analytisch zu proaktiv-prognostizierend" verändert. Als wichtigstes Resultat steigt die Qualität von unternehmerischen Entscheidungen, da deren (potentielle) Auswirkungen durch einen viel schnelleren Zugriff auf ein breiteres empirisches Fundament präziser erfasst werden können. Zwei Interviewpartner ergänzen vor dem Hintergrund dieses Zwischenfazits jedoch auch, dass mit dieser Entwicklung gleichsam (neue) Fragen des Datenschutzes zu klären sind und diese den Finanzbereich zukünftig stärker beschäftigen werden.

Als zweiter Treiber von Veränderungen durch die Digitalisierung werden von den Befragten neue Software-Applikationen angeführt, mit denen sich zahlreiche

---

[19] Der Vertreter eines Softwarekonzerns argumentiert weiterführend, dass die Notwendigkeit der Neu- und Weiterentwicklung von digitalen Geschäftsmodellen sowie die damit verbundene Unsicherheit jedoch auch die Vorhaltung einer höheren Liquiditätsreserve erfordern kann. Somit gibt es möglicherweise einen gegenläufigen Effekt. Für die Dimensionierung des Eigenkapitals als „Unsicherheitspuffer" müssten ceteris paribus analoge Effekte relevant sein.

– bislang oftmals noch (teil-)manuell ausgeführte transaktionale Abläufe – stärker automatisieren lassen. Dabei handelt es sich oftmals um Anwendungen, die von innovativen Finanztechnologie-Unternehmen („FinTechs") bereitgestellt werden. Dem Vertreter eines Industriekonzerns zufolge geht die Entwicklung in der Ausgestaltung der IT-Infrastruktur daher derzeit weg von einem „Monolith-Denken (SAP kann alles)" hin zu vielen individuellen Software-Lösungen, die dann allerdings miteinander verknüpft werden. Um die mit diesen Lösungen einhergehenden Effizienzpotentiale möglichst umfassend heben zu können, ist zunächst eine Standardisierung der Prozesse – und im Idealfall auch deren Harmonisierung über verschiedene Abteilungen hinweg – notwendig. Nur dann kann die dahinterliegende Arbeit auch tatsächlich von Computern bewältigt werden. Nach Meinung der Befragten ist dies am ehesten für die weniger komplexen Prozesse des Rechnungs- und Berichtswesens, des Zahlungsverkehrs und der Transaktionsabwicklung relevant, weshalb diese Bereiche von der Automatisierung am stärksten betroffen sein werden.

Im Hinblick auf konkrete Anwendungsbeispiele wird von den Vertretern eines Automobil- und eines Industriekonzerns für den Bereich Zahlungsverkehr eine Software vorgestellt, die Bestell- und Zahlungsverkehrssystem miteinander verknüpft. Eingehende Rechnungen werden maschinell – und mit einer Wahrscheinlichkeit von ca. 92-95% ohne Fehler – einem Lieferantenkonto zugeordnet und im nächsten Schritt automatisch bezahlt. In dem Automobilkonzern läuft der Zahlungsverkehr auf Basis dieser Lösung mittlerweile komplett elektronisch ab. „Hier merkt man den größten Automatisierungsgewinn", erklärt der Interviewpartner. Im Bereich der Transaktionsabwicklung werden der Mehrheit der Befragten zufolge inzwischen elektronische (Auktions-)Plattformen eingesetzt, die beispielsweise den kurzfristigen Geldhandel stark vereinfachen, transparenter gestalten und sämtliche Backoffice-Prozesse automatisieren. Der sonst manuell zu administrierende Aufwand (Reporting, Bestätigung der Transaktionen etc.) entfällt damit. Eine häufig genannte Anwendung ist die Software „360T", die unter anderem einen Marktplatz für den Fremdwährungs- und Geldhandel bereitstellt, auf dem Unternehmen jederzeit flexibel Angebote zum Handel von Währungen und zur Platzierung von Liquidität – auch unter Voreinstellung bestimmter Restriktionen, etwa hinsichtlich der Anbieter (z. B. Banken) – einholen können. Der Vertreter eines Logistikkonzerns gibt zu Protokoll, dass sich das strategische Asset Management durch derartige Plattformen stark verändern wird.

Die dargestellten Entwicklungen in Richtung einer stärkeren Prozessautomatisierung haben nicht nur Implikationen für den Finanzbereich selbst, sondern auch für die Interaktion mit den Kapitalgebern. Zum einen kommt dem Finanzbereich drei Interviewpartnern zufolge eine stärkere Rolle im Rahmen der abteilungsübergreifenden Prozessentwicklung zu. „Das Finanzressort gibt immer stärker auch Anregungen für alle Arten von Prozessen. Die eigentlich auf Finanzen bezogene Fachfunktion wird damit immer mehr zum Gegengewicht für Produktion, Einkauf oder Vertrieb und schließlich auch zum Coach, Organisationsberater und Optimierer", meint der Vertreter eines Automobilkonzerns. Der Repräsentant eines Softwarekonzerns konkretisiert, dass „der Finanzbereich nicht nur bei der Umsetzung und Ausführung bestehender Geschäftsmodelle oder Prozesse berät, sondern auch versucht, diese selbst zu entwickeln bzw. eingeführte Dinge aufzubrechen und zu verändern." Dies hat auch zur Folge, dass der Finanzbereich „stärker an das Business heranrückt" und nun auch viel stärker an der Entwicklung und Monetarisierung von Geschäftsmodellen beteiligt ist. So steigt „der Involvierungsgrad des Finanzbereichs" in dem befragten Softwarekonzern schon in der Frühphase der Produktentwicklung oder der Kundenakquise erheblich an.[20] Zum anderen sehen die Vertreter der Praxis aufgrund der neuen Software-Plattformen auch die Intermediationsfunktion der Banken bedroht: „Die Systeme sind meist multibankenfähig. [...] Dadurch werden wir ein Stück weit unabhängiger von einzelnen Banken und können den Geldhandel flexibel organisieren", berichtet der Vertreter eines Industriekonzerns. Dies gilt auch für den Zahlungsverkehr, prognostiziert der Vertreter eines Logistikkonzerns: „Für Payment-Prozesse brauche ich zukünftig keine Bank mehr. [...] Die heutigen Revenues aus dem Payment werden bei Banken in Zukunft wegfallen, da wir immer unabhängiger von ihnen werden." Bei diesen Dienstleistungen „werden Banken als Intermediäre vollständig verzichtbar", meint auch der Vertreter eines Softwarekonzerns und empfiehlt den Banken, ihren Fokus auf andere, zusätzliche Services zu legen, die dem Finanzleiter das Leben erleichtern (z. B. ergänzende Liquiditäts- und Szenarioanalysen auf Basis der der Bank zur Verfügung stehenden Kundendaten etc.).

Hinsichtlich der Auswirkungen der Digitalisierung auf die Ausgestaltung der Finanzierungspolitik und den Einsatz von Finanzierungsinstrumenten vertreten die befragten Praktiker durchweg die Meinung, dass sich die Finanzierungsseite der Unternehmung durch die Digitalisierung nicht wesentlich verändern wird. „Bei der Finanzierung von Investitionsprojekten im Bereich Digitalisierung bzw. Industrie 4.0 ergeben sich kaum quantitative oder qualitative Besonderheiten im Vergleich zu anderen Investitionsprojekten", stellt der Interviewpartner eines Logistikkonzerns stellvertretend für die Mehrheit der übrigen Befragten fest. Diese Feststellung kann als mögliche Erklärung für die auch in der Literatur diesbezüglich bislang dünne Diskussionslage betrachtet werden.

Im Gegensatz dazu ergeben sich allerdings im Hinblick auf die operative Durchführung einzelner Finanzierungsmaßnahmen Veränderungen, die erneut auf neuen, softwaregestützten Automatisierungs- bzw. Plattformlösungen basieren. So bestehen die bereits beschriebenen, von FinTechs angebotenen Plattformen etwa auch für die Platzierung von längerfristigen Finanzierungsinstrumenten wie beispielsweise Anleihen. Über diese Plattformen kann direkt mit den Investoren kommuniziert und eine (z. B. geographische) Vorauswahl getroffen werden. „Entsprechende Lösungen existieren auch für den Kreditbereich, so dass auf diesem Wege bilaterale oder syndizierte Kredite eingeworben werden

[20] Daraus werden sich letztlich sowohl Veränderungen bei den benötigten Mitarbeiterkapazitäten als auch bei den an das Personal sowie die Leitungsfunktion gestellten Anforderungs- und Qualifikationsprofilen ergeben, auf die in Abschn. 14.3.3 noch ausführlicher einzugehen sein wird.

können", erläutert der Vertreter eines Industriekonzerns. Dies führt im Finanzierungsbereich zu einer stärkeren Unabhängigkeit von einzelnen Banken. Wenn in Zukunft dann auch B2B-Lösungen des Peer Lending marktfähig sind, würde dies dazu führen, „dass die Finanzierungskosten signifikant sinken. Bei einer Bank müssten für die Aufnahme und Abwicklung eines Kredits 25 Basispunkte gezahlt werden. Das ist bei den relevanten Volumina dann durchaus teuer. Da rechnet sich jede Art dieser Plattformen", erklärt der Vertreter eines Logistikkonzerns.

Vereinzelt äußerten die Befragten, dass sich neben den Software-Lösungen auch weitere (eher indirekte) Neuerungen durch die Digitalisierung auf der Finanzierungsseite ergeben können. Beispielsweise führte der Vertreter eines Chemiekonzerns an, dass man für Investitionsprojekte mit Bezug zur Digitalisierung bzw. Industrie 4.0 gegebenenfalls staatlich bereitgestellte Fördermittel in Anspruch nehmen kann. Der Vertreter eines Hochtechnologiekonzerns erklärt, dass sich durch die Sensorisierung und Vernetzung der eigenen Produkte am Standort des Kunden Daten darüber generieren lassen, wie intensiv dieser die Produkte tatsächlich nutzt. Dies bietet Ansatzpunkte zur Entwicklung neuer Pricing-Strukturen und Leasing-Angebote bis hin zu einer stundenbasierten Abrechnung der Produktnutzung. Darüber hinaus ist von zwei Befragten angemerkt worden, dass sich durch die Digitalisierung auch die Ausgestaltung und Durchführung von Kooperationen mit anderen Unternehmen verändern wird. Im Sinne der Spezialisierung könnten Kooperationen effizienter durchgeführt werden, da man Aufgaben besser verteilen kann, solange man sich in der gleichen „Systemlogik" befinde. Ein anderer Vertreter betont hingegen, dass die Digitalisierung Kooperationen grundsätzlich fördere, die Finanzierung von Kooperationsprojekten jedoch komplexer werde.

14.3.3 Implikationen für das Rollenbild und Anforderungsprofil des CFO

Aus den beschriebenen Veränderungen, die die Digitalisierung für den Finanzbereich mit sich bringt, ergeben sich Implikationen für das Rollenbild, die Bedeutung und das qualifikatorische Anforderungsprofil des CFO sowie das ihn umgebende Team im Finanzbereich. Im Rahmen der Befragung war zunächst auf den CFO und die von ihm verkörperte Leitungsfunktion einzugehen. Diesbezüglich bestätigte der Großteil der Befragten, dass sich die Rolle des CFO vom „klassischen Oberbuchhalter der letzten 20 Jahre" hin zu einem „Business Partner" entwickelt, der stärker als strategischer Wertarchitekt und nicht mehr nur als rein operativer bzw. administrativer Prozessoptimierer agiert. Der Vertreter eines Softwarekonzerns erläutert, dass der CFO „das Datengeflecht aus dem operativen Geschäft sehr viel stärker durchdringen und insofern eine sehr stark ausgeweitete Beraterrolle für den Rest des Vorstands einnimmt. Diese Beratung kann auf schneller verfügbaren und mit höherer Genauigkeit auswertbaren Daten basieren". Dies trifft insbesondere auf die Beurteilung der Chancen und Risiken von Investitionen der Geschäftsbereiche im Hinblick auf die Digitalisierung zu.

„Der CFO muss hier immer wieder die zentrale Innovationsfrage beantworten: Was bringen Neuerungen für die Wertsteigerung der Unternehmung?“, betont der Vertreter eines Automobilkonzerns.[21] Gleichzeitig muss er „auch stärker als Chief Risk Manager auftreten, da die mit der Industrie 4.0 bzw. Digitalisierung verbundenen Risiken ganz andere sind, als die, die wir bisher gehabt haben. Das impliziert auch eine Ausweitung der Kompetenzen des CFO“, erläutert der Vertreter eines Logistikkonzerns. Verfestigen sich diese Veränderungen des Rollenverständnisses und entwickelt sich der CFO tatsächlich mehr und mehr zum „Business Partner“ der Unternehmung, birgt dies dem Vertreter des Softwarekonzerns zufolge auch Konfliktpotential: „Insbesondere kann der CFO in Konflikt mit dem in vielen Unternehmen bereits installierten Chief Digital oder Chief Information Officer geraten. Hier gibt es vielfach Schwierigkeiten in der Rollendefinition und -abgrenzung. Man muss hier aufpassen, von dem jeweiligen Gegenpart nicht an den Rand gedrängt zu werden.“

Das veränderte Rollenbild bringt den Befragten zufolge auch Verschiebungen in der Stellung und der relativen Bedeutung des CFO im Verhältnis zum CEO mit sich. Die Praktiker bestätigen einen klaren Bedeutungszuwachs des CFO, der vor allem auf dessen stärkere Einbindung in Strategie-Themen und die neue Rolle als „Transformationsagent“ zurückgeführt wird, der das Geschäftsmodell der Unternehmung nicht nur mit-, sondern auch umgestaltet. „Der CFO ist mittlerweile zum Co-Piloten des CEO aufgestiegen. Er bewegt sich mit diesem auf Augenhöhe und bildet bei vielen Deals ein Tandem mit ihm“, formuliert der Vertreter eines Medienunternehmens und ergänzt, dass daher „in der internen Meinungsbildung kein großer Bedeutungsunterschied mehr zwischen CEO und CFO besteht. Unterschiede gibt es im Aufgabenbereich höchstens noch mit Blick auf die noch umfangreicheren kommunikativen Tätigkeiten des CEO.“ Relativierend ist hinzuzufügen, dass der von vielen Befragten bestätigte Bedeutungszuwachs letztlich nur in den Unternehmungen erkenn- und spürbar ist, in denen der CFO nicht ohnehin schon eine sehr prominente Rolle innehat, etwa aufgrund einer historisch gewachsenen Organisationsstruktur inklusive möglicher Verantwortlichkeiten für Rechnungswesen, Controlling und die IT.

Durch das neue Rollenbild des CFO und seinen Bedeutungszuwachs innerhalb der Unternehmung kann ein im Vergleich zum klassischen CFO abweichendes qualifikatorisches Anforderungsprofil abgeleitet bzw. geschärft werden. Drei Befragte rücken die zunehmend erforderliche IT-Kompetenz in den Vordergrund. „Das klassische Profil (Accounting-, Controlling-, Finanzen-Kompetenz) wird in Zukunft zur Abschätzung der Folgen der Technologie auf die Unternehmung nicht mehr ausreichend sein. Eine klare Ergänzung ist die IT-Kompetenz. Der CFO muss in abstrakten IT-Prozessen denken und wissen, wie sich verschiedene Aspekte in der IT-Struktur abbilden lassen“, erklärt der Vertreter eines Logistikkonzerns. Auch der Interviewpartner eines großen multinationalen Mischkonzerns bringt zum Ausdruck, dass der CFO „stärker IT-orientiert denken und dazu

[21] Der Vertreter eines Chemiekonzerns beschreibt die neue Rolle des CFO kurz mit dem Ausspruch: „The CFO leverages the digital options“.

auch entsprechend IT-affin sein muss." Neben dem IT-Verständnis müssen den Befragten zufolge vor allem auch die Team- und Kommunikationsfähigkeit als Leadership Skills vermehrt ausgeprägt sein.

Im weiteren Verlauf der Interviews wurden schließlich auch die Implikationen dieser Entwicklungen für das den CFO umgebende Team im Finanzbereich diskutiert. Dabei stellte sich als Ergebnis heraus, dass durch die Digitalisierung zukünftig damit zu rechnen ist, dass im Finanzbereich „grundsätzlich weniger, dafür aber höher qualifiziertes Personal" benötigt wird. Der Grund für die zurückgehende Zahl der erforderlichen Mitarbeiterkapazitäten liegt in der durch die neuen Software-Lösungen bzw. den Einsatz künstlicher Intelligenz möglich werdenden Automatisierung zahlreicher Prozesse. Interne Studien einiger der befragten Konzerne ergeben, dass sich theoretisch allein dadurch Mitarbeiterkapazitäten im Bereich der Shared Service Center in einer Größenordnung von netto 25 bis 40% einsparen ließen. Betroffen wären in einem solchen Szenario vor allem die für klassische, standardisierte und daher eher Accounting-nahen Tätigkeiten vorgehaltenen Ressourcen. Im Übrigen sah man durchaus eine Tendenz zur (geographischen) Reintegration der im Ausland ansässigen Shared Service Center. Die Verarbeitung massenhafter, standardisierter Transaktionen bedürfe kaum noch menschlicher Arbeitskraft, so dass internationale Lohnkostenunterschiede immer weniger relevant würden.

Durch den höheren Automatisierungsgrad und den zunehmenden Einsatz von IT-Lösungen verändert sich das Anforderungsprofil der Mitarbeiter vor allem dahingehend, dass „die Prozess- und Systemkontrolle immer mehr zum Kerngeschäft des Finanzbereichs wird." Eng verwandt damit ist die Aussage der Befragten, dass auch analytische Fähigkeiten stärker als bisher zu einem wichtigen Qualifikationsmerkmal werden. Einerseits schließt dies die Fähigkeit zum Filtern und kritischen Hinterfragen der aus dem größeren Datenpool gewonnenen Informationen ein, was „für Finanzer eine vergleichsweise neue Herausforderung darstellt", wie der Vertreter eines Medienkonzerns zu berichten weiß. Andererseits steigt auch die Fähigkeit zur Analyse und Interpretation der Daten sowie die Verknüpfung der entsprechenden Auswertungen mit anderen betrieblichen Funktionen und Aspekten der Geschäftsmodell-(Weiter-)Entwicklung zu einer zentralen Kompetenzanforderung auf. Der Vertreter eines multinationalen Mischkonzerns erläutert, dass hierfür auch „statistisches Know-how wichtiger wird, da es häufig um Modelle geht, die mit den Daten arbeiten. Die muss man verstehen, aufbauen und vor allem adjustieren können."

Den zweiten Aspekt konkretisierend, nennen die Befragten zwei Voraussetzungen für die Entwicklung der zukünftig benötigten analytischen Kompetenzen: Zum einen nennen die Befragten hier – ähnlich wie in Bezug auf den CFO – eine hohe IT-Affinität sowie das Verständnis von den Abläufen und Prozessen in der IT-Infrastruktur. „Dies bedeutet jedoch nicht, dass jeder Mitarbeiter ein kleiner Programmierer sein muss", erläutert der Vertreter eines Softwarekonzerns, „es darf jedoch keine zu große Hemmschwelle vor der Anwendung von IT-Lösungen bestehen." Ähnlich sieht dies der Vertreter eines Chemiekonzerns: „Das Technical Know-how wird forciert. Die Mitarbeiter müssen auf dem Laufenden sein im

Hinblick auf die technologische Entwicklung und das Erkennen von Möglichkeiten zu deren Nutzung." Zum anderen muss auch das grundsätzliche Verständnis für die Prozesse und die („Verästelungen der") verschiedenen Geschäftsmodelle der Unternehmung sowie ihrer Lieferanten und Kunden stärker ausgeprägt sein. Die Mitarbeiter des Finanzbereichs müssen daher nicht nur stärker kommerziell denken, sondern auch „über das notwendige Abstraktionsvermögen verfügen, Prozesse zu beschreiben, zu zerlegen und Optimierungspotenziale zu identifizieren", so der Vertreter eines Automobilkonzerns. Durch die stärkere innerbetriebliche Vernetzung rücken demnach auch Querschnittskompetenzen in den Fokus, die insbesondere dann gebraucht werden, „wenn man die Prozesse über verschiedene Abteilungen hinweg standardisieren will". Die Finanzabteilung könne mithilfe der Digitalisierung immer mehr zu einer integrativen Klammer über die Geschäftsbereiche eines Konzerns hinweg werden und dadurch dazu beitragen, einen eventuellen conglomerate discount des Kapitalmarkts abzubauen.

Neben diesen eher als fachlich einzustufenden Qualifikationsmerkmalen steht laut den Interviewpartnern auch eine Reihe von Soft Skills im Fokus. Die stärker auszuübende Rolle der (abteilungsübergreifenden) Prozessoptimierer setzt „ein ganz anderes Auftreten, Argumentations- und Verhandlungsgeschick sowie Konfliktmanagement" voraus, meinen die Vertreter eines Software- und eines Medienkonzerns und charakterisieren hiermit neue Anforderungen an die Kommunikations-, Team- und Kontaktfähigkeit der Mitarbeiter. Im Hinblick auf die Rolle des Finanzbereichs als Transformationsagent, der die Weiterentwicklung von Geschäftsmodellen und wertsteigernden Transformationsprozessen vorantreibt, kommt der Offenheit und Motivation der Mitarbeiter zur Erbringung von kreativen und innovativen Eigenleistungen ein höherer Stellenwert zu. Aus diesem Grund gehen einige der befragten Konzerne mehr und mehr dazu über, „dem Mitarbeiter ein agiles Arbeiten zu ermöglichen, und zwar wo und wann er will", führt der Befragte eines Hochtechnologiekonzerns aus. Der Vertreter eines Logistikkonzerns ergänzt, dass die Organisation von Projektteams auf „eine mentale, intellektuelle und auch räumliche Flexibilität der Mitarbeiter" setzen muss. Dies ist deshalb von Bedeutung, da die Unternehmen zukünftig noch stärker auf den kreativen Input der Mitarbeiter angewiesen sein werden. Daraus ergeben sich allerdings weitere Implikationen – nicht nur für die Organisation und die Kultur der Arbeitswelt, sondern auch für die Soft-Skills-Anforderungen an Führungskräfte.

14.4 Fazit

Die Ergebnisse der durchgeführten Befragung von Vertretern großer (börsennotierter) Unternehmen in Deutschland, die im Bereich Digitalisierung bzw. Industrie 4.0 als Vorreiter gelten, deuten auf einen erneuten, mit der Digitalisierung einhergehenden Bedeutungszuwachs des Finanzbereichs und seiner Leitungsfunktion innerhalb der Unternehmung hin. Als Determinanten dieser Entwicklung nennt die Unternehmenspraxis neben der Zunahme der Datenquantität und -qualität („Big Data"), die eine frühzeitigere und präzisere Modellierung von

Zukunftsszenarien ermöglichen, insbesondere den zunehmenden Einsatz der von neuen Anbietern im Bereich der Finanztechnologie („FinTechs") angebotenen Software-Plattformen, mit denen sich zahlreiche (transaktionale) Abläufe bzw. Prozesse einem höheren Automatisierungsgrad zuführen lassen. In der Gesamtbetrachtung wird der Finanzbereich dadurch in Zukunft anstelle der bislang eher „reaktiv-analytischen" eine stärker „proaktiv-prognostizierende" Haltung einnehmen, die zudem mit einer noch stärker geschäftsbereichs- und abteilungsübergreifend wahrzunehmenden Unterstützer-, Berater- und Veränderer-Rolle von höherer (strategischer) Bedeutung verbunden ist. Will man diese Erkenntnisse zu einem neuen Rollenbild des CFO im Zeichen der Digitalisierung verdichten, kann zwischen drei miteinander verzahnten Funktionen unterschieden werden, die – wie in Abb. 14.1 dargestellt – zur Diskussion gestellt werden.

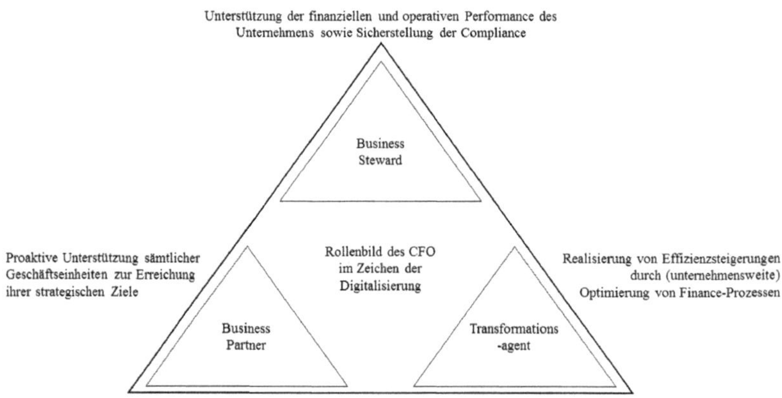

Abb. 14.1: Rollenbild des CFO im Zeichen der Digitalisierung.[22]

Erstens kann die Funktion des „Business Steward" definiert werden, unter der sich sämtliche klassischen Aufgaben und Funktionen des CFO zusammenfassen lassen. Die hier anzusiedelnden Prozesse, zu denen neben dem Asset- und Liquiditätsmanagement sowie entsprechendem Reporting beispielsweise auch die Sicherstellung der Einhaltung regulatorischer Rahmenwerke zählen, sind allerdings nun in einem solchen Maße automatisiert, dass die Rolle des Prozess- bzw. Systemkontrolleurs an dieser Stelle in den Vordergrund rückt und die Basis für weitere Funktionen darstellt. Zweitens dürfte sich der CFO und der von ihm geleitete Finanzbereich auf dieser Grundlage zukünftig stärker als Berater und Unterstützer aller Geschäftseinheiten und Abteilungen verstehen, so dass der CFO auch als „Business Partner" auftritt. Diese Rolle lässt sich vor allem aus der von der Unternehmenspraxis beschriebenen Entwicklung ableiten, die dem CFO ein breiteres Set an strategischen Aufgaben zuweist. Letztere kann er auf Basis

[22] In Anlehnung an Steffen Diel, Die Finanzfunktion als Katalysator für digitale Transformation, Vortrag im Rahmen der 292. Sitzung des *AK Finanzierung*, 31.03.2017.

des ihm nun zugänglichen breiteren empirischen Fundaments bedienen (z. B. in Form der Durchführung umfangreicher Szenario- oder Echtzeitanalysen). Dies impliziert die Beratung und proaktive Unterstützung der Geschäftseinheiten zur Erreichung ihrer strategischen Ziele. Drittens kommt die Rolle des „Transformationsagenten" hinzu, dessen Aufgaben in der Optimierung und dabei mitunter auch radikalen Umgestaltung von (Finanz-)Prozessen zur Gewährleistung von effizienten und kooperativen Beziehungen zwischen Kunden, Lieferanten, Kapitalgebern und Regulatoren anzusiedeln sind. Diese Aktivitäten erfolgen stets mit der übergeordneten Zielrichtung, den Wert der Unternehmung nachhaltig zu steigern und schließen auch die aktive Unterstützung anderer Geschäftseinheiten bei der (Weiter-)Entwicklung von innovativen Geschäftsmodellen mit ein. Beispielsweise kann der Finanzbereich schon in einem frühen Stadium der Entwicklung von Innovationen für eine Beratung im Hinblick auf mögliche Varianten zur Monetarisierung und Finanzierung konsultiert werden. Das in Form dieses Dreiklangs skizzierte Rollenbild des CFO im Zeichen der Digitalisierung symbolisiert zudem die mit den neuen Funktionen einhergehende stärkere innerbetriebliche Vernetzung des Finanzbereichs.

Limitierend muss schließlich angemerkt werden, dass sich das dargestellte Rollenbild der Finanzabteilung bzw. des CFO innerhalb der Unternehmung zwar auf der Basis der Befragung von „Vorreitern" im Bereich der Digitalisierung bzw. der Industrie 4.0 zeichnen lässt. Es kann allerdings nur als erstes Zwischenfazit verstanden werden, da die (kumulativen) Auswirkungen der Digitalisierung bis zum jetzigen Zeitpunkt noch nicht absehbar sind und diese zudem auch von anderen Trends überlagert werden. Aus diesem Grund bleibt abzuwarten, inwieweit sich dieses Rollenbild bei den Vorreitern tatsächlich herausbildet und ob es sich auch auf Unternehmen mit anderer Geschäftsausrichtung oder Größenklasse übertragen lässt. Sollte es jedoch zu einer solchen Entwicklung kommen, ist den aus diesem Rollenverständnis heraus erwachsenden und folglich vom CFO bzw. dessen Team im Finanzbereich verlangten Anforderungs- und Qualifikationsprofilen besondere Aufmerksamkeit zu schenken.

Diesbezüglich kristallisierte sich in der Befragung heraus, dass in Zukunft vor allem aufgrund der stärkeren Prozessautomatisierung insgesamt weniger, dafür aber höher qualifiziertes Personal benötigt wird. Die erforderlichen Qualifikationen zielen insbesondere auf eine höhere IT-Kompetenz ab, die zwar keine detaillierten Programmierkenntnisse, wohl aber ein Denken in IT-Strukturen ermöglicht. Zudem steigen die Anforderungen an die analytischen Fähigkeiten aufgrund der zunehmenden „plausibilisierenden Tätigkeiten" auf dem Gebiet der System- und Prozesskontrolle sowie aufgrund des notwendigen „Denkens in Geschäftsmodellen". Darüber hinaus verlangt die stärkere innerbetriebliche Vernetzung auch eine stärkere Ausprägung von Querschnittskompetenzen, vor allem im Sinne von Team- und Kommunikationsfähigkeiten („Soft Skills"). Dies wirft schließlich für die akademische Ausbildung die Frage auf, ob die zunehmende Spezialisierung in den wirtschaftswissenschaftlichen (Master-)Studiengängen weiter zulasten eher generalistischer Inhalte forciert werden sollte.

Literaturverzeichnis

BMWi Bundesministerium für Wirtschaft und Energie. 2015. *Industrie 4.0 und Digitale Wirtschaft – Impulse für Wachstum, Beschäftigung und Innovation*. https://www.bmwi.de/Redaktion/DE/Publikationen/Industrie/industrie-4-0-und-digitale-wirtschaft.pdf?__blob=publicationFile&v=3. Zugegriffen: 31.03.2017.

Arbeitskreis Finanzierung der Schmalenbach-Gesellschaft für Betriebswirtschaft e.V. 2017. Das Translationsrisiko multinationaler Konzerne in Deutschland. Eine explorative Analyse von Verständnis, Bedeutung und Management-Praxis mit Hilfe der Critical Incident Technique. In *Zeitschrift für betriebswirtschaftliche Forschung*, online first. DOI:10.1007/s41471-017-0029-x.

BITKOM und Fraunhofer IAO. 2014. *Industrie 4.0 – Volkswirtschaftliches Potenzial für Deutschland*. https://www.bitkom.org/noindex/Publikationen/2014/Studien/Studie-Industrie-4-0-Volkswirtschaftliches-Potenzial-fuer-Deutschland/Studie-Industrie-40.pdf. Zugegriffen: 30.03.2017.

Bogner, Alexander, B. Littig und W. Menz. 2014. *Interviews mit Experten. Eine praxisorientierte Einführung*, Wiesbaden: Springer VS.

BMWi Bundesministerium für Wirtschaft und Energie. 2015. *Memorandum der Plattform Industrie 4.0*. https://www.bmwi.de/Redaktion/DE/Publikationen/Industrie/memorandum-plattform-industrie-4-0.pdf?__blob=publicationFile&v=13. Zugegriffen: 30.03.2017.

Ernst & Young. 2016. *Do you define your CFO role? Or does it define you? The disruption of the CFO´s DNA*. http://www.ey.com/Publication/vwLUAssets/EY-do-you-define-your-cfo-role-or-does-it-define-you/$FILE/EY-do-you-define-your-cfo-role-or-does-it-define-you.pdf. Zugegriffen: 14.03.2017.

Farag, Hady, F. Plaschke und M. Rodt. 2012. Evolving Capital Markets and the Changing Role of the CFO. In *The strategic CFO. Creating value in a dynamic market environment*, Hrsg. U. Hommel u. a., 127-142. Berlin und Heidelberg: Springer-Verlag.

Fischer, Thomas M., und Dirk Böckmann. 2016. Der CFO in der Digitalen Welt, Drei Hüte – viele Aufgaben. *Das Magazin für Innovation, Organisation und Management*, 4(4):64-60.

Flanagan, John C. 1954. The critical incident technique. *Psychological Bulletin*, 51:327-358.

Flick, Uwe, und Ines Steinke. 2005. Was ist qualitative Forschung? Einleitung und Überblick. In *Qualitative Forschung. Ein Handbuch*, Hrsg. U. Flick, E. von Kardorff und I. Steinke, 13-29. 4. Aufl., Reinbek bei Hamburg: Rowohlt-Taschenbuch-Verlag.

Freitag, Evelyne. 2016. Als CFO Industrie 4.0 gestalten. *Controlling & Management Review*, 60:56-62.

Hesse, Stefan. 2015. Wie der CFO die digitale Transformation vorantreibt. *Controlling & Management Review*, 59:24-32.

Kaiser, Robert. 2014. *Qualitative Experteninterviews. Konzeptionelle Grundlagen und praktische Durchführung*, Wiesbaden: Springer VS.

Karaian, Jason. 2014. *The Chief Financial Officer. What CFOs Do, the Influence they Have, and Why it Matters*, New York: PublicAffairs (Economist Books).

Knowledge@Wharton – Dell Infrastructure and Cloud Computing Services. 2016. *The CFO Imperative: Managing Risks Arising from Technology.* http://knowledge.wharton.upenn.edu/article/cfo-imperative-managing-risks-arising-technology. Zugegriffen: 14.03.2017.

Paul, Stephan. 2016. Industrie 4.0 braucht neue Kreditformen. *Frankfurter Allgemeine Zeitung*, 06.06.2016, S. 16.

Paul, Stephan, F. Prystav und S. Stein. 2011. Eine Analyse zentraler Aspekte der Finanzkommunikation nicht börsennotierter Unternehmen mit Hilfe der Critical Incident Technique. *Zeitschrift für betriebswirtschaftliche Forschung*, 63:745-771.

Paul, Stephan, et al. 2017. *Unternehmerische Finanzierungspolitik – Eine wertorientierte Einführung*, Stuttgart: Schäffer-Poeschel Verlag.

Pfizenmayer, Ralf. 2016. Der CFO als CPU. *Ebner Stolz – Forecast*, (8):28-31.

Rapp, Matthias J., und Axel Wullenkord. 2014. *Unternehmenssteuerung durch den Finanzvorstand (CFO). Praxishandbuch operativer Kernaufgaben*, 2. Aufl., Wiesbaden: Springer Gabler.

Tulimieri, Philip, und Moshe Banai. 2010. A New Corporate Paradigm. The CEO and CFO – A Partnership of Equals. In *Organizational Dynamics*, 39:240-247.

Weißenberger, Barbara. 2017. Dem Finanzvorstand entgleiten die Daten. *Frankfurter Allgemeine Zeitung*, 16.01.2017, S. 16.

Zorn, Dirk M. 2004. Here a Chief, There a Chief. The Rise of the CFO in the American Firm. *American Sociological Review*, 69:345-364.

Kapitel 15
Digitalisierung und Disruptionen: Auswirkungen auf die Finanzierungsrechnung und -planung

Arbeitskreis Finanzierungsrechnung der Schmalenbach-Gesellschaft für Betriebswirtschaft e.V.[1]

Die voranschreitende Digitalisierung, die Automatisierung und die Weiterentwicklung künstlicher Intelligenz haben den Alltag sowohl im privaten als auch im unternehmerischen Umfeld in den letzten Jahren rasant verändert. Das Tempo, mit dem diese zum Teil gravierenden Veränderungen einhergehen, stellt Unternehmen häufig vor große Herausforderungen und übt Druck auf etablierte Geschäftsmodelle aus. Dies wiederum führt zu völlig neuen Möglichkeiten und Herausforderungen im Unternehmens- und Wettbewerbsumfeld.

Neben strategischen Überlegungen, in welcher Form die Digitalisierung für das Unternehmen selbst Chance oder Risiko ist, müssen auch finanzwirtschaftliche Vorkehrungen getroffen werden. Im Folgenden zeigt der *AK Finanzierungsrechnung* in diesem Zusammenhang relevante Themenfelder auf.

Im Bereich der finanzwirtschaftlichen Unternehmensplanung bieten die durch die Digitalisierung verfügbaren Analysesysteme neue Möglichkeiten und Chancen. Es ist zunehmend möglich, ein besseres Verständnis für die vergangenen Treiber der Liquidität zu gewinnen und darauf aufbauend eine szenarioorientierte Planung aufzustellen, welche die wichtigen Handlungsoptionen aufzeigt. Das Cashflow-Management bzw. die Liquiditätsplanung bedarf einer Neuorganisation. Neben der klassischen kurz- und mittelfristigen Planung sollten durch Simulationen verschiedene zusätzliche wirtschaftliche Szenarien aufgegriffen

---

[1] Mitglieder des Arbeitskreises: Alexander Burck, Bayer AG / Prof. Dr. Dr. h.c. mult. Walther Busse von Colbe, Ruhr-Universität Bochum / Prof. Dr. Holger Daske, Universität Mannheim / Prof. Dr. Thomas Michael Fischer, Universität Erlangen-Nürnberg / Prof. Dr. Dr. h.c. Günther Gebhardt, Universität Frankfurt / Henrik Hänche, Deutsche Post AG / Gregor Hickel, Daimler AG / WP StB Dr. Markus Kreher, KPMG AG WPG / StB Prof. Dr. Edgar Löw, Frankfurt School of Finance & Management / Dr. Helmut Mansch / Prof. Dr. Wolfgang Schultze, Universität Augsburg / Prof. Dr. Dirk Simons, Universität Mannheim / WP StB Eckhard Späth, PricewaterhouseCoopers GmbH WPG / Dr. Wolf-Dieter Starp, BASF SE / Dr. Heinz W. Viethen, RWTH Aachen / Prof. Dr. Dr. h.c. Alfred Wagenhofer, Universität Graz / Dr. Jürgen Wagner, Siemens AG.

werden, um den sich rasant ändernden Wettbewerbs- und Umweltbedingungen zu begegnen.

Disruptionen erfordern allerdings nicht nur Anpassungen in der Planung, sondern auch konkrete finanzwirtschaftliche Maßnahmen im Umgang mit den aus der Disruption resultierenden Cashflow-Effekten. Um eine Szenarioanalyse möglichst effektiv zu gestalten, sollten auch entsprechende Maßnahmenkataloge für den Fall veränderter Wettbewerbsbedingungen entwickelt werden. Dabei sind insbesondere die Möglichkeiten der kurz- und mittelfristigen Kapitalbeschaffung zu analysieren, um etwaigen Cashflow-Rückgängen entsprechend begegnen zu können und damit Zeit zu gewinnen, um strategisch und operativ zu reagieren. Aber auch für den Fall, dass Unternehmen die Digitalisierung als Chance begreifen und Geschäftsmodelle weiterentwickeln bzw. eine strategische Richtungsänderung anstreben, werden finanzielle Ressourcen benötigt.

Mit der Digitalisierung gehen häufig stark „asset-lose" Geschäftsmodelle einher. Die verzerrenden Auswirkungen des Fehlens dieser Assets wird für Bilanz und GuV in der Literatur rege diskutiert:[2] Wegen der vorherrschenden Nichtaktivierung von Ausgaben zum Aufbau von selbst geschaffenen immateriellen Werten ergeben sich in den Jahren der Investition zunächst Renditeeinbußen, in späteren Jahren ergeben sich dagegen beim Rückfluss aus der Investition wegen der verkürzten Kapitalbasis Rentabilitätsverzerrungen nach oben. Beispielsweise zeigen Mahlich und Yurtoglu auf, dass sich die im Vergleich zu anderen Branchen sehr hohe Rentabilität der Pharmabranche weitgehend auf diesen Effekt der Nichtaktivierung zurückführen lässt.[3] Es wird aufgezeigt, wie solche immateriellen Investitionen unabhängig von der (Nicht-)Aktivierung in der Bilanz in der Kapitalflussrechnung ausgewiesen werden können.

Bislang wird die Kapitalflussrechnung weitgehend derivativ aus Bilanz und GuV abgeleitet und nicht originär aus den Buchungsdaten.[4] Wegen der mit der Digitalisierung gegebenen technischen Möglichkeiten ist es nun hingegen zunehmend möglich, die zugrundeliegenden Daten direkt zu einem Cashflow Statement zu verarbeiten.

15.1 Predictive Analytics im Bereich der Liquiditätsplanung

Die Liquiditätsplanung gehörte in der Vergangenheit nicht zu den Themenfeldern des Finanzrisikomanagements, denen eine besondere und intensive Aufmerksamkeit zuteilwurde. Hieran hat auch die Finanzkrise ab 2007 nicht substantiell etwas geändert. Mit dem Abflauen derselben und dem damit wieder gegebenen Zugang zu Fremdkapital beschränkt sich die überwiegende Zahl der Unternehmen weiter auf die Ableitung des Liquiditätsbedarfs aus Plan-Bilanz und Plan-GuV. Diese indirekte Methode stößt in bestimmten Situationen jedoch

[2] Vgl. z. B. Dinh et al. (2016).

[3] Vgl. Mahlich und Yurtoglu (2011).

[4] Vgl. Arbeitskreis Finanzierungsrechnung (2012).

an ihre Grenzen.[5] Da sie auf einer Planung basiert, beschreibt die indirekte Liquiditätsplanung lediglich, was sein soll, und nicht, was sein wird. Die hieraus entstehenden Probleme der Liquiditätssteuerung verstärken sich, wenn die Planungszyklen gemessen an der Volatilität der Geschäftsentwicklung sehr lang sind, wenn mithin also keine zeitnahe Korrektur der ursprünglichen Planung erfolgt. Im Gegensatz dazu steht die direkte Liquiditätsplanung für eine stärkere Orientierung an dem, was sein wird. Kernelement und Merkmal sind nicht nur der Aufsatz auf gebuchten Forderungen und Verbindlichkeiten ergänzt um Daten aus Bestellsystemen und Ordereingängen, deren zeitliche Reichweite ohnehin begrenzt ist. Hauptmerkmal ist der manuelle Eingriff des Planers, der die Frage beantworten muss, wie sich die Liquidität tatsächlich im Zeitverlauf bzw. in den Monatsscheiben entwickelt. Überdies muss er abschätzen, wann der geplante Umsatz in Form einer Einzahlung auf dem Bankkonto liquiditätswirksam wird. Schließlich muss er die Liquiditätsströme in den entsprechenden Währungen ermitteln, denn nur so kann das Währungsrisiko hinreichend genau bestimmt werden. Der hiermit verbundene manuelle Aufwand hat Unternehmen entweder davon abgehalten, die direkte Planung umzusetzen, oder sie haben sich mit einer Planungsgenauigkeit zufriedengegeben, welche dem Treasury für die Liquiditäts- und Währungsrisikosteuerung hinreichend erschien. Zudem wurde und wird hingenommen, dass Differenzen zwischen direkter und indirekter Planung bestehen, die zudem häufig durch zwei unterschiedliche Abteilungen (Controlling und Treasury) erstellt werden.

Die Digitalisierung bietet hier nicht nur einen Ausweg aus dem beschriebenen Dilemma an. Sie ist auch notwendiger Katalysator der Anpassung von Unternehmen an eine sich dramatisch verändernde Umwelt, wobei ironischerweise auch die Digitalisierung selbst ein Treiber der Veränderungen ist. Politische Entscheidungen, Terrorismus oder Interventionen an den Finanzmärkten tragen zusätzlich zur extremen Volatilität und Unberechenbarkeit wirtschaftlicher Entwicklungen bei. Ergänzt wird diese Volatilität der Zustandsänderungen durch disruptive technische Entwicklungen, teilweise gepaart mit innovativen Geschäftsmodellen, welche die traditionellen Geschäftsmodelle ganzer Branchen verändern.

Die Auswirkungen auf die Liquiditätsplanung werden hierbei regelmäßig unterschätzt. Mehr noch: Die sich ändernden Geschäftsmodelle, Investitionszyklen, Sourcing- und Logistikmodelle oder steigenden M&A-Aktivitäten machen die Ergebnisplanung zunehmend komplexer, die Auswirkungen auf die Liquiditätsentwicklung sind häufig aber umso weitreichender. Wenn nun sowohl die Geschäftsentwicklung schwerer planbar und damit schwerer vorhersagbar wird, so ist auch das üblicherweise in den Köpfen der Mitarbeiter über Jahre gewachsene Wissen um die Einflussparameter der Liquiditätsentwicklung nicht mehr aktuell. Es macht einen großen Unterschied, wie Daten aus der Vertriebsplanung in die entsprechende Liquiditätsplanung transformiert werden müssen, wenn sich das Geschäftsmodell eines produzierenden Unternehmens beispielsweise um

[5] Vgl. Uwe, Gleich und Horváth (2012, S. 176f.).

einen Servicebereich erweitert oder im Einzelhandel nicht mehr nur Produkte, sondern Dienstleistungen Dritter verkauft werden, bei denen die Vergütung über die Dauer des Dienstleistungsvertrags erfolgt. Weiterhin werden die Gewinnmargen in Beschaffung und Absatz zu Lasten von Zahlungszielen konstant gehalten, was keine Auswirkungen auf das operative Ergebnis hat, aber deutlich im Working Capital und in der Liquidität sichtbar wird. Gleichzeitig steigt jedoch auch die Anforderung an die Genauigkeit der Liquiditätsplanung. Wer den geplanten Free Cashflow an den Kapitalmarkt oder an die kreditgebenden Banken kommuniziert, möchte sicher sein, dass die Erwartungsgröße erreichbar und zudem plan- und steuerbar ist.

Welche Rolle kann hier Predictive Analytics übernehmen?

Predictive Analytics steht nicht isoliert als ein Big Data Thema, sondern ist eine Teilmenge von Business Intelligence und Business Analytics. Im Einzelnen lässt sich folgende Abgrenzung auch mit entsprechendem Bezug auf die Liquiditätsplanung vornehmen:

1. *Business Intelligence* (BI) beantwortet die Frage „Was ist wann passiert?“ mit Hilfe des klassischen Berichtswesens und mit Kennzahlen. Bezogen auf die Liquiditätsplanung ist dies die Ist-Rechnung. Auch hier sind Systemlösungen mittlerweile so weit, dass die Ist-Zahlen den einzelnen Liquiditätskategorien mittels Belegverfolgung im Zuge der Kontoauszugsverarbeitung automatisch zugeordnet werden. Da Planung und Ist-Rechnung untrennbar miteinander verbunden sind, stellt eine detaillierte automatisierte Ist-Rechnung die Grundlage einer jeden Planung dar. Sie ist zudem ein wirksames und effektives Controllinginstrument, denn am Monatsultimo plus einem Arbeitstag liegt die detaillierte Darstellung der Liquiditätsentwicklung vor – schneller und genauer als es Controllingzahlen vermögen.
2. *Business Analytics* (BA) geht anschließend den Gründen, Auswirkungen, Wechselwirkungen oder Folgen von Ereignissen nach und zeigt mittels Szenarioanalysen Handlungsoptionen auf. Neben dem Verstehen wird die Frage „Was geschieht, wenn ein Parameter A verändert wird?“ beantwortet. Hiermit ergeben sich Möglichkeiten der Betrachtung verschiedener definierter Szenarien wie z. B. der zeitlichen Verschiebung von Investitionen und deren Auswirkungen auf die Liquidität zu einem bestimmten Stichtag oder der Analyse des Einflusses von Wechselkursänderungen auf Umsatz bzw. Kosten. In den Bereich von BA fällt auch die Liquiditätsplanung, wenn sie auf der automatischen Verarbeitung von Quelldaten beispielsweise aus Vertrieb, Einkauf, Rechnungswesen oder Projektsteuerung aufsetzt, um nur einige zu nennen. Hier werden verschiedene Datenquellen angezapft und die Daten entsprechend vordefinierter Algorithmen transformiert, um dem Planer bereits eine mit dem aktuellen Kenntnis- und Datenstand vorbefüllte Planung zur Verfügung zu stellen, die dann lediglich ergänzt und verfeinert werden muss. Diese Vorgehensweise hat entsprechende Grenzen, ist sie doch auf vordefinierte Szenarien angewiesen.

3. *Predictive Analytics*[6] wiederum versucht als Teildisziplin von BA, mit Hilfe von Algorithmen und basierend auf Datenmodellen Vorhersagen über mögliche Ereignisse in der Zukunft zu treffen.

Predictive Analytics bedeutet im Zusammenhang mit Liquiditätsplanung die Einbeziehung sowohl direkter als auch indirekter relevanter Daten, die einen möglichen Einfluss auf die Geschäfts- und damit die Liquiditätsentwicklung haben. Dies können z. B. sein: Wetterdaten, Produktions- und Vertriebsdaten, statistische Daten zu Marktvolumina, Preisentwicklung und Käuferverhalten sowie weitere für das entsprechende Geschäftsmodell relevante Daten. Wichtig in diesem Kontext ist, dass es sich sowohl um historische als auch um Forecast-Daten handelt, denn mittels Machine Learning und induktiver Analyse sollen Muster und Zusammenhänge erkannt werden. Hier besteht demnach auch der enge Bezug zu BA sowie ebenfalls zu BI. Die Verarbeitung der Daten in Echtzeit ermöglicht deutlich kürzere Planungszyklen und somit eine kontinuierliche Anpassung an die Realität und an neueste Erkenntnisse. Dies wiederum führt zu neuen Informationen für die lernenden Systeme, so dass sich die Planungsqualität kontinuierlich erhöht.

Anwendungsfälle lassen sich quer durch alle Branchen finden. Dies reicht von Kreditinstituten, die mit Predictive Analytics die nach Basel III vorzuhaltende Liquidität genauer planen möchten, über Fluggesellschaften, die aus dem historischen und aktuellen Buchungsverhalten ihrer Kunden und unter Einfluss aktueller politischer Begebenheiten den Cashflow besser vorhersagen möchten, bis zum Anlagenbauer, dessen Projekte zeitlich selten so wie geplant ablaufen. Weitere Beispiele stellen Energieversorger bzw. Händler dar, deren Geschäft von Wetter, Feiertagskalendern oder sportlichen Großveranstaltungen beeinflusst wird, oder Reedereien, für die es einen Unterschied macht, ob aufgrund von Wetterbedingungen ein Schiff zwei Tage früher oder später im Hafen einläuft, da dann Millionenbeträge für Bunker fällig werden.

Predictive Analystics ist jedoch noch nicht das Ende der absehbaren technischen Entwicklung und Automatisierung. Die nächste Evolutionsstufe steht bereits in den Startlöchern: Prescriptive Analytics[7]. In diesem Bereich der sog. Advanced Analytics kommt eine Vielzahl von Techniken bis zu neuronalen Netzen oder Machine Deep Learning zum Einsatz, um die Frage zu beantworten „Was muss getan werden, damit ein bestimmtes Ereignis (nicht) eintritt?".

Und hier schließt sich der Kreis: Mit einer Rückkopplung in Richtung Unternehmensplanung kann ein geschlossenes System entstehen, welches im Ergebnis zukünftige Entwicklungen in Szenarien mit definierter Eintrittswahrscheinlichkeit abbildet und damit auch die Robustheit der Unternehmensplanung in Zeiten hoher Unsicherheit erhöht.

---

[6] Vgl. Pethuru (2014, S. 371).

[7] Vgl. Pethuru (2014, S. 372).

15.2 Finanzwirtschaftliche Maßnahmen und disruptive Geschäftsmodelle

Treten Disruptionen auf, müssen die betroffenen Unternehmen unter Berücksichtigung ihrer jeweils aktuellen Situation reagieren, wobei die auch in Betracht zu ziehenden finanzwirtschaftlichen Maßnahmen von der tatsächlichen finanziellen Situation des Unternehmens mitbestimmt werden.

Dabei macht es zunächst einen Unterschied, ob ein gravierender Teil des Unternehmens betroffen ist oder nur ein einzelnes Geschäftsfeld. Im letzten Fall bieten sich sicherlich weiterhin viele der bestehenden Möglichkeiten der Finanzierung an, von klassischer Banken- und Kapitalmarktfinanzierung bis hin zur Finanzierung aus Eigenmitteln der anderen Geschäftsfelder. Klassische Finanzierungsquellen dürften auch dann noch weiter zur Verfügung stehen, wenn ein insgesamt unter Wettbewerbsdruck geratenes Geschäft immer noch als solide und damit als kreditwürdig betrachtet werden kann. Dabei wären die dann zur Verfügung gestellten Mittel zu nutzen, um die Zeit zu erkaufen, die notwendig ist, um die erforderliche Anpassung an die Veränderungen im Umfeld anzugehen und die Entwicklung neuer Geschäftsmodelle erfolgreich zu bewältigen. Gegebenenfalls ergibt sich dabei die zusätzliche Möglichkeit, eventuell zur Verfügung stehende Fördergelder zu nutzen. Als Beispiel können hier einzelne Unternehmen aus der Solarwirtschaft wie etwa Solarwatt dienen, die sich gegen die asiatische Billigkonkurrenz zur Wehr setzen, indem sie sich von der Herstellung von Solarmodulen für den Massenmarkt abwenden, um sich auf Komplettlösungen (einschließlich Stromspeichern) für Privathaushalte und Kleingewerbe zu konzentrieren.

Bei ausreichender eigener Finanzkraft, die zumindest in Form einer adäquaten Finanzierungskapazität vorliegen muss, kann bei einer rechtzeitigen, aggressiven und entschlossenen Herangehensweise für das eigene Unternehmen sogar ein beachtlicher Geschäftsnutzen entstehen. Hier stellt die Deutsche Post ein gutes Beispiel dar: Diese konnte den aus der Digitalisierung der Kommunikationswege resultierenden Rückgang im Briefbereich dadurch erfolgreich kompensieren, dass sie u. a. rechtzeitig und entschlossen auf der Grundlage eines radikalen Umbaus ihrer Infrastruktur und Logistik das Engagement im Paketbereich verstärkt hat, was ihr einen beträchtlichen Vorteil gegenüber vielen Wettbewerbern in anderen Ländern verschafft hat.

Erweist es sich jedoch bei Märkten, die sich infolge der Digitalisierung im Umbruch befinden, dass das alte Geschäft durch die neuen Marktteilnehmer und deren neue Geschäftsmodelle oder durch ein verändertes gesamtwirtschaftliches Umfeld so stark beeinträchtigt ist, dass die betroffenen Unternehmen voraussichtlich nicht mehr in der Lage sein werden, längerfristig substantielle oder mindestens auskömmliche Cashflows zu erwirtschaften, können solche Unternehmen nur noch eingeschränkt als kreditwürdig gelten. Hier könnte ein Ansatz zur Problembewältigung, die nicht mehr ohne Weiteres über die schwieriger und teurer gewordene Beschaffung externer Finanzmittel erfolgen kann, etwa darin bestehen, das in der Krise stehende Unternehmen aufzuspalten in einen zukunftsträchtigen Teil und in einen Teil, der hauptsächlich die Nutzung der „alten" Assets weiterführt. Hier kann man an den Energiebereich denken, wo im Gefolge der Energiewende beispielsweise die RWE AG – auch mit dem Ziel der Zuführung von frischem Eigenkapital – die innogy SE mit den Zukunftsfeldern Netz und Infrastruktur sowie Vertrieb und Erneuerbare Energien (Windenergie, Wasserkraft und Photovoltaik) an die Börse gebracht hat, während die Stromerzeugung aus Braunkohle in der RWE AG verbleibt.

Die finanzwirtschaftlichen Folgen solcher Ausgliederungen hängen davon ab, in welchem Ausmaß die neuen Unternehmen noch über Sachanlagevermögen verfügen; denn in Abhängigkeit davon, ob ein eher „asset-loses" oder ein „asset-lastiges" Unternehmen durch die Ausgliederung entsteht, werden sich auch die entsprechenden Finanzierungsmodelle unterscheiden: Bei eher „asset-losen" Gesellschaften wird es schwerer, materielle Sicherheiten für eine Kreditfinanzierung bereitzustellen, wodurch zumindest höhere Risikoaufschläge in Kauf zu nehmen wären. Gleichzeitig könnte das nach der Ausgliederung der zukunftsträchtigen Teilbereiche übrigbleibende „asset-lastige" (Rest-) Unternehmen bei einem möglicherweise nach wie vor hohen Finanzierungsbedarf mit gesunkenen Cashflow-Erwartungen zu kämpfen haben. Da solche gesunkenen Erwartungen über Wertminderungstests letztlich zu reduzierten Asset-Werten führen, kann es auch hier problematischer werden, die künftige Finanzierung über materielle Sicherheiten problemlos zu gewährleisten.

Reichen die einem Unternehmen zur Verfügung stehenden eigenen Finanzmittel und die Fremdmittel, für die eigene Sicherheiten gestellt werden können, nicht aus, um die Weiterführung und Restrukturierung des Unternehmens zu finanzieren, bleibt gegebenenfalls noch die Finanzierung über einen (oder mehrere) Venture Capital Partner, der bereit ist, das neue Geschäftsmodell auch ohne Sicherheiten mitzutragen. Allerdings ist hier zu beachten, dass es nicht nur unumgänglich ist, den Venture Capital Geber von der Tragfähigkeit des neuen Modells zu überzeugen, sondern dass der Verzicht auf Sicherheiten häufig über eine deutlich erhöhte Risikoprämie auszugleichen ist: Diese ist meist in Form von sehr hohen Zinsen oder über die Übertragung von Unternehmensanteilen an den Venture Capital Geber zu erbringen. Allerdings ist auch dies kein Weg, der einem Unternehmen ein Einfaches „Weiter so!" erlauben würde: Auch hier kann die Finanzierung nur dazu dienen, Zeit zu gewinnen, um neue erfolgversprechende Wege zu finden.

Wenn bei einem in einer Notlage befindlichen Unternehmen eine Aufteilung und ein damit verbundener Börsengang zur Beschaffung von frischem Eigenkapital nicht gelingt und wenn auch kein Venture Capital Geber bereit ist, die Implementierung eines neuen Geschäftsmodells zu akzeptablen Bedingungen zu ermöglichen, bleibt dem betroffenen Unternehmen als letzte Alternative oft nur der Weg in ein Insolvenzverfahren, um sich unter dem dabei gewährten Gläubigerschutz möglicherweise neu zu erfinden.

Für die neuen Geschäftsmodelle, die für etablierte Unternehmen eine beachtliche Konkurrenz darstellen können, gilt auf jeden Fall, dass auch sie sich mittel- bis langfristig selbst tragen und einen positiven Cashflow erwirtschaften müssen. Für jede Art von Start-up-Unternehmen, die häufig kein nennenswertes Volumen an Sachanlagevermögen aufweisen, ist nämlich davon auszugehen, dass eine klassische besicherte Finanzierung häufig nicht möglich sein wird. Es reicht damit nicht aus, dass es solchen Start-ups gelingt, Fördergelder einzuwerben oder Venture Capital Geber zu finden, um die Gründungsphase abzusichern. Das gilt bereits dann, wenn diese Unternehmen über „klassische" immaterielle Wirtschaftsgüter in Form von werthaltigen Patenten oder substantiell bedeutsamem Know-how verfügen. Es gilt aber umso mehr, wenn die Geschäftsgrundlage lediglich eine innovative Geschäftsidee ist, bei der die Tatsache genutzt wird, dass es außerhalb dieser neuen Unternehmen Asset-Besitzer gibt, die bereit sind, nicht ausgelastete, eigene Vermögenswerte zur Verfügung zu stellen. Dabei kann es sich um die Busse von regionalen oder lokalen Busunternehmen handeln, die von Flixbus zur zeitweisen Nutzung weitervermittelt werden, oder es geht – wie bei Uber – um Besitzer von Privatfahrzeugen, die häufig allein unterwegs sind und daher andere Fahrgäste mitnehmen können. Die Nutzung von internetbasierten digitalen Kommunikationsmitteln führt dabei dazu, dass eine Vermittlung von Mitfahrgelegenheiten effektiv, sehr kurzfristig und mit hohen Fallzahlen möglich ist, wodurch die Vermittlungstätigkeit (anders als bei den altbekannten studentischen Mitfahrzentralen) erst zu einem wirtschaftlich interessanten Geschäftsmodell wird. Ähnliches gilt für ein Unternehmen wie Airbnb, durch dessen Vermittlungstätigkeit es möglich wird, Ferienwohnungen oder andere Wohnungen, die nur zeitweise – etwa von Pendlern – bewohnt sind, effizienter durch Untervermietungen zu nutzen. Oft ergibt sich dabei als zusätzlicher Vorteil, dass die verschiedenen, an andere Nutzer vermittelten Assets nicht den regulatorischen Bedingungen unterliegen, die für Hotels (z. B. Brandschutzvorschriften) oder Taxifahrer (z. B. Lizenzen und Qualifikationsnachweise) selbstverständlich sind. Wie entsprechende Klagen zeigen, sind die betroffenen traditionellen Unternehmen durchaus bereit, sich gegen solche Wettbewerbsverzerrungen zu wehren, die gegenwärtig einen Preiswettbewerb auf einem „level playing field" verhindern. Damit bleibt abzuwarten, ob die diversen neuen Geschäftsideen tatsächlich geeignet sind, zu einem dauerhaften wirtschaftlichen Erfolg zu führen, insbesondere wenn die Asset-Besitzer, die nicht ausgelastete eigene Vermögenswerte zur Verfügung stellen, dies nur noch dann tun, wenn sie selbst ebenfalls am Erfolg spürbar beteiligt werden.

15.3 Darstellung „asset-loser" Geschäftsmodelle im Cashflow Statement

Ein gemeinsames Kennzeichen von vielen Unternehmen, die die Wettbewerbssituation in Industrien grundlegend verändert (zum Beispiel Amazon, Apple) oder neue Industrien geschaffen (zum Beispiel Alphabet Google, Facebook) haben, sind hohe Aufwendungen bis in den zweistelligen Milliardenbereich für Forschung und Entwicklung oder Marketing. Dabei geht es um die Schaffung von innovativen Prozessen und Produkten, von proprietärer Software und

Datenbeständen oder von Markenrechten und Kundenbeziehungen. In ökonomischer Betrachtung sind dies oft in erheblichem Umfang Investitionen in Vermögenswerte, aus denen künftig hohe Einzahlungsüberschüsse erwartet werden. Die hohe Bewertung solcher Unternehmen an den Börsen bestätigt diese Vermutung.

In bilanzieller Betrachtung sind dies Investitionen in selbst geschaffene immaterielle Vermögenswerte, die nach den derzeit geltenden Bilanzierungsregeln nur ausnahmsweise aktiviert werden dürfen. Soweit eine Aktivierung von (Entwicklungs-)Aufwendungen grundsätzlich möglich ist, sind die Bilanzierungsregeln so gefasst, dass sie den Bilanzerstellern erhebliche Interpretationsspielräume bieten. Diese werden bei vielen Unternehmen so genutzt, dass es faktisch nur selten und in geringem Umfang zu einer Aktivierung kommt. Eine Folge ist, dass aus ökonomischer Sicht Periodenergebnisse, Vermögen und Eigenkapital in den Jahren, in denen solche nicht bilanzierten Investitionen getätigt werden, zu niedrig ausgewiesen werden. Dies schlägt sich dann in hohen Werten für Kennzahlen wie zum Beispiel der Market-to-Book Ratio nieder.

In den Erfolgsrechnungen weisen innovative und forschungsorientierte Unternehmen sowie Unternehmen mit einer starken Kundenorientierung bereits häufiger ihre Forschungs- und Entwicklungsaufwendungen oder Marketingaufwendungen freiwillig gesondert aus.[8] Aus den Cashflow Statements ist dagegen der Umfang der damit verbundenen Investitionen in selbst geschaffene (nicht aktivierte) immaterielle Vermögenswerte nicht ersichtlich. Investitionen in immaterielle Vermögenswerte werden im Investitionsbereich von Cashflow Statements regelmäßig nur dann ausgewiesen, wenn sie aus Erwerben von Dritten resultierten. IAS 7.16 (a) weist explizit darauf hin, dass Auszahlungen für aktivierte Entwicklungskosten und selbst geschaffene Gegenstände des Sachanlagevermögens im Investitionsbereich auszuweisen sind. Daraus allein wäre nicht zwingend zu schließen, dass ein Ausweis für selbst geschaffene immaterielle Vermögenswerte unzulässig ist. Ein Ausweis von nicht aktivierten bzw. nicht aktivierungsfähigen immateriellen Investitionen im Bereich der Investitionstätigkeit könnte vielmehr helfen, die Aussagefähigkeit des gesamten Abschlusses zu verbessern.[9]

Bei der Darstellung des Bereiches der operativen Geschäftstätigkeit nach der sog. indirekten Methode wäre dann analog zur üblichen Korrekturbuchung bei einem Gewinn/Verlust aus dem Abgang von Gegenständen des Anlagevermögens in die Überleitung vom Periodenergebnis zum Mittelzufluss aus operativer Tätigkeit eine Korrekturbuchung für die als Aufwand berücksichtigten Investitionszahlungen einzufügen. Ein Beispiel dafür enthält das folgende Schema:

---

[8] Vgl. z. B. Amazon.com, Inc. (2017, S. 37), Apple, Inc. (2016, S. 39).

[9] Vgl. bereits Gebhardt (1999, Rz 161), sowie zustimmend Bieg (2000, S. 142), Dellmann und Amen (2000, Rz 161).

	Jahresergebnis	
+	Abschreibungen	
+	als Aufwand berücksichtigte Investitionszahlungen für	
	-Forschung	-Markteinführung
	-Entwicklung	-Personalentwicklung
	....	
=	Mittelzufluss aus operativer Tätigkeit	

Einen Ausweis nicht aktivierter Investitionen im Investitionsbereich fand man bisher in Geschäftsberichten nur vereinzelt.[10] Es werden so den Jahresabschlussadressaten Informationen bereitgestellt, die aufgrund bilanzieller Regelungen oder bilanzpolitischer Erwägungen über Bilanzen und Erfolgsrechnungen nicht vermittelt werden können bzw. sollen.

Allerdings ist eine solche Darstellung aufgrund einer Änderung in IAS 7.16 im Rahmen der Annual Improvements 2009 nicht mehr zulässig.[11] Danach dürfen nur noch Auszahlungen, die zu bilanzierten Vermögenswerten führen, im Bereich der Investitionstätigkeit ausgewiesen werden.[12] Diese Änderung erfolgte aufgrund einer Empfehlung des International Financial Reporting Interpretations Committee (IFRIC), dem die Frage vorgelegt wurde, wie Auszahlungen für Exploration und Evaluierung von Bodenschätzen in der Kapitalflussrechnung auszuweisen sind. IFRS 6 erlaubt dafür die Aktivierung als Vermögenswert oder den sofortigen erfolgswirksamen Ausweis. In der Praxis erfolgte der Ausweis der nicht aktivierten Auszahlungen unterschiedlich sowohl im Bereich der operativen Geschäftstätigkeit als auch im Bereich der Investitionstätigkeit.[13] Als Begründung weist das IASB darauf hin, dass so die Klassifikationen in der Kapitalflussrechnung und in der Bilanz besser in Einklang gebracht werden, dies eine unterschiedliche Ausweispraxis vermindere und damit zu finanziellen Abschlüssen führe, die für die Jahresabschlussadressaten leichter verständlich seien.[14] Im Konsultationsprozess der European Financial Reporting Advisory Group (EFRAG) haben die meisten Stellungnahmen der vorgeschlagenen Änderung zugestimmt. Es gab aber auch ablehnende Stellungnahmen insbesondere

---

[10] So in den Konzernabschlüssen der Cargolifter AG (2000, S. 63), sowie Infineon Technologies AG (2001, S. 50).

[11] IAS 7.16: "Only expenditures that result in a recognised asset in the statement of financial position are eligible for classification as investing activities.".

[12] Die Neufassung des Deutschen Rechnungslegungsstandards für Kapitalflussrechnungen aus dem Jahr 2011 beschränkt den Ausweis von Zahlungen im Bereich der Investitionstätigkeit ebenfalls auf "Aktivitäten in Verbindung mit Zu- und Abgängen von Vermögensgegenständen" (DRS 21.9).

[13] Vgl. IAS 7.BC 3-BC8.

[14] Vgl. IAS 7.BC 7.

von dem norwegischen und dem deutschen Standardsetter sowie von der Fédération des Experts Comptables Européens (FEE), die nicht davon überzeugt waren, dass die Unterscheidung zwischen operativen und investiven Zahlungen sich an den Ansatzregelungen für Vermögenswerte orientieren sollte.[15]

IFRIC und IASB war dabei durchaus bewusst, dass damit auch für andere Investitionszahlungen in nicht aktivierte bzw. aktivierbare Vermögenswerte (zum Beispiel in Kundenwerbung, Markenbildung, Personalentwicklung, Forschung und Entwicklung) ein Ausweis im Bereich der Investitionstätigkeit untersagt wird. Möglicherweise wurde dabei die Entwicklung der Bedeutung solcher Investitionszahlungen unterschätzt. Der Zwang zu einem einheitlichen Ausweis geht hier zu Lasten einer möglichen höheren Relevanz für die Nutzer von IFRS-Abschlüssen.

Es ist zu konzedieren, dass ohne diese Änderung von IAS 7.16 Unternehmen weiterhin Investitionszahlungen für nicht bilanzierte Vermögenswerte unterschiedlich ausweisen würden. Die Möglichkeit zu einem unterschiedlichen Ausweis und die Nutzung beziehungsweise der Verzicht auf diese Möglichkeit erlaubt es den Unternehmen jedoch, die Bedeutung solcher Zahlungen zu signalisieren. Diese Information können Jahresabschlussnutzer für ihre Entscheidungen nutzen.

Gegen einen Ausweis solcher Zahlungen im Bereich der Investitionstätigkeit wird argumentiert werden, dass die Abgrenzung von operativen Zahlungen problematisch und ermessensbehaftet sein dürfte. Das ist sicher nicht auszuschließen, aber auch kein neues Problem. Ähnliche Abgrenzungsprobleme kennt man aus der Segmentberichterstattung, wo IFRS 8 den Management Approach zugrunde legt. Dies bietet sich auch hier an: In der internen Berichterstattung behandeln zahlreiche Unternehmen bereits länger solche Zahlungen für nicht bilanzierte Vermögenswerte als Investitionen, die nicht sofort aufwandswirksam erfasst, sondern über mehrere Perioden abgegrenzt werden. Es sollte in Anbetracht der großen und steigenden Bedeutung der nicht bilanzierten Investitionen den Unternehmen (wieder) ermöglicht werden, diese Informationen auch den Jahresabschlussadressaten zur Verfügung zu stellen. Die Diskussion um eine Überarbeitung oder Neufassung von IAS 7 im Rahmen der IASB Projektes Primary Financial Statements[16] ist dafür eine passende Gelegenheit.

---

[15] Die Stellungnahmen sind abrufbar unter: https://www.efrag.org/Activities/135/IASB-Annual-Improvements-Project-2008.

[16] Siehe dazu http://www.ifrs.org/Current-Projects/IASB-Projects/Performance-Reporting/Pages/default.aspx.

15.4 Originäre Cashflow-Ermittlung mit den technischen Möglichkeiten der Digitalisierung

Der *AK Finanzierungsrechnung* unterscheidet terminologisch zwischen der Ermittlung und der Darstellung der Kapitalflussrechnung.[17] Die indirekte Darstellung geht von einer Ergebnisgröße aus, die um zahlungsunwirksame Aufwendungen und Erträge korrigiert wird, um zum Cashflow aus laufender Geschäftstätigkeit zu gelangen, während die direkte Darstellung die operativen Ein- und Auszahlungen brutto ausweist. Für die Ermittlung der Ein- und Auszahlungen für die Kapitalflussrechnung wird zwischen der derivativen und der originären Vorgehensweise unterschieden. Bei der derivativen Ermittlung der Ein- und Auszahlungen aus Bilanzen und Erfolgsrechnungen werden die Veränderungen von Vermögenswerten und Schulden sowie von Erträgen und Aufwendungen pauschal als zahlungswirksam beziehungsweise zahlungsunwirksam klassifiziert und in die Kapitalflussrechnung übernommen. Da die derivativ ermittelten Ein- und Auszahlungen nur näherungsweise den tatsächlichen Zahlungsmittelflüssen entsprechen, stellt der folgende Abschnitt die technischen Möglichkeiten einer originären Ermittlung der Kapitalflussrechnung vor, die von den Daten der Finanzbuchhaltung ausgeht.

Die Grundlage für die Offenlegung der Kapitalflussrechnung findet sich in § 264 Abs.1 S. 2 HGB für den Jahresabschluss. Demnach sind kapitalmarktorientierte Kapitalgesellschaften verpflichtet, den Jahresabschluss um eine Kapitalflussrechnung zu erweitern. Gemäß § 297 Abs. 1 HGB ist die Kapitalflussrechnung zudem Bestandteil des Konzernabschlusses. Die Regelungen des HGB werden durch den DRS 21, primär für den Konzernabschluss, konkretisiert. Für Abschlüsse nach IFRS ist für die Kapitalflussrechnung IAS 7 einschlägig. Die nachfolgenden Aussagen gelten für beide Regelungswerke, HGB und IFRS, gleichermaßen.

Die Ein- und Auszahlungen werden für die Kapitalflussrechnung im Bereich der operativen Geschäftstätigkeit derzeit überwiegend nach der derivativen Methode ermittelt. Damit ist vereinfachend gemeint, dass der Cashflow aus der laufenden Geschäftstätigkeit ermittelt wird, indem das Periodenergebnis um nicht zahlungswirksame Aufwendungen oder Erträge korrigiert wird. Als Alternative dazu ist die originäre Ermittlung des operativen Cashflows möglich und zulässig. Hierbei werden die Ein- und Auszahlungen unmittelbar aus der Buchführung des berichtenden Unternehmens hergeleitet. Was die Darstellung betrifft, dominiert in der Praxis deutlich die indirekte Methode.

Die derivative Ermittlung mag aus Sicht der Rechnungslegenden den Vorzug haben, dass sie einfacher durchführbar ist. Zahlungsströme, die nicht auch erfolgswirksam sind und daher im Periodenergebnis bereits ihren Niederschlag finden, können näherungsweise im Wege des Bestandsvergleichs von Bilanzposten abgleitet werden (z. B. Veränderungen der Forderungen). Fraglich ist, ob eine derartige Vereinfachung in Zeiten einer digitalen Buchführung noch

---

[17] Vgl. Arbeitskreis Finanzierungsrechnung (2012, S. 5ff.).

sinnvoll ist, oder ob die Nachteile, die mit der indirekten Darstellung einhergehen, überwiegen. Tatsächlich stellt sich die indirekte Darstellungsmethode als Hilfskonstrukt dar: Der DRS 21 verlangt grundsätzlich einen unsaldierten Ausweis; bei Anwendung der indirekten Methode ist (ausnahmsweise) eine saldierte Rechnung zulässig. Dies ist ein Hinweis darauf, dass die indirekte Methode als Hilfskonstrukt gegenüber der unsaldierten direkten Darstellung zu verstehen ist. Ähnlich gilt dies auch für IAS 7.

Aber auch abseits solcher regulatorischer Überlegungen geht die direkte Darstellung mit einem direkten, höheren Nutzen einher. Dies soll nachfolgend sowohl aus Sicht des Managements als auch aus Sicht der externen Rechnungslegungsadressaten aufgezeigt werden. Das Management erhält im Wege einer originären Aufbereitung des Cashflows aus der laufenden Geschäftstätigkeit eine bessere Datenbasis, um Entwicklungen mit Hilfe von Predictive Analytics vorherzusehen. So werden zum Beispiel Einzahlungen einzelner Kunden oder auch eine mögliche schleichend zunehmende Verzögerung von deren Zahlungen durch eine der originären Ermittlung folgende direkte Darstellung weitaus besser ersichtlich. Gleiches gilt für Auszahlungspositionen – die Auszahlungen an Lieferanten und Beschäftigte werden bei der direkten Methode unmittelbar dargestellt und ermöglichen daher eine leichtere Analyse von z. B. Lieferanten, zu denen ein größeres Abhängigkeitsverhältnis aufgebaut wird. In gleicher Weise lassen sich Analysen für bestimmte Kundensegmente oder geographische Regionen durchführen: Durch Business Analytics lassen sich Ursachen und Wechselwirkungen analysieren bzw. mit Machine Learning auch automatisiert herleiten. Nicht zuletzt ist perspektivisch eine Warnfunktion bei drohender Disruption erkennbar: Bei einem Clustering von Kunden oder Lieferanten kann Zahlungsverhalten gebündelt analysiert und können Trends vorzeitig und auf breiter Basis erkannt werden.

Grundsätzlich sind diese Analysen auch möglich, wenn weiterhin eine indirekte Kapitalflussrechnung gezeigt wird. Jedoch würde das Management im Falle der direkten Methode eher auf mögliche Zusammenhänge gestoßen werden, da die entsprechende Darstellung nicht nur theoretisch, sondern tatsächlich vorliegt und daher betrachtet wird. Für externe Adressaten besteht allerdings nicht die Möglichkeit, die aggregierten Zeilen der Kapitalflussrechnung auf einzelne Vertragsbeziehungen oder Zahlungen herunter zu brechen.

Damit ist grundsätzlich festzustellen, dass die direkte Darstellungsmethode bereits deshalb vorteilhaft sein kann, weil sie Informationen bietet, die bei einer Verwendung der indirekten Darstellungsmethode nicht vorliegen und auch nicht anderweitig beschafft werden können: Es ist für einen externen Adressaten nicht möglich, eine originär ermittelte und direkt dargestellte Kapitalflussrechnung aus anderen Informationen herzuleiten, die üblicherweise von Unternehmen veröffentlicht werden. Demgegenüber können externe Adressaten einen indirekt dargestellten Cashflow aus der laufenden Geschäftstätigkeit bei Bedarf aus der stets vorliegenden Bilanz durch Bestandsvergleich und Rückgriff auf die Gewinn- und Verlustrechnung herleiten, wenn man einmal davon absieht, dass bei einer derivativen Ermittlung der Kapitalflussrechnung häufiger auch

Ergänzungsbuchungen erforderlich sind, weil z. B. Akquisitionen oder Wechselkursänderungen berücksichtigt werden müssen.[18]

Die direkte Darstellung dürfte aber auch unmittelbare Vorteile für die externen Adressaten mit sich bringen. Nur die direkte Methode ermöglicht eine Analyse, welche Umsatzerlöse zahlungswirksam sind. Hierdurch ist im Umkehrschluss auch die Analyse durchführbar, für welche Umsatzerlöse dies nicht gilt. Im Mehrjahresvergleich ist damit eine Analyse des Zahlungsverhaltens möglich. So wird es möglich, unmittelbar zu erkennen, wie sich die Zahlungen des Unternehmens an seine Mitarbeiter oder Lieferanten auf der einen und das Zahlungsverhalten der Kunden auf der anderen Seite entwickeln. Kombiniert mit den Daten anderer Unternehmen sind auch Quervergleiche ohne weiteres machbar.

All dies sind Hinweise darauf, dass die direkte Darstellung der Kapitalflussrechnung, gerade vor dem Hintergrund einer zunehmend digitalen und integrierten Buchführung und der damit verbundenen leichteren originären Ermittlung, künftig häufiger gewählt werden sollte. Dies ist insbesondere deshalb sinnvoll, weil die Digitalisierung einen „Baukasten" von Analysemethoden mit sich bringt, der im Falle der originär erstellten Kapitalflussrechnung bessere Einblicke in die Finanzlage von Unternehmen bieten kann.

15.5 Fazit

Die voranschreitende Digitalisierung, die Automatisierung und die Weiterentwicklung künstlicher Intelligenz führen zunehmend zu gravierenden Veränderungen des Umfelds, in dem Unternehmen operieren. Dabei werden regelmäßig bislang hoch erfolgreiche Geschäftsmodelle auf den Kopf gestellt. Derartige Disruptionen wirken sich unmittelbar negativ auf die jeweiligen Zahlungsströme von etablierten Unternehmen aus. Der Beitrag zeigt auf, wie Unternehmen durch eine flexiblere Planung und finanzwirtschaftliche Maßnahmen mit diesen Entwicklungen umgehen können, um damit Zeit für entsprechende strategische und operative Maßnahmen zu gewinnen. Zudem bieten neue Technologien weitere Entwicklungsmöglichkeiten in der finanzwirtschaftlichen Planung.

Die klassische Cashflow-Planung wird häufig aus buchhalterischen Informationen abgeleitet und ist daher eher unflexibel. Haben sich bislang wirtschaftliche Veränderungen ausreichend schnell in den Planzahlen widergespiegelt, ist dies in Zeiten des raschen wirtschaftlichen Wandels nicht mehr zwingend der Fall. Dadurch verringert sich die Reaktionszeit des Unternehmens zunehmend. Um wettbewerbsfähig zu bleiben, muss die Cashflow-Planung daher den jeweiligen Wettbewerbs- und Umweltbedingungen angepasst werden und deutlich an Flexibilität gewinnen. Als eine Möglichkeit der Weiterentwicklung der Cashflow-Planung sollten multivariable Szenarioanalysen in Betracht gezogen werden. Im Gegensatz zur klassischen, eindimensionalen Cashflow-Planung bieten diese mehrere Vorteile: Zum einen werden die jeweiligen Stellhebel im

[18] Vgl. Arbeitskreis Finanzierungsrechnung (2012, S. 22ff.).

Unternehmen identifiziert, die einen entsprechenden Einfluss auf die Zahlungsströme haben. Durch die Kenntnis und aktive Steuerung dieser Stellhebel gelingt es dem Unternehmen gegebenenfalls besser und schneller, auf unvorhergesehene Ereignisse zu reagieren. Möglicherweise wurde im Rahmen der Szenarioplanungen für gewisse Entwicklungen auch bereits ein Handlungsleitfaden erarbeitet. Zum anderen ist neben der Modellierung von Most Likely-Szenarien die Analyse von Stressszenarien verhältnismäßig einfach möglich, was dem Unternehmen einen neuen Blickwinkel für die Liquiditätsplanung und -steuerung eröffnet.

Die durch die Digitalisierung verfügbaren Analysesysteme bieten neue Möglichkeiten und Chancen im Bereich der finanzwirtschaftlichen Unternehmensplanung. Es ist zunehmend möglich, ein besseres Verständnis für die vergangenen Treiber der Liquidität zu gewinnen und darauf aufbauend eine szenarioorientierte Planung aufzustellen, welche die wichtigen Handlungsoptionen aufzeigt. Das Cashflow-Management bzw. die Liquiditätsplanung bedarf einer Neuorganisation, neben der klassischen kurz- und mittelfristigen Planung sollten durch Simulationen zusätzliche, verschiedene wirtschaftliche Szenarien aufgegriffen werden, um den sich rasant ändernden Wettbewerbs- und Umweltbedingungen zu begegnen.

Um eine Szenarioanalyse möglichst effektiv zu gestalten, sollten auch entsprechende Handlungsleitfäden für den Fall veränderter Wettbewerbsbedingungen entwickelt werden. Dabei sind insbesondere die Möglichkeiten der kurz- und mittelfristigen Kapitalbeschaffung zu analysieren, um etwaigen Cashflow-Rückgängen entsprechend begegnen zu können. Aber auch für den Fall, dass Unternehmen die Digitalisierung als Chance begreifen und Geschäftsmodelle weiterentwickeln bzw. eine strategische Richtungsänderung anstreben, werden finanzielle Ressourcen benötigt.

Gleichzeitig ermöglichen die modernen technischen Möglichkeiten nicht nur flexiblere Planungstools, sondern auch eine deutliche Verbesserung bei der Erstellung der Kapitalflussrechnung. Bislang werden Kapitalflussrechnungen weitgehend derivativ aus Bilanz und GuV abgeleitet und nicht originär aus den Buchungsdaten.[19] Wegen der mit der Digitalisierung gegebenen technischen Möglichkeiten ist es nun hingegen zunehmend möglich, die zugrundeliegenden Daten direkt zu einem Cashflow Statement zu verarbeiten.

Mit der Digitalisierung gehen häufig stark „asset-lose“ Geschäftsmodelle einher. Durch das Fehlen dieser Assets kommt es in Bilanz und GuV zu Verzerrungen der Darstellung der Vermögens-, Finanz- und Ertragslage. Der Beitrag ergänzt die bereits intensiv geführte Diskussion um die Berücksichtigung solcher immateriellen Investitionen in Bilanz und GuV um die Betrachtung der Kapitalflussrechnung. Er zeigt auf, wie eine Abbildung von immateriellen Investitionen im Cashflow Statement sachgerecht erfolgen kann.

---

[19] Vgl. Arbeitskreis Finanzierungsrechnung (2012).

Literaturverzeichnis

Amazon.com, Inc. 2017. *Annual Report 2016*. http://phx.corporate-ir.net/External.File?item=UGFyZW50SUQ9NjY2MjA0fENoaWxkSUQ9Mzc0MDUxfFR5cGU9MQ==&t=1. Zugegriffen: 30.04.2017.

Apple, Inc. 2016. *FORM 10-K (Annual Report) 2016*. http://investor.apple.com/secfiling.cfm?filingID=1628280-16-20309&CIK=320193. Zugegriffen: 30.04.2017.

Arbeitskreis Finanzierungsrechnung der Schmalenbach-Gesellschaft für Betriebswirtschaft e.V. 2012. Praxis der Aufstellung und Nutzung von Kapitalflussrechnungen deutscher Industrieunternehmen. ZfbF-Sonderheft 66/2012, Hrsg. G. Gebhardt und H. Mansch, Düsseldorf: Fachverlag der Verlagsgruppe Handelsblatt.

Bieg, Hartmut. 2000. Die Kapitalflussrechnung nach dem neuen Deutschen Rechnungslegungsstandard Nr. 2 (DRS 2). *Unternehmenssteuern und Bilanzen*, (2):137-143.

Cargolifter AG. 2000. *Geschäftsbericht 1999/2000*.

Dellmann, Klaus, und Matthias Amen. 2000. Kapitalfluss- und Finanzierungsrechnung. In *Handbuch des Jahresabschlusses in Einzeldarstellungen (HdJ)*, Hrsg. K. Wysocki und J. Schulze-Osterloh, Vol. Abt. IV/6, 1-143. Köln: Verlag Otto Schmidt.

Dinh, Tami, H. Kang und W. Schultze. 2016. Capitalizing Research & Development: Signaling or Earnings Management? *European Accounting Review*, 25(2):373-401.

Gebhardt, Günther. 1999. Kapitalflußrechnungen. In *Beck'sches Handbuch der Rechnungslegung*, Hrsg. H.-J. Böcking et al., Beitrag C 620. München: Vahlen.

Infineon Technologies AG. 2001. *Geschäftsbericht 2000*. http://www.infineon.com/dgdl/IFX_annualreport2000komplett_3.pdf?fileId=db3a304312fcb1bc011320606f911aff. Zugegriffen: 20.04.2017.

Mahlich, Jörg C., und Burcin Yurtoglu. 2011. Intangibles Kapital und Rentabilität in der Pharmaindustrie. *Die Unternehmung*, 65(1):32-49.

Pethuru, Raj. 2014. *Handbook of research on cloud infrastructures for big data analytics*, Hershey: IGI Global.

Uwe, Michel, R. Gleich und P. Horváth. 2012. *Finanz-Controlling: Strategische und operative Steuerung der Liquidität*, Freiburg im Breisgau: Haufe Lexware.

Kapitel 16
Chancen und Herausforderungen der Digitalisierung für die Effektivität und Effizienz des Rechnungswesens

Arbeitskreis Externe Unternehmensrechnung der Schmalenbach-Gesellschaft für Betriebswirtschaft e.V.[1]

Das Thema „Digitalisierung" ist in aller Munde. Vom selbstfahrenden Auto über das ferngesteuerte Zuhause bis hin zu Robotern als Service- und Pflegekräfte stehen dabei in erster Linie konsumentenorientierte Themen im Fokus. Aber die Bedeutung der Digitalisierung für Unternehmen schreitet mit derselben extrem hohen Geschwindigkeit voran. Der Fokus liegt dabei gleichermaßen auf neuen oder modifizierten Geschäftsmodellen wie auch auf der Veränderung der operativen und administrativen Unternehmensprozesse.[2] Daher verwundert es nicht,

---

[1] Mitglieder des Arbeitskreises: Prof. Dr. Dr. h.c. Jörg Baetge, Universität Münster / Prof. Dr. Dr. h.c. Wolfgang Ballwieser, Universität München / Prof. Dr. Andreas Barckow, Deutsches Rechnungslegungs Standards Committee (DRSC) e.V. / Dr. Ingrun-Ulla Bartölke, Volkswagen AG / Jens Berger, Deloitte GmbH / Josef Dinger, Fresenius Medical Care AG & Co. KGaA / Dr. Andreas Duhr, thyssenkrupp AG / Martin Edelmann, International Accounting Standards Board (IASB) / Ralf Frank, Deutsche Vereinigung für Finanzanalyse GmbH und Asset Management DVFA / Rolf Funk, Bayer AG / Henning Gebhardt, Joh. Berenberg, Gossler & Co. KG / Prof. Dr. Axel Haller, Universität Regensburg / WP Prof. Dr. Sven Hayn, Ernst & Young GmbH WPG / Prof. Dr. Joachim Hennrichs, Universität zu Köln / Dr. Christoph Hütten, SAP SE / WP StB Harald Kayser, PricewaterhouseCoopers GmbH WPG / Janina Knappstein, Ruhr-Universität Bochum / Dr. Harald Köster, Henkel AG & Co. KGaA / Robert Köthner, Daimler AG / Dr. Guillaume Maisondieu, Deutsche Telekom AG / Peter Missler, Deutsches Rechnungslegungs Standards Committee (DRSC) e.V. / Prof. Dr. Bernhard Pellens, Ruhr-Universität Bochum / Adam Pradela, Deutsche Post DHL Group / WP StB Rüdiger Reinke, Baker Tilly GmbH WPG / Martin Rembde, Bertelsmann SE & Co. KGaA / Andreas Roeper, E.ON SE / WP StB Prof. Dr. Reinhard Rupp, DELTA Revision GmbH / Harald Sachs, Metro AG / WP Christian Sailer, KPMG AG WPG / Dr. Wolfgang Sawazki, Landert Family Office Deutschland AG / Christoph Schauerte, Vonovia SE / Dr. Jochen Schmitz, Siemens AG / Björn Schneider, Linde AG / Maike Schuh, Evonik Industries AG / Prof. Dr. Thorsten Sellhorn, Universität München / Katja van Doren, innogy SE / Dr. Thomas Wittig, BMW AG / Prof. Dr. Jens Wüstemann, Universität Mannheim.

[2] Vgl. zu den aktuellen Megatrends auch Ernst & Young (2016).

dass auch das Rechnungswesen von der Digitalisierungsdiskussion nicht ausgenommen ist, sondern ein stark betroffenes Gebiet darstellt.[3]

Wie in vielen anderen Bereichen auch birgt der digitale Wandel mit seinen weitgehenden Auswirkungen und seiner hohen Geschwindigkeit für das Rechnungswesen sowohl große Chancen als auch deutliche Herausforderungen und Risiken. Im Folgenden werden die zentralen Aspekte der Diskussionen im *AK Externe Unternehmensrechnung* dargestellt.

16.1 Chancen der Digitalisierung

16.1.1 Effizienzsteigerungen durch Prozessautomatisierung

Im Rahmen der Diskussion zur Digitalisierung des Rechnungswesens werden oft die Begriffe Automatisierung und Robotics genannt. Unter Automatisierung wird im Allgemeinen die Übertragung von Prozessfunktionen vom Menschen auf künstliche Systeme verstanden,[4] während Robotics sich mit dem Entwurf, der Gestaltung, der Steuerung, der Produktion und dem Betrieb von Robotern beschäftigt.[5] Für den Bereich Rechnungswesen sind dabei vor allem Software-Roboter (sog. Bots) relevant, d. h. Programme, die weitgehend selbständig sich wiederholende Aufgaben abarbeiten.

Betrachtet man die Entwicklungen der letzten Jahre, so sind Automatisierungsbestrebungen im Bereich des Rechnungswesens insb. auf Basis der sog. End-to-End-Prozesse zu beobachten. Dazu zählen die Prozessketten Offer- bzw. Order-to-Cash (d. h. vom Angebot bzw. von der erhaltenen Bestellung bis zum Zahlungseingang), Purchase-to-Pay (d. h. von der aufgegebenen Bestellung bis zum Zahlungsausgang), Record-to-Report (d. h. vom Buchungsbeleg bis zum intern oder extern verwendeten Bericht) und Plan-to-Forecast (von der Planung über den Ist-Abgleich hin zur Prognose). Durch Zerlegung der End-to-End-Prozesse in standardisierte Einzelschritte, deren Reihenfolge und Interdependenzen genau festgelegt sind, können Automatisierungshebel identifiziert werden. Dabei werden sich wiederholende menschliche Tätigkeiten durch Software-Programme ersetzt. Ein Beispiel ist der Einsatz von Optical Character Recognition-Lösungen zur maschinellen Erfassung von Eingangsrechnungen für den Weiterverarbeitungsprozess. Derartige Programme erreichen eine Fehlerfreiheit von rund 95% und erfordern menschliches Eingreifen lediglich zur Qualitätskontrolle bzw. Problembehebung.

---

[3] Vgl. für eine Studie zum Status quo der Digitalisierung im Rechnungswesen deutscher Unternehmen KPMG (2017).

[4] Vgl. Hartmann (2015, S. 18).

[5] Vgl. Haun (2013, S. 14-18).

Ein weiterer Automatisierungshebel ist die Beseitigung von Medienbrüchen im Informationsaustauch durch den Ausbau der digitalen Datenhaltung und die Vereinheitlichung digitaler Datenformate. Im Hinblick auf das Beispiel der Optical Character Recognition-Lösungen bedeutet dies bspw., dass keine Papierrechnungen eingelesen werden, sondern die Rechnungsinformationen in einem vorab vereinbarten Datenformat angeliefert werden, welches eine sofortige Weiterverarbeitung erlaubt. Durch die Blockchain-Technologie ist darüber hinaus auch die Prüfung einer Rechnung nicht mehr erforderlich, wenn ein vor Manipulationen geschütztes Register die Lieferung entsprechend den Parametern der Bestellung bestätigt. Und auch die anschließende Zahlung kann mit Hilfe der Blockchain-Technologie direkt und ohne weitere Intermediäre erfolgen.

Die Zukunft der Automation dürfte in dem vermehrten Einsatz von selbstlernenden Systemen gesehen werden, bei denen ohne explizites Programmieren mit Hilfe historischer Daten Lösungsmuster erzeugt werden, die wiederum auf neue Daten angewandt werden können. Ein Anwendungsfeld hierfür ist z. B. die Zuordnung von Zahlungen zu Rechnungen, ohne dass hierbei notwendigerweise eine 1:1-Beziehung vorliegt.[6] Die notwendigen Voraussetzungen hierfür scheinen über die immer stärker werdende Fähigkeit zur Verarbeitung großer Datenmengen, steigende Rechnerleistungen und die immer weiter zunehmende digitale Vernetzung gegeben.

16.1.2 Verbesserte Auswertungsmöglichkeiten

Notwendigkeiten, Anwendungen und Entwicklungen zur Auswertung großer Datenmengen gab es bereits in der Vergangenheit. Die derzeitigen technologischen Entwicklungen eröffnen jedoch neuartige Möglichkeiten zur Strukturierung und Auswertung von Daten. Diese beruhen vor allem darauf, Datenmengen nutzbar zu machen, die bisher (1) zu umfangreich (high-volume), (2) zu wenig strukturiert (high-variety) oder (3) zu schnelllebig (high-velocity) waren.[7] Bspw. bestehen für Enterprise-Resource-Planning-Systeme in den aktuell implementierten Systemlandschaften vielfach Beschränkungen in Bezug auf die Datenbankgrößen, sodass in größeren Unternehmen verschiedene Datenbankinstanzen für Finanzdaten geführt werden müssen. Hier lassen aktuelle Entwicklungen im Enterprise-Resource-Planning-Umfeld eine höhere Integration erwarten, die eine wesentliche Voraussetzung für eine verbesserte Nutzung der Daten ist. Daneben werden komplexere Daten (wie z. B. die in sozialen Medien verfügbaren Daten) verstärkt einer Auswertung zugänglich gemacht. Im Kontext von verbesserten Auswertungsmöglichkeiten wird häufig auch von Big Data gesprochen, ohne dass dieser Begriff einheitlich definiert wird.

---

[6] Siehe beispielhaft die Softwarelösung "SAP Cash Application".

[7] Vgl. Fasel und Meier (2016, S. 5-6).

Die technologischen Entwicklungen und die damit einhergehenden verbesserten Auswertungsmöglichkeiten bringen zahlreiche Vorteile für das Rechnungswesen, welche im Folgenden skizziert werden:[8]

- *Beschleunigung der Berichterstattung*
  Durch die zunehmende Automatisierung und die Integration separater Systemwelten, wie bspw. zwischen der Konsolidierung und den vorgelagerten Systemen, ist eine weitere Verkürzung der Abschlusserstellungszeiten bis hin zum Real-Time Reporting möglich.
- *Flexibilisierung der Berichterstattung*
  Die zunehmende Integration der Daten erlaubt mehr Spielraum in Bezug auf Ad-hoc-Anfragen. Der Trend, dass sich Analysen weg von einfachen, deskriptiven hin zu komplexeren, zukunftsorientierten Analysen entwickeln werden, ist ungebrochen.[9] Zu denken ist hier z. B. an Umsatzabgrenzungen zum Jahresende oder erwartete Kreditverluste im Forderungsportfolio. Dies beinhaltet auch andere mediale Formen der Aufbereitung und Darstellung der Ergebnisse.
- *Transparenz*
  Durch die verbesserten und umfangreicheren Auswertungsmöglichkeiten lassen sich schnell vertiefte Einblicke in die Effizienz des Rechnungswesens, vor allem im transaktionalen Bereich, gewinnen. Die Einführung einer Key Performance Indicator-Steuerung auf (nahezu) Echtzeitbasis wird möglich. Durch die Real-Time-Verarbeitung von Informationen und Continuous Monitoring-Systeme können zudem Schwächen in Geschäftsprozessen fortlaufend und schneller identifiziert werden.
- *Bearbeitung komplexer Themengebiete*
  Die neuartigen Auswertungsmöglichkeiten können auch die Implementierung komplexer regulatorischer Änderungen einfacher gestalten. So wurden bspw. im Zusammenhang mit der Einführung des neuen Leasingstandards IFRS 16 erste Ansätze entwickelt, um mit Hilfe von intelligenten und selbstlernenden Texterkennungslösungen eine automatische Vertragsdurchsicht und -auswahl durchzuführen.[10]
- *Neue Benutzererfahrungen*
  Google-ähnliche Such- und Recherchemöglichkeiten ermöglichen eine transparente und ganzheitliche 360-Grad-Sicht auf die Daten des Rechnungswesens.[11]

[8] Vgl. für eine Übersicht über die aktuelle Nutzung in der Finanzfunktion KPMG (2016, S. 33). Vgl. für eine Übersicht über die Grenzen der Automatisierung aus heutiger Sicht Frey und Osborne (2013, S. 14-28).

[9] Vgl. KPMG (2016, S. 22).

[10] Siehe beispielhaft AMANA Consulting GmbH mit der Applikation GlobalLeaseCenter oder das Lösungsangebot des amerikanischen Unternehmens Leverton.

[11] Vgl. hierzu bereits Pellens et al. (1998).

- *Prüfung bzw. Vorbeugung doloser Handlungen*
  Bereits heute werden algorithmusbasierte Prüfungen von Sachverhalten wie Buchungsbelegen oder Berechtigungsmatrizen durchgeführt. Dadurch erfolgt eine vollständige Prüfung aller Vorgänge im Gegensatz zu risikoorientierten Stichproben. Darüber hinaus sind durch die weitergehende Automatisierung Einsparungen in der internen sowie externen Prüfung zu erwarten. Präventiv ist künftig ebenfalls denkbar, dass kritische Transaktionen vor Prozessierung auf mögliche Verstöße gegen interne oder externe Regularien analysiert und notfalls gestoppt werden. Insgesamt ergibt sich damit eine stark präventive Wirkung aus dem höheren Entdeckungsrisiko möglicher doloser Handlungen.[12]
- *Verstärkter Datenaustausch mit anderen betrieblichen Funktionen*
  Sofern eine Integration der Datenwelt mit anderen Konzernfunktionen erfolgt, ist der Austausch mit anderen Funktionen möglich. So kann sich bspw. der Vertrieb über das tatsächliche Zahlungsverhalten eines Kunden informieren. Umgekehrt kann bspw. der Einkauf individuell vereinbarte Zahlungsbedingungen vorgeben.
- *Verbesserte Kostenermittlung und -verteilung*
  Während die Verrechnung von Dienstleistungen in Shared Service Centern aktuell zumeist auf Basis einer Kostenallokation erfolgt, kann durch die verbesserten Auswertungsmöglichkeiten künftig die tatsächliche Nutzung der Dienstleistungen nachgehalten werden. Damit ist eine verursachungsgerechte Kostenverrechnung bspw. auf Basis des tatsächlichen Transaktionsvolumens möglich. Dadurch können Anreize für die Nutzer geschaffen werden, die Kosten durch ihr Nachfrageverhalten zu beeinflussen.[13]

16.1.3 Höhere Qualität der Daten

Die digitale Transformation von Unternehmen und ihren Geschäftsprozessen geht mit großen Erwartungen an das interne und externe Rechnungswesen einher. Die Unternehmen versprechen sich grundsätzlich eine Steigerung der Qualität ihres Rechnungswesens, die neben der bereits diskutierten Steigerung der Auswertungsmöglichkeiten aus einer Reduktion der Fehlerhäufigkeit resultiert.

Es ist davon auszugehen, dass die fortschreitende Digitalisierung sowohl die Relevanz als auch die glaubwürdige Darstellung der Informationen steigern und damit die Qualität der internen und externen Rechnungslegung erhöhen wird. So lassen sich Massendaten einfacher organisieren, wodurch sämtliche für das Rechnungswesen relevante Angaben vollständig erfasst, dokumentiert und damit auch nachgeprüft werden können. Die Nachprüfbarkeit lässt sich dabei nicht nur intern verstehen, die Digitalisierung birgt auch im Rahmen von Prüfungsprozessen neue Möglichkeiten. Die Methodenstetigkeit der digitalen Erfassung von

[12] Vgl. ACCA (2016, S. 29).

[13] Vgl. Edlich et al. (2017).

Prozessen führt ferner dazu, dass die geforderte Neutralität stets gegeben ist und eine Manipulation der Daten erschwert wird. Der Trend zur automatischen Erfassung und Buchung von Geschäftsvorfällen mittels Robotics reduziert zudem die Fehleranfälligkeit im gesamten Rechnungslegungsprozess.

Doch nicht nur bei Routinetätigkeiten, auch bei unstrukturierten Daten kann Digitalisierung die Qualität des Rechnungswesens erhöhen. Bspw. lassen sich mit Hilfe von intelligenten und selbstlernenden Texterkennungslösungen Verträge analysieren, um die Umsetzung von Rechnungslegungsstandards wie z. B. des neuen IFRS 16 zu unterstützen (vgl. auch Kap. 16.1.2). Darüber hinaus kann durch die erhöhte Transparenz schnell aufgedeckt werden, in welchen Bereichen der Rechnungslegung die Qualität verbessert werden kann. Als Maßstab für die Qualität von Prozessen kann die Anzahl der Transaktionen, die einen Standardprozess bzw. einen abweichenden Prozess durchlaufen, herangezogen werden. Die Höhe der Stornoquoten in bestimmten Teilschritten stellt einen weiteren Maßstab zur Evaluierung der Qualität dar.

Obwohl mit der Digitalisierung des Rechnungswesens zahlreiche Chancen verbunden sind, bestehen in der wachsenden Abhängigkeit von digitalen Verfahren sowie der Datensicherheit Risiken, die es zu würdigen gilt. Die iterative Verwendung digitaler Prozesse garantiert zwar durchgehend Methodenstetigkeit, erfordert jedoch bei Implementierung ein Höchstmaß an technischer Genauigkeit, da sich geringfügige Fehler multiplizieren und dann einer glaubwürdigen Darstellung entgegenwirken können. Darüber hinaus ist sicherzustellen, dass die zugrundeliegende IT-Infrastruktur den aktuellsten Sicherheitsanforderungen entspricht, um das Risiko des unerlaubten Zugriffs durch Schadsoftware so gering wie möglich zu halten.[14]

16.2 Herausforderungen der Digitalisierung

16.2.1 Implementierung und Integration erforderlicher Systeme

Digitale Technologien können nur dann effizienz- und effektivitätssteigernd eingesetzt werden, wenn die entsprechenden Systeme, Prozesse und Daten im Unternehmen implementiert sind, d. h. insb. für die berechtigten Mitarbeiter verfügbar sind und von diesen genutzt werden. Implementierung wird hier nicht primär als (IT-)technisches Aktionsfeld verstanden, sondern vielmehr als die Realisierung eines strategischen Plans, nach dem die Systeme, Prozesse und Daten aufgebaut werden. Mit anderen Worten geht es um die „richtigen" Anwendungen im Sinne von geeigneten Weichenstellungen. Abhängig vom Reifegrad des Unternehmens, der bestehenden Systeme und Prozesse und des ermittelten Bedarfs können Auswahl und Zeitplan der zu implementierenden Anwendungen unterschiedlich sein.

---

[14] Vgl. PwC (2017, S. 13).

Häufig steht am Ausgangspunkt für eine Digitalisierungsstrategie in der Finanzfunktion die Frage, wie der Reifegrad des eigenen Unternehmens in Bezug auf die Digitalisierung im Vergleich zu anderen (ähnlichen) Unternehmen zu beurteilen ist. Mitunter ist dies mit Hilfe von Studien und (ggf. externen) Experten zu ermitteln. Für die strategische Priorisierung digitaler Anwendungen lassen sich hieraus erste Erkenntnisse gewinnen, wenngleich der Implementierungsbedarf im Rahmen der unternehmensindividuellen digitalen Strategie noch definiert werden muss. Die Digitalisierungsstrategie weist häufig verschiedene Anwendungsfelder auf, die einander ergänzen, z. B. eine stärkere Ver-/Anbindung mit den bzw. an die Kunden, die Erkennung von Wachstumsimpulsen durch verbesserte Analytics, die Hebung von Potenzialen bei Marktkenntnis, Kundenverständnis und Innovationsführerschaft sowie die Schaffung einer Kultur der digitalen Zusammenarbeit und des digitalen Lernens. Workshops mit verschiedenen Anwendergruppen können die strategische Priorisierung vorantreiben, die Transparenz über mögliche Anwendungsbereiche und Schwerpunkte schaffen und Kosten-Nutzen-Analysen initiieren. Zudem ermöglichen häufig erst solche Workshops wegen der Vielfalt und Komplexität der Aufgaben die Aufstellung eines Fahrplans für die Implementierung. Die Vielfalt digitaler Anwendungen kann dabei anhand von Fokusfeldern strukturiert werden. Im Hinblick auf das Rechnungswesen wären bspw. die Fokusfelder People & Culture (z. B. papierloses Büro), Governance & Compliance (z. B. erweiterte Erkennung von Fehlern und/oder dolosen Handlungen), Prozesseffizienz (z. B. effizienteres „Matching" von Kundeneinzahlungen), fortgeschrittene Planungs-, Reporting- und Analytics-Anwendungen (z. B. effektiveres Kreditmanagement in Bezug auf die Kunden) oder auch die Interaktion mit Stakeholdern (z. B. interaktiver Boardroom) denkbar.

Die hier beispielhaft genannten und andere Initiativen können sodann identifiziert und jeweils systematisch auf Grundlage standardisierter Templates beschrieben und validiert werden:

- worin bestehen der Inhalt und der potenzielle Nutzen bzw. Wertbeitrag der Anwendung,
- welcher „Digital Approach" kommt jeweils zum Tragen,
- welche geschätzten Projektaufwendungen sind zu veranschlagen,
- welche spezifischen Herausforderungen stellen sich und
- welchen Umfang hat das jeweilige Projekt (klein/mittel/groß)?

Dadurch können in einem nächsten Schritt Anwendungen nach den Kriterien „Wertbeitrag" und „Komplexität/Aufwand der Umsetzung" bewertet werden. Mit hoher Priorität sollten Anwendungen mit sowohl hohem Wertbeitrag als auch hoher Umsetzbarkeit realisiert werden. Nicht verkannt werden sollten indes die Herausforderungen, den Grad der Erfüllung der genannten Kriterien intersubjektiv nachprüfbar zu messen. Die Herausforderungen bestehen u. a. darin, neben der technischen Machbarkeit und der Aufwandschätzung auch die Auswirkungen auf Geschäfts-, Finanz- und Logistikprozesse zu erfassen und ferner eine Parallelisierung mit anderen Projekten auszuloten. In Bezug auf den potenziellen Wertbeitrag ist der Finanzbereich als „Value Architect“ gefordert, der die Transformation in ein digitales Unternehmen durch ggf. treiberbaumgestützte Rentabilitätsanalysen nach den grundlegenden Dimensionen „Marge“ und „Kapitaleinsatz“ unterstützt.

Aus der strukturierenden Analyse und Bewertung gilt es (idealtypisch) einen Implementierungs- oder Migrationsplan (Roadmap) zu entwickeln, der über einen zumeist mittelfristigen Zeithorizont die Schritte der Implementierung und die Sequenz der zu implementierenden Anwendungen definiert. Wegen der häufig erheblichen Investitionen und Projektaufwendungen bei der digitalen Transformation empfiehlt es sich, die Implementierung in die mittel- und langfristige Unternehmensplanung und Budgetierung einzubeziehen. Bei der Ermittlung der Budgets sowie der Zeitplanung müssen z. B. notwendige Upgrades der IT-Infrastruktur, etwaige Verlagerungen von Prozessen und Anwendungen in Shared Service Center, die Bereinigung von Stammdaten und die Integration in die bestehende System- und Prozessarchitektur berücksichtigt werden. Wegen der Dynamik der Entwicklungen auf dem Gebiet „Digital“ ist davon auszugehen, dass ein Implementierungs- und Migrationsplan ein „lebendes Objekt“ ist, d. h. in mindestens jährlichem Abstand angepasst werden muss.

Die operative Umsetzung oder Integration digitaler Anwendungen und Prozesse stellt besondere Anforderungen an das Projektmanagement. Zum einen sind digitale Anwendungen in die bestehende Architektur und Prozesse zu integrieren. Digitale Anwendungen sind häufig spezialisiert und mitunter „kleinteilig“, sodass dem Management der Schnittstellen mit bestehenden Systemen eine hohe Bedeutung zukommt. Zum anderen ist die Art und Weise, wie Projekte gesteuert werden, zu modifizieren. Ein klassischer Projektmanagement-Ansatz geht von sequentiellen Phasen der Realisierung aus, z. B. Definition der Anforderungen, Design der Lösung, Implementierung, Test, Rollout, Go-live und After-Go-live-support. In der heutigen Zeit verkürzen sich jedoch Zyklen und Halbwertszeiten von Anwendungen und das Risiko steigt, nicht nachhaltig nützliche Lösungen zu implementieren. Mitunter ist die endgültige Lösung zu Beginn eines Projekts noch nicht definiert oder definierbar. Deshalb sind vermehrt offene Gestaltungskonzepte und agile Ansätze gefragt, die die Flexibilität bei Veränderungen in Prozessen und Systemen schaffen.

Einer Überprüfung der am Markt verfügbaren Lösungen folgend, ist nicht zuletzt ein Ansatz zu definieren, welche Anwendungen ausgewählt und implementiert werden sollen. Hierbei geht es um die Balance zwischen einerseits der Weiterentwicklung der grundlegenden ERP-Lösung (z. B. in Richtung SAP S/4 HANA), die das (komplexe) Grundgerüst der IT-Anwendungen darstellt und erst einen hohen Standardisierungsgrad von Systemen und Prozessen ermöglicht, und andererseits der Nutzung flexiblerer und spezialisierter Tools mit häufig kürzeren Implementierungszeiten, die aber auch die Frage der Integrationsfähigkeit und des Schnittstellenmanagements aufwerfen. Unternehmen sind gefordert, beginnend mit der Analyse von Reifegrad und digitaler Strategie, ihren unternehmensindividuellen Ansatz zu definieren.

16.2.2 Datensicherheit

Die zunehmende Digitalisierung der Prozesse im Rechnungswesen bringt eine erhöhte Gefährdung durch Cyber-Risiken mit sich. Dies betrifft die gesamte Prozesskette des Rechnungswesens von der Erfassung, Verarbeitung, Speicherung, Auswertung, Berichterstattung und Visualisierung bis hin zur Archivierung. Betroffen sind nicht nur die originären Daten des Rechnungswesens, sondern auch sämtliche damit verknüpfte, erfasste und ableitbare Informationen wie bspw. Kontonummern von Lieferanten, Zahlungsverhalten von Kunden oder auch Projekt- und Transaktionsinformationen (M&A).

Die erhöhte Anfälligkeit für Cyberangriffe resultiert zum einen aus vermehrten Angriffsmöglichkeiten bzw. -flächen. So kann jedes Endgerät mit Zugriffsmöglichkeiten auf Datenbestände ein potenzieller Angriffspunkt sein, wie z. B. Smartphones, Tablets, Notebooks oder Server, insb. wenn diese Endgeräte außerhalb der Firewall des Unternehmens sind. Die Angriffe erfolgen in erster Linie über E-Mails oder Internetbrowser. So erreichen bspw. eine Firma wie Siemens täglich bis zu zwei Millionen unerwünschte E-Mails in Form von Spam oder mit infektiösen Links. Daneben bietet der Austausch von vertraulichen Daten mit externen Partnern mögliche Angriffspunkte. Diese können sich in der Prozesskette des Datentransfers oder auch direkt beim externen Partner ergeben. Bspw. werden Prüfungsaktivitäten des Wirtschaftsprüfers mehr und mehr automatisiert und digitalisiert und erhöhen damit die Angriffsmöglichkeit auf sensible Daten. Auch die IT-Systeme und Tools, mit deren Hilfe ein Zugriff auf zentrale Datenbestände erfolgt, wie z. B. BI-, BW-, Dash-, Analytics- oder sonstige Frontend-Lösungen, bieten eine Angriffsfläche. Während die Anwendungen und Systeme aktuell noch innerhalb der jeweiligen Firmennetze und dadurch besser geschützt sind, kann vieles davon künftig im Internet angesiedelt werden. Zum Beispiel werden mehr und mehr Daten in Cloud-Lösungen gehalten. Dies verlangt nach neuen Sicherheitskonzepten, da die Auswirkungen eines erfolgreichen Angriffs durch die hohe Konzentration an Informationen und die zunehmend leistungsfähigere Infrastruktur (z. B. bzgl. Datenübertragung) anwachsen und damit große Datenbestände relativ schnell entwendet werden können.

Neben den skizzierten vermehrten Angriffsmöglichkeiten erhöhen auch neue und vielfältige Angriffsmethoden die potenzielle Gefahr von Cyberangriffen. Firmen wie Siemens verzeichnen bspw. pro Monat etwa 1.000 Alarme, von denen ca. 30 besonders kritische Vorfälle sind. Ziel einer Attacke kann der Diebstahl von Daten sein. Dies geschieht entweder durch einmaliges Auslesen der Daten oder über einen längeren Zeitraum hinweg mittels Angriffen über z. B. Viren, Trojaner oder Spyware. Ebenfalls denkbar ist das Ziel, Daten zu manipulieren oder zu zerstören. Besonders kritisch sind Schadprogramme (Ransomware), mit deren Hilfe ein Angreifer eine Zugriffs- oder Nutzungsverhinderung von Daten erreicht und die Freigabe gegen Lösegeld fordert.

Zusammengefasst steht im Zuge der Digitalisierung eine stetig wachsende Anzahl von Angriffspunkten gegen eine ebenso zunehmende Zahl von Angriffsmethoden, vor denen diese geschützt werden müssen – vom Useraccount/Authentifzierung/Endgerät über die Cloud bis zu Tools und Datenbanken. Zum Schutz der strategisch wichtigen und kritischen Daten des Rechnungswesens sind daher mit fortschreitender Digitalisierung immer größere Aufwendungen erforderlich. Zusätzlich bestehen höhere Anforderungen an die Ausfallsicherheit, da vergleichsweise weniger manuelle bzw. analoge Rückfalloptionen bestehen. Durch die Reduzierung von manuellen Kontrollschritten im Zuge der Digitalisierung müssen die Daten vollumfänglich automatisiert gegen Manipulation (Fraud) geschützt werden.

Wie kann man sich nun diesem Risiko des Rechnungswesens durch Digitalisierung stellen? Wie kann man die Vorteile der Digitalisierung nutzen und der Herausforderung in Bezug auf die Informationssicherheit geeignet begegnen? Eine absolute Sicherheit wird es nicht geben. Allerdings sollte der betriebene Aufwand in einem vernünftigen Verhältnis zu Gefährdung und potenziellem Schaden stehen. Ein möglicher Ansatz hierfür ist die sog. risikobasierte Informationssicherheit. Dabei werden die entstehenden Risiken der Digitalisierung von Verfahren oder Prozessen zunächst genau analysiert. Anschließend werden Schutzmaßnahmen ergriffen, um das Restrisiko auf ein akzeptables Niveau zu reduzieren. In Unternehmen werden bspw. die strategisch wichtigen und kritischen Daten unter ein besonderes Schutzkonzept gestellt. Zusätzlich ist es nicht unüblich, dass Unternehmen eigene Hacker beschäftigen, die gezielt nach Schwachstellen suchen. Zudem werden Mitarbeiter regelmäßig über Gefahrenpotenziale und Gegenmaßnahmen informiert, um in kritischen Situationen angemessen handeln zu können.

16.2.3 Schaffung eines digitalen Mindset

Die erfolgreiche Einführung digitaler End-to-End-Prozesse (vgl. hierzu auch Kap. 16.1.1) verlangt ein Vorgehen, das in dem in Abb. 16.1 enthaltenen Schichtenmodell dargestellt werden kann. Grundlage für jede Digitalisierung sind Systemplattformen, die entweder „on premise" (d. h. in Form eigener Hard- und Software) oder als Cloud-Lösungen zur Abbildung der Prozesse und Speicherung der Datenbestände bereitgestellt werden. Im nächsten Schritt muss dann die Prozessidentifizierung, die Zerlegung des identifizierten Prozesses in definierte Teilschritte sowie die Festlegung des Datenmodells erfolgen. Dies geht in der Regel einher mit einer Standardisierung der zur Erreichung des Prozessziels notwendigen Verrichtungen als auch der zu verarbeitenden Daten. Das fehlerfreie Durchlaufen des definierten Prozesses (also die eigentliche Automatisierung) wird dann über Arbeitsablaufpläne (sog. Workflows) gesteuert, die auch Vorgänge zur Qualitätssicherung beinhalten.

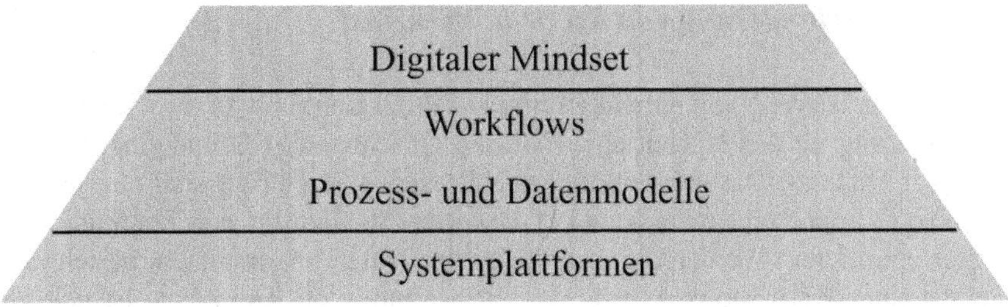

Abb. 16.1: Schichtenmodell zur erfolgreichen Implementierung von automatisierten End-to-End-Prozessen

Wesentlich für den Erfolg der Automatisierung und der damit verbundenen Digitalisierungsmaßnahmen ist ein gemeinsames Verständnis (sog. Mindset) aller am jeweiligen Prozess Beteiligten. Dies fängt bei der Definition des Prozesses an. Nur wenn es gelingt, Silo-Denken zu vermeiden, können sich über diverse Funktionsbereiche erstreckende Prozesse effizient definiert werden. Dabei kann ein neu definierter Prozess bei einzelnen Funktionen zu Mehrbelastungen bzw. -kosten führen, die aber aus Konzernsicht durch die Vorteile des automatisierten Prozesses überkompensiert werden. Bspw. ist für einen automatisierten Order-to-Cash-Prozess die sorgfältige Erfassung der Inco-Terms durch den Verkauf ausschlaggebend für die spätere korrekte Erlösrealisierung und damit für die Vermeidung von notwendigen Korrekturmaßnahmen bei der Abschlusserstellung. Ein weiteres Beispiel ist die Standardisierung von Zahlungszielen, welche zwar die Freiheitsgrade des operativen Geschäfts beschränkt, aber notwendig ist, um eine im digitalisierten Prozess beherrschbare Komplexitätsstufe zu erreichen. Gerade in Unternehmen, in denen bislang der Grundsatz „business first" dominiert hat, kann Automatisierung und Digitalisierung zunächst zu einer Einschränkung der Freiheitsgrade bestimmter Unternehmensfunktionen führen.

Auch der wirtschaftliche Erfolg eines einmal etablierten Prozesses verlangt in erster Line die Einhaltung der im Prozessmodell festgelegten und über die Workflows operationalisierten Spielregeln. Bei mangelndem digitalen Mindset in den Führungsebenen sowie in der Belegschaft kommt es nur allzu leicht zu Ausweichhandlungen (z. B. zu Bestellungen ohne Systembezug), die für den einzelnen Betroffenen vermeintlich flexibler, einfacher oder überschaubarer sind als die Prozessvorgabe, welche aber den Erfolg der Digitalisierungsmaßnahmen in Frage stellen können. Hilfreich ist hier eine Organisationsstruktur, die nicht nur die klassische Funktionalverantwortung (wie z. B. Debitoren- und Kreditorenbuchhaltung, General Ledger, Kostenrechnung usw.) widerspiegelt, sondern auch eine End-to-End-Verantwortung vorsieht und mit den notwendigen Durchgriffskompetenzen ausstattet.

16.2.4 Verhinderung von Know-how-Verlust

Die Automatisierung von Arbeitsschritten in Prozessen führt zu einer deutlichen Erleichterung für den Nutzer, einer höheren Geschwindigkeit und einer Steigerung der Qualität. Das Wissen über den Prozess konzentriert sich nun jedoch auf eine Gruppe von Prozess- und IT-Experten, die den Prozess kontinuierlich weiter optimieren. Werden die Aufgaben von Dritten übernommen, besteht die Gefahr eines Know-how-Verlusts. Die Verwaltung von Know-how ist bei der hohen Transformation, wie z. B. durch Digitalisierungsprojekte, allerdings auch unabhängig davon kritisch, ob Aufgaben intern oder extern erledigt werden. So ist das Know-how wesentliche Kompetenz einer Firma und gewinnt für die neue digitale Welt, die gemeinsam durch Mensch und Maschine bestimmt wird, noch mehr an Bedeutung. Es gilt, keine Know-how-Lücken durch Automatisierung entstehen zu lassen.

Der erste Schritt besteht darin, Know-how-Träger zu erkennen, zu fördern und mit der neuen Arbeitswelt vertraut zu machen. Das Wissen muss insb. durch Nutzung innovativer Ansätze strukturiert, dokumentiert und regelmäßig aktualisiert werden, sodass in einem zweiten Schritt jeder Nutzer, Prozessexperte und Projektleiter einen kontextbezogenen und maßgeschnittenen Zugang zum Know-how erhält und für seine persönliche Weiterentwicklung nutzbar macht. Hier sind die Fortschritte der Digitalisierung und Automatisierung spannend. Denn mit Anwendungen, die z. B. zurzeit bei der Deutschen Telekom getestet werden, soll künftig Know-how-Management auf ganz andere Art und Weise ermöglicht werden. Die Dokumentation steht nicht nur als statisches Handbuch zur Verfügung, sondern ist auch in den jeweiligen Anwendungen eingebettet und wird in Echtzeit aktualisiert.

Durch eine konsequente Umsetzung der zuvor genannten Maßnahmen kann sichergestellt werden, dass Wissen und Erfahrungswerte im Unternehmen beibehalten und kontinuierlich weiterentwickelt werden. Innovative, digitale Ansätze schaffen eine neue Dimension des Wissenstransfers und können Know-how-Verlust verhindern. Die Kernkompetenz Know-how bleibt im Unternehmen, ist auf dem neuesten Stand und für den Mitarbeiter allgegenwärtig.

16.2.5 Veränderungen im Berufsbild und Rollenprofil der Mitarbeiter im Rechnungswesen

Bis vor wenigen Jahren schien sich das Berufsbild und das Rollenprofil der Mitarbeiter im „klassischen" Rechnungswesen nur graduell anzupassen. Erst seit zwei bis drei Jahren zeichnet sich ein rasanter Wandel in den Anforderungen ab. So werden mit Einführung neuer digitalisierter Prozesse in der Rechnungslegung sowie in den übrigen Finanzbereichen ganz andere Anforderungen gestellt, die das Berufsbild im Sinne eines radikalen Strukturwandels verändern.

Die klassische Funktionstrennung in den Finanzbereichen der Unternehmen wird zunehmend obsolet. Die klassische Funktion von Treasury oder Bilanzierung wird nur noch zentral durch einige wenige Mitarbeiter mit Expertenwissen ausgeführt, die gleichzeitig eine gewisse Governance-Funktion ausfüllen. Ein Zusammenarbeitsmodell über alle Finanzbereiche hinweg wird für die Unternehmen der Schlüssel zum Erfolg gegenüber ihren Wettbewerbern aber auch im Wettbewerb um die höher qualifizierten Arbeitskräfte.

Erste sog. Zukunfts-Cluster für neue adaptierte Rollenprofile eines Finanzbereichs werden gerade von einigen Unternehmen und der Beratungsbranche definiert. Zu diesen Clustern gehören u. a.

- strategische Steuerung und Geschäftsmodellentwicklung,
- Finanzkompetenzcenter und Governance-Funktion,
- Prozessautomatisierung in den Finanzprozessen und künstliche Intelligenz,
- Performanceanalyse und -steuerung sowie
- Finance Factory und Informationsmanagement.

Neben dem klassischen Finanzvorstand könnten demnächst z. B. der „Digital Venture Developer“ und der „Financial Partnership and Ecosystem Developer“ als Rollenprofile für die strategische Steuerung und Geschäftsmodellentwicklung erscheinen.

Die Rollenprofile im zweiten Cluster zeichnen sich durch die ausgeprägte und zentral vorgehaltene Expertise für bspw. die Bilanzierung, das Treasury, das Risikomanagement oder die Steuerfunktion aus. Innerhalb dieser Profile werden einerseits methodische Fragestellungen verbindlich geklärt, wodurch andererseits den operativen Bereichen „Leitplanken“ im Sinne einer einheitlichen Governance vorgegeben werden.

Im Cluster der Prozessautomatisierung und der künstlichen Intelligenz geht es um die zielgerichtete Integration von aktuellen Technologien und intuitiven Analyseinstrumenten für finanzanalytische Auswertungen. Hier sind Architekten, Designer und Ingenieure für Informations- und Datenströme gefragt („Finance Data Scientist“, „Chief Data Officer“).

Bei der Performanceanalyse und -steuerung geht es in erster Linie um die erfolgswirtschaftliche Steuerung der Geschäftsmodelle. Durch die neuen IT-Architekturen und Verarbeitungstechniken (In-Memory-Computing, SAP S/4 HANA) wachsen internes und externes Rechnungswesen zusammen. Aus den transaktionalen Ist-Daten werden durch sog. Werttreiberbeziehungen detaillierte Datenmodelle geschaffen, die eine Fortschreibung in die Zukunft erlauben (Predictive Analytics), was wiederum eine Einflussnahme auf und bessere Steuerung der laufenden Geschäftsprozesse ermöglicht (Prescriptive Analytics). Der zukünftige „Financial Performance Consultant“ wird viele Anforderungsprofile vereinen müssen, um dem für ein Geschäftsfeld oder eine Produktlinie verantwortlichen operativen Management eine umfassende finanzwirtschaftliche Beratungskompetenz mitzubringen. Gefragt ist insb. ein integriertes Controlling- und Bilanzierungswissen sowie ein tiefes Geschäftsverständnis.

In der „Finance Factory“ werden diejenigen innovativen Prozessgestalter benötigt, die ständig nach Optimierungs- und somit auch Effizienzgewinnen suchen. Darüber hinaus wird es weiter unabdingbar sein, entsprechende Qualitätsanforderungen über ein umfassendes Qualitätssicherungssystem durch einen „Finance Quality Manager“ zu definieren.

Die große Herausforderung in den finanzwirtschaftlichen Abteilungen von Unternehmen, aber auch im Berufsstand der Wirtschaftsprüfer wird es sein, den immer schneller einsetzenden Strukturwandel im klassischen Rechnungswesen und artverwandten Bereichen aktiv und zielgerichtet zu steuern. Hierzu bedarf es einer umfassenden Bestandsaufnahme des aktuellen Skill- und Ressourcenangebots in den Fachabteilungen einerseits und einer progressiven Herleitung der zukünftig notwendigen Skill- und Ressourcenanforderungen andererseits. Die Kunst wird es sein, mit den bestehenden Belegschaften und der Einbindung externer, visionärer digitaler Know-how-Träger diesen Transformationsprozess erfolgreich in den nächsten Jahren zu bestreiten. Je früher die Unternehmen damit anfangen, desto größer sind die Chancen durch die Anwendung von Digitalisierungstechnologien in Finanzprozessen und desto eher können sich auch die Mitarbeiter auf den unabwendbaren Wandel einstellen.

16.2.6 Anpassung der Tätigkeiten in Shared Service Center

Organisationsformen des Rechnungswesens mit einer Trennung von bewertenden und transaktionalen Tätigkeiten sind heute vor allem in international agierenden Großunternehmen die Regel. Das Bestreben, transaktionale Rechnungswesenaktivitäten unternehmensweit in gleichbleibender Qualität und zudem mit höchstmöglicher Effizienz auszuführen, hat zur Bündelung derselben in Shared Service Centern an Standorten mit komparativen Lohnkostenvorteilen, üblicherweise in Osteuropa, Südamerika oder Fernost, geführt. Fraglich ist, welche Implikationen die aktuellen Entwicklungen, wie z. B. Robotics, künstliche Intelligenz oder die Blockchain-Technologie, für die existierenden Shared Service Center besitzen. So kann die Sinnhaftigkeit der weiteren Verlagerung transaktionaler Aktivitäten in Shared Service Center in Anbetracht der fortschreitenden Digitalisierung kritisch hinterfragt werden, insb. sofern transaktionale Prozesse vollumfänglich von Maschinen übernommen werden können.

Sicher ist, dass sich das Shared Service Center von heute grundlegend verändern wird. Dies liegt daran, dass die wachsenden Möglichkeiten der Digitalisierung auf steigende Anforderungen einer immer komplexer werdenden Umwelt treffen und es insoweit weiterhin – und vielleicht mehr denn je – der Strukturierung durch den Menschen bedarf. Vor allem aber sind gerade die Shared Service Center und die dahinterstehenden Governance-Strukturen prädestiniert dafür, die Potenziale der Digitalisierung auch tatsächlich auszuschöpfen: Hier gilt es das Know-how und transaktionale Aktivitäten zu identifizieren, aus den lokalen Prozessketten herauszulösen, zu bündeln, zu standardisieren und zu dokumentieren sowie Effektivität und Effizienz der Durchführung durch geeignete Kennzahlen transparent zu machen. Einmal gebündelt kann nun gezielt geprüft werden, welche der übertragenen Aktivitäten einer Digitalisierung zugänglich sind, sprich menschlicher Intelligenz in der Bearbeitung nicht mehr bedürfen und ob eine solche Digitalisierung auch tatsächlich wirtschaftlich ist. Im Ergebnis ist für Shared Service Center zukünftig noch stärker die wirtschaftlich optimale Mischung aus manueller und maschineller Bearbeitung von Bedeutung.

Viel entscheidender ist aber, dass sich die Digitalisierung von Prozessen selbst zu einer Kernaufgabe von Shared Service Centern entwickeln wird. Dafür bedarf es Expertenteams mit den erforderlichen Strukturierungs- und Programmierkenntnissen. Im Ergebnis könnten Shared Service Center einen wesentlichen Wertbeitrag jenseits ihrer traditionellen Aufgabe übernehmen. So können Shared Service Center verstärkt die Prozesssteuerung und -überwachung sowie Lösung von Störfällen statt lediglich die Prozessdurchführung übernehmen. Auch kann fachliche Kompetenz für Prozessteile ausgebaut werden, die weiterhin einer hohen manuellen Bearbeitung unterliegen. Daneben könnte die Aufgabe der Shared Service Center im umfassenden Datenmanagement liegen (z. B. Zusammenstellung von Ist-Daten, Vorbereitung von Plandaten, Management von Planprozessen, Durchführung von Plausibilitätsprüfungen, Durchführung von Standardanalysen und Ad hoc-Analysen, Ausführung von Root-Cause-Analysen, Angebot von Predictive-Forecasting, Verantwortung von Prozessmanagement).

Die steigenden Anforderungen sind gut vereinbar mit dem auf gute Ausbildung gründenden Anspruch der Shared Service Center-Mitarbeiter nach höherwertigen Tätigkeiten und beruflicher Entwicklung. Aufgrund der Tatsache, dass insb. in multifunktionalen Shared Service Centern interdisziplinäre Daten vorliegen, kann dort zukünftig ein Großteil der Big Data-Anwendungen stattfinden. Insgesamt aber liegt es an den Unternehmen, die Investitionen in ihre Shared Service Center zu sichern, indem sie diese konsequent als Digitalisierungs-Hub nutzen und die mit den Anforderungen weiter steigende Qualifikation der Belegschaft auch für nicht-transaktionale, z. B. analytische Tätigkeiten, einsetzen. Ob der ursprünglich ausschlaggebende Lohnkostenvorteil dabei mittelfristig trägt, wird sich zeigen.

16.3 Fazit

Der Beitrag zeigt die aus Sicht des *AK Externe Unternehmensrechnung* zentralen Chancen und Herausforderungen der Digitalisierung für das Rechnungswesen auf. Im Hinblick auf die Chancen sind neben verbesserten Auswertungsmöglichkeiten und einer höheren Qualität der Daten im Rechnungswesen insb. Effektivitätssteigerungen durch Prozessautomatisierung zu nennen. Bzgl. der mit der Digitalisierung zusammenhängenden Herausforderungen ist einerseits die Notwendigkeit einer angemessenen IT-Strategie anzuführen. Neben der Implementierung und Integration der erforderlichen Systeme müssen geeignete Maßnahmen zur Sicherstellung der Datensicherheit ergriffen werden. Dies gilt vor allem aufgrund der hohen Sensibilität der Daten des Rechnungswesens. Andererseits ergeben sich vor dem Hintergrund geänderter Rollenprofile Herausforderungen im Hinblick auf die Belegschaft. Auch ist zu überdenken, welche Aufgaben die Shared Service Center künftig übernehmen, wenn die bisher dorthin verlagerten Aktivitäten überwiegend automatisiert durchgeführt werden können. Hier erscheint insb. eine Nutzung als Digitalisierungs-Hub zweckmäßig.

Für die Zukunft stellt sich weiterhin die Frage, wie das Public Reporting, auch im Hinblick auf die aktuellen Entwicklungen im Bereich Corporate Social Responsibility Reporting, aussehen wird. So kann der klassische Geschäftsbericht ggf. durch andersartige technologische Reportingkonzepte i.S. einer schnelleren und möglicherweise granulareren Berichterstattung ersetzt werden.

Literaturverzeichnis

ACCA Association of Chartered Certified Accountants . 2016. *Professional accountants – the future: Drivers of change and future skills*. http://www.accaglobal.com/content/dam/members-beta/images/campaigns/pa-tf/pi-professional-accountants-the-future.pdf. Zugegriffen: 27.03.2017.

Edlich, Alexander, et al. 2017. *Who should pay for support functions?* http://www.mckinsey.com/business-functions/operations/our-insights/who-should-pay-for-support-functions?cid=eml-web. Zugegriffen: 27.03.2017.

Ernst & Young. 2016. *The upside of disruption – Megatrends shaping 2016 and beyond*. http://www.ey.com/Publication/vwLUAssets/EY-the-upside-of-disruption/$FILE/EY-the-upside-of-disruption.pdf. Zugegriffen: 04.04.2017.

Fasel, Daniel, und Andreas Meier. 2016. *Big Data – Grundlagen, Systeme und Nutzungspotenziale*, Wiesbaden: Springer.

Frey, Carl Benedikt, und Michael A. Osborne. 2013. *The Future of Employment: How susceptible are jobs to computerization?* http://www.oxfordmartin.ox.ac.uk/downloads/academic/The_Future_of_Employment.pdf. Zugegriffen: 27.03.2017.

Hartmann, Ernst. 2015. Arbeitsgestaltung für Industrie 4.0 – Alte Wahrheiten, neue Herausforderungen. In *Zukunft der Arbeit in Industrie 4.0*, Hrsg. A. Botthof und E. A. Hartmann, 9-22. Berlin und Heidelberg: Springer.

Haun, Matthias. 2013. *Handbuch Robotik - Programmieren und Einsatz intelligenter Roboter*, 2. Aufl., Berlin und Heidelberg: Springer.

KPMG. 2016. *Mit Daten Werte schaffen – Report 2016*. http://hub.kpmg.de/mit-daten-werte-schaffen-report-2016. Zugegriffen: 27.03.2017.

KPMG. 2017. *Digitalisierung im Rechnungswesen. Studie zum Status quo deutscher Unternehmen*. http://hub.kpmg.de/digitalisierung-im-rechnungswesen-2017. Zugegriffen: 04.08.2017.

Pellens, Bernhard, et al. 1998. Unternehmenspublizität unter veränderten Marktbedingungen. In *Controlling und Rechnungswesen*, Hrsg. C. Börsig und A. G. Coenenberg, 55-69. Stuttgart: Schäffer-Poeschel.

PwC. 2017. *Im Visier der Cyber Gangster – So gefährdet ist die Informationssicherheit im deutschen Mittelstand*. http://www.pwc.de/de/mittelstand/assets/it-sicherheit-im-mittelstand-neu.pdf. Zugegriffen: 07.04.2017.

Teil V

Einfluss auf Prüfung und Berichterstattung

Kapitel 17
Einfluss der Digitalisierung auf Wirtschaftsprüfung und Interne Revision

Arbeitskreis Externe und Interne Überwachung der Unternehmung der Schmalenbach-Gesellschaft für Betriebswirtschaft e.V.[1]

Die Digitalisierung hat in Deutschland alle Branchen durchdrungen. Verschiedenste Initiativen wie z. B. Industrie 4.0 prägen die aktuelle Situation. Der Reifegrad ist jedoch zwischen und innerhalb der Branchen höchst unterschiedlich.[2]

Der *AK Externe und Interne Überwachung der Unternehmung* betrachtet vor diesem Hintergrund den Einfluss der Digitalisierung auf Wirtschaftsprüfung und Interne Revision durch die folgenden Thesen im Hinblick auf zwei Aspekte:

1. den Einfluss der Digitalisierung auf die Geschäftsprozesse und den Wertschöpfungsprozess innerhalb der betrieblichen Organisationen und somit auf die sich so vollziehenden Änderungen des „Prüfungsobjektes" an sich. Insbesondere steht im Fokus, ob Wirtschaftsprüfung und Revision, im Hinblick auf diese, in wesentlichem Umfang auch disruptiven Änderungen, noch das

[1] Mitglieder des Arbeitskreises: Prof. Dr. Dr. h.c. Jörg Baetge, Universität Münster / Dr. Roland Busch, Swiss International Air Lines Ltd / Lutz Cauers, Deutsche Bahn AG / Prof. Dr. Anne d'Arcy, Wirtschaftsuniversität Wien / WP StB Ulrich M. Harnacke, Audit - Tax – Advisory / Dr. Peter Henning, Deutsche Bank AG / Prof. Dr. Anja Hucke, Universität Rostock / WP StB Dr. Frank M. Hülsberg, Warth & Klein Grant Thornton AG WPG / Frank Jasper, Siemens AG / Dr. Udo Jung, The Boston Consulting Group GmbH / Ulf Kampruwen, Radeberger Gruppe KG / Prof. Dr. Hans-Jürgen Kirsch, Universität Münster / Dr. Thomas Knoll, Deutsche Telekom AG / Prof. Dr. Annette G. Köhler, Universität Duisburg-Essen / Prof. Dr. Kai-Uwe Marten, Universität Ulm / WP StB Andreas Menke / Prof. Dr. Hanno Merkt, Universität Freiburg / Peter Missler, Deutsches Rechnungslegungs Standards Committee (DRSC) e.V. / Prof. Dr. Ludwig Mochty, Universität Duisburg-Essen / RA Dr. Thomas Münzenberg, Rechtsanwaltskanzlei Dr. Thomas Münzenberg / RA WP StB Prof. Dr. Jens Poll / Dr. Willi Schoppen, Spencer Stuart / Hans Dieter Steindorf, Schwarz Dienstleistung KG / Ruprecht Trummer, Baker Tilly Unternehmensberatung GmbH / Dr. Markus Warncke, Villeroy & Boch AG / WP StB Andreas Wermelt, Deloitte GmbH WPG / Marc Wössner, Bertelsmann SE & Co. KGaA / WP Volker Zieske, COINDU SA.

[2] Vgl. Bähr et al. (2015).

richtige Objekt, zum richtigen Zeitpunkt mit dem richtigen Prüfungsansatz prüfen. Dies wird als der externe Faktor der Digitalisierung verstanden.
2. den Einfluss der Digitalisierung auf den Prozess der Durchführung und Organisation von Wirtschaftsprüfung und Interner Revision und damit auf Aspekte wie digitale, neue Prüfungs- und Datenanalysetechnologien, aber auch auf Anforderungen an die Aus- und Weiterbildung sowie die Praxis- bzw. Bereichsorganisation (Workflow). Dies wird als interner Faktor der Digitalisierung verstanden.

17.1 Externe Faktoren der Digitalisierung

These 1: Das Prüfungsobjekt für Wirtschaftsprüfung und Interne Revision ändert sich durch die Digitalisierung der Wertschöpfungskette.

Obwohl die grundsätzliche Zielsetzung von Jahres- und Konzernabschlussprüfung und Interner Revision per se unterschiedlich ist, ist beiden doch die Fokussierung auf das interne Kontrollsystem (IKS) gemein.[3]

Das IKS in einem Verständnis des COSO 2013 („Internal Control embedded within these business processes and activities are likely more effective and efficient than stand-alone controls")[4] ist integraler Bestandteil der Wertschöpfungsprozesse jeder Unternehmung. Insoweit also die Veränderung der Digitalisierungsansätze auf die Wertschöpfungsprozesse des Unternehmens wirkt, beeinflussen sie auch Struktur und Gestaltung des IKS.

Die digital gestützte Vernetzung von Ressourcen und Unternehmensprozessen führt zu einer Verlagerung der Entscheidungsprozesse auf die Ebene einer intelligent verknüpften System- und Maschinensteuerung[5] und beeinflusst damit das den Entscheidungsprozessen folgende IKS sowie dessen Prüfung.

Es kann mithin nicht mehr ausreichend sein, z. B. einen klassischen „Walk-Through" durch einen Beschaffungsprozess als hinreichend in Bezug auf das Prüfungsobjekt anzusehen, wenn der Impuls und das Verfahren für eine Beschaffungsentscheidung in virtuellen Entscheidungsprozessen auf Basis der Systeme erfolgen und vernetzte Anlagen eigenständig einem „kreativen" Algorithmus nachfolgend, Daten laufend erfassen, verstehen, interpretieren und daraus „selbstständig" Aktionen ableiten.

These 2: Kommunikationsschnittstellen zwischen Mensch-Maschine-Systemen werden im wesentlichen Maße durch die Digitalisierung beeinflusst und müssen ihren Niederschlag im Prüfungsansatz finden.

---

[3] Siehe auch IDW PS 261, TZ. 21.

[4] Vgl. COSO (2013, S. 3ff.).

[5] Vgl. BMWi (2015).

Mensch-Maschine-Schnittstellen sind per se die Benutzerschnittstellen zur Interaktion zwischen Maschine und Mensch. Diese werden zusätzlich beeinflusst durch die Bereitstellung von Informationen im Rahmen virtueller Realität (Virtual-Reality) und erweiterter Realität (Augmented-Reality).[6]

Wesentlich für den zukünftigen Prüfungsansatz ist zu erkennen, dass „hinter" der Mensch-Maschine-Schnittstelle Anlagen und Einrichtungen autonom miteinander kommunizieren. Diese Kommunikation erfolgt auch zwischen Maschinen unterschiedlicher Gesellschaften. Für den zuvor im Prüfungsansatz im Fokus stehenden Prozessverantwortlichen sind aber der konkrete Inhalt, Ablauf und Zeitpunkte einer solchen Kommunikation bei selbstlernenden oder selbstoptimierenden Maschinen immer weniger beeinflussbar bzw. vorhersehbar. Dies gilt erst recht in selbstoptimierenden Produktionsketten und -netzwerken.[7]

Der Prüfungsansatz kann sich also noch viel weniger als momentan auf natürliche Personen als Auslöser und Urheber einer Handlung fokussieren. Der Prüfungsansatz muss berücksichtigen, dass die Eingriffsmöglichkeiten in automatisch ablaufende Prozesse bewusst limitiert sind und ein menschliches Handeln in vielen Fällen nicht mehr vorgesehen ist. In den Datenaustausch im Rahmen automatisierter Abläufe kann sich der Anwender im Regelfall nicht mehr einschalten. Insoweit verliert er in der Konsequenz in gewisser Weise an Selbstbestimmtheit und Steuerungsmacht.

Es ist unabdingbar, dass der zukünftige Prüfungsansatz sowohl im Rahmen der Jahresabschlussprüfung, als auch für die Interne Revision diese Änderung im Sinne des Verlustes an Steuerungsmacht antizipiert und auf die neuen Mensch-Maschine-Schnittstellen, aber noch viel mehr auf die autonome Kommunikation von Anlagen und Maschinen „hinter" dieser Schnittstelle abstellt.

These 3: Disruptive Systeme erfordern einen angepassten Prüfungsansatz.

Die Geschwindigkeit, mit der bestehende Lösungsansätze durch neue Technologien ersetzt werden, steigt im Rahmen der Digitalisierung signifikant. Sie ist geradezu ihr Kennzeichen. Diese sog. disruptiven Veränderungen stellen auch eine neue Herausforderung an den Prüfungsansatz dar. Als Beispiel sei die Einführung so genannter „maximal flexibler Systeme" erwähnt, die im Rahmen einer Fertigung eine Spannbreite von einer Losgröße 1 bis hin zu einer Massenfertigung abbilden. Diese Ansätze folgen jedoch keinen kontinuierlichen Zyklen. Es ist nachgerade Sinn und Zweck solcher Systeme, kurzfristig Veränderungen aufzunehmen und Prozesse und Abläufe quasi in Echtzeit zu steuern.

Dies kollidiert zwangsläufig mit den bisherigen Prüfungsansätzen in Wirtschaftsprüfung und Interner Revision, deren Grundlagen auf einer Risikoanalyse basieren, die in vielen Fällen maximal einmal jährlich durchgeführt wird. In ihrer Struktur sind diese Ansätze zeitraum- und stichtagsbezogen und gerade

---

[6] Vgl. BMWi (2015) und Industrie- und Handelskammern Rhein-Neckar, Pfalz und Darmstadt Rhein Main Neckar (2015). Vgl. auch Bitkom (2016).

[7] Vgl. auch Bitkom (2016).

nicht basierend auf einer permanenten, kontinuierlichen Risikoidentifikation und -bewertung.

Selbst bisherige Ansätze im Rahmen von Continious Monitoring/Auditierung verbunden mit datenanalytischen Ansätzen bauen auf bestimmten Prämissen auf, deren innere Struktur aber bei schnellen technologischen Veränderungen, also disruptiven Änderungen, schon längst wieder „Vergangenheit“ sein können.

Planungsprozesse und die daraus abgeleiteten Prüfungsansätze müssen also zukünftig Elemente einer kontinuierlichen Risikoanalyse beinhalten, damit sie in der Lage sind, auf den durch die Digitalisierung getragenen technologischen Wandel und auf die tatsächlich vorhandenen Risiken reagieren zu können.

17.2 Interne Faktoren der Digitalisierung

These 4: Die Digitalisierung erfordert in der Wirtschaftsprüfung und der Internen Revision eine Erweiterung der bisherigen Aus- und Weiterbildungskonzepte.

In den Fachgebieten Wirtschaftsprüfung und Interne Revision sind an deutschen Hochschulen spezialisierte Vorlesungen zur Informatik und Statistik derzeit eher die Ausnahme. Ebenso zeigen die Prüfungsgebiete im Wirtschaftsprüfungsexamen bisher keine konkreten Anforderungen, die den derzeitigen Entwicklungen gerecht werden.[8] Dagegen weisen die Vorgaben für das „Certified Internal Auditor“-Examen zumindest einige Anforderungen aus dem Gebiet der „IT-gestützten Techniken der Datenanalyse und -auswertung“ (z. B. Data Mining) auf.[9] Die zunehmend beschleunigte Digitalisierung der Wirtschaft stellt die bisherige Vernachlässigung dieser Aspekte jedoch in Frage.[10] Bevor Aus- und Weiterbildungskonzepte angepasst werden, muss die Frage diskutiert werden, welche konkreten Auswirkungen die Digitalisierung insbesondere auf die Wirtschaftsprüfung und Interne Revision haben wird.[11] Hierbei sind zwei Szenarien denkbar:

In einem ersten Szenario übernehmen hochentwickelte Algorithmen und Heuristiken – nachfolgend als Automatismen bezeichnet – auch anspruchsvolle Aufgaben, für die ein hohes Urteilsvermögen erforderlich ist. In der Konsequenz wären der Wirtschaftsprüfer und der Interne Revisor somit in vielen Bereichen

---

[8] Vgl. § 4 Wirtschaftsprüferprüfungsverordnung.

[9] Vgl. IIA, CIA 2013 Exam Syllabus, Part 1, Section III, Paragraph B..

[10] So auch die International Federation of Accountants (IFAC), vgl. IAASB (2016, Tz. 18, Buchst. (f)).

[11] Die fachliche Fortbildungsverpflichtung des Wirtschaftsprüfers weist keine inhaltlichen Anforderungen auf, vgl. § 43 Abs. 2 Satz 4 WPO i. V. m. § 5 Berufssatzung für Wirtschaftsprüfer/vereidigte Buchprüfer; auch die für die Certified Internal Auditors vorgesehene Fortbildungsverpflichtung sieht keine konkreten inhaltlichen Anforderungen vor, vgl. Qualifizierte Weiterbildungsaktivitäten auf der Homepage des Deutschen Instituts für Interne Revision (DIIR).

der traditionellen internen und externen Revision verzichtbar.[12] Aus den folgenden Gründen ist dieses Szenario aber weniger wahrscheinlich und wird zumindest mittelfristig nicht zu einer nennenswerten Unterbeschäftigung im Bereich der Wirtschaftsprüfung bzw. Revision führen.

Erstens können bislang selbst hochentwickelte Automatismen in unvorhergesehenen Situationen falsche Ergebnisse liefern. Die Tatsache, dass unvorhergesehene Sachverhalte bei komplexen Dienstleistungen mehr die Regel als die Ausnahme sind, spricht somit gegen den regelmäßigen Einsatz von Automatismen für anspruchsvolle Aufgaben in der Wirtschaftsprüfung bzw. Internen Revision. Ferner können Automatismen durch unabsichtliche Fehleingaben, wie etwa bei inkompatiblen Datentypen, oder absichtliche Fehleingaben, wie etwa durch Hacker, manipuliert werden.[13] Fälle wie beispielsweise Enron, WorldCom, Parmalat oder Hess haben gezeigt, dass Prüfungshandlungen auch aufgrund von menschlichem Versagen scheitern können. Eine sinnvolle Lösung könnte daher der Einsatz von Automatismen in Kombination mit einer abschließenden Kontrolle durch den Wirtschaftsprüfer oder Revisor sein.[14] Bei einer derartigen Kontrolle könnten jedoch ganz ähnliche Probleme wie bei der traditionellen Abschlussprüfung oder Revision ohne umfangreiche technische Unterstützung entstehen: Aus Effizienz- und Effektivitätsgründen können Wirtschaftsprüfer und Revisoren sich nicht regelmäßig sämtliche Resultate der Automatismen ansehen, sondern werden sich auf Sachverhalte konzentrieren müssen, die sowohl wesentlich als auch fehleranfällig sind. Um einschätzen zu können, welche Sachverhalte dies typischerweise sind, müssen Wirtschaftsprüfer und Revisoren über ein grundlegendes Verständnis für die verwendeten Algorithmen, Heuristiken und statistischen Modelle verfügen.[15] Daher sollten Aus- und Weiterbildungskonzepte im Fachgebiet Wirtschaftsprüfung bzw. Interne Revision künftig verpflichtend zumindest Grundlagen der formalen Informatik und Statistik umfassen.[16]

Zweitens wird es durch die Digitalisierung erheblich schwieriger, das wirtschaftliche und rechtliche Umfeld sowie die Chancen und Risiken der zukünftigen Entwicklung eines Unternehmens zu beurteilen.[17] Es ist sehr unwahrscheinlich, dass der Wirtschaftsprüfer bzw. Revisor bei derartigen Aufgaben in absehbarer Zukunft verzichtbar wird, da selbst hochentwickelte Automatismen, die sich im Bereich der künstlichen Intelligenz bewegen, nicht zu menschlichem Abstraktionsvermögen oder zu menschlicher Kreativität fähig sind.[18] Anders ausgedrückt kann die Digitalisierung die Wirtschaftsprüfer und Revisoren zwar bei

---

[12] Hierzu Fuchs (2016, S. 33); Schmutz (2016, S. 28).

[13] Vgl. Sellhorn (2016, S. 16).

[14] So Kiesow und Thomas (2016, S. 709-716).

[15] Darüber hinaus werden neue rechtliche und regulatorische Anforderungen die Arbeit des Wirtschaftsprüfers beeinflussen.

[16] Übereinstimmend Sellhorn (2016, S. 16). Wohl auch Speck (2016, S. 37).

[17] Die zunehmende Komplexität der Unternehmensabläufe mündete bisher in die Weiterentwicklung des risiko-orientierten Prüfungsansatzes.

[18] Vgl. Weiguny (2016, S. 34).

einigen Aufgaben verzichtbar machen, bei anderen werden sie dafür umso mehr gefordert. Daher sollten Ausbildungs- und Weiterbildungskonzepte im Fachgebiet Wirtschaftsprüfung sowie Interne Revision verpflichtend neben Grundlagen der Informatik und Statistik auch um die Analyse von – insbesondere digitalen – Geschäftsmodellen erweitert werden.[19]

In einem zweiten Szenario bewirkt die Digitalisierung eine weitgehende Automatisierung von Routineaufgaben, sodass sich der Wirtschaftsprüfer oder Revisor auf die Beurteilung von komplexen Sachverhalten konzentrieren kann.[20] Dieses Szenario wird mit an Sicherheit grenzender Wahrscheinlichkeit eintreten.

Abschließend sei darauf hingewiesen, dass die beiden oben beschriebenen Szenarien sich nicht gegenseitig ausschließen. Vielmehr ist denkbar, dass das zweite Szenario aufgrund des technischen Fortschritts allmählich durch das erste Szenario abgelöst wird. Ferner sei angemerkt, dass sich die bisherigen Aus- und Weiterbildungskonzepte im Fachgebiet Wirtschaftsprüfung und Interne Revision sogar mit vergleichsweise geringem Aufwand um Grundlagen zur formalen Informatik und zur Statistik erweitern lassen, indem ausgewählte, spezialisierte Veranstaltungen aus Studiengängen der Informatik und der Mathematik, die an den meisten Hochschulen vorhanden sind, für Studierende der Wirtschaftswissenschaften und der Betriebswirtschaftslehre geöffnet werden. Dies gilt nicht nur für grundständige Studiengänge, sondern auch für berufsbegleitende Weiterbildungsstudiengänge, wie sie zunehmend an deutschen Hochschulen angeboten werden.

These 5: Die Digitalisierung erfordert einen „prämissenfreien", explorativen Prüfungsansatz.

Die Digitalisierung wird dazu führen, dass die unmittelbare Transparenz der Geschäftsprozesse verloren geht. Es ist zu erwarten, dass der Prüfer das Verständnis von Unternehmen, Geschäftsprozessen und internen Kontrollen nicht mehr auf konventionelle Weise, durch Beobachtung, Befragung und dergleichen gewinnen kann. Demgegenüber wird die technologische Entwicklung aber auch dazu führen, dass der Prüfer eine Vielfalt von prüfungsrelevanten Daten in digital prüfbarer Form zur Verfügung gestellt bekommt. Solche Daten mussten bisher bei Bedarf mit großem Aufwand erarbeitet werden. Neben unternehmensinternen Daten werden dem Prüfer auch Big Data aus dem Internet zur Verfügung stehen, die er als Vergleichsobjekte zur Verfeinerung der analytischen Prüfungshandlungen nutzen kann. Die große Herausforderung wird in diesem Zusammenhang allerdings darin bestehen, die Vergleichsdaten aus dem Internet prüfungsgerecht zu strukturieren und die Vertrauenswürdigkeit dieser Daten als verlässliche Prüfungsnachweise sicherzustellen.[21]

Die aktuellen Prüfungsstandards unterstellen, dass es dem Prüfer unter allen Umständen möglich ist, Prämissen und Hypothesen zu formulieren, die mit Hilfe

---

[19] Sinngemäß Speck (2016, S. 37).

[20] Siehe Fuchs (2016, S. 33), Sellhorn (2016, S. 16).

[21] Vgl. Appelbaum (2016).

der „konventionellen" (d. h. der schließenden bzw. induktiven) Statistik geprüft werden können. Demgegenüber wird vor dem Hintergrund der Digitalisierung deutlich, dass die bisher an den Prüfer gestellte Forderung, vor Aufnahme seiner Prüfungshandlungen Risikoerwartungen und Sollobjekte (in Form von Erwartungswerten) zu entwickeln,[22] immer schwieriger zu erfüllen sein wird. Deshalb ist zu berücksichtigen, dass es in der Statistik neben der „Schließenden Statistik", die sich mit dem Testen von Hypothesen und der Errechnung von Konfidenz- und Prognoseintervallen befasst, den weit weniger bekannten Zweig der „Explorativen Statistik" gibt, deren Name auf John W. Tukey[23] zurückgeht. Tukey hat darauf hingewiesen, dass es notwendig ist, Fakten zu entdecken und zu identifizieren, bevor diese mit Hilfe der schließenden Statistik bestätigt werden können. Der Prozess der „Explorativen Datenanalyse (EDA)" ist detektivischer Natur. Es handelt sich um eine Suche nach Anhaltspunkten (Indizien), die es erlauben, Prämissen und Hypothesen zu formulieren. Eine für den Prüfer praktikable Lösung zeichnet sich zukünftig also in einem explorativen Vorgehen – ohne vorab festgelegte Prämissen und Hypothesen – ab, das durch induktive Methoden ergänzt wird.

Im Rahmen der Prüfungsplanung einer risikoorientierten Abschlussprüfung kommt das Prüfungsrisikomodell gemäß ISA 315 u. 330 bzw. IDW PS 261 n.F. zum Einsatz. Ebenso muss die Prüfungsplanung der Internen Revision auf Basis einer dokumentierten Risikobeurteilung erfolgen.[24] Ein solches Planungsmodell wird für jeden wesentlichen Prüfungsteilbereich (Prüffeld) entwickelt. Vor dem Hintergrund des Risikomodells wird deutlich, dass die stärksten Auswirkungen der Digitalisierung auf die risikoorientierte Abschlussprüfung in zwei Bereichen zu erwarten sind: (1) bei der Prüfung des internen Kontrollsystems und (2) bei den analytischen Prüfungshandlungen.

Wegen des damit verbundenen Arbeitsaufwands kann der Prüfer bei der Prüfung des internen Kontrollsystems traditionellerweise nur typisierend und stichprobenartig vorgehen. Zudem ist er dabei von der Qualität, Zuverlässigkeit und Beweiskraft der eingeholten Informationen abhängig. Hier kann in Zukunft der entscheidende Vorteil des „Process Mining" gegenüber dem traditionellen Prüfungsansatz liegen. Das „Process Mining" setzt auf einem sog. Event Log auf. Das Event Log erfüllt gewissermaßen die Funktion eines Geschäftsprozess-Fahrtenschreibers. Es wird aus (Meta-)Daten über die Abfolge der einzelnen Aktivitäten erstellt, die in jedem ERP-System, mit einem Zeitstempel versehen, laufend aufgezeichnet wird. „Process Mining" kann die Prüfung der internen Kontrollen revolutionieren, weil die verarbeiteten Geschäftsvorfälle auf ihrem Fluss durch die Geschäftsprozesse lückenlos erfasst werden. Während das „Process Mining" vorerst auf reale Geschäftsprozesse zur Anwendung kommt, ist eine entsprechende Weiterentwicklung dieses Ansatzes erforderlich, damit auch

[22] Vgl. z. B. ISA 520 5(c).

[23] Tukey (1977), Cleff (2015).

[24] Internationale Standards für die berufliche Praxis der Internen Revision 2017, Ausführungsstandard A2010.A1.

(dynamische) virtuelle Organisationen wie das Cloud Computing auf vergleichbare Weise prüfbar werden.

Um „Big Data“[25] nutzbringend für analytische Prüfungshandlungen einsetzen zu können, müssen die vielen im Internet zur Verfügung stehenden Datenquellen mit Hilfe der Explorativen Datenanalyse und dem darauf basierenden „Machine Learning“ strukturiert werden, um aus den erkannten Mustern Vergleichsobjekte oder Hypothesen ableiten zu können. Der konventionelle Ansatz, nach pflichtgemäßem Ermessen – aber ohne Methodenkontrolle – zu erwartende Werte als Sollobjekt vorzugeben, wird sich unter dem Einfluss der Digitalisierung als unzulänglich erweisen.

> These 6: Die Änderungen durch die digitalen Prüfungstechnologien erfordern eine Anpassung der Prüfungsstandards.

Die Digitalisierung beeinflusst die Durchführung der Jahresabschlussprüfung und Prüfungen der Internen Revision, da sie bisher nicht vorhandene Möglichkeiten für Datenanalysen durch den Prüfer eröffnet.

Datenanalysen vertiefen die Kenntnisse des Prüfers über das Unternehmen und erhöhen die Qualität der Identifikation von Prüfungsrisiken und Definition der erforderlichen Prüfungshandlungen. Beim Einsatz von Datenanalysen im Rahmen der Prüfung ergeben sich trotz der offensichtlichen Vorteile Grenzen:

- Daten können nicht vollständig sein bzw. sie können für die spezifische Fragestellung nicht relevant sein. Prüfungsaussagen werden auch weiterhin nur mit „hinreichender Sicherheit“ getroffen werden können.[26]
- Insbesondere bei Abschlussprüfungen gilt, dass Rechnungslegung und deren Prüfung zum wesentlichen Teil auf Ermessen, menschlichen Wertungen und Einschätzungen beruht, so dass der Einsatz von Datenanalysen nicht die prüferische Eigenverantwortung in der Ausübung von Ermessensentscheidungen oder die erforderliche kritische Grundhaltung des Prüfers ersetzen können.

Die Verlautbarungen der International Federation of Accountants (IFAC) und des Instituts der Wirtschaftsprüfer in Deutschland e.V. (IDW) formulieren die Prüfungsgrundsätze, die für die Durchführung von Abschlussprüfungen gelten[27] und reflektieren die Erwartungen der potentiellen Adressaten der Abschlussprüfung bzw. informieren zur sachgerechten Interpretation der Prüfungsergebnisse über Art und Umfang der Prüfungsdurchführung.

Wenngleich die aktuellen Entwicklungen im Kontext der Digitalisierung keinen Bedarf zur Änderung der Prüfungsstandards erforderlich erscheinen lassen, da es sich hierbei scheinbar um eine bereits antizipierte Fortentwicklung „technischer“ Möglichkeiten auf Seiten der geprüften Unternehmen handelt, gewinnt

---

[25] Vgl. Vasarhelyi, Kogan und Tuttle (2015).

[26] IDW PH 9.330.3, Tz. 5.

[27] IDW PS 201, Tz. 20.

der Aspekt der Möglichkeit zur vollständigen Analyse aller Transaktionen eines Prüffeldes zunehmend an Bedeutung.

Datenanalysen ermöglichen es grundsätzlich, sämtliche Transaktionen einer definierten Grundgesamtheit zu analysieren („100%-Prüfung"). Dies führt in der Praxis zu der Frage, ob die vollständige Analyse aller Transaktionen in einem Prüffeld ebenfalls als Prüfungsnachweis für gegebenenfalls durchzuführende Funktionsprüfungen von relevanten internen Kontrollen bzw. als Ergebnis aussagebezogener Prüfungshandlungen in dem Prüffeld herangezogen werden kann.

Die ISA und PS berücksichtigen derzeit nicht die Rolle von Datenanalysen in diesem Sinne und können den Prüfer nicht bei seiner Entscheidung unterstützen, inwieweit er Datenanalysen nutzen kann bzw. welche Anforderungen an die Durchführung der Datenanalyse und die verwendeten Daten gestellt werden, um ggf. Systemprüfungen bzw. aussagebezogene Prüfungshandlungen zu substituieren.

Es erscheint somit geboten, die ISA und PS in folgenden Bereichen zu überprüfen, um entsprechend die Potentiale für die Abschlussprüfung zu erschließen:

- Zwar ist die Abschlussprüfung nicht auf eine lückenlose Prüfung ausgelegt, mit zunehmendem Potential umfassender Datenanalysen ergeben sich aber wirtschaftliche Möglichkeiten zur lückenlosen Prüfung von Prüffeldern. Dadurch werden die formulierten Grundsätze zu Art, Umfang und Sicherheit von Prüfungshandlungen beeinflusst und sind entsprechend anzupassen.[28]
- Die ISA und PS sollten die Notwendigkeit reflektieren, dass es erforderlich sein kann, zur Gewinnung der erforderlichen Kenntnisse entsprechende Datenanalysen durchzuführen.[29] Dies gilt insbesondere bei Jahresabschlussprüfungen mit Prüffeldern, in denen substantielle Prüfungshandlungen alleine nicht die erforderliche Prüfungssicherheit liefern können.[30]
- Die Bedeutung von prüffeldspezifischen 100%-Prüfungen sollte bei der Definition der prüferischen Reaktion auf festgestellte Risiken im Zusammenspiel von aussagebezogenen und Systemprüfungshandlungen geklärt werden.
- Es ist zu reflektieren, wie unternehmensexterne Daten, die für Zwecke der Datenanalyse herangezogen werden, zu behandeln sind.
- Anforderungen an die Dokumentation von Datenanalysen und die Aufbewahrung von Daten, die für die Analysen genutzt werden, sind zu präzisieren und auf Ebene der PS zu regeln.[31]

Sowohl die IFAC[32] als auch das IDW sind sich der Bedeutung des Einflusses der voranschreitenden Digitalisierung bewusst und haben entsprechende Arbeitsgruppen ins Leben gerufen, die die veränderte Bedeutung von

---

[28] IDW PS 200, Tz. 18 bis 28.

[29] IDW PS 230, Tz. 14.

[30] IDW PS 261 n.F., Tz. 68.

[31] Derzeit enthält ausschließlich IDW PH 9.330.3 in Tz. 78 ff. entsprechende Ausführungen.

[32] Vgl. IAASB (2016).

Datenanalysen auf die Prüfungsdurchführung analysieren und ggf. in die Überarbeitung von Prüfungsstandards einfließen lassen.

Die Interne Revision erbringt unternehmensinterne Prüfungs- und Beratungsdienstleistungen, insb. im Bereich Interner Kontrollsysteme. Im Rahmen dieser Dienstleistungen kann die Interne Revision in eigenem Ermessen Datenanalysen durchführen.

Das Deutsche Institut für Interne Revision e.V. (DIIR) sowie das Institute of Internal Auditors (IIA) entwickeln entsprechende Verlautbarungen, die den Mitgliedern als Orientierungshilfe zur Ausrichtung der beruflichen Praxis dienen können.[33] Diese verpflichten die Interne Revision dazu, Kenntnisse zu verfügbaren technologiegestützten Prüfungstechniken zu besitzen[34] sowie Datenanalysemethoden zu berücksichtigen.[35] Ergänzende oder konkretisierende Standards bzw. entsprechende Arbeitskreise des Deutschen Instituts für Interne Revision existieren nicht.

Insofern erscheint es vor dem Hintergrund des Einflusses der Digitalisierung auf die Prüfungsobjekte und die Prüfungsmethoden der Internen Revision geboten, entsprechende Verlautbarungen zur Orientierung und Hilfestellung des Berufsstands der Internen Revision zu schaffen.

These 7: Die Digitalisierung der Prüfungsansätze trifft auf soziale und normative Grenzen wie z. B. den Datenschutz.

Wirtschaftsprüfung oder Interne Revision – beide Institutionen haben entsprechend ihrer berufsrechtlichen Standards den Einsatz technologiegestützter und anderer Datenanalysemethoden im Rahmen ihrer beruflichen Sorgfaltspflicht zu berücksichtigen.[36] Ihr Umgang mit der Digitalisierung im Rahmen ihrer Prüfungsansätze bedarf allerdings grundlegend unterschiedlichen Vorgehens.

Einen guten Einblick in den Umgang der Wirtschaftsprüfer mit dieser Thematik gewährt die Betrachtung der „Rechtlichen Grundlagen" des IDW PH 9.330.3 zum Einsatz von Datenanalysen im Rahmen der Abschlussprüfung. Hier werden die unterschiedlichen Rechtsgrundlagen bei gesetzlicher und freiwilliger Jahresabschlussprüfung, einschließlich unbestimmter Rechtsbegriffe und Interessenabwägungen, im Zusammenhang mit Datenanalysen aufgezeigt und verbindlich geregelt.[37] Die Wirtschaftsprüfung greift so gleichgelagerte Fragestellungen auf und führt auf berufsrechtlicher Ebene eine verbindliche Klärung und Legitimation herbei.

Auf diese Weise können auftretende soziale und normative Grenzen, wie bspw. datenschutzrechtliche Problemstellungen, frühzeitig erkannt und überwunden werden.

---

[33] DIIR Deutsches Institut für Interne Revision, Institut für Interne Revision Österreich und Schweizerischer Verband für Interne Revision (2016).

[34] IPPF, 1210.A3.

[35] IPPF, 1220.A2.

[36] IDW PH 9.330.3 und IAA IPPF 1220.A2.

[37] IDW PH 9.330.3, Tz. 25f.

Im Gegensatz hierzu steht das erforderliche Vorgehen der Internen Revision. Je nach Unternehmen wird für sie die Digitalisierung ihrer Prüfungsansätze mit unterschiedlich hohen Hürden belegt sein. So zieht ein solches Vorhaben gerade in Großunternehmen und Konzernen eine Vielfalt an zu beteiligenden Stellen und einzuhaltender Normen nach sich.[38] Dabei spielt zusätzlich die Bedeutung sozialer Aspekte eine nicht zu unterschätzende Rolle. Auch international sind Vorschriften zu beachten, die häufig konträr zueinander verlaufen, was sich anschaulich an § 13 Abs. 7 S. 1 Nr. 2a) TMG aufzeigen lässt: Danach haben Unternehmen für geschäftsmäßig angebotene Telemedien über ein geeignetes Verschlüsselungsverfahren den Schutz personenbezogener Daten sicherzustellen. Ein Verstoß gegen diese Vorschrift kann mit einem Bußgeld bis zu 50 T€ geahndet werden. Dem gegenüber steht z. B. die Gesetzgebung in der VR China, wonach dort nur eine staatlich genehmigte Verschlüsselungssoftware genutzt werden darf.[39] Zuwiderhandlungen sind gleichermaßen bußgeldbewehrt und können von der Hardware-Konfiszierung bis hin zu einem Landesverweis führen. Digitalisierungsvorhaben auf internationalem Parkett sind also mit allergrößter Sorgfalt zu behandeln.

Ein weiterer Punkt ist die unbedingte Beachtung datenschutzrechtlicher Vorgaben. Dies gilt sowohl für personenbezogene Daten der Beschäftigten und Kunden als auch für sonstige personenbeziehbare Geschäftsdaten eines Unternehmens. Ein umsichtiger Umgang mit Daten und Datenschutz liegt im Interesse aller und soll negative Spätfolgen für das Unternehmen vermeiden helfen. In Deutschland gilt der Grundsatz der Datensparsamkeit; die Zulässigkeit von Erhebung, Verarbeitung und Nutzung personenbezogener Daten ergibt sich aus § 4 BDSG. Dabei wird international zwischen sicheren und unsicheren Drittländern unterschieden, deren Sicherheitsanforderungen mit Corporate Binding Rules oder den EU-Standardvertragsklauseln begegnet werden kann. Innerhalb der Europäischen Union ist in naher Zukunft die EU Datenschutz-Grundverordnung zu beachten, die in Anlehnung an die Ausgestaltung kartellrechtlicher Sanktionen u. a. bei ausgewählten Datenschutzverstößen Geldbußen von bis zu 20 Mio. € oder im Fall eines Unternehmensverstoßes von bis zu 4% seines gesamten weltweit erzielten Jahresumsatzes des vorangegangenen Geschäftsjahrs ermöglicht.[40] Die Nichteinhaltung dieser Vorgaben können somit langfristige Probleme aufwerfen und neben Reputationsschäden erhebliche finanzielle Auswirkungen auf ein Unternehmen haben.

---

[38] U. a. Mitbestimmungsgremien (Welt-, Europäischer-, Konzern-, Gesamt- und örtlicher Betriebsrat), IT-Sicherheit, Datenschutz, Arbeitssicherheit, Umweltschutz, Arbeitsmedizin, interne Richtlinien und bei Unternehmen der öffentlichen Daseinsvorsorge spezial-gesetzliche Regelungen, behördliche Vorgaben, Beteiligungen und Genehmigungen. Rein soziale Themenfelder, wie Betriebsvereinbarungen, sind ebenfalls zu berücksichtigen.

[39] Administration of Commercial Encryption Regulations – State Council Directive 273 (vgl. hierzu Verfassungsschutz des Landes Brandenburg. (http://www.verfassungsschutz.brandenburg.de/cms/detail.php/bb1.c.206364.de. Zugegriffen: 17.01.2017).

[40] Vgl. Art. 83 DSGVO (mit Gültigkeit ab dem 25.05.2018).

Die konkrete Umsetzung eines Digitalisierungsvorhabens innerhalb des Unternehmens erfolgt mehrschichtig: Zuerst sind die zwingend zu beteiligenden Bereiche einzubeziehen – in der Regel der Betriebsrat nach §80, 87ff. BetrVG, der Chief Information Officer und der Datenschutzbeauftragte. Im nächsten Schritt sind die zugehörigen Gremien zu durchlaufen und weitere tangierte Bereiche zu informieren. Inhaltlich müssen regelkonform die Belange aller Beteiligten hinreichend Berücksichtigung finden. An dieser Stelle sind es häufig soziale Aspekte, die unerwartete Grenzen aufzeigen.[41] Aus diesem Grund wird man sich bei der Umsetzung eines Vorhabens im Regelfall auf einen Kompromiss verständigen, den jeder Bereich mittragen kann und der alle normativen und sozialen Aspekte zur Genüge berücksichtigt. Allerdings kann die Interne Revision in diesem Punkt nur eingeschränkt Zugeständnisse machen, da sie als Kontrollfunktion im Frühwarnsystem eines Unternehmens ununterbrochen vollfunktionsfähig sein und bleiben muss, um letztlich ein wirksames Revisionssystem im Sinne Art. 107 Abs. 3 S. 2 AktG i.V.m. §§ 290ff. HGB[42] sicherzustellen. Die Interne Revision hat in Anlehnung an das uneingeschränkte Auskunftsrecht des Abschlussprüfers nach §§ 316, 320 Abs. 1 S. 2, Abs. 2 HGB[43] zwar nur ein umfassendes Informationsrecht „sui generis", das ihrer Funktion immanent ist;[44] es verpflichtet sie aber auch aus berufsständischer Sicht für die Erhaltung ihrer Prüffähigkeit und -tätigkeit den Auf- und Ausbau IT-gestützter Systeme zu forcieren, um kontinuierlich mit der Digitalisierung Schritt halten zu können.

Im Ergebnis müssen sowohl Wirtschaftsprüfung als auch Interne Revision neben der Beachtung der Normen und Regeln bei Digitalisierungsvorhaben für ihre Prüfungsansätze mit hoher Sensibilität und Feingefühl agieren. Ein intensiver Kommunikationsaustausch zwischen Projektverantwortlichen und Betroffenen sollte Voraussetzung für ein erfolgreiches Gelingen sein.

These 8: Die Digitalisierung umfasst den kompletten Prüfungsprozess und ist ohne umfangreichen Einsatz prüfereigener IT-Infrastruktur nicht mehr denkbar.

Die in Unternehmen verarbeiteten und gespeicherten digitalen Datenmengen nehmen immer mehr zu. Parallel sind Prüfer einem steigenden Kostendruck und steigenden Qualitätsansprüchen der Geprüften ausgesetzt. Folge dieser Entwicklungen ist, dass die Prüfer „aufrüsten" und sich der Stellenwert von Informationstechnologie in der Prüfung erhöht.

In nahezu allen Phasen des Prüfungsprozesses kommen zwecks Informationsaustausch zwischen den Prüfern, aber auch zwischen Prüfern und Geprüften Kommunikations- und Kollaborationssysteme zum Einsatz. Hierzu zählen u. a.

---

[41] Wie z. B. die Leistungs- und Verhaltenskontrolle nach § 87 Abs. 1 Nr. 6 BetrVG, deren Umfang des Beteiligungserfordernisses durch die Rspr. deutlich verschoben wurde, vgl. ständige Rspr. seit BAG v. 9.9.1975 AP BetrVG 1972 § 87 Überwachung Nr. 2, Müller-Glöge, Preis und Schmidt (2017, BetrVG § 87 Rn. 55-57).

[42] Spindler und Stilz (2017, § 76 Rn. 96).

[43] IDW PH 9.330.3, Tz. 25.

[44] So auch Peemöller und Kregel (2014, S. 30-120).

E-Mail und Videokonferenzsysteme sowie insbesondere elektronische Plattformen bzw. Transferlaufwerke zum Austausch digitaler Daten. Zusätzlich bieten sich zur Zusammenarbeit zwischen den beteiligten Prüfern IT-Systeme (wie z. B. OneNote) an, die nicht nur den Austausch von Informationen, sondern auch die gleichzeitige Nutzung durch mehrere Prüfer zulassen. Auch der Zugriff der Prüfer auf Systeme der geprüften Einheit ist heute Standard.

Die Prüfungsplanung ist dadurch gekennzeichnet, dass die vorhandenen Prüfungsobjekte bzw. -themen (Prüffelder) einer Risikoanalyse und -bewertung unterzogen werden, um letztlich eine Priorisierung von zu prüfenden Prozessen bzw. Themen zu erhalten. Sowohl die Objekte von Prüfungen als auch die ihnen zugeordneten Risiken unterliegen jedoch einer permanenten Änderung, die wiederum nicht nur in der Jahresplanung, sondern auch in der unterjährigen Prüfungsplanung Berücksichtigung finden müssen (permanente Risikoanalyse). Die dabei zunehmend auftretende enorme Änderungsgeschwindigkeit macht die Unterstützung dieser Phase der Prüfung durch ein IT-Tool nötig. Gleichzeitig ermöglicht es den Prüfern, Simulationen für die Planung zu erstellen und so unterschiedliche Szenarien darzustellen und zu bewerten.

Für die Durchführung von Prüfungen sind prüfereigene Hardware- und Software-Komponenten besonders wichtig. Sie dienen dazu, Daten von zu prüfenden IT-Systemen zu verarbeiten. Die Datenextraktion kann entweder mittels spezieller Formate (z. B. TXT, SQL oder CSV) oder durch Einsatz einer speziellen Software (z. B. Exporter) erfolgen. Ergänzt wird diese Datenanalyseplattform der Prüfer durch spezielle Tools, die es erlauben, Daten zu analysieren und zu visualisieren. Methoden wie Process Mining und Continuous Auditing kommen hier zum Einsatz. Sie ermöglichen die Erhöhung von Transparenz und Objektivität. Mit ihrer Hilfe lassen sich Daten leichter interpretieren und (Prozess-) Mängel identifizieren. Continuous Auditing bezeichnet dabei die kontinuierliche und damit weitestgehend automatisierte Überwachung der Kontrollen und Prozesse eines Unternehmens durch die Prüfeinheit. Die fortschreitende IT-Durchdringung und IT-Verfügbarkeit sowie Massen gespeicherter Daten bilden hier die Basis der automatisierten Überwachung. Diese IT-gestützte Prüfungstechnik dient der automatisierten Analyse von Daten, z. B. mittels Filterung und Gruppierung. Die fortlaufende Überwachung fokussiert dabei zielgerichtet auf risikobehaftete Prüfungsgebiete.

Die Prüfungsdurchführung wird in der Regel vor Ort beim Sitz der geprüften Einheit stattfinden, aber nicht immer zwangsläufig. Zum Einsparen von Reisezeit und Reisekosten kann die Durchführung teilweise oder vollständig aus der Ferne erfolgen (sog. Remote Audits). Voraussetzung dieser Fernprüfung ist jedoch, dass der überwiegende Teil oder sogar sämtliche Informationen digital zur Verfügung gestellt werden können. Bei der Prüfung von Berechtigungen komplexer ERP-Systeme bedarf es spezifischer Prüf-Software, da hier eine manuelle Prüfung nahezu unmöglich ist.

Prüfungsberichte werden idealerweise automatisiert und standardisiert aus einer Software heraus erstellt, welche auch gleichzeitig interne Berichtskritik, Berichtsfreigabe und die Verteilung der Berichte in digitaler Form ermöglicht.

So kann gleichbleibend eine hohe Qualität und formelle Richtigkeit erreicht werden. Auch die zentrale Ablage der Prüfungsdokumentation und der Prüfungsberichte in einem einzigen System ist heute Standard. Der Schutz vor Zugriff Unberechtigter ist dabei über ein Berechtigungskonzept sicher zu stellen. Dem Prozess nachfolgend beinhaltet insbesondere das Follow Up das Nachhalten der im Prüfungsbericht dargestellten Feststellungen und Empfehlungen bzw. Maßnahmen. Zentral in einer Software verwaltete Umsetzungstermine, erlauben den regelmäßigen automatisierten Versand von Mahnungen an die zuständige geprüfte Einheit für alle überfälligen Maßnahmen. Die systemseitige Einbindung der geprüften Einheit in den Mängelbehebungsprozess vereinfacht und beschleunigt somit den Prozessablauf.

Workflow-basierte Systeme, die den gesamten Prüfungsprozess umfassen (z. B. Revisions-Management-Software), ihn abbilden und dokumentieren, sind in der Lage, sämtliche relevanten Daten, die im Prüfungsprozess anfallen, zu verarbeiten und zu speichern. Gerade ein solches System ermöglicht es dem Prüfungs- bzw. Revisionsleiter, den gesamten Prozess gezielter zu überwachen und zu steuern.

Es zeigt sich: Eine klare Trennung zwischen (klassischen) Prozessprüfungen, IT-Prüfungen und elektronischen Datenanalysen ist arbeitstechnisch immer weniger erkennbar. IT-System, Daten und Prozess bilden eine Einheit mit wechselseitigen Einflüssen und Abhängigkeiten. IT-Prüfungshandlungen werden in Prozessprüfungen integriert. Prozessprüfungen ohne (vorherige) umfassende Datenanalyse verlieren an Aussagekraft.

Damit zeichnet sich ab, dass die Digitalisierung auch im Bereich der Internen Revision / Abschlussprüfung im eigenen Arbeitsumfeld zunehmend zum Schlüsselfaktor wird und in Zukunft es einer eigenen IT-Infrastruktur bedarf. Dies erfordert jedoch den zusätzlichen Einsatz finanzieller Mittel für deren Aufbau und Betrieb.

17.3 Fazit

Dynamische Veränderungen durch die zunehmende Digitalisierung bleiben die größte Herausforderung für Wirtschaftsprüfung und Interne Revision für die kommenden Jahre. Permanent Unternehmensrisiken zu erkennen und Prüfungsansätze zu justieren wird zu einer kontinuierlichen Aufgabe, bei der es gilt, durch Qualifizierung und Weiterbildung die richtigen Ressourcen hierfür bereit zu stellen und mit Weiterentwicklung und Einsatz von Methoden und Hilfsmitteln zu einem möglichst sicheren Prüfungsurteil zu gelangen. Des Weiteren ist die Digitalisierung für die eigene Aufgabenstellung zu Nutze zu machen und so weit wie möglich in die eigene Arbeit zu integrieren, um gleichzeitig den Prüfungsauftrag effizient und effektiv durchzuführen. Trotz zunehmend intelligenter Systeme kann zum Stand heute jedoch auf die Dispositions- und Steuerungsfähigkeiten wie auch das Urteilsvermögen des qualifizierten Prüfers nicht verzichtet werden.

Literaturverzeichnis

Appelbaum, Deniz. 2016. Securing Big Data Provenance for Auditors: The Big Data Provenance Black Box as Reliable Evidence. *Journal of Emerging Technologies in Accounting*, 13(1):17-36.

Bähr, Cornelius, et al. 2015. *Strukturbericht für die M+E-Industrie in Deutschland, Berichtsstand 2015, Gutachten im Auftrag des Arbeitgeberverbandes GESAMTMETALL.* https://www.gesamtmetall.de/sites/default/files/downloads/me-strukturbericht_2015.pdf. Zugegriffen: 07.04.2017.

Bitkom. 2016. *Rechtliche Aspekte von Industrie 4.0. Leitfaden (Vorabfassung).* https://www.bitkom.org/noindex/Publikationen/2016/Leitfaden/Rechtliche-Aspekte-von-Industrie-40/Bitkom-Leitfaden-Rechtliche-Aspekte-von-Industrie-4-0.pdf. Zugegriffen: 07.04.2017.

BMWi Bundesministerium für Wirtschaft und Energie. 2015. *Erschließen der Potenziale der Anwendung von ‚Industrie 4.0' im Mittelstand.* http://www.bmwi.de/Redaktion/DE/Publikationen/Studien/erschliessen-der-potenziale-der-anwendung-von-industrie-4-0-im-mittelstand.pdf?__blob=publicationFile&v=5. Zugegriffen: 07.04.2017.

Cleff, Thomas. 2015. *Deskriptive Statistik und Explorative Datenanalyse. Eine computergestützte Einführung mit Excel, SPSS und STATA*, 3. Aufl., Wiesbaden: Springer Gabler.

COSO Committee of Sponsoring Organizations of the Treadway Commission. 2013. *Internal Control - Integrated Framework: Executive Summary, Framework and Appendices, and Illustrative Tools for Assessing Effectiveness of a System of Internal Control.*

DIIR Deutsches Institut für Interne Revision, Institut für Interne Revision Österreich und Schweizerischer Verband für Interne Revision. 2016. *Internationale Standards für die berufliche Praxis der Internen Revision 2017. Mission, Grundprinzipien, Definition, Ethikkodex, Standards.* http://www.diir.de/fileadmin/fachwissen/standards/downloads/IPPF_2017_Standards__Version_6__20161207.pdf. Zugegriffen: 27.07.2017.

Fuchs, Marco. 2016. Der digitale Doktor. *Frankfurter Allgemeine Sonntagszeitung*, 12.06.2016.

IAASB International Auditing and Assurance Standards Board. 2016. *Exploring the Growing Use of Technology in the Audit, with a Focus on Data Analytics, International Auditing and Assurance Standards Board.* https://www.ifac.org/system/files/publications/files/IAASB-Data-Analytics-WG-Publication-Aug-25-2016-for-comms-9.1.16.pdf. Zugegriffen: 07.04.2017.

Industrie- und Handelskammern Rhein-Neckar, Pfalz und Darmstadt Rhein Main Neckar. 2015. *Industrie 4.0 – Chancen und Perspektiven für Unternehmen der Metropolregion Rhein-Neckar.* Studie erstellt durch das Fraunhofer-Institut für Produktionstechnik und Automatisierung IPA. https://www.pfalz.ihk24.de/blob/luihk24/innovation_und_umwelt_und_energie/downloads_channel/2962316/f9c0f019d072a7c5581140ae4f166dc0/Studie-Industrie-4-0-Metropolregion-Rhein-Neckar-data.pdf. Zugegriffen: 07.04.2017.

Kiesow, Andreas, und Oliver Thomas. 2016. Digitale Transformation der Abschlussprüfung. *Die Wirtschaftsprüfung*, 69(13):709-716.

Müller-Glöge, Rudi, U. Preis und I. Schmidt. 2017. *Erfurter Kommentar zum Arbeitsrecht*. Beck-online. Zugegriffen: 07.04.2017.

Peemöller, Volker H., und Joachim Kregel. 2014. *Grundlagen der Internen Revision*, 2. Aufl., Berlin: Erich Schmidt Verlag.

Schmutz, Christoph G. 2016. Ersetzen Maschinen bald auch die Experten? *Neue Zürcher Zeitung*, 01.11.2016.

Sellhorn, Thorsten. 2016. Big Data verhindert Bilanzskandale. *Frankfurter Allgemeine Zeitung*, 12.09.2016.

Speck, Kurt. 2016. Audit der Zukunft. *Handelszeitung*, 06.10.2016.

Spindler, Gerald, und Eberhard Stilz. 2017. *Kommentar zum Aktiengesetz*. beck-online. Zugegriffen: 07.04.2017.

Tukey, John W. 1977. *Exploratory Data Analysis*, Reading u. a.: Addison-Wiley.

Vasarhelyi, Miklos A., A. Kogan und B. M. Tuttle. 2015. Big Data in Accounting: An Overview. *Accounting Horizons*, 29(2):381-396.

Weiguny, Bettina. 2016. Der blinde Visionär. *Frankfurter Allgemeine Sonntagszeitung*, 13.11.2016.

Kapitel 18
Integrated Reporting – eine effektive Antwort der Unternehmensführung auf den gesellschaftlichen und technologischen Wandel

Arbeitskreis Integrated Reporting der Schmalenbach-Gesellschaft für Betriebswirtschaft e.V.[1]

Die Erkenntnis über die Notwendigkeit einer globalen nachhaltigen Entwicklung der Gesellschaft sowie der rasante technologische Fortschritt auf dem Gebiet der elektronischen Datenerfassung, -aufbereitung, -analyse sowie -übertragung sind zwei zentrale Treiber des gesellschaftlichen Wandels in der jüngsten Vergangenheit, die maßgeblich auch die Zukunft beeinflussen werden. Die Berücksichtigung des Nachhaltigkeitsprinzips in der Gesellschaft in Bezug auf die Dimensionen „Ökonomie", „Ökologie" und „Soziales" ist u. a. bedingt durch die bereits erfahrbaren und drohenden Folgen des Klimawandels[2], die zunehmende Knappheit von natürlichen Ressourcen, gesellschaftliche Spannungen und Migrationsströme als Folge wachsender sozialer Unterschiede innerhalb und zwischen Nationen[3], dem steigenden Wettbewerbsdruck aufgrund der Globalisierung und internationaler Vernetzung sowie dem stark schwindenden Vertrauen breiter Bevölkerungsschichten in etablierte gesellschaftliche Institutionen, wie politische Systeme und Parteien, Finanzmärkte und deren Intermediäre sowie Großunternehmen mit ihren Führungsorganen. Der technologische Wandel, der allenthalben durch Begriffe wie Industrie 4.0 und Digitalisierung skizziert wird,

---

[1] Mitglieder des Arbeitskreises: Prof. Dr. Andreas Barckow, Deutsches Rechnungslegungs Standards Committee (DRSC) e.V. / WP Nicolette Behncke, PricewaterhouseCoopers GmbH WPG / Uwe Bergmann, Henkel AG & Co. KGaA / Tanja Castor, BASF SE / Christoph Deiminger, Universität Regensburg / Simone Fischer, KPMG AG WPG / Prof. Dr. Edeltraud Günther, Technische Universität Dresden / Prof. Dr. Axel Haller, Universität Regensburg / Dr. Klaus Hufschlag, Deutsche Post DHL / Prof. Dr. Peter Lorson, Universität Rostock / Ursula Mathar, BMW AG / WP Dr. Hendrick Nardmann, Deloitte GmbH WPG / Susana Peñarrubia Fraguas, DWS Investment GmbH / WP Nicole Richter, Ernst & Young GmbH WPG / Dr. Martin Schloemer, Bayer AG / Dr. Christopher Sessar, SAP SE / Dr. Monica Streck, Flughafen München GmbH / Isabella Widmer, EnBW Energie Baden-Württemberg AG.

[2] Siehe u. a. FSB (2016).

[3] Vgl. u. a. UN (2015).

ist geprägt durch elektronisch verknüpfte Datensysteme, die sich rasant entwickeln und von natürlichen Personen zunehmend unabhängiger werden.[4]

Damit Unternehmen grundsätzlich gesellschaftlich akzeptiert und damit zukunftsfähig bleiben, müssen sie diese Veränderungsprozesse in ihren Chancen- und Risikobeurteilungen, Entscheidungen sowie Aktivitäten adäquat berücksichtigen. Neben einer diesbezüglichen Sensibilität und Bereitschaft der handelnden Personen sind hierfür Unternehmensführungskonzepte und -systeme notwendig, die den Akteuren innerhalb und außerhalb der Unternehmen (den sog. Stakeholdern) helfen, adäquate Entscheidungen zu treffen. Dabei hat das Generieren von entscheidungsrelevanten Informationen eine maßgebliche Bedeutung.

Es zeigt sich deutlich, dass gesellschaftlicher und technologischer Wandel interdependent sind. Denn die aktuelle technologische Entwicklung beeinflusst wesentlich das soziale Wohlempfinden, verändert das Verhalten von Stakeholdern (Mitarbeiter, Kunden, Lieferanten, Interessenverbänden etc.), geht mit spezifischen Verfahren der Informationsgewinnung, -analyse und -verbreitung einher und begünstigt sowohl die Disruption bestehender als auch die Kreation neuer Geschäftsmodelle.[5] Zudem kann die Digitalisierung einerseits das Erreichen des Nachhaltigkeitsziels fördern (z. B. Energieeinsparungen durch intelligente Fahrzeugleitsysteme etc.) und andererseits beeinträchtigen (z. B. hoher Verbrauch seltener Erden, die für die elektronische Hardware benötigt werden). Außerdem bewirkt die Inkorporation des Nachhaltigkeitsprinzips in die Gesellschaftsordnung eine veränderte Sicht auf die Wertschaffung eines Unternehmens. Neben der Mehrung des von den Eigentümern zur Verfügung gestellten Finanzkapitals gewinnen die Veränderungen anderer, im Rahmen der Geschäftstätigkeit beeinflusster Kapitalarten (wie z. B. Know-how der Mitarbeiter, Kultur, moralische Werte, saubere Luft und Wasser, Klimastabilität) an Bedeutung, die jedoch regelmäßig einer monetären Bewertung nicht eineindeutig zugänglich sind.[6] Folglich können die Beurteilungen der Leistung eines Unternehmens zwischen den Stakeholdergruppen aufgrund unterschiedlicher Wertigkeiten der einzelnen Kapitalarten divergieren.[7]

Vor diesem Hintergrund haben Unternehmen in den letzten Jahren damit begonnen, neben den finanziellen Größen auch sog. Nachhaltigkeitsindikatoren zu erfassen, zu kommunizieren und bei ihren Entscheidungen zu berücksichtigen. Angeschoben wird diese Entwicklung durch staatliche Regulierungen und privatwirtschaftliche Initiativen auf nationaler und internationaler Ebene (EU, UN, OECD, Global Reporting Initiative etc.), die seit einigen Jahren darauf hinwirken, die Corporate Governance, einschließlich der Berichterstattung, um Nachhaltigkeitsaspekte zu erweitern. Deren Befolgung (als Ausdruck veränderter Stakeholder-Erwartungen bzw. als Spiegel integrierter Unternehmensstrategien)

---

[4] Vgl. Mertens (2015, S. 452).

[5] Vgl. Hoffman und Rodriguez (2013, S. 73f.), IIRC (2016, S. 7). Zum ökonomischen Einfluss digitaler Technologien siehe u. a. Evangelista, Guerrieri und Meliciani (2014).

[6] Vgl. PwC (2017, S. 5).

[7] Vgl. Günther, Bassen und Haller (2016, S. 56ff.).

hat u. a. dazu beigetragen, dass der Umfang der Unternehmensberichterstattung im Zeitablauf stark zugenommen hat. Sie gilt vielen mittlerweile als zu komplex und überfrachtet, um noch effektiv und effizient sein zu können.[8]

Diese sozio-ökonomische Situation ist der Nährboden für die Entwicklung des Konzepts des Integrated Reporting (IR), das darauf abzielt, ein mehrdimensionales, auf mehreren Ressourcenarten basiertes Wertschaffungsverständnis innerhalb und außerhalb des Unternehmens zu etablieren und zu kommunizieren.[9] Die Verfolgung eines ganzheitlichen, die verschiedenen Ressourceneffekte berücksichtigenden Wertkonzepts wird dabei als „Integriertes Denken" („*integrated thinking*") in der Unternehmensführung bezeichnet.[10] Durch diesen Integrationsgedanken nimmt auf der einen Seite die Komplexität der Unternehmensführung, der Entscheidungen sowie der Handlungsprozesse deutlich zu. Denn die monistische, d. h. ausschließlich auf die Eigenkapitalmehrung ausgerichtete Betrachtung der traditionellen finanziellen Unternehmensführung und -berichterstattung wird verlassen und eine mehrdimensionale sowie gesamtheitliche Wertschaffungsperspektive eingenommen, wodurch folglich auch gegenseitige Zusammenhänge bzw. Abhängigkeiten zwischen den Wertdimensionen als relevant betrachtet werden. Auf der anderen Seite kann eine solche holistische Betrachtungsweise die langfristige Robustheit wichtiger Unternehmensentscheidungen aufgrund der Transparenz komplexer Wirkungszusammenhänge stärken.

Die hohe Komplexität und auch das gewohnheitsbedingte Interesse bei den Informationsnutzern, sich eher auf einzelne Leistungsdimensionen zu beschränken, sind sicherlich Gründe, warum IR in der Unternehmenspraxis noch keine breite Anwendung gefunden hat. Indes wird hier die These vertreten, dass die Entwicklungen auf dem Gebiet der Digitalisierung die Operationalisierbarkeit von IR verbessern und helfen können, die Komplexität – sowohl auf Ersteller- als auch Nutzerseite – adäquater in den Griff zu bekommen.[11] Vor diesem Hintergrund wird im Folgenden erläutert, warum IR eine effektive Antwort der Unternehmensführung auf den gesellschaftlichen Wandel ist und wie die Digitalisierung die Umsetzung von IR unterstützen kann. Hierzu werden zunächst jeweils kurz IR und Digitalisierung isoliert skizziert, bevor die gegenseitigen Beeinflussungspotentiale aufgezeigt werden.

---

[8] Vgl. ACCA (2013, S. 7ff.), Ernst & Young (2016, S. 4), FEE (2015, S. 41), Groß (2016, S. 98ff.), Kajüter (2013, S. 126).

[9] Vgl. IIRC (2013a, S. 2), Haller und Zellner (2014, S. 254).

[10] Vgl. Haller (2016, S. 50ff.), IIRC (2016, S. 7), Lorson und Paschke (2015, S. 939ff.).

[11] Vgl. Ernst & Young (2016, S. 5), PwC (2017, S. 4), Seele (2016, S. 69ff.).

18.1 Charakteristika von Integrated Reporting und Digitalisierung

18.1.1 Integrated Reporting

Obgleich der Begriff lediglich eine spezifische Art der Unternehmensberichterstattung nahelegt, handelt es sich bei „Integrated Reporting“ (IR) um ein Unternehmensführungskonzept, das die unternehmerische Wertschaffung mehrdimensional, als Veränderung mehrerer Kapitalarten begreift, die unterschiedliche, vom Unternehmen in Anspruch genommene Ressourcen repräsentieren.[12] Die ausgewogene Berücksichtigung und Optimierung der durch die Unternehmensaktivitäten verursachten Effekte auf die verschiedenen Kapitalarten bei Unternehmensentscheidungen stellt das oben bereits erwähnte „integrierte Denken“ („*integrated thinking*“) dar.[13] Dieses kann nur dann effizient und effektiv funktionieren, wenn dem Management adäquate entscheidungsrelevante Informationen zur Verfügung stehen. Es muss also ein Informations- und Kontrollsystem im Unternehmen etabliert werden, das sowohl verschiedene Unternehmensfunktionen und -bereiche als auch die Effekte auf die Kapitalarten (zusammenhängend) erfasst. Eines solchermaßen vernetzten Informations- und Steuerungssystems bedarf es auch, um im Rahmen einer integrierten Unternehmensberichterstattung externen Berichtsadressaten die Fähigkeit des Unternehmens zur kurz-, mittel- und langfristigen Wertschaffung prägnant zu kommunizieren.[14]

Somit lässt sich eine integrierte Unternehmensberichterstattung über die Unternehmensleistung als Ergebnis des „integrierten Denkens“ der Unternehmensführung verstehen. Mit anderen Worten vereint IR eine Innenperspektive (im Sinne einer integrierten Unternehmensführung, -steuerung und -kommunikation) und eine Außenperspektive (im Sinne einer integrierten Unternehmensberichterstattung) mit dem Ziel, die von der Unternehmensleitung gewählten Strategien, Maßnahmen und Fähigkeiten hinsichtlich der unternehmerischen Wertschaffung konzis aufzuzeigen. Dabei ist entscheidend, dass die Unternehmensleitung, basierend auf dem von ihr gewählten Unternehmens- und Wertschaffungskonzept, adäquat über die Unternehmensleistung und die von ihr ergriffenen Maßnahmen berichtet. D. h., es sollte nach außen transparent werden, anhand welcher Parameter und Zielsetzungen das Unternehmen gesteuert wird. Dieser unternehmensspezifische *„management approach“* beschränkt die Möglichkeiten einer standardisierten Regulierung von Vorgaben bzgl. der Inhalte von IR. Vielmehr lässt sich das Konzept durch determinierende Charakteristika beschreiben, die in Abb. 18.1 dargestellt und im Folgenden kurz skizziert werden.

---

[12] Vgl. IIRC (2013a, S. 2), IIRC (2016, S. 7), Lorson, Müller und Schmidt (2015).

[13] Vgl. IIRC (2016, S. 7), erläuternd Günther, Bassen und Haller (2016, S. 43ff.).

[14] Vgl. Sessar, Kraft und Schade (2015, S.112).

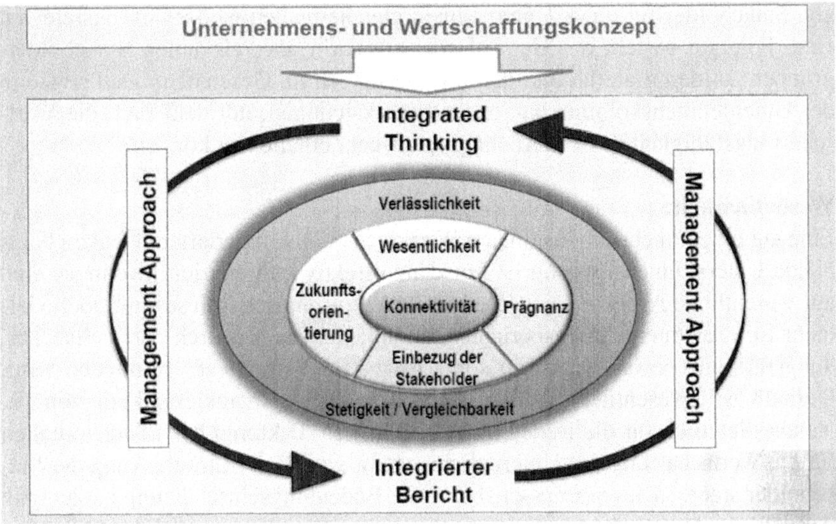

Abb. 18.1: Determinierende Charakteristika von IR

Konnektivität:

Das integrierte Denken sowie die integrierte Berichterstattung repräsentieren das Herzstück von IR, die sich in dem Charakteristikum der Konnektivität wiederfinden. Hierbei handelt es sich um das Erkennen und Berücksichtigen von Zusammenhängen zwischen verschiedenen Wertschaffungsdimensionen im Sinne eines vernetzten Denkens.[15] Konnektivitäten können sich beziehen auf finanzielle und nichtfinanzielle Wertkomponenten, verschiedene Ressourcen aus den drei Dimensionen des Nachhaltigkeitsprinzips, unterschiedliche Funktionsbereiche im Unternehmen, den Zeithorizont (kurz-, mittel-, langfristig) sowie Unternehmenssteuerung und die Erwartungen der Stakeholder[16] etc. Hierdurch können eine multiperspektivische Chancen-/Risiko-Betrachtung bezüglich der zukünftigen Wertschaffungsfähigkeit eines Unternehmens erreicht und bestenfalls Ursache-Wirkungs-Zusammenhänge erkannt werden.[17]

Einbeziehung der Stakeholder:

Vernetztes Denken beinhaltet auch die Berücksichtigung von Stakeholdererwartungen im Rahmen der Unternehmensführung sowie der Berichterstattung, was ebenfalls IR maßgeblich charakterisiert.[18] Dabei gilt es zu erkennen, dass nicht

---

[15] Vgl. IIRC (2013a, S. 17f.).

[16] Vgl. Seele (2016, S. 71).

[17] Nicht zuletzt wird die Einflussnahme des Zusammenwirkens von finanziellen und nichtfinanziellen Faktoren auf den Geschäftserfolg deutlich, wodurch sich ein „*value management*“ realisieren lässt, vgl. Sessar, Kraft und Schade (2015, S.115).

[18] Vgl. IIRC (2013a, S. 17f.).

alle Stakeholder für jedes Unternehmen gleichermaßen wertschaffungsrelevant sind. Folglich besteht die Herausforderung darin, die relevanten Stakeholdergruppen zu identifizieren und deren Erwartungen im Geschäftsmodell sowie in der Unternehmenskommunikation zu berücksichtigen, mit dem Ziel, die Wertschaffungsfähigkeit des Unternehmens aufrecht erhalten zu können.[19]

Wesentlichkeit:
Eine auf einem mehrdimensionalen Wertkonzept und integriertem Denken beruhende Unternehmensführung ist nur dann effektiv und effizient, wenn sie sich auf wesentliche Aspekte sowie Sachverhalte konzentriert. Dieses gilt noch vielmehr für die Unternehmensberichterstattung, weil nur dadurch deren Entscheidungsrelevanz gewahrt und ein sog. „*information overload*" vermieden wird. Deshalb ist „Wesentlichkeit" ein determinierendes Charakteristikum von IR, welches letztlich für die Bedeutung von Themen, Faktoren bzw. Sachverhalten für die Wertschaffung des Unternehmens bzw. gemäß der Einschätzung der Stakeholder steht.[20] Diese ermessensbehaftete Bedeutungseinschätzung ist zentrale Aufgabe der Unternehmensführung.

Zukunftsorientierung:
Durch die Einbeziehung der Zeitdimensionen bei der Beurteilung der Wertschaffung ergibt sich zwangsläufig ein vorausschauendes und an strategischen Zielen und erwarteten Effekten ausgerichtetes Handeln des Managements, das sich auch in den Berichterstattungsinhalten widerspiegelt.[21] Diese Zukunftsorientierung folgt unmittelbar aus dem Nachhaltigkeitsprinzip, dem eine Generationen überschreitende und Zukunftseffekte antizipierende Betrachtung immanent ist. Deshalb stellt IR auch auf eine mittel- und langfristige Wertschaffungsfähigkeit unter Berücksichtigung verschiedener Kapitalarten ab. Hieraus ergeben sich zwangsläufig eine Abschätzung von Änderungen in den Umfeldbedingungen bzw. -erwartungen in der Unternehmensführung sowie eine Aufnahme von Prognosen sowie strategischen Zielen und Maßnahmen in die Unternehmensberichterstattung.[22]

Weitere Charakteristika:
Ein weiteres mit der Wesentlichkeit sowie der Einbeziehung der Stakeholder zusammenhängendes Charakteristikum von IR ist die *Prägnanz* in der Unternehmenskommunikation nach innen und außen. Hierbei kommt zum Ausdruck, dass eine knappe und verständliche Informationsaufbereitung einen großen Einfluss auf die Effektivität und Effizienz der Berichterstattung hat, woraus sich zwangsläufig eine Beschränkung auf wesentliche Informationskomponenten ergibt.[23]

---

[19] Vgl. Günther, Bassen und Haller (2016, S. 113ff.).

[20] Vgl. IIRC (2015, S. 10 sowie 14ff.)

[21] Vgl. IIRC (2013a, S. 16).

[22] Vgl. IIRC (2013a, S. 27f.).

[23] Vgl. IIRC (2013a, S. 21).

Des Weiteren trägt auch die *Stetigkeit* in der Berichterstattung von Daten, Indikatoren, Zielen sowie Maßnahmen zur Effektivität der Kommunikation bei. Hieraus ergibt sich einerseits, dass über die Zeit hinweg Informationen auf Basis identischer Methoden generiert werden und Zielerreichungen konsistent gemessen werden. Andererseits muss über notwendige Änderungen aufgrund von Entwicklungen im Unternehmensumfeld adäquat berichtet werden.[24] Die zeitliche Vergleichbarkeit integrierter Unternehmensberichte ist deshalb besonders bedeutsam, weil deren unternehmensübergreifende Vergleichbarkeit aufgrund des *management approach* konzeptionell zumeist eingeschränkt ist.

Die Konsistenz der Berichterstattung unterstützt auch das letzte Charakteristikum einer IR-Berichterstattung, dem allerdings IR-übergreifend Bedeutung zukommt, die *Verlässlichkeit* der gewährten Informationen.[25] Eine solche ist bei jeglicher Kommunikation notwendig, um deren Glaubwürdigkeit zu gewährleisten, was eine zentrale Voraussetzung für die Effektivität der Informationsvermittlung darstellt.

18.1.2 Digitalisierung

Der Begriff „Digitalisierung" ist ein Sammelbegriff für viele Technologie-Themen, die mit der elektronischen Erfassung, Verarbeitung, Speicherung, Analyse, Vernetzung bzw. Kommunikation von großen Datenmengen in Echtzeit zu tun haben.[26] Bei einem weiten Begriffsverständnis lassen sich hierunter Themen wie *big data, data analytics, internet technology, hyperconnectivity, supercomputing, cloud computing, e-commerce, Industrie* 4.0 und *soziale Medien* etc. subsumieren. Diese elektronischen Instrumente, Systeme und Methoden verändern in vielerlei Hinsicht die Erbringung von Wertschöpfung.[27]

Der als Digitalisierung bezeichnete technologische Wandel weist u. a. folgende Charakteristika auf[28]:

- *Sehr großes Datenvolumen („big data"):* Die Technologie schafft Möglichkeiten, eine immense Menge an unterschiedlichsten Daten (z. B. finanziell und nichtfinanziell; quantitativ und qualitativ etc.) zu speichern und gezielt zu nutzen.
- *Effektive und effiziente Datenanalysen („data analytics"):* Die gesammelten Datenmengen können mehrdimensional analysiert werden, z. B. hinsichtlich Dateninhalt, -beschaffenheit, -ausprägung und den zeitlichen Bezug.[29]

---

[24] Vgl. IIRC (2013a, S. 23).

[25] Vgl. IIRC (2013a, S. 21f.).

[26] Vgl. bspw. Knauer (2015, S. 24ff.), BMWi (2016, S. 1, S. 6f. und 8ff.).

[27] Vgl. in Bezug auf Industrie 4.0 Mertens (2015, S. 452), Obermaier (2016, S. 3 und 10) und die dort zitierte Literatur.

[28] Vgl. Mertens (2015, S. 452), Obermaier (2016, S. 3 und 10).

[29] Vgl. KPMG (2016, S. 19ff.).

Hierbei besteht die Möglichkeit, Muster zu erkennen und nach Zusammenhängen (z. B. Korrelationen bzw. Ursache/Wirkungs-Beziehungen) in großen Datenbeständen, einschließlich externer Faktoren, zu suchen, die nicht nur zur Beurteilung der Vergangenheit und der Gegenwart, sondern auch zu Vorhersagen von potentiellen zukünftigen Entwicklungen nützlich sein können.

- *Vernetzung:* Die digitalen Technologien schaffen Möglichkeiten, verschiedenartige Daten aus verschiedenen Quellen über große Distanzen hinweg miteinander zu verbinden. Die Vernetzung beschränkt sich aber nicht nur auf Daten, sondern erstreckt sich auch auf die Beziehung zwischen den verschiedenen Akteuren, Organisationen und der Infrastruktur sowie den damit verbundenen Entscheidungen und Prozessen.[30]
- *Automatisierung:* Mehr denn je können die miteinander kommunizierenden Institutionen Maschinen, Automaten bzw. Roboter sein, die selbstständig Entscheidungen treffen.[31] Der Mensch wird in diesen kommunizierenden, selbststeuernden Systemen nur noch dann einbezogen, wenn nicht standardisierte Entscheidungen anstehen oder nicht vorhergesehene Ereignisse eintreten.[32]
- *Geschwindigkeit und Datenverfügbarkeit:* Die Datenerfassung sowie -verarbeitung und -kommunikation kann sehr schnell und in unterschiedlichen Formen (in Zahlen, Worten, Bildern, Videos etc.) erfolgen. Über die Cloud-Technologie können die Daten weltweit, unmittelbar zu jeder Zeit zur Verfügung stehen und von verschiedenen Institutionen innerhalb und außerhalb eines Unternehmens direkt und auch gleichzeitig genutzt werden.[33]

Die angesprochenen Charakteristika betreffen sowohl die Infrastruktur von Unternehmen als auch die Vernetzung und Zusammenarbeit der Akteure. Neben den Chancen sind mit diesen auch eine Reihe von Risiken verbunden, wie u. a. eine begrenzte Daten- und Analysesicherheit, systematische Manipulierbarkeit der Systeme, Offenheit bezüglich wettbewerbsrelevanter Informationen, Investitionsrisiken bzw. ein Ausufern der Datenflut.[34]

18.2 Verhältnis von Integrated Reporting und Digitalisierung

Vor dem Hintergrund der Kurzcharakterisierungen von IR und Digitalisierung wird im Folgenden aufgezeigt, wie die digitalen Technologien dazu beitragen können, die dargestellten IR-Charakteristika bestmöglich in der Unternehmenspraxis

[30] Vgl. Obermaier (2016, S. 9ff.).

[31] Vgl. Mertens (2015, S. 452). Übertragen auf die Unternehmensberichterstattung siehe Ernst & Young (2016, S. 12 und 21), Hoffman und Rodríguez (2013, S. 85ff.).

[32] Vgl. Mertens (2015, S. 452f.).

[33] Vgl. Seele (2016, S. 73), Ernst & Young (2016, S. 9).

[34] Vgl. auch Quattrone (2016, S. 120f.), Seele (2016, S. 73f.).

umzusetzen und welche Interdependenzen zwischen IR und der Digitalisierung bestehen.

Konnektivität:
Das umfangreichste Unterstützungspotential digitaler Technologien für das IR ergibt sich im Hinblick auf die Realisierung der Konnektivität. Durch die „*big data*"-Eigenschaft besteht für Unternehmen die Möglichkeit, einen Pool an Daten von verschiedener Beschaffenheit aufzubauen und zu erhalten, wodurch die häufig beklagte[35] traditionelle Silo-Architektur der getrennten Informationsgewinnung und -verarbeitung in unterschiedlichen Unternehmensbereichen überwunden werden kann.[36] Die Datenerfassung kann dabei in großer Menge, Breite und in Bezug auf unterschiedliche Zeithorizonte quasi „zweckneutral", d. h. für verschiedene Auswertungs- bzw. Analyseziele, erfolgen und nicht nur monetäre Daten des Finanzkapitals, sondern auch andere Datentypen in Bezug auf andere Kapitalarten umfassen.

Durch die neuen Instrumente der Datenanalyse („*data analytics*") können die Inhalte des umfassenden Datenpools im Hinblick auf systematische Zusammenhänge zwischen Ausprägungen unterschiedlicher Datentypen (quantitativ oder qualitativ; finanziell oder nichtfinanziell etc.) hypothesenfrei und über Unternehmensfunktions- und -bereichsgrenzen bzw. verschiedene Kapitalarten hinweg – durch Einsatz „smarter" Maschinen auch automatisch – untersucht werden.[37] Erkannte Zusammenhänge lassen sich nicht nur für retrospektive Betrachtungen, sondern über entsprechende Algorithmen, Sensitivitätsanalysen udglm. auch prospektiv für die Unternehmensplanung nutzen (Ermittlung möglicher Outcomes bei der Umsetzung strategischer Entscheidungen bzw. der Fortführung bestehender Geschäftsmodelle in der Zukunft), wodurch die „zeitliche" Konnektivität[38] in der Unternehmenssteuerung besser verankert werden kann. Dies begünstigt auch *integrated thinking* im Unternehmen. Ein Instrument hierfür könnten z. B. Incentivierungssysteme auf Basis nichtmonetärer Daten sein.

Die digitalen Vernetzungsmöglichkeiten erlauben auch, Zusammenhänge zwischen verschiedenen Wertschaffungsparametern innerhalb und außerhalb des Unternehmens zu erkennen bzw. zu gestalten[39], so z. B. durch die Einbeziehung von direkt vor Ort (bei den Lieferanten oder Kunden) erhobenen Daten im Rahmen der Produktionssteuerung oder die Berücksichtigung von CO_2-Emissionswerten in der gesamten Wertschöpfungskette. Insbesondere können so Wirkungszusammenhänge bei Parameterveränderungen effektiver erkannt, beurteilt

---

[35] Vgl. Knauer (2015, S. 6f. und 16f.), Beyhs und Barth (2011, S. 2858 und 2862).

[36] Fehlende Integration der IT-Systeme gilt als eine der zentralen Herausforderungen im Bereich der Unternehmensberichterstattung weltweit, vgl. Ernst & Young (2016, S. 8).

[37] Vgl. Ernst & Young (2016, S. 5).

[38] Vgl. IIRC (2016, S. 10).

[39] Vgl. IIRC (2016, S. 19), Sessar, Kraft und Schade (2015, S. 122). Siehe für erste empirische Erkenntnisse Rivera-Arrubla und Zorio-Grima (2016), grundsätzlich: IIRC (2013b).

und in Entscheidungen berücksichtigt werden.[40] Dabei ist allerdings zu beachten, dass eine bloße Korrelation noch keinen Ursache/Wirkungs-Zusammenhang bedeutet.

Die *Cloud*-Technologie eröffnet die Möglichkeit, auf den Datenpool sowie die Ergebnisse der Datenanalysen in der gesamten Unternehmensorganisation weltweit zugreifen zu können. Dies sichert einerseits die Verwendung einheitlicher Messgrößen innerhalb des Unternehmens, andererseits wird die Effektivität und Effizienz der Kommunikation zwischen den Organisationseinheiten (weltweit) deutlich gesteigert, zumal eine Kommunikation (auch) in Echtzeit möglich ist und nicht nur im Mensch-Mensch-, sondern auch im Maschine-Maschine- oder Mensch-Maschine-Dialog erfolgen kann. So lassen sich durch digitale Instrumente Inputs und Outcomes innerhalb und außerhalb des Unternehmens in Echtzeit erfassen, kommunizieren und (regelnd) miteinander verknüpfen (z. B. von Sensoren erfasste Outcomes in der Wertschöpfungskette, die auf die Steuerung der Inputs wirken).[41] Gleichzeitig können digitale Technologien auch maßgeblich die integrierte Berichterstattung nach außen beeinflussen; nicht nur durch die Steigerung der Effizienz des Berichterstellungsprozesses aufgrund des Zugriffs auf den zentralen und umfassenden Datenpool in der Cloud, sondern insbesondere auch durch die Nutzung von elektronischen Kommunikationsmedien und -formen und innovativen Darstellungsformen (z. B. durch Nutzung des Internets für mobile, interaktive, echtzeitige bzw. beeinflussbare Informationsbereitstellung; z. B. Information auf Nachfrage).

Es wird deutlich, dass Digitalisierung die informationelle Vernetzung von Unternehmen sowie ihren Stakeholdern maßgeblich erhöhen kann, was den Integrationsgedanken von IR wesentlich unterstützt.[42] Darüber hinaus trägt die Schaffung eines umfassenden Datenpools im Unternehmen, auf den für unterschiedliche Funktionalitäten von innen und (teilweise) auch von außen zugegriffen werden kann, dazu bei, den *management approach* der Berichterstattung auf idealtypische Weise im Sinne einer Verschmelzung der „inside-out" Perspektive und der „outside-in" Perspektive umzusetzen.[43] Hierdurch können externe Stakeholder ein Verständnis entwickeln, wie und in welcher zeitlichen Perspektive durch das Geschäftsmodell des Unternehmens Werte geschaffen bzw. vernichtet werden.[44] Gleichzeitig ergibt sich aus dem multifunktional verwendbaren Datenpool sowie dem Einsatz der Analyse- und Kommunikationstechnologien

---

[40] So lässt sich z. B. bei der Energieindustrie durch eine Digitalisierung der Netzsteuerung eine sekundengenaue Kenntnis des Netzzustands zum sicheren Netzbetrieb und zur zielgenauen Steuerung der Anlagen erreichen, was zur wirtschaftlichen und ökologischen Effizienz beiträgt.

[41] Dabei ist auch eine Konnektivität zwischen Maschine und Mensch denkbar, d. h. dass bei Überschreitung bestimmter Grenzwerte ein Eingreifen von Entscheidungsträgern initiiert wird, vgl. PwC (2014, S. 21), zur Ironie der Automatisierung siehe Lüdke (2015, S. 125ff.).

[42] Vgl. PwC (2014, S. 4). Siehe zur Konnektivität weiterführend IIRC (2013b), PwC (2014, S. 20ff.).

[43] Vgl. Seele (2016, S. 71).

[44] Vgl. IIRC (2016, S. 14).

eine Fülle an prozess-, daten- und sicherheitstechnischen Herausforderungen, die ihrerseits fruchtbare Impulse für die weitere technologische Entwicklung auf diesem Gebiet geben dürften.[45]

Wesentlichkeit:
Aufgrund der technischen Möglichkeiten der effizienten, automatisierten Erfassung und Speicherung von sehr großen Datenmengen kommt der Auswahl der Daten, die für unternehmensinterne bzw. -externe Entscheidungen relevant sind, eine zentrale Bedeutung zu, um einen *information overload* zu vermeiden.[46] Einerseits kann somit IR helfen, die sich durch die technischen Möglichkeiten ergebenden Risiken einer Überflutung durch entscheidungsunwirksame Informationen zu reduzieren. Andererseits können digitale Technologien im Rahmen der quantitativen Wesentlichkeitsbetrachtung sehr hilfreich sein, indem durch entsprechende Systeme und Analyseverfahren sowie Prognosealgorithmen Wesentlichkeitsschwellen erkannt bzw. festgelegt werden.[47] Hiermit unterstützt die quantitative Sichtweise die ganzheitliche Einschätzung der Wesentlichkeit i.V.m. der qualitativen Analyse.[48] Letztere kann durch die Interaktion mit den Stakeholdern durch Nutzung sozialer Medien bzw. des Internets ebenfalls deutlich effektiver und zeitnah durchgeführt werden, da die Bedeutung spezifischer Sachverhalte bei den Stakeholdern direkt ermittelt werden kann. Die Wesentlichkeitsanalyse von Aspekten und Themen lässt sich für jede einzelne Kapitalart sowie kapitalartübergreifend (zum Erkennen von wesentlichen Konnektivitäten) durchführen und kann auch auf unterschiedliche Zeithorizonte der betrachteten Inputs und Outcomes Anwendung finden.

Einbeziehung der Stakeholder:
Die Möglichkeiten der digitalen Kommunikation sowie der Datenerfassung und -verarbeitung in Echtzeit fördern die Einbeziehung der Stakeholder und ihrer Erwartungen in Entscheidungsprozesse von Unternehmen, indem Einstellungsveränderungen unmittelbarer und zeitnäher erkennbar werden. Beispielsweise kann ein Unternehmen erfassen und auswerten, wie unterschiedliche Stakeholder-Gruppen seine Web-Auftritte nutzen. Auch können im Rahmen der „*big data analysis*" „intelligente Agenten" zum Einsatz kommen, die das Netz systematisch im Hinblick auf Sachverhalte mit Bezug zum eigenen Unternehmen durchsuchen und die Fundstellen in einen Kontext stellen. Darüber hinaus lassen sich über Soziale Medien (wie z. B. Facebook) Mitarbeiter bzw. andere Stakeholder in Echtzeit in den Informationsgewinnungsprozess bzw. zur Abfrage von Reaktionen auf Unternehmensentscheidungen einbeziehen. Ebenso kann den Stakeholdern durch Online-Plattformen die Möglichkeit gegeben werden, ihre Erwartungen, Wünsche bzw. Ideen dem Unternehmen zu kommunizieren, wodurch erste

[45] Vgl. IIRC (2016, S. 17 und 21), Seele (2016, S. 71).

[46] Vgl. IIRC (2016, S. 13).

[47] Vgl. IIRC (2016, S. 11).

[48] Vgl. IIRC (2015, S. 17f.).

Anstöße zu neuen innovativen Produkten und Dienstleistungen oder Geschäftsmodellen erfolgen können (sog. Open-Innovation-Konzept). Folglich können Unternehmen diesen als „*crowdsourcing*" bezeichneten Stakeholder-Dialog zur kontinuierlichen Entwicklung von Verbesserungsvorschlägen und nachhaltigen Ideen nutzen.

Gleichzeitig eröffnen die neuen Technologien – wie oben bereits erläutert – deutlich effektivere Formen der Unternehmensberichterstattung mit interaktiven Nutzungsmöglichkeiten, mit denen den individuellen Informationsbedürfnissen der verschiedenen internen und externen Stakeholder-Gruppen besser entsprochen werden kann.[49] Dies hilft den Stakeholdern, sich ein Bild davon zu machen, wie das Management den Einfluss des Unternehmens auf sein Umfeld sieht und die von ihm zu verantwortende Wertschaffung beurteilt.[50] So kann eine wertschaffende Beziehung zwischen Unternehmen und Stakeholdern entstehen und Vertrauen aufgebaut werden.[51]

Zukunftsorientierung:
Die effizienten zeithorizontübergreifenden Datenerfassungs- und -analysetechnologien schaffen die Möglichkeit, bislang unentdeckte Effizienzpotentiale zu heben bzw. völlig neue Marktchancen frühzeitig zu erkennen. Darüber hinaus besteht die Chance, auch kurz-, mittel- und langfristige Geschäftsmodellrisiken besser erkennen, abwägen und analysieren zu können. Hierbei helfen zum einen die Stakeholder-Einbeziehung in Echtzeit, um Trendänderungen in deren Erwartungen frühzeitig erkennen zu können, aber auch die Anwendung mathematisch komplexer Risikomodelle sowie Szenario-Analysen usw. So lassen sich durch konsequente Stakeholder-Analysen insbesondere Supply-Chain Risiken leichter ausmachen bzw. globale (langfristige) Wandelungsprozesse im Unternehmensumfeld (natürlicher Umwelt, soziales Umfeld etc.), mit Relevanz für das Geschäftsmodell, rechtzeitig erkennen.

Folglich kann durch die Anwendung digitaler Technologien die Resilienz der Wertschaffung von Unternehmen erhöht werden, da die Entwicklung von datenbasierten Risikovermeidungsplänen sowie die Anpassungsfähigkeit der Geschäftsmodelle verbessert wird.[52]

Weitere Charakteristika:
Durch die Digitalisierung der Datenerfassungs- und -verarbeitungssysteme ist eine *Stetigkeit* der Definition sowie Zusammensetzung der verarbeiteten Daten weitestgehend garantiert. Darüber hinaus können bei Stetigkeitsdurchbrechungen Abweichungen auch leichter ausgewertet und dargestellt werden. Soweit sich spezifische Ermittlungs-, Analyse- und Darstellungsverfahren standardisiert unternehmensweit durchsetzen werden, ließe sich auch die

[49] Vgl. PwC (2014, S. 4 und 12f.).
[50] Vgl. PwC (2017, S. 5 und 7).
[51] Vgl. PwC (2017, S. 9f.).
[52] Vgl. PwC (2014, S. 16f.).

zwischenbetriebliche Vergleichbarkeit von finanziellen und nichtfinanziellen Daten deutlich verbessern.[53]

Die Digitalisierung besitzt das Potential, auch die *Verlässlichkeit* (selbst im Hinblick auf die Echtzeit-Verfügbarkeit) von Daten zu erhöhen, da bei dem (maschinellen) Zugriff auf einen einzigen Datenpool durch unterschiedliche Funktionen und für verschiedene Anwendungsbereiche Übertragungsfehler oder die bewusste Gestaltung von Daten für bestimmte Zwecke weitgehend ausgeschlossen sowie einheitliche Definitionen bzw. Messmethoden garantiert sind.[54] Insbesondere ergeben sich Möglichkeiten der direkten und unverfälschten Erfassung von Daten aus der Lieferkette durch Sensoren bzw. mittels intelligenter Instrumente. Außerdem lassen sich durch Automatisierung von *data mining*, Textanalyse und dergleichen die Qualität der gesammelten Daten überprüfen bzw. deutlich steigern,[55] was das Vertrauen in die Corporate Governance sowie die externe Berichterstattung von Unternehmen grundsätzlich erhöhen dürfte.

Schlussendlich ermöglichen die Technologien eine effektivere multi-mediale, auf wesentliche Informationsbestandteile reduzierte Darstellung und ebnen den Weg für eine mehrschichtige, vom Wesentlichen ins Spezielle abstufbare, und von Stakeholdern individuell nutzbare Berichterstattung von Unternehmen. Insbesondere können interaktive und visuelle Instrumente zur *Prägnanz* der Berichterstattung beitragen. So lassen sich z. B. durch die Verwendung von integrierten Dashboards selbst komplexere Zusammenhänge anschaulich und effektiv kommunizieren.[56]

Die Ausführungen machen deutlich, dass die digitalen Technologien ein hohes synergetisches Potential zu den Charakteristika des IR aufweisen. Somit kann Digitalisierung als Wegbereiter für IR in der Praxis begriffen werden, da sie insbesondere hilft, die Komplexität der Wesensmerkmale von IR, wie Konnektivität, Wesentlichkeit, Zukunftsorientierung, Stakeholder-Einbeziehung etc., zu bewältigen und die integrierte Betrachtung des Einflusses der Unternehmenstätigkeit auf verschiedene Kapitalarten und damit den qualitativen Vergleich von unterschiedlichen Leistungsmaßen spürbar unterstützt. Durch die Möglichkeit einer zweckgeleiteten Analyse bzw. Vernetzung einer sehr großen Menge an heterogenen Daten, die von innerhalb und außerhalb des Unternehmens stammen, schaffen die digitalen Technologien eine effektive Basis für das *integrated thinking* in der Unternehmensführung und dessen Kommunikation an die unternehmensexternen Stakeholder. Außerdem legt das dem *integrated thinking* immanente mehrdimensionale Wertschaffungskonzept die Verwendung von digitalen System- und Prozesslösungen im Unternehmen nahe, da hierdurch eine deutlich ressourceneffizientere Gestaltung von internen (operativen) Prozessen (Produktion, Planung, Steuerung, Überwachung etc.), z. B. Lager- bzw. Logistiksysteme, und damit die Schonung von natürlichen, sozialen und materiellen

[53] Vgl. Seele (2016, S. 72).

[54] Vgl. Hoffman und Rodríguez (2013, S. 77 und 80) und die dort angegebene Literatur.

[55] Vgl. IIRC (2016, S. 12 und 16).

[56] Vgl. IIRC (2016, S. 20).

Ressourcen erreicht werden kann. Darüber hinaus nimmt die mehrere Ressourcenarten umfassende, integrierte Effizienzbetrachtung auch Einfluss auf die Optimierung der Geschäftsmodelle, indem die neuen Technologien einerseits in bestehende Produkte bzw. Dienstleistungen[57] bzw. andererseits in die strategische Ausrichtung zukünftiger Geschäftsmodelle inkorporiert werden.[58]

18.3 Fazit

Der technologische Wandel hat schon längst interne Informations- und Steuerungssysteme sowie die externe Berichterstattung von Unternehmen erfasst.[59] Ebenso wird den sich aus der Digitalisierung ergebenden technologischen Möglichkeiten noch eine wesentliche Entwicklung vorausgesagt, womit allerdings auch beträchtliche Unwägbarkeiten und Risiken verbunden sein werden.[60] Die obigen Ausführungen verdeutlichen, dass das Nutzenpotential der digitalen Technologien bei der Anwendung des Unternehmensführungs- und -berichterstattungskonzepts des IR sich als besonders hoch erweist. Denn die zentralen technologischen Komponenten der Digitalisierung zeigen sich als äußerst hilfreich für die effektive und effiziente Realisierung der Charakteristika von IR.[61] Die Möglichkeit, große heterogene Datenmengen zu erfassen, zu speichern, zu analysieren und über die Unternehmensgrenzen hinweg zu vernetzen, kann das integrierte, mehrere Wertschaffungsdimensionen umfassende Denken in der Unternehmensführung maßgeblich unterstützen. Sie reduziert die damit einhergehende Komplexität und erhöht die Qualität sowie Verfügbarkeit entscheidungsrelevanter Daten für unternehmensinterne und -externe Stakeholder. Somit dürfte die Umsetzung des IR unter Einbezug digitaler Technologien eine wesentliche Komponente für die Zukunftssicherung eines Unternehmens – sowohl hinsichtlich der Ausgestaltung der internen und externen Unternehmenskommunikation, der Konzeption der Geschäftsmodelle als auch hinsichtlich der strategischen Ausrichtung – sein. Hierfür spricht, dass beide synergetisch dazu beitragen, dass das Management gesellschaftliche Wandelungsprozesse frühzeitig erkennen und adäquat darauf reagieren kann.

Folglich kann IR bei Ausnutzung der sich durch den technologischen Wandel ergebenden Möglichkeiten dazu beitragen, die Wertschaffung zu erbringen, welche die Gesellschaft von Unternehmen einfordert. Damit sind die Umsetzung

[57] Z. B. in der Automobilindustrie der Einbau von digitalen Technologien, wie z. B. Kommunikationsinstrumente und Leitsysteme, in Autos.

[58] Z. B. in der Automobilindustrie die Entwicklung von intelligenten Mobilitätskonzepten, wie car sharing, Verkehrsfluss- und -leitsysteme etc., zur Erreichung von sog. „smart cities", oder in der Immobilienbranche die mobil und in Echtzeit überwachbaren Energiesteuerungssysteme von Gebäuden zur Steigerung der Energieeffizienz, vgl. EnBW (2017).

[59] Vgl. Ernst & Young (2016), KPMG (2016), PwC (2014).

[60] Vgl. KPMG (2016).

[61] Siehe auch Seele (2016, S. 71ff.), Hoffman und Rodríguez (2013, S. 85ff.).

von IR und die dabei unterstützenden Technologien nicht nur Instrumente zur Wertschaffung, sondern sie stellen für das jeweilige Unternehmen einen immateriellen Wert an sich dar, der mittel- und langfristig auch positive monetäre Werteffekte haben dürfte, gemäß der Erkenntnis, dass nichtfinanzielle Faktoren bzw. Sachverhalte zumeist langfristig den finanziellen Unternehmenswert beeinflussen.[62]

Abschließend ist zu betonen, dass sich IR in seinen Inhalten bisher noch nicht genau und trennscharf definieren lässt und auch eine normative Konkretisierung fehlt. Vielmehr ist IR momentan als ein Weg zu verstehen, auf den sich Unternehmen begeben (können) und der sukzessive zu einem besseren Verständnis der werttreibenden Faktoren und Zusammenhänge innerhalb und außerhalb von Unternehmen führt und dabei hilft, diese über einen langen Zeithorizont hinweg wertschaffend zu nutzen. Wie vorstehend dargelegt, können die digitalen Technologien dazu beitragen, diesen Weg gangbarer zu machen.

Literaturverzeichnis

ACCA Association of Chartered Certified Accountants. 2013. *Understanding investors: directions for corporate reporting*. http://www.accaglobal.com/content/dam/acca/global/PDF-technical/financial-reporting/pol-afb-ui02.pdf. Zugegriffen: 10.02.2017.

Beyhs, Oliver, und Daniela Barth. 2011. Integrated Reporting: aktuelle Entwicklungen auf dem Weg zu einer integrierten Unternehmensberichterstattung. *Der Betrieb*, 64(11):2857-2863.

BMWi Bundesministerium für Wirtschaft und Energie. 2016. *Digitale Strategie 2025*. http://www.de.digital/DIGITAL/Redaktion/DE/Publikation/digitale-strategie-2025-broschuere.pdf?__blob=publicationFile&v=6. Zugegriffen: 23.03.2017.

EnBW Energie Baden-Württemberg. 2017. *Energieeffienz zu Hause*. https://www.enbw.com/energie-entdecken/gesellschaft/energieeffizienz-zu-hause/index.html. Zugegriffen: 21.03.2017.

Evangelista, Rinaldo, P. Guerrieri und V. Meliciani. 2014. The economic impact of digital technologies in Europe. *Economics of Innovation and New Technology*, 23(8):802-824.

Ernst & Young. 2016. *How can reporting catch up with an accelerating world?* http://www.ey.com/Publication/vwLUAssets/EY-how-can-reporting-catch-up-with-an-accelerating-world/$FILE/EY-how-can-reporting-catch-up-with-an-accelerating-world.pdf. Zugegriffen: 05.02.2017.

FEE Fédération des Experts Comptables Européens. 2015. *The Future of Corporate Reporting – creating the dynamics for change*. https://www.accountancyeurope.eu/wp-content/uploads/FEECogitoPaper_-_FutureofCorporateReporting.pdf. Zugegriffen: 10.02.2017.

[62] Siehe aktuell McKinsey (2017). „In the long run, social and environmental issues become financial issues", Sørensen (2015).

FSB Financial Stability Board. 2016. *Recommendations of the Task Force on Climate-related Financial Disclosures*. https://www.fsb-tcfd.org/wp-content/uploads/2016/12/16_1221_TCFD_Report_Letter.pdf. Zugegriffen: 05.02.2017.

Groß, Tobias. 2016. *Management Summary – Gestaltungsempfehlung zur Weiterentwicklung des Management Report im internationalen Kontext*. Dissertation. Universität Regensburg.

Günther, Edeltraud, A. Bassen und A. Haller. 2016. Teil I - Konzept, Aspekte und Herausforderungen des Integrated Reporting. In *Integrated Reporting*, Hrsg. E. Günther und A. Bassen, 1-198. Stuttgart: Schäffer-Poeschel.

Haller, Axel, und Paul Zellner. 2014. Integrated Reporting Framework – eine neue Basis für die Weiterentwicklung der Unternehmensberichterstattung. *Der Betrieb*, 67(6):253-258.

Haller, Axel. 2016. Value Creation: A Core Concept of Integrated Reporting. In *Integrated Reporting*, Hrsg. C. Mio, 37-57. London: Palgrave Macmillan.

Hoffman, Charles, und María Mora Rodríguez. 2013. Digitizing Financial Reports – Issues and Insights: A Viewpoint. *The International Journal of Digital Accounting Research*, (13):73-98.

IIRC International Integrated Reporting Council. 2013a. *International Integrated Reporting Framework*. http://integratedreporting.org/wp-content/uploads/2015/03/13-12-08-THE-INTERNATIONAL-IR-FRAMEWORK-2-1.pdf. Zugegriffen: 09.02.2017.

IIRC International Integrated Reporting Council. 2013b. *Connectivity: Background paper for <IR>*. http://integratedreporting.org/wp-content/uploads/2013/07/IR-Background-Paper-Connectivity.pdf. Zugegriffen: 04.02.2017.

IIRC International Integrated Reporting Council. 2016. *Technology for Integrated Reporting – A CFO guide for driving multi-capital thinking*. http://integratedreporting.org/wp-content/uploads/2016/10/Technology-for-Integrated-Reporting. Zugegriffen: 02.02.2017.

IIRC International Integrated Reporting Council und AICPA American Institute of Certified Public Accountants. 2015. *`Materiality´: Background Paper for <IR>*. http://integratedreporting.org/wp-content/uploads/2015/11/1315_MaterialityinIR_Doc_4a_Interactive.pdf. Zugegriffen: 04.02.2017.

Kajüter, Peter. 2013. Aktuelle Entwicklungen in der Unternehmensberichterstattung: Konzernlagebericht nach DRS 20 – Management Commentary – Integrated Reporting. In *Unternehmenssteuerung im Umbruch*, Hrsg. C.-C. Freidank und P. Velte, 119-154. Berlin: Erich Schmidt.

Knauer, Dirk. 2015. *Act Big – Neue Ansätze für das Informationsmanagement: Informationsstrategie im Zeitalter von Big Data und digitaler Transformation*, Wiesbaden: Springer-Verlag.

KPMG. 2016. *Mit Daten Werte schaffen – Report 2016*. https://cdn2.hubspot.net/hubfs/571339/LandingPages-PDF/kpmg-mdws-201-sec.pdf. Zugegriffen: 03.02.2017.

Lorson, Peter, S. Müller und W. Schmidt. 2015. „Kapitalarten" des International Integrated Reporting Council. *Der Betrieb*, 68(12):625-631.

Lorson, Peter, und Richard Paschke. 2015. Worum geht es beim integrated thinking? Ansätze zur Begriffsbestimmung und Umsetzung. *Die Wirtschaftsprüfung*, 68(17):939-948.

Lüdke, Andreas. 2015. Wege aus der Ironie in Richtung ernsthafter Automatisierung. In *Zukunft der Arbeit in Industrie 4.0*, Hrsg. A. Botthof und E. Hartmann, 125-146. Berlin: Springer.

McKinsey. 2017. *When sustainability becomes a factor in valuation*. http://www.mckinsey.com/business-functions/strategy-and-corporate-finance/our-insights/when-sustainability-becomes-a-factor-in-valuation. Zugegriffen: 02.04.2017.

Mertens, Peter. 2015. Industrie 4.0 – Herausforderungen auch an Rechnungswesen und Controlling im Überblick. *Controlling: Zeitschrift für erfolgsorientierte Unternehmenssteuerung*, 27(8/9):452-454.

Obermaier, Robert. 2016. Industrie 4.0 als unternehmerische Gestaltungsaufgabe: Strategische und operative Handlungsfelder für Industriebetriebe. In *Industrie 4.0 als unternehmerische Gestaltungsaufgabe – Betriebswirtschaftliche, technische und rechtliche Herausforderungen*, Hrsg. R. Obermaier, 3-34. Wiesbaden: Springer.

PwC. 2014. *Finance matters: Finance Function of the future*. http://www.pwc.com/us/en/increasing-finance-function-effectiveness/publications/assets/finance-matters.pdf. Zugegriffen: 10.02.2017.

PwC. 2017. *PwC Point of View: Future of Information, Trust and Technology*. https://www.pwc.com/gx/en/audit-services/assets/pdf/tomorrows-world-report-june-2017-final.pdf. Zugegriffen: 20.04.2017.

Quattrone, Paolo. 2016. Management accounting goes digital: Will the move make it wiser? *Management Accounting Research*, (31):118-122.

Rivera-Arrubla, Yaismir A., und Ana Zorio-Grima. 2016. Integrated Reporting, Connectivity, and Social Media. *Psychology & Marketing*, 33:1159–1165.

Seele, Peter. 2016. Digitally unified reporting: how XBRL-based real-time transparency helps in combining integrated sustainability reporting and performance control. *Journal of Cleaner Production*, (136):65-77.

Sessar, Christopher, D. Kraft und J. Schade. 2015. Integrated Reporting am Beispiel der SAP: Von der Vision zum Integrierten Bericht. In *Integrated Reporting: Die neue Form der externen Berichterstattung*, Hrsg. R. Gleich u. a., 103-128. München: Haufe-Lexware.

Sørensen, Lars. 2015. *The best performing CEOs in the world*. https://hbr.org/2015/11/the-best-performing-ceos-in-the-world. Zugegriffen: 02.04.2017.

UN. 2015. *Sustainable Development Goals*. http://www.un.org/sustainabledevelopment/sustainable-development-goals/. Zugegriffen: 12.02.2017.

Kapitel 19
Diversity Reporting als Bestandteil des Corporate Governance Reportings

Arbeitskreis Corporate Governance Reporting der Schmalenbach-Gesellschaft für Betriebswirtschaft e.V.[1, 2]

Disruptive Entwicklungen der unternehmensrelevanten Umwelt, die zunehmende Digitalisierung (Industrie 4.0, Big Data) und damit verbundene neue Geschäftsmodelle können in erheblichem Maße unternehmerische Erfolgspotentiale verändern oder sogar in Frage stellen. In diesem Zusammenhang kommt der Resilienz, d. h. der dynamischen Anpassungsfähigkeit an neue Gegebenheiten,[3] der Unternehmensverwaltung (Vorstand und Aufsichtsrat) eine zentrale Bedeutung zu. Als eine zentrale Determinante der Resilienz wird die Diversität der Unternehmensverwaltung angesehen.[4] Viel spricht dafür, dass eine hohe Vielfalt an Sichtweisen, Erfahrungen, Experteneigenschaften und sozialen Netzwerken in diesen Gremien und ihre adäquate Berücksichtigung in den

---

[1] Mitglieder des Arbeitskreises: Prof. Dr. Andreas Barckow, Deutsches Rechnungslegungs Standards Committee (DRSC) e.V. / WP StB Dr. Claus Buhleier, Deloitte GmbH WPG / RA Peter H. Dehnen, DEHNEN Rechtsanwälte / StB Prof. Dr. Carl-Christian Freidank, Universität Hamburg / RA WP StB Dr. Henning Hönsch, PricewaterhouseCoopers GmbH WPG / Prof. Dr. Peter Kajüter, Universität Münster / Prof. Dr. Patrick Leyens, Max-Planck-Institut für ausländisches und internationales Privatrecht / Prof. Dr. Stefan Müller, Helmut-Schmidt-Universität Hamburg / Sean-Pierre Needham, Helmut-Schmidt-Universität Hamburg / PD Dr. Remmer Sassen, Universität Hamburg / Bernd Schartmann, Deutsche Post DHL / WP Prof. Dr. Eberhard Scheffler, Hogan Lovells International LLP / Dr. Werner Paul Schick, Siemens AG / WP StB Ellen Simon-Heckroth, BDO AG WPG / Ingo Speich, Union Investment Privatfonds GmbH / Prof. Dr. Patrick Velte, Leuphana Universität Lüneburg / Prof. Dr. Jochen Vetter, Hengeler Müller Partnerschaft von Rechtsanwälten mbB / StB Prof. Dr. Stefan C. Weber, FH Wedel Gemeinnützige Schulgesellschaft mbH / Prof. Dr. Axel v. Werder, Technische Universität Berlin.

[2] Federführende Autoren: Claus Buhleier, Peter Kajüter, Stefan Müller, Eberhard Scheffler, Patrick Velte, Stefan Weber.

[3] Vgl. Katzmair (2012, S. 141).

[4] Vgl. Katzmair (2016, S. 10) bezogen auf Netzwerke.

Entscheidungsprozessen wesentlich dazu beiträgt, um den Herausforderungen der komplexeren und dynamischeren Unternehmensumwelt des 21. Jahrhunderts zu begegnen.

Diese Erkenntnis strahlt auch zunehmend auf die gesetzlichen Anforderungen und freiwilligen Ausgestaltungen der Unternehmenskommunikation gegenüber den Stakeholdern aus, indem insbesondere nichtfinanzielle Leistungsindikatoren an Relevanz gewinnen.[5] Die traditionelle Finanzberichterstattung (Jahres- und Konzernabschluss sowie zugehörige Lageberichte) erscheint immer weniger ausreichend, um den Unternehmenswert und seine Veränderung angemessen zu erklären. Daher bildet die nichtfinanzielle Berichterstattung, insbesondere auch das Corporate Governance (CG) Reporting, seit vielen Jahren eine immer breiter werdende Säule der Kapitalmarktkommunikation.[6] Hierbei soll unter CG-Reporting die in sich geschlossene, strukturierte und regelmäßige externe Berichterstattung verstanden werden, die darauf abzielt, die Stakeholder des Unternehmens über die Art und Handhabung der Leitung und Überwachung durch die Unternehmensverwaltung zu informieren.[7] Während das CG-Reporting seit der Implementierung des Deutschen Corporate Governance Kodex (DCGK) und der Entsprechenserklärung nach § 161 AktG in Deutschland etabliert ist, rückt spätestens seit dem sog. „Frauenquotengesetz"[8] und dem CSR-Richtlinie-Umsetzungsgesetz[9] die Berichterstattung über die Vielfalt bei der Besetzung der Unternehmensverwaltung (Diversity Reporting) in den Mittelpunkt des CG-Reportings. Neben der Gender Diversity, die in der aktuellen Diskussion an prominenter Stelle steht, lassen sich weitere wichtige Diversitätskriterien wie Alter, Internationalität, berufliche Erfahrungen und soziale Beziehungen anführen.

Aus Sicht der Forschung und Praxis steht die Frage nach einer konkreten Ausgestaltung des Diversity Reportings noch am Anfang. Daher hat sich der AKCGR mit dem vorliegenden Beitrag das Ziel gesetzt aufzuzeigen, wie das Diversity Reporting in ein in sich geschlossenes, von anderen Publizitätsinstrumenten (z. B. Lagebericht, Nachhaltigkeitsbericht, integrierter Bericht) klar abgegrenztes CG-Reporting eingebettet werden könnte.[10]

---

[5] Vgl. Stiglbauer und Velte (2013, S. 71).

[6] Vgl. zur Entwicklung des Corporate Governance Reportings AKEU (2006, S. 1069).

[7] Vgl. hierzu AKCGR (2016, S. 2131).

[8] Vgl. Gesetz für die gleichberechtigte Teilhabe von Frauen und Männern an Führungspositionen in der Privatwirtschaft und im öffentlichen Dienst vom 24.04.2015, BGBl. I 2015, S. 642.

[9] Vgl. Gesetz zur Stärkung der nichtfinanziellen Berichterstattung der Unternehmen in ihren Lage- und Konzernlageberichten (CSR-Richtlinie-Umsetzungsgesetz) vom 11.04.2017, BGBl. I 2017, S. 802.

[10] Vgl. zur Motivation im Hinblick auf das Corporate Governance Reporting bereits AKCGR (2016, S. 2131), zu vorangegangenen konzeptionellen Überlegungen Freidank und Weber (2008, S. 389ff.), Freidank und Weber (2009, S. 303ff.), Lentfer (2005), Lentfer und Weber (2006a, S. 2357), Lentfer und Weber (2006b, S. 6ff.), Weber (2011), Weber und Velte (2012, S. 1824ff.), zur möglichen Einbeziehung in die Abschlussprüfung und das Enforcement Velte und Weber (2011, S. 256ff.), Velte und Weber (2012, S. 113ff.).

19.1 Theoretische Fundierung

In der international ausgerichteten Rechnungswesen-, Management- und CG-Literatur werden unterschiedliche theoretische Erklärungsansätze (sog. „Theorie-Mix") für eine Berücksichtigung von Diversity in der Unternehmensverwaltung herangezogen, u. a. die Principal-Agent-[11], Stakeholder (Agent)-[12], Resource Dependence-[13], Human Capital-[14], Upper Echelons-[15], Institutional-[16], Social Impact-[17] sowie Critical Mass-Theorie[18].

Da das Diversity Reporting primär an die Stakeholder adressiert ist, soll der theoretische Bezugsrahmen Stakeholder-Agent-Theorie für die vorliegende Analyse aufgespannt werden. Den Ausgangspunkt bilden hierbei Prinzipal-Agenten-Konflikte zwischen den Stakeholdern und der Unternehmensverwaltung. Das Diversity Reporting als Bestandteil einer strukturierten und regelmäßigen externen CG-Berichterstattung soll dazu dienen, bestehende Informationsasymmetrien im Hinblick auf die Diversitätsstrategie zwischen der Unternehmensverwaltung und externen Stakeholdergruppen abzubauen.[19] Ein heterogen besetzter Vorstand und Aufsichtsrat mit einer Vielfalt insbesondere der Geschlechter, beruflichen Erfahrungen, Altersstruktur, Internationalität und sozialen Beziehungen ist im Vergleich zu einem homogenen Gremium in der Regel mit einer höheren Dynamik und Innovationskraft verbunden, um auf disruptive Technologien und Geschäftsmodelle reagieren zu können.[20] Unstrittig ist, dass eine Berichterstattung über die Berücksichtigung von Diversity in der Unternehmensverwaltung als erfolgskritische Ressource von den Stakeholdern in zunehmendem Maße nachgefragt wird.[21]

---

[11] Vgl. Ross (1973), Jensen und Meckling (1976), erweitert Tirole (1986).

[12] Vgl. zur Stakeholder-Theorie Freeman (1984) sowie zur Stakeholder Agent-Theorie Hill und Jones (1992).

[13] Vgl. Pfeffer und Salancik (1978).

[14] Vgl. Becker (1993).

[15] Vgl. Hambrick und Mason (1984).

[16] Vgl. DiMaggio und Powell (1983).

[17] Vgl. Latané (1981).

[18] Vgl. Oliver, Marwell und Teixeira (1985).

[19] Vgl. hierzu allgemein auch AKCGR (2016, S. 2131).

[20] In Bezug auf die Gender Diversity wird hierbei häufig auf das „old boys network" kritisch hingewiesen, das zu einer Beeinträchtigung innovativer Strategien in der Unternehmensverwaltung führen kann. Vgl. Perrault (2015, S. 149ff.).

[21] Vgl. zum Zusammenhang zwischen CSR und finanzieller Performance auf der Basis von Metaanalysen Wang, Dou und Jia (2016, S. 1083) und auf Grundlage eines Literature Review van Burden und Gössling (2008, S. 407).

19.2 Normative Rahmenbedingungen

Bereits vor den jüngsten Regulierungen durch das Frauenquotengesetz und das CSR-Richtlinie-Umsetzungsgesetz war das Diversity Reporting aus nationaler Sicht sowohl bei der Besetzung des Vorstands als auch des Aufsichtsrats im DCGK als Empfehlung verankert.[22] Zudem sind Diversity-Aspekte auch bei der freiwilligen Erstellung eines separaten Nachhaltigkeitsberichts bei kapitalmarktorientierten Unternehmen zur Verbesserung der Stakeholder-Beziehungen bedeutsam, z. B. nach dem Deutschen Nachhaltigkeitskodex (DNK).[23] So soll im Rahmen der Nachhaltigkeitsberichterstattung einbezogen werden, welche Ziele zur Diversity-Förderung das Unternehmen verfolgt und welche Prozesse es dazu implementiert hat. Das internationale Pendant für einen Nachhaltigkeitsbericht stellen die Standards der Global Reporting Initiative (GRI) dar.[24] Danach soll über die Zusammensetzung der Kontrollorgane und Aufteilung der Mitarbeiter nach Mitarbeiterkategorie in Bezug auf Geschlecht, Altersgruppe, Zugehörigkeit zu einer Minderheit und anderer Diversitätsindikatoren berichtet werden.[25] Ferner können Informationen zur Diversity auch in der integrierten Berichterstattung nach dem Rahmenkonzept des International Integrated Reporting Council (IIRC) bedeutsam sein.[26] Im Vergleich zu § 289f HGB und zum DCGK wird das Diversity Reporting in diesen Berichten regelmäßig auf die gesamte Belegschaft und nicht nur auf die Unternehmensverwaltung bezogen.

Aus gesetzlicher Perspektive lässt sich als zentrales Informationsmedium für das Diversity Reporting die Erklärung zur Unternehmensführung gem. § 289f HGB identifizieren.[27] Dabei zählen zum einen Unternehmensführungspraktiken, die über die gesetzlichen Anforderungen hinaus gemacht werden und zum anderen die Zusammensetzung und Arbeitsweise von Vorstand und Aufsichtsrat sowie der eingerichteten Ausschüsse dieser Gremien und damit implizit auch die Diversity zu den elementaren Inhalten der Erklärung zur Unternehmensführung.[28]

---

[22] Vgl. Ziff. 4.1.5 und 5.4.1 DCGK.

[23] Vgl. Rn. 15 des DNK.

[24] Die G4-Richtlinien der GRI wurden im Oktober 2016 durch die GRI Sustainability Reporting Standards abgelöst. Vgl. zu den Vorgängerfassungen im Einzelnen Müller und Stawinoga (2013b, S. 271 ff.), Kajüter (2014), zur Nachhaltigkeitsberichterstattung im Lagebericht Stawinoga (2013), Stawinoga und Velte (2015, S. 36).

[25] Vgl. G4-LA 12.

[26] Vgl. IIRC (2013), aus konzeptioneller Sicht Müller und Stawinoga (2013a, S. 303ff.), Müller und Stawinoga (2013c, S. 117ff.), Müller und Stawinoga (2013d, S. 157ff.), Kajüter und Hannen (2014, S. 75ff.).

[27] Die Erklärung zur Unternehmensführung muss von börsennotierten AG sowie AG, die ausschließlich andere Wertpapiere als Aktien zum Handel an einem organisierten Markt im Sinn des § 2 Abs. 5 WpHG ausgegeben haben und deren ausgegebene Aktien auf eigene Veranlassung über ein multilaterales Handelssystem im Sinn des § 2 Abs. 3 Satz 1 Nr. 8 des WpHG gehandelt werden, erstellt werden.

[28] Vgl. § 289f Abs. 2 Nr. 2, 3 HGB, bestätigend BT-Drucks. 18/9982 vom 17.10.2016, S. 54. Zu

Der Gesetzgeber hat mit dem Frauenquotengesetz die Berichterstattung über die Gender Diversity explizit kodifiziert.[29] Zum einen ist eine Berichterstattung über die (Erreichung der) Zielgrößen und Fristen für den Frauenanteil im Vorstand, in den beiden Führungsebenen unterhalb des Vorstands sowie im Aufsichtsrat sowie die Begründung für eine etwaige Nichterfüllung vorgesehen.[30] Zum anderen muss über die Einhaltung oder Nichterfüllung der fixen Frauenquote im Aufsichtsrat von 30% in der Erklärung zur Unternehmensführung berichtet werden.[31] Die jüngste Erweiterung der CG-Berichterstattung trat mit dem CSR-Richtlinie-Umsetzungsgesetz ein,[32] wonach zusätzlich das Diversitätskonzept im Hinblick auf die Zusammensetzung von Vorstand und Aufsichtsrat einschließlich der Ziele des Konzepts, der Art und Weise seiner Umsetzung und die im Geschäftsjahr erreichten Ergebnisse beschrieben werden müssen.[33] Eine etwaige Nichtexistenz eines Diversitätskonzepts muss nach dem Comply or Explain-Prinzip erläutert werden.[34]

Auch in der sog. nichtfinanziellen Erklärung, die durch das CSR-Richtlinie-Umsetzungsgesetz als neues Berichterstattungsmedium eingeführt wurde, sind Diversitätsaspekte zu finden.[35] Nach § 289c Abs. 2, 3 HGB ist eine Berichterstattung über Arbeitnehmerbelange gefordert, zu der auch die Diversität bezogen auf die gesamte Belegschaft des Unternehmens gerechnet werden kann. Ähnlich verhält es sich mit der Angabe der für die Geschäftstätigkeit bedeutsamsten nichtfinanziellen Leistungsindikatoren, zu denen u. a. Diversitätskennzahlen zu rechnen sind.[36]

den potenziellen Erfolgswirkungen des Corporate Governance Reportings Velte (2009, S. 702ff.).

[29] Vgl. § 289f Abs. 2 Nr. 4 und 5 HGB, hierzu Röhm-Kottmann und Gundel (2015, S. 1110ff.).

[30] Vgl. § 76 Abs. 4 AktG, § 111 Abs. 5 AktG i. V. m. § 289f Abs. 2 Nr. 4 HGB. Dies betrifft AG, die börsennotiert oder mitbestimmungspflichtig sind.

[31] Vgl. § 96 Abs. 2 AktG. Dies betrifft lediglich AG, die sowohl börsennotiert als auch voll mitbestimmungspflichtig sind.

[32] Vgl. hierzu im Einzelnen Müller, Stawinoga und Velte (2015a, S. 2217), Müller, Stawinoga und Velte (2015b, S. 313ff.), Müller, Stawinoga und Velte (2015c, S. 505ff.), Kajüter (2016a, S. 230ff.), Kajüter (2016b, S. 507ff.), Stawinoga und Velte (2016, S. 841ff.), zur Einbeziehung in die Abschlussprüfung Velte und Stawinoga (2016, S. 13ff.).

[33] Vgl. § 289f Abs. 2 Nr. 6 HGB. Dies betrifft börsennotierte Gesellschaften, die zugleich die Größenklassen für große Kapitalgesellschaften nach § 267 Abs. 3 HGB erfüllen. Eine entsprechende Vorschrift auf Konzernebene ist in § 315d HGB vorgesehen.

[34] § 289f Abs. 5 HGB.

[35] Vgl. zum Anwendungsbereich § 289b HGB. Hierzu gehören große Kapitalgesellschaften nach § 267 Abs. 3 Satz 1 HGB, die kapitalmarktorientiert im Sinne des § 264d HGB und im Jahresdurchschnitt mehr als 500 Arbeitnehmer beschäftigen. Zum Anwendungsbereich der nichtfinanziellen Konzernerklärung vgl. § 315b HGB.

[36] Vgl. hierzu die integrierte Leistungsanalyse bei SAP, die im Rahmen der integrierten Berichterstattung Verwendung findet, abrufbar unter http://go.sap.com/integrated-reports/2015/de/strategy/integrated-performance-analysis.html.

19.3 Stand der Forschung

Die bisherigen Untersuchungen zum Diversity Reporting konzentrieren sich aus (inter)nationaler Sicht weitgehend auf geschlechtliche Aspekte in der Unternehmensverwaltung.[37] Weitere Diversitäts-Attribute wie Internationalität oder Erfahrungen werden lediglich nachrangig einbezogen.[38] Neben der aufwändigen Datengenerierung bei empirisch-quantitativen Analysen könnte dies darauf zurückzuführen sein, dass in den USA als Treiber der internationalen Kapitalmarktforschung keine gesetzliche Diversity-Pflicht bzgl. der Unternehmensverwaltung existiert.[39] Vielmehr sehen die Berichterstattungspflichten der Securities and Exchange Commission (SEC) lediglich eine Angabe für börsennotierte Unternehmen vor, ob Diversität bei der Bestellung der Direktoren berücksichtigt wird.[40]

Aus internationaler Sicht dominieren bislang empirisch-quantitative Untersuchungen unter Rückgriff auf Datenbanken (sog. Archivstudien) zum Einfluss der Diversität in der Unternehmensverwaltung auf die finanzielle Unternehmensperformance, insbesondere zu Aspekten der Gender Diversity. Die Forschungsfrage ist hierbei regelmäßig, ob die Präsenz, die Anzahl und/oder die relative Häufigkeit von Frauen im Management (Women on Board of Directors (WOBD)) mit einer höheren finanziellen Performance (z. B. Return on Investment, Tobin's Q) in Verbindung stehen. Seit der Finanzkrise 2008/09 setzt jedoch ein Trend ein, auch die Wirkungen der Gender Diversity auf die Nachhaltigkeitsleistung zu untersuchen. Literaturübersichten zum Einfluss von Diversity auf die finanzielle Performance wurden u. a. von Adams[41], Brooke und Tylor,[42] Cabrera-Fernandez et al.[43] und Kröll et al.[44] veröffentlicht, während die Wirkung auf die Nachhaltigkeits-Performance u. a. von Dawar und Singh[45], Rao und Tilt[46],

---

[37] Vgl. u. a. Byron und Post (2016, S. 428ff.), Post und Byron (2015, S. 1546ff.), Velte (2017), zum Stand der Umsetzung der Zielvorgaben des Frauenförderungsgesetzes FidAR (2016).

[38] Vgl. die internationalen Studien von Oxelheim und Randoy (2003, S. 2369), Randoy, Thomsen und Oxelheim (2006, S. 1), Rose (2006, S. 1) (Internationalität), Simons, Pelled und Smith (1999, S. 662), Cannella, Park und Lee (2008, S. 768), Camelo, Fernández-Alles und Hernández (2010, S. 678) (beruflicher Hintergrund), Bantel und Jackson (1989, S. 107), Simons, Pelled und Smith (1999, S. 662), Richard und Shelor (2002, S. 958) (Altersstruktur), zu einer deutschen Studie Eulerich, Velte und van Uum (2013, S. 23ff.).

[39] Vgl. Dhir (2014, S. 1).

[40] Vgl. Dhir (2014, S. 1). Sofern eine Diversitätsstrategie im Unternehmen existiert, ist eine Angabe erforderlich, wie diese implementiert wurde und wie ihre Effektivität überwacht wird.

[41] Vgl. Adams (2016, S. 1).

[42] Vgl. Brooke und Tyler (2011, S. 715).

[43] Vgl. Cabrera-Fernandez, Martinze-Jiménez und Hernández-Ortiz (2015, S. 69).

[44] Vgl. Kröll et al. (2014, S. 602).

[45] Vgl. Dawar und Singh (2016, S. 61).

[46] Vgl. Rao und Tilt (2016, S. 1), die Studien zur Board-Zusammensetzung und damit nicht nur mögliche Diversitäts-Attribute einbeziehen.

Malik[47] und Jain und Jamali[48] strukturiert wurden.[49] Aktuelle Metaanalysen von Post und Byron[50], Hoobler et al.[51] und Reinwald et al.[52] haben den Gesamteffekt von WOBD auf die Finanzperformance basierend auf bestehenden empirisch-quantitativen Studien gemessen. Auf der Grundlage von 140 Studien zeigen u. a. Post und Byron, dass WOBD die finanzielle Performance, gemessen anhand von Kennzahlen des Rechnungswesens („accounting returns"), erhöht und dieser Zusammenhang sich in Staaten mit höheren Aktionärsrechten verstärkt. Zum Zusammenhang von WOBD und Nachhaltigkeits-Performance haben Byron und Post[53] ebenfalls die erste Metaanalyse vorgelegt. Für die betrachteten 87 Studien wird ein positiver Zusammenhang gemessen; dieser verstärkt sich analog zu den Resultaten bei der Finanzperformance in Ländern mit höheren Aktionärsrechten sowie in Ländern mit höherer geschlechtlicher Parität. Neben diesen dominanten Performance-Studien werden in jüngerer Zeit auch andere Output-Variablen von WOBD gemessen, z. B. eine steigende Qualität der Finanzberichterstattung[54] und der Nachhaltigkeitsberichterstattung[55] sowie die erhöhte Qualität der in- und externen Abschlussprüfung.[56]

Eine Forschungslücke besteht bislang im Hinblick auf die Ausgestaltung qualitativer Angaben im Diversity Reporting bezogen auf die Unternehmensverwaltung, z. B. zur Beschreibung des Diversitätsmanagements sowie der daraus abgeleiteten Strategien, Instrumente und Kennzahlen. So liegt bislang nur eine empirische Analyse von Heidemann et al.[57] für den DAX 30 für das Geschäftsjahr 2010 vor. Untersucht wurde u. a., inwiefern die DAX 30-Unternehmen über die Implementierung eines Diversity Managements, Maßnahmen zur Frauenförderung in der Unternehmensverwaltung oder über die organisatorische Verankerung des Diversity Managements informieren.[58] Wenngleich nahezu alle einbezogenen DAX 30-Unternehmen in dem betreffenden Geschäftsjahr

---

[47] Vgl. Malik (2015, S. 419) zur Betrachtung möglicher Einflussgrößen und Outputfaktoren von Nachhaltigkeit.

[48] Vgl. Jain und Jamali (2016, S. 253), welche den Einfluss der Corporate Governance auf die Nachhaltigkeit betrachten.

[49] Vgl. des Weiteren zur Diversity als Einflussgröße des CSR Reportings Elsakit und Worthington (2014, S. 1), bezogen auf den Zusammenhang zwischen CEO/CFO-Merkmalen und der Qualität der Finanzberichterstattung Habib und Hossain (2013, S. 88).

[50] Vgl. Post und Byron (2015, S. 1546).

[51] Vgl. Hoobler et al. (2016, S. 1).

[52] Vgl. Reinwald et al. (2015, S. 262).

[53] Vgl. Byron und Post (2016, S. 428).

[54] Vgl. empirisch zum Einfluss der geschlechtsspezifischen Diversität im deutschen Aufsichtsrat auf die Ergebnisqualität Müller und Panzer (2015, S. 271), Panzer und Müller (2015, S. 9).

[55] Vgl. Dienes und Velte (2016, S. 63), Velte (2016, S. 98ff.).

[56] Vgl. Chen, Eshleman und Soileau (2016, S. 1) sowie zu einer aktuellen Literaturübersicht Velte (2017).

[57] Vgl. Heidemann, Landherr und Müller (2013, S. 488ff.).

[58] Vgl. Heidemann, Landherr und Müller (2013, S. 497).

grundlegende Aussagen zur Gender Diversity getroffen haben, fehlten bei 30% der Unternehmen Informationen zu konkreten Zielen für die Frauenförderung im Aufsichtsrat. Zudem wurden konkrete Ziele zur Frauenförderung im Vorstand vollständig vernachlässigt.

Mit der Diversity-Berichterstattung haben sich auch Vertreter der Personalforschung vereinzelt auseinandergesetzt, z. B. Grosser und Moon[59] auf Arbeitnehmerseite in Großbritannien. In diesem Kontext wurden Qualitätsdefizite, u. a. aufgrund der mangelnden Vergleichbarkeit der Berichte, herausgestellt.[60] Analog zur Nachhaltigkeitsberichterstattung, die mit dem Risiko eines „Green Washing"[61] verbunden ist, wird im Schrifttum beim (Gender) Diversity Reporting auf die Gefahr eines „Pink Accounting" hingewiesen.[62] Nach dieser Lesart wird der Bericht als bloßes Marketing-Instrument zur positiven Selbstdarstellung des Unternehmens eingesetzt, ohne tatsächlich ein wirkungsvolles Diversitätskonzept auf Managementebene implementiert zu haben.[63]

19.4 Vorschläge für ein Diversity Reporting

19.4.1 Berichtsstruktur und -inhalte

Die nachfolgenden Vorschläge zur Operationalisierung des Diversity Reportings beziehen sich auf die Diversity in der Unternehmensverwaltung (Vorstand/Aufsichtsrat) und deren Darstellung im CG-Reporting. Etwaige Darlegungen zur Vielfalt auf Ebene der gesamten Belegschaft sollten ggf. Gegenstand der nichtfinanziellen Erklärung sein.

Wie bereits in Abschn. 19.2 dargelegt, hat im Rahmen der Erklärung zur Unternehmensführung gem. § 289f Abs. 2 Nr. 6 HGB „eine Beschreibung des Diversitätskonzepts, das im Hinblick auf die Zusammensetzung des vertretungsberechtigten Organs und des Aufsichtsrats in Bezug auf Aspekte wie beispielsweise Alter, Geschlecht, Bildungs- oder Berufshintergrund verfolgt wird, sowie der Ziele dieses Diversitätskonzepts, der Art und Weise seiner Umsetzung und der im Geschäftsjahr erreichten Ergebnisse" zu erfolgen. Insbesondere der Terminus „Diversitätskonzept" stellt in diesem Zusammenhang einen unbestimmten Rechtsbegriff dar, welcher keine Konkretisierung im Rahmen der Begründungen zum CSR-Richtlinie-Umsetzungsgesetz[64] erfährt, und deshalb durch die Unternehmen individuell ausgelegt werden muss. Die nachfolgenden, im Wege der Deduktion gewonnenen Konkretisierungsvorschläge sind als erster Leitfaden für

---

[59] Vgl. Grosser und Moon (2008, S. 179).

[60] Vgl. Grosser und Moon (2008, S. 179).

[61] Vgl. Schewe et al. (2012, S. 1).

[62] Vgl. Baldarelli, Del Baldo und Vignini (2016, S. 269).

[63] Vgl. zur Entwicklung Vedder (2005a, S. 20), Vedder (2005b, S. 34).

[64] Vgl. BT-Drucks. 18 / 9982 vom 17.10.2016.

die Ersteller von Erklärungen zur Unternehmensführung gedacht, die sich auf Geschäftsjahre beziehen, die nach dem 31.12.2016 begonnen haben.

Seitens der Autoren wird folgende Berichtsstruktur des Diversity Reportings vorgeschlagen, deren Inhalte im Folgenden weiter konkretisiert werden:

A. Diversitätskonzept
1. Ziel(e)
2. Diversitätsdimensionen
B. Umsetzung des Diversitätskonzepts
1. Maßnahmen und organisationale Einbettung
2. Identifikation der Diversitäts-Kennzahlen
C. Im Geschäftsjahr erreichte Diversitätsergebnisse

Ad A.1. Ziel(e)

Primäres Ziel eines Diversitätskonzepts, das im Hinblick auf die Zusammensetzung der Verwaltungsorgane verfolgt wird, ist in der dauerhaften Sicherstellung der erfolgreichen Fortführung des Unternehmens und der dazu erforderlichen Resilienz von Vorstand und Aufsichtsrat zu sehen. Dieses Ziel ist unter Einbezug von Subzielen, z. B. Erhöhung der Frauenquote, unternehmensindividuell und abhängig von der Branche zu konkretisieren und zu beschreiben. In diesem Kontext kann es Konflikte zwischen den Setzern von Diversitätszielen bzw. -subzielen und den Erwartungen der Stakeholder geben. Um im Ergebnis zu einem ausgeglichenen Informationskonzept zu kommen, sollten die potenziellen Zielkonflikte ausbalanciert werden.

Ad A.2. Diversitätsdimensionen

Es sind diejenigen aus den Zielen und Subzielen abgeleiteten Diversitätsdimensionen sowie die damit verbundenen Maßnahmen zu identifizieren und zu beschreiben, die aus Sicht der Unternehmensverwaltung für die primäre Zielsetzung sowie die gesetzten Subziele des Diversitätskonzepts erforderlich sind. Im Schrifttum werden als „Kerndimensionen“ bzw. „innere Dimensionen“ der Diversity auf der Ebene des gesamten Personals Alter, Behinderung, ethnisch-kulturelle Prägung, Geschlecht, Religion/Weltanschauung und sexuelle Orientierung abgegrenzt.[65] Im Hinblick auf die Unternehmensverwaltung sind für die dauerhafte Sicherstellung einer angemessenen Resilienz nicht alle dieser „inneren Dimensionen“ gleichermaßen relevant. Im Fokus stehen regelmäßig nur die Merkmale Geschlecht, ethnisch-kulturelle Prägung sowie Alter. Zusätzlich sind als „äußere“ bzw. „organisationale Dimensionen“ die Merkmale Branchenerfahrung, Expertenstatus (Bildungs- und beruflicher Hintergrund), Gremienerfahrung sowie soziale Beziehungen/Vernetzung zu berücksichtigen. Diese lassen sich um weitere unternehmensspezifische Dimensionen erweitern.

---

[65] Vgl. Stuber (2006, S. 35).

Ad B.1. Maßnahmen und organisationale Einbettung

Die erfolgreiche Umsetzung eines Diversitätskonzepts kann nur dann gelingen, wenn es im Sinne eines klaren diversitätsbezogenen Leitbildes organisational im Unternehmen verankert wird. Essenziell im Hinblick auf die Umsetzung des Diversitätskonzepts und damit Gegenstand der Berichterstattung sind insbesondere die Verankerung des Diversitätskonzepts in der Organisationskultur, die Etablierung eines Diversity Managements, die regelmäßige Evaluierung vorgenommener Diversitätsmaßnahmen und die interne diversitätsbezogene Kommunikation.[66]

Ad B.2. Diversitäts-Kennzahlen

Zur Erfolgsmessung einbezogener Diversitätsdimensionen sind geeignete Kennzahlen zu definieren. So verdeutlichen auch die jüngsten Entwicklungen im Rahmen der integrierten Berichterstattung, dass die Unternehmensadressaten der Angabe von nichtfinanziellen Kennzahlen im Rahmen der Berichterstattung eine besondere Aufmerksamkeit schenken.[67] Vor diesem Hintergrund sollte neben den festgelegten Diversitätsdimensionen und Umsetzungsmaßnahmen auch über Kennzahlen zur Erfolgsmessung berichtet werden.

Ad C. Im Geschäftsjahr erreichte Diversitätsergebnisse

Zur Ermittlung der im Geschäftsjahr erreichten Diversitätsergebnisse sollte pro Kennzahl eine vorherige Festlegung eines Zielwertes erfolgen. Zudem sollte angegeben werden, in welchem Zeitraum die Zielwerte erreicht werden sollen. Die Zielwerte sind dann den im Geschäftsjahr jeweils erreichten Istwerten gegenüber zu stellen. Hierfür bietet sich eine tabellarische Darstellung an (vgl. Abb. 19.1). In der Tabelle sollten pro Kennzahl das Ausmaß und der Zeitbezug der Ziele und Istwerte angegeben werden. Als Maß für die Diversität kann auf Streuungsmaße der deskriptiven Statistik zurückgegriffen werden, um die Darstellung möglichst kompakt und übersichtlich zu halten. Diese geben einen Maßstab für die Abweichung der einzelnen Werte vom Durchschnittswert. Eine möglichst hohe Diversität bedingt somit eine hohe Ausprägung des Streuungsmaßes.

---

[66] Vgl. in diesem Sinne Vedder und Krause (2014, S. 65).

[67] Vgl. hierzu ausführlich AKEU (2015, S. 235).

Diversitätsdimension	Mögliche Kennzahlen
Geschlecht	Anteil weiblicher Mitglieder im Vorstand und Aufsichtsrat
Ethnisch-kulturelle Prägung	Anzahl der Nationalitäten Durchschnittliche Anzahl der Jahre an Erfahrung in anderen Kulturkreisen und Streuungsmaß Anteil internationaler Mitglieder
Alter	Durchschnittsalter und ein Streuungsmaß (Varianz oder Standardabweichung) Ggf. weitere Kennzahlen zur Altersstruktur (z. B. Altersklassen)
Branchenerfahrung	Durchschnittliche Anzahl der Jahre der Branchenerfahrung der Mitglieder und ein Streuungsmaß
Expertenstatus	Durchschnittliche Anzahl der Jahre in dem gewünschten Expertenstatus und ein Streuungsmaß (bei Vakanz eines Expertenamts ist dies als 0 Jahre in der Durchschnittsermittlung zu berücksichtigen)
Gremienerfahrung	Durchschnittliche Anzahl der Jahre im Vorstand oder Aufsichtsrat (bei mehreren Aufsichtsratsmandaten jeweils Mehrfachzählung der Jahre) und ein Streuungsmaß
Soziale Beziehungen/ Vernetzungen[1]	Durchschnittliche Anzahl der unternehmensrelevanten persönlichen Kontakte zu Personen und Institutionen sowie ein Streuungsmaß

Abb. 19.1: Darstellung möglicher Diversitätskennzahlen

19.4.2 Gesetzliche Kodifizierung

Es wurde bereits in Abschn. 19.2 darauf hingewiesen, dass nach aktueller Gesetzeslage unterschiedliche Berichtsmedien für das Diversity Reporting eingesetzt werden (z. B. (Konzern-)Lagebericht, CG-Bericht, Erklärung zur Unternehmensführung, separater Nachhaltigkeitsbericht, integrierter Bericht) und keine inhaltlichen Vernetzungen zwischen den Berichten vorliegen (müssen bzw. dürfen). Ferner ist die unterschiedliche Reichweite der Unternehmen, die über Zielgrößen und Frauenquote nach dem Frauenförderungsgesetz und über das Diversitätskonzept nach dem CSR-Richtlinie-Umsetzungsgesetz sowie in der nichtfinanziellen Erklärung berichten müssen, zu kritisieren.

Die Autoren schlagen daher vor, für alle kapitalmarktorientierten Unternehmen i.S.d. § 264d HGB das Diversity Reporting in eine in sich geschlossene und regelmäßige CG-Berichterstattung einzubetten. Die für das Diversity Reporting auf Ebene der Unternehmensverwaltung relevanten Angaben sollten in der Erklärung zur Unternehmensführung nach § 289f HGB zusammengefasst werden. Der derzeitige Detaillierungsgrad des handelsrechtlichen Diversity Reportings gem. § 289f Abs. 2 Nr. 6 HGB erscheint unzureichend. So sollten die Diversitätsmerkmale um Qualifikation, Internationalität sowie ggf. weitere unternehmensspezifische Attribute erweitert und für die einzelnen Diversitätsmerkmale Leistungsindikatoren angegeben werden. Daher wird folgender Gesetzesvorschlag für eine Anpassung von § 289f Abs. 2 Nr. 6 HGB unterbreitet:

„6. bei *kapitalmarktorientierten Unternehmen im Sinne des § 264d* eine Beschreibung des Diversitätskonzepts, das im Hinblick auf die Zusammensetzung des vertretungsberechtigten Organs und des Aufsichtsrats in Bezug auf *die Diversitätsmerkmale* Alter, Geschlecht, Bildungs- oder Berufshintergrund, *Internationalität sowie weiterer unternehmensspezifischer Attribute* verfolgt wird, sowie der Ziele dieses Diversitätskonzepts, der Art und Weise seiner Umsetzung und der im Geschäftsjahr erreichten Ergebnisse. *Außerdem sind für die Diversitätsmerkmale Leistungsindikatoren anzugeben*."

19.4.3 Forschungsbedarf

Die neuen Berichtspflichten, die sich aus dem Frauenförderungsgesetz und aus dem CSR-Richtlinie-Umsetzungsgesetz ergeben, sind durch unbestimmte Rechtsbegriffe (z. B. „Diversitätskonzept") geprägt. Während im Rahmen der Nachhaltigkeitsberichterstattung mit GRI Standards eine Orientierungshilfe für die Unternehmen bereitsteht, bedarf es einer idealtypischen Strukturierung und Bestimmung der Inhaltskomponenten des Diversity Reportings durch empirisch-qualitative Forschungsdesigns, z. B. Interviews/Befragungen von in- und externen Stakeholdern. In diesem Kontext könnte auch eine inhaltliche Gewichtung der unterschiedlichen Inhaltskomponenten des Diversity Reportings vorgenommen werden, die anschließend im Rahmen von Scoring-Verfahren für künftige Inhalts- und Qualitätsanalysen der Berichterstattung herangezogen wird.

Sobald die betreffenden Unternehmen erste Erfahrungen mit dem Diversity Reporting gesammelt haben, würden sich ferner empirisch-quantitative Forschungsdesigns anbieten. Zum einen wäre analog zur steigenden Forschungsdichte zur Nachhaltigkeitsberichterstattung zu untersuchen, welche Faktoren die Quantität und/oder Qualität der Diversity-Berichterstattung beeinflussen (z. B. firmenspezifische Eigenschaften oder in- und externe CG-Merkmale). Zum anderen sind Studien denkbar, welche die ökonomischen Auswirkungen des Diversity Reportings (z. B. eine erhoffte Steigerung der Nachhaltigkeits- und/oder der Finanz-Performance) untersuchen. Die in der empirischen CG- und Nachhaltigkeitsforschung bekannten Modellprobleme, z. B. Endogenität und Nichtlinearität, müssten in den künftigen Designs zur Analyse des Diversity Reportings analog einbezogen werden.

19.5 Fazit

Die Resilienz kapitalmarktorientierter Unternehmen im Hinblick auf unternehmensrelevante disruptive Entwicklungen (z. B. Technologien und Geschäftsmodelle) wird zunehmend bei der Besetzung der Unternehmensverwaltung (Vorstand und Aufsichtsrat) berücksichtigt. Auf der Grundlage eines Diversitätskonzepts müssen die bedeutsamsten nichtfinanziellen Leistungsindikatoren auch gegenüber den Stakeholdern kommuniziert werden, die ihrerseits diversitätsbezogene Informationen verstärkt nachfragen. Der nationale Gesetzgeber hat das Diversity Reporting mit dem Frauenförderungsgesetz und dem CSR-Richtlinie-Umsetzungsgesetz reguliert. Allerdings wurden kapitalmarktorientierte Unternehmen bereits vor der Regulierung dazu angeregt, in der CG-, Nachhaltigkeits- oder integrierten Berichterstattung Diversitätsaspekte einzubeziehen. Vor dem Hintergrund dieser aktuellen Entwicklungen zielte der vorliegende Beitrag darauf ab, erste Vorschläge für die Unternehmenspraxis, Gesetzgebung und Forschung für die Fortentwicklung des Diversity Reportings zu unterbreiten.

Die Autoren sprechen sich dafür aus, für alle kapitalmarktorientierten Unternehmen i.S.d. § 264d HGB das Diversity Reporting in ein in sich geschlossenes CG-Reporting einzubetten, das von anderen Publizitätsinstrumenten (z. B. Lagebericht, Nachhaltigkeitsbericht, integrierter Bericht) klar abgrenzbar ist.[68] Relevante Informationen zur Diversität in der Unternehmensverwaltung sind im CG-Reporting zu behandeln, während entsprechende Angaben zur gesamten Belegschaft anderen Berichten (nichtfinanzielle Erklärung oder separater Nachhaltigkeitsbericht) vorbehalten bleiben. Doppelangaben, die sich auf die Diversität der Mitglieder des Vorstands und Aufsichtsrats beziehen, sollen durch Inhaltsverweise möglichst vermieden werden. Als Diversitätsmerkmale von Mitgliedern der Unternehmensverwaltung werden Gender, ethnisch-kulturelle Prägung, Alter, beruflicher Hintergrund (Branchen- und Gremienerfahrung sowie Expertenstatus) sowie soziale Beziehungen/Vernetzungen vorgeschlagen. Auch die damit zusammenhängenden Leistungsindikatoren sollten künftig Bestandteil des Diversity Reportings sein. Neben den Vorschlägen für eine praxisorientierte Umsetzung nach dem CSR-Richtlinie-Umsetzungsgesetz enthält der vorliegende Beitrag einen Regulierungsvorschlag für eine Konkretisierung von § 289f Abs. 2 Nr. 6 HGB sowie Anregungen aus Sicht der empirischen Forschung.

Durch die europäische Regulierung ist davon auszugehen, dass sich in den kommenden Jahren das Diversity Reporting im Einklang mit der CG- und Nachhaltigkeitsberichterstattung zu einem zentralen Forschungsgegenstand etablieren wird, der nicht nur auf die ökonomische Wirkung von Gender-Aspekten reduziert ist, sondern auch die dahinterliegenden Konzepte und Maßnahmen aus empirisch-quantitativer und -qualitativer Sicht analysiert.

[68] Vgl. AKCGR (2016, S. 2130ff.).

Literaturverzeichnis

Adams, Renée. 2016. Women on Boards. The superheroes of tomorrow? *The Leadership Quarterly*, 27(3):371–386.

AKEU Arbeitskreis Externe Unternehmensrechnung der Schmalenbach-Gesellschaft für Betriebswirtschaft e.V. 2006. Externe Corporate Governance-Berichterstattung. *Der Betrieb,* 59:1069-1071.

AKEU Arbeitskreis Externe Unternehmensrechnung der Schmalenbach-Gesellschaft für Betriebswirtschaft e.V. 2015. Nichtfinanzielle Leistungsindikatoren. Bedeutung für die Finanzberichterstattung. *Zeitschrift für betriebswirtschaftliche Forschung*, 67:235-258.

AKCGR Arbeitskreis Corporate Governance Reporting der Schmalenbach-Gesellschaft für Betriebswirtschaft e.V. 2016. Weiterentwicklung der Unternehmensberichterstattung. *Der Betrieb,* 69:2130-2132.

Baldarelli, Maria Gabriella, M. Del Baldo und S. Vignini. 2016. Pink accounting in Italy: cultural perspectives over discrimination and/or lack of interest. *Meditari Accountancy Research,* 24:269-292.

Bantel, Karen, und Susan Jackson. 1989. Top management and innovations in banking: does the composition of the top team make a difference? *Strategic Management Journal,* 10:107–124.

Becker, Gary. 1993. *Human Capital. A theoretical and empirical analysis, with special reference to education*, Chicago: The University of Chicago Press.

Brooke, Jennifer, und Tom Tyler. 2011. Diversity and Corporate Performance: A Review of the Psychological Literature. *North Carolina Law Review,* 89:715-748.

Byron, Kris, und Corinne Post. 2016. Women on Boards of Directors and Corporate Social Performance: A Meta-Analysis. *Corporate Governance,* 24:428-442.

Cabrera-Fernández, Ana Isabel, R. Martinze-Jiménez und M. J. Hernández-Ortiz. 2015. Women's participation on boards of directors: a review of the literature. *International Journal of Gender and Entrepreneurship,* 8:69-89.

Camelo, Carmen, M. Fernández-Alles und A. Hernández. 2010. Strategic consensus, top management teams, and innovation performance. *International Journal of Manpower,* 31:678-695.

Cannella, Albert, J. H. Park und H. U. Lee. 2008. Top Management Team Functional Background Diversity and Firm Performance: Examining The Roles of Team Member Colocation and Environmental Uncertainty. *Academy of Management Journal,* 51:768-784.

Chen, Yu, J. D. Eshleman und J. Soileau. 2016. Board Gender Diversity and Internal Control Weaknesses. *Advances in Accounting*, 33(June):11-19.

Dawar, Gaurav, und Seema Singh. 2016. Corporate Social Responsibility and Gender Diversity: A Literature Review. *Journal of IMS Group*, 13:61-71.

Dhir, Aaron. 2014. *Corporate Reporting under the U.S. Securities and Exchange Commission's Diversity Disclosure Rule: A Mixed-Methods Content Analysis*. Osgoode Legal Studies Research Paper No. 66.

Dienes, Dominik, und Patrick Velte. 2016. The Impact of Supervisory Board Composition on CSR Reporting. Evidence from the German Two-Tier System. *Sustainability*, 8(1):63.

DiMaggio, Paul J., und Walter W. Powell. 1983. The Iron Cage Revisited: Institutional Isomorphism and Collective Rationality in Organizational Fields. *American Sociological Review*, 48:147-160.

Elsakit, Omer, und Andrew Worthington. 2014. The Impact of Corporate Characteristics and Corporate Governance on Corporate Social and Environmental Disclosure. A Literature Review. *International Journal of Business and Management*, 9(9):1-15.

Eulerich, Marc, P. Velte und C. van Uum. 2013. The impact of management board diversity on corporate performance. An empirical analysis for the German two-tier system. *Problems and Perspectives in Management*, 11:23-37.

FidAR Frauen in die Aufsichtsräte e.V. 2016. *Resümee zu den Zielvorgaben der Unternehmen des Women-on-Board-Index 100. Untersuchung der Planziele zum Frauenanteil in Führungspositionen der rund 100 börsennotierten und voll mitbestimmten Unternehmen in Deutschland*. http://www.fidar.de/webmedia/documents/wob-index-100/160115_Resuemee_WoB-Index_100_III_end.pdf. Zugegriffen: 07.04.2017.

Freeman, Edward. 1984. *Strategic management. A stakeholder approach*, Cambridge u. a.: Cambridge University Press.

Freidank, Carl-Christian, und Stefan Weber. 2008. Corporate Governance als Gegenstand des Management-Reporting. In *Management Reporting. Grundlagen, Praxis und Perspektiven,* Hrsg. G. Gleich, P. Horváth und U. Michel, 389-434. Freiburg im Breisgau: Haufe.

Freidank, Carl-Christian, und Stefan Weber. 2009. Entwicklung erster Ansätze zur konzeptionellen Ausgestaltung des externen Corporate Governance-Reporting. In *Das Gesetz zur Modernisierung des Bilanzrechts (BilMoG). Neue Herausforderungen für Rechnungslegung und Corporate Governance*, Hrsg. C.-C. Freidank und P. Altes, 303-337. Berlin: Erich Schmidt Verlag.

Grosser, Kate, und Jeremy Moon. 2008. Developments in company reporting on workplace gender equality? A corporate social responsibility perspective. *Accounting Forum*, 32:179-198.

Habib, Ahsan, und Mahmud Hossain. 2013. CEO/CFO characteristics and financial reporting quality: A review. *Research in Accounting Regulation,* 25:88-100.

Hambrick, Donald, und Phyllis Mason. 1984. Upper Echelons: The Organization as a Reflection of Its Top Managers. *Academy of Management Review*, 9:193-206.

Heidemann, Julia, A. Landherr und A.-L. Müller. 2013. Berichterstattung über Frauen in Führungspositionen. Eine Analyse der DAX 30-Unternehmen. *Zeitschrift für betriebswirtschaftliche Forschung*, 65:488-512.

Hill, Charles, und Thomas Jones. 1992. Stakeholder-agency theory. *Journal of management studies*, 29:131-154.

Hoobler, Jenny M., et al. 2016. The Business Case for Women Leaders. Meta-Analysis, Research Critique, and Path Forward. *Journal of Management*, online first. DOI: https://doi.org/10.1177/0149206316628643.

IIRC International Integrated Reporting Council. 2013. *The international IR Framework*. http://integratedreporting.org/wp-content/uploads/2015/03/13-12-08-THE-INTERNATIONAL-IR-FRAMEWORK-2-1.pdf. Zugegriffen: 07.04.2017.

Jain, Tanusree, und Dima Jamali. 2016. Looking inside the Black Box: The Effect of Corporate Governance on Corporate Social Responsibility. *Corporate Governance*, 24:253-273.

Jensen, Michael, und William Meckling. 1976. Theory of the Firm. *Journal of Financial Economics*, 3:305-360.

Kajüter, Peter. 2014. Nachhaltigkeitsberichterstattung nach den G4-Leitlinien der GRI. *Die Wirtschaftsprüfung*, 67:599-607.

Kajüter, Peter. 2016a. Neuerungen in der Lageberichterstattung nach dem Referentenentwurf des CSR-Richtlinie-Umsetzungsgesetzes. *Zeitschrift für internationale und kapitalmarktorientierte Rechnungslegung*, 16:230-238.

Kajüter, Peter. 2016b. Die nichtfinanzielle Erklärung nach dem Regierungsentwurf zum CSR-Richtlinie-Umsetzungsgesetz. *Zeitschrift für Internationale Rechnungslegung*, 11:507-513.

Kajüter, Peter, und Stefan Hannen. 2014. Integrated Reporting nach dem Rahmenkonzept des IIRC. Anforderungen, Anwendung und offene Fragen. *Zeitschrift für internationale und kapitalmarktorientierte Rechnungslegung*, 14:75-81.

Katzmair, Harald. 2012. Soziales Kapital und Resilienz. Adaptive Netzwerke in einer Welt der „schöpferischen Zerstörung. *Wirtschaftspolitische Blätter*, 59:141-160.

Katzmair, Harald. 2016. *Soziales Kapital und Resilienz der DAX 30 Aufsichtsräte*. Unveröffentlichter Vortrag anlässlich der 11. Sitzung des AKCGR, 28.10.2016.

Kröll, Julia, et al. 2014. Sind gemischt-geschlechtliche Führungsteams erfolgreicher? Der Zusammenhang zwischen Mixed Leadership und Unternehmenserfolg. *Betriebswirtschaftliche Forschung und Praxis*, 66:602-625.

Latané, Bibb. 1981. The psychology of social impact. *American Psychologist*, 36:343-356.

Lentfer, Thies. 2005. *Einflüsse der internationalen Corporate Governance-Diskussion auf die Überwachung der Geschäftsführung. Eine kritische Analyse des deutschen Aufsichtssystems*, Wiesbaden: Springer Gabler.

Lentfer, Thies, und Stefan Weber. 2006a. Das Corporate Governance Statement als neues Publizitätsinstrument. *Der Betrieb*, 59:2357-2363.

Lentfer, Thies, und Stefan Weber. 2006b. Das EU-Corporate Governance Statement: Bedeutung für den Aufsichtsrat. *Der Aufsichtsrat*, 3:6-8.

Malik, Mahfuja. 2015. Value-Enhancing Capabilities of CSR: A Brief Review of Contemporary Literature. *Journal of Business Ethics*, 127:419-438.

Müller, Stefan, und Lena Panzer. 2015. Diversität im Aufsichtsrat fördert Qualität der Finanzberichterstattung. Geschlechtsspezifische Einflüsse für deutsche Unternehmen belegbar. *Zeitschrift für Corporate Governance*, 10:271-275.

Müller, Stefan, und Martin Stawinoga. 2013a. Integrierte Berichterstattung: Aufstellung und Prüfung eines integrierten Berichts vor dem Hintergrund aktueller Vereinbarungen des IIRC. *Zeitschrift für Corporate Governance*, 8:303-309.

Müller, Stefan, und Martin Stawinoga. 2013b. Der neue G4.0 Leitfaden der Global Reporting Initiative. Vergleich zum G3.1 Leitfaden und zum Rahmenkonzeptentwurf des International Integrated Reporting Council. *Praxis der internationalen Rechnungslegung*, 9:271-276.

Müller, Stefan, und Martin Stawinoga. 2013c. Grundsachverhalte einer integrierten Nachhaltigkeitsberichterstattung im Lagebericht. *Zeitschrift für Internationale Rechnungslegung*, 8:117-121.

Müller, Stefan, und Martin Stawinoga. 2013d. Empirische Analyse einer integrierten Nachhaltigkeitsberichterstattung im Lagebericht. *Zeitschrift für Internationale Rechnungslegung*, 8:157-160.

Müller, Stefan, M. Stawinoga und P. Velte. 2015a. Mögliche Einbettung der neuen nichtfinanziellen Erklärung in die handelsrechtliche Unternehmenspublizität und -prüfung. Erkenntnisse aus den Stellungnahmen zum Konzeptpapier des BMJV zur nationalen Umsetzung der CSR-Richtlinie. *Der Betrieb*, 68:2217-2223.

Müller, Stefan, M. Stawinoga und P. Velte. 2015b. Nationale Umsetzung der Mitgliedstaatenwahlrechte der europäischen CSR-Richtlinie beim Ausweis und bei der Prüfung der „nichtfinanziellen Erklärung". *Zeitschrift für Umweltpolitik & Umweltrecht*, 38:313-340.

Müller, Stefan, M. Stawinoga und P. Velte. 2015c. Stakeholder expectations on CSR management and current regulatory developments in Europe and Germany. *Corporate ownership and control*, 12:505-512.

Oliver, Pamela, G. Marwell und R. Teixeira. 1985. A Theory of the Critical Mass. I. Interdependence, Group Heterogeneity, and the Production of Collective Action. *American Journal of Sociology*, 91:522-556.

Oxelheim, Lars, und Trond Randoy. 2003. The impact of foreign board membership on firm value. *Journal of Banking & Finance*, 27:2369-2392.

Panzer, Lena, und Stefan Müller. 2015. Earnings quality and gender diversity on German supervisory boards: an empirical analysis. *Problems and Perspectives in Management*, 13:9-18.

Perrault, Elise. 2015. Why does Board Gender Diversity Matter and How Do We Get There? The Role of Shareholder Activism in Deinstitutionalizing Old Boys' Networks. *Journal of Business Ethics*, 128:149-165.

Pfeffer, Jeffrey, und Gerald Salancik. 1978. A Social Information Processing Approach to Job Attitudes and Task Design. *Administrative Science Quarterly*, 23:224-253.

Post, Corinne, und Kris Byron. 2015. Women on Boards and Firm Financial Performance: A Meta-Analysis. *Academy of Management Journal*, 58:1546-1571.

Randoy, Trond, S. Thomsen und L. Oxelheim. 2006. *A Nordic Perspective on Corporate Board Diversity*. http://www.nordicinnovation.org/Global/_Publications/Reports/2006/The%20performance%20effects%20of%20board%20diversity%20in%20Nordic%20Firms.pdf. Zugegriffen: 07.04.2017.

Rao, Kathyayini, und Carol Tilt. 2016. Board Composition and Corporate Social Responsibility: The Role of Diversity, Gender, Strategy and Decision Making. *Journal of Business Ethics*, 138(2):327-347.

Reinwald, Max, et al. 2015. Gender Diversity in Führungsteams und Unternehmensperformanz: Eine Metaanalyse. *Zeitschrift für betriebswirtschaftliche Forschung*, 67:262-296.

Richard, Orlando, und Roger Shelor. 2002. Linking top management team age heterogeneity to firm performance: juxtaposing two mid-range theories. *The International Journal of Human Resource Management*, 13:958-974.

Röhm-Kottmann, Mariella, und Astrid Gundel. 2015. Frauenquote und Zielgrößen für den Frauenanteil. *Die Wirtschaftsprüfung*, 68:1110-1115.

Rose, Paul. 2006. *The Corporate Governance Industry. bepress Legal Series*. Working Paper 1597. http://law.bepress.com/expresso/eps/1597. Zugegriffen: 07.04.2017.

Ross, Stephen. 1973. The Economic Theory of Agency: The Principal´s Problem. *American Economic Review*, 63:134-139.

Schewe, Gerhard, et al. 2012. Alles nur Greenwashing? Wie glaubwürdig berichten Unternehmen über ihr Nachhaltigkeitsmanagement? *Zeitschrift für Umweltpolitik & Umweltrecht*, 35:1-27.

Simons, Tony, L. Pelled und K. Smith. 1999. Making use of Difference: Diversity, Debate, and Decision Comprehensive in Top Management Teams. *Academy of Management Journal*, 42:662-673.

Stawinoga, Martin. 2013. *Nachhaltigkeitsberichterstattung im Lagebericht – Konzeptionelle und empirische Analyse einer integrierten Berichterstattung*, Berlin: Erich Schmidt Verlag.

Stawinoga, Martin, und Patrick Velte. 2015. CSR management and reporting between voluntary bonding and legal regulation. *Problems and Perspectives in Management*, 13:36-50.

Stawinoga, Martin, und Patrick Velte. 2016. Der Referentenentwurf für ein CSR-Richtlinie-Umsetzungsgesetz. Eine erste Bestandsaufnahme unter besonderer Berücksichtigung der empirischen Relevanz des Deutschen Nachhaltigkeitskodex (DNK). *Der Betrieb*, 69:841-847.

Stiglbauer, Markus, und Patrick Velte. 2013. The Economic Versus Moral Perspective of Board Diversity. A Time for Regulation After the Financial Crisis? *The International Journal of Organizational Diversity*, 12:71-77.

Stuber, Michael. 2006. Diversity Management in der Gesundheitsförderung – Zielgruppen und Zielgruppengenauigkeit im Wandel. In *Diversity Management in der Gesundheitsförderung. Nicht nur die leicht erreichbaren Zielgruppen ansprechen!*, Hrsg. T. Altgeld, B. Bächlein und C. Deneke, 35-48. Frankfurt/Main: Mabuse.

Tirole, Jean. 1986. Hierarchies and Bureaucracies. *Journal of Law, Economics and Organization*, 2:181-214.

Van Beurden, Pieter, und Tobias Gössling. 2008. The Worth of Values. A Literature Review on the Relation between Corporate Social and Financial Performance. *Journal of Business Ethics*, 82:407-423.

Vedder, Günther, und Florian Krause. 2014. Corporate Social Responsibility und Diversity Management. Eine Win-Win-Situation. In *CSR und Diversity Management*, Hrsg. K. Hansen, 57-75. Wiesbaden: Gabler Verlag.

Vedder, Günther. 2005a. Diversity Management. Quo vadis? *Personal*, 57:20-22.

Vedder, Günther. 2005b. Denkanstöße zum Diversity Management. *Arbeit*, 14:34-43.

Velte, Patrick. 2009. Die Corporate Governance-Berichterstattung des Aufsichtsrats. Eine empirische Untersuchung im deutschen Prime Standard zum Einfluss auf die Unternehmensperformance. *Zeitschrift für betriebswirtschaftliche Forschung*, 61:702-737.

Velte, Patrick. 2016. Women on management board and ESG performance. *Journal of Global Responsibility*, 7:98-109.

Velte, Patrick. 2017. Do women on board of directors have an impact on corporate governance quality and firm performance? A literature review. *International Journal of Sustainable Strategic Management* (forthcoming).

Velte, Patrick, und Martin Stawinoga. 2016. Prüfung von Nachhaltigkeitsberichten. Mögliche Implikationen für die handelsrechtliche Umsetzung der „EU-CSR-Richtlinie" bei der nichtfinanziellen Erklärung vor dem Hintergrund internationaler Forschungsergebnisse. *Der Konzern*, 14:13-19.

Velte, Patrick, und Stefan Weber. 2011. Prüfung von Corporate Governance Statements post BilMoG. Überlegungen zu einer potenziellen Erweiterung der externen Abschlussprüfung und der Enforcement-Prüfung de lege ferenda. *Unternehmensteuern und Bilanzen*, 13:256-261.

Velte, Patrick, und Stefan Weber. 2012. Zur Entscheidungsrelevanz und Verlässlichkeit des Corporate Governance Reportings nach § 289a HGB. In *Corporate Governance, Abschlussprüfung und Compliance. Neue Entwicklungen aus nationaler und internationaler Sicht*, Hrsg. C.-C. Freidank und P. Velte, 113-157. Berlin: Erich Schmidt Verlag.

Wang, Qian, J. Dou und S. Jia. 2016. A Meta-Analytic Review of Corporate Social Responsibility and Corporate Financial Performance: The Moderating Effects of Contextual Factors. *Business & Society* , 55(8):1083-1121.

Weber, Stefan. 2011. *Externes Corporate Governance Reporting börsennotierter Publikumsgesellschaften. Konzeptionelle Vorschläge zur Weiterentwicklung der unternehmerischen Berichterstattung*, Wiesbaden: Springer Gabler.

Weber, Stefan, und Patrick Velte. 2012. Grundsätze ordnungsmäßigen Corporate Governance Reportings. *Der Betrieb*, 65:1824-1829.

MIX
Papier aus verantwortungsvollen Quellen
Paper from responsible sources
FSC® C105338

Printed by Books on Demand, Germany